Lorinser, Gustav; Lorinser; Friedrich Wilhelm

Botanisches Excursionsbuch für die deutsch-österreichischen Länder und das angrenzende Gebiet

Lorinser, Gustav; Lorinser; Friedrich Wilhelm

Botanisches Excursionsbuch für die deutsch-österreichischen Länder und das angrenzende Gebiet

Inktank publishing, 2018

www.inktank-publishing.com

ISBN/EAN: 9783747762523

Botanisches Excursionsbuch

für die

deutsch-österreichischen Länder

und das angrenzende Gebiet.

Nach der analytischen Methode bearbeitet

von

Dr. Gustav Lorinser,

Professor der Naturgeschichte.

4. Auflage.

Durchgesehen und ergänzt

von

Dr. Friedrich Wilhelm Lorinser,

k. k. Sanitätsrath und Director des k. k. Krankenhauses Wieden in Wien.

WIEN.

Druck und Verlag von Carl Gerold's Sohn.

Vorwort zur vierten Auflage.

In der dritten Auflage dieses Excursionsbuches war ich bemüht gewesen, durch einige Zusätze und zwar speciell durch den Versuch, die Pflanzen nach der Beschaffenheit des Fruchtknotens einzutheilen und deren natürliche Ordnungen zu bestimmen, ferner durch Hinzufügung mehrerer älterer deutscher Pflanzennamen mythischen Ursprungs, die praktische Brauchbarkeit zu fördern und das Interesse an diesem Werkchen zu vermehren. Nach den mir von competenter Seite zugekommenen Urtheilen muss ich glauben, dass mein Bestreben nach beiden Richtungen hin nicht ganz wirkungslos geblieben sein dürfte.

Da nun die Ausgabe einer vierten Auflage nothwendig geworden ist, und mir von mehreren Seiten einige aufmunternde Winke bezüglich der deutschen Pflanzennamen zugekommen sind, so glaubte ich in dieser vierten Auflage eine noch grössere Anzahl älterer deutscher Pflanzennamen aufnehmen zu sollen. Ich wurde dazu um so mehr bewogen, als gerade in neuerer Zeit die alten deutschen Pflanzennamen das Interesse der Mythologen, der Culturhistoriker und der Sprachforscher wachgerufen haben.

In Ziemann's mittelhochdeutschem Wörterbuche, in den alten Kräuterbüchern, in Grimm's und Simrock's deutscher Mythologie, in einigen älteren und neueren Sammlungen und Deutungen deutscher Pflanzennamen fand ich ein so reiches Material, dass die Menge desselben nicht nur den Umfang des vorliegenden Werkchens, sondern auch meine Musse und Kräfte weit zu übersteigen drohte. Ich konnte mich daher nur auf eine Auswahl beschränken, und

A*

muss es der Zukunft überlassen, dass durch weitere Ergänzungen diese Sammlung deutscher Pflanzennamen vervollständigt werde.

Es war allerdings nicht immer leicht, unter den vielen Namen, welche in mannigfaltiger Verstümmelung oft einer einzigen Pflanze zukommen, und welche sich oft bei ganz verschiedenen Pflanzen wiederholen, das Richtige herauszufinden.

Eine andere Schwierigkeit bestand darin, den geeignetsten deutschen Namen für die Gattung zu bestimmen, da einerseits die älteren deutschen Pflanzennamen sich häufig nur auf eine bestimmte Art beziehen, anderseits aber ein und derselbe Name oft mehreren Arten einer Gattung gemeinschaftlich zukömmt.

In beiden Beziehungen muss ich daher die Nachsicht sowohl der Botaniker als der Sprachforscher in Anspruch nehmen.

An meine jüngeren Pflanzenfreunde, welche vielleicht mit dem deutschen Pflanzenmythus weniger vertraut sein dürften, erlaube ich mir noch einige einleitende Worte zu richten.

Der religiöse Cultus der alten Germanen bestand vorzugsweise, ja fast ausschliesslich in der Verehrung der Natur, ihrer Kräfte, Erscheinungen und Producte. Wiewohl diese unsere Vorfahren den von Ewigkeit her waltenden Geist Allvaters, der über Alles erhabenen unnahbaren Gottheit anerkannten, so suchten sie doch die mannigfaltigen Kräfte und Erscheinungen in der Natur durch die sogenannten Asengötter zu personificiren. Neben diesen Göttergestalten wirkten jedoch auch noch — theils für theils wieder die Götter selbst — einerseits die Riesen und anderseits die Zwerge und andere dämonische Wesen. Die Producte der Natur, Gesteine, Thiere und ganz besonders die Gewächse umgaben die sinnigen Deutschen, gar bald mit einem Schleier heiliger Mythe und poetischer Weihe. Die Götter selbst erwählten sich Lieblingsbäume und Kräuter, die ihnen geweiht waren, gute und böse Geister bevölkerten Wald und Flur, und die ihnen geweihten oder ihnen verfallenen Kräuter bewirkten durch die innewohnende Kraft Heilung und Krankheit — Zauber und Gegenzauber.

Daher sind die uns noch erhaltenen ältesten deutschen Pflanzennamen mythischen Ursprungs. Leider mögen sehr viele dieser Namen ganz verloren gegangen, viele wenigstens noch nicht aufgeklärt sein, aber die wichtigste Quelle, aus der wir schöpfen, besteht fortan in den, wenn auch oft verstümmelten Bezeichnungen des conservativen Landvolkes, dessen Sitten, Gebräuchen und Aberglauben.

Gerade die allergewöhnlichsten Gewächse des Waldes, der Wiese und des Feldes, die in der Botanik gewöhnlich mit dem Speciesnamen „vulgaris, silvestris, pratensis, arvensis" bezeichnet zu werden pflegen, oder auch wichtige Gift- und Heilkräuter sind es, an welche sich Erinnerungen an die altgermanischen Götter, Riesen, Helden, Kobolde etc. knüpfen.

Es sei mir vergönnt, hier an einige zu erinnern*).

Von Odin (Wuotan) dem Haupte der Asen, dem Gotte des Himmels, erhielten folgende Pflanzen ihre Namen:

Der Odinskopf, Inula L. Alant, wegen seiner der Sonne ähnlichen Blüthen so genannt, ist ein Zauberkraut, welches den Alp verscheucht und Zauber verhütet. Noch heute führt eine Species dieser Gattung den Namen Christusauge, Inula Oculus Christi L.

Wodansbart, oder Godesbart, Sempervivum tectorum L., Hauswurz, sie schützte das Haus, auf dessen Dache sie wuchs vor dem Blitze; selbst noch Kaiser Karl der Grosse befahl deshalb den Anbau dieser Pflanze.

Wodanskraut, Heliotropium L., die Sonnenwende, welche sich stets nach der Sonne wendet — heisst am Unterrhein noch Godeskraut; sie macht unsichtbar und bildet einen Bestandtheil der Hexensalbe.

Wuotansbeere, Vaccinium oxycoccos L., die Moosbeere, führt in der Schweiz noch gegenwärtig diesen Namen. Auch der Hederich, Raphanus Raphanistrum L., führt den Namen Wuotsenf; der giftige Schierling, Cicuta virosa L., heisst auch Wuotschierling.

An Odins Beinamen Osmund erinnert das Farnkraut Osmund, Osmunda regalis L.;

die Oswaldstaude, Rhododendron L., Alpenrose, auch Donnerrose genannt, soll den Blitz anziehen;

die Oswurz (im Zillerthale Höswurz), Orchis L., die Ragwurz, ein sehr gebräuchliches Zaubermittel in Liebesangelegenheiten.

---

*) Perger, deutsche Pflanzensagen. Chevalier, der deutsche Mythus in der Pflanzenwelt.

An den Mantel Wuotans (hekla) erinnert das Heckelkraut, Anemone pulsatilla L., die Guckenschelle.

Dem Beinamen Hruodperaht des wilden Jägers Wuotan verdankt wahrscheinlich auch das Ruprechtskraut, Geranium robertianum L., seinen Namen, ebenso wie der Name Gundram, Gundelrebe, Glechoma L., sich auf gunthraban = den Kampfraben Wuotans beziehen mag; denn Gundram war gegen Zauber heilkräftig, durch einen Kranz von Gundram melkte man die Kühe, um vor jedem Zauber sicher zu sein; wer am Walpurgistage einen Kranz von Gundram, welcher auch Donnerrebe hiess, aufsetzte, erkannte alle Hexen. Auch eine Walküre führte den Namen Gundr.

Von Frigg, der weisen Gemalin Odins, welche die Sprache der Thiere und Pflanzen verstand, erhielten ebenfalls einige Pflanzen den Namen und zwar:

Die Hagrose, Rosa canina L., heisst am Niederrhein noch gegenwärtig Friggadorn, die an dieser Rose (durch Insectenstiche) entstehenden moosähnlichen Auswüchse heissen Schlafkunze; einen solchen legte schon Odin unter das Haupt der Brunhild, damit sie entschlafe; er nützt auch den Kindern gegen Krämpfe und Behexung und beruhigt den Wahnsinn.

Auch die Orchideengattung Gymnadenia R. Br. führte den Namen Friggagras und der Sonnenthau Drosera L., ein kleines niedliches Pflänzchen, welches an schattigen feuchten Stellen wachsend, die Thautropfen länger als andere Pflanzen hält, hiess Friggathau. Wenn ein Jäger diese Pflanze bei sich trug, konnte er sein Ziel nie verfehlen.

Auf den gewaltigen Donnergott Thor (Donar) beziehen sich sehr viele Pflanzennamen.

Der Eisenhut, Aconitum L., hiess Thorshut, er wurde zu den Hexensalben verwendet.

Der Spierbaum, Sorbus L., hiess Thorsbjorg, er galt als Verkörperung des Blitzes und wurde auch als Wünschelruthe gebraucht.

Die Mistel, Viscum L., war ein berühmtes Zauberkraut und führte den Namen Donarbesen; da diese Pflanze selbst im strengsten Winter auf dem entlaubten Baume grün bleibt und somit allen Einflüssen trotzt, bildet sie gewissermassen eine Ausnahme von den übrigen Pflanzen. Als nun Odin allen Erdgewächsen, Steinen und Thieren einen Eid abgenommen hatte, dem Gotte Balder nicht zu schaden, war die Mistel im Laubwerke übersehen worden.

Der tückische Feuergott Loki wusste dies, und als sich die Götter versuchsweise damit belustigten, auf den unverwundbaren Balder Pfeile und Speere zu werfen, nahm Loki den Mistelzweig, gab ihn dem blinden Hödur, richtete dessen Hand, und als dieser warf, fiel Balder todt zu Boden. Die weisse Mistel, Viscum album L., führte übrigens auch den Namen Drudenbusch und Marentacken wegen ihrer Beziehung zu den bösen Geistern.

Die stachelige Mannsstreu, Eryngium L., nannte man Donardistel, den Wasserdost, Eupatorium L., Donarkraut, der Stechapfel, Datura Stramonium L., hiess Donnerkugel, gegenwärtig heisst er Dorrenapfel oder Teufelsapfel; dessen Samen wurden zu Räucherungen verwendet, um Hexen zu verscheuchen.

Die Waldnelke, Dianthus silvestris Wlf., hiess Donnernelke, die Osterluzei, Aristolochia Clematitis L., Donnerwurz oder auch Fobwurz.

Ferner sind noch zu erwähnen:

Das Donnerblatt, Sedum maximum Sutt.

Das Donnergrün oder die Donnerbraut, Sedum purpurascens Koch.

Der Donnerbart oder die Donnerwehr, Sempervivum L.

Das Dorkraut, Lysimachia vulgaris L.

Der Dorant, Antirrhinum L., ein sehr gebräuchliches Zauberkraut, welches die alten Weiber verjüngte, vor Behexung schützte, gegen geknüpfte Nestel half und dessen Rauch alle Gespenster verscheuchte. Seine Wurzel aber war eine Irrwurzel, wer daran stiess, fand nicht mehr in's Vaterland heim.

Die Hemerwurz, Veratrum L., auch weisse Niesswurz benannt, erinnert an Thors Hammer, ebenso Neunhämmerlein, der Allermannsharnisch, Allium Victoralis L. Wer dieses Kraut bei sich trägt, dem kann nichts schaden, wenn er spielt, muss er allzeit gewinnen und im Raufen überwindet er alle seine Gegner.

Der Hermel, Matricaria Chamomilla L., echte Kamille, erinnert an den Bock Hermen, welcher dem Thor geweiht war, und an den starken Hermel im Thorsmythus; auch Hansel am Weg, Polygonum aviculare L., Vogelknöterich, dürfte sich auf Thor beziehen, der bisweilen als der starke Hans auftritt.

Diese letztgenannte Pflanze soll den Geschöpfen, die sie geniessen, das Wachsthum benehmen, wie sie denn auch das neben ihr wachsende Gras verdrängt und überwuchert.

Zu Ehren des Schlachtengottes Tyr (oder Ziu) wurde der Sturmhut, Aconitum L., Tyrshelm genannt, auch das wohlriechende Veilchen Viola odorata L. hiess Tysviol; da nun Tyr gleich dem römischen Mars gehalten wurde, übersetzte man den Namen dieser Pflanze in's lateinische mit Viola Martis, woraus dann wieder die deutsche Uebersetzung Märzenveilchen entstand.

Tyrswurz nannte man Inula Conyza DC., jetzt Dürrwurz, die auch den Namen Trollwurz führte.

Eines der wichtigsten Wunderkräuter war das Dinskraut, Verbena officinalis L., Eisenkraut, welches an dem Ziu geheiligten Tage — dem Dinstage — gebrochen werden musste, und heiliges Opferkraut bei Kriegs- und Friedensbeschlüssen war. Wer Dinskraut bei sich trug, der wurde auf dem Wege nicht müde und niemals irre, es schützte vor Unglück und vor allem Zauber, doch musste man es graben am Morgen vor Sonnenaufgang mit Gold.

Nach Ziu wurde auch die Daphne Ziolant oder Zilant genannt, die Pflanze heisst übrigens auch Kellerhals (cvellan = ersticken, hals = der Mann), Menschenräuber, Witwenmacher. Die blasenziehende Kraft der innern Rinde dieser Pflanze dürfte ebenfalls schon bekannt gewesen sein, denn das Wort linta bedeutet Bast.

Auch der Name des Tyrlizbaums, Cornus mas L. — in Oesterreich Dirndlbaum — scheint sich auf Tyr zu beziehen.

Nach Balder — dem milden sanftmüthigen Gotte des Lichtes — wurde Anthemis Cotula L. Balders Augenbraue genannt, auf denselben Gott deutet auch der Name Baldrian, Valeriana L.; die Göttin Hertha trug, wenn sie auf ihrem mit Hopfenranken gezäumten Edelhirsche ritt, einen Baldrianstengel als Gerte. Baldrian ist auch eines der neun Kräuter, welche noch heut zu Tage am Feste Maria Himmelfahrt (15. Aug.) in der Kirche geweiht zu werden pflegen. Der Kräuterbüschel muss enthalten: Odinskopf, Donarkraut, Baldersaugenbraue, Sonnwendgürtel, Ebereize, Els, Walstroh, Albranke und Rainfarn.

Nach Loki, dem tückischen Feuergotte, wurde der Schwindelhafer, Lolium temulentum L., auch Lokeshafer genannt, Ranunculus aquatilis L., das Flusshähnlein hiess

Lock, Illecebrum L. die Knorpelblume hiess Lockblume, Atropa Belladonna L. hiess Lockwurz.

An die schönste und tugendhafteste Liebesgöttin Freya erinnert das bekannte Farrenkraut Freyashaar, Adiantum Capillus Veneris L. — jetzt Frauenhaar genannt. Dieses Kraut konnte jeden Zauber zerstören, weshalb es auch Widertan geheissen wurde, und da es auch die Kraft der Verjüngung und der Bewahrung der Jugend besass, flocht man es in den Brautkranz.

Die Ragwurz, Orchis mascula L., führte nach derselben Göttin, die um den entfernten Gemahl goldene Thränen vergoss, den Namen Freyasthräne und deutete auf trauernde Liebe. Später wurde diese Benennung auf die h. Maria übertragen und man nannte die Pflanze Marienthräne oder Unser lieben Frauen Thräne. Die Wegwarte, Cichorium L., bezieht sich ebenfalls auf die am Wege auf ihren zurückkehrenden Gemal Odr wartende Freya; diese Pflanze musste zur Sonnenwende (am Johannistag) um 12 Uhr gegraben werden und hatte dann wundervolle Zauberkräfte. Selbst Paracelsus sagt noch, dass sich die Wurzel nach 7 Jahren in einen Vogel verwandle.

Hel, die Todes-Göttin der Unterwelt, ist in der Helnessel, Lamium purpureum L., vertreten, überhaupt wurde Lamium als Todtennessel bezeichnet. Auch die schwarze Heidelbeere, Vaccinium Myrtillus L., wurde Helbeere genannt.

Der Frühlingsgöttin Ostara war der Steinklee, Melilotus officinalis Desr., geweiht; derselbe heisst heute noch in der übertragenen Beziehung auf die h. Maria Frauenschüchlein und bildet mit dem Springauf Convallaria majalis L., dem Himmelsschlüssel Primula L., dem Wirbelkraute Astragalus L., die eigentlichen Osterkräuter, welche in die festliche Flamme der Osterfeuer geworfen wurden. Nebst den genannten führen noch mancherlei Pflanzen den Namen Osterblume.

Nach der Monatsgöttin Spurke wurde der Wacholder, Juniperus L., auch Spurke und der Faulbaum, Rhamnus Frangula L., Sporkel genannt.

In mehreren Pflanzen sind auch die Namen der germanischen Helden verewigt worden.

Die Wielandswurz, Valeriana L. und die Wielandsbeere, Daphne Mezereum L., erhalten das Andenken an den nordischen Helden Wieland, den vortrefflichen Meister aller

Schmiede, den sein arzneikundiger Vater Wate auf der Schulter durch das Meer zu kunstreich schmiedenden Zwergen getragen hatte, woselbst er seine Kunst so vortrefflich erlernte, dass er später, an den Fusssehnen gelähmt, sich ein Flügelkleid schmiedete, mit Hilfe dessen er durch die Lüfte entfloh. Wieland der Schmied besass auch ein Ross, welches Ramm hiess, und zu Ehren desselben liessen die Bauern bei der Ernte auf dem Felde ein Aehrenbüschel stehen, welches man Ramslohn nannte. Der Bärenknoblauch, Allium ursinum L., hiess auch Ramser und die gemeine Kreuzblume, Polygala vulgaris L., wurde Ramsel genannt.

Der Name Hagen, den der bekannte Held in der Niebelungensage führt, bedeutet einen Dornstrauch, und da man Dornen auf die Gräber pflanzte und selbst zum Leichenbrand verwendete, so erscheint der Dorn auch als Todtenstrauch, und der Todesgott heisst Högne (Freund Hain = Hagen). Der Weissdorn, Crataegus L. heisst Hagen oder Hagedorn, die Rosa canina L. Hagrose, die Hainbuche, Carpinus, heisst auch Hagenbuche.

Von den Riesen (die auch Troll, Tropf, Hüne genannt werden) haben mehrere Pflanzen ihre Namen erhalten.

Hierher gehört die Trollblume oder Trolle, Trollius europaeus L., die weisse Trollblume, Ranunculus aconitifolius L., die Trollwurz, Inula Conyza DC.

Ferner die Tropfwurz, Polypodium vulgare L. und das Tropfkraut, Parietaria diffusa M. K., auch der Hinfuss, Angelica L. und das Hinschkraut, Gnaphalium dioicum L. Vielleicht bezieht sich auch die Hintläufte, Cichorium L. und selbst die Himbeere = Hindbeere, Rubus idaeus L., auf die Hünen.

Die gefleckte Orchis, Orchis maculata L., welche einen handförmig getheilten Wurzelknollen hat, führte früher von dem nordischen Riesen Forneot den Namen Forniotshand, der dann in den Namen Christushand (palma Christi) verwandelt wurde.

Dieselbe Pflanze heisst auch Brönngras, weil sie von der nordischen Riesin Brana ihrem Lieblinge Halfdan geschenkt wurde. Von dem Zwerge Madelgeer, dem Sohne einer über Zwerge herrschenden Meerminne, führt der Kreuzenzian, Gentiana cruciata L., den Namen Madelgeer; er heisst auch Speerstich, weil seine Wurzel wie mit einem vierschneidigen Speer durchstochen schien, und war ein Heilmittel gegen Gift und Liebestränke.

Alle diese Kräuter wurden in der Regel als Zaubermittel gebraucht.

Besonders viele Pflanzen erhielten ihren Namen nach den Walküren jenen gewaltigen Schildjungfrauen, welche auf der Walstatt die gefallenen Helden auswählen (küren), um sie nach Walhalla zu geleiten und ihnen dort den Becher zu kredenzen. Sie wurden später als Gaugöttinnen oder Heiljungfrauen aufgefasst und waren als solche in der heiligen Zahl Neun vertreten, daher die Namen mehrerer Heil- und Zauberkräuter mit Neun zusammengesetzt sind, z. B. Neunkräfter, Petasites officinalis Mnch.; Neunspitzen, Chenopodium hybridum L.; Neunhelm, Allium Ophioscorodon Dod.; Neunheil, Lycopodium clavatum L.; Neunhämmerlein, Allium Victorialis L.

An die Walküren erinnern die Namen:

Walkürenbeere, Atropa Belladonna L. (auch Teufelsbeere); Walsamen, Sisymbrium Sophia L.; Walstroh, Galium verum L.; Walwurz, Symphitum officinale L.; Walldistel, Eryngium campestre L.; Walpurgismai, Lonicera Xylosteum L. (Hexenkirsche).

Auf die Walküre Gundr dürfte sich auch Gundermann Glechoma L. beziehen, eben so wie Grimwurz, Corydalis solida Sm. auf Grimhild.

Nach der Walküre Thrudr wurden benannt:

Der Drudenbusch, Viscum album L.; der Drudenfuss, Lycopodium clavatum L.; das Drudenkraut, Matricaria Chamomilla L.; die Drudeneiche, Quercus pedunculata Ehr. Auch Weiberschreck oder Frauenkrieg, Echium L., erinnert an die Heiljungfrauen. Alle diese Kräuter waren theils als Heilmittel in den verschiedenartigsten Krankheiten, theils als Zaubermittel in Gebrauch, und mussten, wenn ihre Wirkung nicht fehlschlagen sollte, mit der grössten Vorsicht, zu ganz bestimmten Stunden und unter genau einzuhaltenden Ceremonien gegraben werden.

Sehr zahlreich sind endlich die Pflanzen, welche durch ihre Namen an die verschiedenen dämonischen Wesen (Elben, Elfen, Alben, Bitze, Maren, Gauche, Hexen etc.) der alten Germanen erinnern und als Zauberkräuter gebräuchlich waren.

Der Elfenhandschuh, Aquilegia L., half gegen das Nestelknüpfen und gegen die Unfruchtbarkeit der Frauen.

Der Elfenhut, Digitalis L., dessen Blüthen wurden von den Elfen statt des Hutes getragen und grüssen jedes vorüberkommende überirdische Wesen, so dass sich der ganze Stengel beugt.

Der Elfenrauch oder Albrauch, Fumaria L., wurde von Hexen und Zauberern benützt, um sich unsichtbar zu machen, oder um die Geister der Verstorbenen herbeizurufen; wenn ihn ein Mädchen beim Jäten findet und in's Mieder steckt, begegnet ihr auf dem Heimwege der künftige Bräutigam.

Das Elfengras, Sesleria Ard. und besonders der Elftänzer, Sesleria caerulea Ard., scheint auf die nächtlichen Tänze der Elfen Bezug zu haben. Ein höchst wichtiges Zauberkraut war das Elfenkraut, der Bilsen, Hyoscianus L. Die Hexen tranken den Absud von Bilsenkraut und hatten dann jene Träume, für die sie gefoltert und hingerichtet wurden; das Kraut wurde ferner zur Hexensalbe, zum Wettermachen und Geisterbeschwören verwendet.

Die Else, Erle, Alnus L., ist ein Gespensterbaum, in dessen Zweigen der Erlkönig und seine Töchter sassen. In der Urzeit hatten die Götter der Erle Leben eingehaucht, und daraus das Weib gebildet, wie aus der Esche den Mann.

Der Elsebeerbaum, Sorbus torminalis Cntz., mit dessen Blättern einst der verwundete Bock des Donnergottes geheilt wurde, hatte die Kraft den Wellenzauber zu brechen und die Stürme zu besänftigen.

Der Wermuth, Artemisia Absynthium L., führt auch den Namen Els — er hilft gegen das Beschreien der Kinder und gegen den Alb, und gehörte zu den neunerlei Zauberkräutern, welche in ein Büschel gebunden, geweiht wurden.

Die Albranke, Solanum Dulcamara L., wurde den Kindern als Mittel gegen die Verzauberung in die Wiege gelegt. Der Albstrauch, Prunus Padus L. (auch Elfenstrauch, Elexen), sollte ebenfalls die Unholden und Hexen vertreiben; wer unsichtbar werden wollte, musste ein Kreuz von Elfenholz besitzen, um die Anfechtungen des Teufels abzuhalten.

Die Albruthe, Viscum L., auch Marentacken genannt, galt als Werkzeug des Bösen, und wurde zu geheimen Künsten und Zaubereien gebraucht; mit der Albruthe — dem Mistelzweige — konnte man Schlösser sprengen, aber auch Diebe festhalten; weil sie auf Bäumen nistet, nannte man sie den Mar (Alb) der Bäume, und glaubte, sie wüchse nur auf jenen Aesten, auf denen der Nachtmar geritten sei.

Die Bitzwurz, Adonis vernalis L., hiess auch Teufelsauge.

Die Birke, Betula L., führte den Namen Marenquasto und war der Freya geheiligt; Birken, die in Ruinen wuchsen, standen bisweilen mit der Erlösung verwunschener Wesen in Verbindung.

An die Hexen erinnern: die Hexenbeere, Empetrum nigrum L.; das Hexenkraut, Circaea L.; die Hexenmilch, Euphorbia Lathyris L.

Dieses letztgenannte Kraut lieferte auch die berühmte Springwurzel, mittelst welcher man Schlösser sprengen und insbesondere verborgene Schätze zugänglich machen konnte, denn ihre Wirkung auf die Metalle war so gross, dass Pferde, welche auf diese Wurzel traten, sogleich ihre Hufeisen verloren. Um die Springwurzel zu erhalten, musste man das Flugloch eines (im hohlen Baume befindlichen) Spechtnestes mit einem Keile verspünden, der Specht holte hierauf die Springwurzel, um den Keil herauszutreiben und zu seinen Jungen in's Nest zu gelangen. Die herabfallende Springwurzel wurde dann unten am Fusse des Baumes gefunden.

Eine Art Gänsefuss war ein Hexenkraut und heisst jetzt noch guter Heinrich, Chenopodium bonus Henricus L., weil dessen Blätter den Gänsefüssen ähnlich sind, und weil mehrere Kobolde, die sich gerne Heinz oder Heinrich nannten, ebenfalls Gänsefüsse hatten, und selbst der Teufel Grauheinrich hiess. Mit diesem Kraute wollte man den Aussatz vertreiben. Es führten übrigens auch noch einige andere Zauberkräuter den Namen Heinrich, als: der grosse Heinrich, Inula Helenium L.; der böse Heinrich, Orobanche polymorpha Schrk.; der stolze Heinrich, Echium vulgare L.

Viele Hexenkräuter führten und führen noch jetzt den Namen Guguck=Gauch, denn der Vogel Guguck scheint vordem der Göttin der schönen Jahreszeit — Idun — geweiht gewesen zu sein, erst in späterer Zeit ging Gugucks Name auch auf den Teufel über.

Gauch- oder Guguckskräuter sind:

Das Gauchheil, Anagallis L., soll, im Vorhofe aufgehängt, Gauche und Gespenster vertreiben, auch das aus der Ader fliessende Blut stillen.

Der Gauchklee, Oxalis Acetosella L., schützte gegen Liebestränke; mit dieser Pflanze wurden auch Waffen gefeiet.

Der Gauchbart, Tragopogon pratensis L., und die Gauchblume, Cardamine pratensis L. haben ihren Namen von dem weissen Schaume, der bisweilen an den Stängeln derselben klebt, und der von einem Gauche herrührte.

Auch gibt es einen Gauchhafer, Avena fatna L.; eine Gauchnelke, Lychnis flos cuculi L.; ein Gauchkraut, Silene nutans L.; einen Gauchampfer, Rumex Acetosella L.; einen blauen Guguck, Ajuga reptans L., auch Blaumännchen genannt, und einen rothen Guguck, Orchis Morio L. Die Orchideen überhaupt wurden häufig unter dem Namen „Guguck" zusammengefasst, und lieferten das Material, aus welchem Liebestränke bereitet wurden.

Auch der Gugguhandschuh, Gentiana acaulis L. und die Guckenschelle, Anemone pulsatilla L. dürften zu den Gugucksblumen zu rechnen sein.

An die Guguckskräuter schliessen sich die Teufelskräuter an, es sind dies durchwegs Zauberkräuter, welche dem Menschen feindselig waren, wie z. B.:

Der Teufelskürbiss, Bryonia L., in welchen man die Gicht überpflanzte, indem man das dem Kranken abgelassene Blut in die ausgehöhlte rübenförmige Wurzel goss und diese dann verscharrte und verfaulen liess.

Der Teufelsabbiss, Succisa M. K.

Der Teufelsdarm, Convolvulus arvensis L.

Der Teufelszwirn, Clematis Vitalba L.

Das Teufelshaar, Anemone pulsatilla L.

Das Teufelsauge, Adonis vernalis L.

Die Teufelsbeere, Atropa Belladonna L.

Die Teufelsmilch, Euphorbia L. -

Teufelshosenband, Lycopodium alpinum L.

Der Teufel kommt auch unter dem Namen Valant vor, daher Galium Cruciata Scp., auch Valantskraut hiess.

Entgegen diesen feindlichen Kräften wirkte jedoch der Jageteufel, auch Teufelsflucht genannt, Hypericum perforatum L.; er galt als ein treffliches Mittel gegen Zauberei und den Teufel selbst. Der Saft dieser Pflanze wurde den Hexen eingegeben, damit sie bei der Tortur die Wahrheit sagen, und die Gewalt des Teufels in den Gefolterten vernichtet werde. Diese mit goldgelben Blumen sich schmückende Pflanze wurde bei dem grossen Feste der Sommersonnenwende, wobei man die Verehrung der Sonne durch angezündete Feuer zum Ausdrucke brachte, zum Schmucke der Götterbilder Altäre und Opferthiere verwendet. In späterer Zeit traten an die Stelle dieses Festes die Johannisfeuer, und Jeder, der um die Johannisfeuer tanzte, musste einen Kranz dieses blühenden Krautes, die s. g. Johanniskrone, tragen; seit dieser Zeit heisst die Pflanze Johanniskraut; ehemals hiess sie auch Kund-rat.

Zur Zeit der Wintersonnenwende wurde das Juelfest gefeiert (jetzt Weihnachtsfest), wobei dem Sonnengotte ein Eber geopfert, und der Juelblock mittelst eines durch heftige Reibung neuerzeugten Feuers entzündet werden musste. Da zu dieser Zeit die Gemächer mit Binsen bestreut wurden, nannte man die Binse Scirpus L. auch Juelhalm; sie galt als Sinnbild der Ausdauer, denn sie beugt sich im Sturme, während die majestätische Eiche bricht.

Noch gibt es eine Menge von Pflanzennamen, welche an die Wald und Flur bewohnenden dämonischen Wesen, Nixen, Kobolde, Feen etc. erinnern, wie z. B.:

Bergmändel, Thalictrum flavum L.
Braunmägdelein, Adonis aestivalis L.
Blaumännchen, Ajuga reptans L.
Brunnheilige, Mentha aquatica L.
Drachenblut, Rumex sanguineus. L.
Drachenschwanz, Calla palustris L.
Faule Grete, Aethusa Cynapium L.
Faulieschen, Anagallis arvensis L.
Feeweibl, Ballota nigra L.
Feien = (Feen) Fitz, Ranunculus repens L.
Friedelsauge, Bellis perennis L.
Fürwitzel, Cornus mas L.
Graumändl, Thalictrum minus L.
Hildebrant, Verbascum nigrum L.
Haftemasch, Galium Aparine L.
Himmelshagen, Monotropa Hypopitys L.
Kleiner Meier, Amaranthus Blitum L.
Männiken, Lonicera Periclymenum L.
Nixenblume, Nuphar Smith.
Mumme, Mümmelchen, Nymphaea alba L.

Springauf, Convallaria majalis L.
Schöner Hanns, Dianthus plumarius L.
Waldmännlein, Alyssum L.
Waldschratt, Waldfräulein, Angelica silvestris L.
Wildfräulein, Epilobium angustifolium L.

Aber gar viele deutsche mythische Pflanzennamen sind im Laufe der Zeit gänzlich verloren gegangen, viele andere hat der Volksmund, bei allmälig eingetretenem Verluste des Verständnisses, entstellt und umgewandelt, endlich auch einer ganz anderen Bedeutung angepasst. Die Namen der altheidnischen Götter und Dämonen sind häufig in die Namen der christlichen Heiligen verwandelt worden, insbesondere ist bei diesen Pflanzennamen die h. Maria oft an die Stelle der Freya, der h. Petrus an die Stelle Odins und Donars, der h. Johannes d. T. an die Stelle Baldurs getreten.

Die Zauberwelt der altdeutschen Götter und Dämonen ist im Strome der Zeit versunken, — wir sind viel nüchterner geworden; aber der Zauber, den die Pflanzen durch ihren Bau, ihre Farbe, ihren Duft auf das Gemüth des beschaulichen Naturfreundes ausüben, ist immer noch in Wirksamkeit, und wird es bleiben, so lange Menschen leben; und deshalb möge denn auch der geheimnissvolle Zauber, der diese Naturkinder einst verklärte oder umdüsterte, in den alten Namen derselben erhalten bleiben.

Wien, am 13. Februar 1877.

Dr. Fried. Wilh. Lorinser.

Verzeichniss der Abkürzungen

und

Erklärung der Zeichen.

A. = Alpen.
B. = Blatt oder Blätter.
B. am Gr. = Blätter am Grunde.
Bas. = Basis.
Bh. = Böhmen.
Bl. = Blume.
Blb. = Blumenblätter.
Blkr. = Blumenkrone.
Blttch. = Blättchen.
Bth. = Blüthe.
bth. = blüthig.
bthst. = blüthenständig.
cult. = cultivirte Pflanze.
d. = der, die, das.
f. am Ende eines Wortes = förmig, z. B. eif. = eiförmig.
Fr. = Frucht.
FrBod. = Fruchtboden.
FrKnot. = Fruchtknoten.
FrK. = fruchttragender Kelch.
Gr. = Griffel.
inw. = inwendig.
J. = Istrien.
K. = Kelch.
KB. = Kelchblätter.
Kr. = Krain.
Kr. = Krone (Blumenkrone).
KrB. = Kronenblätter.
Kth. = Kärnthen.
l. am Ende eines Wortes = lich, z. B. rundl. = rundlich.
L. = Lippe.
Mhr. = Mähren.
mittl. = mittlere.
N. = Narbe oder Narben.
o. = oder.
ob. = obere.
Perig. = Perigon.
Pf. = Pflanze.
ros. = rosenroth.
s. am Ende eines Wortes = seits; z. B. obers. = oberseits.
Slz. = Salzburg.
st. am Ende eines Wortes = ständig; z. B. seitenst. = seitenständig.
St. = Steiermark.
Stbfd. = Staubfäden.
Stbgfss. = Staubgefäss.
Stg. = Stengel.
Stg. am Gr. = Stengel am Grunde.
Sud. = Sudeten.
T. = Tyrol.
tr. am Ende eines Wortes = treibend oder tragend.
Tr. = Traube.
u. = und.
Ug. = Ungarn.
unt. = untere.
Untlpp. = Unterlippe.
vrkhrt. = verkehrt.
w. am Ende eines Wortes = wärts; z. B. aufw. = aufwärts.
W. = Wedel.
Wz. = Wurzel.
zsm. = zusammen.
zugesp. = zugespitzt.
⊙ = einjährige Pflanze.
⊙⊙ = zweijährige Pflanze.
♃ = ausdauernde Pflanze.
♄ = Halbstrauch, Strauch o. Baum.
♂ = männliche Blüthe o. Pflanze.
♀ = weibliche Blüthe o. Pflanze.
☿ = Zwitterblüthe.

Die übrigen Abkürzungen, sowie die Namen der Monate und Jahreszeiten sind leicht verständlich.

Erklärung

der

abgekürzten Eigennamen jener Schriftsteller, welche den Namen der Ordnungen, Gattungen und Arten als Autorität beigesetzt sind.

A. DC. = Adolf Decandolle.
A. Br. = Alexander Braun.
Adns. Adanson.
Ait. = Aiton.
All. = Allioni.
Andr. = Andrews.
Andrz. = Andrzeiowsky.
Ang. = Angelis.
Ard. = Arduino.
Aut. = der Autoren.
Aut. p. = mehrerer Autoren.

Bart. = Bartling.
Benth. = Bentheim.
Bert. = Bertoloni.
Bieb. = Bieberstein.
Bill. = Billot.
Bir. = Biria.
Bisch. = Bischoff.
Bk. = Becker.
Blb. = Balbis.
Bl. e. F. = Bluff et Fingerhuth.
Bllr. = Bellardi.
Bmg. = Baumgarten.
Bnngh. = v. Bönninghausen.
Bod. = Bodard.
Br. = Brown.
Brd. = Bridel.
Brg. = Brignoli.
Brkh. = Borkhausen.
Brnh. = Bernhardi.
Brogn. = Brongniart.
Brtl. = Bartling.
Bsl. = Besler.
Bss. = Besser.
Bv. = Beauvais.
Bung. = Bunge.

Cambess. = Cambessedes.
Cass. = Cassini.
Cav. = Cavanilles.
Cham. = Chamisso.
Chois. = Choisy.
Clair. = Clairville.
Clar. = Clarion.
Cmp. = Campdera.
Crntz. = Crantz.
Curt. = Curtis.
Cuss. = Cusson.
Cust. = Custor.

DC. = De Candolle.
Desf. o. Dsf. = Desfontaines.
Desm. = Desmoulins.
Desp. = Desportes.
Desr. = Desrousseaux.
Desv. = Desvaux.
Deth. = Detharding.
Dill. = Dillenius.
Dll. = Döll.
Dlss. = Delessert.
Dod. = Dodonaeus.
Doll. = Dolliner.
Dub. = Dubois.
Dum. = Dumortier.

Endl. = Endlicher.
Ehr. = Ehrhart.

F. d. W. = Flora der Wetterau.
Facc. = Facchini.
Fleisch. = Fleischmann.
Flk. = Flörke.
Fnk. = Funk.
Fnz. = Fenzl.
Fr. = Fries.
Frey. = Freyer.
Fres. = Fresenius.
Frhl. = Fröhlich.
Fsch. Fisch. = Fischer.

Gaud. Gd. = Gaudin.
Gaw. = Gawler.
Ger. = Gerard.
Gm. Gml. = Gmelin.

Good. = Goodenugh.
Gou. = Gouan.
Grev. = Greville.
Grf. = Graf.
Gron. = Gronovius.
Grtn. = Gärtner.
Guer. = Guersent.
Gun. = Gunner.
Guss. = Gussone.
Guth. Gthn. — Guthnick.

Hänk. Hnk. = Hänke.
Hall. = Haller.
Hartm. = Hartmann.
Hausm. = Hausmann.
Hayn. = Hayne.
Hchst. = Hochstetter.
Heuff. = Heuffel.
Heynh. = Heynhold.
Hds. = Hudson.
Hffm. = Hoffmann.
Hgtsch. = Hegetschweiler.
Hlad. = Hladnik.
Hor. = Hornung.
Hpp. = Hoppe.
Hpp. u. Hrn. = Hoppe u. Hornschuch.
Hrnm. Hornm. = Hornemann.
Hst. = Host.
Humb. = Humboldt.

Jcq. = Jacquin.
Jur. = Juratzka.
Juss. = Jussieu.

Kch. = Koch.
Ker. = Kerner.
Kit. = Kitaibel.
Kitt. = Kittel.
Klnggf. = Klinggraeff.
Krk. = Kroker.
Kth. = Kunth.
Kütz. = Kützing.

L. = Linné.
L. f. o. *fil.* = Linné, Sohn.
L' Herit. = L' Heritier.
Lag. = Lagasca.
Lam. = Lamarck.
Lamb. = Lambert.
Lap. = Lapeyrouse.
Led. = Ledebour.
Lej. = Lejeune.
Leyb. = Leybold.
Leys. = Leysser.

Lgg. = Lagger.
Lhm. = Lehmann.
Lightf. = Lightfoot.
Lilj. = Liljeblad.
Lindl. = Lindley.
Lk. Lnk. = Link.
Löfl. = Löfling.
Loisl. Ls. = Loiseleur-Deslongchamps.
Lss. Less. = Lessing.

Mart. = Martius.
Mass. = Massara.
Maz. = Mazugatti.
MB. o. *M. v. Bb.* = Marschall von Bieberstein.
M. u. K. = Mertens u. Koch.
Mch. = Michaux.
Med. = Medicus.
Mey. = Meyer.
Mhr. = Möhring.
Mich. = Micheli.
Mik. = Mikan.
Mill. = Miller.
Mnch. = Mönch.
Molin. = Molina.
Monn. = Monnier.
Moric. = Moricand.
Moris. = Morison.
Murr. = Murray.

Neck. = Necker.
Nees. = Nees von Esenbeck.
Nestl. = Nestler.
Neil. = Neilreich.
Nlt. = Nolte.
Nutt. = Nuttal.

Oliv. = Olivier.
Ort. = Ortmann.

P. B. / *Pal. d. Bv.* } Palissot de Beauvois.
Pall. = Pallas.
Peterm. = Petermann.
Plich. = Pollich.
Pluk. = Plukenet.
Poir. = Poiret.
Poll. = Pollich.
Pollin. = Pollini.
Port. = Portenschlag.
Pour. = Pourret.
Pr. Prs. = Persoon.
Prp. = Perpenti.

Prsl. = Presl.
Pt. Br. = Patrik Brown.

R. Br. = Robert Brown.
R. S. oder *R. u. S.* = Römer und Schultes.
Raj. = Rajus.
Ram. = Ramond.
Rb. = Reichenbach.
Rbt. = Rebentisch.
Rchd. = Reichard.
Reich. = Reichenbach.
Retz. = Retzius.
Rey. = Reynier.
Rhd. = Rohde.
Rich. = Richard.
Riss. = Risso.
Rivin. = Rivinus.
Rottb. = Rottböll.
Roxb. = Roxburgh.
Roz. = Rozier.
Rth. = Roth.
Rtz. = Retzius.
Rupp. = Ruppius.

Sad. = Sadler.
Sal. = Salisbury.
Sav. = Savi.
Saut. = Sauter.
Schäff. = Schäffer.
Schk. = Schkuhr.
Schl. = Schleicher.
Schlt. = Schultes.
Schlz. = Schulz.
Schmp. = Schimper.
Schmp. u. Sp. = Schimper u. Spenner.
Schrb. = Schreber.
Schrd. = Schrader.
Schrk. = Schrank.
Schtt. = Schott.
Schum. = Schumacher.
Schw. = Schweigger.
Schw. u. K. = Schweigger u. Körte.
Scop. = Scopoli.
Seb. u. M. = Sebast und Mauri.
Ser. = Seringe.
Sibt. Sibth. = Sibthorp.
Sieb. = Sieber.
Sm. = Smith.
Sol. = Solander.
Somm. = Sommerauer.
Sond. = Sonder.
Spenn. = Spenner.
Spr. = Sprengel.
Spring. = Springer.
Stg. Strbg. = Sternberg.
St. Hil. = St.-Hilaire.
St. u. Hpp. = Sternberg u. Hoppe.
Stev. Stv. = C. A. Steven.
Stph. = Stephan.
Sutt. = Sutton.
Sw. = Swartz.

Ten. = Tenore.
Thom. = Thomas.
Thor. = Thore.
Thrin. = Thrincius.
Thuil. = Thuillier.
Thunb. = Thunberg.
Tn. = Tenore.
Tomm. = Tommasini.
Tourn. = Tournefort.
Trev. Trv. = Treviranus.
Trin. = Trinius.
Trtt. = Trattinick.
Tsch. = Tausch.
Turr. = Turra.

Vaill. = Vaillant.
Vent. = Ventenat.
Vhl. = Vahl.
Vill. = Villars.
Vis. = Visiani.
Viv. = Viviani.
Vit. = Vitman.
Vst. = Vest.

W. = Willdenow.
W. u. G. = Wimmer u. Grabowsky.
WK. W. u. K. = Waldstein und Kitaibel.
Wbl. = Wiebel.
Weig. = Weigel.
Weih. = Weihe.
Wend. = Wendland.
Whlbg. = Wahlenberg.
Wib. = Wiebel.
Wig. Wgg. = Wiggers.
Wim. = Wimmer.
With. = Withering.
Wkstr. = Wickström.
Wlf. Wulf. = Wulfen.
Wllm. = Wallmann.
Wllr. Wll. = Wallroth.
Wrtg. = Wirtgen.
Wtb. = Withering.

Zahlb. = Zahlbruckner.
Zant. = Zantedeschi.

Analytische Uebersicht

der

24 Klassen des Linné'schen Pflanzensystems.

---

1. In den Blüthen der Pflanze finden sich wirkliche Staubgefässe und Stempel. (Offenblühende o. Phanerogamen.) 2
   Eine eigentliche Blüthe fehlt fast stets, Staubgefässe und Stempel immer; die Fortpflanzungsorgane sind anders beschaffen. (Verborgenblühende o. Kryptogamen.) XXIV. **Cryptogamia.** Verborgenblühende.

2. In jeder einzelnen Blüthe finden sich entweder bloss Staubgefässe (männliche Blüthe), o. bloss Stempel (weibliche Blüthe) also nur eingeschlechtige Blüthen. 3
   Staubgefässe und Stempel finden sich in einer und derselben Blüthe vereint vor (Zwitterblüthen;) bisweilen kommen Zwitterblüthen mit eingeschlechtigen gemischt vor. 4

3. Staubgefäss- und Stempelblüthen kommen auf einer und derselben Pflanze vor. .... XXI. **Monoecia.** Einhäusige.
   Staubgefässblüthen finden sich auf einer Pflanze, die Stempelblüthen auf einer andern Pflanze derselben Art. XXII. **Dioecia.** Zweihäusige.

4. Es kommen auf der Pflanze nur Zwitterblüthen und keine eingeschlechtigen vor. 5
   Es kommen auf der Pflanze Zwitterblüthen mit eingeschlechtigen gemischt vor. ....XXIII. **Polygamia.** Vielehige.

5. Die Staubgefässe der Zwitterblüthe sind frei. (Staubkölbchen und Staubfäden sind weder untereinander, noch die Staubkölbchen mit der Narbe verwachsen.) 9
   Staubkölbchen o. Staubfäden der Zwitterblüthe sind verwachsen. 6

6. Die Staubgefässe sind an den Griffel angewachsen; das Staubkölbchen (seltner 2) steht unmittelbar über der Narbenfläche. (Befruchtungssäule.) .... XX. **Gynandria.** Stempelständige.
   Die Staubgefässe sind nicht an den Griffel angewachsen, sondern unter einander verwachsen. 7

7. Die 5 Staubkölbchen sind in eine Röhre verwachsen, die Staubfäden frei. (Zusammengesetzte Blüthe des L.; Blüthenkörbchen.) XIX. **Syngenesia.** Blüthenverein.
   Die Staubkölbchen sind frei, die Staubfäden untereinander verwachsen. 8

8 Die Staubfäden sind in eine Röhre oder in ein Bündel verwachsen; auch ist keine schmetterlingsförmige Blumenkrone vorhanden.
XVI. **Monadelphia.** Einbrüdrige.
Die Staubfäden sind in 2 Bündel verwachsen, oder 9 sind verwachsen und der zehnte frei, oder alle Staubgefässe sind in ein Bündel verwachsen, in diesem Falle jedoch von einer schmetterlingsf. Blumenkrone umhüllt........XVII. **Diadelphia.** Zweibrüdrige.
Die Staubfäden sind in mehr als 2 Bündel verwachsen.
XVIII. **Polyadelphia.** Vielbrüdrige.

9 In der Zwitterblüthe befindet sich 1 Staubgefäss.
I. **Monandria.** Einmännige.
In der Zwitterblüthe befinden sich 2 freie Staubgefässe.
II. **Diandria.** Zweimännige.
In der Zwitterblüthe befinden sich 3 freie Staubgefässe.
III. **Triandria.** Dreimännige.
In der Zwitterblüthe befinden sich 4 freie Staubgefässe, alle 4 Staubkölbchen tragend.................................... 11
In der Zwitterblüthe befinden sich 5 freie Staubgefässe, o. 10, darunter aber 5 ohne Staubkölbchen. V. **Pentandria.** Fünfmännige.
In der Zwitterblüthe befinden sich 6 freie Staubgefässe.......... 12
In der Zwitterblüthe befinden sich 7 freie Staubgefässe.
VII. **Heptandria.** Siebenmännige.
In der Zwitterblüthe befinden sich 8 freie Staubgefässe.
VIII. **Octandria.** Achtmännige.
In der Zwitterblüthe befinden sich 9 freie Staubgefässe.
IX. **Enneandria.** Neunmännige.
In der Zwitterblüthe befinden sich 10 freie Staubgefässe.
X. **Decandria.** Zehnmännige.
In der Zwitterblüthe befinden sich 12 bis 20 freie Staubgefässe.
XI. **Dodecandria.** Zwölfmännige.
In der Zwitterblüthe befinden sich mehr als 20 freie Staubgefässe. 10

10 Die Staubgefässe stehen auf dem Kelchrande.
XII. **Icosandria.** Zwanzigmännige.
Die Staubgefässe stehen auf dem Blüthenboden.
XIII. **Polyandria.** Vielmännige.

11 Die 4 Staubgefässe sind sämmtlich von gleicher Länge.
IV. **Tetrandria.** Viermännige.
2 Staubgefässe sind länger, 2 kürzer.
XIV. **Didynamia.** Zweimächtige.

12 Die 6 Staubgefässe sind sämmtlich von gleicher Länge.
VI. **Hexandria.** Sechsmännige.
4 Staubgefässe sind länger, 2 kürzer.
XV. **Tetradynamia.** Viermächtige.

Die Ordnungen

der

24 Klassen des Linné'schen Pflanzensystems.

Bei den ersten 13 Klassen werden die Ordnungen nach der Zahl der Stempel (oder auch nur der Griffel und Narben) bestimmt. Die Namen dieser Ordnungen sind daher folgende:

1. Ordnung: 1 Stempel. *Monogynia.*
2. Ordnung: 2 Stempel. *Digynia.*
3. Ordnung: 3 Stempel. *Trigynia.*
4. Ordnung: 4 Stempel. *Tetragynia.*
5. Ordnung: 5 Stempel. *Pentagynia.*
6. Ordnung: 6 Stempel. *Hexagynia.*

Mehr als 6 Stempel. *Polygynia.*

Die Ordnungen der 14. und 15. Klasse werden nach der Beschaffenheit der Frucht gebildet und heissen bei der 14. Klasse:

1. Ordnung: *Gymnospermia.* Nacktsamige. (Mit 4samigen Spaltfrüchten.)
2. Ordnung: *Angiospermia.* Bedecktsamige. (Mit Kapselfrüchten.)

Bei der 15. Klasse:

1. Ordnung: *Siliculosa.* Mit Schötchen.
2. Ordnung: *Siliquosa.* Mit Schoten.

Die Ordnungen der 16., 17. und 18. Klasse werden nach der Zahl und der Anheftung der Staubgefässe gebildet, eben so wie bei den Klassen 1—13.

Die Ordnungen der 19. Klasse bestimmt man nach dem Geschlechte und der Gestalt der einzelnen in dem Blüthenkörbchen enthaltenen Blümchen. Hierzu dient die analytische Darstellung der *Compositen* auf der Seite 212 und der folgende Schlüssel für das Linné'sche System.

Die Ordnungen der 20.—23. Klasse werden nach der Zahl und Anheftung der Staubgefässe so wie deren Verwachsung gebildet, und erhalten dieselben Namen wie die Klassen 1—13 und 16—19.

Von den Ordnungen der 24. Klasse ist nur die 1. Ordnung *Filices* (Farne, kryptogamische Gefässpflanzen) in diesem Buche enthalten.

Analytischer Schlüssel

zur

Bestimmung der Pflanzengattungen.

nach dem *Linné*'schen Systeme.

Anmerkung. *Unterscheidende Merkmale der Pflanzen, die ihre Blüthe, Blätter, das äussere Ansehen u. s. w. betreffen, sind meist ohne Schwierigkeiten erkennbar. Doch werden bisweilen auch minder augenfällige angeführt, die sich auf die Beschaffenheit der Frucht o. Fruchtanlage beziehen. Finden sich in einem solchen Falle an der zu bestimmenden Pflanze noch keine Früchte vor, so untersuche man mittelst einer guten Lupe einen der Quere, und einen der Länge nach durchschnittenen FrKnoten, und man wird die Anzahl der Fächer, die Zahl und Anheftung der Eichen, die Samenträger, Klappen u. s. w. selbst bei kleineren Pflanzen recht gut unterscheiden können.*

I. Klasse. MONANDRIA. Einmännige.

1. Ordnung. **Monogynia.** Einweibige.

1 { Kr. 1blättr., bespornt. .....Seite 206. **Centranthus.**
  { Kr. fehlt. 2

2 { B. quirlst. ....S. 145. **Hippuris.**
  { B. fehlen; Stg. gegliedert. ..... S. 372. **Salicornia.**
  (Alchemilla arvensis.)

2. Ordnung. **Digynia.** Zweiweibige.

1 { Grasgewächse. 2
  { Kein Gras. 3

2 { Aehrch. 1—2bth. *J*. .... Seite 524. **Psilurus.**
  { Aehrch. mehrbth. .... S. 514. **Festuca.**

3 Wasserpfl. mit gegenst. B. .....S. 146. **Callitriche.**
Landpflanzen 4

4 B. 3eckig o. spiessf.; Bth. geknäult; Fr. einer Erdbeere ähnlich ....S. 374. **Blitum.**
B. lineal, 1nerv.; Bth. in Aehren; Fr. wanzenähnlich. S. 372. **Corispermum.**

II. Klasse. DIANDRIA. Zweimännige.

1. Ordnung. Monogynia. Einweibige.

Die 2männigen Gräser (*Coleanthus, Crypsis, Imperata, Anthoxanthum, Hierochloa, Bromus* u. a.) suche man unter der nat. Ordnung „Gräser“, S. 482.

1 Bth. unvollständig — ein Perig. vorhanden, bisweilen auch dieses fehlend 2
Bth. vollständig 6

2 Cypergrasgewächse, siehe S. 461. (Arten v. *Scirpus, Rhynchospora* u. *Cladium*.
Keine Cypergräser 3

3 Baum mit vielehigen Bth. u. gefiederten B. S. 292. **Fraxinus.**
Keine Bäume 4

4 Perig. fehlt; Nüsse 4; Stg. fadenf.; B. borstl., scheidig. S. 420. **Ruppia.**
Perig. vorhanden 5

5 Perig. fleischig; Stg. gegliedert, blattlos. S. 372. **Salicornia.**
Perig. häutig; schwimmende Wasserpfl. mit laubart.-gegliederten Stg. ....S. 421. **Lemna.**

6 Bth. oberst.; Kr. 2blttr. ....S. 144. **Circaea.**
Bth. unterst. 7

7 Bäume o. Sträuche; Kr. regelm. 8
Krautige Pfl.; Kr. unregelm. 12

8 KrSaum 5—8spaltig; Bth. weiss; B. gefiedert. S. 293. **Jasminum.**
KrSaum 4spalt. o. 4theil. 9

9 { B. gefiedert; Nuss flach-zsmgedrückt. S. 292. **Fraxinus.**
B. nicht gefiedert 10

10 { Beere schwarz. (Strauch meist zu Hecken.) S. 292. **Ligustrum.**
Kaps. 2fächer.; B. herz.-eif. ....S. 292. **Syringa.**
Steinfrucht. (Istr. Pfl.) 11

11 { FrSchale zerbrechlich; Bth. weisslich-grün. S. 292. **Phillyrea.**
FrSchale knöchern; Bth. blassgelb. ...S. 292. **Olea.**

12 { Kr. gespornt 13
Kr. ungespornt 14

13 { K. 5spalt.; WzB. fett anzufühlen. S. 353. **Pinguicula.**
K. 2blttr.; Wasserpfl.; statt der B. kleine Bläschen an haarf. Verästelungen ..... S. 353. **Utricularia.**

14 { 4 nackte Fr. am Grunde des K. 15
2fächer. Kapsel 17

15 { Kr. trichterf., 4spaltig, fast gleich .S. 340. **Lycopus.**
Kr. rachenf. 16

16 { Stgfss. am Rande mit 1 Zahne. S. 340. **Rosmarinus.**
Stbgfss. am Grunde zahnlos. ....S. 341. **Salvia.**

17 { 2 fruchtb. u. 2 unfruchtb. Stbgfss. vorhanden; N. 2plattig ....S. 319. **Gratiola.**
Bloss 2 Stbgfss. vorhanden 18

18 { Kr. fast radf., 4spalt., der unterste Zipfel schmäler. S. 322. **Veronica.**
Kr. 2lippig 19

19 { Schlund der Kr. nackt ....S. 326. **Paederota.**
Schlund der Kr. zottig. ....S. 326. **Wulfenia.**

Hierher noch: *Lepidium ruderale*, *Alchemilla arv.*, Arten von *Lythrum, Blitum, Salicornia, Corispermum* u. *Valerianella.*

III. Klasse. TRIANDRIA. Dreimännige.

1. Ordnung. **Monogynia.** Einweibige.

Die in diese Ordnung gehörigen Gräser suche man unter der Ordnung „Gräser", S. 482.

1. Bth. vollständig 2
   Bth. unvollständig 4
2. Bth. oberst. 3
   Bth. unterst.; K. 2blttr.; Kr. an der Seite gespalten. S. 152. **Montia.**
3. KSaum zuletzt mit 1 Haarkrone; Kr. am Grunde höckerig. ....S. 205. **Valeriana.**
   KSaum gezähnelt, oft unscheinbar; Bth. milchweiss o. bläul... ....S. 207. **Valerianella.**
4. Bth. balgartig — Cypergräser. Zur weitern Bestimmung der hierher gehör. Gattungen dient der Schlüssel auf d. S. 461.
   Bth. nicht balgartig.. 5
5. Perig. kelchartig, 6blttr., mit 2 DeckB. S. 372. **Polycnemum.**
   Perig. blumenkronartig 6
6. Perig. unregelm., fast 2lippig.....S. 437. **Gladiolus.**
   Perig. regelm. 7
7. Perig. mit abwechselnd-zurückgebogenen Zipfeln. S. 437. **Iris.**
   PerigZipfel gleichförmig 8
8. Röhre des Perig. sehr lang; NZipfel aufw. breiter. S. 436. **Crocus.**
   Röhre des Perig. kurz; NZipfel sehr schmal, zurückgekrümmt ....S. 436. **Trichonema.**

Hierher: *Asperula tinctoria* und Arten von *Juncus*.

2. Ordnung. **Digynia.** Zweiweibige.

Bth. balgartig. Gräser. Zur Bestimmung der Gattungen dient der Schlüssel auf d. S. 482.

Hierher: Arten v. *Corispermum* u. *Blitum*.

3. u. 4. Ordnung. **Tri- u. Tetragynia.** Drei und Vierweibige.

1 Aestiger, kahler Strauch mit lederig. B. u. schmutziggelb. Bth. . . . . S. 385. **Osyris.**
Krautige Gewächse 2

2 Kr. trichterf., an der Seite gespalten, mit 5lapp. Saume. . . . . S. 152. **Montia.**
Kr. mehrblttr. 3

3 Kr. 3blttr.; K. 2theil. . . . . S. 68. **Elatine.**
Kr. 5blttr. 4

4 Blb. kürzer als der 5theil. K. . . S. 154. **Polycarpon.**
Blb. länger als der 5blttr. K. . . . . S. 65. **Holosteum.**

Hierher: *Alsine media* u. Arten von *Arenaria.*

IV. Klasse. TETRANDRIA. Viermännige.

1. Ordnung. **Manogynia.** Einweibige.

1 **Bth. unvollständig** 2
Bth. vollständig 7

2 Perig. oberst., 4splt., bleibend . . . . . S. 144. **Isnardia.**
Perig. unterst. 3

3 Baum mit vielehigen Bth.; Perig. glockig. S. 386. **Elaeagnus.**
Kräuter 4

4 Perig. mit 8spalt. Saume; Bth. grün o. gelbl. S. 137. **Alchemilla.**
Perig. 4spalt. o. 4theil. 5

5 B. pfriemlich. (Rauhhaar. Litt.-Pf.) S. 376. **Camphorosma.**
B. nicht pfrieml. 6

6 Bth. weiss; Stg. 2blttr.; B. herzf. S. 443. **Majanthemum.**
Bth. braunroth; B. gefiedert. S. 138. **Sanguisorba.**
Bth. grün, vielehig; N. kopfig-pinself. S. 395. **Parietaria.**

7 Bthköpfe mit reichblttr. Hülle; eigentl. K. doppelt, der innere zuletzt an die Fr. angewachsen; Kr. 1blttr. (Zur Bestimmung der hierher gehör. Gattungen aus der Ordn. der *Dipsaceen* dient der Schlüssel auf der S. 208.)
K. einfach 8

8 Kr. 4blättr. 9
Kr. 1blttr. 12

9 Bäume o. Sträuche 10
Kräuter 11

10 SteinFr. ....S. 195. **Cornus.**
4—5kantige Kapsel ....S. 85. **Evonymus.**

11 Wasserpfl. mit rautenf. B., weisser Bth. u. 4dornigen Nüssen .... S. 144. **Trapa.**
Alpenpfl. mit 2—3fach-3zähl. B. u. schmutz.-purp. Bth. S. 16. **Epimedium.**

12 K. oberst.; B. zu 4, o. wirtelig zu 6—12. (Die hierher gehör. Gattungen aus der nat. Ord. der *Rubiaceen* bestimme man mit dem Schlüssel S. 199.)
K. unterst. 13

13 Kr. unregelm., 3—5spalt.; Bth. blau, in kugeligen Köpfch. ....S. 363. **Globularia.**
Kr. regelm. 14

14 KSaum 5spalt.; Kr. kreiself., fast glockig. (Immergrüner kriech. Halbstrauch mit gegenst., rundl.-eif. B.) ....S. 199. **Linnaea.**
KSaum 4spalt. o. 4theilig. 15

15 Gr. mit 2 N.; KrSaum 4spalt.; Bth. violett o. blau. S. 297. **Gentiana.**
Gr. mit 1 N.; KrSaum 4theil 16

16 KrSaum zurückgebrochen; N. fädlich, verlängert; Kr. trockenhäut. ....S. 366. **Plantago.**
KrSaum abstehend o. zsmneigend; N. kopfig 17

17 KrRöhre fast kugelig; Bth. weiss o. rosa. S. 357. **Centunculus.**
KrRöhre walzl.; Bth. gelb ....S. 300. **Cicendia.**

Hierher: *Cardamine hirsuta*, Arten v. *Thesium* u. *Rhamnus*.

2. Ordnung. **Digynia**. Zweiweibige.

Blattlose, kletternde Schmarotzer mit weissen, röthl. o. gelbl. Bth. ....S. 302. **Cuscuta.**
Beblätterte Pfl. ....S. 297. **Gentiana.**

(*Swertia.* Arten v. *Atriplex* u. *Chenopodium.*)

3. Ordnung. **Tetragynia.** Vierweibige.

1 Perig. 4theil.; Steinfr. 4; Wasserpfl. S. 417. **Potamogeton.**
K. u. Kr. vorhanden. 2

2 Strauch o. Baum mit immergrün., lederigen, am Rande dornigen B. ....S. 291. **Ilex.**
Kräuter 3

3 Die Zipfel des 4spalt. K. 2—3spaltig; FrKnot. 8fächer.; Pfl. 1—2 Zoll hoch. ....S. 70. **Radiola**
KZipfel ungetheilt. 4

4 Bth. doldig; Blb. ausgebissen-gezähnt. S. 65. **Holosteum.**
Bth. nicht doldig. 5

5 4 kapself. Früchtchen vorhanden. S. 155. **Bulliarda.**
Eine Kapsel vorhanden. 6

6 Kapsel 4klappig...................S. 61. **Sagina.**
Kapsel 8—10klappig. ....S. 66. **Mönchia.**

(*Elatine Hydropiper.*)

V. Klasse. PENTANDRIA. Fünfmännige.

1. Ordnung. **Monogynia**. Einweibige.

1 Bth. unvollständig........................ 2
Bth. vollständig. 7

2 Bth. oberst.; Stbgfss. von einem Haarbüschel umschlossen; B. lineal...........S. 384. **Thesium.**
Bth. unterst. 3

3 Baum mit gefied., lederigen B. u. vielsam. fleisch. Hülse. . . . . .S. 123. **Ceratonia.**
Kräuter mit 5theil. Perig. 4

4 5 Stbgfss.; Perig. glockig, weiss o. rosa. S. 362. **Glaux.**
10 Stbgfss., davon 6 unfruchtb. 5

5 Zipfel des Perig. von der Seite her zsmgedrückt: Bth. schneeweiss . . . . .S. 153. **Illecebrum.**
Zipfel des Perig. flach-concav. 6

6 Bth. in endst. Köpfch. mit grossen, trockenhäut., silberweiss. DeckB. . . . . .S. 153. **Paronychia.**
Bth. in blattwinkelst. Knäueln. . .S. 153. **Herniaria.**

7 Kr. vielblttr. 8
Kr. 1blttr. 15

8 Bth. oberst. 9
Bth. unterst. 10

9 Blb. benagelt, auf dem KSaume. . . . .S. 160. **Ribes.**
Blb. mit breit. Grunde vor 1 oberweib. Scheibe sitzend. . . . . .S. 195. **Hedera.**

10 Bth. unregelm. 11
Bth. regelm. (Holzige Gewächse.). 12

11 K. 3blttr., das unpaar. B. viel grösser, gespornt; Kr. 3blttr. . . . . .S. 81. **Impatiens.**
K. 5blttr.; Kr. 5blttr. . . . . .S. 45. **Viola.**

12 B. 3—5zählig. . . . . .S. 78. **Ampelopsis.**
B. einfach. 13

13 Blb. an der Spitze zsmhängend; B. 5lappig. S. 78. **Vitis.**
Blb. an der Spitze frei. 14

14 Stbgfss. mit den Blb. abwechselnd auf 1 Drüsenscheibe. . . . . .S. 85. **Evonymus.**
Stbgfss. vor die Blb. gestellt. (Zur Bestimmung der 3 hierher gehör. Gattungen aus der nat. Ord. der *Rhamneen* dient der Schlüssel S. 85.)

15 Bth. oberst. 16
Bth. unterst. 18

16 { Beere 2—3fächer.; Kr. unregelm. S. 198. **Lonicera.**
Kapsel. 17

17 { Stbgfss. 10, davon 5 unfruchtb.; Bth. in Tr.; Kaps. fast kugelig. . . . . .S. 362. **Samolus.**
Stbgfss. 5. (Die hierher gehör. 6 Gattungen aus der nat. Ord. der *Campanulaceen*, bestimme man mit dem Schlüssel auf d. S. 278.)

18 { 4 einsamige o. 2 zweisam. nackte Nüsschen am KGrunde. (Die hierher gehör. 17 Gattungen aus der nat. Ord. der *Boragineen* bestimme man mit dem Schlüssel auf der S. 303.)
Fr. eine Kapsel, Balgkapsel o. Beere. 19

19 { Beere. 20
2 Balgkapseln. 23
Kapsel. 24

20 { Kr. glockig, schmutzig-violett-braun, geadert; Beere glänz. schwarz. . . . . .S. 312. **Atropa.**
Kr. trichterf. (Sträuche.) . . . . .S. 311. **Lycium.**
Kr. radf. 21

21 { Bth. in Tr. o. Ebensträussen. . . . .S. 312. **Solanum.**
Bth. blattwinkelst., einzeln. 22

22 { K. zuletzt aufgeblasen, mennigroth, die rothe Beere einschliessend. . . . . S. 312. **Physalis.**
K. nicht aufgeblasen; Beere eif.-kegelf., gross, roth o. gelb. . . . . .S. 313. **Capsicum.**

23 { Ansehnl. Strauch mit trichterf. rosenr. Kr. S. 295. **Nerium.**
Kräuter mit lieg. o. kriech. Stg. u. blauer o. weisser, tellerf. Kr. . . . . .S. 294. **Vinca.**

24 { Kapsel 1fächerig. 25
Kapsel 2—5fächerig. 35

25 { Kr. glockig, Zipfel des Saumes zurückgeknickt. S. 362. **Cyclamen.**
Kr. radf. 26
Kr. trichter- o. tellerf. 28

26 { Samenträger 2, wandst.; N. 2theil.; B. schwimmend. S. 296. **Limnanthemum.**
Samenträger mittelpunktst. 27

27 Kapsel 5klappig. ....S. 356. **Lysimachia.**
Kapsel ringsum aufspring. ....S. 357. **Anagallis.**

28 Kaps. 1sam; Kr. trichterf.; B. stgumfassend; *J.* S. 365. **Plumbago.**
Kaps. mehrsam. 29

29 Samenträger 2, wandst.; Kr. inwendig bärtig; B. 3zählig. ....S. 296. **Menyanthes.**
Samenträger mittelpunktst. 30

30 K. 5theil. 31
K. 5zähnig o. 5spalt. 32

31 Kr. tellerf.; Wasserpfl. mit kammf.-fiederspalt. B. S. 361. **Hottonia.**
Kr. trichterf.; Berg- o. Alpenpfl. mit rundl.-herz- o. nierenf. B. .... S. 362. **Soldanella.**

32 KrRöhre eif., an der Spitze verengert; WzB. rosettig. S. 357. **Androsace.**
KrRöhre walzl. o. keulig. 33

33 Stbgfss. am Grunde durch 1 Ring verbunden; Bth. purp. ....S. 362. **Cortusa.**
Stbgfss. am Grunde frei. 34

34 FrKnoten 5eiig. ....S. 358. **Aretia.**
FrKnoten vieleiig. ....S. 359. **Primula.**

35 Kr. radf. ungefaltet. 36
Kr. glockig, ungefaltet. 37
Kr. trichterf., meist gefaltet. 38

36 N. 3spalt.; B. gefiedert; Bth. blau o. weiss. S. 301. **Polemonium.**
N. einfach; KrSaum und Stbgfss. ungleich. S. 314. **Verbascum.**

37 Kr. röhrig-glockig, braun, inwendig olivengrün. S. 313. **Scopolina.**
Kr. glockig. Kleiner immergrün. Alpenstrauch mit ros. Bth. ....S. 288. **Azalea.**

38 Staubkölbch. nach dem Verblüh. schraubenf.-zsmgedreht; Bth. gelb o. fleischroth. S. 300. **Erythraea.**
Stbkölbch. nicht zsmgedreht. 39

39 Kapsel gedeckelt; Bth. trübgelb, geadert o. mit violettem Schlunde.........S. 313. **Hyoscyamus.**
Kapsel 2—4klappig; Kr. gefaltet, 5kantig......... 40

40 N. 2, fädlich; Kapselfächer 2sam.; Bth. weiss o. rosa. S. 302. **Convolvulus.**
N. einfach o. aus Plättchen gebildet; Kapselfächer vielsam................................ 41

41 N. kopfig; Bth. rosenr. o. grünlich. S. 313. **Nicotiana.**
N. aus 2 Plättch. gebildet; Kaps. dornig; Bth. weiss o. violett..................... S. 313. **Datura.**

Hierher: *Elaeagnus, Rubia, Crucianella, Apocynum,* Arten v. *Polygonum, Gentiana* u. *Cynanchum, Cuscuta monogyna.*

2. Ordnung. **Digynia.** Zweiweibige.

1 Bth. vollständig; KRöhre mit dem FKnoten verwachsen o. der Fr. anhängend; KSaum mehr o. weniger deutlich............................ 2
Bth. unvollst.. 9

2 Kr. 5blättrig.. 3
Kr. 1blttr., unterst...................................... 4

3 K. 5spalt., rundum abspringend. Baumartiger, dorniger Strauch. ....S. 85. **Zizyphus.**
KRöhre an den FrKnoten angewachsen; Blb. auf dem K. stehend; Bth. in Köpfch. o. in einfachen o. zsmgesetzt. Dolden. (Zur Bestimmung der zahlreich., hierher gehör. Gattungen aus der nat. Ord. der **Umbelliferen** dient der Schlüssel auf der S. 167.)

4 Kletternde, blattlose, ästige Pfl. mit fadenf. Stg., auf anderen Pfl. schmarotzend; Kr. 4—5spalt. S. 302. **Cuscuta.**
Keine Schmarotzerpfl....................................... 5

5 FrKnot. 2, mit 1 gemeinschaftl. N.................. 6
FrKnot. 1, mit 2 gegenst. Samenträgern............ 7

6 Kr. radf.; Staubfädenkranz aus 1 Stücke, 5lappig. S. 293. **Cynanchum.**
Kr. glockig, KrRöhre mit 5 spitz. Zähnchen. S. 294. **Apocynum.**

7 2 fransige Honiggruben am Grunde der KrZipfel. S. 297. **Swertia**.
Honiggruben nicht vorhanden 8

8 Gr. fehlt; N. fadenf. an den FrKnoten beiders. herablaufend; Kr. radf. .... S. 297. **Lomatogonium**.
Gr. 2, o. 1 mit 2 N.; KrRöhre walzl. o. glockig, mit 4—9spalt. Saume .... S. 297. **Gentiana**.

9 Bäume mit am Grunde ungleichen B. 10
Kräuter 11

10 Bth. vielehig; SteinFr.; B. längl.-lanzett., geschärft-gesägt .... S. 396. **Celtis**.
Bth. zwitterig; FlügelFr.; B. doppelt-gesägt. S. 396. **Ulmus**.

11 10 Stbgfss., davon 5 unfruchtb. 12
5 Stbgfss. (Zur Bestimmung der hierher gehör. Gattungen aus der nat. Ord. der *Chenopodeen* dient der Schlüssel auf d. S. 369.)

12 NebenB. fehlen; PerigZipfel grün, weiss-berandet. S. 154. **Scleranthus**.
NebenB. vorhanden; Gr. kurz o. fehlend. S. 153. **Herniaria**.

Hierher noch: *Illecebrum*, *Paronychia*, *Gypsophila*, *Staphylea*, Arten v. *Polygonum*.

3. Ordnung. **Trigynia**. Dreiweibige.

1 Bth. vollständig, oberständig 2
Bth. vollständ., unterst. 4

2 Kr. 5blttr. Baumart. dorn. Strauch mit trockenen FlügelFr. .... S. 86. **Paliurus**.
Kr. 1blttr., radf. o. röhrig 3

3 Beere 1sam.; Kr. radf. o. röhrig. S. 197. **Viburnum**.
Beere 3—5sam.; Kr. radf., zuletzt zurückgebogen. S. 197. **Sambucus**.

4 Bäume o. Sträuche 5
Kräuter 7

C*

5 Kahler, seegrüner Strauch am Meeresufer mit rosenr. Bth. ....S. 148. **Tamarix.**
Bäume mit 5theil. K. 6

6 Kaps. häutig, aufgeblasen; K. gefärbt; B. gefiedert. S. 84. **Staphylea.**
SteinFr. trocken, 1sam ....S. 87. **Rhus.**

7 K. röhrig, 5zähn. Starre Pfl. mit pfriemenf., stechenden B. ....S. 59. **Drypis.**
K. 5theil. 8

8 N. 3, sitzend; Kaps. 1sam.; B. lineal-keilig. S. 153. **Corrigiola.**
Gr. 3, fädlich; Kaps. mehrsam.; B. oval. o. längl. . 9

9 B. wechselst. (Pf. seegrün.) .....S. 153. **Telephium.**
B. gegenst. o. wirtelig.........S. 154. **Polycarpon.**

Hierher: *Holosteum*, Arten v. *Alsine*, *Stellaria*, *Cerastium*, *Drosera*, *Linum* u. *Polygonum*.

4. Ordnung. **Tetragynia.** Vierweibige.

1 NebenKr. 5blttr., drüsig-fransig....S. 50. **Parnassia.**
NebenKr. fehlt; K. 4—5theil.; Kr. 4—5blttr. o. fehlend 2

2 Kaps. an der Spitze 5klappig ....S. 61. **Sagina.**
Kaps. an der Spitze 8—10klappig ..S. 66. **Mönchia.**

5. Ordnung. **Pentagynia.** Fünfweibige.

1 Stbgfss. kelchständig; FrKnoten 5. 2
Stbgfss. bodenst.; FrKnoten 1. 3

2 K. 10spalt.; Blb. lineal-spatelig ..S. 134. **Sibbaldia.**
K. 5spalt.; Blb. zugespitzt........S. 155. **Crassula.**

3 FrKnot. 1eiig; K. mit trockenhäut. Saume. S. 364. **Statice.**
FrKnot. mehreiig.............................. 4

4 FrKnot. 10fächerig..................S. 69. **Linum.**
FrKnot. 5fächerig............................. 5

5 Schwimmende Pfl. mit borstig-gewimperten, vorn blasigen B. . . . . .S. 50. **Aldrovanda.**
Sumpf- und Torfpflanzen mit WzBRosetten. S. 50. **Drosera.**

Hierher Arten v. *Spergula, Cerastium, Impatiens* u. *Erodium.*

6. Ordnung. **Polygynia.** Vielweibige.

Kleines Pflänzch. mit linealen WzB. u. in 1 Aehre gestellten Stempeln . . . . .S. 7. **Myosurus.**
Kleines Pflänzch. mit lineal-zerschlitzten B., 1bth. Schaften u. gehörnten Fr. . .S. 7. **Ceratocephalus.**

VI. Klasse. HEXANDRIA. Sechsmännige.

1. Ordnung. **Monogynia.** Einweibige.

1 Bth. vollständig. 2
Perig. blumenkronartig. 4
Perig. kelchartig, durchsichtig, trockenhäutig. 6

2 Schmarotzergew. auf Eichen; KRand oberst., sehr kurz . . . . .S. 196. **Loranthus**
Keine Schmarotzergew.; K. unterst. 3

3 K. 6blättr.; Bth. gelb in Tr. (Strauch mit rothen längl. Beeren.) . . . . .S. 15. **Berberis.**
K. 12zähnig. Einjähr. Pfl. mit gegenst. vrkhrt.-eif. B. S. 148. **Peplis.**

4 Perig. oberst. (Zur Bestimmung der hierher gehör. 4 Gattungen aus der nat. Ord. der *Amaryllideen* dient der Schlüssel auf d. S. 439.
Perig. unterst. 5

5 Fr. eine saftige, nicht aufspring. Beere. (Die hierher gehör. Gattungen *Asparagus*, *Streptopus* u. *Convallaria* aus der nat. Ord. der *Asparageen* bestimme man nach dem Schlüssel S. 441.)
Fr. trocken, kapselart., aufspring., Klappen in der Mitte scheidewandtragend. (Zur Best. der hierher gehör. 16 Gattungen aus der nat. Ord. der *Liliaceen* dient der Schlüssel auf d. S. 444.)

6 Gr. fehlt; N. stumpf; BthKolben längl., grün; B. schwertf. .... S. 423. **Acorus.**
Gr. mit 3fädl. N. 7

7 Kaps. 3sam. .... S. 459. **Luzula.**
Kaps. vielsam. .... S. 456. **Juncus.**

Hierher: *Lythrum Hyssopifolia* u. Arten v. *Polygonum* u. *Ulmus, Portulacca oleracea* u. *Trientalis europaea.*

2. Ordnung. **Digynia.** Zweiweibige.

Baumart. Strauch mit am Grunde schiefen, lanzett., zugespitzt. B. .... S. 396. **Celtis.**
Krautartiges Alpengew. mit 4blttr. Perig. und nierenf. WzB. .... S. 379. **Oxyria.**

3. Ordnung. **Trigynia.** Dreiweibige.

1 K. u. Kr. 3blttr. Kleine, wasserliebende Pfl. mit gegenst. B. .... S. 68. **Elatine.**
Perigon vorhanden. 2

2 Perig. 1blttr., trichterf. mit verläng. Röhre. S. 455. **Colchicum.**
Perig. 6blttr. 3

3 FrKnot. 1; Gr. 3; N. federig. ...... S. 377. **Rumex.**
FrKnot. 3 oder 6. 4

4 Gr. pfrieml. o. hornf. 5
Gr. fehlt. 6

5 Die 3 FrKnoten am Grunde verwachsen; B. ellipt. S. 455. **Veratrum.**
Die 3 FrKnoten bis zur Mitte verwachs; B. grasartig. .... S. 455. **Tofieldia.**

6 N. auf der Spitze des FrKnot. ausw. schief-angewachsen .... S. 416. **Scheuchzeria.**
N. federig; FrKnot. 3—6; B. grasartig. S. 416. **Triglochin.**

(Arten von *Polygonum.*)

4. Ordnung. **Hexa-Polygynia.** Sechs- bis Vielweibige.

1 B. grasartig; Perig. 6blttr.; N. federig. S. 416. **Triglochin.**
B. nicht grasartig 2

2 K. u. Kr. 3blttr.; Sumpfkräuter. ....S. 414. **Alisma.**
K. 6—20theil.; Kr. 6—20blttr.; B. fleischig, saftig. S. 157. **Sempervivum.**

VII. Klasse. HEPTANDRIA. Siebenmännige.

1. Ordnung. **Monogynia.** Einweibige.

Baum; K. 5zähnig; Blb. 5, ungleich. S. 77. **Aesculus.**
Kraut; K. 7theil.; Blkr. 7theil....S. 356. **Trientalis.**

Arten von *Spergula*, *Silene*, *Polygonum* kommen bisweilen auch mit 7 Stbgfss. vor.

VIII. Klasse. OCTANDRIA. Achtmännige.

1. Ordnung. **Monogynia.** Einweibige.

1 Blattlose, schuppige, wachsgelbe Schmarotzerpfl. mit 4—5blttr. K. und Kr.. ....S. 290. **Monotropa.**
Pfl. mit wirkl. B. 2

2 Ansehnl. Bäume mit 5theil. K., 5blttr. Kr., 2flügel. Fr. und meist handf. o. gelappten B. S. 76. **Acer.**
Kräuter o. anders beschaffene Sträuche........... 3

3 Bth. vollständ........................... 4
Bth. unvollst., unterst..................... 10

4 Kr. 4blttr.; K. 4theil....................... 5
Kr. 1blttr. 7

5 Blb. dem FrBoden eingefügt, gelb; 8 Honiggruben auf 1 unterweib. Scheibe. ....S. 83. **Ruta.**
Blb. dem K. eingefügt.........................

6 Sam. nackt; Bth. gelb..........S. 144. **Oenothera.**
Sam. schopfig; Bth. purp., rosa o. weiss.
S. 142. **Epilobium.**

7 Kr. oberst.; K. oberst., 4zähn. Kleine Sträuche mit lederigen, ganzen B..........S. 285. **Vaccinium.**
Kr. unterst.................................. 8

8 Krautige Pfl.; K. 8spalt.; Kr. tellerf., 8spalt.; B. verwachsen; Bth. gelb...........S. 296. **Chlora.**
Kleine Sträuche; K. 4blttr.; KrSaum 4spalt........ 9

9 Scheidewände der Kaps. an das Mittelsäulch. angewachsen, den Nähten gegenst. ...S. 287. **Calluna.**
Scheidewände in der Mitte der Klappen angewachsen.
S. 288. **Erica.**

10 N. 2—3; Perig. 4—5theil., oberw. farbig.
S. 380. **Polygonum.**
N. 1.................................. 11

11 Perig. bleibend, verwelkend; Stbkölbch. herz-eif.
S. 382. **Passerina.**
Perig. abfällig; Stbkölbch. oval. ...S. 382. **Daphne.**

(*Paris*, Arten von *Geranium.*)

2. Ordnung. **Digynia.** Zweiweibige.

1 Baum; K. 4—8spalt; Kr. fehlt; FlügelFr.
S. 396. **Ulmus.**
Kräuter.................................. 2

2 K. u. Kr. 4—5blttr.; Kps. 4—6klappig; Bth. weiss.
S. 64. **Möhringia.**
Perig. wenigstens obers. gefärbt................. 3

3 Kps. 2schnäbelig, 1fächer.; Bth. in goldgelben Ebensträussen..............S. 167. **Chrysosplenium.**
Nuss 3kant. oder linsenf., vom bleibend. Perig. umhüllt.......................S. 380. **Polygonum.**

3. Ordnung. **Trigynia.** Dreiweibige.

Perig. 4—5theil., oberw. farbig; N. 2—3.
S. 380. **Polygonum.**

4. Ordnung. **Tetragynia.** Vierweibige.

1 { K. 4—5blttr. 2
{ K. 2—4spalt. 3

2 { K. 4blttr.; Blb. 4, schmäler als die KB.; Stg. 4blttr.; Bth. grün.................... ....S. 442. **Paris.**
{ K. 4—5blttr.; Bth. weiss ....S. 66. **Mönchia.**

3 { K. an den endst. Bth. 2spalt., an der seitenst. 3spalt.; Kr. radf. mit 5theil. Saume . ....S. 197. **Adoxa.**
{ K. 2—4spalt.; Kr. 3—4blttr. Kleine wasserliebende Pflänzchen ....S. 68. **Elatine.**

(Arten von *Sedum.*)

IX. Klasse. ENNEANDRIA. Neunmännige.

1. Ordnung. **Hexagynia.** Sechsweibige.

Perig. blumenkronart., 6blttr.; Wassergew. mit rosenr. Bth. ....S. 415. **Butomus.**

X. Klasse. DECANDRIA. Zehnmännige.

1. Ordnung. **Monogynia.** Einweibige.

1 { Bth. unvollständig; Perig. 4spalt.; Bth. in goldgelben Ebensträussen............S. 167. **Chrysosplenium.**
{ Bth. vollständig 2

2 { Blkr. 1blttr.; meist immergrüne Sträuche.......... 3
{ Blkr. 5blttr., selten 4blttr. 4

3 { Stbgfss. vor einer oberweibigen, gekerbten Scheibe eingefügt ....S. 285. **Vaccinium.**
{ Stbgfss. einer unterweibigen Scheibe eingefügt. (Zur Bestimmung der hierher gehör. Gattungen aus der nat. Ord. der *Ericineen* dient der Schlüssel auf der S. 286.)

4 { Kr. schmetterlingsf., ros.; Baum mit herz-nierenf. B. S. 123. **Cercis.**
{ Kr. nicht schmetterlingsf. 5

5 { Wachsgelbe, statt der B. mit Schuppen versehene Pfl.; Kr. glockig, Blb. am Grunde höckerig. S. 290. **Monotropa.**
Pfl. mit wirkl. B. 6

6 { Strauch mit lineal-lanzett. B. u. rosenr. Bth. S. 149. **Myricaria.**
Strauch mit linealen, zurückgerollten, unters. rostfarbig-filzigen B. u. weissen Bth...S. 289. **Ledum.**
Krautige Pfl. 7

7 { K. 5spalt.; Stbkölbch. mit 2 Löchern aufspringend; B. lederig, obers. glänzend.......S. 289. **Pyrola.**
K. 5blättrig 8

8 { N. halbkugelig, 5strahlig. Niederlieg. istr. Pfl. mit gefied. B., einzeln, achselst. gelben Bth. u. dornigen Fr. ....S. 83. **Tribulus.**
N. einfach o. 5 Narben vorhanden 9

9 { N. 5; Fr. in 5 mit dem Gr. bekrönte Klappen aufspring., jede Klappe 1 Samen umschliessend.... 10
N. 1; B. durchscheinend-punktirt 11

10 { Grannen der Klappen inwendig kahl; Staubgfss. abwechselnd grösser ....S. 78. **Geranium.**
Grannen der Klappen inwendig bärtig; 5 Stbgfss. unfruchtbar ....S. 81. **Erodium.**

11 { Bth. gelb, regelm.; B. fast 3fach-gefied. o. 3zählig. S. 83. **Ruta.**
Bth. weiss o. ros., purp.-geadert, etwas unregelm. S. 84. **Dictamnus.**

2. Ordnung. **Digynia.** Zweiweibige.

1 { Ein gefärbtes Perig. vorhanden.................. 2
K. u. Kr. vorhanden 3

2 { Perig. 4spalt.; Bth. in goldgelben Ebenstr. S. 167. **Chrysosplenium.**
Perig. 5spalt.; Bth. grün, weiss berandet. S. 154. **Scleranthus.**

3 { Kaps. 2schnäbelig mit 1 Loche aufspring........ 4
Kaps. 4—6klappig.......................... 5

4 Blb. von d. KB. der Farbe nach verschieden. S. 161. **Saxifraga.**
Blb. u. KB. gleich-gefärbt...S. 167. **Zahlbrucknera.**

5 K. 4blttr.; Blb. 4—5, ganz o. seicht-ausgerandet. S. 64. **Möhringia.**
K. 1blttr., 5zähnig. (Zur Bestimmung der hierher gehör. Gattungen aus der nat. Ord. der *Sileneen* dient der Schlüssel auf d. S. 52.)

3. Ordnung. **Trigynia.** Dreiweibige.

1 K. 1blttr., 5zähnig; Blb. 5 2
K. 5blttr., selten 4blttr.; Blb. 5 o. 4. (Zur Bestimmung der hierher gehör. Gattungen aus der nat. Ord. der *Alsineen* dient der Schlüssel auf d. S. 59.)

2 Beere einfächer. ....S. 56. **Cucubalus.**
Kaps. am Grunde 3fächerig..........S. 56. **Silene.**

4. Ordnung. **Tetra-** u. **Pentagynia.** Vier- u. Fünfweibige.

1 K. 1blttr., 5zähn.; Blb. 5; N. an der innern Seite mit Wärzchen besetzt 2
K. 1blttr., 2—3spaltig; K. radf., 4—5theil. S. 197. **Adoxa.**
K. 5theil. o. 5blttr. 3

2 N. ausser den Wärzchen kahl.......S. 58. **Lychnis.**
N. ausser den Wärzchen überall behaart. S. 59. **Agrostemma.**

3 K. 5theil.................................... 5
K. 5blttr.; Kr. 5blttr. 4

4 Stbgfss. am Grunde verwachsen; B. 3zählig. S. 82. **Oxalis.**
Stbgfss. am Grunde frei. (Zur Bestimmung der hierher gehör. Gattungen *Mönchia, Sagina, Spergula, Lepigonum, Halianthus, Malachium* u. *Cerastium* aus der nat. Ord. der *Alsineen* dient der Schlüssel auf d. S. 59.)

5 Kr. 1blttr.; unt. B. schildf. . ...S. 159. **Umbilicus.**
Kr. 5blttr. (Fettpflanzen.) ....S. 156. **Sedum.**

5. Ordnung. **Decagynia.** Zehnweibige.

1 Bth. vollständig. 2
Bth. unvollständig, Perigon 5theilig, Beere 8–10fächr. S. 369. **Phytolacca.**

2 Fettpflanzen. FrKnoten 5, am Gr. verwachsen. S. 156. **Sedum.**
Klimmender Strauch mit lederig., 3–5eckig. B. S. 195. **Hedera.**

XI. Klasse. DODECANDRIA. Zwölfmännige.

1. Ordnung. **Monogynia.** Einweibige.

1 Perig. 3spalt., oberst.; B. nierenf...S. 387. **Asarum.**
Perig. 4theil.; Bth. in walzl. Aehren. S. 138. **Sanguisorba.**
Bth vollst. 2

2 Kr. 4blttr.; K. 4blttr., hinfällig. . S. 15. **Cimicifuga.**
Kr. 5blttr.; K. 2spalt. . . . . .S. 152. **Portulaca.**
Kr. 6blttr.; K. röhrig. . . . . .S. 147. **Lythrum.**

2. Ordnung. **Digynia.** Zweiweibige.

K. unter dem Rande mit zahlr., hakigen Dornen. S. 134. **Agrimonia.**
K. unter dem Rande mit 5 Zähnchen, die sich in randst. Dornen verwandeln. . . .S. 134. **Aremonia.**

3. Ordnung. **Trigynia.** Dreiweibige.

Kr. unregelm., Kaps. an der Spitze offen. S. 49. **Reseda.**

4. Ordnung. **Dodecagynia.** Zwölfweibige.

Blb. frei; K. 5–6theil. . . . . .S. 156. **Sedum.**
Blb. in eine 1blttr. Kr. verwachsen; K. 6–20theil.; Blb. 6–20. . . . . .S. 157. **Sempervivum.**

XII. Klasse. ICOSANDRIA. Zwanzigmännige.

1. Ordnung. **Monogynia.** Einweibige.

1 { Bth. vollst., oberst. 2
Bth. vollst., unterst. (Zur Bestimm. der hierher gehör. 3 Gattungen aus der nat. Ord. der *Amygdaleen* dient der Schlüssel auf d. S. 124.

2 { Blb. zahlreich. Stachliger, fleischiger Strauch ohne B. S. 159. **Opuntia.**
Blb. 4—5. 3

3 { Gr. 4spalt.; Blb. 4—5. ....S. 149. **Philadelphus.**
Gr. 1; N. einfach. 4

4 { BthStiele einzeln, 1bth.; B. eif. o. lanzett. S. 150. **Myrtus.**
Bth. in DoldenTr.; B. 3—5spalt. S. 139. **Crataegus.** (*Mespilus.*)

2. Ordnung. **Di-Pentagynia.** Zwei-Fünfweibige.

1 { Bth. unvollst., unterst.; Perig. 4theil.; N. pinself.; Bth. vielehig. ....S. 138. **Poterium.**
Bth. vollst. 2

2 { Bth. unterst.; K. 5spalt.; Kaps. mehrere, 2—6sam. S. 127. **Spiraea.**
Bth. oberst. (Zur Bestim. der hierher gehör. 7 Gattungen aus der nat. Ord. der *Pomaceen* dient der Schlüssel auf d. S. 138.)

3. Ordnung. **Polygynia.** Vielweibige.

(Die hierher gehör. Gattungen aus der nat. Ord. der *Rosaceen* bestimme man nach dem Schlüssel auf der S. 126.)

XIII. Klasse. POLYANDRIA. Vielmännige.

1. Ordnung. **Monogynia.** Einweibige.

1 { K. blumenkronartig; das obere KB. gespornt. S. 13. **Delphinium.**
K. nicht gespornt. 2

2. Kr. 4blttr. 3
Kr. 5blttr. 5
Kr. vielblttr.; N. vielstrahlig. 7

3. K. 2blttr. (Gattungen aus der nat. Ord. der *Papaveraceen* bestimme man nach dem Schlüssel S. 17.)
K. 4blttr. 4

4. Strauch mit einzeln. 1bth. BthStielen u. dornigen NebenB. . . . . S. 44. **Capparis.**
Krautige Pfl. mit weiss. Bth. in ährenf. Tr.; Beere schwarz. . . . . S. 15. **Actaea.**

5. Ansehnl. Baum mit schief-rundl.-herzf. B., u. hellem papierart. DeckB. des Haupt-BStieles. S. 73. **Tilia.**
Kräuter o. niedrige Sträuche. 6

6. Kaps. 5—10klappig; Bth. weiss o. purp. (Istr. Pfl.) S. 44. **Cistus.**
Kaps. 3klappig. . . . . S 44. **Helianthemum.**

7. Blb. ohne Honigbehält., schneeweiss. S. 16. **Nymphaea.**
Blb. auf dem Rücken mit Honigbehält., gelb. S. 16. **Nuphar.**

2. Ordnung. **Di-Polyginia.** Zwei-Vielweibige.

(Die zahlreichen hierher gehör. Gattungen aus der nat. Ord. der *Ranunculaceen* bestimme man mit dem Schlüssel a. d. S. 1.)

(*Androsaemum, Hypericum.*)

XIV. Klasse. DIDYNAMIA. Zweimächtige.

1. Ordnung. **Gymnospermia.** Nacktsamige.

(Im Grunde des K. 4 unbedeckte Nüsschen o. SteinFr., in deren Mitte der Gr.)

Zur Bestimmung der hierher gehör. Gattungen aus der nat. Ord. der *Labiaten* dient der Schlüssel auf der S. 335.

2. Ordnung. **Angiospermia.** Bedecktsamige.
(Fr. eine Kapsel.)

1 Die Fächer des Stbkölbch. am Grunde mit 1 Stachelspitze o. 1 Dorne. 2
Die Fächer des Stbkölbch. am Grunde ohne Spitze u. Dorn. 4

2 FrKnot. 1fächer., vieleiig, mit wandst. Samenträgern. Blattlose Schmarotzer. 3
FrKnot. 2fächer., Kr. 1blttr., unregelm. o. ungleich. (Zur Bestimm. der hierher gehör. Gattungen aus der nat. Ord. der *Rhinanthaceen* dient der Schlüssel S. 329.)

3 WzStock fleischig, schuppig; Bth. weiss o. rosa in 1 einseit. Aehre. . . . . S. 328. **Lathraea.**
Wz. anders beschaffen; Bth. gelb, braun o. blau. S. 328. **Orobanche.**

4 FrKnot. 1fächer., vieleiig. Kleine wasserliebende Pflänzchen 5
FrKnot. 2fächerig. 6
FrKnot. 3fächerig; KSaum 5theil.; Kr. glockig; B. rundl.-eif., gegenst. . . . . S. 199. **Linnaea.**
FrKnot. 4fächerig, Fächer 1eiig. 10

5 Kr. 2lippig; K. 5spalt. . . . . S. 327. **Lindernia.**
Kr. fast gleich; K. 5zähnig. . . . . S. 327. **Limosella.**

6 Kr. trichterf., die 2 oberen Zipfel schmäler. Alpenpflänzch. mit violett. Bth. . . . . S. 322. **Erinus.**
Kr. glockig o. röhrig-glockig, Saum schief. S. 319. **Digitalis.**
Kr. 2lippig 7

7 Stbfäd. an der Spitze verbreitert, oft ein 5ter unfruchtbarer Stbfd. vorhanden; Kr. fast kugelig; K. tief-5spaltig o. 5theilig. . S. 316. **Scrophularia.**
Stbfäd. pfriemlich einfach. 8

8 K. bis zum Grunde 5theilig; Narbe kurz 2lappig. . . 9
K. 5zähn., 5winkelig; Kr. 2lippig, Oberlippe 2lappig, Unterlippe 3spalt., an der Bas. oft 2höckerig; N. aus 2 Plättch. gebildet. . . . . S. 327. **Mimulus.**

9 Kr. am Gr. höckerig; Kaps. mit Löchern aufspring. S. 320. **Antirrhinum.**
Kr. am Gr. gespornt; Kaps. mit Klappen aufspring. S. 320. **Linaria.**

10 K. 5zähnig. Istr. Strauch mit gefingert. 5—7zähl. B. S. 352. **Vitex.**
K. 5spalt; Fr. in 4 Nüssch. zerfallend. S. 353. **Verbena.**

(Globularia. Gratiola.)

XV. Klasse. TETRADYNAMIA. Viermächtige.

1. Ordnung. **Siliculosa**. Mit Schötchen. 2. Ordnung. **Siliquosa**. Mit Schoten.

Zur Bestimmung der hierher gehör. Gattungen aus der nat. Ord. der *Cruciferen* dient der Schlüssel auf der Seite 20.

XVI. Klasse. MONADELPHIA. Einbrüdrige.

1. Ordnung. **Pentandria**. Fünfmännige.

1 10 Stbgfss., davon 5 unfruchtb.; Kr. 5blttr.; Fr. geschnäbelt........................S. 81. **Erodium.**
5 Stbgfss.. 2

2 Kr. 4—5theil., fast radf.; BthStaub massig an den Drüsen der N.; Balgkaps. 2. S. 293. **Cynanchum.**
Kr. 1- o. 5blttr.. 3

3 K. u. Kr. 5blttr.; Kaps. 10fächer.....S. 69. **Linum.**
K. 5theil.; Kr. 1blttr., radf. mit 5theil. Saume. S. 356. **Lysimachia.**

2. Ordnung. **Octandria**. Achtmännige.

K. u. Kr. unregelm., das unt. Blb. nachenf. S. 51. **Polygala.**

3. Ordnung. **Decandria.** Zehnmännige *).

1 4—8 Fuss hoher Strauch; N. kopfig, meist 3lappig; Bth. ros. .... S. 149. **Myricaria.**
Kräuter 2

2 B. 3zählig; die 5 äuss. Stbgfss. kürzer. S. 82. **Oxalis.**
B. nicht 3zählig 3

3 5 fruchtb. und 5 unfruchtb. Stbgfss. S. 81. **Erodium.**
10 fruchtb. Stbgfss. .... S. 78. **Geranium.**

4. Ordnung. **Polyandria.** Vielmännige.

Zur Bestimmung der hierher gehör. Gattungen aus der nat. Ord. der *Malvaceen* dient der Schlüssel auf d. S. 71.

XVII. Klasse. DIADELPHIA. Zweibrüdrige.

1. Ordnung. **Hexandria.** Sechsmännige.

Stbfäd. 2, jeder mit 3 Stbkölbch.; FrKnot. 1eiig. S. 19. **Fumaria.**
Stbfäd. 2, jeder mit 3 Stbkölbch.; FrKnot. mehreiig. S. 18. **Corydalis.**

2. Ordnung. **Octandria.** Achtmännige.

Stbfäd. 2, am Grunde verwachsen, jeder 4 Stbkölbch. tragend .... S. 51. **Polygala.**

3. Ordnung. **Decandria.** Zehnmännige.

Zur Bestimmung der hierher gehör. Gattungen aus der Ord. der Schmetterlingsblüthler dient der Schlüssel auf der Seite 88.

---

*) Die einbrüdrigen, 10männigen Pfl. mit Schmetterlingsblüthen suche man in der XVII. Kls. 3. Ord.

L

XVIII. Klasse. POLYADELPHIA. Vielbrüdrige.

1 Baum; Stbgfss. in 5 Bündeln; B. schief-herzf.-rundl. S. 73. **Tilia.**
Kräuter o. Sträuche mit andern B. 2

2 Beere 1fächerig. Südtyr. Pfl.. S. 74. **Androsaemum.**
Kapsel 3—5fächer.; Gr. 3; Bth. gelb. S. 74. **Hypericum.**

XIX. Klasse. SYNGENESIA. Blüthenverein.

1. Ordnung. **Polygamia aequalis**. Gleichf. Vielehe.

(Bth. alle zwitterig; alle zungenf. o. alle röhrig.)

2. Ordnung. **Polygamia superflua**. Ueberflüss. Vielehe.

(Randblüthen weibl., zungenf. o. röhrig, die des Mittelfeldes zwitterig, fruchtb. u. immer röhrig.)

Zur Bestimmung der in diesen 2 Ord. enthaltenen Gattungen aus der nat. Ord. der *Compositen* (Korbblüthler) dient der Schlüssel auf d. S. 212.

3. Ordnung. **Polygamia frustranea**. Fruchtlose Vielehe.

(Randbth. weibl., durch Fehlschlagen des Gr. geschlechtslos, die des Mittelfeldes zwitterig und fruchtbar.)

1 FrBoden spreuig-borstlich. 2
FrBoden schuppig-spreuig; jede einzelne Bth. mit 1 Schuppe gestützt. 3

2 Pappus haarig o. fehlend; Achenen mit 1 seitl. FrSchnabel. .... S. 254. **Centaurea.**
Pappus haarig; Achen. mit 1 endst. FrSchnabel. S. 257. **Crupina.**

3 Pappus aus 2—4 abfälligen Schuppen gebildet. S. 231. **Helianthus.**
Pappus aus 2 steifen, rückw. stachl. Borsten bestehend. S. 231. **Bidens.**

Hierher; Exempl. v. *Galatella, Anthemis* u. *Xeranthemum.*

4. Ordnung. **Polygamia necessaria.** Nothwendige Vielehe.

(RandBth. weibl. u. fruchtb., die des Mittelfeldes zwitterig, aber unfruchtb. — keinen Samen tragend.)

1 { HüllK. halbkugelig, Blättch. 2reihig, nicht filzig; Bth. gelb.................... S. 240. **Calendula.**
Niedrige, graue, filzige Pfl. mit gelbl.- o. schmutzigweisser Bth. *J.*.............................. 2

2 { Männl. Bth. 5spalt.; HüllK. 1reihig-5—9blttr. S. 228. **Micropus.**
Männl. Bth 4spalt.; Bthköpfe von rosett., grossen DeckB. umgeben.................. S. 228. **Evax.**

Hierher: Arten von *Petasites* u. *Carpesium.*

5. Ordnung. **Polygamia seggregata.** Abgesonderte Vielehe.

Jedes Zwitterblthch. hat am Grunde eine besondere dachige Hülle, es stehen deren viele auf 1 gemeinsch. BthStiele, vereinigt zu einem kugeligen Knopfe...................... S. 246. **Echinops.**

XX. Klasse. GYNANDRIA. Stempelständige.

1. Ordnung. **Monandria.** Einmännige. 2. Ordnung. **Diandria.** Zweimännige.

Zur Bestimmung der hierher gehör. 24 Gattungen aus der nat. Ord. der *Orchideen* dient der Schlüssel auf d. S. 423.

3. Ordnung. **Hexandria.** Sechsmännige.

Perig. blumenkronart., röhrig, an der Spitze in 1 Zunge verbreitert.. .... S. 387. **Aristolochia.**

XXI. Klasse. MONOECIA. Einhäusige.

1. Ordnung. **Monandria.** Einmännige.

1 { Landpflanzen.................................. 2
Wasserpfl. mit untergetaucht. o. schwimm. B. 4

D *

2 BthHülle mit 10—vielen männl. u. 1 weibl. Bth. (eine falsche vielmänn. ZwitterBth.); gemeinschaftl. Hülle glockig, 6—10zähnig, 4—5 Zähne mit Honigscheiben. . . . . .S. 389. **Euphorbia.**
Bth. auf 1 Kolben zsmgestellt. 3

3 Kolben an der Spitze nackt. . . . . . . .S. 423. **Arum.**
Kolben überall mit Bth. bedeckt. . . . .S. 423. **Calla.**

4 DeckB. 2, gegenst., blumenblattig; K. u. Kr. fehlt; Gr. 2; SteinFr. in 4 Früchtch. zerfallend. · S. 146. **Callitriche.**
Bth. u. Fr. anders beschaffen. (Zur Bestimmung der hierher gehör. 3 Gattungen *Zostera, Najas* u. *Zanichellia* aus der nat. Ord. der *Najadeen* dient der Schlüssel auf d. S. 417.)

2. Ordnung. **Diandria** u. **Triandria.** Zwei- u. Dreimännige.

1 Bäume. 2
Kräuter. 4

2 Nadelholzgewächse; ZapfenFr.; Sam. geflügelt. S. 411. **Pinus.**
Andere Holzgewächse. 3

3 Baum mit gefiederten B.; FlügelFr. S. 292. **Fraxinus**.
Baum mit ganzen o. handlappigen B.; HüllFr. (Feige.) S. 395. **Ficus.**

4 Schwimmende, laubart. Wasserpflanzen, deren Wz. den Boden nicht erreichen. . . . . . .S. 421. **Lemna.**
Pf. mit im Boden befindl. Wz. 5

5 Bth. nicht balgartig. 6
Bth. balgartig. (Gräser o. Cypergräser.). 8

6 Perig. trockenhäut., 3—5theil. S. 368. **Amaranthus.**
Perig. aus Schuppen o. Borsten gebildet. 7

7 Aehre walzl. o. ellipt. . . . . .S. 422. **Typha.**
Aehre kugelig. . . . . .S. 422. **Sparganium.**

8 BScheiden vorn gespalten. Ansehnl. Gras; männl. Bth. in rispigen Tr.; GrasFr. rundl.-nierenf. in 8 Reihen auf 1 fleischl. Achse........S. 492. **Zea.**
BScheiden ungetheilt. (Die hierher gehör. Gattungen *Carex*, *Elyna* u. *Kobresia*, aus der nat. Ord. der Cypergräser bestimme man mit dem Schlüssel auf d. S. 461.

3. Ordnung. **Tetrandria** Viermännige.

1 Bth. vollständig.............................. 2
Bth. unvollst.................................. 3

2 Immergrüner Strauch o. Baum mit lederigen, ganzrand. B.........................S. 389. **Buxus.**
Kleines Sumpfpflänzch.; Kr. der männl. Bth. walzl. mit 4theil. Saum..............S. 365. **Littorella.**

3 Perig. fehlt; Bth. in Kätzchen; ZapfenFr.......... 4
Perig. vorhanden................................ 5

4 Immergrüner Baum; B. klein, an die Zweige angedrückt, diese dadurch 4kantig. S. 411. **Cupressus.**
Bäume o. Sträuche mit kreisf. o. eif. B.; männl. Perig. 3—4spalt., weibl. fehlt......S. 408. **Alnus.**

5 Weibl. Perig. krugf., an der Spitze 2zähnig. S. 375. **Eurotia.**
Weibl. Perig. 2theil.; N. sitzend, kopfig-pinself. S. 395. **Urtica.**
Weibl. Perig. 4blättr.; N. 2, fädlich. S. 396. **Morus.**

4. Ordnung. **Penta-Polyandria.** Fünf-Vielmännige.

1 Ansehnl. Sträuche o. Bäume...................... 2
Krautige Gew.................................... 4

2 Weibl. Bth. vollst.; K. 4zähn.; Blb. 4; männl. Perig. 2—6theil.; B. gefied............S. 396. **Juglans.**
Weibl. u. männl. Bth. unvollst.................. 3

3 FrKnoten frei, 2fächer., 2eiig; männl. u. weibl. Bth. in Kätzchen.....................S. 408. **Betula**.
FrKnoten unterst., mit einer nach der Bthzeit sich vergrössernden Becherhülle. (Zur Bestimmung der hierher gehör. 6 Gattungen aus der nat. Ord. der *Cupuliferen* dient d. Schlüssel auf der S. 397.

4 Bth. vollständig.............................. 5
Bth. unvollst............................... 6

5 K. u. Kr. 4blttr. Schwimmende Kräut. mit borstenf.-fiedertheil. B............. S. 145. **Myriophyllum**.
K. 3theil.; Blb. 3; pfeilf........ S. 415. **Sagittaria**.

6 Wasserpfl. mit untergetaucht., quirligen, feinzertheilt. B., und mit 1 Dorn endigenden Fr. S. 147. **Ceratophyllum**.
Landpfl. mit andern B. u. Fr.................... 7

7 Stbgfss. 20—30; N. pinself.; Saum des Perig. 4theil. S. 138. **Poterium**.
Stbgfss. ungefähr 12; N. einfach; Perig. 2spalt. S. 376. **Theligonum**.
Stbgfss. 3—5.............................. 8

8 Ausser dem 1blttr. Perig. der männl. Bth. ist noch ein gemeinschaftl. vielblttr. HüllK. vorhanden; HüllK. der weibl. Bth. 1blttr., zuletzt verhärtet. (Kletten-art. Kräuter.) .... S. 278. **Xanthium**.
Gemeinschaftl. HüllK. fehlt..................... 9

9 Kaps. 1sam., ringsum aufspring.; Perig. 3—5theil.; Gr. 3.......................S. 368. **Amaranthus**.
Fr. nackt o. mit einer krustigen Samenhaut, o. eine lederige Nuss. (Zur Bestimmung der hierher gehör. Gattungen aus der nat. Ord. der *Chenopodeen* dient der Schlüssel auf der S. 369.)

5. Ordnung. **Monadelphia**. Einbrüdrige.

Stbfäd.-Säule mit 8 Stbkölbch. Röthlichgelbe Schmarotzerpfl. der südl. Gegenden.....S. 386. **Cytinus**.
Zapfentragende Bäume.........S. 409. **Coniferen**.

6. Ordnung. **Polyadelphia.** Vielbrüderige.

Stbgfss. 5, 2 und 2 in ein Bündel verwachs., der 5. frei.

(Zur Bestimmung der hierher gehör. Gattungen aus der nat. Ord. der *Cucurbitaceen* dient der Schlüssel auf d. S. 150.)

7. Ordnung. **Gynandria.** Stempelständige.

Stbgfss. 5; Kps. 3knotig, 6sam. S. 389. **Andrachne.**

XXII. Klasse. DIOECIA. Zweihäusige.

1. Ordnung. **Monandria. Diandria.** Einmännige. Zweimännige.

1 { Bäume o. Sträuche 2
Krautige Gewächse. (Untergetauchte Wasserpflanzen.) 3

2 { Bäume mit gefiederten B.; männl. Bth. mit 2 Stbgfss. S. 292. **Fraxinus.**
B. nicht gefiedert; Bth. in Kätzchen; Perig. fehlt; Fr. kapselart. .... S. 400. **Salix.**

3 { Bth. zahlreich, auf 1 Kolben; B. grasartig. S. 413. **Vallisneria.**
Bth. von einer 1blttr., krugf. BthScheide eingeschlossen; B. bandf. ausgeschweift-gezähnt. S. 420. **Najas.**

2. Ordnung. **Triandria.** Dreimännige.

1 { Bäume o. Sträuche 2
Krautige Gewächse 4

2 { Bäume mit gefiederten B. ....S. 87. **Pistacia.**
Bäume mit ganzen o. handf.-gelappten B. S. 395. **Ficus.**
Niedrige Sträuche mit linealen, lanzettl. o. längl. B. 3

3 { K. u. Kr. 3blttr.; Bth. rosenroth. S. 388. **Empetrum.**
Perig. oberst., 3spaltig, schmutziggelb. S. 385. **Osyris.**

4 Untergetauchte Wasserpfl. mit grasartigen B. S. 413. **Vallisneria.**
Cypergräser........................S. 468. **Carex.**

3. Ordnung. **Tetrandia.** Viermännige.

1 Auf den Aesten verschiedener Bäume schmarotzende Gewächse.......................... 2
Keine Schmarotzer.......................... 3

2 Gr. 1; Stbklb. mit Stbfäden....S. 196. **Loranthus.**
Gr. fehlt; Stbklbch. ohne Stbfäden. S. 196. **Viscum.**

3 Holzgewächse.......................... 4
Kräuter.......................... 5

4 B. auf der Unterseite weissl.-schülferig. S. 386. **Hippophaë.**
B. auf der Unterseite kahl........S. 86. **Rhamnus.**

5 Cultiv. Küchengewächse; männl. Perig. 4theil., weibl. 2—3spaltig..................S. 374. **Spinacia.**
Nesselnde Gewächse; weibl. Perig. 4theil.; B. gegenst., gesägt.................S. 395. **Urtica.**

4. Ordnung. **Pentandria.** Fünfmännige.

1 Bäume o. Sträuche.......................... 2
Krautige Gewächse mit grünen Bth.; männl. Perig. 5theil.......................... 5

2 B. gefiedert; K. 5spalt. o. 5theil.; Kr. fehlt....... 3
B. nicht gefiedert.......................... 4

3 Blättch. eif., längl. o. lanzettl., stachelspitzig. S. 87. **Pistacia.**
Blättch. oval, obers. glänzend... S. 123. **Ceratonia.**

4 B. lappig-eingeschnitten; Fr. eine mit dem verwelkten K. bekrönte Beere. ......S. 160. **Ribes.**
B. kammf.-2zeilig; weibl. Bth. einzeln auf einer ringf. Hülle................... S. 410. **Taxus.**
B. dicht-dachig, 4reihig o. stechend u. wirtelig zu 3; Hülle der weibl. Bth. fleischig, 3spalt. S. 410. **Juniperus.**

5 Weibl. Perig. schuppenf., zwischen den Schuppen einer zapfenf. Aehre .... S. 395. **Humulus**
Weibl. Perig. 1blttr., auf der einen Seite der Länge nach gespalten; Gr. 2; Fr. eine Nuss. S. 395. **Cannabis.**

(Gnaphalium dioicum.)

5. Ordnung. **Hexandria**. Sechsmännige.

1 B. stachelig-gezähnt, lederig; Perig. 6theil., unterst. S. 443. **Smilax.**
B. wehrlos.................................... 2

2 B. haarf., borstl. o. stielrundl.-lineal. S. 442. **Asparagus.**
B. anders geformt............................. 3

3 Schmarotzende Pf.; Gr. 1, fädlich. S. 196. **Loranthus.**
Windende Pf. mit glockigem grünl. Perig. u. herzf., zugespitzten B..................S. 444. **Tamus.**
Pf. nicht schmarotzend, nicht windend; B. spiessf., pfeilf., eif. o. herzf. ....S. 377. **Rumex.**

6. Ordnung. **Octandria.** Achtmännige.

AlpenPfl. mit purp. K. u. purp. o. gelber Kr.; FrKnoten 4.....................S. 155. **Rhodiola.**
Ansehnl. Bäume; Bth. in Kätzch.; FrKnot. 1. S. 407. **Populus.**

(Loranthus.)

7. Ordnung. **Enneandria.** Neunmännige.

K. 3theil.; Kr. 3blttr. (WasserPf. mit weissen Bth. u. nierenf.-kreisr. B.) ....S. 414. **Hydrocharis.**
Perig. 3theil. (LandPf. mit gegenst., eif. o. lanzettl. B.) S. 393. **Mercurialis.**

8. Ordnung. **Decandria. Dodecandria.** Zehn- bis Zwanzigmännige.

1 Wasserpflanze; K. 3theil.; Kr. 3blttr.; Stbgfss. der männl. Bth. 12, unfruchtbare 20—30. S. 414. **Stratiotes.**
Bäume; Bth. in Kätzchen.........S. 407. **Populus.**
Kräuter...................................... 2

2 Männl. Bth. mit 4 Blb., die der weibl. Bth. viel kleiner o. ganz fehlend.........S. 155. **Rhodiola.**
Männl. Bth. u. weibl. Bth. mit 5 Blb............. 3

3 Gr. 3; Kaps. an der Bas. 3fächerig, an der Spitze 6klappig.........................S. 56. **Silene.**
Gr. 5; Kaps. halb-5fächerig o. 1fächerig. S. 58. **Lychnis.**

9. Ordnung. **Monadelphia.** Einbrüdrige.

Baum mit kammf.-2zeiligen, linealen B. u. rothen Beeren...........................S. 410. **Taxus.**
Blattloser, kleiner Strauch mit gegliederten Aesten. S. 410. **Ephedra.**
B. obers. blüthentragend; Perig. 6theilig. S. 443. **Ruscus.**

(Bryonia.)

XXIII. Klasse. POLYGAMIA. Vielehige.

Die hierher gehör. Gattungen sind nach der Beschaffenheit der Zwitterblüthe in den entsprechenden Classen zu suchen.

XXIV. Klasse. CRYPTOGAMIA. Verborgenblühende.

Zu der 24. Classe gehören als cryptogamische Gefässpflanzen die Farnkräuter, deren nat. Ordnungen nach dem jetzt folgenden Schlüssel leicht zu bestimmen sind.

Analytischer Schlüssel.

zur

Bestimmung der Pflanzenordnungen.

nach dem *De Candolle*'schen natürlichen Systeme.

Gefäss-Pflanzen.

Pflanzen aus Zellgewebe und Gefässen gebildet, mit Spaltöffnungen auf der Oberfläche, und mit wahren Blättern oder den Blättern analogen Gebilden (Schuppen, blattartigen Stengeln etc.) versehen.

---

1 { Pflanzen mit deutlichen, doppelten Sexualorganen (Staubgefässen und Stempel) versehen, die einen wirklichen Keim enthaltende Samen tragen, und mit wahren Samenlappen keimen. (*Phanerogamische Gefässpflanzen.*) 2

Pflanzen mit undeutlichen Sexualorganen; Staubgefässe fehlen; das männliche und weibliche Geschlecht wird durch grössere und kleinere, in kapself. Sporenbehältern eingeschlossene Sporen angedeutet; bei der Keimung bildet sich aus der Sporenmasse ein blattiger o. korallenförmiger Körper (Vorkeim), der nach der Entwicklung der neuen Pflanze abstirbt; der eigentliche Keim fehlt. (*Cryptogamische Endsprosser, — Acotyledonische Gefässpflanzen.*) .... 179 }

2 Zwei gegenständige o. mehrere wirtelständige Samenlappen; meist eine Pfahlwurzel vorhanden; Stg. meist ästig, kegelf., knotenlos, zeigt zwei deutlich verschiedene Substanzen, eine innere, Holz- u. eine äussere, Rindensubstanz, erstere mit einem centralen Marke, Markscheide u. Markstrahlen, letztere mit dem Baste und der eigentlichen Rinde; die Holzsubstanz wird durch eine unbegrenzte Anzahl eingeschachtelter Kegel gebildet, von welchen sich die ältesten und härtesten nach innen, die jüngsten und weichsten nach aussen befinden, und die beim Durchschnitte als concentrische Ringe um das mittelständige Mark erscheinen; die Blätter sind in der Regel am Stengel eingelenkt, fallen ab und besitzen eine netz- oder gitterartig verzweigte Berippung; die Zahl 5 und 2 und ihre Verdopplungen herrschen bei den Blüthentheilen und Früchten vor. (*Dicotyledonen. — Zweikeimblättrige. — Endumsprosser.*) 3

Einen o. zwei abwechselnd gestellte Samenlappen; HauptWz. fehlt; Stg. meist einfach, cylindrisch, oft knotig, zeigt im Innern Längsfasern, und besteht aus einer gleichförmigen Substanz; von den zerstreut-stehenden Gefässbündeln stehen die ältesten und härtesten nach aussen, die jüngsten und weichsten nach innen; B. wechselständig, gewöhnlich einfach, an der Basis ganz oder zum Theil scheidig, nie mit dem Stg. articulirend, daher nie abfallend, sondern abfaulend, ihre Nerven laufen einfach-parallel, und bezitzen nur zuweilen kleine Seitenrippen; die Zahl 3 und ihre Verdoppelungen herrschen bei den Blüthentheilen und Früchten vor. (*Monocotyledonen — Einkeimblättrige — Umsprosser.*) 159

Dicotyledonen.

3 Bth. (bei eingeschlechtigen stets die männl.) vollständig*); Blumenkrone u. Kelch sind gesondert vorhanden, letzterer oft nur in Gestalt eines unmerklichen Randes. 4
Bth. unvollständig; ein einfaches Perigon vorhanden; die Blumenblätter fehlen entweder gänzlich o. sind mit dem Kelche verschmolzen, bisweilen fehlen beide. 117

Blüthen vollständig.

4 Blumenkrone mehr — vielblätterig. (Bisweilen sind die BlumenB. am Grunde mit der Staubfadenröhre zsmgewachsen, oder sie hängen an der Spitze untereinander zusammen.) 5
Blumenkrone einblätterig. 74

Blumenkrone mehrblätterig.

5 Blkr. unregelmässig. 9
Blkr. regelmässig. 15

6 Blkr. schmetterlingsförmig; Staubgefässe 10, 1- o. 2brüdrig; Griffel 1; K. 5zähnig o. 2lippig; Fruchtknoten 1, frei, mit einem seitenständ. Samenträger; Frucht eine Hülse; B. wechselständ., nebenblättrig. 7
Blkr. nicht schmetterlingsförmig. 8

7 Staubfäden entweder alle in eine Röhre verwachsen, o. 9 verwachsen u. der 10. frei. S. 88. **Papilionaceen**.
Staubgefässe nicht verwachsen, ungleich, abwärtsgeneigt. (Baum mit grossen, 1fächerigen Hülsen.) S. 123. **Caesalpineen**.

---

*) Die Blb. sind bisweilen nur als kleine Blättchen innerhalb des gefärbten K. vorhanden. Der K. ist oft mit dem Fruchtknot. verwachsen, und erscheint dann bisweilen nur als ein schwach gezähnter, o. pappusähnlicher, o. unmerklicher Rand an der Spitze des Fruchtknotens. Man untersuche auch stets die noch nicht geöffneten Blüthen, da bei einigen Gattungen der Kelch sogleich nach dem Aufblühen abfällt.

8 Fruchtknoten mehrere in einer Bth., jeder mit einem Griffel; Staubgef. zahlreich; K. 5blättrig, blumenblattartig; Staubkölbchen an den Staubfaden angewachsen, mit einer doppelten Ritze aufspringend. S. 1. **Ranunculaceen.**
Ein einziger Fruchtknot. einer Bth. 9

9 Bäume; K. 5zähnig; Kr. 4—5blättrig, unter einer unterweibigen Scheibe eingefügt; Stbgfss. 7—8, auf der Scheibe eingefügt; Fruchtknot. 3fächerig; Sam. mit einem breiten Nabel an der Bas. S. 77. **Hippocastaneen.**
Kräuter o. halbstrauchige Gewächse. 10

10 Kelch 4—5—6theilig; Staubgefässe 10—24; Fruchtknoten 3—6lappig.... 11
K. 2—3—5blättrig; Staubgf. 5, 6, 8, bisweilen verwachsen. 12

11 K. bleibend; Fruchtknot. 1fächrig, an d. Spitze offen, 3—6lappig, mit 3—6 Griffeln, die Samenträger wandst., mit den Griffeln abwechselnd; Stbgfss. 10—24.. ....S. 48. **Resedaceen.**
K. abfällig, 5theilig; Fruchtknoten 5fächerig; Samenträger central; Griffel 1; Staubgf. 10, abwärts-geneigt; Blb. 5; B. mit durchscheinenden Punkten bestreut.................. ....S. 83. **Rutaceen.** 83

12 Fruchtknot. 5fächrig; K. 3—5blättrig, das oberste KB. viel grösser und gespornt; Blkr. 3blättrig (jedes der seitenständ. Blb. eigentl. aus 2 zsmgewachsenen Blb. bestehend); Staubgef. 5, durch eine Querhaut verbunden; Kaps. 5klappig, elastisch aufspringend...............S. 81. **Balsamineen.**
Fruchtknot. 1—2fächrig. 13

13 K. 5blättrig; Staubgf. 5 o. 8................ ... 14
K. 2blättrig; Staubgef. 6, in zwei gegenständige Bündel verwachsen; Kr. 4blättrig, das obere Blb. gespornt; Fruchtknot. 1fächrig. S. 18. **Fumariaceen.**

14 Staubgef. 5; Staubkölbch. 2fächrig, mit 2 Längsspalten aufspring., an der innern Seite der Staubfäden, welche an der Spitze in eine vertrocknete Haut endigen, angewachsen; Kelch-Blätter an der Bas. in ein Anhängsel vorgezogen; Kr. 5blättrig, das untere Blb. gespornt; Fruchtknoten 1fächrig, mit 3 wandst. Samenträg..........S. 45. **Violarieen.**
Staubgf. 8, einbrüdrig, oberwärts frei o. in 2 Bündel verwachsen; Staubkölbch. 1fächrig, mit einem Loche aufspringend; die 2 inneren KB. grösser, blumenblattartig, flügelförmig; Kr. 3—5blättrig, an die Staubgef. angewachsen, das untere Blb. kielförmig; Fruchtknot. 2fächrig...S. 50. **Polygaleen.**

15 K. mit dem Fruchtknot. nicht verwachsen; Fruchtknot. frei; Blkr. unterständ. 16
K. mit dem Fruchtknot. verwachsen, und oft nur als ein schwacher Rand an der Spitze des Fruchtknotens bemerklich; Blkr. oberständig. 62

16 Sträuche mit kleinen, zuletzt sammt den Aestchen abfälligen Blättern; Sam. mit einem Haarschopfe gekrönt; K. 4—5theilig; Blb. 4—5; Staubgefässe oft 1brüdrig; Griffel 3, oder eine 3lappige Narbe; Fruchtknoten 1fächrig; Bth. klein in ährenf. Tr. S. 148. **Tamariscineen.**
Anders beschaffene Sträuche u. Bäume o. Kräuter. 17

17 Sträuche mit 4—5theilig. o. -spalt. Kelche, u. einem 2—5fächrigen Fruchtknoten; Blb. 4—5; Staubgef. 4—5; Frucht eine Kapsel o. Steinfrucht. 18
Andere Gewächse — o. ähnliche Sträuche mit 1fächrigem Fruchtknoten.............. 19

18 Stbgfss. mit den Blb. abwechselnd gestellt; K. in der Knospenlage dachig; Kapsel entweder häutig-aufgeblasen o. gefärbt. ......S. 84. **Celastrineen.**
Staubgef. den Blb. gegenständ.; KZipfel in der Knospenlage klappig, abfällig, die Röhre bleibend; Frucht trocken u. geflügelt, o. eine Steinfrucht. S. 85. **Rhamneen.**

19 K. 2blättrig o. 2spaltig. 20
K. mehrblättrig o. mehrspaltig, -theilig, o. -zähnig. 21

20 K. 2blättrig, abfällig; Blb. 4; Staubgef. 4 oder zahlreich; Kapsel schotenförmig oder unvollkommen-4—20fächrig. Milchende Kräuter mit einem weissen oder safrangelben Safte. . . . S. 17. **Papaveraceen.**
K. 2spaltig, die ringsum abgetrennt. Bas. desselben bleibend; Blb. 4—6; Fruchtknot. 1fächrig mit centralem freiem Samenträg.; Gr. 1, in 3—6 Narben getheilt. . . . . S. 151. **Portulaceen.**

21 Fleischige saftige Kräuter ohne NebenB.; Fruchtknoten mehrere, so viele als Blb. u. KZipfel, an der Basis mit einer unterweibigen Schuppe gestützt; Staubgef. dem K. eingefügt, so viele o. doppelt so viele als Blb. S. 154. **Crassulaceen.**
Gewächse nicht fleischig, o. mit andern Bth. versehen. 22

22 Immergrüne Sträuche mit einhäusigen o. 2häusigen Bth. und 2—3 Blb.; K. der männl. Bth. 3theilig. 23
Blb. 4—5 o. mehrere, o. auch 3 Blb. in Zwitterblüthen. 24

23 Bth. 2häusig; Blb. 3; Staubgef. 3; Narbe 9strahlig; Steinfrucht 1fächrig. . . . . S. 387. **Empetreen.**
Bth. 1häusig; Blb. der männlichen Bth. 2, der weiblichen Bth. 3; Staubgefässe 4; Griffel 3; Kapsel 3schnäbelig, 3fächrig. . . . S. 388. **Euphorbiaceen.**

24 Pflanzen mit durchscheinend-punktirten B., einem Griffel, und 6—8 o. 10 freien Staubgefässen, die einer drüsigen Scheibe eingefügt sind; K. 3—4—5-theilig; Blb. 3, 4, 5; Fruchtknot. lappig, 3—4—5-fächrig. . . . . S. 83. **Rutaceen.**
Pflanzen entweder ohne punktirte B., oder mit anders beschaffenen Blüthen. 25

25 Kleine Sumpf- und Teichpflänzchen mit 3—4 Griffeln, einem 3—4theiligen K., 3—4 Blb., 3, 4, 6, 8 Staubgef. und einer 3—4fächrigen, vielsamig. Kapsel. S. 68. **Elatineen.**
Bth. oder Früchte anders gebildet; Blumenkrone 4-, 5- o. mehrblättrig. 26

26 K. 1blättrig, 8—12zähnig, 4—6 Zähne von anderer Gestalt und Richtung; Blb. 4—6, am ob. Ende der KRöhre eingefügt; Staubgefässe 4, 6, 8, 12, der KRöhre eingefügt; Griffel 1; Narbe einfach; Fruchtknoten zweifächrig, vieleiig; B. nebenblattlos. . . . . S. 147. **Lythrarieen.**
K. 5zähnig, o. gespalten, getheilt o. mehrblättrig. . . 27

27 Farblose bleiche Gewächse, die statt der B. bloss eif. Schuppen besitzen; K. u. Kr. 4—5blättrig; Blb. an der Bas. höckerig, fast gespornt; Staubgef. 8—10; Griffel 1; Fruchtknot. halb-5fächerig; Kaps. 5klappig. . . . . .S. 290. **Monotropeen.**
Pflanzen mit wirklichen B. versehen. 28

28 Blkr. 4blättrig; K. 4blättrig, 4theilig o. 4spaltig. . . 29
Blkr. 5—mehrblättrig; KelchB. oder KAbschnitte 3—5 oder mehrere. 35

29 K. 4spaltig, bisweilen gedoppelt; Griff. 4 o. zahlreich. 30
K. 4blättrig. 31

30 Staubgef. 4; Griffel 4; KZipfel 2—3spaltig; Fruchtknot. 1, 3fächer.; Blb. u. Staubgef. unterweibig. S. 68. **Lineen.**
Staubgef. mehrere; Griffel mehrere; K. meist gedoppelt; Fruchtknoten mehrere; Staubgefässe u. Blb. dem Kelche eingefügt. . . . . . . .S. 126. **Rosaceen.**

31 Staubgef. 3, 4, 8 o. 10. 32
Staubgef. 6 (viermächtige), o. zahlreich. 33

32 Samenträger central, frei; Staubgef. auf einem aus Drüsen gebildeten, mehr o. weniger kelchständigen Ringe eingefügt. Kapsel in Zähne und Klappen aufspringend, 1fächerig; B. gegenständig. S. 59. **Alsineen.**
Samenträger auf einer Seite der Wand angeheftet; Staubgef. 4, den KrB. gegenständig; drüsiger Ring fehlt; 4 becherförm. NebenKrB.; Kaps. schotenf., 1fächerig; StgB. doppelt-3zählig. S. 15. **Berberideen.**
NebenKrB. fehlen; Frucht eine Schote o. ein Schötchen, mit zwischenklappigen Samenträgern. S. 20. **Cruciferen.**

33 Staubgef. 6, viermächtig, die 4 längern den, den Samenträgern entsprechenden 2 innern KB., die 2 kürzeren entfernteren den, den Klappen entsprechenden 2 äusseren KB. gegenübergestellt; Schoten- o. Schötchenfr. . . . . .S. 20. **Cruciferen.**
Staubgef. zahlreich. 34

34 { K. hinfällig; Staubkölbch. einwärts mit einer doppelten Ritze aufspringend; Pfl. nebenblattlos mit 3-zählig-doppelt-gefiederten B. ♃ S. 1. **Ranunculaceen.**
K. bleibend; Beere rindig, durch den schlanken Fruchtträger gestielt; NebenB. dornig, gebogen. ♄ S. 43. **Capparideen.**

35 { Kr. 6blättr.; Blb. inwendig an d. Bas. mit 2 Drüsen; K. 6blättrig; Fruchtknot. 1, mit 1 Griffel; Beere 2samig. (B. begrannt-gesägt.) S. 15. **Berberideen.**
Kr. 5- o. vielblättrig 36

36 { Kr. vielblättrig o. mehr als 5blättrig 37
Kr. blos 5blättrig 39

37 { Fruchtknot. mehrere 38
Fruchtknot. 1, mehrfächrig, mit einer vielstrahligen Narbe. Schwimmende Wassergewächse mit rundl., an d. Bas. herzf., lederartig. B.; KrB. allmälig in die Staubgef. übergehend; K. 4—5blättrig. S. 16. **Nymphaeaceen.**

38 { Blb. u. Staubgef. dem Fruchtknoten eingefügt; KrB. oft kleiner als die blumenblatt. KB, bisweilen gespornt; K. 3—4—5—8blättr.; Staubkölbch. mit einer doppelten Ritze aufspringend. S. 1. **Ranunculaceen.**
Blb. u. Staubgef. dem K. eingefügt; K. einblättrig, 5—8—9spaltig. . . . . S. 126. **Rosaceen.**

39 { Die zahlreichen Staubgefässe sind entweder in eine Röhre oder in 3—5 Bündel verwachsen, oder 10 Staubgef. sind an d. Bas. kurz-1brüdrig 40
Staubgef. entweder frei, o. weniger als 10 43

40 { Staubgef. zahlreich, an d. Bas. in 3—5 Bündel zsmgewachsen; K. 5blättr. o. 5theilig; Kr. in der Knospenlage gewunden; B. oft durchscheinend-punktirt. . . . . S. 74. **Hypericineen.**
Staubgef. 1brüdrig 41

41 { Staubgef. in eine Röhre verwachsen, zahlreich; K. meist doppelt; Staubkölbch. 1fächrig, mit einer Querspalte aufspringend; Blb. an d. Röhre der Staubgef. angewachsen; Griffel 5 o. viele, unterwärts zsmgewachsen. . . . . S. 71. **Malvaceen.**
Staubgef. 10, an d. Bas. kurz-einbrüdrig; K. einfach; 5 Griffel o. 5 Narben 42

42 Die Griffel an die verlängerte Achse des Fruchtknot. angewachsen u. dadurch einen Schnabel bildend; Fruchtknot. aus 5 Früchtchen gebildet; die reif. Früchtch. 1samig; die Klappen von d. Bas. bis zur Spitze mit d. Griff. abspringend, schliessen den von der Achse losgetrennten Samen ein. S. 78. **Geraniaceen.**
Griffel getrennt; Kaps. 5fächr., 5—10klappig, Fäch. mehreiig; Samenträg. central; B. 3zählig. S. 82. **Oxalideen.**

43 K. 5zähnig, 5spaltig o. 5theilig. (Bei doppeltem K. ist der innere 5spaltig o. -theilig.) 44
K. 3—5blättrig o. mehrblättrig. 56

44 Fruchtknot. mehrere, mit seitenständ. Griffeln; Blb. u. Stbgfss. dem K. eingefügt; K. bisweilen doppelt; B. wechselst. mit NebenB. S. 126. **Rosaceen.**
Fruchtknoten 1, (bisweilen 2lappig o. 2schnäblig). . 45

45 Staubgef. 20 und mehrere, sammt den Blb. dem Rande des K. eingefügt; K. 5zähnig, inwendig mit einer fleischigen honigabsond. Platte; Fruchtknot. 1fächrig; Griffel 1; Narbe einfach; Steinfr. S. 124. **Amygdaleen.**
Staubgef. höchstens 10. 46

46 Bäume o. strauchige Gewächse. 47
Krautige Pflanzen. 50

47 Kletternde Sträuche mit gabeligen o. ästigen, den B. gegenständ. Ranken und grünlichen Blüthen; Staubgef. 5; K. schwach 5zähnig o. fast ganz; Fruchtknoten 4eiig; Frucht eine Beere. S. 77. **Ampelideen.**
Sträuche o. Bäume, nicht kletternd. 48

48 Staubgef. meist 8; Frucht 2flüglig, in 2 nicht aufspringende Früchtchen sich theilend; K. 5theilig; Bth. vielehig. Bäume mit gegenständ. B. S. 76. **Acerineen.**
Staubgef. 5 o. 10. 49

E*

Staubgef. 10; Fruchtknoten 5fächrig; K. klein, 5zähnig; Staubkölbch. an der Spitze mit zwei Oeffnun-
49 gen aufspringend.............S. 286. **Ericineen.**
Staubgef. 5; Fruchtknot. 1fächrig; Griffel o. Narben 3; K. 5spaltig. ....S. 87. **Terebinthaceen.**

Pflanzen mit rauschenden NebenB., 5theil. Kelche, 3—5 Staubgef., 2—3 getrennten oder an der Basis
50 zusammengewachsenen Griffeln, oder ebenso vielen Narben; Fruchtknot 1fächrig. S. 152. **Paronychieen.**
Pflanzen ohne rauschende NebenB.. 51

Griffel 1; Fruchtknot. 5fächrig; Kaps. 5fächrig mit 5 Ritzen aufspringend; Staubgef. 10, Staubfäd. an d. Spitze nickend, Staubkölbch. mit 2 Löchern auf-
51 springend. ....S. 289. **Pyrolaceen.**
Griffel 2—3—5, oder fehlend und mehrere sitzende Narben vorhanden.......................... 52

Kapsel 3knotig; Fruchtknot. 3fächrig; Staubgef. 5;
52 Griffel 3; Bth. 1häusig. ..S. 388. **Euphorbiaceen.**
Kapsel nicht 3knotig. 53

K. gefaltet, bleibend, oberwärts trockenhäutig, 5zähnig; Griffel 5; Fruchtknot. 1fächrig; Kapsel nicht
53 aufspringend. (Schaft blattlos; Bth. in Köpfch o. Aehren.)................S. 363. **Plumbagineen.**
K. nicht gefaltet. 54

Stumpfpflanzen, deren jüngere B. zirkelf. von d. Spitze nach d. Bas. eingerollt sind; K. tief-5theilig; Staub-
54 gef. 5; Kaps. an d. Spitze 3—4—5klappig, mit wandständig. Samenträgern; Bth. weiss. S. 49. **Droseraceen.**
Pflanzen anders beschaffen..................... 55

Blb. sammt den Staubgef. auf einem mehr oder weniger deutlichen Fruchtträger eingefügt; Staubgef. 5 oder 10; Griffel 2—3—5; Kaps. o. Beere
55 1fächerig, o. an d. Bas. 3–5fächrig; B. gegenst. S. 52. **Sileneen.**
Blb. dem Kelche eingefügt, Staubgef. 10; Griffel 2, bleibend; Kapsel 2fächrig, 2schnäblig. S. 160. **Saxifrageen.**

56 Bäume mit wechselständig. B.; Staubgef. zahlreich; Staubkölbch. 2fächerig, mit einer doppelten Ritze aufspringend; Griffel 1; Fruchtknot. 5fächrig; Nuss 1fächrig, 1—2samig; K. 5blättr., abfällig. S. 73. **Tiliaceen**
Kräuter o. strauchartige Gewächse. 57

57 Staubgef. mehr als 10. 58
Staubgef. 3—5 oder 10. 59

58 Nur ein Fruchtknoten; K. 3—5blättrig, die 3 innern KB. in der Knospenlage zsmgedreht, die 2 äussern meist kleiner o. fehlend; KrB. hinfällig, in der Knospenlage zsmgedreht, aber in einer den KB. entgegenlaufenden Richtung. . . S. 44. **Cistineen**.
Mehrere Fruchtknoten; Staubkölbchen mit 2 Längsritzen aufspringend. . . . . . . S. 1. **Ranunculaceen**.

59 Gr. 1, sehr kurz, mit halbkugeliger 5strahliger Narbe; Staubgef. 10; Blttch. 6paarig; Früchtch. dornig. S. 82. **Tribulaceen**.
Gr. 1, säulenf., o. 2, 3, 5 o. ganz fehlend. 60

60 Fruchtknot. u. Kaps. 1fächerig 61
Fruchtknot. u. Kaps. 10fächrig, Fächer 1eiig. Samenträger central; Staubgefässe 5; Griffel 5. (Bth. gelb, blau o. rosa.). . . . . S. 68. **Lineen**.
Fruchtknot. 5fächrig. . . . . 42.

61 B. gegenständig; Staubgefässe 3—5 oder 10, auf einem drüsigen Ringe eingefügt; Samenträger central, frei. . . . . S. 59. **Alsineen**.
B. wechselständig; Staubgef. 5, ohne drüsigen Ring; Samenträger wandständig; die jüngern Blätter von der Spitze gegen die Basis eingerollt. Sumpfpflanzen mit weisser Blüthe. . . . . S. 49. **Droseraceen**.

62 Fleischiger, aus vrkhrt-eif., zsmgedrückten Gliedern bestehender, mit Stachelbüscheln besetzter Strauch; Bth. schwefelgelb; Stbgfss. zahlreich. S. 159. **Cacteen**.
Pfl. von anderer Gestalt. 63

63 Bäume o. Sträuche. 64
Krautige Gewächse. 71

64 Auf den Aesten der Eichen schmarotzende Sträuche; Kr. 6blättrig; Frucht eine einsamige Beere; Blüthen zwitterig o. 2häusig. . . . S. 195. **Loranthaceen.**
Keine schmarotzende Sträuche. 65

65 4, 5 o. 10 Stbgef. 66
20 u. mehr Staubgef. 69

66 KRand 4—5zähnig; KrB. vor einer oberweibig. Scheibe eingefügt; Fruchtknot. 2—mehrfächrig, Fächer 1eiig. 67
K. 3—4—5—7spalt. o. -theilig. 68

67 KrB. 5 o. 10; Staubgef. 5—10; Gr. 5—10; Beere 5—10fächrig; Sträuche mit wurzelförmigen Klammern kletternd. . . . . S. 194. **Araliaceen.**
KrB. 4; Staubgef. 4; Gr. 1; Steinfrucht mit 2fächrigem Steine, Fächer einsamig. . . S. 195. **Corneen.**

68 Frucht eine Beere, vom verwelkten K. bekrönt; Sträuche mit 3- o. 5lappigen B.; BthStiele 1—3blüth. o. traubig; Fruchtknot. 1fächr., vieleiig. S. 159. **Grossularieen.**
Frucht eine trockene o. saftige Steinfrucht; K. rundum abspringend, mit einer bleibenden Basis; Blb. 4—5; Staubgef. eben so viele, den Blb. gegenst.; Fruchtknot. 2—4fächr. . . . . S. 85. **Rhamneen.**

69 B. wechselständig, nebenblättrig; Staubgef. in der Knospenlage einwärts-gekrümmt, sammt den KrB. einem den Schlund des K. umgebenden Ringe eingefügt; KSaum 5zähnig o. 5spaltig; KrB. 5; Fruchtknot. 2—5fächrig, Fächer 2—vieleiig; Samenträger central; Beeren-, Apfel- o. Steinfrucht. S. 138. **Pomaceen.**
B. gegenständ., nebenblattlos. 70

70 B. drüsig-punktirt, die Queradern in eine einzige, dem Rande gleichlaufende zsfliessend; KRöhre fast kugelig, Saum 5theil.; KrB. 5; Beere 2—3fächrig. S. 149. **Myrtaceen.**
B. ohne Punkte und ohne eine Randader; K. 4—5spalt.; KrB. 4—5; Gr. tief-4spalt.; Kaps. 4—5-klappig; Bth. weiss . . . . . . S. 149. **Philadelpheen.**

71 Gr. fehlt; Narben 4, zottig; 1geschlechtige Pflanzen; KSaum 4theil.; KrB. 4; Staubgef. 8 o. 4. Wasserpfl. mit quirlig., haarfein.- o. borstlich-fiedertheil. B. S. 145. **Halorageen.**
Gr. vorhanden 72

72 1 Griffel vorhanden, mit kopfiger o. gespaltener Narbe; Staubgef. 2, 4 o. 8; KSaum 2—4theil. o. -spalt.; KrB. 2—4, in der Knospenlage gedreht o. dachig; Fruchtknot. 2--4fächr., mit central. Samenträgern .... S. 141. **Onagrarieen.**
2 Griffel vorhanden; Staubgef. 5 o. 10 73

73 Staubgefässe 5; KSaum unmerklich oder 5zähnig; Kronblätter 5; FrKnot. 2fächrig, Fächer 1eiig; jeder Griffel an d. Bas. in eine oberweibige Scheibe verbreitert, welche das Ende der Frucht deckt; Fr. aus zwei mit dem halben K. verwachsenen Früchtch. zsmgesetzt, an der Spitze einer 2spaltigen oder 2-theiligen Achse hängend; Bthstand eine vollkommene oder unvollkommene Dolde. S. 167. **Umbelliferen.**
Staubgefässe 10; K. 5spaltig oder 5theilig; KrB. 5; Kapsel 2fächr., 2schnäbelig, vielsamig. S. 160. **Saxifrageen.**

Blumenkrone einblättrig.

74 Bth. oberständig; die Staubgefässe entweder vor einer oberweibig. Scheibe oder im Grunde der Kr. auf dem Fruchtknot., oder aber der oberständ. Kr. eingefügt, in welch letzterem Falle der K. mit dem Fruchtknoten verwachsen ist, und zuweilen an d. Spitze desselben nur einen undeutlichen oder pappusartigen Rand darstellt 75
Bth. unterständig 83

75 Bth. in Köpfchen dicht gehäuft, welche von einer mehrblättrigen Hülle (HauptK.) umgeben sind; Bth. entweder zungenförmig o. mehr o. weniger röhrig o. trichterf.; Staubgefässe der KrRöhre eingefügt .. 76
Bth. nicht in ein solches von einer gemeinschaftl. Hülle umgebenes Köpfchen gehäuft 77

76 { Staubgef. 4, frei; Staubfäd. nicht gegliedert; Narbe einfach; der eigentliche K. doppelt, der äussere bei der Reife die Frucht umgebend, der innere zuletzt an den Fruchtknot. angewachsen; Kr. 4—5-spaltig, mit ungleichen Zipfeln. S. 208. **Dipsaceen.**
Staubgef. 5; Staubfäd. in der Mitte mit einem Gelenke; Staubkölbch. in eine Röhre verwachsen; Griffel mit 2 Narben; der eigentliche K. an den Fruchtknot. angewachsen, sein Saum trockenhäutig, haarig oder verschieden gestaltet (Pappus), oder kurz und kaum bemerkbar. . S. 212. **Compositen.**

77 { Staubgef. vor einer oberweibigen, gekerbten Scheibe eingefügt; K. und Kr. 4—5spaltig, o. 4—5zähnig; Staubkölbch. 2fächerig, oft 2hörnig; Staubgef. 8 – 10. Kleine Sträuche mit wechselständ. B., kuglige Beeren tragend. . . . . S. 285. **Vaccineen.**
Staubgef. dem Fruchtknot., Kelche o. der Kr. eingefügt. 78

78 { Staubgefässe dem Fruchtknoten oder dem Kelche eingefügt; Staubgef. 5. 79
Staubgef. der Blkr. eingefügt. 80

79 { Bth. eingeschlechtig; Staubgef. 3brüdrig, bisweilen auch die Staubkölbchen in eine Walze verwachsen; Frucht fleischig (Kürbisfr.); Fruchtknot. 3-fächrig, Fächer bisweilen 2theilig; Samenträg. wandständig. Kletternde Kräuter, meist mit schraubenf. Winkelranken. . . . . . S. 150. **Cucurbitaceen.**
Bth. zwitterig; Kr. regelmässig, entweder mit linealen Zipfeln, die beim Aufblühen verwachsen sind und sich dann von der Basis gegen die Spitze zu lösen, oder eine glockenförm. o. radförm. Kr.; Griffel 1, mit 2—3—4—5 Narben; Kapsel mit Löchern o. Klappen aufspringend. . . S. 278. **Campanulaceen.**

80 { 5 fruchtbare und 5 unfruchtbare Staubgefässe; Fr-knoten 1fächrig, vieleiig, mit central. Samenträger; Kapsel 5klappig; B. wechselst. S. 354. **Primulaceen.**
Staubgef. alle fruchtbar, oder weniger als 10. 81

81 B. quirlig, 4—6—8ständig; KRand unmerklich o. gezähnt; Kr. meist 4spalt.; Staubgef. meist 4, selten 3 o. 5; Fruchtknot. 2—3fächrig; Frucht 2-knotig o. 3hörnig............S. 199. **Rubiaceen.**
B. nicht quirlig........................... 82

82 Frucht beerenartig, bisweilen gedoppelt; Fruchtknot. 3—5fächrig, Fächer 1—mehreiig; Staubgefässe 5 o. 10, o. auch 4 zweimächtige; KSaum 3spaltig o. 5zähnig, oder 5theilig..S. 196. **Caprifoliaceen.**
Frucht nicht beerenartig; Fruchtknot. 1fächrig o. auch 2—3fächrig, mit einem einzigen fruchtbar. Fache; Staubgef. meist 3 o. weniger; KSaum eingerollt und zuletzt in eine Haarkrone ausgebreitet, o. gezähnt o. unmerklich; KrSaum 5spaltig, meist ungleich, Röhre an der Basis oft höckerig o. gespornt...................S. 205. **Valerianeen.**

83 Krone schmetterlingsförmig; Kelch 5zähnig oder 2lippig; Staubgefässe 10, Staubfäden entweder alle in eine Röhre verwachsen, oder nur 9 verwachsen, der 10te frei; Hülsenfrucht. S. 88. **Papilionaceen.** 82
Bth. anders beschaffen........................ 84

84 Fleischige saftige Kräuter ohne NebenB.; Zipfel des K. und der Kr. so viele als Fruchtknoten, und jeder Fruchtknoten an d. Basis mit einer unterweibigen Schuppe gestützt; Staubgef. so viele o. dopp. so viele als Zipfel der Blkr., und entweder der Kr. o. dem K. eingefügt.
S. 154. **Crassulaceen.**
Gewächse nicht fleischig, o. mit andern Bth...... 85

85 Staubgef. nicht der Krone, sondern entweder dem BthBoden o. dem K. eingefügt............... 86
Staubgef. der Kr. eingefügt..................... 90

86 Bth. 1häusig; Blkr. trockenhäutig; die männlichen Bth. mit 4blättr. K. u. 4spalt., regelmäss. Kr., die weibl. mit 3blättr. K. und schwach-gezähnelter Kr.; Staubgefässe 4; Griff 1.; Nuss 1fächrig.
S. 365. **Plantagineen.**
Bth. zwitterig.............................. 87

87 K. 2blättrig o. 2spaltig ... 88
K. mit mehreren Zähnen o. Zipfeln, bisweilen undeutlich ... 89

88 Kr. gespornt, aus 4 verwachsenen Blb. entstanden; Staubgef. 6, in zwei Bündel verwachsen; Fruchtknot. 1fächrig mit wandständ. Samenträg. S. 18. **Fumariaceen.**
Kr. spornlos; Staubgef. frei; Fruchtknot. 1fächrig mit central. freiem Samenträger. S. 151. **Portulaceen.**

89 K. blumenblattartig, 5blättrig, das ob. KB. gespornt; Blb. alle in ein gesporntes verwachsen; Fruchtknot. 1fächrig; Kapselfrucht. S. 1. **Ranunculaceen.**
K. nicht blumenblattartig, fast regelmässig, bleibend; Fruchtknot. 4–5fächrig, sammt den Staubgef. auf einer unterweibigen Scheibe eingefügt. S. 286. **Ericineen.**

90 Fruchtknoten 4, auf einer unterweib. Scheibe, oder 1 Fruchtknoten mit 4 Nähten, der bei der Reife in 4 Nüsse zerfällt; Nüsse 4, vom Kelche eingeschlossen; Griffel 1, in der Mitte der Fruchtknot. 91
Fruchtknot. 1, bei der Reife nicht in 4 Nüsse zerfallend, oder 2 Fruchtknot. ... 93

91 Staubgef. 4 o. 2 ... 92
Staubgef. 5, mit den KrZipfeln abwechselnd; B. wechselständ., nebenblattlos, meist rauh anzufühlen. S. 303. **Boragineen.**

92 Fruchtknoten 4, Nüsse 4; Staubgefässe 4 zweimächtige, o. 2; K. röhrig; Kr. unregelmässig, rachig o. 2lippig; B. gegenst., nebenblattlos. S. 335. **Labiaten.**
Fruchtknoten 1, 4fächrig, Frucht in 4 Nüsse zerfallend; Staubgef. 4 zweimächtige; Kr. tellerförmig, Saum 5lappig ... S. 330. **Verbenaceen.**

93 Fruchtknot. 1 ... 94
Fruchtknot. 2, mit 1 Griffel o. 1 Narbe, oder auch mit 2 Griff. und einer gemeinschaftlichen Narbe; Staubgefässe 5; Krone abfällig ... 115

94 Fruchtknoten 1fächrig. (Bei den mit einer 4spaltigen trockenhäutigen Kr. versehenen *Plantagineen* ist der centrale Samenträger geflügelt, daher die Kaps. gleichsam 2—4fächrig zu sein scheint.) 95
Fruchtknot. 2—mehrfächrig 102

95 Fruchtknot. 1eiig; K. 5zähnig o. 5spalt., bleib.; Staubgef. 4—5.............................. 96
Fruchtknot. 2—mehreiig......................... 97

96 K. 5zähnig, gefaltet, oft oberwärts trockenhäutig; Staubgefässe 5; Kr. regelmässig; Griffel 5, o. 1 mit 5 Narben; Kapselfrucht. S. 363. **Plumbagineen.**
K. 5spalt.; Staubgef. 4; Kr. meist ungleich; Gr. 1.; Narbe 2spalt. Schlauchfr.. .S. 363. **Globularieen.**

97 Samenträger mittelpunktständig, frei. 98
Samenträger wandständig; Eichen zahlreich.......101

98 Samenträger 2—4flügelig; wodurch die Kapsel fast 2—4fächrig erscheint; Kr. 4spaltig, regelmässig; trockenhäutig; Staubgef. 4; Kaps. rundum aufspringend.................S. 365. **Plantagineen.**
Samenträger nicht geflügelt; Kr. nicht trockenhäutig. 99

99 K. 2blättrig o. 2spaltig; Blkr. spornlos, entweder unregelmässig-trichterf. u. auf einer Seite gespalten, oder aus 4—6 an d. Bas. verwachsenen Blb. bestehend; Griff. 1; Narben 3—6; Staubgef. 3, o. 8—15.....................S. 151. **Portulaceen.**
K. 4—5zähnig, -spaltig o. -theilig, oder auch bei gespornter Blkr. 2blättrig. (selten 7—9theilig.).....100

100 Kr. regelmässig, spornlos; Staubgefässe 4—5—7, den Kron-Zipfeln gegenständig, oder auch 10, und dann die obern 5 zwischen den KrZipfeln eingefügt und unfruchtbar.................S. 354. **Primulaceen.**
Kr. unregelmässig, gespornt, rachig o. larvig; Staubgef. 2, an der Bas. der Kr. (Landpflanzen mit 1blüth. Schafte, o. Wasserpflanzen mit haarfeinen oder borstlich-vielspaltigen B.)
S. 353. **Utricularieen.**
Kr. 2lippig o. fast radf.; Stbgf. 4, zweimächtig.
S. 317. **Antirrhineen.**

101 Krone abfällig, rachenf., mit 4 zweimächtigen Staubgef.; Griffel 1; K. 4spaltig oder 2blättrig. Auf Wurzeln schmarotzende Pflanzen, welche statt der B. mit Schuppen versehen sind. S. 327. **Orobancheen.**
Krone verwelkend, 4—9spaltig; Staubgef. 4—9; Gr. 2, zum Theile oder ganz verwachsen, oder fehlend; K. 4—9theilig, -spaltig oder -zähnig. Mit B. versehene Pflanzen. .... S. 295. **Gentianeen.**

102 Staubgef. in 2 Bündel verwachsen, an der Bas. 1brüdrig; Staubkölbch. 8, 1fächrig; K. 5blättrig, die 2 innern KB. grösser, oft blumenblattartig, flügelförmig; Kr. unregelmäss., das unt. Blb. kielförmig. .... S. 50. **Polygaleen.**
Staubgef. frei, o. d. Bth. anders beschaffen...... 103

103 Staubgef. 2, o. 4 zweimächtige.................. 104
Staubgef. 5, o. 4 nicht zweimächtige, oder mehrere Staubgefässe.................................. 109

104 Kr. regelmässig; Staubgef. 2; FrKnot. 2fächrig. (Bäume oder Sträuche.) 105
Kr. unregelmässig oder ungleich (meist ein Zipfel breiter oder länger.).......................... 106

105 FrKnot.-Fächer 1eiig, Eichen aufrecht; K. 5—8zähnig; Kronsaum 5—8spalt. (B. gegenständig, gefiedert.).................. S. 292. **Jasmineen.**
Fruchtknoten - Fächer 2eiig, Eichen hängend; K. 3—4zähnig oder -theilig; Kronsaum 4spaltig o. 3—4theilig.. .... S. 291. **Oleaceen.**

106 Fruchtknoten 4fächerig. Fächer 1eiig o. 2eiig. Frucht eine Steinfrucht mit 4 einsamigen Steinen, oder in 4 Nüsse zerfallend; Kr. röhrig mit unregelmässigem oder ungleich. Saume. ....S. 352. **Verbenaceen.**
Fruchtknoten 2fächrig, Fächer vieleiig; die Samenträger an die Mitte der Scheidewand angewachsen; Kapsel- oder Beerenfrucht................ 107

107 Kr. fast kugelig, mit kleinem, 5lappigem Saume, der untere Lappen zurückgeschlagen. An der Krone ist meistens ein Ansatz zu einem fünften Staubgefässe vorhanden......... S. 314. **Verbasceen.**
Kr. nicht kugelig, und ohne Ansatz zu einem 5ten Staubgef.................................. 108

108 Staubkölbchen an der Bas. mit 2 Stachelspitzen o. Dornen; Kr. 2lippig. ....S. 392. **Rhinanthaceen.**
Staubkölbch. an der Bas. ohne Anhängsel; Kr. 2lippig, oder mit 4—5spaltigem, mehr oder weniger unregelmässigem Saume; K. 4—5theilig o. -zähnig. ....S. 317. **Antirrhineen.**

109 Bäume o. ansehnliche, mit dornig-bespitzten o. dornig-gezähnten B. versehene Sträuche; K. 4—5zähnig, Kr. radf., 4—5theil.; Staubgef. 4—5; Narb. 4—5; Fruchtknoten 4—5fächrig; Steinfrucht 4—5steinig. S. 290. **Aquifoliaceen.**
Krautige o. höchstens strauchartige Gewächse.....110

110 Pflanzen mit fadenförmig. blattlosem Steng., der andere Pflanzen schmarotzend überzieht, und sodann an der Basis über der Erde abstirbt; K. 4—5spaltig; Kr. glockig oder krugf., 4—5spalt.; Staubgef. 4—5. ....S. 301. **Convolvulaceen.**
Pfl. mit B. versehen.........................111

111 Fächer des 2—4fächrigen Fruchtknot. 2eiig; Kr. trichterförm.-glockig, eckig, 5lappig, 5faltig; Griffel ungetheilt; Narb. 2; Staubgef. 4—5; Pfl. oft windend und milchend; B. wechselständ., nebenblattlos. ....S. 301. **Convolvulaceen.**
Fächer des 1—4fächrigen Fruchtknot. vieleiig. ...112

112 Fruchtknot. 3fächrig; Kaps. 3klappig; K. 5spalt.; Kr. radförm. mit 5lappigem Saume; Schlund durch die an d. Bas. verbreiterten Staubgef. geschlossen; Staubkölbch. aufliegend. S. 301. **Polemoniaceen.**
Fruchtknot. 1-, 2-, o. 4fächrig. 113

113 Kr. verwelkend, 4—9spaltig; Staubgef. 4—9; Griffel 2, zum Theile o. ganz verwachsen o. fehlend; Fruchtknot. durch die einwärts-geschlagenen Klappenränder 2fächrig; Frucht eine Kapsel. S. 295. **Gentianeen.**
Kr. abfällig; Griffel 1; Narbe einfach; Fruchtknot. 2—4fächrig; eine Beere o. Kapsel. 114

114 Staubkölbchen auf das verbreiterte Ende des Staubfad. quer- oder schief-angewachsen, 1fächrig; Kr. ungleich-radf., o. fast kugelig mit lappigem Saume. S. 314. **Verbasceen.**
Staubkölbch. an dem spitzigen Ende des Staubfadens aufliegend, 2fächrig; Kr. mit 5lappigem Saume, in d. Knospenlage faltig o. dachig. S. 310. **Solaneen.**

115 Frucht aus 2 zweifächrigen Nüssen bestehend; B. wechselst. ....S. 303. **Boragineen.**
Frucht aus 2 Balgkapseln bestehend; B. gegenst..116

116 Blüthenstaub staubartig oder körnig; Kr. glockig oder tellerförmig, in der Knospenlage schief-zusammengedreht; Staubfäden frei; Staubkölbchen auf der Narbe liegend. .....S. 294. **Apocyneen.**
Blüthenstaub in Massen zsgeflossen, welche den 5 Fortsätzen der Narbe anhängen; Kr. fast radförmig, in der Knospenlage dachig oder klappig; Staubfäden meist verwachsen. S. 293. **Asclepiadeen.**

Blüthen unvollständig.

117 Bth. nicht in Kätzchen. 118
Männl. Bth. stets in Kätzch., die weibl. einzeln, gehäuft, o. in Kätzchen; Bäume o. Sträuche. 155

118 Schmarotzergewächse; Bth. zwitterig o. 2häus. 119
Keine schmarotzenden Gewächse............... 120

119 Schmarotzende Pflanzen auf Bäumen; Kr. der männlichen Bth. 4theilig; Staubkölbchen 6, an die Kronblätter angewachsen; Kr. der weiblichen Bth. 4blättrig; Beere 1samig. ..S. 195. **Loranthaceen.**
Schmarotzende Pflanzen auf den Wurzeln der Cystrosen; Perigon röhrig-glockig, mit 4spalt. Saume; Staubkölbch. 8, um die Mitte der centralen Fruchtsäule herum aufsitzend; Fruchtknot. mit 8 wandständ. Samenträg.; Pfl. röthlich-gelb. S. 386. **Cytineen.**

120 { Bäume, — o. auch Sträuche, deren Stg. jedoch weder gegliedert noch darniederliegend ist, und deren Bth. nur einen Fruchtknoten haben. 121
Kräuter, — oder auch halbstrauchige Gewächse, deren Stg. entweder darniederliegt, o. gegliedert ist, o. deren Bth. mehrere Fruchtknoten haben. 128

121 { B. beiderseits silberweiss, oder unterseits braunlich-schülferig, lineal oder lanzett.; Perig. inwendig farbig; Staubgef. dem Schlunde eingefügt; Staubkölbch. mit 2 Längsritzen aufspring.; Fruchtknot. frei, 1eiig; Gr. 1; Narbe 1; falsche Steinfr. o. falsche Beere. (Sträuche.)...S. 385. **Elaeagneen.**
B. nicht silberweiss oder schülferig. 122

122 { Bth. zwitterig.............................123
Bth. 1häusig, 2häusig o. vielehig. 124

123 { Steinfrucht mit weichem oder lederigem Fleische; Perigon mit 4spaltigem Saume, abfällig; Staubgefässe 8; Sträuche........S. 382. **Daphnoideen.**
Geflügelte Nuss, durch Fehlschlagen 1fächrig; Perigon glockig, 4—5zähnig, verwelkend; Staubgef. 4, 5—12. Bäume.............S. 394. **Urticeen.**

124 { B. gefiedert..................................125
B. nicht gefiedert.............................127

125 { Staubgefässe 2; K. 3–4theilig oder fehlend; Kr. 3–4theilig oder fehlend; FrKnot. 2fächerig, Fächer 1eiig; Nuss flach-zsmgedrückt.
S. 291. **Oleaceen.**
Staubgef. 5; K. der männl. Bth. 5spalt. 126

126 { Narbe 1, kreisf.; Hülse lederig, nicht aufspringend, vielfächrig, vielsamig, Klappen markig.
S. 123. **Caesalpineen.**
Narb. 3, dicklich; 5 sitzende, fast 4eckige Staubkölbch.; Steinfr. 1samig; Bth. 2häusig.
S. 87. **Terebinthaceen.**

127 Sträuche; Perig. 3spaltig; Staubgef. 3; Narben 3; Beere trocken............S. 383. **Santalaceen**.
Bäume; männl. Perigon mit 3, 4, 5, 6 Staubgef.; weibl. Perigon mit 2 Gr. oder 2 Narb.; eine falsche fleischige Frucht aus dem FrBoden, o. eine falsche Beere aus dem FrBod., dem Perig. und der saftigen Hautfr. gebildet, o. eine Steinfr. mit knöchernem Steine...........S. 394. **Urticeen**.

128 Untergetauchte Wassergewächse mit B., die gabelspaltig in haarfeine, borstl. o. fädl. Zipfel zertheilt sind; 1häusig; männl. Perig. 12blättr. mit linealen, an der Spitze 2dornigen B.; Staubkölbch. 12—16. sitzend; weibl. Perig. fehlend; FrKnot 1fächer., 1eiig; Nuss 1—3dornig. S. 146. **Ceratophylleen**.
Landpflanzen o. Wassergewächse mit anders gebildeten B.*)..............................129

129 Wasserpflanzen mit 4 o. noch weniger Staubgef.. 130
Wassergewächse mit 5 u. mehr Staubgef., — oder Landpflanzen.............................132

130 Staubgef. 4; KSaum 4theil.; Griffel fädl.; Narbe kopfig; Kapsel 4fächer., 4klappig, vielsamig. S. 141. **Onagrarieen**.
Staubgef. 1; Steinfrucht.........................131

131 Griffel 1, fädlich, von der Furche des Staubkölbch. aufgenommen; FrKnoten 1fächerig; KSaum sehr klein, schwach-2lappig; Kr. fehlend; Steinfr. mit dicker knorpel. Schale, 1samig; B. lineal o. fast lanzett., quirlig zu 4, 6, 8. S. 145. **Hippurideen**.
Griffel 2, pfriemlich; FrKnot. 4fächer.; K. fehlend, o. sehr klein, 2blättr.; 2 gegenständ. blumenblattähnl. durchsichtige DeckB.; SteinFr. sich zuletzt in 4 Früchtch. trennend. S. 146. **Callitrichineen**.

---

*) Blumenblattlose *Cruciferen* sind an ihren Schoten o. Schötchen u. an dem 4blättrigen K. deutlich erkennbar, selbst wenn sie weniger als 6 Staubgef. enthalten sollten.

132 Bth. oberständig, o. halb oberständig (im letzteren Falle gefärbt, 4spaltig, 2 gegenständ. Zipfel kleiner)....................................133
Bth. unterständig..............................138

133 Griffel 2; Fr. entweder 2schnäbelig o. aus 2 mit d. K. verwachsenen Früchtch. bestehend.. 134
Griffel 1, (bisweilen 2spaltig), o. mehrere Narben. 135

134 Kapsel durch die bleibenden Gr. 2schnäblig, 1fächrig; K. 4spaltig mit ungleichen Zipfeln, zur Hälfte mit dem FrKnot. verwachsen; Staubgef. 4 bis auf d. Bas. zweitheilig, daher gleichsam 8 Staubgef. (selten 10.)............ ..S. 160. **Saxifrageen.**
Fr. aus 2 mit dem K. verwachsenen Früchtchen bestehend; Blb. 5; Staubgef. 5; jeder Griffel an d. B. in eine oberweibige Scheibe verbreitert; Doldengewächse mit scheidigen B.
S. 167. **Umbelliferen.**

135 Staubgef. 6 o. 12 frei auf der Spitze des Fruchtknotens, o. mit dem Griffel verwachsen; FrKnot. 6fächrig; Kaps. 6fächrig; Perig. glockig, 3—4-spaltig, o. in eine Zunge verbreitert; B. wechselständig...............S. 386. **Aristolochieen.**
Staubgef. 3—4—5...............................136

136 Staubgef. frei....................................137
Staubkölbch. der 5 Staubgef. in eine Röhre verwachsen; Griffel mit 2 Narb.; Bth. röhrig o. zungenf. in ein von einer gemeinschaftl. Hülle umgebenes Köpfchen gehäuft.
S. 212. **Compositen.**

137 B. wechselständ.; Staubgef. 3—4—5 an der Bas. der PerigZipfel eingefügt u. diesen gegenständ.; Perig. 3--4—5spaltig, teller- o. trichterf.; FrKnot. 1fächrig; Fr. eine trockene oder saftige mit dem bleibenden Perig. bekrönte Steinfrucht.
S. 383. **Santalaceen.**
B. quirlig, 4—6—8ständ.; Staubgef. meist 4, mit den Zipfeln der Blkr. abwechselnd; FrKnot. 2—3fächrig; Fr. 2knotig o. 3hörnig. S. 199. **Rubiaceen.**

138 Staubgef. in 2 gegenständ. Bündel verwachsen, 6; K. 2blättrig o. fehlend; KrB. 4, das obere gespornt; Schoten 2klappig, vielsamig.
S. 18. **Fumariaceen.**
Staubgef. nicht in 2 Bündel verwachsen..........139

139 Staubgef. zahlreich, 20–30 u. mehrere..........140
Staubgef. höchstens 12; (bei *Euphorbia* 10—20 einmännige Bth. in einer besonderen Hülle.)......141

140 Bth. vielehig; KRöhre mit 2—3 DeckB., Saum 4theilig; FrKnoten 2—3; Griffel fädlich; Narbe pinself.-vieltheilig, aus fädlich. Zipfeln zsmgesetzt; Nüsse 2—3 von dem bleibenden erhärteten o. auch fast beerenartigen K. eingeschlossen.
S. 137. **Sanguisorbeen.**
Bth. zwitterig.; Perig. blumenblattig, 4-5- o. mehrblättr.; FrKnot. mehr als 3, jeder mit einem Griffel; Narbe einfach; Früchtch. nussartig, 1samig, nicht aufspringend, o. 5—10 vielsamige Kapseln.
S. 1. **Ranunculaceen.**

141 Bth. 1häusig o. 2häusig. (Bei *Euphorbia*, welche jedoch durch die eigenthümliche, mit 4—5 Drüsenscheiben besetzte Hülle ausgezeichnet ist, scheinbar zwitterig.)..........142
Bth. zwitterig oder vielehig..........146

142 Fr. eine 2—3knotige Kapsel mit 1samigen Fächern; FrKnoten 2—3fächerig; männl. Bth. entweder 1männig, 10—20 u. mehrere in der Basis einer besonderen Hülle, o. 9—12männig; die besondere Hülle der ersteren (milchende Kräuter) glockig, 9—10zähnig, 4—5 Zähne davon mit einer fleischigen u. honigtrag. Scheibe bedeckt.
S. 388. **Euphorbiaceen.**
Fr. nicht 2—3knotig, sondern eine 1fächerige Kapsel o. Nuss, o. eine vom verhärteten K. umschlossene falsche Nuss; Staubgef. der männlichen Bth. 3—4—5 o. mehrere..........143

143 B. nebenblättrig; NebenB. frei, meist hinfällig; Perig. 4—5theil. o. -spaltig; Staubgef. der männl. Blüthe 4—5, am Grunde des Perig. eingefügt, den Zipfeln gegenständig; Fr. nicht aufspring.
S. 394. **Urticeen.**
B. nebenblattlos.............................144

144 Fr. trocken, von dem verhärteten HüllK., der eine falsche Nuss darstellt, eingeschlossen; die männl. Bth. der 1häus. Pflanzen in ein, von einem vielblättr. o. vielspalt. HüllK. umgebenes Köpf. zsmgestellt, röhrig, durch SpreuB. getrennt, die weibl. einzeln oder gezweit, vom HüllK. eingeschlossen.
S. 277. **Ambrosiaceen.**
Fr. eine einsamige, ringsum aufspring. Kapsel, o. die Fr. nicht aufspringend, trockenhäutig o. lederartig, o. das FrGehäuse mit dem verhärteten Perig. verwachsen.............................145

145 Eine 1samige, ringsum aufspring. Kapsel; Bth. 1häusig; männl.: Staubgef. unterweibig, 3—5; weibl: Griffel 3......S. 368. **Amaranthaceen.**
Fr. nicht aufspring.: Bth. 1- o. 2häusig, oft mit zwitterigen gemischt; Staubgef. 3, 4, 5 o. 12, an der Bas. des Perig. eingefügt, den Zipfeln gegenständig..................S. 369. **Chenopodeen.**

146 B. mit NebenB. (wenn auch bald hinfälligen) versehen.............................147
B. nebenblattlos.............................150

147 Staubgef. 10, die 5 mit den KB. abwechselnden ohne Staubkölbch.; K. 5theilig; Griffel sehr kurz o. 2paltig, Narben 2, stumpf; Kapsel vom K. bedeckt, 1samig; NebenB. rauschend.
S. 152. **Paronychieen.**
Staubgef. alle fruchtbar.............................148

148 Staubgef. vor einem Ringe am Schlunde des K. eingefügt; NebenB. an dem BStiele angewachsen; KrRöhre entweder glockig mit 8theil. Saume, o. an der Spitze zsmgezogen mit 4theil. Saume; Frucht eine Nuss vom bleibenden K. umschlossen.
S. 137. **Sanguisorbeen.**
Staubgef. im Grunde des Perig. eingefügt, 4, 5, 6, 7, 8.............................149

F*

149 Staubgef. 5, 6, 7, 8; NebenB. zwischen den Stg. und BStielen scheidig; Perig. 3-, 4-, 5-, 6theilig o. spaltig; FrKnot. 1fächrig, 1eiig; Narben 2—3; Fr. nicht aufspring., nussartig o. fleischig, nackt o. durch die innern Zipfel des Perig., welche eine falsche Kapsel vorstellen, verhüllt.
S. 376. **Polygoneen.**
Staubgef. 4, vor der BthZeit einwärts-geknickt; NebenB. frei, meist hinfällig; Staubfäd. elastisch-zurückspringend; Perig. glockig; Griffel fädl.; Narbe kopfig-pinself.; Nuss. ...S. 394. **Urticeen.**

150 K. 12zähnig, 6 Zähne kürzer, zurückgebrochen; KrB. 6, schnell verschwindend oder fehlend; Staubgef. 6; Griffel sehr kurz; Narbe kreisrund; Kapsel 2fächerig, vielsamig. S. 147. **Lythrarieen.**
Perig. 5theilig o. 5spaltig o. 5blättr., o. 4spaltig mit 2 gegenständ. grösseren Zipfeln, o. fleischig u. ungetheilt, o. aus 1—2 durchsichtigen Schuppen zsmgesetzt, o. ganz fehlend.................151

151 Staubgef. 1, 2, 3, 4, 5.............................152
Staubgef. 8—10.............................153

152 B. gegenständ.; K. glockig, 5spaltig, gefärbt; Staubgef. 5; Griffel 1; Narbe einfach; Kapsel 5klappig.
S. 354. **Primulaceen.**
B. wechselständ.; Staubgef. 1, 2, 3, 4, 5, in Zwitter- o. vielehigen Bth.; Narben 2, o. ein 2spaltiger Griffel; Fr. nicht aufspring., trocken, oder eine falsche, aus dem fleischigen Perig. entstandene Beere....................S. 369. **Chenopodeen.**

153 Griffel 1 o. 2.................................154
Griffel 3; K. 5blättrig; Fruchtknoten 1fächrig; Kapsel 3klappig; Staubgef. 10, die 5 äussern den KB. gegenständ.; Staubgef. aus einem drüsigen Ringe hervortretend............S. 59. **Alsineen.**

154 Narben 10; Perigon 5theilig; Beere 8—10fächerig, Fächer 1samig. ... .S. 369. **Phytolacceen.**
Griffel 1; Staubgef. 8; Perig. mit 4spalt. Saume, verwelkend; Fr. eine Nuss; Bth. grün. S. 382. **Daphnoideen.**
Griffel 2; Staubgefässe meist 10; Kr. 5theilig, bleibend u. sammt dem eingeschlossenen Fruchtgehäuse abfällig, der Schlund durch einen drüsigen Ring verengt; B. gegenständ. S. 154. **Sclerantheen.**

155 B. gefiedert; Bth. 1häusig; männl. Btb. kätzchentragend; weibl. Bth. einzeln o. zu 2—3 an der Spitze der Aestchen, mit einem 4zähnigen oberständ. K., und mit 4 krautigen Blb.; Narben 2, lanzett.; Steinfr. fleischig, mit 2—5klappigen Nussschalen.... ....S. 396. **Juglandeen.**
B. nicht gefiedert. 156

156 Blattlose Sträuche mit bescheideten Gelenken, oder Sträuche u. Bäume mit linealen o. pfrieml. (nadelf.), o. mit kurzen 4—6reihig dicht-dachigen B.; Samen in eine beerenf. FrHülle eingeschlossen o. in einem trockenen Zapfen verborgen.
S. 409. **Coniferen.**
B. vorhanden, nicht nadelf. u. nicht in dicht-dachigen Reihen. 157

157 Bth. 1häusig; statt des Perig. am Grunde der Stbgfss. o. Stempel 1—2 Drüsen, o. 1 fleischiger, schief-abgeschnittener Becher; Männl.: Stbgefässe 2—24; Weibl.: FrKnoten 1fächr., vieleiig; Gr. 1; N. 2, oft 2spaltig; Kapsel 2klappig; Same schopfig.
S. 399. **Salicineen.**
Bth. 2häusig. 158

158 Fr. von der ausgewachsenen, aussen oft schuppigen, dornigen, häut., lederart. o. holzigen Becherhülle ganz o. nur am Grunde umgeben.
S. 397. **Cupuliferen.**
Fr. eine Art von Zapfen, gebildet durch die ausgewachsenen Kätzchenschuppen, die geflügelten o. eckigen Nüsschen einschliessend.
S. 407. **Betulaceen.**

Monocotyledonen.

159 BthDecken balgartig, kahnf. aus einem KBalge allein o. zugleich noch aus einem Blumenbalge (Balg u. Bälglein) gebildet; Balg u. Bälglein 1- o. 2klappig; Bth. zwitterig o. eingeschlechtig, in 1—vielblüthige Aehrchen zsmgestellt; Staubgef. 1—3, selten 6; Griffel 1—2, Narb. 2—3... 160
Bth. nicht balgart., o. etwas balgartig, aber ein 6blättr. Perig. bildend. 161

160 Staubkölbch. an d. Bas. u. Spitze gespalten o. ausgerandet, selten an d. Spitze ganz; BScheiden gespalten; Bth. in Aehrchen, die Aehren und Rispen bilden; am Grunde der einzelnen Aehrchen befinden sich 1—2 blattartige Klappen (Balg), u. jede einzelne Bth. ist von 1—2 mehr trockenhäut. Klappen o. Spelzen (Bälglein) umschlossen; Staubgefässe 3, 2 o. 1, selten 6; Gr. 2 o. 1; Narb. 2; Halm knotig-gegliedert. .....S. 482. **Gramineen.**
Staubkölbch. an d. Spitze ungetheilt; BScheiden nicht gespalten; Balg (Schuppe) aus 1—2 DeckB. gebildet; Perigon in Borsten o. wollige Fäden verwandelt o. ganz fehlend; Staubgef. 3; Gr. 1; Narben 2 o. 3. ....S. 461. **Cyperaceen.**

161 Schwimmende Wasserpflanzen mit einem, zahlreiche B. darstellenden, verbreiterten, gegliederten Stg.; Perigon 1blättrig, zsmgedrückt, ungetheilt, schlauchf.; Staubgef. 1—2; Gr. kurz; Narb. stumpf; Fr. schlauchartig, durchsichtig. S. 421. **Lemnaceen.**
Landpfl. o. anders geformte Wassergewächse......162

162 K. u. Kr. vorhanden.. 163
Ein einfaches Perig. vorhanden, und dieses oft gänzlich fehlend 165

163 K. 4—5blättrig; Kr. 4—5blättrig; Staubgef. 8; Gr. 4; Beere 4fächrig..... ....S. 441. **Asparageen.**
K. 3theilig oder 3blättrig, krautig; Kr. 3blättrig, regelmässig; Fr. nicht aufspringend; Gewächse in stehenden Wässern, Gräben, Ufern u. überschwemmten Orten...........................164

164 Bth. 2häusig; Fruchtknot. 1, 1—mehrfächrig, vieleiig; Staubgef. 3, 9 o. 12; Gr. 3 o. 6, meist 2spalt.; Fr. fleischig, inwendig breiig. S. 413. **Hydrocharideen.**
Bth. 1häusig o. zwitterig; Staubgef. 6 o. zahlreich; Fruchtknot. 3, 6, o. viele, jeder mit 1 Griffel, 1—2eiig; Fr. trocken.......S. 414. **Alismaceen.**

165 Staubgef. 9; Perig. 6blättrig, blumenkronartig; FrKnoten inwendig ganz mit dem Samenträg. überzogen.........................S. 415. **Butomeen.**
Staubgef. 1, 2, 3, 4, 6.......... 166

166 FrKnoten mehrere, jeder mit 1 Gr. o. 1 sitzenden N. — o. 1 FrKnoten mit 3—6 Gr. 167
Nur 1 FrKnot. mit 1 Gr. o. 1 N. vorhanden. 169

167 Stbgefässe 1—4; Perig. 4theil. o. fehlend; FrKnoten 4 o. mehrere; Fr. nuss- o. steinfruchtartig. (Wasserpfl. mit schwimm. o. untergetaucht. B., eingeschl. o. Zwitter-Bth.) . . . . S. 417. **Najadeen.**
Staubgefässe 6. 168

168 FrKnot. 1—2eiig; Bth. in Tr. o. Aehren; Perig. krautig, fast blumenblattig. S. 416. **Juncagineen.**
FrKnot. vieleiig; Bth. einzeln; Perig. blumenkronenartig. . . . . S. 454. **Colchicaceen.**

169 FrKnot. unterständig. (Perigon blumenblattartig, auf d. FrKnot. stehend.) 170
FrKnot. oberständig. (Perigon o. Staubgef. unter dem FrKnot. stehend.) 173

170 Staubgef. 1—2, mit dem Gr. genau verwachsen; Perigon 6theil., unregelmässig, meist rachig; FrKnot. 1fächerig, vieleiig, mit wandständigen Samenträgern; Blüthenstaub in wachsartige oder körnige Massen geballt; B. scheidig o. stengelumfass., oft statt derer farblose Schuppen; Bth. ährig, deckblättrig; Wz. büschelig, knollig o. handf. . . . . S. 423. **Orchideen.**
Staubgef. nicht mit dem Griffel verwachsen. 171

171 Staubgef. 3, frei; Staubkölbchen auswärts aufspring.; Perigon 6theilig; Narb. 3, einfach o. geschlitzt o. blumenblattig; Kaps. 3klappig. S. 435. **Irideen.**
Staubgef. 6; Staubkölbch. einwärts aufspringend. 172

172 Bth. 2häusig; Windende Pfl. mit herzf., zugespitzten B. u. rothen Beeren. . . . . S. 443. **Dioscoreen.**
Zwitter-Bth. Ausdaur. Kräuter mit schalhäut. Zwiebel, lineal. o. fädl. B. u. 3klapp. Kapsel. S. 439. **Amaryllideen.**

173 Perig. blumenkronartig, 6zähnig, 6spaltig, 6theilig, 6blättrig o. 4theilig. 174
Perig. häutig o. wenigstens am Rande häutig, einen 6blättr. K. darstellend o. ganz fehlend. 176

174 Frucht trocken, aufspring.; FrKnot. 3fächr.; Perig. 6blättr., 6theil., 6spalt. o. 6zähnig..............175
Frucht eine saftige, nicht aufspringende Beere; FrKnot. 2-, 3-, 4fächr.; Staubgef. 3 einbrüdrige, o. 4, 6, 8; Griffel 1—3—4; Staubkölbch. einwärtsgewendet; Bth. bei einigen strauchart. Gattungen eingeschlechtig............S. 441. **Asparageen.**

175 Staubkölbch. einwärts-gewendet; Klappen der 3fächrigen Kapsel in der Mitte die Scheidewände tragend........................S. 444. **Liliaceen.**
Staubkölbch. auswärts-gewendet; Kaps. durch die einwärts-geschlagenen Ränder der Klappen 3fächrig, die Fächer endlich auseinandertretend und einwärts aufspringend......S. 454. **Colchicaceen.**

176 Bth. zwitterig, in Ebensträussen oder Köpfchen; Perigon 6blättrig, kelchf., am Rande trockenhäutig; Staubgef. 6 oder 3, pfriemlich, steif; Griff. 1; Narb. 3, fädlich; Kaps. 3klappig, vielsamig, mit in der Mitte scheidewandtragenden Klappen, oder 3samig und die Klappen ohne Scheidewand. S. 455. **Juncaceen.**
Bth. 1- o. 2häusig, o. zwitterig, und dann in einen fleischigen Kolben eingesetzt..................177

177 Fruchtknot. 2—mehreiig; Bth. auf einem fleischigen Kolben stehend u. diesen ganz o. zum Theile bedeckend, entweder zwitterig mit einem 6blättr. häutigen Perigon, oder 1geschlechtig ohne Perig. S. 422. **Aroideen.**
Fruchtknot. 1fächerig, 1eiig; Bth. eingeschlechtig.178

178 Perig. fehlend; Staubkölbchen 1, sitzend. Unter dem Wasser lebende Kräuter mit mooshaubenförm. oder in ein Blatt endigenden Blumenscheiden...................S. 417. **Najadeen.**
Perig. aus Borsten o. häutigen Schuppen gebildet; Staubkölbch. 2—3 auf einem Staubfaden sitzend; Bth. in walzl. oder kugelige Aehren sehr dicht zsmgedrängt................S. 421. **Typhaceen.**

Acotyledonen.

179 Gewächse mit gegliedertem Stg., gegliederten wirtelständigen Zweigen und gezähnten Scheiden statt der B.; Fructification eine endständige Aehre aus wirteligen Schuppen zsmgesetzt. S. 425. **Equisetaceen.**
Anders gebildete Gewächse mit wirkl. B. 180

180 Die kleinen Sporenkapseln (sporangia) sitzen in Häufchen auf der Rückseite o. dem Rande des meist vielfach zerschnittenen B. (Wedels), welcher oft bei geschwundener BSubstanz eine FrAehre o. Rispe darstellt. . . . . .S. 530. **Filices.**
Sporenkapseln mit verschiedenförm. Sporen in den BWinkeln am Stg. o. an der Basis der B. u. B-Stiele, oder zwischen den Wz-Fasern sitzend, o. mit DeckB. eine Aehre bildend. 181

181 Sporenkaps. an der Bas. der B. und BStiele, oder zwischen den Wzfasern sitzend. Wasserpflanzen. S. 527. **Rhizospermen.**
Sporenkaps. in den BWinkeln am Stg. sitzend, o. mit DeckB. Aehren bildend, in Klappen aufspring. Landpflanzen mit auf der Erde kriechendem immergrünem Stg., der von ganzrandigen, 1nervigen, spiralig-, 2reihig- o. dachziegelartig-gestellten B. meist dicht bedeckt wird. S. 528. **Lycopodiaceen.**

Versuch

einer

Eintheilung der Gefässpflanzen

nach den Fruchtknoten und Eichen.

I. Die Fortpflanzung geschieht durch Samen, die sich aus Eichen entwickeln, und mit 1—2, selten mehreren Keimblättern keimen.

A. Der Same ist von einem Fruchtgehäuse umschlossen.

a) Keimblätter 2, gegenständig; Stengel aus einer äusseren Rinde, aus einem Holzringe und aus einem innern Marke bestehend.
Dicotyledonen. I.

b) Nur 1 Keimblatt vorhanden, Stg. ohne Rinde.
Monocotyledonen. II.

B. Der Same von keinem Fruchtgehäuse umschlossen, die Eichen liegen nackt an einer Schuppe; 2 oder mehrere quirlförmig gestellte Keimblätter.
Gymnospermen. III.

II. Die Fortpflanzung geschieht durch Sporen, welche, ohne zu keimen, fortwachsen...... **Acotyledonen.** IV.

A. Uebersicht der Klassen.

I. Abtheilung. Dicotyledonen.

Mehrere Fruchtknot. in einer Blüthe.

FrKnot. einfächrig.
Fach 1eiig...................... I. Klasse.
Fach mehreiig....................... II. „
FrKnot. zweifächrig, Fach 1eiig.......... III. „

Ein unterständiger Frknot. in einer Blüthe.

Frknot. einfächrig.
- Fach 1eiig. .... IV. Klasse.
- Fach mehreiig.
  - Eichen mittelständig. .... V. „
  - Eichen seitenständig. .... VI. „

Frknot. mehrfächrig.
- Fächer 1eiig. .... VII. „
- Fächer mehreiig.
  - Eichen mittelständig. .... VIII. „
  - Eichen seitenständig. .... IX. „

Ein oberständiger Frknot. in einer Bth.

Frknot. einfächrig.
- Fach 1eiig. .... X. Klasse.
- Fach mehreiig.
  - Eichen mittelständig. .... XI. „
  - Eichen seitenständig. .... XII. „

Frknot. mehrfächrig.
- Fächer 1eiig. .... XIII. „
- Fächer mehreiig.
  - Eichen mittelständig. .... XIV. „
  - Eichen seitenständig. .... XV. „

II. Abtheilung. Monocotyledonen.

Mehrere Frknot. in einer Bth.

Frknot. einfächrig.
- Fach 1eiig. .... XVI. Klasse.
- Fach mehreiig. .... XVII. „

Ein unterständiger Frknot. in einer Bth.

Frknot. 1fächrig, mehreiig, Eichen seitenst. XVIII. Klasse.

Frknot. mehrfächrig, Fächer mehreiig.
- Eichen mittelständig. .... XIX. „
- Eichen mehreiig. .... XX. „

Ein oberständiger Frknot. in einer Bth.

Frknot. einfächrig.
  Fach 1eiig. .... XXI. Klasse.
  Fach mehreiig. .... XXII. „
Frknot. mehrfächrig.
  Fächer 1eiig. .... XXIII. „
  Fächer mehreiig, Eichen mittelst. .. XXIV. „

III. Abtheilung. Gymnospermen.

Kein eigentlicher Frknoten vorhanden, die Eichen nackt. .... XXV. Klasse.

IV. Abtheilung. Acotyledonen.

Keine keimenden Eichen, sondern nur Sporen vorhanden. .... XXVI. Klasse.

Anmerkung. — Wenn K. u. Blkr. fehlt, gilt der Frknot. als oberständig; halb unterständ. Frknot. wurden überhaupt als unterst. angenommen. Der Ausdruck mehrfächrig oder mehreiig bedeutet hier nur: mehr als einfächrig — eineiig. Es wurden nur die Längsfächer berücksichtigt, Querwände aber ausser Acht gelassen. Als mittelständige Eichen wurden auch die grundständigen, an der Spitze des Fruchtknot., oder an den Centralwinkeln der Scheidewände und den centralen, bis gegen die Mitte reichenden Rändern befestigten Eichen angenommen, es wurden ebenso die in der Mitte der Scheidewand eines 2fächr. Frknot. angewachsenen als mittelständig betrachtet, während die an der Wand des Frknotens oder an den Flächen der Scheidewände eines mehrfächr. Frknot. sitzenden als seitenständig bezeichnet wurden. Bei eingeschlecht. Bth. ist immer der Frknot. der weibl. Bth berücksichtigt worden.

B. Bestimmung der Familien.

I. Dicotyledonen.

I. Klasse.

(*Mehrere FrKnot. in einer Bth., FrKnot. 1fäch. — 1eiig.*)

1 { K. o. Bthhülle mehrblättrig, Stbgef. dem Bthboden eingefügt, jeder FrKnot. mit einem Gr. oder einer N. — Die NebenB. fehlen. S. 1. **Ranunculaceen.**
  K. o. Bthhülle 1blättr 2

2 { Staubgef. der Kelch- oder Hüllröhre eingefügt; Blkr. mehrblättr., der KRöhre eingefügt oder fehlend, jeder FrKnot. mit 1 Gr. o. 1 N. NebenB. angewachsen o. frei .... S. 126. **Rosaceen.**
Stbgfss. der BlkrRöhre eingefügt, Gr. 1 in der Mitte der 4 FrKnot., NebenB. fehlen. 3

3 { Stbgfss. 5, B. meist zerstreut, selten wirtelig. S. 303. **Boragineen.**
Stbgfss. 4 oder 2, B. gegenst. o. wirtelig. S. 335. **Labiaten.**

II. Klasse.

(*Mehrere FrKnot. in einer Bth.; FrKnot. 1fächr., mehreiig.*)

1 { FrKnot. oberständ., nicht mit dem K. verwachsen. . 2
Frknot. halb unterst., unterwärts an die KRöhre angewachsen, K. 5zähn., Blb. 5, Stbgfss. zahlreich dem KSchlunde eingefügt, jeder FrKnot. mit einem Gr., 2eiig. Fr. eine ApfelFr., B. zerstreut mit NebenB. S. 140. *Cotoneaster.*

2 { Blkr. einblättr., 5thlg., oder 5spaltig, Gr. 1—2, K. 5thlg., oder 5spalt., Stbgfss. der Blkr. eingefügt, B. gegenst. ohne NebenB. 3
Blkr. mehrblättr. o. auch 1blättr., aber die Bththeile anders beschaffen. 4

3 { Stbgfss. nach aussen mit blattartigen Anhängseln, Bthstaub in Massen zsfliessend, Gr. 2. S. 293. **Asclepiadeen.**
Stbgfss. nach aussen ohne Anhängsel, Bthstaub körnig, Gr. 1. .... S. 294. **Apocyneen.**

4 { Gr. so viele als FrKnot. 5
Gr. 1 mit 5 Narb., Theilfrüchte 5, K. 5blättr., Blkr. 5blättr., Stbgfss. 5 o. 10, dem BthBoden eingefügt; FrKnot. 2eiig, NebenB. zu beiden Seiten des B-Stiels. .... S. 78. **Geraniaceen.**

5 { Jeder Frknot. mit einer unterweib. Schuppe, Stbgfss. so viele oder doppelt so viele als FrKnot.; B. fleischig ohne NebenB. .... S. 154. **Crassulaceen.**
Unterweib. Schuppen fehlen. 6

6 Stbgfss. dem BthBoden eingefügt, K. o. Hülle mehrblättr., NebenB. fehlen.
Helleboreen (siehe S. 1. **Ranunculaceen**).
Stbgfss. dem KSchlunde eingefügt, zahlreich, Blb. 5, B. zerstreut.................... S. 127. *Spiraea*.

III. Klasse.

(*Mehrere FrKnot. in einer Bth., FrKnot. 2fächr., Fächer 1eiig.*)

K. 5blättr.; Blkr. 5zähnig o. 5spalt.; Stbgfss. 5, der Blkr. eingefügt; Gr. 1; FrKnot. 2, jeder 2fächr.; B. zerstreut.................... S. 307. *Cerinthe*.

IV. Klasse.

(*Ein unterst. FrKnot., einfächr., 1eiig.*)

1 NebenB. fehlen.................... 2
NebenB. vorhanden, bisweilen an den BStiel angewachsen, Bth. 1—2häusig, Blkr. fehlt.......... 6

2 Bth. in Köpfchen zsmgestellt, von einem gemeinschaftl. mehrblättr. Korbe umgeben............ 3
Bth. nicht in Köpfchen und ohne Korb.......... 4

3 Staubbeutel in eine Röhre verwachsen, Staubfäd. 5, frei; Gr. 1; Bth. zungenf. o. röhrig; Rand des verwachsenen K. unmerklich, schuppenf. o. haarförmig.................... S. 212. **Compositen**.
Staubbeutel frei, Staubgef. 4; Gr. 1; K. doppelt, der äussere die Fr. umgebend, der innere an dieselbe angewachsen. Blkr. 4—5spalt. S. 208. **Dipsaceen**.

4 Fr. eine Beere, Staubgef. den Blb. o. Hüllzipfeln angewachsen, 3—8; (auf Bäumen schmarotzende Pflanzen)................ S. 195. **Loranthaceen**.
Fr. eine Steinfrucht. Männl. Bth. in Kätzchen, Staubgef. zahlreich. Narb. 2, FrKnot. am Grunde 4fäch. S. 396. **Juglandeen**.
Fr. eine trockene Schliessfrucht................ 5

5 { Blkr. fehlt, BthHülle ganzblättr. Staubgef. 1, Gr. 1, B. wirtelig. . . . . S. 145. **Hippurideen.**
Blkr. röhrig mit 5spalt. Saume, KRand eingerollt und haarkronähnlich oder gezähnt u. unmerklich. StengelB. gegenst.; Staubgef. 1—3, der KrRöhre eingefügt; Gr. 1 mit 2—3 Narb. S. 205. **Valerianeen.**

6 { Männl. BthHülle 1blättr., 2—3spalt.; Staubgef. mehrere, der Hülle eingefügt; Gr. 1; Narbe ungespalten; NebenB. häutig, dem BStiele angewachsen. S. 376. *Theligonum.*
Männl. Hülle 5blättr.; Stbgfss. 5, dem BthGrunde eingefügt, Narben 2, fädlich, verlängert; NebenB. je zwei zwischen 2 BStielen. . . . S. 395. *Humulus.*

V. Klasse.

(*Ein unterst. FrKnot., 1fächr., mehreiig; Eichen mittelständ.*)

1 { Bth. unvollständig, BthHülle 3—5spalt. o. —theilig. Stbgfss. 3—5; Gr. 1; Fr. eine trockene Beere o. Steinfrucht. . . . . S. 383. **Santalaceen.**
Bth. vollständig. 2

2 { K. 2spaltig, Blb. 4—6, bisweilen am Grunde verwachsen; Stbgfss. 8—15; Gr. gespalten mit 3—6 fädl. Narben; Kps. ringsum aufspringend. S. 152. *Portulaca.*
K. 5spaltig. 3

3 { Blkr. ganz, 5spalt.; Stbgfss. 5, mit 5 Nebenfäden; Kaps. 5klappig. . . . . S. 340. *Samolus.*
Blkr. 5blättr.; Stbgfss. zahlreich; Apfelfrucht. S. 139. *Crataegus.*

VI. Klasse.

(*Ein unterst. FrKnot., 1fächr., mehreiig; Eichen seitenständ.*)

1 { Bth. unvollständig. 2
Bth. vollständig. 3

2 Gr. 1, walzlich, einfach; Stbgfss. 6—12, die Staubfäden in eine Säule verwachsen; Beere weich; Stg. keulig, blattlos; Bth. 1häusig....S. 386. **Cytineen.**
Gr. 2, Stbgfss. 8—10, frei, KpsFr., Stg. beblättert; Bth. zwitterig............S. 167. *Chrysosplenium.*

3 Blkr. 5—4blättr.; Blb. schuppenf.; Stbgfss. 5—4, dem KSchlunde eingefügt; Gr. 2; Narben einfach; Beere vom trockenen K. bekrönt.
S. 159. **Grossularieen.**
Blkr. vielblättr.; Blb. am Grunde zsmgewachsen, Stbgfss. zahlreich, am Grunde der Blb. eingefügt; Gr. 1; Narbe 3—8theilig; Beere an der Spitze genabelt.......................S. 159. **Cacteen.**

VII. Klasse.

(*Ein unterst. FrKnot., mehrfächr.; Fächer 1eiig.*)

1 Bth. unvollständig, einhäusig; männl. Bth. in schuppenf. Kätzchen; Sträuche u. Bäume (*Corylus, Carpinus, Ostrya*)............ S. 397. **Cupuliferen.**
Bth. vollständig 2

2 Blkr. ganzblättrig; Stbgfss. der Blkr. eingefügt..... 3
Blkr. mehrblättrig; Stbgfss. dem KSchlunde o. dessen Drüsenscheibe eingefügt...................... 5

3 B. wirtelig; Spaltfrucht 2—3knotig; Blkr. dem KSchlunde eingefügt; Stbgfss. 3, 4, 5, 6. NebenB. fehlen......................S. 199. **Rubiaceen.**
B. gegenständig............................ 4

4 Fr. eine Beere; Stbgfss. 4, 5, 8, 10. NebenB. klein, drüsenartig o. fehlend.
Sambuceen. (Siehe S. 196. **Caprifoliaceen.**)
Fr. eine Schliessfr.; Stbgfss. 1—3; Gr. 1, mit 2—3 Narb.; NebenB. fehlen; FrKnot. 3fächr.; 2 Fächer desselben unfruchtbar.........S. 205. **Valerianeen.**

5 Blumenblätter 5 o. 10.......................... 6
Blumenblätter 2 o. 4; B., wenigstens die unteren, gegenst. o. wirtelig........................ 7

6 { Fr. eine Steinfrucht; NebenB. dornig; FrKnot. 2—3—4fäch.; Blb. 5; Stbgfss. 5; Gr. 3 (selten 2—4), dornige Sträuche. S. 86. *Paliurus*, S. 85. *Zizyphus*.
Fr. eine Beere; NebenB. fehlen; FrKnot. 5—10fächr.; Blb. 5—10; Stbgfss. 5—10; Gr. 1; klimmender Strauch.......................S. 195. *Hedera*.
Fr. eine Spaltfrucht; FrKnot. 2fächr.; Blb. 5; Stbgfss. 5; Gr. 2; Bth. doldig......S. 167. **Umbelliferen**.

7 { Blb. 2; Stbgfss. 2; KSaum 2theil.; Gr. 1; FrKnot. 2fächr.........................S. 144. *Circaea*.
Blb. 4; Stbgfss. 4 o. mehrere................... 8

8 { Bth. einhäusig; Gr. 4; FrKnot. 4fächr.; Stbgfss. 8, 6, 4; Spaltfr. 4—2knöpfig. (*Myriophyllum*.) S. 145. **Halorageen**.
Bth. zwitterig; Gr. 1; FrKnot. 2—3fächr.; Stbgfss. 4; Blb. 4................................ 9

9 { KSaum 4theilig; Stbgfss. unter einem welligen Drüsenringe eingefügt, Nusshülse dornig. Wasserpflanze; die untergetauchten B. gegenst....S. 144. *Trapa*.
KSaum 4zähnig; Steinfrucht beerenartig; Sträuche o. Bäume.........................S. 195. **Corneen**

VIII. Klasse.

(*Ein unterst. FrKnot., mehrfächr., Fächer mehreiig; Eichen mittelst.*)

1 { Bth. einhäusig o. einhäus.-vielehig; männl. Bth. in Kätzchen oder geknäult in Aehren; Stbgfss. 8—10; FrKnot. 3—5—8fächr. Fächer 2eiig; Bäume und Sträuche mit wechselst. B. (*Quercus, Castanea, Fagus*.)......................S. 397. **Cupuliferen**.
Bth. zwitterig................................ 2

2 { FrKnot. 6fächr., Fächer vieleiig; Stbgfss. 6 o. 12, dem Gr. o. FrKnot. eingefügt; N. 6strahlig o. lappig, Kaps. 3—6klappig. S. 386. **Aristolochieen**.
FrKnot. 2—3—4—5fächr. o. durch eine Querwand in 2 Abtheilungen geschieden........................ 3

3 { Blkr. mehrblättrig oder fehlend.................... 4
Blkr. ganzblättrig.............................. 7

4 { Stbgfss. 4 o. 8; FrKnot. 4fächr.; Fächer vieleiig; Kaps. 4klappig; Blb. 4 o. fehlend (*Epilobium, Oenothera, Isnardia.*) .... S. 141. **Onagrarieen.**
Stbgfss. 10, dem K. eingefügt; Blb. 5; K. 5zähnig-spaltig o. theilig; Gr. 2, bisweilen untenverwachsen; FrKnot. 2fächr.; Kaps. 2schnäblig. S. 160. **Saxifrageen.**
Stbgfss. zahlreich. 5

5 { Gr. 2—5; Blb. 5; KSaum 5zähnig- o. spaltig; FrKnot. 2—5fächr.; B. zerstreut; Apfel- o. Steinfrucht. S. 138. **Pomaceen.**
Gr. 1, tief 4spaltig; Blb. 4—5; KSaum 4—5theilig; FrKnot. von einer Drüsenscheibe bedeckt; B. gegenst. .... S. 149. **Philadelpheen.**
Gr. 1, einfach. 6

6 { Fr. eine Beere; FrKnot. 2—3—4fächr. S. 149. **Myrtaceen.**
Fr. eine Apfelfrucht; FrKnot. durch eine Querwand in 2 Abtheilung. geschieden, die obere 5—9fächr., die unt. 3—4fächr. ....**Granateen.**

7 { Stbgfss. 4 o. 5, der KrRöhre eingefügt; B. gegenst. Fr. eine Beere (*Lonicereen*). S. 196. **Caprifoliaceen.**
Stbgfss. dem KSchlunde eingefügt; B. zerstreut. ... 8

8 { Stbgfss. 5. 9
Stbgfss. 8—10—12; Gr. 1, hohl mit durchbohrter N.; FrKnot. mit einer oberweib. Drüsenscheibe bekrönt; B. lederig.......... ..S. 285. **Vaccineen.**

9 { Narbe 2lappig mit einem Haarkranze umgeben. **Lobeliaceen.**
Narbe 2—5theilig, nackt....S. 278. **Campanulaceen.**

IX. Klasse.

(*Ein unterst FrKnot., mehrfächr., Fächer mehreiig; Eichen seitenst.*)

{ K. 5zähn. o. -spalt.; Blkr. -5spalt. o. theil.; Stbgfss. 5; Gr. 1; FrKnot. 3—5fächr.; Fr. ein Kürbiss o. Beere; B. gegenst. mit Wickelranken. S. 150. **Cucurbitaceen.**
K. 4blättr., Blkr. vielblättr., Stbgfss. zahlreich, Narbe sitzend vielstrahlig, FrKnot. vielfäch., Eichen an d. Scheidewänden sitzend......S. 16. *Nymphaea.*

X. Klasse.

(*Ein oberständ. FrKnot., 1fächr., 1eiig.*)

Bth. unvollständig........................... 2
Bth. vollständig............................ 13

NebenB. vorhanden.......................... 3
NebenB. fehlen.............................. 6

5 fruchtbare Stbgfss. mit 5 unfruchtb. Fäden abwechselnd; NebenB. trockenhäutig, rauschend, Bth. zwitterig; Perig. 5blättr. o. -theil.; Gr. 1—2. Schliessf. vom Perig. bedeckt. B. gegenst. o. wirtelig. (*Herniaria, Illecebrum. Paronychia.*)
S. 152. **Paronychieen.**
Stbgfss. alle fruchtbar........................ 4

Stbgfss. dem Drüsenringe des KSchlundes eingefügt, 1—30; NebenB. dem BStiele angewachsen; Perig. 4spalt., bisweilen mit 4 Nebenzipfeln; Gr. 1—4; Schliessf. vom Perig. umschlossen; B. zerstreut.
S. 137. **Sanguisorbeen.**
Stbgfss. am Grunde des Perig. oder dem Bthboden eingefügt, 4—9; Perig. 4—6blättr. o. ganzblättr.. 5

NebenB. scheidig am BStiele verbreitert; Gr. 2—3, oder 1 mit 3lapp. N.; Stbgfss. 5—8.
S. 376. **Polygoneen.**
NebenB. frei; Gr. 1 o. fehlend; Narb. 1 o. 2, pfriemlich, Stbgfss. 3—5.............S. 394. **Urticeen.**

Stbgfss. 5, die Stbfäden in eine Röhre einbrüdrig verwachsen; Bth. 1häusig; Gr. der weibl. Bth. 1, fädlich, 2theilig mit auseinander tretenden Narben; je 2 weibl. Bth. von einem Hüllkelche umschlossen, Hüllkelch verhärtend; männl. Bth. in kugeligen, vielblüth. Köpfchen (*Xanthium.*)
S. 277. **Ambrosiaceen.**
Stbgfss. anders beschaffen..................... 7

Gr. 1, ungespalten mit einer einfach. N........... 8
Gr. 2 o. mehrere, oder 2—3—4 Narben; Keimling gekrümmt..................................... 11

G*

C

8 Bth. einhäusig; Stbgfss. 12—20; B. wirtelig, gabelig — getheilt: Stg. untergetaucht, knotig gegliedert. Schliessfr. von dem bleib. Gr. bespitzt; 4 wirtelige Keimblätter............S. 146. **Cerathophylleen.**
Bth. zwitterig, zweihäusig o. vielehig. Keimling gerade. 9

9 Stbgfss. 4—5; die Schliessfr. von der beerenartig gewordenen BthHülle umschlossen; B. schilferig — kleiig.....................S. 385. **Elaeagneen.**
Stbgfss. 8—12, in 2 Reihen gestellt. BthHülle abfällig o. verwelkend............................ 10

10 Stbgfss. 8, Stbkölbch. längsspaltig; Fr. eine Steinfr. o. Schliessfr................S. 382. **Daphnoideen.**
Stbgfss. 9—12, in den weibl. Bth. 4 unfruchtbare; Stbkölbch. klappig aufspring.; Fr. eine Beere. **Laurineen.**

11 Stbgfss. 10, dem Schlunde der Bthhülle eingefügt; Gr. 2; Narbe klein; Bthhülle 4—5spalt., durch einen Drüsenring am Schlunde verengt; B. gegenständ....................S. 154. **Sclerantheen.**
Stbgfss. 1—5, dem Bthbod. o. dem Grunde der BthHülle eingefügt.............................. 12

12 Fr. eine Steinfr.; Gr. kurz mit 3 Narb. Bäume mit gefiederten B.; Bth. 2häusig.....S. 87. *Pistacia.*
Fr. eine Kapsel; Narb. 3—2 fädl.; BthHülle 3—5blättr., trockenhäutig, bleibend; Bth. 1häus. S. 368. **Amaranthaceen.**
Fr. eine Schliessfr., von der veränderten BthHülle umschlossen, nicht aufspringend; Narb. 2—4. S. 369. **Chenopodeen.**

13 Stbgfss. 4, der BlkrRöhre eingefügt............... 14
Stbgfss. 5, 6, 10.................................. 15

14 Bth. zwitterig; K. 5spalt.; Blkr. 5spalt.; Gr. 1, mit 2spalt. N.; B. zerstreut.....S. 363. **Globularieen.**
Bth. 1häusig; männl. K. 4theil.; weibl. K. 3blättr. Blkr. 3—4spalt. o. -zähn.; Gr. 1, mit fädl. Narb.; B. grundst...................S. 365. *Littorella.*

15 Stbgfss. 5. 16
Stbgfss. 6. 18
Stbgfss. 10; 9 in eine Röhre verwachsen; der 10. frei; K. 5zähn. o. -spalt. Blkr. schmetterlingsf.; B. zerstreut, mit NebenB. versehen (*Onobrychis*, *Medicago*, *Melilotus*) ....S. 88. **Papilionaceen.**

16 Gr. o. Narb. 3; Blkr. 5blättr.; K. 5spalt. o. -theil. . 17
Gr. 5 o. 1 Gr. mit 5 Narb...S. 363. **Plumbagineen.**

17 NebenB. rauschend; unt. B. gegenst.; SchliessFr. vom K. bedeckt.... ....S. 153. *Corrigiola.*
NebenB. fehlen; B. zerstreut; Steinfr...S. 87. **Rhus.**

18 Stbgfss. 2brüdrig; K. 2blättr.; BlKr. 4blättr., unregelmässig......... .... S. 19. *Fumaria.*
Stbgfss. viermächtig; K. 4blättr.; Blkr. 4blättr., regelmässig. (*Clypeola*, *Isatis*, *Myagrum*, *Crambe*). S. 20. **Cruciferen.**

XI. Klasse.

(*Ein oberst. FrKnot., 1fächr., mehreiig; Eichen mittelständ.*)

1 Ein Gr. mit einer einfach. N., oder der Gr. fehlend u. d. N. sitzend.............. 2
Mehrere Gr. o. 1 Gr. mit mehr. N.; KapselFr. 5

2 Fr. eine Beere o. SteinFr.; K. abfallend; Blkr. 5—6-blättr. Bäume u. Sträuche mit zerstreut. B. u. mit NebenB. versehen.............. 3
Fr. eine Kapsel; K. bleibend; Kräuter ohne NebenB.; Blkr. 1blättr.......................... 4

3 K. 6blättr., die äusseren 3 KB. kleiner; Blkr. 6blättr.; dem Bthbod. eingefügt; Stbgfss. 6; Eichen grundst. S. 15. *Berberis.*
K. 5spaltig, mit einem drüs. Ringe; Blkr. 5blättr., dem KSchlunde eingefügt; Stbgfss. zahlreich. 15—30; Eichen 2, an der Spitze des Faches. S. 124. **Amygdaleen.**

4 Stbgfss. 2; Blkr. 2lippig o. 5spalt.; Eichen zahlreich an einem grundst. Samenträger. S. 353. **Utricularieen.**
Stbgfss. 4, zweimächtig; Blkr. 2lippig o. 5spalt.; B. gegenst. o. grundst. S. 327. *Lindernia, Limosella.*
Stbgfss. 5—9 oder 4, aber nicht zweimächtig; Blkr. 4—5—9spalt., zuweilen fehlend. S. 354. **Primulaceen.**

5 K. 2spalt. oder 2 — 3blättr.; saftige o. fleischige Kräuter. . . . . S. 151. **Portulaceen.**
K. 4—5zähnig-, -theilig o. -blättrig, bleibend. 6

6 Blkr. 4—5blättr., (sehr selten fehlend); Gr. 2—5 . . 7
Blkr. 5lappig, Stbgfss. 5, dem Grunde der Blkr. eingefügt; Gr. 1 mit 2 N.; Kapsel am Grunde halb 2-fächr., Fächer 2eiig; B. zerstreut; NebenB. fehlen. S. 302. *Convolvulus.*

7 K. 5zähnig; Stbgfss. 5 o. 10, dem FrTräger eingefügt; B. gegenst., NebenB. fehlen. . . . . . S. 52. **Sileneen.**
K. 4—5blättr., Stbgfss. 10 oder weniger; auf einem drüsigen kelchständ. Ringe eingefügt. B. gegenst.; NebenB fehlend o. trockenhäutig. S. 59. **Alsineen.**
K. 5theil.; Blkr. 5blättr.; Stbgfss. 3—5, dem KGrunde eingefügt; Gr. 3 oder 1 dreispaltiger Gr.; NebenB. trockenhäutig. Kahle vielstenglige Kräuter mit zerstreut. gegenst. o. wirteligen B.
S. 153. *Telephium.* S. 154. *Polycarpon.*

XII. Klasse.

(*Ein oberständ. FrKnot., 1fächr., mehreiig; Eichen seitenst.*)

1 Blkr. fehlt, Bäume u. Sträucher. 2
Blkr. vorhanden. 3

2 Bth. in Kätzchen, zweihäus.; Bthhülle ganzblättr., schief-trichterig o. fehlend; DeckB. schuppenf.; Samenträg. 2, gegenst.; Kapsel 2klappig.
S. 399. **Salicineen.**
Bth. in Trauben, vielehig o. 2häus.; Bthhülle 5theilig, abfällig; Stbgfss. 5, frei; FrKnot. mit 1 seitenst. Samenträger; Hülse lederig, mit Querwänden. Baum immergrün. . . . . S. 123. *Ceratonia.*

3 Blkr. schmetterlingsf., aus 5, bisweilen unten verwachsenen Blb. gebildet; Stbgfss. 10; Gr. 1 mit 1 N.; Hülse 2klappig, mit 1 Samenträg.; B. zerstreut, nebenblättr. 4
Blkr. nicht schmetterlingsf. 5

4 Stbgfss. 1—2brüdrig in eine StbfdRöhre verwachsen; Keimling gekrümmt. ....S. 88. **Papilionaceen.**
Stbgfss. frei; Keimling gerade; Baum mit herzf. nach der Bth. sich entwickelnden B.....S. 123. *Cercis.*

5 Blkr. ganzblättr.; Stbgfss. der KrRöhre eingefügt. . 6
Blkr. 4—5—6blättr.; Stbgfss. nicht der Blkr. eingefügt. 7

6 Blkr. 4—5—9spaltig; Saum in der Knospenlage klappig o. zsmgedreht; K. ganzblättrig; Stbgfss. 4—5—9; Gr. 2 o. 1 Gr. mit 2spalt. N.; Kaps. 2klappig mit 2 Samenträg. B. zerstreut o. gegenst., nebenblattlos................S. 295. **Gentianeen.**
Blkr. rachenf., 2lippig; K. 1—2blättr.; Stbgfss. 4, zweimächtig, Gr. 1; N. 1, kopfig; Kaps. 2klapp. mit 2—4 Samenträgern. Blattlose schuppige Pflanzen. S. 327. **Orobancheen.**

7 K. 2blättr., hinfällig; Blb. 4; Kaps. rundlich o. schotenf. 8
K. 3—5blättr. o. ganzblättr. 9

8 Stbgfss. 6, die Stbfäd. in 2 Bündel verwachsen; Blkr. unregelmässig; das eine Blb. gespornt o. höcker.; Gr. 1; N. 2spalt., mit zackigen Anhängseln. S. 18. *Corydalis.*
Stbgfss. zahlreich; Stbfäd. frei; Blkr. regelmässig in der Knospenlage knickfaltig. S. 17. **Papaveraceen.**

9 Ein seitlicher Samenträger vorhanden............. 10
Zwei gegenst. Samenträger......................... 11
Mehr als zwei Samenträger vorhanden............. 12

10 Stbgfss. 4; die 4blättr. Blkr. mit einer 4blätt. NebenKr.; Kaps. schotenf.....S. 16. *Epimedium.*
Stbgfss. zahlreich; Fr. eine Beere o. Balgkaps. (*Actaea, Isopyrum, Delphinium.*)....S. 1. **Ranunculaceen**

11 Stbgfss. 6, viermächtig; Fr. ein nicht aufspring. Schötch...........S. 36. *Peltaria.* S. 43. *Cakile.*
Stbgfss. zahlreich; Fr. eine Beere; NebenB. dornig. S. 43. **Capparideen.**

12 Blkr. unregelmässig, Blblättr. ungleich............ 13
Blkr. regelmässig, 5blättr......................... 14

13 Gr. 1; Stbgfss. 5, dem BthBoden eingefügt; Kaps. kugelig, 3klapp.; NebenB. bleibend o. vertrocknend. S. 45. **Violarieen.**
Gr. 3—4—6; Stbgfss. zahlreich, dem oberwärts schuppenf. verbreiterten FrTräger eingefügt; Kaps. an d. Spitze offen; NebenB. drüsenf. S. 48. **Resedaceen.**

14 K. 3blättr. oder durch 2 kleinere KB. 5blättr.; Stbgfss. zahlreich; Gr. 1; Kaps. in der Mitte der Klappen die Samen — bisweilen an unvollständ. Samenträgern — tragend..............S. 44. **Cistineen.**
K. 4—5spaltig — theilig o. blättr................ 15

15 Stbgfss. 5, dem BthBod. o. KGrunde eingefügt, frei; Gr. o Narben mehrere.......S. 49. **Droseraceen.**
Stbgfss. 4—10, einem nebenweibigen Drüsenringe eingefügt; Gr. 3, o. eine 3lapp. Narbe. Kleine Sträuche mit nebenblattlos. B. S. 148. **Tamariscineen.**
Stbgfss. zahlreich in 3—5 Bündel verwachsen; Gr. 3—5; B. gegenst. o. wirtelig; die Samenträg. an den einwärts gebogenen Klappenrändern sitzend. S. 74. **Hypericineen.**

XIII. Klasse.

(*Ein oberst. FrKnot., mehrfächr., Fächer 1eiig.*)

1 Bth. unvollständig.............................. 2
Bth. vollständig................................. 5

2 FrKnot. 2—3fächrig............................. 3
FrKnot. 4fächrig; SpaltFr. 4lappig, in 4 TheilFr. zerfallend; BthHülle aus 2 Deckblätt.; Stbgfss. 1; B. gegenst. NebenB. fehlen. S. 146. **Callitrichineen.**
Fr.Knot. 10fächr., Fr. eine Beere; BthHülle 5theil. Stbgfss. 10; Gr. 10; B. wechselst. NebenB. fehlen. S. 369. **Phytholacceen.**

3 Kaps. 2—3knotig, in 2—3 Theilfr. zerfallend, ein Mittelsäulchen hinterlassend; Bth. 1—2häusig. (*Euphorbia, Mercurialis.*). . S. 388. **Euphorbiaceen**.
Fr. nicht aufspringend, FrKnot. 2fächr. Bäume o. Sträuche. 4

4 Männl. Bth. in Kätzchen. Zapfen aus den vergrösserten o. verholzten Deckblättch. gebildet. Nusshülsen häutig geflügelt. . . S. 407. **Betulaceen**.
Bth. büschelig o. in kurzen, dichten Aehren; Fr. eine häutige breitgeflügelte Nusshülse, oder die mit fleischiger Schale umgebenen Schliessfrüchtchen bilden eine falsche, fleischige Beere. S. 396. *Ulmus, Morus*.

5 FrKnot. 2—3—4fächr. 6
FrKnot. mehr als 4fächrig. 13

6 K. u. Blkr. regelmässig, 4blättr.; Stbgfss. 6, viermächtig; Gr. 1; Schötch. der Länge nach 2fächr. (bisweilen durch Querwände abgetheilt).
S. 20. **Cruciferen**.
K. 5blättr.; KB. ungleich; Blkr. unregelmässig, 3—5-blättr.; Stbgfss. 8, unterwärts mit den Blb. verwachsen; Gr. 1; Kaps. 2fäch., 2klapp. NebenB. fehlen.
S. 50. **Polygaleen**.
K. ganzblätt., gezähnt, gespalten o. getheilt. 7

7 Stbgfss. dem KSchlunde oder dessen Drüsenscheibe eingefügt, 4—5; Blb. 4—5; Gr. 1—2—3, bisweilen gespalten; Sträuche mit lederigen o. fleischigen Steinfr. . . . . S. 85. **Rhamneen**.
Stbgfss. der Blkr. eingefügt. 8

8 Blkr. bis zum Grunde 4—5theil.; Stbgfss. 4—5, dem Grunde der Blkr. angewachsen; K. 4—5zähnig; Narb. 4—5. FrKnot. 4—5fächr. Steinfr. beerenartig, B. zerstreut, NebenB. fehlen. Immergrüne Sträuche. . . . . S. 290. **Aquifoliaceen**.
Blkr. ganzblättr., gezähnt, gespalten, oder 2lippig; Stbgfss. der KrRöhre eingefügt. 9

9 Blkr. trockenhäutig, 4spalt.; K. 4theil.; Stbgfss. 4; Gr. 1, mit fädl. N. . . . . S. 366. *Plantago*
Blkr. nicht trockenhäutig. 10

10 { FrKnot. 2fächrig; Stbgfss. 2; Gr. 2spalt.; Fr. eine Beere; B. gegenst. ....S. 292. **Jasmineen.**
Fr.Knot. 4fächrig. 11

11 { Stbgfss. 5, Theilfrüchte 4......S. 303. **Boragineen.**
Stbgfss. 2 o. 4—2mächtige...................... 12

12 { FrKnot. 4theilig; Fr. aus 4 — seltener 2 Theilfrüchtchen bestehend..........S. 335. **Labiaten.**
FrKnot. ganz, fast kugelig o. oval eiförmig. S. 352. **Verbenaceen**

13 { FrKnot. 5fächr; K. 5theil.; Blkr. 5zähn.; Stbgfss. 10; SteinFr. saftig; B. zerstreut; NebenB. fehlen. S. 287. *Arctostaphylos.*
FrKnot. 6—10fächrig o. vielfächrig (bisweilen einige Scheidewände unvollständig)... 14

14 { Blkr. 3blättr.; K. 3blättr. mit 6 Nebenschuppen; Stbgfss. 3, dem BthBoden eingefügt; Gr. 1, mit einer 6—9theil. N.; B. fast nadelartig. S. 387. **Empetreen.**
Blkr. 4—5blättr...... 15

15 { Stbgfss. 4—5, K. ohne Nebenkelch; FrKnot. 8—10fächr. (4—5 vollkommene u. 4—5 unvollkommene Scheidewände). Kaps. 4—5klapp. aufspringend, NebenB. fehlend o. drüsenartig.....S. 68. **Lineen.**
Stbgfss. zahlreich in eine Staubfadenröhre einbrüdrig verwachsen; FrKnot. vielfächrig; Kapsel in zahlreiche Theilfrüchte sich trennend; NebenB. zu beiden Seiten des BStieles (*Malva, Althaea, Lavatera*). ....S. 71. **Malvaceen.**

XIV. Klasse.

(*Ein oberst. FrKnot., mehrfächr., mehreiig; Eichen mittelst.*)

1 { Blkr. mehrblättrig o. fehlend. 2
Blkr. einblättrig.............................. 23

2 { Stbgfss. 2, dem BthBoden eingefügt; Gr. 1; FrKnot. 2fächr. Bäume mit gegenst. (nebenblattlosen B.) K. u. Kr. bisweilen fehlend.......S. 292. *Fraxinus.*
Stbgfss. 3—12... 3

3 Gr. nur 1, bisweilen gespalten, o. statt dessen eine sitzende Narbe........................ 4
Gr. zwei o. mehrere........................ 13

4 FrKnot. 2fächr........................ 5
FrKnot. 3—4—5fächr........................ 7

5 Fächer des FrKnot. 2eiig........................ 6
Fächer des FrKnot. vieleiig; K. 8—12zähn., Zähne abwechselnd grösser; Blb. 4—6, bisweilen fehlend; Kaps. vom K. umgeben; NebenB. fehlen.
S. 147. **Lythrarieen.**

6 K. 4—5zähn., klein; Blb. 4—5; Stbgfss. 4—5, zwischen den Lappen des unterweib. Drüsenpolsters eingefügt; Narbe 1, platt; Fr. eine Beere, B. wechselst. Sträucher mit Winkelranken klimmend.
S. 77. **Ampelideen.**
K. 5spalt.; Blb. 8 (bisweilen 5—12), dem unterweib. Drüsenpolster eingefügt; Narben 2, fädlich; SpaltFr. 2flüglig. B. gegenst. NebenB. fehlen.
S. 76. **Acerineen.**

7 Stbgfss. 4—5........................ 8
Stbgfss. 6—7—8—10........................ 9

8 Blkr. regelmäss., 4—5blättr.; K. 4—5spalt., bleib.; Stgfss. der Scheibe im KGrunde eingefügt; B. gegenst. NebenB. klein, hinfällig.
S. 85. *Evonymus.*
Blkr. unregelmäss.-3blätt.; K. 3—5blätt.; das unt. KB. gespornt; Stbgfss. 5, dem BthBoden eingefügt. NebenB. fehlen............S. 81. **Balsamineen.**

9 K. 5zähn., ungleich; Stbgfss. meist 7, selten 8; FrKnot. 3fächr., Fächer 2eiig; B. gegenst., nebenblattl.
S. 77 **Hippocastaneen.**
K. 5zähn., regelmäss.; Stbgfss. 10; FrKnot. 5fächr.; Fächer vieleiig; B. zerstreut.....S. 289. *Ledum*
K. 3—4—5theilig o. -blättr........................ 10

10 B. mit NebenB. versehen, die unt. B. meist gegenst.; Stbgfss. 10, wovon 5 grösser u. am Grunde mit Drüsen versehen sind; K. 5blättr.; SpaltFr. 5theilig. 11
B. ohne NebenB. wechselst., wirtelig o. fehlend.. ..12

11 K. bleibend; Gr. säulenf. mit 5 fädl. Narb.; FrKnotfächer 2eiig. . . . . .S. 78. **Geraniaceen.**
K. abfallend; Gr. kurz o. fehlend; N. 5strahlig, gross; FrKnotfächer 3—4eiig; NebenB. häutig. S. 82. **Tribulaceen.**

12 B. durchscheinend getüpfelt; FrKnot. 3—5lappig auf einem scheibenf. o. stielf. FrTräger; Gr. am Grunde in 3—5 Aeste sich spaltend. . . . .S. 83. **Rutaceen.**
B. lederig; Stbgfss. 10; Blb. 5; K. 5theil.; N. kopfig, 5knotig. . . . . .S. 289. **Pyrolaceen.**
B. fehlen, statt derselben nur Schuppen; an den endständ. Bth. der Traube 10 Stbgfss., 5 Blb., 5 KB.; an den seitenständ. Bth. 8 Stbgfss., 4 Blb., 4 KB.; Narbe trichterig. 4—5lappig. S. 290. **Monotropeen.**

13 Stbgfss. 3, 4, 5, 6, 8. 14
Stbgfss. 10 o. zahlreich. 17

14 Bth. einhäusig; weibl. Blkr. fehlt; Gr. 3; FrKnot. 3fäch., Fächer paarig-2eiig; Kaps. 3klappig, aufspringend o. in 3 TheilFr. zerfallend; B. nebenblättrig. . . . . .S. 389. *Buxus, Andrachne.*
Bth. zwitterig. 15

15 FrKnot. u. Kaps. mit 4—5 vollkommenen u. 4—5 unvollkommenen Scheidewänden, daher fast 8—10-fächr.; Blb. 4—5; Stbgfss. 4—5, dem BthBoden eingefügt. . . . . .R. 68. **Lineen.**
FrKnot. u. Kaps. am Grunde 3—4fächr., oberhalb 1fächr.; Stbgfss. 5, am Grunde in einen schwachen Ring verwachsen und mittelst dieses dem KGrunde eingefügt; B. zerstreut. . . . . . . .S. 153. *Telephium.*
FrKnot. mit vollständ. Scheidewänden. 16

16 K. 2—3—4theilig; Stbgfss. 3—4—6—8, dem BthBoden eingefügt; Gr. 3—4; Kaps. 3—4fächr. S. 68. **Elatineen.**
K. 5theilig, Stbgfss. 5, um eine Scheibe am Grunde des K. eingefügt; Kaps. 2—3fäch.; B. gegenst. S. 84. *Staphylea.*

17 Stbgfss. 10. 18
Stbgfss. zahlreich, Blb. 5. 20

18 FrKnot. u. Kaps. unten 2—3—5fächr., oberhalb 1fächr., längl.-eif. o. rundl.; Stbgfss. frei, sammt den Blb. dem Fruchtträger (unterweib. Stempelpolster) eingefügt; Gr. 2—3—5.
S. 56. *Saponaria, Silene*. S. 58. *Lychnis*.
FrKnot. u. Kaps. vollkommen 2 o. 5fächrig....... 19

19 Stbgfss. am Grunde kurz einbrüdrig, sammt den Blb. dem BthBod. eingefügt; FrKnot. u. Kaps. 5lappig, 5fächr.; Gr. 5.............S. 82. **Oxalideen.**
Stbgfss. frei, sammt den Blb. dem K. eingefügt; FrKnot. u. Kaps. 2fächr.; Gr. 2; bleibend.
S. 161. *Saxifraga*.

20 Stbfäden in eine Röhre 1brüdrig verwachsen; NebenB. zu beiden Seiten des BStiels; FrKnot. 5—10—15fächr.........S. 73. *Hibiscus, Abutilon*.
Stbfäd. frei; oder nur am Grunde in 3—5 Bündel vereinigt.................................. 21

21 Gr. 3—5: FrKnot. u. Kaps. 3—5fächrig (bisweilen unvollständig gefächert); Stbfäd. am Grunde in 3—5 Bündel verwachsen.........S. 74. **Hypericineen.**
Gr. 1.. 22

22 K. 3blätt., o. durch 2 kleinere KB. 5blätt., bleibend; FrKnot. mehr o. weniger vollständig 3—5fächr.; Stbfäd. frei....................S. 44. **Cistineen.**
K. 5blättr., abfallend; FrKnot. vollständig 5fächr., kugelig; NebenB. zu beiden Seiten des BStieles, B. wechselständig.............S. 73. **Tiliaceen.**

23 Stbgfss. dem BthBod. eingefügt, 5, 8, 10; Gr. 1; FrKnot. 4—5fächr.............S. 286. **Ericineen.**
Stbgfss. der Blkr. eingefügt.................... 24

24 2 Stbgfss. in einer regelmäss., 4spalt. o. 4theil. Blkr., K. 4zähn.; FrKnot. 2fächr.; B. gegenst., nebenblattlos.....................S. 291 **Oleaceen.**
2 Stbgfss. in einer unregelmäss. Blkr., o. mehrere Stbgfss. vorhanden.......................... 25

25 Stbgfss. 2, o. 4—2mächtige; Blkr. unregelmässig; FrKnot. 2fäch.; Gr. 1.......................... 26
Stbgfss. 5 o. 4 nicht zweimächtige............... 28

26 Die Staubbeutelfächer unten bespitzt; Blkr. 2lippig; Stbgfss. 4, zweimächtig....S. 329. **Rhinanthaceen.**
Die Stbbeutelfächer unten unbespitzt; Blkr. 4—5-lappig o. 2lippig.............................. 27

27 Stbfäden oberwärts verbreitert, Stbbeutel 1fächr. S. 316. *Scrophularia.*
Stbfäden oberwärts nicht verbreitert. S. 317. **Antirrhineen.**

28 Blkr. trockenhäutig, 4spalt.; Stbgfss. 4; Kaps. 2fächr.; K. 4theil.....................S. 366. *Plantago.*
Blkr. nicht trockenhäutig........................ 29

29 FrKnotfächer 2eiig.............................. 30
FrKnotfächer vieleiig............................ 31

30 Blkr. glockig, krugf. o. trichterig, 4—5spalt. o. lappig; Stbgfss. 5 o. 4; K. 4—5spalt. o. blättr, S. 301. **Convolvulaceen.**
Blkr. 2lippig, fast maskirt; Stbgfss. 4; K. 4zähn.; o. spalt.......................S. 330. *Melampyrum.*

31 Stbfäd. oberwärts verbreitert; Stbgfss. ungleich; die Staubbeutel quer o. schief an die verbreiterte Spitze angewachsen, einfächrig. S. 314. **Verbasceen.**
Stbfäd. fädl. o. pfrieml., an der Spitze nicht verbreitert.. 32

32 Narbe 3spalt.; FrKnot. 3fächr.; K. 5spalt.; Blkr. 5theilig; Stbgfss. 5; B. zerstreut. S. 301. **Polemoniaceen.**
Narbe einfach o. 2spalt......................... 33

33 FrKnot. durch die einwärts geschlagenen eichentragenden Ränder der Fruchtblätter mehr weniger zweifächr.; Zipfel der Blkr. in der Knospenlage zsmgedreht; B. gegenst.......S. 300. *Erythraea.*
FrKnot. vollkommen 2—3—4fächr.; Eichen in der Mitte der Scheidewand o. am Innenwinkel der Fächer angewachsen; Blkr. in der Knospenlage zsmgefaltet o. mit einwärts gebogenen Rändern klappig; B. zerstreut o. büschelig. S. 310. **Solaneen.**

XV. Klasse.

(*Ein oberständ. FrKnot., mehrfächr.. Fächer mehreiig; Eichen seitenst.*)

1 { Blkr. 4blättr. 2
Blkr. 5blättr. o. vielblättr. 3

2 { K. 2blättr., abfällig; Kaps. schotenf. o. rundl.; Stbgfss. zahlreich; FrKnot. mehr o. weniger vollkommen 2—vielfächr....S. 18. *Glaucium*. S. 17. *Papaver*.
K. 4blätt.; Stbgfss. 6, viermächtig; FrKnot. 2fächr.; Schote o. Schötchen mit 2nahtständ. Samenträgern; NebenB. fehlen. ....S. 20. **Cruciferen.**

3 { Blkr. 5blätt., schmetterlingsf.; Gr. 1, K. ganzblättr.; 5zähn. o. theil.; Stbgfss. 10, wovon 9 in eine Röhre verwachsen; FrKnot. mehr weniger vollkommen 2fächr. mit 1wandständ. Samenträger.
S. 110. *Oxytropis*. S. 111. *Astragalus*.
Blkr. vielblättr.; Narbe vielstrahlig, Stbgfss. sehr zahlreich; FrKnot. vielfächr., Fächer vieleiig, Eichen an den Scheidewänden hängend. Wasserpflanzen mit schwimmenden B. .....S. 16. **Nymphaeaceen**.

II. Monocotyledonen.

XVI. Klasse.

(*Mehrere FrKnot. in einer Bth., FrKnot. 1fächr., 1eiig.*)

{ K. 3blättr. o. 3theil.; Blkr. 3blättr.; Stbgfss. 6, 9, 12 o. zahlreich.; FrKnot. 6—zahlreich.
S. 414. **Alismaceen.**
Perig. 4theil. o. fehlend; Stbgfss. 1, 2, 4. FrKnot. 3, 4, 5. (*Potameen*).
S. 417. *Potamogeton*. S. 420. *Ruppia, Zanichellia.*

XVII. Klasse.

(*Mehrere FrKnot. in einer Bth., FrKnot. 1fächr.; mehreiig.*)

K. 3blättr., blumenkronartig; Blkr. 3blättr.; Stbgfss. 9; Bthn. in schaftständ. Dolden; FrKnot. vieleiig. S. 415. **Butomeen.**

Perig. tief 6theil.; Stbgfss. 6; Bthn. in einer 4—10-blüth. Traube. FrKnot. 2eiig. S 416. *Scheuchzeria.*

XVIII. Klasse.

(*Ein unterständ. FrKnot., 1fächr., mehreiig; Eichen seitenst.*)

Bth. zweihäusig; K. o. Hülle 3spalt. o. 3theil.; Blkr. 3blättr. o. fehlend; Stbgfss. frei. Wasserpflanzen mit untergetauchter Fr. S. 413. **Hydrocharideen.**

Bthn. zwitterig; Perig. blumenblattartig, unregelmässig; Stbgf. 1—2, mit dem Gr. verwachsen; Stbfäd. fehlend. Landpflanzen.....S. 423. **Orchideen.**

XIX. Klasse.

(*Ein unterständ. FrKnot., mehrfächr., Fächer mehreiig; Eichen mittelständ.*)

1 Bth. zwitterig; die Fächer des FrKnot. vieleiig; B. einfach, schwertf.; lineal o. fädlich; Fr. eine Kapsel. 2

Bth. zweihäusig; Fächer des FrKnot. 2eiig; B. herzf.; Fr. eine Beere...............S. 443. **Dioscoreen.**

2 Stbgfss. 3, Stbbeutel auswärts gekehrt, 2fächr., jedes Fach auswärts mit einer Längsspalte aufspringend. S. 435. **Irideen.**

Stbgfss. 6, Stbbeutel einwärts gekehrt, 2fächr., jedes Fach nach einwärts mit einer Längsspalte aufspringend. ....S. 439. **Amaryllideen.**

XX. Klasse.

(*Ein unterständ. FrKnot., mehrfächr.; Fächer mehreiig; Eichen seitenst.*)

FrKnot. unvollkommen 6fächr., die Scheidewände in der Axe frei; B. nierenf. o. rundlich. S. 414. *Hydrocharis.*
FrKnot. vollkommen 6fächr.; B. schwertförmig. S. 414. *Stratiotes.*

XXI. Klasse.

(*Ein oberständ. FrKnot., 1fächr., 1eiig.*)

1 Stengel blattf. ohne eigentl. B.; Bthhülle ganzblättr., krugf., häutig; Bth. zwitterig, Narbe trichterf., offen. Schwimmende Wasserpflanzen, nicht im Boden befestigt. . . . . S. 421. **Lemnaceen.**
Pflanzen mit deutl. Stengeln und Blättern, o. mit Halmen versehen. 2

2 Ein- o. zweihäusige Sumpf- o. Wasserpflanzen mit beblätt. Stg. 3
Rasenbildende Kräuter mit Halmen u. balgartigen BthDecken. 4

3 Bthhülle fehlend, die männl. Bth. aus 1 nackten Stbgfss.; die weibl. aus 1 nackten Stempel bestehend; Bth. in Aehren, o. blattwinkelständig, einzeln o. gehäuft. . . . . S. 417. **Najadeen.**
Hülle der weibl. Bth. aus einfachen Haaren o. Schuppen bestehend, Bth. in dichten walzlichen, mit hinfäll. BScheiden versehenen Aehren (Kolben) oder in kugeligen Köpfchen; die männl. am Ende des Stengels, die weibl. darunter. S. 421. **Typhaceen.**

4 Stbbeutel am unt. Ende befestigt, an der Spitze ungespalten. Jede Bth. mit einem spelzenart. Deckblättch. gestützt. Blattscheiden nicht gespalten. S. 461. **Cyperaceen.**
Stbbeutel in der Mitte o. über dem unt. Ende befestigt, drehbar, meistens an beiden Enden zweispaltig o. ausgerandet: die spelzenart. BthScheide der Aehrchen meist 2blättr.; BScheiden längsritzig. S. 482. **Gramineen.**

XXII. Klasse.

(*Ein oberständ. FrKnot., einfächr., mehreiig.*)

1 Blattlose schwimmende Wasserpflanzen mit blattf. Stengel (Laubstg.); Stbgfss. 2; Bth. zwitterig. FrKnotenfächer 2—vieleiig......S. 421. **Lemnaceen.**
Pflanzen mit Blättern versehen.................. 2

2 BthHülle fehlt; Narbe sitzend; Schaft einfach mit endständ. Aehre u. einer BthScheide; B. grundständ; Fr. eine Beere........ S. 422. **Aroideen.**
BthHülle 6blättrig, spelzenart.; Gr. 1, mit 3 Narb.; Fr. eine Kapsel.............S. 455. **Juncaceen.**

XXIII. Klasse.

(*Ein oberständ. Frknot., mehrfächrig; Fächer 1eiig.*)

1 Stbgfss. 1 in jeder männl. Bth.; Hülle der männl. Bth. fehlt, jede männl. Bth. von einem oben verbreiterten Deckblättch. gestützt. Schliessfr. steinfruchtart.; Bth. in kugeligen Köpfchen; FrKnot. durch Verwachsung 2fächr....... S. 422. *Sparganium.*
Stbgfss. in den männl. o. Zwitterbth. 3, 4, 6; BthHülle vorhanden................................ 2

2 FrKnot. 6fächr.; Fr. eine 3—9fächr. Kaps.; BthHülle 6blättr. abfällig. Binsenähnl. Kräuter. S. 416. *Triglochin.*
FrKnot. 2—3fächr.; Fr. eine fleischige Beere; BthHülle 4—6theilig. S. 443. *Majanthemum, Smilax, Ruscus.*

XXIV. Klasse.

(*Ein oberständ. FrKnot., mehrfächr.; Fächer mehreiig, Eichen mittelständig.*)

1 Bth. in einem Kolben an der einen Seite des Schaftes; Kaps. 3fächr., von der 6blättr. BthHülle gestützt, mit Schleim erfüllt. Stbgfss. 6; Narbe sitzend; B. grundständ., schwertf. ....S. 423. *Acorus.*
Bth. nicht in Kolben............................ 2

2 BthHülle spelzenartig, trockenhäutig, 6blättr.. Kaps. 3fächr.; B. lineal o. borstenf.....S. 456. *Juncus*.
BthHülle blumenkronartig.............................. 3

3 Fr. eine Beere; Stbbeutel einwärts gekehrt. S. 441. **Asparageen.**
Fr. eine aufspring. Kaps.............................. 4

4 Gr. 1, ungespalten; Klappen der 3fächr. Kapsel in der Mitte die Scheidewand tragend, Staubkölbchen einwärts gewendet. ....S. 444. **Liliaceen.**
Gr. 3 o. ein 3spalt. Gr.; Kaps. durch die einwärts geschlagenen Ränder der Klappen 3fächr.; Staubkölbch. meist auswärts gekehrt. S. 454. **Colchicaceen.**

III. Gymnospermen.

XXV. Klasse.

(*Kein Fruchtgehäuse vorhanden. Eichen nackt.*)

Bth. 1—2häusig; männl. Bth. in Kätzchen. Stbfäden in eine Säule verwachsen oder in ein schild- o. schuppenförm. Mittelband verbreitert. Staubbeutel 2—mehrfächr.; Fr. ein Beerenzapfen o. ein holziger Zapfen. Samenlappen 2 oder mehrere. Immergrüne harzige Sträuche u. Bäume. ...S. 409. **Coniferen.**

IV. Acotyledonen.

XXVI. Klasse.

(*Eichen fehlen; statt derselben nur Sporen vorhanden.*)

1 Gewächse mit gegliedertem Stg. und gegliederten, wirtelständ. Zweigen statt der Blätter. Aehre endständig. . ...S. 425. **Equisetaceen.**
Gewächse mit B. versehen.............................. 2

H*

CXVI

2 Die Sporenkapseln sitzen in Häufchen auf der Rückseite oder dem Rande der B.... .S. 530. **Filices.**
Die Sporenkapseln sitzen an der Basis der B. u. B.-stiele, oder zwischen den Wzfasern (Wasserpflanzen)....... .... S. 527. **Rhizospermen.**
Die Sporenkapseln in den BWinkeln am Stg. sitzend, o. mit Deckblättern Aehren bildend u. in Klappen aufspringend............S. 528. **Lycopodiaceen.**

Dicotyledonen.

Zweikeimblättrige. Endumsprosser.

1. Ordnung. RANUNCULACEEN. *Juss.* Hahnenfussgewächse.

K. 3—vielbltr., häufig gefärbt und blumenblattartig; Blb. 3—viele, von regelm. o. unregelm. Gestalt, oft verkleinert o. ganz fehlend: Staubgefss. frei, zahlreich; Staubkölb. angewachsen, mit einer doppelten Ritze aufspringend; Frknoten mehrere, sehr selten 1, jeder 1 Griffel tragend; oft alle in einen vielgriffligen verwachsen: Fr. 1—vielsamig. Nebenblattlose, meist scharfe und giftige Kräuter, Stauden und Schlingsträucher.

GATTUNGEN.

1 { Bth. gespornt; KSporn bisweilen klein, häutig und an den Schaft angedrückt 19
  { Bth. nicht gespornt 2

2 { Bth. regelmässig 3
  { Bth. unregelmässig; K. blumenkronartig, 5blttr., das obere KB. kappenf. o. helmf.; Blb. 5, die 2 oberen im Helme lang-genagelt, umgekehrt-dütenf., die übrigen klein o. ganz fehlend. .**Aconitum** XVIII.

3 { Nur 1 Frknoten vorhanden; K. u. Kr. 4—5blttr.; Bth. in eif. Trauben; Beere 1fächer., vielsamig. **Actaea**. XIX.
  { Mehrere Fruchtknoten vorhanden 4

4 { Blos ein blumenblattart. Perigon vorhanden 5
  { K. u. Kr. vorhanden.*) 8

---

*) Die Blb. sind oft klein, unscheinbar, und von den grössern gefärbten KB. eingeschlossen. Bei manchen Gattungen fällt der K. bald nach dem Entfalten der Blkr. ab; man untersuche desshalb auch die noch nicht geöffneten Bth.

5 Perig. 5–mehrblttr.; HüllB. vom Perig. entfernt, meist den WzB. ähnlich; Fr. nussartig, auf dem halbkugelf. oder kopff. FrTräger gehäuft. .**Anemone.** IV.
Perig. 4–5blttr.; HüllB. fehlen 6

6 Perig. 5 blttr., goldgelb; Fr. 5—10, kapselart. vielsam. ....**Caltha**. X.
Perig. 4—6blttr., weiss, violett, roth, gelbl. o. grünl. 7

7 B. gegenst.; Perig. weiss, violett o. röthlich; Nüssch. federschwänzig o. kurz-geschnäbelt ...**Clematis**. I.
B. wechselt.; Perig. gelbl. o. grünl.; Nüssch. gerippt o. 3kantig ....**Thalictrum** III.

8 Bth. in ährenf. Trauben; K. 4blttr., hinfällig; Kr. 4blttr.; FrKnoten 2—5, gestielt, flaumig; B. 3zählig–doppeltgefiedert.....................**Cimicifuga**. XX.
Bth. u. Bthstand anders beschaffen 9

9 Blb. kürzer als die KB., diese meist blumenblattart. 10
Blb. länger als die KB. 15

10 B. lederig, fussf.- o. handf.-getheilt; Blb. 5–12, genagelt, röhrig-dütenf. o. 2lippig .**Helleborus** XIII.
B. anders beschaffen 11

11 Schaft 1blth., Blb. 5—8, röhrig-dütenf. o. ungleich-2lipp.; Hülle u. WzB. schildf.-gefingert.
Eranthis XII.
Stg. beblättert 12

12 Bth. gelb; KB. 5—15, kugelig-zsmgeneigt; Blb. röhrig-zungenf. ....**Trollius**. XI.
Bth. weiss, grünl., bläul. o. röthl. 13

13 Kletternder Strauch; K. 4—5blttr.; Blb. zahlreich, spatelf., viel kürzer als die KB. ....**Atragene**. II.
Kräuter; K. 5blttr.; Blb. genagelt 14

14 Blb. sehr kurz-genagelt, am Grunde röhrig, 1lippig; Stbfäd. fadenf.; Bth. weiss ....**Isopyrum** XIV.
Blb. lang-genagelt, Platte knief., ungleich-2lipp.; Stbfäd. pfriemenf. ....**Nigella** XV.

15 Honiggrube inners. am Grunde der Blb. vorhanden, unbedeckt o. mit 1 Schüppchen bedeckt 16
Honiggrube fehlt 17

16 FrTräger walzenf.; Fr. mit einem messer- o. sichelf. Schnabel auf dem Rücken, behaart, innen am Grunde über dem fruchtbaren Fache 2 hohle Höcker tragend. (Kleine Kräuter, mit lineal-zerschlitzten WzB. u. 1bth. Schaften.). **Ceratocephalus**. VIII.
FrTräger halbkugelig oder kegelförmig; Fr. ohne hohle Höcker .... **Ranunculus**. X.

17 K. 3blttr; Blkr. 5–9blttr.; Schaft 1 bth.; WzB. lederig, 3lappig .... **Hepatica**. V.
K. 5blttr. 18

18 Stempel 2–5; KB. ungleich, lederig; Narb. gross, gefärbt, papillig; Balgkaps. mehrsam.; B. doppelt — 3zählig .... **Paeonia**. XXI.
Stempel zahlreich; Narb. einfach, klein; Fr. nussart. 1sam.; B. vieltheil.-zerschlitzt.... **Adonis**. VI.

19 Bth. regelm.; K. und Kr. 5blttr. 20
Bth. unregelm.; K. blumenkronart., das obere KB. gespornt; Blb. 4, die 2 obern gespornt — oder alle 4 in 1 gesporntes verwachsen; die gespornt. Blb. im KSporne eingeschlossen .... **Delphinium** XVII.

20 KB. in einen kurzen, häut. Sporn verlängert; Blb. spatelf., lang genagelt; FrTräger zuletzt lang, walzenf.; B. lineal .... **Myosurus**. VII.
Blbl. mit ansehnl. trichterf. Sporne, abwechselnd mit den blumenkronart. flachen KB... **Aquilegia**. XVI.

ARTEN.

I. CLEMATIS. *L.* Waldrebe. Liene.

1 Stg. aufrecht, krautig 2
Stg. kletternd, holzig; B. gefiedert oder doppeltgefiedert 3

2 B. eif. o. eilanzett., spitz.; PerigB. läng.-lanzett., spitz, am Rande filzig. ♃ Mai, Jn. dunkelviolett. **integrifolia**. *L.* Ganzblättr. W.
B. gefiedert, Blättch. eif. o. lanzett., zugespitzt; PerigB. keiliglängl., stumpf, am Rande flaumig. ♃ Jn. Jl. weiss .... **recta**. *L.* Brennkraut.

1*

3 Perig. violett o. roth; PerigB. 3eckig-vrkhrt.-eif.; Fr-Schnabel kahl. ♄ Mai—Ag. **Viticella**. *L.* Italienische W.—
Perig. weiss; PerigB. längl.; Fr. in einen federig-bärt. Schweif verlängert.......................... 4

4 PerigB. beiderseits filzig. ♄ Jn. Jl. **Vitalba**. *L.* Teufelszwirn.
PerigB. nur aussen am Rande filzig. ♄ Jn. Jl. **Flammula**. *L.* Blatterzug.

II. ATRAGENE. *L.* **Alpenrebe**. Doppelblume.

B. doppelt-3zähl., Blättch. gesägt, ungetheilt. ♄ Jl. Ag. violett od. weiss. *A.* **alpina**. *L.* Umwund.

III. THALICTRUM. *L.* **Wiesenraute**. Krottendill.

1 Fr. 3kantig, geflügelt; Doldentr. endst., gedrungen; B. denen des Aglei ähnlich. ♃ Mai, Jn. blasslila oder violett, Stbfäd. lila. .**aquilegifolium**. *L.* Agleiblttr.W. -
Fr. der Länge nach gefurcht-gerieft.............. 2

2 Fr. an der Spitze mit der Narbe hakig-gebogen; Tr. einfach, endst.; FrStielch. herabgekrümmt. (Die kleinste Art.) ♃ Jn. Jl. grün, röthlich angelaufen. A. **alpinum**. *L.* Alpen-W.
Fr. an der Spitze gerade; FrStielch. aufrecht..... 3

3 Bth. sammt den Staubgef. niederhängend.......... 4
Bth. sammt den Staubgef. aufrecht.............. 8

4 BStiele fiederartig-zsmgesetzt; Blttch. lineal, spiegelnd ♃ Jn. Jl. ......**galioides**. *Nest.* Labkrautart. W.
BStiele 3zählig-zsmgesetzt; Blttch. rundl., keilf. o. vrkrhteif.................................. 5

5 Narbe am Rande fransig-gezähnelt, mit ihren Seiten sich nach hinten zsmlegend; BStielch. fast stielrund; Stg. meist drüsenhaarig. ♃ Jl. Ag. **foetidum**. *L.* Stinkende W.—
Narbe am Rande ungezähnelt, die Seiten zuletzt zurückgekrümmt.................................. 6

6 Aeste des BStiels zsmgedrückt-stielrund, undeutl.-kantig; Wz. weit kriechend. ♃ Jn. Jl. **silvaticum**. *Koch.* Wald-W.
Aeste des BStiels durch erhabene Linien kantig... 7

7 Stg. an den Gelenken hin- und hergebogen, etwas bereift; mittlere Aeste der Rispe fast wagrecht. ♃ Mai, Jn. . . . . **minus**. *L.* Graumändl.
Stg. gerade, nicht bereift; Aeste der Rispe etwas abstehend. ♃ Jn. Jl.
Jacquinianum. *Koch.* Jacquin's W.

8 BStiele fiederart. — zsmgesetzt; Wz. kriechend; Blttch. unterseits blässer; Stbkölb. ohne Spitze. ♃ Jn. Jl. . . . . **flavum**. *L.* Bergmändl.
BStiele 3zählig — zsmgesetzt; Wz. faserig 9

9 Blttch. längl.-keilf. o. lineal, unters. bleicher u. feinflaumig. ♃ Jn. Jl.
angustifolium. *Jcq.* Amstelkraut.
Blttch. rundl.-vrkhrteif. 10

10 Stbkölb. ohne Stachelspitze; Blttch. graugrün; Oehrchen der BScheiden vom Stg. abstehend. ♃ Jn. Jl.
elatum. *Jcq.* Hohe W.
Stbkölb. kurz-bespitzt; Blttch. grün; Oehrch. der B.-Scheiden an den Stg. angedrückt. ♃ Jn. Jl.
medium. *Jcq.* Mittlere W.

IV. ANEMONE. *L.* Windröschen.

1 Bth. weiss, aussen oft röthlich o. violett 2
Bth. violett*), blau o. schwärzlich. (Guckenschellen, Osterblumen.) 8
Bth. gelb 11
Bth. rosenroth**), einzeln, ausgebreitet; KB. meist 12, lanzett.; HüllB. längl., ungeth. o. an der Spitze 3-spalt.; Fr. wollig. ♃ Fb. Mz. *J.*
hortensis. *L.* Garten.-W.

2 Bth. doldig; HüllB. sitzend, eingeschnitten; Fr. kahl. ♃ Mai — Jl. . . . . . **narcissiflora**. *L.* Berghähnlein.
Bth. einzeln 3

3 HüllB. sitzend, oft auf einem kurzen breiten BStiele sitzend; Fr. geschwänzt und rauhhaarig 4
HüllbB. gestielt, 3zählig, den WzB., wenn diese vorhanden, gleichgestaltet 5

---

*) A. patens blüht auch bisweilen röthlich, gelblich oder weiss.
**) A. nemorosa bisweilen rosenroth od r purpurn.

HüllB. gefingert-vieltheil.; WzB. gefiedert, Blttch.
eif., 2—3spalt., Zipfel ganz o. 2—3zähnig. ♃ Ap.
4 Mai. .... **vernalis.** *L.* Frühlings-W.
HüllB. u. WzB. 3zählig, doppelt-zsmgesetzt. ♃ Mai-Jl.
alpina. *L.* Schneehähnchen.

5 KB. unters. zottig; HüllB. den WzB. gleichgestaltet 6
KB. unters. kahl, meist zu 6; WzB. meist fehlend 7

WzB. doppelt-3zähl., Blttch. 3theil., Zipf. 3zähn.;
KB. meist 9; Fr. wollig. ♃ Jl. Ag. *A.*
baldensis. *L.* Baldisches W.
6 WzB. 5theil., Zipfel rautenf., 2—3spalt., ungleich-
gesägt; KB. meist 5; Fr. filzig. ♃ Mai, Jn.
silvestris. *L.* Wald-W.

Hüllblttch. ungetheilt, breit-lanzett., zugespitzt, gesägt, am Grunde ganzrandig. ♃ Ap. Mai.
7 **trifolia.** *L.* Dreiblttr. W.
Hüllblttch. eingeschnitten-gesägt, das mittlere 3spalt.,
die seitl. 2spalt.; BStiel halb so lang als das B.
♃ Mz. Ap. .... **nemorosa.** *L.* Weisshähnchen.

Bth. übergebogen o. überhängend; WzB. 3fach-
8 fiederspalt.; Bth. schwarz-violett 9
Bth. aufrecht, violett 10

KB. gerade-zsmschliessend, mit auswärts gebogener
Spitze, dann sternförm. ausgebreitet, noch einmal
so lang als die Stbgefss. ♃ Ap. Mai.
9 **montana.** *Hppe.* Berg-W.
KB. glockig-zsmschliessend, an der Spitze zurückgerollt, wenig länger als die Stbgefss. ♃ Ap.
pratensis. *L.* Schlottenblume.

WzB. gefiedert-2paarig, zottig. Zipfel lineal-lanzett.,
ganz oder 2—3zähn. o. -spaltig. ♃ Ap. Mai.
Halleri. *All.* Haller's W.
WzB. 3fach-fiederspalt.; KB. noch einmal so lang
als die Stbgfss., am Grunde glockig, von der Mitte
an zurückgebogen-abstehend. ♃ Ap. Mai.
10 **pulsatilla.** *L.* Guckenschelle, Heckelkraut,
Teufelshaar.
WzB. 3fingerig, die Bltch. derselben auf der Spitze
des Bstiels beisammen stehend, fast 3theilig oder
vielspaltig, am Grunde keilf. zulaufend. Hüllbltch.
sitzend, fingerig-vieltheilig. KB. abstehend-glockig,
an der Spitze gerade ♃ Ap.
patens. *L.* Weitglockiges W.

Ganz kahl; Bth. meist zu 2, goldgelb; Fr. ungeschwänzt. ♃ Ap. Mai.
ranunculoides. *L.* Goldhähnchen, Waldfräulein.
Behaart; Bth. meist einzeln, schwefelgelb; Fr. federschwänzig. ♃ Mai-Jl.
sulphurea. *L.* Schwefelgelbes W.

V. HEPATICA. *Dill.* Leberblümchen.

B. herzf.-3lappig, Lappen ganzrandig; BStiele u. Schaft feinzottig. Mz. Ap. lila, rosa u. weiss.
triloba. *DC.* Leberklee.

VI. ADONIS. *L.* Feuerröschen.

K. kahl.. 2
K. rauhhaarig o. flaumhaarig.......................... 3

Bth blutroth, am Grunde schwarz, halbkugelig; K. von der Bth. entfernt. ⊙ Mai-Hrbst.
autumnalis. *L.* Blutströpfchen.
Bth. mennigroth o. strohgelb, ausgebreitet; K. an die Bth. angedrückt. ⊙ Jn. Jl.
aestivalis. *L.* Braunmägdelein.

KrB. hellgelb, 10–20; K. flaumig; WzB. schuppenf. ♃ Ap. Mai....**vernalis**. *L.* Teufelsauge, Bitzwurz.
KrB. roth o. strohgelb, 6—8; K. rauhhaarig; WzB. den StgB. gleichgestaltet. ⊙ Jn. Jl.
flammea. *Jcq.* Brennendrothes F.

VII. MYOSURUS. *L.* Mäuseschwanz.

B. lineal, kahl, stumpf. ⊙ Mai. Jn. gelbl.
minimus. *L.* Kleinst. M.

VIII. CERATOCEPHALUS. *Mnch.* Hornköpfchen.

Fr. oben zwischen den Höckern breit-rinnig, unten gekielt, ohne Kamm; Schnabel sichelf. ⊙ Ap. Mai. gelb..................**falcatus**. *Pers.* Sichelf. H.
Fr. oben zwischen den Höckern schmal-gefurcht, unten mit 1 fast 4eckigem Kamme; Schnabel fast gerade. ⊙ Ap. Mai. schwefelgelb.
orthoceras. *DC.* Geradhörniges H.

IX. RANUNCULUS. *L.* Hahnenfuss. Gleissblume. Rappenfüss. (Rabenfitz.)

1 Bth. weiss o. schwach rosenroth 2
Bth. gelb 15

2 Wasserpflanzen mit untergetaucht. o. schwimmenden B. 3
Pflanzen der Alpen u. Voralpen 6

3 Sämmtl. B. untergetaucht und borstlich-vielspaltig .. 4
Untergetauchte B. borstl.-vielspalt.; schwimmend, nierenf. oder verschieden gelappt. ♃ Mai—Hrbst.
aquatilis. *L.* Flusshähnlein, Lock.

4 BZipfel innerhalb u. ausserhalb des Wassers in eine kreisrunde Fläche ausgebreitet; Stg. stumpfkantig; Blb. 5. ♃ Mai—Hrbst.
divaricatus. *L.* Ausgespreizter H.
BZipfel ausserhalb des Wassers pinself. zsmfallend . 5

5 Stbgfss. länger als das Frknotenköpfchen; FrBoden rauhhaarig. ♃ Mai—Hrbst.
paucistamineus. *Tsch.* Haarblättr. H.
Stbgfss. kürzer als das Frknotenköpfchen; FrBoden kahl. ♃ Jn.—Hrbst.... **fluitans.** *L.* Fluthender H.

6 WzB. ganz und ganzrandig, nervig 7
WzB. ganz, aber nicht ganzrandig, o. verschieden gespalten, getheilt oder gefiedert, aderig 8

7 WzB. lanzett., kahl. ♃ Jn. Jl. *A.*
pyrenaeus. *L.* Pyrenäischer H.
WzB. herz.-eif., am Rande zottig. ♃ Jn. Jl. *A.*
parnassifolius. *L.* Parnassienbltt. H.

8 WzB. rundl. o. nierenf., ganz o. vorn 3lappig, gekerbt, die hinteren Kerben kleiner; StgB. meist 1, lineal; Stg. meist 1bth. ♃ Ag. *A.*
crenatus. *WK.* Kerbblättr. H.
WzB. u. StgB. anders geformt 9

9 WzB. u. StgB. gleichgebildet, handf.-vielspaltig o. handf.-3—7theilig. 10
WzB. u. StgB. ungleich oder nicht handf. 11

10 { Stg. 1—3bth.; B. handf.-vielspalt., im Umrisse herzf.-rundl. mit zugespitzten Läppchen. ♃ Jn. Jl. *A.* **Seguieri.** *Vill.* Seguier's H.
Stg. vielbth.; B. handf.-3—7theil., Zipfel 3spalt., zugespitzt, eingeschnitten-gesägt. ♃ Jn. Jl. **aconitifolius.** *L.* weisse Wollblume.

11 { Blb. lineal-längl.; WzB. doppelt-3zählig, Blttch. 3theil.-vielspalt., Läppchen lineal. ♃ Mz. Ap. **anemonoides.** *Zahlb.* Windröschen-H.
Blb. vrkhrteif.-herzf., o. 3lappig 12

12 { K. rauhhaarig; WzB. 3zähl., Blttch. gestielt, 3theil. — vielspalt., Läppch. stumpf. ♃ Jl. Ag. *A.* **glacialis.** *L.* weisse Besengablüh.
K. kahl 13

13 { WzB. doppelt-gefiedert, Fiedrch. 3theil. — vielspalt., Läppch. lineal; Stg. 1—3bth. ♃ Jl. Ag. *A.* **rutaefolius.** *L.* Rautenblttr. H.
WzB. nicht gefiedert; Stg. 1bth. u. 1blttr. 14

14 { WzB. 3—5spalt. im Umrisse herzf.-rundl., Zipfel vrkhrteif., vorn eingeschnitten-gekerbt; StgB. 3spaltig. ♃ Jn. Jl. *A.* ..**alpestris.** *L.* Jägerkraut*).
WzB. 3theil. im Umrisse nierenf., der mittl. Zipfel 3spalt., die seitl. tief-2spalt.; StgB. lineal. ♃ Jn. Jl. *A.*.......**Traunfellneri** *Hppe.* Traunfellner's H.

15 { B. ungetheilt o. etwas lappig...................... 16
B. getheilt o. tief-gelappt, o. zsmgesetzt.......... 21

16 { Alpenpflanzen.................................. 17
Pflanzen feuchter Orte, auf Wiesen und Niederungen 18

17 { WzB. fehlen; unteres StgB. rundl.-nierenf., gekerbt. ♃ Mai, Jn.................**Thora.** *L.* Giftiger H.
WzB. einzeln, langgestielt, quer-breiter., vorn eingeschnitten-gelappt; StgB. ebenso. ♃ Mai, Jn. **hybridus.** *Bir.* Bastard-H.

18 { B. lanzett. o. lineal-lanzettl...................... 19
Die untern B. rundl. o. herzf...................... 20

*) Eine Form des *R. alpestris* mit fast ungetheilter Blattscheibe ist *R. Bertolonii. Hausm.*

19 Bth. gross, 1 Zoll im Durchmesser; B. verlängert-lanzett., zugespitzt; Fr. kurz- fast 3eckig geschnäbelt. ♃ Jl. Ag. .... **Lingua.** *L.* Speerhahn.
Bth. kaum halb so gross; B. ellipt., lanzett. o. lineal; Fr. kurz- u. stumpf-bespitzt. ♃ Jn. — Herbst.
Flammula. *L.* Brandkraut.

20 B. rundl.-herzf., die untern geschweift, die obern eckig; K. meist 3blttr. ♃ Mz.-Mai.
Ficaria. *L.* Erdgerste, Feigwurz. (Feienwurz.)
B. längl.-ellipt., die untern herz.—eif.; Stg. aufrecht, vielbth.; Fr. knötig-rauh. ⊙ Mai, Jn.
ophioglossifolius. *Vill.* Schlangenzungenblttr. H.

21 Wz. aus kleinen, länglichen Knöllchen zsmgesetzt . 22
Wz. faserig o. abgebissen, bisweilen an der StgBas. zwiebelartig verdickt 23

22 Stg. u. B. silbergrau, seidig-wollig; B. 3schnittig o. 3theil. ♃ Mai, Jn. .... **illyricus.** *L.* Illyrischer H.
Stg. angedrückt-behaart, 1bth.; B. mehrfach-zsmgesetzt, vieltheilig, Zipfel lineal, kahl. ♃ Ap. Mai. *Ug.*
millefoliatus. *Desf.* Tausendblättr. H.

23 K. zurückgeschlagen 24
K. abstehend 28

24 BthStiele rund; WzB. handf.-getheilt, mit vrkhrt.-eif., 3spalt. o. eingeschnittenen Zipfeln; BStiele rauhhaar., Haare weit-abstehend. ♃ Mai, Jn. *J.*
velutinus. *Ten.* Sammetart. H.
BthStiele gefurcht 25

25 Bth. klein, 2—4 Linien im Durchmess. 26
Bth. gross, 6—14 Linien im Durchmess., sattgelb; WzB. 3zählig o. doppelt-3zählig 27

26 Untere B. handf.-getheilt, eingeschnitten-gekerbt, die obern 3spalt., mit linealen Zipfeln; Frköpfch. längl.-ährenf.; Stg. hohl; Fr. wehrlos. ⊙ Jn. — Herbst; blassgelb. .... **sceleratus.** *L.* Froschpfeffer.
B. herzf.-rundl., 3spalt., lappig-gekerbt; Fr. dornig oder höckerig. ⊙ Mai, Jn.
parviflorus. *L.* Kleinblüthiger H.

27 Stg. am Grunde zwiebelig-verdickt; Fr. glatt. ♃ Mai-Jl. . . . . **bulbosus.** *L.* Zängerkraut.
Stg. am Grunde nicht verdickt; Fr. glatt o. vor dem Rande feinknötig. ⊙ Mai-Ag.
Philonotis. *Ehr.* Rauhhaariger H.

28 BthStiele gefurcht 29
BthStiele rund 32

29 Fr. linsenf. zsmgedrückt, berandet; Wz. abgebissen 30
Fr. flach, geschnäbelt, dornig o. knötig 31

30 Wz. Ausläufer treibend; WzB. 3zählig o. doppelt-3zähl.; Fr. fein eingestochen-punktirt. ♃ Mai-Jl.
repens. *L.* Weihenfuss (Feienfitz.)
Wz. ohne Ausläufer; WzB. handf.-getheilt, Abschnitte der Zipfel fast lineal; FrBoden borstig. ♃ Mai, Jn.
polyanthemos. *L.* Vielblüthiger H.

31 WzB. 3spalt., gezähnt; StgB. 3zähl., Blttch. 3—vielspalt., Zipfel keilf., die obern StgB. lineal. ⊙ Mai, Jn. citrongelb. . . . . **arvensis.** *L.* Acker-H.
Die unt. B. rundlich oder nierenf., 3lappig, ungleich-grob-gekerbt. ⊙ Mai-Jl.
muricatus. *L.* Stachelfrüchtiger H.

32 WzB. u. StgB. gleichgestaltet, nur die obern kleiner u. weniger getheilt; FrBoden kahl. 33
WzB. u. StgB. verschieden, letztere oft fehlend. . . . 34

33 B. 5theilig; Stg. anliegend-behaart. ♃ Mai-Jl.
acris. *L.* Blatterkraut.
B. 3–5lappig; Stg. von abstehenden Haaren zottig. ♃ Mai-Jl. . . . . . . **lanuginosus.** *L.* Buckhahnenfuss.

34 Fr. feinbehaart; WzB. rundl. o. nierenf., ungetheilt o. gelappt u. gespalten. ♃ Ap.-Mai.
auricomus. *L.* Ankenblume.
Fr. kahl; WzB. handf., 3—5spalt., Zipfel vrkhrteif., eingeschnitten-gezähnt. ♃ Jn. Jl.
montanus. *W.* Gelbe Besengablüh.

X. CALTHA. *L.* Dotterblume.

Kahl; B. herzf.-rundl., kleingekerbt. ♃ Ap.-Jn. dottergelb . . . . **palustris.** *L.* Sumpf-D.

XI. TROLLIUS. *L.* **Kugelschmirgel.** Trollblume. Trolle.

B. handf.-5theil., Zipfel rautenf., eingeschnitt.-gesägt. ♃ Mai. Jl. hellgelb. . **europaeus.** *L.* Europäischer K.

XII. ERANTHIS. *Sal.* **Winterling.**

WzB. gestielt, schildf.-vieltheil.; Schaft 1 bth. mit sternf. Hülle. 3—6" hoch. ♃ Fb. Mz. gelb.
hiemalis. *Sal.* Sternblüthiger W.

XIII. HELLEBORUS. *L.* **Niesswurz.**

1 { Schaft blattlos, bloss mit 2—3 ovalen DeckB., 1—2-blüthig. ♃ Dz.-Mz. weissl. o. röthl., später grün. **niger.** *L.* Schneerose. Wendewurz.
Stg. beblättert, wenigstens an seinen Verästelungen mit getheilten B. .... 2 }

2 { Stg. nur an seinen Verästelungen mit getheilten B. 3
Stg. beblättert; DeckB. oval. ♃ Mz.-Ap. grasgrün, purpurn berandet. .... **foeditus.** *L.* Bärenfuss. }

3 { Adern der B. unterseits sämmtl. hervorragend...... 4
Die Hauptadern unterseits wenig hervorragend, die Nebenadern eingesenkt; Blttch. der WzB. lanzettl., ziemlich gleich-klein-gesägt. kahl. ♃ Mz.-Ap.
dumetorum. WK. Hecken-N. }

4 { Blttch. der WzB. zurückgekrümmt, rinnig gebogen, verlängert-lanzettl., ungleich-tief-gesägt; N. aufrecht. ♃ Mz.-Ap. grün.
viridis. *L.* Grüne Bärwurz. Gillwurz.
Blttch. der WzB. flach, breit-lanzettl., klein-, fast gleich-gesägt; N. wagrecht-zurückgekrümmt. ♃ Mz.-Ap. grün, aussen oft violett.
odorus. *WK.* Duftende N. }

XIV. ISOPYRUM. *L.* **Muschelblümchen.**

Wz. kriechend, Fasern büschelig; unt. B. doppelt-3zählig. ♃ Mz.-Mai, weiss.
thalictroides. *L.* Doltocke.

XV. NIGELLA. *L.* **Schwarzkümmel.** Jungfer im Grünen.

1 Stbkölb. lang-stachelspitzig; Kps. halb-verwachsen. ⊙ Jl.-Sp. KB. weiss, gegen die Spitze bläulich. **arvensis.** *L.* Ledichtblume.
Staubkölb. sehr kurz stachelspitz, Kapseln von unten bis oben zusammengewachsen 2

2 Bth. von bthständigen B. umhüllt, Kaps. glatt. ⊙ Mai-Jl. Blb. blass grünlich-bläulich mit 2 sattgrünen Drüsen *J*. ...... **damascena.** *L.* Braut in Haaren.
Bth. nicht umhüllt, Kaps. drüsig-scharf, am Rücken 1nervig. ⊙ Jn. Jl. bläulich-weiss *cult*. **sativa.** *L.* Schabab.

XVI. AQUILEGIA. *L.* **Aglei.** Elfenhandschuh. Gotteshut.

1 Sporne an der Spitze gerade, ziemlich so lang, als die Platte; KB. lanzett., zugespitzt, feingewimpert: Stg. oberw. klebrig-haarig 2
Sporne an der Spitze hakig 3

2 Sporne kahl; unt. B. beiders. klebrig-haarig, Abschnitte lineal-länglich. ♃ Jn. Jl. **thalictrifolia.** *Schott.* Wiesenrautenbltt. A.
Sporne behaart; B. unters. etwas behaart, obers. kahl, Abschnitte eif. o. vrkhrteif. ♃ Jn. Jl. **Bauhini.** *Schott.* Bauhin's A.

3 Bth. schwarz-violett; Stbgfss. $1\frac{1}{2}$mal so lang als die Platte. ♃ Jn. Jl. *A*. . . **atrata.** *Koch.* Schwarze A.
Bth. blau, fleischf. o. weiss; Stbgfss. nur wenig länger als die Platte 4

4 Blättch. 2—3lappig, gekerbt; Platte ausgerandet. ♃ Jn. Jl. .... **vulgaris.** *L.* Jovisblume.
Blättch. bis über die Mitte 3spalt., eingeschnitten-gekerbt; Platte gestutzt; Sporn länger als die Platte. ♃ Jn. Jl. blau. A. **Haenkeana.** *Koch.* Hänke's A.

XVII. DELPHINIUM. *L.* **Rittersporn.**

1 Blkr. 1blättr. (alle 4 Blb. in ein gesporntes verwachsen); B. 3theil.-vielspalt., Zpf. lineal. ⊙ Jn.-Ag. azurblau .... **Consolida.** *L.* Lerchenklaue.
Blkr. 4blätterig, die 2 obern gespornt 2

2 Die 2 untern Blb. in der Mitte bärtig 3
Die 2 untern Blb. bartlos, die 2 obern nur kurz gespornt; Bthstielch. mit 3 DeckB. ⊙ Jn. Jl. *J.*
Staphysagria. *L.* Scharfer R. Bissmünz.

3 B. handf., 5—9spalt., Zpf. 3spalt. ♃ Jn. Jl. azurblau. ....**elatum**. *L.* Hoher R.
B. 3zählig-vieltheilig; Zpf. lineal. ♃ Jn. Jl. *J.*
hybridum. *W.* Bastard-R.

XVIII. ACONITUM. *L.* **Eisenhut**. Sturmhut. Thorshut. Tyrshelm. Gelster. Luppewurz.

1 Sporn der 2 oberen Blb. kreisf.-zurück o. zsmgerollt; Bth. meist gelb 2
Sporn der 2 oberen Blb. hakig, o. nur etwas zurückgekrümmt; Bth. meist blau o. weiss 3

2 Wz. rübenf.; K. bleibend; BZipfel schmal; Helm ungefähr ½" lang und breit. ♃ Ag. Sp. *A.* gelb ....**Anthora.** *L.* Giftheil. -
Wz. ästig; K. abfallend; BZipfel breit; Helm ungefähr 6—11‴ lang und 2—3‴ breit. ♃ Jn. Jl. schwefelgelb, röthlich, violett, weissl.
Lycoctonum. *L.* Narrenkappen

3 Stg. oberw. sammt BthStielen u. K. von drüsentrag. Haaren klebrig-flaumig; Helm schief- o. regelm.-halbkreisrund. ♃ Ag. Sp. dunkelviolett.
paniculatum. *Lam.* Rispiger E.
Stg. oberw. kahl o. die Behaarung nicht drüsentragend 4

4 Helm schief-halbkreisf., breiter als lang; Stg. oberw. flaumig o. kahl; B. dunkelgrün, glänzend. ♃ Ag.-Sp. ....**Napellus.** *L.* Venuswagen
Helm so lang als breit, o. länger als breit 5

5 Nagel der 2 oberen Blb. gerade; Helm länger als breit; Kapseln in der Jugend spreizend. ♃ Jl.-Sp. ....**variegatum.** *L.* Gescheckter E. --
Nagel der 2 oberen Blb. bogig; Helm wenig länger, als breit; Kaps. in der Jugend zsmgebogen. ♃ Jn.-Ag. ....**Störkianum.** *Rb.* Störk's E.

XIX. ACTAEA. *L.* **Christophskraut.**

B. 3zählig-doppelt-gefiedert; Beere rundl.-oval, schwarz. ♃ Mai, Jn. weiss.
spicata. *L.* Aehrentragendes Ch.

XX. CIMICIFUGA. Wanzenkraut.

B. 3zählig-doppelt-gefiedert. ♃ Jl. Ag. grünlich- o. gelblich weiss ....**foetida.** *L.* Wanzentödter.

XXI. PAEONIA. *L.* **Gichtrose.** Pfingstrose. (Stg. einfach, 1bth.)

Blttch. ellipt. o. längl., ganz, das endst. am Grunde keilig. ♃ Ap. Mai.
corallina. *Retz.* Pute.
Blttch. 2—3spalt.; Zipfel ganz o. 2–3spalt. ♃ Mai Jn.............**peregrina.** *Mill.* Langknollige G.

2. Ordnung. BERBERIDEEN. *Vent.* Sauerdorngewächse.

KB. 4—6, 2reihig; Blb. so viel als KB. mit Drüsen oder NebenkronB. an der Bas.; Stbgfss. frei, den Blb. gegenst.; Stbkölbch. angewachsen, Fächer derselben mit einer Klappe aufspringend; Frknot. 1, 1fächer.; Samenträger wandst.; B. o. Blttch. borstig gewimpert.

GATTUNGEN.

K. 6blättr.; Blb. 6, inwendig an der Basis 2drüsig; Beere 2—3samig ....**Berberis** I.
K. 4blttr., hinfällig; Blb. 4; NebenKrB. 4; Kps. schotenf., vielsamig ....**Epimedium** II.

ARTEN.

I. BERBERIS. *L.* **Sauerdorn.** Saurach. Versich.

B. längl.-vrklt.-eif., feinstachelig-gesägt, gebüschelt; Traube hängend. ♄ Mai, Jn. gelb.
vulgaris. *L.* Weinscharl.

II. EPIMEDIUM. *L.* **Sockenblume.**

Wzb. fehlend, StgB. doppelt-3zähl. ♃ Ap. Mai; blutroth, NebenKr. gelb..**alpinum.** *L.* Bischofsmütze.

---

3. Ordnung. NYMPHAEACEEN. *Sal.* Seerosengewächse.

K. 4—6blttr. Kr. regelm.; Blb. zahlreich, in die Stbgfss. übergehend; Stbgfss. zahlreich; Stbkölb. angewachsen; Frknot. 1, mehrfächerig, Fächer vieleiig, Eichen wandst.; Gr. so viel als Fächer, in 1 schildf. N. vereinigt. Schwimmende Wasserpflanzen mit aufgetauchten prachtvollen Bth.

GATTUNGEN.

K. 4blttr.; Blb. ohne Honiggrübchen..**Nymphaea.** I.
K. 5blttr.; Blb. mit Honiggrübchen auf dem Rücken. **Nuphar.** II.

ARTEN.

I. NYMPHAEA. *L.* **Seerose.** Wasserholde. Schwanenblume. (Bth. weiss.)

Narbe 12—20strahlig; Frknot. bis zur N. hin mit Stbgfss. besetzt; unt. BNervenpaar geradlinig (ein Dreieck bildend). ♃ Jl. Ag. **alba.** *L.* Mumme. Mümelchen.
Narbe 6—12strahlig; Frknot. an der Spitze von Stbgfss. entblösst; unt. BNervenpaar krummlinig (verlängert ein Oval bildend). ♃ Jl. Ag. **semiaperta.** *Klinggf.* Halbgeöffnete S.

II. NUPHAR. *Smith.* **Nixenblume.** (Bth. gelb.)

Narbe ganzrandig, flach, 10—20strahl., Strahlen noch vor dem Rande verschwindend. ♃ Jn.-Ag. **luteum.** *Sm.* Kahnetocken.
Narbe sternf., spitz-gezähnt, zuletzt halbkugelig, meist 10strahlig, Strahlen bis zum Rande auslaufend. ♃ Jn.-Ag. .....**pumilum.** *Sm.* Kleine N.

4. Ordnung. PAPAVERACEEN. *Juss.* Mohngewächse.

K. 2blttr.; meist hinfällig; Blkr. regelm. 4blttr.; Stbgfss. zahlreich, frei; Frknot. frei; Samenträg. zwischenklappig, gegenständig oder an die Scheidewände angewachsen. Kräuter mit weissem o. gelbem Safte.

GATTUNGEN.

1 Kapsel mehr o. weniger kugelig, unvollk. 4—20fächerig, mit Löchern unter der N. aufspringend; N. 4—20strahlig .... **Papaver.** *I.*
Kapsel schotenf. lang, 2klappig; N. 2lappig 2

2 Kaps. 1fächr. von der Basis gegen die Spitze aufspring.; Bthstiele doldig ......**Chelidonium.** *III.*
Kaps. unecht 2fächer., von der Spitze gegen die Basis aufspring.; Bthstiele 1bth.; blattwinkelst. **Glaucium.** *II.*

ARTEN.

I. Papaver. *L.* **Mohn.** Mag.

1 Kapsel steifhaarig 2
Kapsel kahl 3

2 Staubfäd. pfrieml.; Schaft 1blth.; Kps. vrkhrt-eif. ♃ Jl. Ag. *A.* weiss, gelb.....**alpinum.** *L.* Alpen-M.
Staubfäd. oberwärts verbreitert; Stg. meist mehrblth.; Kps. keulenf. ⊙ Mai-Jl. Blb. dunkelrosa mit 1 schwarzen Flecke ...... **Argemone.** *L.* Sand-M.

3 Staubfäd. pfrieml; B. gefiedert o. tief-fiederspalt.; Stg. u. B. steifhaarig 4
Staubfäd. oberw. verbreitert; obere B. ganz, mit herzf. Basis stengelumfassend; Stg. u. B. kahl, bläulich-bereift. ⊙ Jl. Ag. **somniferum.** *L.* Garten-M.

4 Läppchen der N. mit ihren Rändern sich berührend; Kps. vrkhrt. eif.; Zipfel der StgB. längl.-lanzettl. ⊙ Mai-Jl. dunkel scharlachroth.
Rhoeas. *L.* Klatschrose.
Läppch. der N. von einander entfernt; Kps. keulenf.; Zipfel der StgB. lineal. ⊙ Mai-Jl. weiss, rosa, scharlachroth............**dubium.** *L.* Flitschrose.

II. GLAUCIUM. *Tourn.* **Hornmohn.**

Schoten knötig-rauh; obere B. mit tief-herzf. Bas. stgumfassend. ⊙ Jn. Jl. gelb.
luteum. *Scop.* Gelber H.
Schoten borstig-steifhaarig; obere B. mit abgestutzter Bas. sitzend. ⊙ Jn. Jl. roth o. orange.
corniculatum. *Curt.* Rother H.

III. CHELIDONIUM. *L.* **Schellkraut.**

Stg. mehr o. weniger wollig-behaart; B. fiederschnittig, kahl, unterseits seegrün. ♃ Mai-Ag. goldgelb.
majus. *L.* Gemeines Sch.

5. Ordnung. FUMARIACEEN. *DC.* Erdrauchgewächse.

K. 2blättr.; Blkr. unregelm..; Blb. 4; Stbgfss. 6, in 2 Bündel verwachsen, unterweibig; Frknot. 1fächer.; Samenträger wandst. Kräuter mit wässerigem Safte.

GATTUNGEN.

Schoten 2klappig, zsmgedrückt, vielsamig.
Corydalis. I.
Schoten nussartig, nicht aufspringend, 1samig.
Fumaria. II.

ARTEN.

I. CORYDALIS. *DC.* **Lerchensporn.** Donarfluch. Helmbusch.

1 Wz. knollig; Stg. 1—2blttrg.; Traube endst. 2
Wz. ästig-faserig o. einfach; Stg. ästig, beblättert; Trauben den B. gegenständig. 5

2 Wzknollen hohl; Stg. 2blttr.; B. scheidenlos. ♃ Ap. Mai purp. o. weiss, wohlriechend.
cava. *Schw. et K.* Hohlwurz.
Wzknollen nicht hohl; eine häutige Scheide unter dem untern B. 3

3 DeckB. ganz; fruchttr. Traube nickend; Frstielch. 3mal kürzer als die Schoten. ♃ Ap. Mai.
fabacea. *Pers.* Taubenkropf.
DeckB. fingerig-getheilt o. eingeschnitten 4

4 Frtragende Traube aufrecht, verlängert; Frstielch. so lang als die Schoten. ♃ Ap.
solida. *Sm.* Grimwurz.
Frtrag. Traube nickend, gedrungen; Frstielch. 3mal kürzer als die Schoten. ♃ Ap. Mai.
pumila. *Rb.* Niedriger L.

5 DeckB. länglich, gezähnelt, haarspitz; Sporn kurz, sackartig 6
Das unterste DeckB. den StgB. ähnlich; B. 3zählig. Blttch. 3theil. o. 3spalt.; Sporn fast so lang als die Bth. ⊙ Jn. Jl. gelblichweiss. *T.*
capnoides. *L.* Weisser L.

6 Bstiele mit beiderseits hervortretendem Rande; Schoten länger als die Frstielchen; Sam. fast glanzlos. ♃ Jl.-Sp. weissl.-gelb, an der Spitze gelb.
ochroleuca. *Koch.* Blassgelber L.
Bstiele unberandet, oberseits flach 7

7 Schoten 2—3mal kürzer als die Frstielchen; Sam. fast glanzlos; B. weissl.-graugrün. ♃ Mai-Jl. schneeweiss, an der Spitze gelblichgrün. *J.*
acaulis. *Pers.* Stengelloser L.
Schoten meist länger als die Frstielchen; Same glänzend; B. lauchgrün ♃ Jl.-Sp. citrongelb.
lutea. *DC.* Gelber L.

II. FUMARIA. *L.* **Erdrauch.** Elfenrauch, Albrauch.

1 Bth. weiss, gelblich o. blassrosa..................... 2
Bth. rosenroth, an der Spitze mit 1 schwarzpurp. Flecken 4

2*

2 KB. 6mal kürzer als die Kr.; Fr. eirund; kurz-zugespitzt. ⊙ Jn.-Sp. weiss.. **parviflora.** *Lam.* Feinblätteriger E.
KB. ungefähr halb so lang als die Kr. 3

3 Reife Fr. vollkommen glatt. ⊙ Jn.-Sp. weiss o. gelbl. mit purp. Spitze. *J*.... **capreolata.** *L.* Rankender E. —
Reife Fr. knotig-runzelig. ⊙ Mai-Jn. *J.* **agraria.** *Lag.* Rauhfrüchtiger E.

4 KB. so lang als die halbe Kr. (sammt Sporn) — breiter als dieselbe: Fr. kugelig, stumpf. ⊙ Jn.-Jl. **micrantha.** *Lag.* Kleinblüthiger E.
KB. nicht die Länge der halben Kr. (sammt Sporn) erreichend 5

5 KB. so breit oder breiter als die Kr., rundlich; die äussern KrB. an der Spitze mit 1 ziemlich langen, gekrümmten Schnäbelchen; Fr. fast kugelig, etwas länger als breiter, vorne stumpf o. sehr kurz bespitzt. ⊙ Mai-Sp.... **rostellata.** *Knaf.* Kronschnäbliger E.
KB. schmäler als die Kr. 6

6 KB. schmäler als das Bthstielchen; Fr. kugelig, stumpf. ⊙ Jn.-Sp. .... **Vaillantii.** *Lois.* Vaillants E. —
KB. breiter als das Bthstielchen 7

7 Fr. etwas platt-kugelig, querbreiter, vorne gestutzt, etwas ausgerandet. ⊙ Mai-Sp. **officinalis.** *L.* Katzenkörbel. —
Fr. ziemlich kugelig, vorne kurz-bespitzt. ⊙ Mai-Sp. **Wirtgeni.** *Koch.* Wirtgens. E.

6. Ordnung. CRUCIFEREN. *Juss.* Kreuzblüthler.

K. 4bltttr.; Krb. 4, kreuzf. gestellt; Stbgfss. 6, 4mächtig, die 2 kürzern vor den beiden seitl. KB., die 4 längern vor den Blb. stehend; Frknoten 1, 2fächerig, auch 1fächerig, oder durch Querwände mehrfächerig. Bthstand aller erst doldentraubig, zuletzt traubig. B. wechselst. nebenblattlos.

GATTUNGEN.

1 Fr. eine Schote (4- oder mehrmal länger als breit).. 2
Fr. ein Schötchen (höchstens 3mal länger als breit) 20

2 N. tief-2lappig, Lappen an der Innenseite convex, später nach aussen gebogen; Schot. 4kantig o. etwas zusmgedrückt, Klappen 1nerv. ..... **Cheiranthus.** II.
N. kopfig, stumpf o. ausgerandet, o. auch aus 2 aneinander liegenden Plättchen gebildet 3

3 N. aus 2 aufrechten, nebeneinander liegend. Plättchen gebildet.. 4
N. kopfig, stumpf o. ausgerandet................ 6

4 N. kegelf.; Schot. stielrund; Bth. purp. **Malcolmia.** X.
N. rundl. o. oval 5

5 Plättch. der N. auf dem Rücken höckerig, zuletzt etwas umgebogen (Bth. purp.; B. lineal.)...**Matthiola.** I.
Plättch. der N. auf dem Rücken flach, oval, nicht zurückgebogen.................. .. **Hesperis.** IX.

6 Schoten 1fächer., nicht aufspringend, walzl., in 1 pfrieml. Schnabel zugespitzt, untheilbar o. bei der Reife in Glieder zerfallend. ....**Raphanus.** XLVII.
Schoten 2fächer., aufspringend 7

7 Klappen der Schoten nervenlos o. am Grunde mit 1 schwachen Ansatze zu einem Mittelnerv......... 8
Klappen der Schoten 1—3—5nervig, o. mit mehreren Längsadern 10

8 Schoten stielr.-zsmgedrückt; Same in jedem Fache unregelm.-2reibig. ....**Nasturtium.** III.
Schoten flach; Same in jedem Fache 1reihig...... 9

9 WzStock wagrecht, fleischig, schuppig-zackig o. gezähnt, aus knollig-verdickten Fasern bestehend; Stg. unterw. blattlos ....**Dentaria.** VIII.
WzStock abgebissen, nicht gezähnt, o. Wz. körnig, spindelförm. o. fasrig ....**Cardamine.** VII.

10 Schoten flach 11
Schoten 4kantig o. stielrund 12

11 Bth. weiss, grünlich, rosa o. blau; Schoten lineal, Klappen 1nervig o. längsaderig........**Arabis** VI.
Bth. gelb, verblüht braun; Schoten lineal-lanzett. o. lineal; Klappen mit 1 geraden Längsnerven. **Diplotaxis.** XVIII.

12 Schoten ziemlich stielrund, in einen zsmgedrückten Schnabel auslaufend; Same kugelig............ 13
Schoten nicht geschnäbelt, o. mit einem kurzen — jedoch stielr. o. 4kantigen Schnabel versehen.... 14

13 Klappen mit 1 geraden Längsnerven, oft überdiess noch mit 2 schwachen, schlänglichen Seitennerven. **Brassica** XV.
Klappen mit 3—5 geraden, starken Längsnerven. **Sinapis.** XVI

14 Schnabel der Schoten stielr. o. etwas 4kant, kurz; Klappen mit 1 Längsnerven; Same eif. o. länglich. **Erucastrum.** XVII.
Schoten nicht geschnäbelt........................ 15

15 Schoten ziemlich stielrund lineal o. pfriemlich; Klappen 3nerv......................**Sisymbrium.** XI.
Schoten 4kantig, o. stielrund, aber mit 1nervig. Klappen 16

16 Same in jedem Fache 2reihig.................... 17
Same in jedem Fache 1reihig.................... 19

17 WzB. rosettig, mit 3gabl. Haaren; Stgb. ganz, mit pfeilf. Bas. stgumfassend............**Turritis** V.
WzB. nicht rosettig; StgB. nicht pfeilf........... 18

18 B. lineal. ganzrandig; Bth. citrongelb. (Auf Sand.) **Syrenia.** XIV.
B. buchtig-fiederspalt. o. lanzettl.; Bth. weiss, getrocknet violett. (Alpenpfl.)...........**Braja** XII.

19 B. leierf.-fiederth, am Grunde geöhrt-umfassend; Bth. gelb. (An feuchten Orten.) ....**Barbarea** IV.
B. ganz o. fiederspalt; Bth. gelb, gelblich, weiss. **Erysimum.** XIII.

20 Schötchen aufspringend, 2klappig, 2fächer., nie in Glieder zerfallend................................ 29
Schötchen nicht aufspring., 1—2–4fächer., o. quer in 1samige Glieder sich trennend............... 21

21 Schötch. qu. in 2 Glieder sich trennend, Glieder 1sam., nicht aufspring............................... 22
Schötch. nicht in Glieder zerfallend.............. 23

22 Bth. weiss; unteres Schotenglied stielf., unfruchtbar, das obere kugelig, 1samig ....**Crambe.** XLVI.
Bth. gelb; unteres Schotenglied stielf. u. so wie das obere zugespitzte 1samig....... **Rapistrum** XLV.
Bth. hellviolett; unteres Schotenglied vrkhrteif., das obere schwertf. ....**Cakile.** XLIV.

23 Schötch. nussartig 24
Schötch. nicht nussartig, kreisr. o. nierenf. 27

24 Schötch. 4fächer., 4kant., Kanten geflügelt; Bth. gelb. **Bunias.** XLIII.
Schötch. 3fächer., vrkhrtherzf., 2knötig, das untere Fach 1sam., die obern nebeneinander liegenden leer; Bth. weiss.....................**Myagrum.** XLI.
Schötch. 2fächer., o. 1fächer. 25

25 Schötch. ohne Gr., längl., flach-zsmgedrückt, sehr stumpf o. ausgerandet. Bth. gelb. .....**Isatis.** XL.
Schötch. mit dem Gr. bekrönt 26

26 Schötch. gedunsen. eif.; Gr. kegelf.; Bth. gelb. **Bunias.** XLIII.
Schötch. kugelrund; Bth. gelb........**Neslia.** XLII.
Schötch. fast kreisrund, in den Gr. zugespitzt; Bth. weiss ....**Euclidium.** XXXIX.

27 Schötch. kreisr., vom Rücken her zsmgedrückt, 1fächer. 28
Schötchen fast nierenf., von der Seite her zsmgedrückt, 2fächer., mit dem pyramid. Gr. bekrönt. **Senebiera.** XXXVIII.

28 Schötch. 1sam., mit einem platten Rande; Stbfäd. geflügelt-gezähnt.................. **Clypeola.** XXIV.
Schötch. 2—3sam., mit einem fädl. Rande; Stbfäd. zahnlos......................**Peltaria.** XXV.

29 Scheidewand fast so breit als d. grösste Durchmesser des Schötchens, dieses vom Rücken her zsmgedrückt, rundl. o. längl., oder aufgedunsen, und dann kugelig, oval, birnf. o. stielrund 30
Scheidewand schmal, lineal o. lanzettl.; Schötch. von der Seite (den Klappenrändern her) zsmgedrückt, Klappen kahnf. 39

30 Stbgfss. am Grunde mit 1 stumpfen Zahne od. flügelf. Anhängsel 31
Stbgfss. am Grunde zahnlos u. ungeflügelt 33

31 Schötchen kugelig o. oval-kugelig ..**Vesicaria.** XIX.
Schötchen vom Rücken her zsmgedrückt oder flach, kreisf.-oval o. ellipt. 32

32 Schötch. 2—4eiig .... **Alyssum.** XX.
Schötch. 6—mehreiig .... **Farsetia.** XXII.

33 Bth. rosa, violett o. lila 34
Bth. gelb, gelbl. o. weiss 35

34 Schötch. elipt; Bth. rosenr. o. schwach-violett. (Kleine niedliche Pfl. der höchst. *A.*)..**Petrocallis.** XXVI.
Schötch. ellipt. — lanzettl. o. breit-oval; Bth. lila o. violett. .... **Lunaria.** XXIII.

35 Gr. lang, nach dem Aufspringen an einer der Klappen sitzend; Schötch. birnf.; StgB. an der Basis pfeilf. **Camelina.** XXIX.
Gr. an der Scheidewand sitzend 36

36 Schötch. eirundl.-oval o. rundl. (Meerstrands-Pf. mit linealen B. u. weiss. Bth.) ......**Lobularia.** XXI.
Nicht diese Eigenschaften vereinigend 37

37 Schötch. längl. o. ellipt. (Meist kleine Pfl. mit WzB-Rosetten, nackt. Schafte, unzertheilt. StgB. u. gelben, gelbl. o. weiss. Bth.) .... **Draba.** XXVII.
Schötchen kugelig, rundl., oval o. ellipt.-oval 38

38 Bth. weiss o. blass-violett; Klappen der Schötch. mit 1 Rückennerv .... **Cochlearia.** XXVIII.
Bth. gelb; Klappen der Schötch. ohne Rückennerv. **Nasturtium.** III.

39 Schötch. brillenf. aus 2 flachen Scheiben gebildet; Bth. gelb .... **Biscutella.** XXXIII.
Schötch. nicht brillenf. 40

40 Die längern Stbfäden mit 1 Anhängsel o. Flügel... 41
Staubfäd. ohne Anhängsel 42

41 Stg. beblttrt; B. lineal, ganzrandig. **Aethionema.** XXXVII.
Schaft nackt; WzB. rosettig, leierf.-fiedersp. **Teesdalia.** XXXI.

42 Blb. sehr ungleich, die der äuss. Bth. strahlend. **Iberis.** XXXII.
Blb. gleich o. ziemlich gleich 43

43 Fächer des Schötch. 1sam.; Schötch. längl., rundl. o. eif.; Klappen auf dem Rücken gekielt o. geflügelt. **Lepidium.** XXXIV.
Fächer des Schötch. 2—vielsam.................. 44

44 Klappen auf dem Rücken geflügelt; Schötch. oval o. vrkhrteif., neb. dem Gr. ausgerandet. **Thlaspi.** XXX.
Klappen ungeflügelt; Schötch. gar nicht o. nur seicht ausgerandet 45

45 Fächer 6—12sam.; Schötch. 3eckig-vrkhrtherzf., od. oval, o. rundl.................**Capsella.** XXXVI.
Fächer 2sam.; Schötch. längl. o. ellipt. **Hutchinsia.** XXXV.

ARTEN.

I. MATTHIOLA. *Br.* Lambertveilchen. (Bth. purp.)

B. lineal. ganzrandig; Bth. fast sitzend. ♃ Mai, Jn. *Tr.* **varia.** *DC.* Buntes L.
B. lanzettl., filzig, die unt. buchtig-gezähnt; Bth. gestielt. ⊙ Ap. Mai. *J.* **sinuata.** *R. Br.* Buchtiges L.

II. CHEIRANTHUS. *L.* Lack. Wallblume. Steinviole.

B. lanzettl. spitz, ganzrandig, angedrückt-haarig; ♃ Mai, Jn. sattgelb ....**Cheiri.** *L.* **Gold-L.**

III. NASTURTIUM. *Br.* Brunnenkresse.

1 Bth. weiss; B. gefiedert, die obern 3—7paarig, die untern 3zählig. ♃ Jn.-Sp. **officinale.** *R. Br.* Bornkresse, Quellenranke.
Bth. gelb 2

2 Schoten ungefähr so lang als die Bthstielchen 3
Schoten o. Schötch. 2—3mal kürzer als die Bthstielch.; Bth. gelb 5

3 Schoten eif.-längl. gedunsen; Blb. so lang als die KB.; unt. B. leierf.; obere tief-fiederspalt. ⊙ Jn.-Sp. **palustre.** *DC.* Sumpf-B.
Schot. lineal; Blb. länger als die KB............. 4

4 B. alle tief-fiederspalt. oder gefiedert, Fieder gezähnt o. fiederspaltig. ♃ Jn. Jl. **silvestre.** *Br.* Wald-B.
Die untersten B. einfach, oval, langgestielt, die untern StB. leierf., die obern tief-fiederspalt. ♃ Mai, Jn. . . . . **lippicense.** *DC.* Lippizer-B.

5 Schötch. kugelig, vielmal kürzer als die Bthstielch.; B. lanzettl. o. spatelig, mit tief-herzf. geöhrelter Bas. sitzend, die unt. in den Bstiel verschmälert. ♃ Jn. Jl. . . **austriacum.** *Crntz.* Oesterreichische B.
Schötchen längl.-eif., ellipt. o. oval. 6

6 Schötch. lineal o. lineal-lanzettl., fast 2schneidig; B. leierf.-fiederspaltig, gezähnt, die obern oft nur eingeschnitten; Stg. aufrecht. ♃ Jn. Jl. **anceps.** *DC.* Zweischneidige B.
Schötch. längl.-eif. o. ellipt.; B. kamm- o. leierf.-fiederspaltig, die obern längl.-lanzettl., sitzend, ungleich-sägezähnig, schärflich; Stg. an der Bas. wurzelnd. ♃ Mai-Jl. **amphibium.** *R. Br.* Sumpfrauke.

IV. BARBAREA. *R. Br.* Barbenhedrich. (Bth. dottergelb.)

1 Die obern B. ungetheilt, die untern leierf. 2
Die obern B. tief-fiederspaltig, mit linealen, ganzrandigen Zipfeln, die unt. gefiedert mit fast herzf. Endlappen. ⊙ Ap. Mai. **praecox.** *Br.* Frühblühender B.

2 Die Seitenlappen der unt. B. 2—3paarig, sehr klein, der Endlappen sehr gross, längl.-eif.; Blb. um $^1/_3$ länger als der K. ⊙ Ap. Mai. **stricta.** *Andr.* Steifer B.
Die Seitenlappen der unt. B. 4paarig, das obere Paar so breit als der Endlappen; Blb. doppelt so lang als der K. 3

3 Aufblühende Traube gedrungen, die jüngern Schoten schräg-aufrecht. ⊙ Ap.-Jn. **vulgaris** *R. Br.* ~~Gemeiner~~ B.
Aufblühende Tr. locker; die jüngern Schoten bogenf.-aufwärts gekrümmt. ⊙ Ap.-Jn. **arcuata.** *Reich.* Gebogenschotiger B.

V. TURRITIS. *L.* Thurmkraut.

WzB. von 3gabl. Haaren rauh; StgB. kahl, mit pfeilf. Bas. umfassend. ⊙ Mai-Jl. gelbl.-weiss.
glabra. *L.* Thurmkohl.

VI. ARABIS. *L.* Gänsekresse.

1 Bth. blau oder purp.-violett 2
Bth. weiss, gelblich, lila o. rosenroth 3

2 B. der WzBRosette glänzend, kahl, vorne 3—5zähnig. ♃ Jl. Ag. höchste A. schön blau.
caerulea. *Haenke*. Blaue G.
B. der WzBRosette vrkhrt.-eif., sammt dem Stg. steifhaarig. ⊙ Ap. Mai. *T. J.* schön violett.
verna. *Br.* Frühlings-G.

3 Schoten abwärts gebogen; StgB. an der Bas. tiefherzf. stengelumfass., so wie die WzB. gabelig-flaumig. ⊙ Mai, Jn. **Turrita**. *L.* Thurmkrautartige G.
Schoten aufrecht o. abstehend 4

4 B. glänzend, die der WzBRosetten vrkhrteif. (Kleine Alpenpfl. mit weisser Bth.) 5
B. nicht glänzend; WzB. nicht vrkhrteif. 6

5 Stg. 2—3blttr., sammt den B. zerstreut-haarig; StgB. sitzend. ♃ Jn. Jl. ...... **pumila**. *Jcq.* Niedrige G.
Stg. reichblttr., sammt den B. kahl; StgB. halbumfassend. ♃ Jn. Jl.
bellidifolia. *Jcq.* Masliebenblättrige G.

6 StgB. an der Bas. herzf. stgumfassend; Bth. weiss. 7
StgB. an der Bas. sitzend, nie herzf., bisweilen halbstgumfassend 13

7 B. kahl, ganzrandig; StgB. längl.-lanzettl, mit tiefherz-pfeilf. Bas. ♃ Mai, Jn.
brassicaeformis. *Wll.* Kohlförmige G.
B. mit ästigen Haaren bestreut, o. rauhhaarig 8

8 K. am Grunde stark 2höckerig; Blb. vrkhrt.-eif.; Bthstielchen länger als der K. ♃ Mai-Ag. *A.*
alpina *L.* Alpen G.
K. am Grunde undeutlich 2höckerig 9

9 { Schot. in einem halbrechten Winkel o. noch mehr abstehend, fast 3nerv. 10
Schot. aufrecht, schmal-lineal, 1nerv. o. nervenlos. . 11

10 { Schoten so breit als die Bthstielchen. ⊙ Ap. Mai. **auriculata**. *Lam.* Oehrchentragende G.
Schoten 3mal breiter als die Blthstielchen. ⊙ Jl. A. **saxatilis**. *All.* Felsen-G.

11 { Die untere Hälfte der StgB. sammt den Oehrchen der Bas. an dem Stg. anliegend; Sam. netzig-punkirt. ⊙ Mai, Jn.... **Gerardi**. *Bss.* Gerard's G.
StgB. u. die Oehrch. vom Stg. abstehend........ 12

12 { StgB. mit tief-herz-pfeilf. Bas.: Same fein punktirt. ⊙ Mai, Jn. .....**sagittata**. *DC.* Pfeilblättrige G.
StgB. mit gestutzt-geöhrter o. seicht-herzf. Bas.; Same nicht punktirt. ⊙ Mai, Jn. **hirsuta**. *Scop.* Rauhhaarige G.

13 { WzB. in den Bstiel verschmälert, ungespalt.; Bth. weiss o. gelbl. 14
WzB. deutlich gesticlt, ungespalt. o. fiederspalt.; Bth. weiss, rosa oder lila 16

14 { Stg. kahl. o. unten von absteh. Haaren sammt den B. rauhhaarig; StgB. sitzend, an der Bas. abgerundet. ⊙ Jn. Jl. *A.*......**ciliata**. *R. Br.* Gewimperte G.
Stg. sammt den B. angedrückt-behaart, oberw. kahl; Stämmchen kriechend.......................... 15

15 { B. in ein Stachelspitzchen kurz zugespitzt. ♃ Ap. Mai ....**procurrens**. *WK.* Kriechende G.
B. stumpf o. kurz bespitzt. ♃ Jl. Ag. **vochinensis**. *Sp.* Vocheiner G.

16 { StgB. sitzend, längl.-lineal, ganzrandig; Stg. kahl. ♃ Ap. Mai. *A.* ....**petraea**. *Lam.* Stein-G.
StgB. kurz-gesticlt 17

17 { WzB. leierf.-schrottsägf., sammt dem Stg. gabelig-behaart. ⊙ Jn. Jl. weiss oder rosa. **arenosa**. *Scp.* Sand-G.
WzB. herzf.-rundl. o. eif., die mittl. StgB. eif., die ob. lanzettl. ♃ Jn Jl. A...**Halleri** *L.* Hallers' G.

VII. CARDAMINE. *L.* **Schaumkraut.** (Bth. aller, mit Ausnahme v. *C. prat.* weiss.)

1 WzB. ungetheilt 2
WzB. 3zählig o. gefiedert 4

2 WzB. eif., stumpf, langgestielt, die folg. 3theil. o. nebst den StgB. gefiedert. ♃ Jl. Ag. *A.*
resedifolia. *L.* Resedablättriges Sch.
B. fast sämmtlich ungetheilt 3

3 B. herzf.-kreisrund, geschweift-gezähnt. ♃ Jn.-Ag. *A.*
asarifolia. *L.* Haselwurzblättriges Sch.
WzB. rauten-eif., langgestielt; StgB. ganz o. schwach 3lappig, oder an der Basis mit 1 Oehrchen. ♃ Jl. Ag. *A.* .... **alpina.** *W.* Alpen-Sch.

4 B. alle gefiedert 5
B. 3zählig u. gefiedert, o. alle 3zählig 10

5 Bstiele der StgB. pfeilf.-geöhrt; Blttch. der unt. B. 3—5spalt. ⊙ Mai-Jl. (oft blumenblattlos.)
impatiens *L.* Spring-Sch.
Bstiele der StgB. öhrchenlos; Blättch. der unt. B. ausgeschweift, gezähnt o. ganzrandig 6

6 Blttch. ganzrandig, an den unt. B. länglich, an den obern lineal, das Endblättch. fast gleich gross; Schot. auf weit abstch. Bthstielch. aufrecht. ⊙ Jn. Jl. .... **parviflora.** *L.* Kleinblüthiges Sch.
Blättch. ausgeschweift o. gezähnt, rundl.-eif., das Endblttch. grösser 7

7 Blb. noch einmal so lang als der K., allmälig in den Nagel verschmälert 8
Blb. 3mal so lang als der K. 9

8 Stg. hin- und hergebogen, reichblättrig; Stbgfss. 6. ⊙ Ap.-Jn. .... **silvatica.** *Lnk.* Wald-Sch.
Stg. ziemlich steif, 2—4blttr.; Stbgfss. 4. ⊙ Ap-.Jn.
hirsuta. *L.* Vielstengliches Sch.

9 Blttch. der StgB. lineal, ganzrandig; Stg. stielrund, oberwärts schwach gerillt. ♃ Ap. Mai lila o. weiss; Staubkölb. gelb ...... **pratensis.** *L.* Gauchblume.
Blttch. der StgB. eckig-gezähnt; Stg. kantig-gefurcht. ♃ Ap. Mai Stbkölb. violett. **amara.** *L.* Bitteres Sch.

10 B. alle 3zählig, Blttch. rautenf.-rundl., geschweift-gekerbt. ♃ Mai. Jn. **trifolia**. *L.* Dreiblättriges Sch.
B. 3zählig u. gefiedert, Blttch. eif., 3—5spalt. Gr. lineal zsmgedrückt. 11

11 Meerstrandpfl.; Schot. lanzett.; Stg. ausgebreitet, sehr ästig. ⊙ Mai, Jn. *J.* **maritima**. *Portsch.* Strand-Sch.
Gebirgspfl. Schot. lineal.; Stg. ästig, schwach. ⊙ Mai. **thalictroides** *All.* Wiesenrautenblättr. Sch.

VIII. DENTARIA. *L.* Zahnwurz.

1 B. gefingert, 3—5zählig 2
B. gefiedert, die obern oft ungetheilt 5

2 B. 3zählig, quirlst. am Stg. zu 3 3
B. wechselst., gestielt 4

3 Stbgfss. so lang als die Blkr. ♃ Ap. Mai gelblich-weiss . . . . **enneaphyllos**. *L.* Neunblättrige Z.
Stbgfss. halb so lang als die Blkr. ♃ Ap. Mai. purpurn. . . . . **glandulosa**. *WK.* Drüsige Z.

4 B. alle 3zähl.; Blttch. stumpf-gesägt, stumpf-zugespitzt. ♃ Ap. Mai weiss. **trifolia**. *WK.* Dreiblättrige Z.
B. 5zähl.; die obern 3zähl.; Blttch. ungleich-gesägt, fein zugespitzt. ♃ Mai Jl. rosa. **digitata**. *Lam.* Fingerblättrige Z.

5 Alle B. gefiedert; Blttch. spitz. ♃ Ap. Mai. weiss o. lila . . . . **pinnata**. *Lam.* Gefiederte Z.
Obere B. ungetheilt; Stg. in den BWinkeln zwiebeltragend. ♃ Ap. Mai. rosa o. weissl. **bulbifera**. *L.* Zwiebeltragende Z. Heckkraut.

IX. HESPERIS. *L.* Nachtviole.

1 Blb. vrkhrt.-eif.; Schot. fast stielrund; Bth. lila o. weiss 2
Blb. lineal-lanzettl.; Schot. zsmgedrückt, sammt den Bthstielch. weit abstehend. ⊙ Mai. schmutzig-grün, mit violett. Adern. . . . . . . **tristis**. *L.* Traurige N.

2 Stg. kahl o. v. ästigen Haaren flaumig. ⊙ Mai, Jn. **matronalis**. *L*. Manviole.
Stg. von einf. u. drüsentrag. Haaren flaumig. ⊙ Mai, Jn. . . . . **runcinata**. *WK*. Zackige N.

X. MALCOLMIA. *R. Br*. **Meerviole.** Strandschote. (Bth. rosa.)

B. ellipt., stumpf, ganzrandig; Schot. flaumig, zugespitzt. ⊙ Mai-Herbst. **maritima**. *R.Br*. Gemeine M.
B. längl.-lanzett, spitz, die untern gesägt-gezähnt; Schoten rauhhaar. ⊙ Ap. Mai. **africana**. *R. Br*. Afrikanische M.

XI. SISYMBRIUM. *L*. **Rauke.**

1 B. verschiedenartig getheilt, höchstens die obersten ungetheilt 2
B. ungetheilt 9

2 Aeste nackt; die mittl. B. der kahlen, bläulichgrünen Pf. schrottsägef. od. doppelt-fiederschnittig, die obern längl. o. lineal. ⊙ Mai, Jn. Ag. **junceum**. *MB*. Binsenartige R.
Aeste beblättert 3

3 B. 2—3fach-fiederschnittig. Abschnitte der unt. B. schmal-lanzett., der obern lineal; BthStielch. dünner als die Schoten. ⊙ Mai-Herbst. **Sophia**. *L*. Walsamen.
B. schrottsägef.-fiedertheilig, die obersten bisweilen einfach-fiedertheil. o. spiessf. 4

4 Schoten pfriemenf., flaumig, an die Spindel angedrückt; Endlappen der B. 3eckig o. spiessf. ⊙ Jn.-Ag. . . . . **officinale**. *Scop*. Gebräuchl. R.
Schoten stielrund, abstehend o. abwärts-geneigt. . . . 5

5 BthStielch. kurz, ziemlich so dick als die Schote . . 6
BthStielch. schlank u. dünn; Stg. u. B. grasgrün . . 7

6 KB. wagrecht-abstehend; obere B. einfach-fiederschnittig, Abschnitte schmal, lineal, höchst. 1''' breit. ⊙ Mai, Jn. . **pannonicum**. *Jcq*. Ungarische R.
KB. aufrecht; B. sämmtl. schrottsägef.-fiederspalt., die obern oft ungetheilt. Pf. graugrün. ⊙ Jn. Jl. schwefelgelb . . . . **Columnae**. *L*. Columna's R.

7 Die jüngern Schoten über die Doldentraube weit hinausragend; Blb. sehr klein, 1''' lang. ⊙ Mai-Jl. citrongelb.... ....**Irio.** *L.* Schlaffe R.
Die jüngern Schoten die Doldentr. nicht überragend; Blb. 2–3''' lang, goldgelb.................... 8

8 Stg. u. untere B. steifhaarig. ⊙ Jn. Jl.
Loeselii. *L.* Lösel's R.
Stg. und B. kahl o. sparsam borstig. ⊙ Mai, Jn.
austriacum. *Jcq.* Oesterr. R.

9 Bth. gelb; Stg. steifhaar., starr; B. längl.-lanzettl., ungleich-gezähnt, von einfach. Haaren flaumig. ♃ Jn. Jl......... ..**strictissimum.** *L.* Steifstengl. R.
Bth. weiss 10

10 Unt. B. nierenf., grob-geschweift-gekerbt, die obern herz-eif., spitzgezähnt. ⊙ Ap. Mai.
Alliaria. *Scp.* Läuchel, Rampe.
B. längl.-lanzett., entfernt-gezähnelt, gabelig-flaumig. ⊙ Ap.-Herbst......**Thalianum.** *Gaud.* Thal's R.

XII. BRAYA, *Strnb. u. Hopp.* Breitschötchen.

B. lineal-lanzett., ungetheilt, die WZB. langgestielt; Frtraube gedrängt, eif. ♃ Il. weiss. *A.*
alpina. *St. u. Hopp.* Alpen-B.

XIII. ERYSIMUM. *L.* Hederich. Ackerkohl.

1 StgB. an der Bas. nicht herzf., angedrückt-behaart; Bth. hell- o. goldgelb........................ 2
StgB. an der Bas. tief.-herzf. umfassend, kahl o. bläulich-bereift................................ 10

2 Bthstielch. 2—3mal länger als der K., fast so lang als die halbe Schote; B. längl.-lanzett., mit 3spalt. Haaren. ⊙ Jn.-Herbst.
cheiranthoides. *L.* Schluttsenf.
Bthstielch. so lang o. kürzer als der K.......... 3

3 Bthstielch. ungefähr so lang als der K.. 4
Bthstielch. 2—3mal kürzer als der K.............. 6

4 Haare der B. fast alle einfach; Schot. grau mit grünen Kanten; B. lineal-lanzett., an der Spitze zurückgebogen; unfruchtb. Aestchen in den BWinkeln. ⊙ Jn. Jl... **canescens.** *Rth.* Graublättriger H.
Haare der B. 3spalt.; Schot. flaumig-rauh. 5

5 B. ganzrandig, die unt. längl.-lineal, die obern lineal-lanzett., meist grasgrün. ⊙ Jn. Jl.
virgatum. *Rth.* Ruthenförmiger H.
B. geschweift-gezähnelt, längl.-lanzett., grau-grün. ⊙ Jn. Jl. .... **strictum.** *F. W.* Steifer H.

6 B. mit 3spalt., o. mit einfach u. 3spalt. Haaren, lanzett. o. längl.-lanzett. 7
B. mit einfachen Haaren, lineal-lanzett., ganzrandig o. entfernt-gezähnt; Schoten flaumig o. graulich . 9

7 B. zugespitzt; Schoten kaum dicker als die wagrecht abstehenden verdickten Bthstielch., oberw. in die gestutzte N. verschmälert. ⊙ Jn. Jl.
repandum. *L.* Ausgeschweifter H.
Unt. B. stumpf, kurz-stachelspitz., in den Bstiel verschmälert 8

8 Schoten graufilzig, an den Kanten kahler und grün; Bth. wohlriechend. ⊙ Jn. Jl.
odoratum. *Ehr.* Wohlriechender H.
Schoten gleichfarbig; Bth. geruchlos; K. an der Bas. 2höckerig. ⊙ Mai. Jn.
crepidifolium. *Rb.* Pippaublättriger H.

9 Die BWinkel mit 1 BBüschel o. unfruchtb. Aestch. versehen; N. ausgerandet. ♃ Mai.
rhaeticum. *DC.* Rhätischer H.
Die BWinkel nackt; Griffel so lang, als die Schote breit ist; Bth. stark riechend. ♃ Mai, Jn.
Cheiranthus. *Pers.* Grossblüthiger H.

10 Bth. weissl.; Schoten abstehend, Klappen 1nervig. ⊙ Mai, Ag. ..... **orientale.** *R. Br.* Orientalischer H.
Bth. gelb; Schoten aufrecht, Klappen 3nervig. ⊙ ⊙. Mai, Jn.. **austriacum.** *Baumg.* Oesterreichischer H.

XIV. SYRENIA. *Andrz.* Fadengriffel.

Schot. vielmal länger als der Gr.; B. lineal, ganzrand. ⊙ Jn.-Ag. citrongelb. **angustifolia.** *Rb.* Schmalblättr. F.

XV. BRASSICA. *L.* Kohl. Selbheile.

1 Alle B. gestielt, die obern lanzett., ganzrandig; Schot. an die Spindel angedrückt; K. wagrecht abstehend. ⊙ Jn. Jl. gelb. .... **nigra.** *Kch.* Schwarzer Senf.
Die obern B. sitzend o. stengelumfassend.......... 2

2 Bthtraube während des Aufblühens flach, gedrungen; die geöffneten Bth. höher als die Bthknöpfe; obere B. eif., zugespitzt. mit tiefherzf. Bas. umfassend. ⊙ ⊙ Jn.-Ag. gelb. *cult.* ...**Rapa,** *L.* Rübenkohl.
Bthtraube vor u. während des Aufblühens verlängert, locker, die geöffn. Bth. tiefer als die Bthknöpfe; ob. B. sitzend o. halbstgumfassend 3

3 KB. u. Stbgf. aufrecht; obere B. mit verschmälerter Bas. sitzend. ⊙ Mai, Jn. gelbl. o. weiss. *cult.* **oleracea.** *L.* Gemüsekohl.
KB. und die kürzern Stbgfss. abstehend; obere B. mit breiter herzf. Bas. halbstglumfassend. ⊙ ⊙ Ap. Mai. citrongelb. *cult.*.....**Napus.** *L.* Steckrübe.

XVI. SINAPIS. *L.* Senf. (Bth. gelb.)

Schotenklappen 5nervig; B. gefiedert. ⊙ Jn. Jl. **alba.** *L.* Weisser S.
Schotenklappen 3nerv.; B. eif.; ungleich-gezähnt, die untern an der Bas. geöhrt o. etwas leierf. ⊙ Jn. Jl....................... **arvensis.** *L.* Acker-S.

XVII. ERUCASTRUM. *Prsl.* Rempe.

Trauben ohne DeckB.; KB. wagrecht-abstehend; die längern Stbgfss. oberwärts vom Stmp. abgebogen. ♃ Jn. Jl. citrongelb. **obtusangulum.** *Rb.* Stumpfkantige R.
Trauben unterw. mit DeckB.; KB. aufrecht-abstehend; die längern Stbgfss. an den Stmp. angepresst. ♃ Ap.-Herbst. gelbl.-grünlich. **Pollichii.** *Schmp. u. Sp.* Pollich's R.

XVIII. DIPLOTAXIS. *DC.* Doppelrauke.

1 Blb. längl.-keilig, allmälig in den Nagel verschmälert; Bthstielch. kürzer, als die eben geöffneten Bth. ⊙ Jn. Jl...... **viminea.** *DC.* Ruthenförmige D.
Blb. rundl.-vrkhrt.-eif., in 1 kurzen Nagel zsmgezogen 2

2 Bthstielch. 2—3mal so lang als die Bth.; Stg. an der Bas. halbstrauchig. ♃ Jn.-Herbst.
tenuifolia. *DC.* Aestige D.
Bthstielch. so lang als die Bth.; Stg. krautig. ⊙ Mai-Herbst. . . . . . . **muralis.** *DC.* Mauerständige D.

XIX. VESICARIA. *Lam.* **Blasenschötchen.**

B. kahl, längl., ganzrandig, die unt. bewimpert, spatelf. ♃ o. ♄ Ap.-Jn.
utriculata. *Lam.* Schlauchiges B.
B. weichfilzig, StgB. buchtig-gezähnt o. ganzrandig. ♃ o. ♄ Mai, Jn. *J.*
sinuata. *Poir.* Buchtigblttr. B.

XX. ALYSSUM. *L.* **Steinkraut.** Waldmännlein. Herzfreud.

1 Schötchen kahl 2
Schötchen (wenigstens die jüngeren) grau von dicht angedrückten Sternhärchen o. flaumig-kurzhaarig. 5

2 Bth. bleichgelb, zuletzt weiss; Schöt. kreisr.; B. grau, lanzettl., die unt. vrkhrteif. ⊙ Jn. Jl.
minimum. *W.* Kleinstes St.
Bth. gelb 3

3 Platte der Blb. halb-2spalt.; Schötch. ellipt.; WzB. längl.-vrkhrteif.; StgB. lanzettl. ⊙ Mai, Jn.
petraeum. *Ard.* Felsen-St.
Platte ausgerandet; Schötch. oval o. rundl.; B. sehr weich-filzig. (Strauchart. Pfl.) 4

4 FrTraube verlängert; Schötch. aufgeblasen, Fächer 4—6eiig. ♄ Mai, Jn. . . **medium.** *Hst.* Mittleres St.
Frtraube kurz, rispig; Schötch. flach, Fächer 2eiig. ♄ Ap. Mai . . . . **saxatile.** *L.* Gebirgs-St.

5 Bth. bleichgelb, zuletzt weiss; Schötch. kreisr. 6
Bth. gelb; Schötch. oval o. rundl. 7

6 Die läng. Stbfäden zahnlos; K. bleibend; Schötch. grau. ⊙ Mai, Jn. **calycinum.** *L.* Kelchfrüchtiges St.
Die läng. Stbfäden schmal-geflügelt; K. abfällig, Schötch. flaumig-kurzhaarig. ⊙ Mai, Jn.
campestre. *L.* Feld.-St.

3*

7 Fächer der Schötch. 1eiig; Tr. flachrispig; Same auf der einen Seite schmal-geflügelt. ♃ Jl. Ag. *A.* **alpestre.** *L.* Alpen-St.
Fächer der Schötch. 2eiig; Tr. endst., einzeln 8

8 Schötch. zuletzt kahl; StgB. grün. ♃ Jl. Ag. *A.* **Wulfenianum.** *Brnh.* Wulfen's-St.
Schötch. und B. von angedrückt. Sternbärch. grau. ♃ Mai, Jn. .... **montanum.** *L.* Berg.-St.

XXI. LOBULARIA. *Desv.* Lappenblume.

Niedergestreckt; mit 2theil. Haaren bekleidet. ♃ Jn. Jl. *J.* weiss .. ..**maritima.** *Desv.* Meerstrands-L.

XXII. FARSETIA. *R. Br.* Graukresse.

Blb. 2spalt.; Schötch. convex-zsmgedrückt, flaumhaarig. ☉ Jn. Jl. weiss. **incana.** *R. Br.* Gemeine G.
Blb. ganz, abgerundet; Schötch. flach, filzig. ☉ Ap. Mai gelb .....**clypeata.** *R. Br.* Schildförmige G.

XXIII. LUNARIA. *L.* Mondviole. Silberblatt.

Schötch. ellipt.-lanzett., an den beiden Enden spitz; B. gestielt, tiefherzf., zugespitzt, ungleich-gezähnt. ♃ Mai, Jn. .... **rediviva.** *L.* Mankraut.

XXIV. CLYPEOLA. *L.* Schildkraut.

Stg. liegend o. aufstrebend. ☉ Ap. Mai. Bth. sehr klein, gelb, dann weiss *J.* **Jonthlaspi.** *L.* Liegendes Sch.

XXV. PELTARIA. *L.* Scheibenkraut.

StgB. mit tief-herzf. Bas. umfassend; Schötch. flach, netzig-geädert. ♃ Mai-Jl. weiss. **alliacea.** *L.* Knoblauchriechendes Sch.

XXVI. PETROCALLIS. *R. Br.* Steinschmückel.

B. der WzRos. keilf., 3spalt., die untern 5spalt. ♃ Jn. Jl. *A.* rosa o. violett. **pyrenaica.** *R. Br.* Alpen-St.

XXVII. DRABA. *L.* Hungerblümchen

1 Bth. gelb; Schaft blattlos, kahl; B. starr, borstig-gewimpert 2
Bth. weiss o. gelblich 4

2 Stbgfss. halb so lang als die Kr.; B. lanzettl., nach der Bas. verschmälert. ♃ Jn. Jl. *A.*
Sauteri. *Hpp.* Sautter's H.
Stbgfss. so lang als die Kr.; B. lineal, spitzlich . . 3

3 Gr. so lang als die Breite des Schötch. ♃ Mz.-Mai.
aizoides *L.* Immergrünes H.
Gr. kürzer als die Breite des Schötchens. ♃ Jn. Jl.
Zahlbruckneri. *Host.* Zahlbruckner's H.

4 Bth. gelblich; Wz. einfach; Stg. beblättert; Bthstiele vielmal länger als die flaumhaar. Schötch. ⊙ Mai, Jn. .... **nemoralis.** *Ehr.* Busch-H.
Bth. weiss 5

5 KrB. halb-2spalt.; Schaft blattlos; WzB. lanzett., spitz, nach der Bas. verschmälert. ⊙ Mz. Ap.
verna. *L.* Frühes H.
KrB. ganz o. ausgerandet 6

6 Wz. einfach ohne Wzköpfe u. unfruchtbare Büschel; Stg. beblättert o. ästig 7
Wz. vielköpfig; Stämmch. zahlreich mit BRosetten; Schaft blattlos o. Stg. 1—3blttr. (Meist polsterförm. Rasen bildend) 9

7 Bthstielch. länger als die kahlen Schötch., wagrecht-abstehend; StgB. eif., umfassend. ⊙ Mai, Jn.
muralis. *L.* Mauer-H.
Bthstielch. kürzer als die Schötch. (Pflanzen des südl. Tirols) 8

8 Obere StgB. eif.; Schötchen schief-gedreht. ♃ Mai, Jn.
incana. *L.* Graues H.
Obere StgB. lanzett.; Schötch. flach. ⊙ Mai, Jn.
Thomasii. *Kch.* Thom's H.

9 Bthstielch. u. Schaft sternflaumig; B. sternflaum.-filzig, hinten einfach-wimperig 10
Bthstielch., oft auch der obere Theil des Schaftes oder der ganze Schaft kahl 11

10 Schaft dicht filzig-flaumig; KrB. 3''' lang. ♃ Jl. *A.* **tomentosa**. *Whlbg.* Filziges H.
Schaft nach oben mit Sternhärchen bestreut; KrB. 2''' lang. ♃ Jl. *A.* ...... **frigida**. *Saut.* Kaltes H.

11 Schötch. lineal; B. knorpelig-gezähnt u. borstig-gewimpert, ganz kahl. ♃ Mai, Jn. **Ciliata** *Scp.* Gewimpertes H.
Schötch. oval o. lanzett; B. meist mit Sternhärchen 12

12 Schötch. oval, kahl; B. von Sternhärch. etwas grau; Bth. ansehnl. ♃ Jn. Jl. *A.*. **stellata**. *Jcq.* Sternhaariges H.
Schötch. lanzett.......................... 13

13 Gr. 2mal so lang als breit; B. von Sternhärchen filzig; Schötch. kahl oder flaumig. ♃ Jl. *A.* **Traunsteineri**. *Hpp.* Traunsteiner's H.
Gr. sehr kurz, fast fehlend 14

14 Stg. unterwärts sternhaarig; B. nach hinten mit einfach. Haaren gewimpert, übrigens sternflaumig o. kahl, o. nur nach vorne sternflaumig-gewimpert. ♃ Jl. Ag. *A.* ...... **Johannis**. *Host.* Johann's-H.
Stg. kahl; B. bald ringsum durch einfache Borsten o. durch Gabelhaare gewimpert, übrigens kahl, sternflaumig o. einfach-behaart. ♃ Jl. *A.* **Wahlenbergii**. *Hrtm.* Wahlenberg's H.

XXVIII. COCHLEARIA. *L.* Löffelkraut.

1 Längere Stbfäd. in der Mitte rechtwinkelig-gebrochen; Same glatt; Trauben deckblattlos. ♃ Jn.-Ag. A. **saxatilis**. *Lam.* Felsen-L.
Stbfäd. nicht gebrochen.................... 2

2 Klappen der Schötch. mit 1 Längsnerven; WzB. gestielt, breit-eif., etwas herzf., StgB. eif., die obern mit tief-herzf. Bas. umfassend. ⊙ Mai, Jn. **officinalis**. *L.* Gebräuchliches L.
Klappen der Schötch. nervenlos. 3

3 Trauben mit DeckB.; B. in den Bstiel verschmälert, ganzrandig o. beiderseits 1—2zähnig. ♃ Jl. Ag. *A. T.* .... **brevicaulis**. *Facch.* Kurzstengliches L.
Trauben deckblattlos; WzB. gekerbt, herzf. o. eif. längl.; die untern StgB. kmmf.-fiederspalt. ♃ Jn. Jl. .... **Armoracia**. *L.* Kren. Marrettig.

XXIX. CAMELINA. *Crntz.* Leindotter.

Die mittl. StgB. längl.-lanzettl., ganzrandig o. gezähnelt; Schötch. hartschalig. ⊙ Jn. Jl. **sativa.** *Cr.* Gebauter L.
Die mittl. StgB. lineal-längl., buchtig-gezähnt o. fiederspaltig; Schötch. weichschalig. ⊙ Jn. Jl. **dentata.** *Pers.* Gezähnter L.

XXX. THLASPI. *L.* Täschelkraut. Besenkraut.

1 Frtraube verlängert; Bth. weiss ... 2
Frtraube kurz, doldenf.; Bth. violett o. rosa, selten weiss. 8

2 StgB. an der Bas. pfeilf.; Same runzelig o. grubig. 3
StgB. herzf; Same glatt ... 4

3 Schötch. flach; Same bogig-runzelig. ⊙ Mai-Herbst. **arvense.** *L.* Feld.-T.
Schötch. bauchig; Same grubig-netzig; die unt. B. leierf.-buchtig. ⊙ Mai, Jn. **alliaceum.** *L.* Knoblauchriechendes T.

4 Stg. einfach; Gr. deutlich ... 5
Stg. ästig; Narbe fast sitzend; Frknotenfächer 4eiig. ⊙ Ap. Mai ... **perfoliatum.** *L.* Durchwachsenes T.

5 Stämmch. kurz, rasenartig-zsmgedrängt; Fächer des Schöt. 4—8eiig; Flügel der Klappen vorne so breit als die Höhle des Faches ... 6
Stämmch. verlängert, ausläuferart. ... 7

6 Gr. so lang, als die Bucht der Ausranduug des Schötchens. (Stbkölb. zuerst gelb, dann purp., zuletzt schwarz.) ♃ Ap. Mai . **alpestre.** *L.* Felsen-T.
Gr. über die Ausbuchtung des Schötchens hinausragend. (Die ganze Pfl. meergrün; K. purp.) ♃ Mz. Ap. *J.* .... **praecox.** *Wlf.* Frühblühendes T.

7 Fächer des Schötch. 2eiig; Schötch. rundl.-vrkhrt.-herzf., an der Bas. abgerundet. ♃ Ap. Mai. **montanum.** *L.* Berg-T.
Fächer des Schötch. 4—8eiig; Schötch. längl.-vrkhrt.-herzf., nach der Bas. verschmälert. ♃ Ap. Mai. *A.* **alpinum.** *Jcq.* Alpen-T.

8 Obere StgB. an der Bas. mit umfassenden Oehrchen; Fächer 2—3eiig. ♃ Jl. Ag. *A.*
rotundifolium. *Gaud.* Rundblättriges T.
Obere StgB. an der Bas. ungeöhrelt; Fächer 4—6-eiig. ♃ Mai. *A.*
cepeaefolium. *Koch.* Fettblättriges T.

XXXI. TEESDALIA. *R. Br.* **Bauernsenf.**

Blb. ungleich. ⊙ Ap. Mai.
nudicaulis. *R. Br.* Nacktstenglicher B.

XXXII. IBERIS. *L.* **Schleifenblume.** Steinkresse.

1 Bth. fleischfarb.; B. ganzrandig; Schötchen dicht-aufeinander liegend, oval, mit pfrieml.-zugespitzten Lappen. ⊙ Jn. *Kr.*
umbellata. *L.* Doldentragende Sch.
Bth. weiss o. violett.......................... 2

2 Schötch. mit zugespitzten Lappen; BthStielch. abstehend. ⊙ Jn. Jl. *J.*
intermedia. *Guer.* Spreizende Sch.
Schötch. mit 3eckigen Lappen 3

3 B. keilf., vorne beiderseits 2—3zähnig; Schötchen fast kreisrund, mit gerade hervorgestreckten Lappen. ⊙ Jn.-Sp. *Kr.* ......**amara.** *L.* Bittere Sch.
B. lineal, vorne 2—3theil. o. fiederspalt.; Schötch. oval mit auseinander fahrenden Lappen. ⊙ Jn. Jl.
pinnata. *L.* Gefiederte Sch.

XXXIII. BISCUTELLA. *L.* **Brillenschötchen.**

K. 2spornig; Stg. steifhaarig. ⊙ Jn. Jl. *J.*
hispida. *DC.* Steifhaariges B.
K. spornlos; Stg. oben kahl. ♃ Jl. Ag.
laevigata. *L.* Doppelschild.

XXXIV. LEPIDIUM. *L.* **Kresse.** Pfefferkresse.

1 Schötch. (wenigstens von der Mitte an) geflügelt... 2
Schötch. flügellos, höchstens an der Spitze schmal geflügelt.......................... 3

Obere B. lineal, sitzend, die unt. gestielt, gelappt o. fiedertheil.; Schötch. an die Spindel angedrückt. ⊙ Jn. Jl. *cult*............ **sativum.** *L.* Garten-K.
StgB. an der Bas. pfeilf.-umfassend, WzB. längl., an der Bas. buchtig-gezähnt; Schötchen warzig-punktirt. ⊙ Jn. Jl....... **campestre.** *R. Br.* Feld-Kr.

Gr. so lang als die Scheidewand; Schötch. herzf.; B. geschweift-gezähnt; StgB. mit pfeilf. Basis umfassend. ♃ Mai, Jn. **Draba.** *L.* Stengelumfassende K.
Gr. fast fehlend; Schötch. eif. o. rundl............ 4

Untere B. gefiedert o. doppelt-fiedertheilig; Schötch. deutlich-ausgerandet, an der Spitze schmal geflügelt...................................... 5
Unt. B. ganz oder nur an der Bas. fiederspalt.; Schötchen kaum ausgerandet, flügellos.......... 6

Obere B. tief.-herzf.-stglumfassend. ⊙ Mai, Jn. **perfoliatum.** *L.* Durchwachsene K.
Obere B. lineal, sitzend; Bth. 2männig, blumenblattlos. ⊙ Jn.-Ag......... **ruderale.** *L.* Stinkende K.

Schötch. eif., spitz.; WzB. in den Bstiel verschmälert, gesägt o. an der Basis fiedersplt.; obere StgB. lineal. ⊙ Jn.-Herbst. **graminifolium.** *L.* Grasblättrige K.
Schötch. rundlich, seicht ausgerandet, fläumlich; B. ungetheilt, gekerbt-gesägt; WzB. langgestielt; die oberen B. eif.-lanzettl. ♃ Jn. Jl. *A.* **latifolium.** *L.* Breitblättrige K.

XXXV. HUTCHINSIA. *R. Br.* Zigerblümchen.

Stg. einfach, nackt; Blb. doppelt so lang als der K. 2
Stg. ästig, beblättert; Blb. nur wenig länger als der K.; Schötch. ellipt., stumpf. ⊙ Ap. Mai. **petraea.** *R. Br.* Stein-Z.

Frtraube verlängert, locker; Schötch. an beiden Enden spitz, kurzgriffig. ♃ Jl. Ag. *A.* **alpina.** *R. Br.* Alpen-Z.
Frtraube gedrungen, doldig; Schötch. stumpf.; N. sitzend. ♃ Jl. Ag. *A.* **brevicaulis,** *Hopp.* Kurzstengliges Z.

XXXVI. CAPSELLA. *Vent.* **Hirtentäschel.**

Schötch. 3ckig-vrkhrt.-herzf. ⊙ blüht fast das ganze Jahr. . . . . . . **bursa pastoris.** *Mnch.* Gemeines H.
Schötch. rundlich; Traube 3—4btb., fast doldig. ⊙ Mai-Ag. . . . . . . **pauciflora.** *Koch.* Armblüthiges H.

XXXVII. AETHIONEMA. *R. Br.* **Steintäschel.**

B. lineal-längl., die untersten oval; die ganze Pfl. bläulich-bereift. ♃ Mai, Jn. fleischroth.
saxatile. *R. Br.* Gemeines St.

XXXVIII. SENEBIERA. *Prs.* **Krähenfuss.** Schweinskresse. Puckshorn.

Kahl; Bthstielch. kürzer als die Bth. ⊙ Jl. Ag. weiss. B. trüb-grün.
Coronopus. *Poir.* Schlangenzwang.

XXXIX. EUCLIDIUM. *R. Br.* **Schnabelschötchen.**

Schötch. gabelig-behaart; Gr. kegelf.; StgB. längl.-lanzettl. ⊙ Mai. weiss. **syriacum.** *R. Br.* Syrisches Sch.

XL. ISATIS. *L.* **Waid.**

Bläulich-bereift; B. kahl, die obern mit tief-pfeilf.-, Bas. sitzend. ⊙ Mai, Jn. **tinctoria.** *L.* Färber-W.

XLI. MYAGRUM. *L.* **Hohldotter.** Herzschötchen.

WzB. buchtig-fiederspalt.; StgB. tief-pfeilf., umfassend ⊙ Mai, Jn. blassgelb.
perfoliatum. *L.* Pfeilblättriger H.

XLII. NESLIA. *Desv.* **Ackernüsschen.** Brachschötchen.

StgB. pfeilf.-lanzettl., sammt den Stg. gabelig-behaart. ⊙ Jn. Jl. gelb. . . . **paniculata.** *Desv.* Rispiges A.

XLIII. BUNIAS. *L.* **Zackenschötchen.**

Schötch. 4kantig, 4fächr., mit geflügelten Kanten; Stg. drüsig-punktirt. ⊙ Jn. Jl.
Erucago. *L.* Senfblättr. Z.
Schötch. eif., 2fächr., ungeflügelt. ⊙ Jn. Jl. *Ug.*
orientalis. *L.* Morgenländisch. Z.

XLIV. CAKILE. *DC.* Meersenf.

Das obere Glied des Schötch. schwertf. ⊙ Jl.—Oc. *J.*
maritima. *Scop.* Aechter M.

XLV. RAPISTRUM. *Boerh.* Rapsdotter.

B. fiederspalt. ; Gr. kurz-kegelf. ♃ Jn. Jl.
perenne. *All.* Mehrjähriger R.
B. leierf. mit grossen, eif. Endlappen; Gr. fädlich. ⊙ Jn. Jl. . . . . **rugosum.** *All.* Runzliger R.

XLVI. CRAMBE. *L.* Meerkohl. Strandkohl.

B. etwas bläulich-grün; WzB. doppelt-mehrfach fiederth.-zerschlitzt, erst steifhaarig, später sammt dem Stg. kahl. ♃ Ap. Mai. *Mh.*
Tataria. *Jcq.* Brodwurzel.

XLVII. RAPHANUS. *L.* Rettig.

Schoten längl.-walzl., gar nicht o. nur etwas eingeschnürt. ⊙ Mai-Jn. violett mit dunkleren Adern. *cult.* . . . . **sativus.** *L.* Garten-R.
Schot. perlschnurf. ⊙ Jn. Jl.
Raphanistrum. *L.* Hederich. Wuotsenf.

---

7. Ordnung. CAPPARIDEEN. *Juss.* Kapperngewächse.

K. 4blttr.; Blkr. 4blttr.; Stbgfss. zahlreich; Frknoten frei, 1fächerig; Samenträger 2, seitenständig; wahre NebenB. fehlen; Dornen nebenblattartig.

GATTUNG.

K. 4theilig; Krbl. 4; Beere dickschalig, langgestielt.
Capparis. I.

ARTEN.

I. **Capparis.** *L.* **Kappernstrauch.**

B. rundlich, stumpf o. ausgerandet. ♄ J. Jl. *T. J.* weiss o. rosa..................**spinosa.** *L.* Dorniger K.
B. eif., spitzig. ♄ Jn. Jl. *T.* **ovata.** *Desf.* Eiblättriger K.

---

8. Ordnung. CISTINEEN. *Dun.* Cistrosengewächse.

K. 5blttr.; die 2 äusseren KB. kleiner, oft fehlend; Kr. regelm. 5blttr.; Stbgfss. zahlreich; Frknoten frei; Gr. 1; Kapsel vielsamig, 3—10klappig, Klappen in der Mitte o. auf dem Rande der unvollkommenen Scheidewände samentragend.

GATTUNGEN.

Kapsel 5—10klappig, unvollst.-vielfächerig..**Cistus. I.**
Kapsel 3klappig, 1fächerig........**Helianthemum. II.**

ARTEN.

I. **CISTUS.** *L.* **Cistrose.**

1 Bth. purpurn; B. filzig-kurzhaarig. ♄ Jn. Jl. *J.* **creticus.** *L.* Kretische C.
Bth. weiss 2

2 B. lineal-lanzett., beiderseits klebrig-flaumig; Tr. einerseits wendig. ♄ Mai, Jn. *J.* **monspeliensis** *L.* Französische C.
B. eiförm., stumpf., kurzhaarig rauh, unterseits etwas filzig; Bthstiele 1blth., an der Spitze der Aestchen fast doldig. ♄ Mai, Jn. *J.* **salvifolius.** *L.* Salbeiblättrige C.

II. **HELIANTHEMUM.** *Tourn.* **Sonnenröschen.**

1 NebenB. fehlen 2
B. (wenigstens die obern) mit NebenB............ 3

2 Bth. einzeln, seitenständ.; B. zerstreut, schmal-lineal. ♄ Jn. Jl. goldgelb.
Fumana. *Mill.* Haidekrautblättriges S.
Bth. in endst. Trauben; B. gegenst., längl., keilig o. oval. ♄ Mai-Ag. gelb. *A.*
oelandicum. *Whlgb.* Oelandisches S.

3 Frk. auf den weit abstehenden Bthstielchen aufstrebend. ⊙ Ap. Mai. *J.*
salicifolium. *Pers.* Weidenblättriges S.
Frtragende Bthstielchen gewunden-herabgebogen. (Halbsträucher) 4

4 Die inneren KB. stumpf mit einem aufgesetzten Spitzchen. ♄ Jn.-Ag. gelb o. weiss.
vulgare. *Gärt.* Goldröschen.
Alle KB. stumpf. ♄ Jn.-Ag. weiss mit blassgelben Nägeln o. rosa..**polifolium.** *Koch.* Poleiblättriges S.

---

9. Ordnung. VIOLARIEEN. *DC.* Veilchengewächse.

K. 5blttr.; Blkr. unregelm., 5blttr.; Stbgfss. 5; Stbkölb. an der innern Seite der an der Spitze in eine vertrocknete Haut endigenden Stbfäden angewachsen, zsmgeneigt, zsmklebend; Gr. 1; Frknot. 1fächerig; Kapsel 3klappig, Klappen auf der Mitte samentragend.

GATTUNG.

KB. an der Bas. in ein freies Anhängsel, das untere Blb. in einen hohlen Sporn vorgezogen...**Viola. I.**

ARTEN.

I. **VIOLA.** *L.* **Veilchen.**

1 4 Blb. nach aufwärts gerichtet, oft dachig-übereinanderliegend; Gr. oberwärts keulig 2
2 Blb. nach aufwärts, 3 nach abwärts gerichtet, anliegend od. abstehend; Gr. am Grunde eingeschnürt. 8

2 Gr. winkelig-gebogen; N. flach, fast 2lappig; B. nierenf.; Stg. meist 2blth. ♃ Mai-Ag. *A.* gelb.
biflora. *L.* Zweiblüthiges V.
Gr. ziemlich gerade; N. krugf., beiderseits mit Haarbüscheln 3

3 Nur WzB. vorhanden, diese gekerbt, rundl. o. eif.; Stg. fehlend. ♃ Jl. Ag. *A.* Bth. gross, sattblau.
alpina. *L.* Alpen-V.
StgB. u. WzB. vorhanden; NebenB. frei 4

4 B. ganzrandig, die untern eif., die obern längl.; die obern NebenB. spatelf. ♃ Jl. Ag. *A.* sattblau.
cenisia. *L.* Ganzblättriges V.
B. gekerbt 5

5 Sporn so lang als die Blb.; B. eif., die obern längl. o. lanzett.; NebenB. ganz, 3- o. fiederspalt. ♃ Jl. Ag. *A.* violett o. gelb.. **calcarata.** *L.* Gesporntes V.
Sporn halb so lang als die Blb.................. 6

6 Stg. ästig, aufstrebend; NebenB. leierf.-fiederspalt., der mittlere Zipfel gekerbt. ⊙ Mai-Oct. violett, blau, weiss, gelb.
tricolor. *L.* Stiefmütterchen. Freissam.
Stg. einfach; Stämmch. fädlich, kriechend 7

7 Sporn so lang als die KAnhängsel. ♃ Mai, Jn. *A.* gelb, auch theilweise o. ganz violett.
lutea. *Sm.* Hochgelbes V.
Sporn länger als die KAnhängsel. ♃ Jl. Ag. *A.* blau, am Grunde dunkler gefleckt, und in dem Flecke ein weisser und gelber Nabel.
heterophylla. *Bert.* Verschiedenblättriges V.

8 Stg. fehlend*); KB. stumpf. 9
Stg. vorhanden; KB. spitz o. zugespitzt.......... 16

9 N. beckenf.-ausgehöhlt o. in ein schiefes Scheibchen erweitert.................................. 10
N. in ein dünnes Schnäbelchen umgebogen........ 13

*) Auch bei *V. mirabilis* fehlt im Anfange der Bthzeit noch der Stg.; diese Art besitzt jedoch zugespitzte KB.

10 B. vieltheilig; N. fast 3seitig. ♃ Jn. Jl. *A.* blass-violett............**pinnata.** *L.* Fiederblättriges V.
B. ungetheilt.................................. 11

11 NebenB. bis über die Mitte dem geflügelten Bstiele angewachsen, lanzett., drüsig-gezähnelt. ♃ Mai, Ap.
uliginosa. *Schrd.* Moor-V.
NebenB. frei.................................. 12

12 Das unpaarige Blb. geadert; B. nierenherzf., kahl. ♃ Mai, Jn. blasslila..........**palustris.** *L.* Sumpf-V.
Das unpaarige Blb. nicht geadert; das 2. B. eiherzf. ♃ Mai, Jn. blau........**epipsila.** *Ledeb.* Torf.-V.

13 Ausläufer vorhanden; B. breit-eif., tief-herzf., die der Ausläufer nierenherzf. ♃ Mz. Ap. dunkelviolett.
odorata. *L.* Tyrs Viole. Märzen V.
Ausläufer fehlend.................................. 14

14 Frknoten und die Kapsel längl.-eif., kahl; B. breit-eif.-herzf. mit einem weiten offenen Ausschnitte. ♃ Ap. Mai. Voralp. violett, inwendig weiss.
sciaphila. *Koch.* Schattenliebendes V.
Frknoten und die Kapsel kugelig, flaumig; B. tief-herzf.................................. 15

15 NebenB. spitz, am Rande fransig u. kahl. ♃ Ap. Mai. blassviolett in's röthl., geruchlos.
hirta. *L.* Rauhes V.
NebenB. haarspitzig, am Rande fransig u. feinrauhhaarig. ♃ Ap. Mai. blassblau, wohlriechend.
collina. *Bss.* Hügel-V.

16 Stg. einzeilig-zottig; StgBth. meist blumenblattlos; vollständige Bth. wurzelst. ♃ Ap. Mai. bleichröthl. o. lila.....**mirabilis.** *L.* Verschiedenblüthiges V.
Stg. kahl o. flaumig.................................. 17

17 Sporn 2—3mal so lang als die KAnhängsel, zugespitzt, aufwärts gekrümmt. ♃ Ap. Mai. Bth. vor dem Aufblühen gelbl. mit grünem Sporne, dann weiss..............**Schultzii.** *Bill.* Schultzen's V.
Sporn ziemlich so lang als die KAnhängsel....... 18

18 Die mittleren NebenB. länger als der geflügelte Bstiel; B. lanzett.................................. 19
Die mittleren NebenB. kürzer als der Bstiel. . 20

19 Stg. nebst den B. ganz kahl; B. an der Bas. eif. o. keilig. ♃ Mai, Jn. blau, sehr selten weiss.
pratensis. *M. u. K.* Wiesen-V.
Stg. oberwärts nebst den B. flaumig; B. an der Bas. seicht-herzf. ♃ Mai-Jl. sattblau.
elatior. *Fr.* Höheres V.

20 Die mittleren NebenB. halb so lang als der Bstiel, die obern so lang als derselbe; B. herz-eif., vorne zugespitzt-verschmälert; Bstiele oberwärts geflügelt; Stg. stämmig-aufrecht, kahl. ♃ Mai. Jn. gross, hellblau .... **stricta.** *Hornem.* Steifes V.
Die NebenB. sämmtl. kürzer als die Bstiele 21

21 B. aus herzf. Basis längl.-lanzett.; NebenB. halb so lang als der Bstiel; Stg. aufrecht. ♃ Mai, Jn. milchweiss .... **stagnina.** *Kit.* Gräben-V.
B. herzf. o. eif.; NebenB. mehrmal kürzer als der Bstiel 22

22 B. herzf., stumpf, die untern fast nierenf.; NebenB. eif.-längl. ♃ Mai, Jn. blau, lila o. weiss.
arenaria. *DC.* Sand-V.
B. entweder nicht herzf. o. nicht stumpf; NebenB. lanzett 23

23 B. weich, herzf. o. eif. o. nierenf., spitz o. kurzzugespitzt; KB. lanzett. zugespitzt. ♃ Ap. Mai. blassblau, violett .... **silvestris.** *Lam.* Wald-V.
B. etwas lederig, aus herzf. Bas. eif.-längl., verschmälert-stumpf o. spitzlich; KB. eif.-lanzett., spitz. ♃ Mai, Jn. hellblau o. lila. Sporn gelblichweiss..................... **canina.** *L.* Hunds-V.

---

10. Ordnung. RESEDACEEN. *DC.* Waugegewächse.

K. 4—7theilig; Blkr. unregelmässig; Blb. so viel als KZipfel; Stbgfss. 10—40, dem in eine Honigschuppe verbreiterten Frträger eingefügt; Frknot. 1. einfächr., an der Spitze offen, aus 3—6 klappig-verwachsenen Frblättern gebildet, deren jedes 1 kurzen Gr. trägt; Samenträger wandst.; B. wechselst.

GATTUNG.

K. 4—7theil.; Blb. 4—7, ganz o. mannigfaltig gespalten; Kps. 3—6kantig, nicht aufspring., an der Spitze offen.......................... **Reseda I.**

ARTEN.

I. RESEDA. *L.* **Wau.**

1 Blb. 6; Narb. 3; K. 6theilig 2
Blb. 4; Gr. 4; K. 4theil.; B. längl.-lanzett.; Bth. in ährenf. Trauben. ⊙ Jl. Ag. Blb. gelblich.
luteola. *L.* Färber-W.

2 Mittlere StgB. vorne 3spalt.; KZipfel längl., bei der Fr. vergrössert. ⊙ Jn.-Ag. weisslich.
Phyteuma. *L.* Stumpfblätteriger W.
Mittlere StgB. doppelt-fiedersplt., die obern 3spalt.; KZipfel lineal. ⊙ Jl. Ag. grünl.-gelb.
lutea. *L.* Gelber W.

---

11. Ordnung. DROSERACEEN. *DC.* Sonnenthaugewächse.

K. 5theil. o. 5blttr.; Blktr. regelm. 5blttr.; Stbgfss. 5, unterweibig, frei; Stbkölbch. endständig; Frknoten frei. 1—3fächerig; Samenträg. wandst.; Gr. o. N. mehrere; die jüngeren B. zirkelf. von der Spitze gegen die Bas. eingerollt.

GATTUNGEN.

1 B. nicht gewimpert; Gr. fehlend; Blb. 5, mit 5 gewimperten, drüsentrag. NebenKrB.. **Parnassia. II.**
B. gewimpert; Gr. 3—5; Blb. ohne NebenKr....... 2

2 B. blasenartig angeschwollen. Kleine Wasserpflanzen.
Aldrovanda. III.
B. flach, grundst., mit rothen, drüsentrag. Wimpern. In Sümpfen und Torfmooren. .... **Drosera. I.**

ARTEN.

I. DROSERA. *L.* **Sonnenthau.** Friggathau. (Bth. weiss.)

1 B. kreisrund; Schaft aufrecht, 3mal so lang als die B. ♃ Jl. Ag. ..**rotundifolia.** *L.* Rundblättriger S.
B. vrkhrt-eif. o. keilig 2

2 Schaft aufrecht, doppelt o. 3mal so lang als die B.; Bstiele spärlich-behaart. ♃ Jl. Ag. **longifolia.** *L.* Langblättriger S.
Schaft an der Bas. bogig o. darniederliegend-aufstrebend, wenig länger als die B.; Bstiele kahl. ♃ Jl. Ag. **intermedia.** *Hayn.* Mittlerer S.

II. PARNASSIA. *L.* **Studentenröschen.**

WzB. herzf.; StgB. umfassend. ♃ Jl. Ag. weiss, Nebenkrb. gelblichgrün .... **palustris.** *L.* Sumpf-St.

III. ALDROVANDA. *L.* **Wasserhade.**

Kleine Wasserpflanze; B. wirtelst., blasenartig-angeschwollen, gewimpert, Bstiel in 6 borstige Wimpern endigend. ♃ Jl. Ag. grünlich, *T. Schl.* **vesiculosa.** *L.* Blasige W.

12. Ordnung. POLYGALEEN. *Juss.* Kreuzblumengewächse.

K. 5blttr., die 2 innern KB. grösser, oft blumenblattig; Blkr. unregelmäss.; Stbgfss. unterwärts 1brüdrig, an der Spitze in 2 Bündel getheilt; Stbkölbch. 8, 1fächer., mit einem Loche aufspringend; Frknot. 1—2fächerig, Fächer 1eiig.

GATTUNG.

Die 2 innern KB. sehr gross (Flügel); das untere Blb. kahnf., mit einem kämmig-vielspaltig. o. 4lappigen Anhängsel endigend ....**Polygala. I.**

ARTEN.

I. POLYGALA. *L.* Kreuzblume. Herrgottsbärtel.

1 Anhängsel der Kr. 4lappig; Stbgefäss. frei, nur an d. Bas. 1brüdrig; Bthstiele meist 2blüth. ♄ Ap.-Jn. gelb.
Chamaebuxus. *L.* Buchsbaumblättrige K.
Anhängsel der Kr. vielspalt.; Stbgfss. in 2 Bündel verwachsen; krautige Pflanzen.................. 2

2 Bth. über $^1/_2$ Zoll lang, rosenroth; Stiel des Frknotens 3—4mal länger als der Frknoten. ♃ Mai, Jn.
major. *Jcq.* Grosse K.
Bth. unter $^1/_2$ Zoll; Stiel des Frknot. eben so lang o. kürzer als dieser.............................. 3

3 Flügel 3nerv., Seitennerven nach aussen schwachadrig, Adern nicht netzig verbunden; B. d. Stämmch. vrkhrt.-eif. o. spatelf., rosettig; StgB. längl.-keilig o. lineal. ♃ Jn.-Ag.........**amara.** *L.* Bittere K.
Flügel 3nerv., Seitennerv nach aussen aderig, Adern ästig und netzig verbunden................. 4

4 Trauben meist 5blth., endlich seitenst.; seitenst. DeckB. halb so lang als die Bthstielch.; B. lanzett., die mittl. fast gegenst. ♃ Mai, Jn.
depressa. *Wend.* Niedergedrückte K.
Trauben vielblüth. endst.......................... 5

5 Die seitenst. DeckB. halb so lang als die Bthstielchen; B. lanzett., die untern ellipt. ♃ Mai, Jn.
vulgaris. *L.* Ramsel.
Die seitenst. DeckB. so lang als die Bthstielch..... 6

6 Flügel fast rundl. o. eif.......................... 7
Flügel ellipt.; obere B. lineal-lanzett.; seitenst. DeckB. vor dem Aufblühen länger als der Bthknopf, daher die Trauben an der Spitze schopfig. ♃ Mai, Jn.
comosa. *Schk.* Schopfige K.

7 B. lanzettl., die unt. ellipt., kürzer. ♃ Mai, Jn. *J.*
nicaeensis. *Riss.* Nicäische K.
B. der sehr verlängerten Stämmch. vrkhrt.-eif., stumpf, die oberen sehr gross. ♃ Ap.-Jn.
calcarea *F. W. Schlz.* Kalk-K.

13. Ordnung. SILENEEN. *DC.* Leimkrautgewächse

K. 1blttr., an der Spitze 5—6zähnig; Blb. so viele als Kzähne, mit den Stbgfss. auf dem Frträger eingefügt; Stbgfss. so viel o. doppelt so viel als Blb.; Frknoten 1fächerig o. von der Bas. bis über die Mitte 5fächerig, vieleiig; Kapsel mit 4—10 Zähnen aufspringend, selten eine ringsumschnittene Kapsel o. eine Beere; Gr. 2—5; B. gegenständig, nebenblattlos.

GATTUNGEN.

1 Gr. 2; Stbgfss. 10; Kaps. 1fächer., an der Spitze 4klappig o. 4zähnig 2
Gr. 3 5
Gr. 5 7

2 Blb. nach der Bas. allmälig keilig-verschmälert 3
Blb. gegen den Schlund hin in 1 linealen Nagel zsmgezogen 4

3 K. an der Bas. mit Schuppen gestützt; Same schildf. einerseits erhaben, andererseits vertieft. **Tunica.** II.
K. an der Basis nackt; Sam. nierenf.-kugelig. **Gypsophila.** I.

4 K. an der Bas. mit Schuppen gestützt; Sam. schildf., einerseits erhaben, anderers. vertieft; Kaps. an der Spitze 4klappig.......... **Dianthus.** III.
K. an der Bas. nackt; Sam. nierenf.-kugelig; Kps. an der Spitze 4zähnig .... **Saponaria.** IV.

5 Stbgfss. 10; K. 5zähnig 6
Stbgfss. 5; K. 5spaltig; Kapsel rundum-aufspringend, 1samig.......... **Drypis** IX.

6 Fr. eine 1fächr. Beere .... **Cucubalus.** V.
Kapsel an der Bas. 3fächer., an der Spitze 6klappig. **Silene.** VI.

7 N. an der innern Seite mit Papillen versehen, übrigens kahl .... **Lychnis.** VII.
N. nebst den Papillen allenthalben behaart. **Agrostemma.** VIII.

ARTEN.

I. GYPSOPHILA. *L.* Gypskraut.

1 Bth. über die ganze Pfl. zerstreut; Stg. vom Grunde an 2gablig-verästelt; K. kreiself., 5zähn.; B. lineal, nach beiden Enden verschmälert; ⊙ Jl. Ag. rosa. **muralis.** *L.* Mauer-G.
Bth. rispig oder doldentraubig 2

2 B. lineal, nach beiden Enden verschmälert; Bth. doldentraub.......................... 3
B. lanzettl., sehr spitz, meist 3nervig; Bth. in lockeren Rispen 4

3 Stg. oberw. nebst den Aesten kahl; Stbgfss. u. Gr. kürzer als die Blkr. ♃ Jn.-Ag. *A.* **repens.** *L.* Kriechendes G.
Stg. oberw. nebst den Aesten klebrig-flaumig; Stbgfss. u. Gr. länger als die Blkr. ♃ Jn.-Ag. **fastigiata.** *L.* Doldiges G.

4 Stg. kahl; Rispenäste u. BthStielch. klebrig-flaumig; KZipfel zugespitzt, zurückgekrümmt. ♃ Jl. Ag. **acutifolia.** *Fisch.* Spitzblättr. G.
Stg. unterw. kurzhaarig; KZipfel rundl.-eif. ♃ Jn. Jl. weiss...............**paniculata.** *L.* Rispiges G.

II. TUNIBA, *Scop.* Felsennelke. Friesnägelein.

Stg. liegend o. aufsteigend; B. lineal, spitz, an den Stg. angedrückt. ♃ Jl. Ag. lila o. rosa. **saxifraga.** *Scop.* Steinbrech-F.

III. DIANTHUS. *L.* Nelke.

1 HüllB. der BthBüschel 6, durscheinend, trockenhäut., rauschend, ellipt. 2
HüllB. der BthK. 2, nicht durchscheinend, lederig, krautig o. fehlend 3

2 Stg. kahl; Sam. glatt. ⊙ Jl. Ag. rosa o. lila. **prolifer.** *L.* Sprossende N.
Die mittl. Stgglieder zottig; Sam. kurzstachelig. ⊙ Jl. Ag. rosa o. lila. *J.* **velutinus.** *Guss.* Flaumhaarige N.

3 Blb. fast ganzrandig o. gezähnt; Bth. fleischfarb. o. purp. 4
Blb. tief-fingerig o. fiedersplt.-eingeschnitten 16

4 Bth. in Büscheln o. in Köpfchen 5
Bth. rispig o. einzeln 10

5 HüllB. u. Kschuppen rauhhaarig, gefurcht, lanzett.-pfrieml., so lang als die Kröhre; Stg. flaumhaarig. ⊙ Jl. Ag. ....**Armeria**. *L.* Rauhe N.
HüllB. u. Kschuppen kahl, nicht gefurcht........ 6

6 B. am Grunde kurz-gestielt, darunter scheidig, lanzett.; äussere HüllB. lineal-lanzett., sehr spitz, zurückgebogen-abstehend. ♃ Jl. Ag.
barbatus. *L.* Bart-N.
B. am Grunde nicht gestielt, lineal o. lineal-lanzett. 7

7 Bscheiden so lang als die Breite des B.; Stg. rund, 2spalt.; Kschuppen eif., begrannt; B. lineal-lanzett., verschmälert-zugespitzt, meist 5nerv.; Blb. vrkhrt.-eif. gezähnt. ♃ Jn.-Ag. **Seguierii**. *Vill.* Seguier's N.
Bscheiden doppelt o. 4mal so lang als die Breite des B.; Kschuppen lederig 8

8 Bscheiden 2mal länger als die Breite des B.; Stg. 4kant.; Bth. in einem endst. meist 6blth. Köpfch.; Kschuppen bleichgrün, pfrieml.-bespitzt. Spitze so lang als die Kröhre. ♃ Jl. *J.*
liburnicus. *Brtl.* Illyrische N.
Bscheiden 4mal länger als die Breite des B.; Kschuppen braun, sehr stumpf, begrannt 9

9 Platte der Blb. so lang als ihr Nagel. Bthköpfch. meist 6blüthig. ♃ Jl. Ag.
Carthusianorum. *L.* Karthäuser-N.
Platte der Blb. halb so lang als ihr Nagel; Bthköpfch. 12—30blth. ♃ Jn. Jl. *A.*
atrorubens. *All.* Braunkelchige N.

10 Stg. flaumig-rauh; Bth. einzeln; Kschuppen ellipt., sammt der Granne halb so lang als der K.; Blb. vrkhrt.-eif., gezähnt. ♃ Jn.-Sp. rosa o. weiss, mit 1 purp. Ringe.... **deltoides**. *L.* Deltafleckige N.
Stg. kahl 11

11 Alpenpflanzen mit 1bth. 2—3 Zoll langen, oft ganz fehlenden Stg., stumpfen B. und gekerbten Blb. . 12
Anders beschaffene Arten 13

12 B. lanzett.-lineal; Blb. noch einmal so lang als der K. ♃ Jn.-Ag. *A.* Bth. oben fleischf. u. gefleckt, unt. grünl. . . . . **alpinus** *L.* Alpen-N.
B. lineal; Blb. $1^1/_2$ mal so lang als der K. ♃ Jl. Ag. *A.* fleischfarb. . . . . **glacialis**. *Haenk.* Eis-N.

13 Blb. spitz, lanzett.-längl. o. ellipt., ganzrandig o. schwach-gezähnt; Kschuppen fast dornig-stachelspitz., am Rande trockenhäutig und durchscheinend. ♃ Jl. *J.* . . . . **ciliatus**. *Guss.* Gewimperte N.
Blb. vrkhrt.-eif., gekerbt 14

14 B. grasgrün, lineal. spitz.; Kschuppen breit eif., abgestutzt-stumpf, kurz-begrannt. ♃ Jl. Ag. fleischfarb. o. rosa, geruchlos. **silvestris**. *Wlf.* Donnernelke.
B. meergrün: Bth. wohlriechend 15

15 B. am Rande glatt; Kschuppen fast rautenf. ♃ Jl. Ag. in allen Farben cult.
Caryophyllus. *L.* Garten-N.
B. am Rande rauh; Kschuppen eif. ♃ Mai, Jn. fleischf.
caesius. *Sm.* Blaugraue N.

16 Kschuppen halb so lang als die Kröhre, pfrieml.-begrannt; Mittelfeld der Blb. vrkhrt. eif.; B. lineal. ♃ Jl. Ag. fleischf. o. weiss.
monspessulanus. *L.* Vorgebirgs-N.
Kschuppen 3—4mal kürzer als die Kröhre 17

17 B. lineal-lanzett., grasgrün; Stg. meist einzeln. ⊙ Jl. Ag. rosa o. lila, wohlriech. **superbus**. *L.* Hochmuth.
B. lineal-pfrieml. 18

18 Platte der Blb. kürzer als der K.; Kschuppen vrkhrt. eif.-rundl.; Stg. rund; B. grün. ♃ Jl.-Nv. weiss.
serotinus. *WK.* Spätblühende N.
Platte der Blb. so lang als der K. 19

19 B. meergrün; Kschuppen rundl.-eif., kurz stachelspitzig. ♃ Jl. Ag. rosa o. weiss, oft gefleckt.
plumarius. *L.* Feder-N. Schöner Hans.
B. grasgrün; Kschuppen eif. stumpf, kurz bespitzt. ♃ Jl.-Sp. grün-gefleckt, wohlriech.
arenarius *L.* Sand-N.

IV. SAPONARIA. *L.* Seifenkraut.

1 K. geflügelt-5kant.; Blb. ohne Krönchen; Stg. ganz kahl; B. lanzett.; an der Basis verwachsen. ⊙ Jn. Jl. fleischf. .... **Vaccaria.** *L.* Kuhkraut.
K. walzlich; Blb. bekrönt 2

2 K. kahl; Bth. büschelig-ebensträussig; B. längl.-ellipt. ♃ Jl. Ag. hell-fleischf. o. weiss.
officinalis. *L.* Gemeines S.
K. zottig; Stg. niedergestreckt; Bth. ebensträuss.-rispig; B. lanzett. o. ellipt. ♃ Ap.-Ag. rosa.
ocymoides. *L.* Rundblättriges S.

V. CUCUBALUS. *Tourn.* Taubenkropf.

Stg. armf.-ausgebreitet, 4kant., schärflich, oben locker-fein-behaart; B. eif., wimperig-gesägt. ♃ Jl. Ag. grünlich-weiss. . **bacciferus.** *L.* Beerentragender T.

VI. SILENE. *L.* Leimkraut. Lidweich, Gliedweich.

1 Stg. sehr kurz o. fast fehlend, dichte Rasen bildend, 1— selten 2blütig 2
Stg. deutlich 3

2 K. kahl; Bth. klein; B. lineal-pfrieml. ♃ Jn.-Ag. rosa.
acaulis. *L.* Stengelloses L.
K. kurzhaarig-zottig, etwas aufgeblasen; Bth. sehr gross; B. lineal, stumpfl. ♃ Jn. Jl. rosa *A.*
Pumilio. *Wlf.* Niedriges L.

3 K. eif., aufgeblasen, vielstreifig, netzig-aderig, kahl; B. ellipt. o. lanzettl., zugespitzt. ♃ Jl. Ag.
inflata. *Sm.* Widerstoss. Spliesspettel.
K. röhrig, walzenf., keulig, glockig, kreiself. eif., nicht aufgeblasen u. nicht netzig-aderig 4

4 K. eif., 30streifig; Stg. grau-flaumig, gabelsplt.; Bth. gabel- u. endst. ⊙ Jn. Jl. rosa *J.*
conica. *L.* Kegelfrüchtiges L.
K. nicht eif. 5

5 Bth. wechselst., in einseitswendige o. 2zeilige, meist gepaarte. endst. Tr. geordnet 6
Bth. rispig o. traubig-rispig, ebensträuss. o. ebenstr.-rispig o. der Stg. 1bth. 8

6 Blb. bis über die Mitte 2spalt.; KZähne eif., spitz. 7
Blb. ungetheilt-, vrkhrt.-eif.; KZähne lanzettl.-pfrieml.; Tr. flaumig-klebrig. ⊙ Jn. Jl. fleischf. o. weissl. **gallica**. *L*. Französisches L.

7 Blb. spitz-bekrönt; Tr. meist 5blth.; K. flaumig. ⊙ Mai, Jn. *J*. fleischroth. **vespertina**. *Rtz*. Abendblüthiges L.
Blb. gestutzt-bekrönt; Tr. vielbth.; K. rauhhaarig. ⊙ Mai, Jn. weiss. **dichotoma**. *Ehr*. Gabelspaltiges L.

8 Blb. ohne Krönchen (nackt) 9
Blb. mit Krönchen (bekrönt) 13

9 Blb. lineal, ungetheilt; K. röhrig-glockig, kahl; B. grauflaumig, die unt. fast spatelig. ♃ Mai-Jl. grünl. **Otites**. *Sm*. Ohrlöffel-L.
Blb. 2spaltig 10

10 Stg. u. alle anderen Theile klebrig-behaart; K. walzl., etwas bauchig; B. wellig. ⊙ Jn. Jl. weiss. **viscosa**. *Prs*. Klebriges L.
Stg. flaumig, nicht klebrig; die unt. B. in den BStiel verlaufend 11

11 Die unt. B. am Grunde nicht gewimpert, längl.-keilig, die oberen lineal. ⊙ Jn. Jl. grünlichweiss. **multiflora**. *Prs*. Vielbth. L.
Die unt. B. am Grunde gewimpert; Bth. weiss, unters. bläul.- o. grünl.-geadert 12

12 Die unt. B. spatelig-lanzettl. ♃ Jn. Jl. *J*. **italica**. *Prs*. Italienisches L.
Die unt. B. rundl.-ellipt., am Grunde bärtig-gewimpert. ♃ Jn. Jl. .... **nemoralis**. *WK*. Hain-L.

13 Blb. ungetheilt, ausgerandet, vrkhrtherzf. o. vrkhrteif. u. 4zähnig 14
Blb. 2spaltig 20

14 Blb. vrkhrtherzf.; Stg. gabelspalt., kahl; Bth. gabel- u. endst.; K. kreiself. 10riefig; B. eif. ♃ Jl. Ag. weiss o. rosa. *A*........ **rupestris**. *L*. Felsen-L.
B. vrkhrteif. u. 4zähnig, o. ungetheilt 15

15 Blb. vrkhrteif. o. keilf. u. 4zähnig 16
Blb. ungetheilt, ausgerandet 18

16 Weissl.-zottig; B. lanzettl., die unt. spatelig; Kaps. fast kugelig, im K. eingeschlossen. ♃ Jn. weiss. *St.* **eriophylla**. *Jur.* Wollblttr. L.
Nicht weissl.-zottig; Stg. klebrig-beringelt; Bth. weiss o. rosa 17

17 Kaps. oval, so lang als der K.; B. lineal, die unt. spatelig. ♃ Jn Jl. weiss. *A.* **quadrifida**. *L.* Vierzähniges L.
Kaps. längl., noch einmal so lang als der K.; B. lanzettl. ♃ Jl. Ag. Bth. weiss o. rosa, 5—6''' br. **alpestris**. *Jcq.* Alpen-L.

18 Stg. BthStiele u. K. drüsig-kurzhaar.; die unt. B. vrkhrteif. die oberen längl.-lanzettl. ⊙ Jn. Jl. rosa. *J.*...................**sedoides**. *L.* Fetthennen-L.
Pfl. nicht drüsenhaarig........................ 19

19 Stg. BthStiele u. K. flaumig; Bth. gabel- u. endst.; B. lineal-lanzettl. ⊙ Jn. Jl. fleischroth. **linicola**. *Gm.* Flachs-L.
Stg. kahl, die oberen StgGlieder klebrig-beringelt; Rispe reichbth. B. eif. ⊙ Jl. Ag. rosa. **Armeria**. *L.* Garten-L.

20 KZähne pfrieml.-fädlich: Stg. BthStiele u. K. klebrig-zottig; B. längl., spitz, die unt. vrkhrteif. ⊙ Jl.-Sp. blassfleischroth.. ...**noctiflora**. *L.* Nachtblüh. L.
KZähne eif. 21

21 KZähne stumpf; Stg. flaumig; BthStiele einzeln o. gepaart; K. kahl; B. lineal. ♃ Jn. Jl. weiss, unt. röthl. o. grünl. ......**saxifraga**. *L.* Steinbrech-L.
KZähne spitz......................... 22

22 Stg. kahl; Bth. gabel- u. endst.; die unt. B. vrkhrteif. o. lanzettl. ⊙ Jn. Jl. ...**annulata**. *Thor.* Ring-L.
Stg. oberw. drüsig-klebrig; Bth. in überhäng. Rispen; die unt. B. lanzettl.-ellipt. ♃ Jn. Jl. **nutans**. *L.* Gauchkraut.

VII. LYCHNIS. *DC.* Lichtnelke.

1 Kapsel halb 5fächerig; Stg. kahl; B. lanzett., kahl, an der Basis gewimpert...................... 2
Kapsel 1fächerig 3

2 Blb. ungetheilt, bekrönt; Stg. unter den obern Gelenken klebrig. ♃ Mai, Jn. purp. **Viscaria**. *L*. Pechnelke.
Blb. halb 2spalt., nackt; Stg. nicht klebrig. ♃ Jl. Ag. *A*. fleischroth.... .... **alpina**. *L*. Alpen-L.

3 Blb. 2spaltig.......... 4
Blb. ungetheilt o. 4spaltig; Kapsel 5zähnig....... 6

4 Kaps. mit 5 Zähnen aufspring.; B. u. Stg. wollig-filzig; Bthstiel kürzer als der K. ♃ Jn. Jl. fleischroth ....**Flos Jovis**. *Lam*. Marienröschen.
Kaps. mit 10 Zähnen aufspring.; Bth. 2häusig..... 5

5 Bthstiele u. K. drüsig-kurzhaarig; Kps. ei-kegelf., mit gerade vorgestreckten Zähnen. ⊙ Jn.-Ag. weiss, selten röthl. ....**vespertina**. *Sibth*. Abend.-L.
Bthstiele u. K. zottig von einfachen Haaren; Kaps. rundl.-eif., mit zurückgerollten Zähnen. ♃ Mai, Jn. purp. selten weiss .... **diurna**. *Sibth*. Tag.-L.

6 Blb. bis über die Hälfte 4spalt.; StgB. lineal-lanzett. ♃ Mai-Jl. fleischroth, selten weiss. **Flos cuculi**. *L*. Kukus-L. Gauchnelke.
Blb. ungetheilt; B. u. Stg. dicht-filzig; Bthstiele länger als der K. ⊙ Jn. Jl. purp. **coronaria**. *Lam*. Gekrönte L.

VIII. AGROSTEMMA. *L*. **Raden**.

KZipfel lineal-lanzett, noch einmal so lang als die Blkr. ⊙ Jn. Jl. trüb-purp. **Githago**. *L*. Kornraden.

IX. DRYPIS. *L*. **Kronenkraut**.

Starr, weitschweifig; B. pfriemf., stechend. ♃ Jn. Jl. röthlich. *Kr*. *J*. ......**spinosa**. *L*. Stechendes K.

---

14. Ordnung. ALSINEEN. *DC*. Mierengewächse.

K. 4—5blättr. o. 4—5theil.; Blb. 4—5, mit den KB. abwechselnd; Stbgfss. 3, 4, 5, 8, 10, frei, einem drüsigen Ringe eingefügt; Frknoten 1fächerig, mehreiig; Samenträger mittelpunktst., frei; Gr. 2—5; Kapsel in Klappen aufspring.; B. gegenst. nebenblattlos, selten mit rauschenden NebenB.

GATTUNGEN.

1 Blb. 5, 2theil. o. 2spalt., 2lappig o. mit einer spitzigen Kerbe ausgerandet; Stbgfss. meist 10.......... 2
Blb. ganz o. nur seicht ausgerandet o. ausgebissen-gezähnt, bisweilen ganz fehlend............... 4

2 Gr. 3; Kaps. 6klappig, kugelig, eif. o. oval. **Stellaria.** XI.
Gr. 5.......................... 3

3 Blb. 2theil.; Kaps. eif.-5eckig, 5klappig, Klapp. 2spalt. **Malachium.** XIII.
Blb. 2spalt. o. spitz-ausgerandet; Kps. walzl. o. walzl.-kegelf. an der Spitze 10klappig..**Cerastium.** XIV.

4 Blb. ausgebissen-gezähnt, 5; Stbgfss. 5, 4, 3; Gr. 3; Bth. doldig..................**Holosteum.** X.
Blb. ganz, o. seicht ausgerandet. o. fehlend....... 5

5 Blb. meist fehlend. (Kleines, halbstrauch. Alpengewächs mit dichtdachigen, rinnig-3kant. B., in polsterf. Rasen)..................**Cherleria.** VII.
Blb. vorhanden. o. fehlend u. dann anders beschaffene Pfl.......................... 6

6 B. fleischig; Stbgfss. 10; Gr. 3; Kps. 3klappig; (Seestrandpflanze)..................**Halianthus.** IV.
B. krautig o. trockenhäutig...................... 7

7 K. u. Blkr. 4blttr............................ 8
K. u. Blkr. 5blttr............................ 9

8 Stbgfss. 4; Gr. 4; Klaps. 4klappig......**Sagina.** I.
Stbgfss. 4, 8, 10; Gr. 4, 5; Kaps. 8—10klappig. **Mönchia.** XII.
Stbgfss. 5, 8, 10; Gr. 3; Kaps. 3klappig..**Alsine.** VI.
Stbgfss. 8, 10; Gr. 2, 3; Kaps. 4—6klappig. **Möhringia.** VIII.

9 Gr. 2 oder 4.............................. 10
Gr. 3 oder 5.............................. 11

10 Gr. 2; Stbgfss. 8—10; Kaps. 4—6klappig; Sam. glatt, glänzend..................**Möhringia.** VIII.
Gr. 4; Stbgfss. 4, 8, 10; Kaps. an der Spitze 8—10-klappig......................**Mönchia.** XII.

11 Gr. 3 12
Gr. 5 15

12 Kaps. 3klapp.; Stbgfss. 5, 8, 10 13
Kaps. 4—6klappig 14

13 Sam. nierenf., ohne Flügel o. Anhängsel . **Alsine.** VI.
Sam. mit einem spreuigen Haarkranze . **Facchinia.** V.

14 Sam. glatt, glänzend, am Nabel mit einem mantelf. Anhängsel . . . . **Möhringia** VIII.
Sam. ohne Anhängsel . . . . **Arenaria.** IX.

15 Kaps. an der Spitze 8—10klappig . . **Mönchia.** XII.
Kaps. 5klappig 16

16 B. an der Bas. scheidig-zsmgewachsen, ohne Neben-B. **Sagina.** I.
B. an der Bas. frei, mit Neben B. 17

17 B. gebüschelt-quirlig; Sam, kreisrund . **Spergula.** II.
B. gegenst.; Sam. 3eckig o. vrkbrt.-eif. **Lepigonum.** III.

ARTEN.

I. SAGINA. *L.* Mastkraut. (Bth. weiss.)

1 G. 4; Kps. 4klappig; Stbgfss. 4; Blb. 4 o. fehlend; Kb. 4 2
Gr. 5; Kps. 5klappig; Sbgfss. 10; Blb. u. KB. 5 . . 6

2 Blb. fehlend; Stg. aufr.; B. kahl; FrStiel aufr. ⊙ Mai-Ag. *J.* . . . . **stricta.** *Fr.* Steifes M.
Blb. vorhanden 3

3 Stg. aufrecht, ästig; B. an der Bas. gewimpert; abgeblühte Bthstiele stets aufrecht. ⊙ Mai, Jn. **apetala.** *L.* Kleinblumiges M.
Stg. niederliegend o. kriechend; die abgeblühten Bthstiele hakig-umgebogen 4

4 Die 2 äussern KB. zugespitzt-stachelspitzig; B. an der Bas. gswimpert. ⊙ Jn. Jl. *Mhr.* **ciliata.** *Fr.* Gewimpertes M.
KB. sämmtl. stumpf 5

5 B. ganz kahl. ⊙ Mai-Oct.
procumbens. *L.* Niederliegendes M
B. schwach-gezähnelt, fein gewimpert. ⊙ Jl. Ag. *T.*
bryoides. *Frhl.* Moosartiges M.

6 Blb. länger als der K. 7
Blb. so lang o. kürzer als der K. 8

7 Blb. etwas länger als der K.; Bth. immer aufrecht. ♃ Jn. Jl. . . . . **nodosa.** *Mey.* Knotiges M.
Blb. doppelt so lang als der K.; Bth. vor dem Aufblühen überhängend. Jl. Ag. *A.*
glabra. *Koch.* Kahles M.

8 Blb. kürzer als der K.; Stg. u. Bthstiele kahl. ♃ Jl. Ag. . . . . **saxatilis.** *Wimm.* Felsen-M.
Blb. so lang als der K.; B., Stg. u. Bthstiele etwas behaart. ♃ Jl. Ag. **subulata.** *Wimm.* Pfriemliches M.

II. SPERGULA. *L.* Spark. (Bth. weiss.)

B. oberseits convex, unterseits gefurcht. ⊙ Jn. Jl.
arvensis. *L.* Nidckamm. Watergeil.
B. fast stielrund, unterseits ohne Furche. ⊙ Ap. Mai.
pentandra. *L.* Fünfmänniger Sp.

III. LEPIGONUM. *Whlb.* Salzmiere. (Bth. lila o. rosa.)

1 KB. weiss, rauschend, mit 1 kraut. Rückennerven; Stg. aufr. ⊙ Jn. Jl. . . . **segetale.** *Koch.* Saaten-S.
KB. grün, krautig, nervenlos; Stg. hingestreckt und aufstrebend 2

2 B. beiderseits flach, stachelspitz, etwas fleischig. ♃ Mai-Sp. . . . . **rubrum.** *Whlb.* Rothe S.
B. halbstielrund, spitz, fleischig. ♃ Jn. Jl.
marinum. *Whlb.* Meerstrand-S.

IV. HALIANTHUS. *Fr.* Strandmiere.

B. eif., spitz, kahl, 1nerv.; KB. eif.; Blb. vrklrt.-eif. ♃ Jn. Jl. weiss. *J.* . **peploides.** *Fr.* Dickblättrige St.

V. FACCHINIA. *Rb.* Klippenmiere.

B. aus abgerundeter Bas. lanzett., spitz, flach, unterseits mehrnervig, kurzgewimpert. ♃ Jl. Ag. *A.*
lanceolata. *Rb.* Lanzettblättrige K.

VI. ALSINE. *Whlb.* Miere.

1 B. längl.-lanzett., oberseits tief-rinnig, unterseits convex, kahl, dachig; Bth. einzeln, endständig, 8männig; Blb. 4. ♃ Jn. Jl. *A.*
aretioides. *M. u. K.* Areticnartige M.
B. schmal, lineal o. pfriemlich 2

2 B. nervenlos; Stämmch. rasig 3
B. 3nervig 4

3 KB. ei-lanzett., spitz; Blb. längl.-oval; B. fädlich-halbstielrund. ♃ Jn.-Ag.
stricta. *Whlb.* Schlanke M.
KB. lineal-längl., stumpf; Blb. keilig; B. lineal-pfriemlich. ♃ Jl. Ag. *A.*
laricifolia. *Whlb.* Lerchenblättrige M.

4 Blb. ziemlich so lang o. länger als der K. 5
Blb. kürzer als der K.; KB. lanzett.-pfrieml. 10

5 KB. weiss-knorpelig, eif., mit 1 krautigen Rückenstreifen; Blb. oval; B. pfrieml.-borstl.; Stg. rispig. ♃ Jl. Ag. ..... **setacea.** *M. u. K.* Borstige M.
K. am Rande häutig, 3—mehrnervig. 6

6 Blb. fast noch einmal so lang als der K., an der Bas. keilig 7
Blb. ziemlich so lang o. wenig länger als der K... 8

7 Stg. 2—selten 3bth., oberwärts nackt; Bthstiele sehr lang; B. aderlos. ♃ Jl. Ag. *A.*
austriaca. *M. u. K.* Oesterreichische M.
Stg. 3—7bth.; Bthstiele flaumig; B. entfernt-aderig; KB. länger als die Kaps. ♃ Jl. Ag. *A.*
Villarsii. *M. u. K.* Villars M.

8 B. lanzett.-lineal; Stg. sehr ästig; Aeste gleichhoch; Bthstiele so lang als der K.; Blb. eif. ♃ *A.*
sedoides. *Frhl.* Fettheuneähnliche M.
B. lineal-pfrieml. 9

9 Blb. eif., an der Bas. fast herzf., kurz-benagelt, etwas länger als der K. ♃ Jn.-Ag. *A.*
verna. *Brtl.* Frühlings-M.
Blb. oval, gegen die Bas. schmäler, ungefähr so lang als der K. ♃ Jl. Ag. *A.*
recurva. *Whlb.* Krummblättrige M.

10 KB. weiss-knorpelig, ungleich, sehr spitz; Stg. oberwärts ästig. ⊙ Jl. Ag.
Jacquini. *Koch*. Jacquin's M.
KB. häutig-berandet; Stg. gabelspalt. ⊙ Jn.-Ag.
tenuifolia. *Whlb*. Feinblättrige M.

VII. CHERLERIA. *L*. Zwergmiere.

Stg. zollhoch. ♃ Jl. Ag. *A*. (Blb. fehlend o. staubfädenartig) ....**sedoides**. *L*. Fetthenneähnliche Z.

VIII. MOEHRINGIA. *L*. Nabelmiere. (Bth. weiss.)

1 Blb. länger als der K.; B. nervenlos 2
Blb. so lang o. kürzer als der K.; B. (wenigstens die untern) eif. 5

2 B. lanzett.-lineal, spitz, die untersten viel kleiner, ellipt., in einen Bstiel zsmengezogen; Stg. aufstrebend; KB. nervenlos, spitzig. ♃ Jn.-Ag.
villosa. *Fnz*. Zottige N.
B. fädlich o. stielrund; Stg. niederliegend 3

3 Bthstiele seitenst., 1-vielbth.; B. gegen die Bas. verschmälert; KB. eif.-lanzett., stumpf. ♃ Jn. Jl. *A*.
polygonoides. *M. u. K*. Knöterigartige N.
Bthstiele endständig 4

4 B. stielrund, stumpf, mit kurzer Stachelspitze, fleischig, meergrün; Blb. 5; Stbgfss. 10. ♃ Mai, Jn.
Ponae. *Fnz*. Fleischigblättrige N.
B. halbstielrund, spitz, grasgrün; Blb. meist 4; Stbgfss. 8. ♃ Jn.-Ag. ....**muscosa**. *L*. Gemeine N.

5 Alle B. eif., 3-5nervig; BStiele so lang als die B. Blb. kürzer als der K. ♃ Mai, Jn.
trinervia. *Clair*. Dreinervige N.
B. lanzettl. o. lineal; Blb. so lang als der K. 6

6 B. lineal o. lanzettl., die unt. eif.; BStiele 2—3mal so lang als die B. ♃ Jn. Jl.
diversifolia. *Doll*. Verschiedenblttr. N.
B. lineal, halbrund, kahl, bläulich-grün. ♃ Jl. *T*.
glauca. *Leyd*. Bläulichgrüne N.

IX. ARENARIA. *L.* Sandkraut. (Bth. weiss.)

1 Blb. kürzer als der K.; B. eif., zugespitzt, sitzend.. 2
Blb. länger als der K. 3

2 Blb. eif.; KB. eif.-lanzett., haarspitzig; die ganze Pfl. kurz-borstig. ⊙ Jl. Ag. *A.*
Marschlinsii. *Koch.* Marschlin's S.
Blb. oval; KB. lanzett., zugespitzt: Pfl. kahl o. drüsighaarig. ⊙ Jl.Ag. **serpyllifolia.** *L.* Quendelblättriges S.

3 B. am Rande verdickt, lanzett.-prieml., begrannt; Blb. längl.-vrkhrt.-eif. ♃ Mai-Jl.
grandiflora. *All.* Grossblüthiges S.
B. am Rande gewimpert 4

4 B. eif. o. lanzett., spitzlich; Blb. eif. ♃ Jl. Ag. *A.*
ciliata. *L.* Gewimpertes S.
B. rundl., stumpf; Blb. oval. ♃ Jl. Ag. *A.*
biflora. *L.* Zweiblumiges S.

X. HOLOSTEUM. *L.* Spurre.

Bth. doldig. ⊙ Mz.-Mai; weiss, selten rosa.
umbellatum. *L.* Doldenblüthige Sp.

XI. STELLARIA. *L.* Sternmiere. (Bth. weiss.)

1 Wzstock wagrecht, fädlich, mit rübenf. Knöllchen; B. ellipt., spitz; Frstiele zurückgekrümmt. ♃ Ap. Mai.
bulbosa. *Wlf.* Zwiebeltragende St.
Wz. ohne Knöllchen 2

2 Stg. stielrund 3
Stg. 4kantig 6

3 Blb. so lang als der K. o. kürzer, 2theil.; Stg. einzeilig-behaart; B. eif. ⊙ Fb.-Nv.
media. *Vill.* Hühnerdarm. Meierich.
Blb. länger als der K. 4

4 B. herzf., zugespitzt, gestielt; Blb. tief-2spalt.; Stg. oberw. zottig. ♃ Mai-Jl... **nemorum.** *L.* Wald-St.
B. lineal o. lanzett. 5

5 B. lineal, die untern fast spatelig, am Rande sammt den Bthstielch. u. K. klebrig-flaumig. ⊙ Mai, Jn. **viscida**. *M. v. B.* Klebrige St.
B. längl. lanzett., sitzend, kahl; Stg. mit ein. Haarleiste. ♃ Jl. Ag. *A.*. **cerastoides**. *L.* Hornkrautähnliche St.

6 Stg. u. B. vollkommen kahl; B. lineal-lanzett., spitz; DeckB. trockenhäutig, am Rande kahl ♃ Jn. Jl. **glauca**. *With.* Meergrüne St.
Stg. u. B. theilweise rauh o. gewimpert.......... 7

7 Blb. kürzer als der K.; Stg. kahl; B. an der Bas. gewimpert; DeckB. am Rande kahl. ⊙ Jn. Jl. **uliginosa**. *Mur.* Schlamm-St.
Blb. so lang o. länger als der K. 8

8 DeckB. krautig; B. lanzett., lang-zugespitzt, am Rande u. auf dem Kiele rauh; Blb. noch einmal so lang als die KB. ♃ Ap. Mai. **Holostea**. *L.* Grossblumige St.
DeckB. trockenhäutig........................... 9

9 Stg. kahl; B. u. DeckB. an der Bas. wimperig; KB. 3nerv. ♃ Mai-Jl.....**graminea**. *L.* Grasartige St.
Stg. oberwärts rauh; B. am Rande u. auf dem Kiele rauh; KB. nervenlos. ♃ Jl.-Sp. *Sud.* **Frieseana**. *Ser.* Rauhblättrige St.

XII. MOENCHIA. *Ehr.* Weissmiere. (Bth. weiss.)

Gr. zurückgekrümmt; Bth. 4—5männig. ⊙ Ap. Mai. **erecta**. *Fl. d. W.* Aufrechte W.
Gr. gerade; Bth. 8—10männig. ⊙ Mai, Jn. **mantica**. *Brll.* Mantische W.

XIII. MALACHIUM. *Fr.* Weichkraut.

B. herz-eif., sitzend, die der unfruchtb. Stg. gestielt; Rispe drüsig-haarig; DeckB. krautig. ♃ Jn.-Ag. **aquaticum**. *Fr.* Wasser-W.

XIV. CERASTIUM. *L.* Hornkraut. (Bth. weiss.)

1 Blb. so lang als der K. o. kürzer 2
Blb. noch einmal so lang, oder doch länger als der K. 6

2 { KB. und die krautigen DeckB. an der Spitze bärtig. 3
KB. u. die obern DeckB. an der Spitze kahl 4

3 { Frstielchen so lang o. kürzer als der K.; B. rundlich o. oval. ⊙ Mai-Ag. . **glomeratum.** *Thuil.* Geknäultes H.
Frstielchen 2—3mal so lang als der K.; B. länglich u. oval. ⊙ Mai, Jn.
brachypetalum. *Desp.* Kurzblumiges H.

4 { Die seitenst. Stg. an der Bas. wurzelnd; DeckB. u. KB. am Rande trockenhäutig. ⊙ u. ⊙ Mai-Oct.
triviale. *Lnk.* Grosses H.
Stg. aufrecht o. aufstrebend, nicht wurzelnd 5

5 { KB. u. sämmtl. DeckB. halbtrockenhäutig, an d. Spitze ausgebissen-gezähnelt. ⊙ Mz.-Mai.
semidecandrum. *L.* Kleines H.
KB. u. die obern DeckB. trockenhäutig mit einem krautigen auslaufenden Mittelstreifen. ⊙ Ap. Mai.
glutinosum. *Fr.* Niedriges H.

6 { Die unt. B. eif., spitz, in den Bstiel plötzlich zsmgezogen, die obern lanzett., verschmälert-zugespitzt. ⊙ Jn. Jl. .... **silvaticum.** *WK.* Wald-H.
Die unt. B. nicht eif. 7

7 { B. etwas fleischig, lineal, unterseits convex; Stg. 7—15th.; Zähne der geraden Kapsel zirkelf.-zurückgerollt. ♃ Jl. Ag. *A.*
grandiflorum. *WK.* Grossblüthiges H.
B. nicht fleischig 8

8 { DeckB. krautig o. höchstens an der Spitze schmaltrockenhäutig; B. ellipt. o. lanzett. 9
DeckB. breit-trockenhäutig-berandet; Bthstiele flaumig o. drüsig 10

9 { DeckB. krautig; Stg. 1—3bth.; Frstiele eingeknickt. ♃ Jn. Jl. *A.* .... **latifolium.** *L.* Breitblättriges H.
DeckB. an der Spitze schmal-trockenhäutig; Frstielchen schief-abstehend. ♃ Mai-Ag. *A.*
alpinum. *L.* Alpen-H.

10 { Die obern B. eif., zugespitzt; Frstielch. schief-abstehend. ♃ Jn.-Ag. *A.*
ovatum. *Hopp.* Eirundblättriges H.
Die obern B. lineal o. lanzett.; Frstiele aufrecht, mit nickendem K. ♃ Ap. Mai. . . . **arvense.** *L.* Acker-H.

15. Ordnung. ELATINEEN. *Cambess.* Tännelgewächse.

K. 3–5theil., in der Knospenlage dachig; Blb. 3–5, mit den KZipfeln abwechselnd; Stbgefss. so viele oder doppelt so viele als Blb.; Frknot. 1, 3–5fächerig, Fächer mehreiig; Gr. so viele als Fächer; Kaps. 3–5klappig; Samentr. mittelpunktst.; B. nebenblattlos.

GATTUNG.

K. 3–4theil.; Blb. 3–4; Stbgfss. 6–8, selten 3; Gr. 3–4; Kapsel 3–4fächer. .... **Elatine. I.**

I. ELATINE. *L.* Tännel.

1 { B. quirlig. ⊙ Jl. Ag. **Alsinastrum.** *L.* Wirtelblättriger T.
B. gegenständig 2

2 { B. kürzer als der Bstiel; K. 4spalt.; Blb. 4; Stbgfss. 8. ⊙ Jn.-Ag. .... **Hydropiper.** *L.* Pfefferfrüchtiger T.
B. länger als der Bstiel; Blb. 3 3

3 { Bth. sitzend, 3männig. ⊙ Jl. Ag. **triandra.** *Schk.* Dreimänniger T.
Bth. gestielt, 6männig. ⊙ Jn.-Ag. **hexandra.** *DC.* Sechsmänniger T.

---

16. Ordnung. LINEEN. *DC.* Leingewächse.

K. 4–5bltr. o. 4theil., bleibend; Blkr. regelmässig; Blb so viel als KB., in der Knospenlage gewunden; Stbgfss. 5 o. 4, mit den Blb. abwechselnd, an der Basis in einem Ring verwachsen, oft mit dazwischen geschobenen Zähnchen; Frknoten 1, 8–10fächerig mit 1eiigen Fächern, od. 3–5fächerig mit 2sam. Fächern; Samenträger mittelpunctst.; Gr. 3–5; B. nebenblattlos.

GATTUNGEN.

K. 5blttr.; Blkr. 5blttr.; Stbgfss. 5; Kaps. 10fächerig. **Linum.** I.
K. 4theil.; Blkr. 4blttr.; Stbgfss. 4; Kaps. 8fächerig. **Radiola.** II.

ARTEN.

I. LINUM. *L.* Lein.

1 B. sämmtl. gegnst., die untern vrkhrt.-eif., die obern lanzett. ⊙ Jn.-Ag. Stg. fädlich. Bth. weiss, sehr klein. **catharticum.** *L.* Purgier-L.
B. sämmtlich wechselständig o. nur die untern gegenst. 2

2 KB. am Rande drüsig-gewimpert 3
KB. am Rande drüsenlos 10

3 Bth. gelb 4
Bth. blau, rosenroth o. weiss 8

4 B. am Rande schärflich, lineal-lanzett.; KB. in eine am Rande etwas rauhe Spitze zugespitzt-verschmälert 5
B. glatt, 3nervig 7

5 Frtrag. Bthsticle viel kürzer als der K.; B. am Rande sehr scharf. ⊙ Jn. Jl. *J.*... **strictum.** *L.* Steifer L.
Frtragende Bthstiele so lang o. länger als der K... 6

6 Aestchen der Rispe ganz kahl; KB. 1½mal so lang als d. Kasp. ⊙ Jn. Jl. *J.* **gallicum** *L.* Französischer L.
Aestchen der Rispe einw. an der Bas. flaumig; KB. doppelt so lang als die Kaps. ⊙ Jn. Jl. *J.* **corymbulosum.** *Rb.* Ebensträussiger L.

7 KB. eif., kurz-zugespitzt, fast so lang als die Kaps.; die unt. B. gegenst. ellipt. ♃ Ap.-Sp. *J.* **maritimum.** *L.* Seestrand-L.
KB. lanzett., zugespitzt, länger als die Kaps.; B. an der Bas. beiderseits mit einer Drüse. ♃ Jl. Ag. **flavum.** *L.* Gelber L.

8 Stg. kahl; B. lineal, am Rande wimperig-rauh, übrigens kahl; KB. ellipt., an der Spitze pfrieml. ♃ Jn. Jl. rosa, lila o. weiss. **tenuifolium.** *L.* Feinblättriger L.
Stg. u. B. zottig; KB. lanzettl., zugespitzt 9

9 K. zottig; Stg. filzig-zottig. ♃ Jn. Jl. lila, am Grunde weissl. .... **hirsutum.** *L.* Rauhhaariger L.
K. fast kahl; Stg. von abstehenden Haaren zottig. ♃ Jn. Jl. hellrosa, am Grunde violett-geadert. **viscosum.** *L.* Klebriger L.

10 Bth. gelb; KB. verlängert-lineal, stachelspitz, am Rande feingesägt-scharf; B. am Rande scharf, die untern vrkhrt.-eif.-lanzett., die obern lanzett. ⊙ Jn. Jl. *J.* **nodiflorum.** *L.* Knotenfrüchtiger L.
Bth. blau 11

11 Stg. einzeln, aufrecht; B. lanzett; KB. eif., zugespitzt, fein-gewimpert, fast so lang als die Kaps. ⊙ Jl. Ag. **usitatissimum.** *L.* Haus-L. Flachs.
Stg. zahlreich; B. lineal-lanzett. 12

12 KB. zugespitzt, lanzett. o. eif. 13
KB. eif., die innern ganz stumpf 14

13 KB. lanzett., doppelt so lang als die Kapsel; B. am Rande schärflich. ♃ Jn. Jl. azurblau. **narbonense.** *L.* Languedockischer L.
KB. eif., fast so lang als die Kapsel, die innern schwach-gewimpert; B. kahl. ♃ Jn. Jl. blau. **angustifolium.** *Hds.* Schmalblättriger L.

14 Frtrag. Bthstiele einseitswendig—hinabgebogen; Nagel der Blb. 3eckig, so lang als breit. ♃ Jn. Jl. azurbl. **austriacum.** *L.* Oesterreichischer L.
Frtrag. Bthstiele aufrecht; Nagel der Blb. längl.-3eckig 15

15 Blb. mit dem ganzen Seitenrande sich deckend; Kaps. fast kugelig, doppelt so lang als der K. ♃ Jn. Jl. hellblau .... **perenne.** *L.* Ausdauernder L.
Blb. von der Mitte an am Rande von einander entfernt; Kaps. eif., um $1/3$ länger als der K. ♃ Jn. Jl. *A.* tiefblau. .... **alpinum.** *Jcq.* Alpen-L.

II. RADIOLA. *Gm.* Zwerglein.

Stg. gabelsplt., kahl; B. eirund, sitzend. ⊙ Jl. Ag. weissl. (1—2 Zoll hoch). **linoides.** *Gmel.* Tausendkörniger Z.

17. Ordnung. MALVACEEN. *Juss.* Malvengewächse.

K. 5blttr. o. 3—5spalt, oft doppelt, in der Knospenlage klappig; Blkr. regelmässig; Blb. so viele als KZipfel, mit diesen abwechselnd, in der Knospenlage schraubenf. gewunden; Stbgfss. zahlreich, in eine Röhre verwachsen. Stbkölbch. 1fächerig, mit 1 Querspalte aufspringend; B. wechselständig, nebenblättrig.

GATTUNGEN.

1 { K. einfach, 5spalt.; Kaps. mehrere in einen Kreis gestellt; Gr. viele .... **Abutilon.** V.
K. doppelt, der innere 5spaltig 2

2 { Gr. 5; Kaps. 5fächer.; äuss. K. vieltheil. **Hibiscus.** IV.
Gr. sehr viele; Kaps. kreisrund, vielfächerig 3

3 { Aeusserer K. 3blättrig .... **Malva.** I.
Aeusserer K. 3—9spaltig 4

4 { Aeusserer K. 6—9spaltig .... **Althaea.** II.
Aeusserer K. 3spaltig .... **Lavatera.** III.

ARTEN.

I. MALVA. *L.* **Käspappel.** Wengepappel.

1 { StgB. handf. 5—7theilig; Bth. blattwinkelst. einzeln, o. endst. gehäuft 2
B. gelappt; Bth. blattwinkelst., büschelig........ 3

2 { Bthstiele u. K. filzig-rauh; B. des äuss. K. eif.; Fr. kahl. ♃ Jl. Ag. rosa, geruchlos.
Alcea. *L.* Sigmars-Kraut.
Bthstiele u. K. von meist einfachen Haaren steifhaarig; B. des äuss. K. lineal-lanzett.; Fr. rauhhaarig. ♃ Jl.—Herbst. rosa, wohlriech.
moschata. *L.* Bisam K.

3 { B. des äuss. K. eif. o. ellipt.; Blb. länger als der K., tief-ausgerandet 4
B. des äuss. K. lineal-lanzett. 5

4 Stg. aufrecht o. aufstrebend; Blb. 3—4mal so lang als der K.; äuss. KB. ellipt.-längl. ⊙ Jl. Ag. rosa mit Purpurstreifen ...... **silvestris.** *L.* Wald-K.
Stg. niedergestreckt, aufstrebend; Blb. noch einmal so lang als der K.; äuss. KB. eif. ⊙ Jl. Ag. *J.* **nicaeensis.** *All.* Nizzäische K.

5 Blb. 2—3mal länger als der K., tief ausgerandet; Fr. am Rande abgerundet, glatt o. schwach-runzelig. ⊙ Jn.-Herbst. hellrosa. **rotundifolia.** *L.* Gänspappel.
Blb. so lang als der K., seicht-ausgerandet; Fr. berandet, grubig-runzelig. ⊙ Jn.-Herbst. hellrosa. **borealis.** *Wllm.* Nördliche K.

II. ALTHAEA. *L.* Eibisch. Heilwurz.

1 Bthstiele vielblth., viel kürzer als das B.; B. beiderseits weich-filzig, die untern 5lappig, die obern 3lappig. ♃ Jl. Ag. weiss o. blass-rosa. **officinalis.** *L.* Gebräuchlicher E.
Bthstiele 1- o. 2bth. 2

2 Die ganze Pfl. von wagrecht-abstehenden Haaren steifhaarig; B. gekerbt, die untern nierenf.-5lappig, die mittl. handf., die obern tief-3spalt. ♃ Jl. Ag. lila o. rosa .... **hirsuta.** *L.* Rauhhaariger E.
Die ganze Pfl. filzig-rauhhaarig. 3

3 B. rundl. o. eif., meist mit herzf. Bas., schwach 5–7lappig o. fast ungetheilt, Lappen ungleichgekerbt. ⊙ Jl. Ag. lila, an der Bas. schwefelgelb. **pallida.** *WK.* Blasser E.
Die unt. B. handf., die obern fingerig, die obersten 3zählig, alle gesägt-gezähnt. ♃ Jl. Ag. rosa mit purp. Nagel..... **cannabina.** *L.* Hanfblättriger E.

III. LAVATERA. *L.* Strauchpappel.

Stg. krautig, filzig; Bthstiele einzeln, länger als der Bstiel; Blb. 2lappig. ♃ Jl. Ag. blassrosa. **thuringiaca.** *L.* Thüringische St.

IV. HIBISCUS. *L.* **Ibisch.**

Obere B. 3theil., Zipfel lanzett., der mittlere sehr lang; K. aufgeblasen. ♃ Jl. Ag. blass schwefelgelb, am Grunde dunkelpurp.
Trionum. *L.* Stunden-I.

V. ABUTILON. *Tourf.* **Sammetpappel.**

B. rundl.-herzf., zugespitzt, gekerbt, filzig; Bthstiel kürzer als der Btsiel. ⊙ Jl. Ag.
Avicennae. *Gaert.* Avicenna's S.

---

18. Ordnung. TILIACEEN. *Juss.* Lindengewächse.

K. 4—5blttr., in der Knospenlage klappig; Blkr. regelm. 4—5blttr.; Stbgfss. zahlreich, frei o. in 5 Bündel verwachsen; Stbkölb. 2fächerig, mit doppelter Ritze aufspringend; Frknoten 1, 2—10fächerig, Samenträger mittelpunktst.; B. wechselst., nebenblättrig.

GATTUNG.

K. 5blttr., abfällig; Blb. 5; Gr. 1; Nuss durch Fehlschlagen 1fächer., 1—2sam. . . . . **Tilia.** I.

ARTEN.

I. TILIA. *L.* **Linde.** (B. schief-herzf.-rundl., zugespitzt, gesägt.)

1 { Stgfss. in 5 Bündel verwachsen, mit 5 NebenKrB.; B. oberseits dunkelgrün, unters. weiss-filzig; Doldentr. 6—12btb. ♄ Jl. *cult.*
alba. *WK.* Weissblättrige L.
Stgfss. frei; NebenKrB. fehlend 2

2 { B. unterseits kurzhaarig u. blässer, in den Achseln der Adern weisslich-gebärtet; Doldentr. 2—5btb. ♄ Jn. Jl. . . . . **grandifolia.** *Ehr.* Sommer-L.
B. unterseits kahl, seegrün, in den Achseln der Adern rothgelb-gebärtet; Doldentr. 3—7bth. ♄ Jl.
parvifolia. *Ehr.* Winter-L.

19. Ordnung. HYPERICINEEN. *DC.* Johanniskrautgewächse.

K. 4—5theil., o. 4—5blttr., in der Knospenlage dachig; Blb. 4—5, unterweibig, in der Knospenlage gewunden; Stbgfss. zahlreich, in 3—5 Büschel an der Bas. zsmgewachsen; Frknoten frei, 1-mehrfächerig, Fächer vieleiig; B. meist durchscheinend-punktirt.

GATTUNGEN.

Beere einfächerig, schwarz o. blaubereift; K. 5theil.; Kr. 5blttr. .... **Androsaemum.** I.
Kapsel 3—5fächer. o. wegen der nur wenig eingebogenen Klappenränder 1fächer.; Gr. 3—5; K. 5bltt. o. 5theil.; Kr. 5blttr. .... **Hypericum.** II.

ARTEN.

I. ANDROSAEMUM. *All.* **Blutheil.**

Kahl; B. eif.; unterseits weisslichgrün, sehr fein punktirt. ♃ Jn. Jl. gelb. *T.*
officinale. *All.* Gebräuchliches B.

II. HYPERICUM. *L.* **Hartheu.** Kundrat. Johanniskraut. (Bth. gelb.)

1 3 unterweibige Drüsen auf dem Bthboden mit den 3 Stbgfss.-Bündeln abwechselnd; B. rundl.-eif., sitzend, sammt den Stg. zottig; KZipfel drüsig-gewimpert. ♃ Ag. Sp. .... **elodes.** *L.* Sumpf-H.
Unterweibige Drüsen fehlend 2

2 KB. ganzrandig, am Rande weder drüsig-gewimpert, noch fransig (ausser zuweilen b. H. *humifusum*) 3
KB. am Rande drüsig-gewimpert-kleingesägt o. fransig 7

3 Stg. 2schneidig, o. fädlich niedergestreckt 4
Stg. 4kantig, aufrecht o. aufstreb.; B. oval 6

4 Stg. fädlich, niederliegend; KB. länglich, stumpf, stachelspitz; Stbgfss. 15–20. ♃ Jn.-Herbst.
humifusum. *L.* Niedergestrecktes H.
Stg. aufrecht o. aufstrebend, 2schneid.; KB. lanzett., spitz; Stbgfss. 50–60 5

5 KB. 2mal so lang als der Frknoten, sehr spitz; B. oval-länglich. ♃ Jl. Ag.
perforatum. *L.* Jageteufel.
KB. so lang als der Frknoten, spitz; B. lineal-länglich. ♃ Jl. Ag.
veronense. *Schk.* Veronesisches H.

6 KB. ellipt., stumpf; Stg. ungeflügelt; B. nur hin und wieder punktirt o. unpunktirt. ♃ Jl. Ag.
quadrangulum. *L.* Vierkantiges H.
KB. lanzett., spitz; Stg. an den Kanten fast geflügelt; B. dichtpunktirt. ♃ Jl. Ag.
tetrapterum. *Fr.* Vierflügeliges H.

7 B. wirtelig, zu 3—4, lineal, stumpf; Stg. halbstrauchig. ♄ Jl. Ag. *A.* ..... **Coris.** *L.* Corisähnl. H.
B. gegenst.; Stg. krautig 8

8 Stg. u. B. zottig; Stg. stielr.; B. eif. o. längl., kurzgestielt. ♃ Jn.-Ag. ... **hirsutum.** *L.* Rauhhaar. H.
Stg. kahl 9

9 KB. am Rande drüsig-gewimpert; Stg. stielr.; B. herz-eif.; Same sehr fein-punktirt 10
KB. am Rande fransig-gewimpert, höchstens an der Spitze feindrüsig 11

10 KB. vrkhrteif. stumpf; Drüsen sehr kurz-gestielt. ♃ Jl.-Sp. .... **pulchrum.** *L.* Hübsches H.
KB. lanzettl., spitz; Drüsen kugelig, länger gestielt. ♃ Jn.-Ag. .... **montanum.** *L.* Berg-H.

11 Fransen der KB. kürzer als der Querdurchmesser der KB.; B. aus herzf. Bas. lanzettl. o. eif.; Same fein-punkt. ♃ Jn. Jl. **elegans.** *Steph.* Zierliches H.
Fransen der KB. länger als der Querdurchm. der KB.; Same der Länge nach wellig-gestreift 12

12 Fransen der KB. mehrmal länger als der Querdurchm., borstl. o. kraus; B. längl.-lanzett., nach vorn verschmälert. ♃ Mai, Jn. **barbatum**. *Jcq.* Bärtiges H.
Fransen der KB. so lang als der Querdurchm.; B. eif., unters. netzaderig. ♃ Jl. Ag. **Richeri**. *Vill.* Richer's H.

---

20. Ordnung. ACERINEEN. *DC.* Ahorngewächse.

K. 4—9theil., in der Knospenlage dachig; Blb. eben so viele o. fehlend; Stbgfss. auf einer unterweib. Scheibe, 4—12; Frknot. 1, 2lappig, 2fächer., Fächer 2eiig; Gr. 1; N. 2; Frucht 2flügelig, in 2 nussart. nicht aufspr. Früchtchen sich trennend; Bäume mit zuckerhaltigem Safte.

GATTUNG.

Bth. vielehig; K. 5theil.; Kr. 5blttr.; Stbgfss. meist 8. **Acer**. I.

ARTEN.

I. ACER. *L.* **Ahorn.** Masholter.

1 B. herzf.-oval, etwas eingeschnitten, ungleich-gesägt. ♄ Mai. weissl. *Ug.* . . **tataricum**. *L.* Tatarischer A.
B. handf.-lappig 2

2 B. handf.-3lappig, Lappen stumpf, ganzrand.; Ebenstr. hängend. ♄ Ap. gelbgrün. **monspessulanum**. *L.* Französischer A.
B. handf.—5lappig 3

3 Trauben hängend; B. unters. matt u. meergrün, Lappen zugespitzt, ungleich-grobgesägt. ♄ Mai, Jn. grün . . . . **Pseudoplatanus**. *L.* Lenne.
Ebensträusse aufrecht 4

4 Bthstiele drüsig, unbehaart; Lappen der B. buchtig-3—5zähnig, sammt den Zähnen fein-zugespitzt. ♄ Ap. Mai. grünlich . . . . **platanoides**. *L.* Spitz-A.
Bthstiele drüsenlos, kurzhaarig; Lappen der B. ganzrand., längl., der mittlere stumpf-2—3lappig. ♄ Mai. grün . . . . **campestre**. *L.* Feld-A.

---

21. Ordnung. HIPPOCASTANEEN. *DC.* Rosskastaniengewächse.

K. 5zähnig; Blkr. unregelm., 4—5blttr.; Stbgfss. 7—8, einer unterweibigen Scheibe eingefügt, frei; Frknot. 1, 3fächerig; Same mit einem breiten Nabel an der Basis; B. gegenst., nebenblattlos.

GATTUNG.

K. glockig; Blb. 4—5; Stbgfss. abwärts geneigt, aufstreb.; Kaps. kugelig, stachelig; B. fingerig- 5—7-zählig .... **Aesculus.** I.

ARTEN.

I. AESCULUS. *L.* **Rosskastanie.** Sperwe.

Blb. 5; Stbgfss. 7. ♄ Mai. weiss, gelbl. u. röthl. gefleckt .... **Hippocastanum.** *L.* Gemeine R.
Blb. 4; Stbgfss. 8. ♄ Mai. rosenroth. **rubicunda.** *DC.* Rothblühende R.

---

22. Ordnung. AMPELIDEEN. *Humb.* Rebengewächse.

K. klein- 4—5zähnig o. ganzrandig; Blb. 4—5, an eine drüsige Scheibe aussen angefügt; Stbgfss. so viel als Blb., vor denselben eingefügt; Frknot. 1, 2fächerig, 4eiig; Gr. 1; N. einfach; Beere; kletternde Sträucher.

GATTUNGEN.

K. klein-5zähnig; Blb. 5, an der Spitze zsmhängend, und gleich einer Mooshaube an der Basis sich ablösend....... .... **Vitis.** I.
K. fast ganzrand.; Blb. 5, an der Spitze nicht zsm.-hängend, beim Aufblühen von der Spitze nach dem Grunde zu auseinandertretend. **Ampelopsis.** II.

ARTEN.

I. VITIS. *L.* **Weinstock.**

B. herzf.-rundl., 5lappig, grobgezähnt. ♄ Jn. Jl.
vinifera. *L.* Edler W.

II. AMPELOPSIS. *Mich.* **Wandrebe.**

B. 3—5zählig, kahl, Blttch. gestielt, eif.-längl., zugespitzt, stachelspitz.-gesägt. ♄ Jl. Ag. grün.
hederacea. *Mch.* Epheuartige W.

---

23. Ordnung. GERANIACEEN. *DC.* Storchschnabelgewächse.

K. u. Blkr. 5blttr.; Stbgfss. 10, an der Bas. meist 1brüdrig, davon oft 5 ohne Stbkölbch.; Frknot. aus 5 Früchtchen gebildet, 5fächerig, geschnabelt; die reifen Fr. 1samig, die Frschalen, von der Bas. bis zur Spitze mit den Gr. abspringend, schliessen die von der Achse losgetrennten Samen ein; unt. B. meist gegenst., obere wechselst.

GATTUNGEN.

Schnabel der Frschalen inwendig kahl, zuletzt elastisch abspringend u. sich zirkelf.-zurückrollend; Stbgfss. abwechselnd grösser ...... **Geranium.** I.
Schnabel der Frschalen inwendig bärtig, zuletzt schraubenf.-gewunden; die 5 fruchtb. Stbgfss. schmäler, die 5 unfruchtb. breiter ... **Erodium.** II.

I. GERANIUM. *L.* **Storchschnabel.** Taubenfuss, Schartenkraut.

1 Bth. schwarz-violett; Kr. flach, etwas zurückgebogen, ein wenig länger als der stachelspitzige K. ♃ Mai, Jn...... **phaeum.** *L.* Braunblühender St.
Bth. anders gefärbt.............................. 2

2 Blb. spatelig u. lang-genagelt, o. längl.-keilig u. ungetheilt 3
Blb. vrkhrt.-eif. o. vrkhrt.-herzf. 4

3 Blb. spatelig. Nagel so lang als der K.; Stbgfss. abwärtsgeneigt. ♃ Ap.-Jn. blutroth o. dunkelrosa. **macrorrhizum**. *L.* Grosswurzl. St.
Blb. längl.-keilig, ungetheilt, ein wenig länger als der kurzbegrannte K.; B. im Umrisse nierenf., die unt. 7spaltig. ⊙ Jn.-Hrbst. fleischr. **rotundifolium**. *L.* Rundblttr. St.

4 Blb. am Grunde und am vorderen Rande gewimpert; Stg. u. BthStiele drüsig-haarig u. zottig. ⊙ Jn. Jl. blau, mit 5 viol. Adern. **bohemicum**. *L.* Böhmischer St.
Blb. am vordern Rande nicht gewimpert 5

5 Blb. vrkhrt.-herzf. o. 2spaltig 6
Blb. vrkhrt.-eif. 12

6 Blb. ziemlich so lang als die KB. 7
Blb. länger als die KB. 10

7 Blb. längl.-vrkhrt.-herzf., Nägel fein gewimpert; KB. kurz begrannt; Klappen flaumig. ⊙ Jl.-Herbst. Blb. rosa o. lila, 4 Mm. lang. . **pusillum**. *L.* Kleiner St.
Blb. vrkhrt.-herzf. 8

8 B. handf.-5spalt., die obersten Zipfel 3spalt., der eine Seitenlappen länger; Klappen quer-runzl., kurzhaar.; Same glatt. ⊙ Jl. Ag. hellrosa, dunkler-geadert. **divaricatum**. *Ehr.* Gespreizter St.
B. 5 –7theil.; Klapp. glatt, oft haarig; Same wabenartig-ausgestochen 9

9 Klappen drüsenhaarig; Stg. kurzhaarig. ⊙ Mai, Jn. purp. .... **dissectum**. *L.* Zerschnittener St.
Klappen kahl; Stg. flaumig, Flaum abwärts angedrückt. ⊙ Jn. Jl. rosa. .... **columbinum**. *L.* Tauben-St.

10 Blb. 2spalt., noch einmal so lang als der stachelspitzige K., oberhalb des Nagels beiders. dichtbärtig; Klappen glatt, angedrückt-flaumig. ♃ Jl.-Hrbst. purp. o. violett. **pyrenaicum**. *L.* Pyrenäischer St.
Blb. nicht 2spaltig 11

11 Bth. hell-rosenr.; BthStiele zuletzt aufr.; K. lang begrannt; B. handf.-5spalt. ♃ Jn. Jl.
nodosum. *L.* Knotiger St.
Bth. purp.; BthStiele zuletzt abwärts geneigt; K. kurz-stachelspitzig; B. 7—9spalt. ⊙ Mai-Ag.
molle. *L.* Weicher St.

12 Blb. so lang als der begrannte K.; Stg. rauhhaar.; B. handf.-5theil. mit rautenf.-längl., eingeschnitten-gesägten Zipfeln; Klappen glatt, flaumig. ♃ Jl. Ag. weissl. o. blassrosa mit purp. Adern. *Ug.*
sibiricum. *L.* Sibirischer St.
Blb. länger als der K. 13

13 B. 3—5schnittig, Abschnitte einfach- oder doppelt-fiederspalt. u. eingeschnitten-gekerbt. ⊙ Jn.-Hrbst. Blb. rosa mit 3 weissen Streifen.
robertianum. *L.* Ruprechtskraut, Gottesgnad.
B. anders geformt 14

14 K. quer-runzl., piramydenf.; Klappen netzig-runzl.; B. 5—7spalt., im Umrisse nierenf. ⊙ Mai-Ag. purp.
lucidum. *L.* Spiegelnder St.
K. glatt; Klappen glatt, übrigens kahl o. haarig... 15

15 Grau-seidenhaarig; B. 5—7theil., Zipfel tief-3spalt. ♃ Jl. Ag. fleischf...**argenteum.** *L.* Silberblttr. St.
Nicht seidig-behaart; Blb. noch einmal so lang als der K. 16

16 Stg. oberw. drüsig-haarig, aufrecht; B. handf.-7spalt. 17
Stg. oberw. rauhhaar. aber drüsenlos, ausgebreitet. Bth. purp. 18

17 Bth. purp.-violett; Blb. oberhalb des Nagels bärtig; Stbgfss. lanzett. ♃ Jn. Jl. **silvaticum.** *L.* Wald-St.
Bth. blau; Blb. oberh. des Nagels kahl; Stbgfss. fädlich. ♃ Jn. Jl. ....**pratense.** *L.* Wiesen-St.

18 BthStiele 1bth. ♃ Jn.-Hrbst.
sanguineum. *L.* Blutrother St.
BthStiele 2bth. ♃ Jl. Ag....**palustre.** *L.* Sumpf-St.

II. ERODIUM. *L'Her.* **Reiherschnabel.**

1 B. herzf., o. herzf.-längl., stumpf- u. kurz-gelappt. (Die ganze Pt. drüsig-flaumig.) ⊙ Jn. Jl. *J.*
malacoides. *W.* Herzblättriger R.
B. gefiedert. 2

2 Die 5 fruchtb. Stbgfss. vom Grunde bis zur Mitte lanzett. u. bewimpert, oben fadenf. u. kahl; B. herablaufend-gefiedert. ⊙ Mai, Jn. hellblau. J.
ciconium. *W.* Langschnabliger R.
Stbgfss. kahl 3

3 Blttch. sitzend, fast bis zum Mittelnerven fiederspl t. ⊙ Ap.-Sommer. purp.
cicutarium. *L'Her.* Schierlingsblättriger R.
Blttch. gestielt, ungleich-doppelt-gesägt, fast klein-gelappt. ⊙ Mai—Jl.
moschatum. *L'Her.* Bisamduftender R.

---

24. Ordnung. BALSAMINEEN. *Rich.* Springkrautgewächse.

K. 3—5blltr., unregelm., das unpaarige KB. grösser, gespornt; Blb. 3, die seitlichen 2spaltig; Stbgfss. 5; Frknot. 1, 5fächerig, Fächer vieleiig; Samenträger mittelpunktst.; Kps. 5klappig. elastisch-aufspringend; B. nebenblattlos.

GATTUNG.

N. 5zähnig o. 5spalt.; Klappen der Kaps. von der Bas. gegen die Spitze sich einwärts-rollend.
Impatiens. I.

ARTEN.

IMPATIENS. *L.* **Springkraut.**

Sporn an der Spitze gekrümmt, Samen 4kantig, runzelig. ⊙ Jl. Ag. citrongelb.
noli tangere. Empfindliches Sp.
Sporn gerade, Samen fein gestreift, an einer Seite rinnig, endst. B. schopfig gehäuft. ⊙ Jl. Ag. gelb, Sporn an der Spitze röthlich. *Slz.*
parviflora. *DC.* Kleinblüthiges Sp.

25. Ordnung. OXALIDEEN. *DC.* Sauerkleegewächse.

K. 5blttr. o. 5theil., in der Knospenlage dachig; Kr. regelmäss., 5blttr.; Stbgfss. 10, an der Bas. oft 1brüdrig; Frknoten 1, frei, 5fächerig, Fächer vieleiig; Samenträger mittelpunktst.; Gr. 5; Kps. 5klappig.

GATTUNG.

K. 5blttr. o. 5theil.; Stbgfss. an der Bas. kurz-1brüdrig, die 5 äussern kürzer .... **Oxalis**. 1.

ARTEN.

I. OXALIS *L.* **Sauerklee.**

1 Stg. fehlend; Wzstock kriechend, gezähnt; Schaft 1bth., über der Mitte mit 2 DeckB.; B. langgestielt, 3zählig. ♃ Ap. Mai. weiss o. rosa. **Acetosella**. *L.* Gauchklee. Alleluja.
Stg. vorhanden, flaumig 2

2 B. nebenblattlos; Stg. einzeln, aufrecht; fruchttr. Bthstiele aufrecht-abstehend. ⊙ Jn.-Sp. gelb. **stricta**. *L.* Steifer S.
NebenB. längl., an den Bstiel angewachsen; die Stg. ausgebreitet; fruchttr. Bthstiele zurückgeschlagen. ⊙ Jn.-Sp. gelb..... **corniculata**. *L.* Gehörnter S.

---

26. Ordnung. TRIBULACEEN. Burzeldorngewächse.

K. 5blttr.; Kr. regelm., 5blttr., dem Frboden eingefügt; Stbgfss. 10, frei, unterweibig; Frknot. 1, 5fächerig, Fächer 3—4eiig; Samenträger mittelpunktst.; Same eiweisslos; B. gegenständ. nebenblttr., nicht punktirt.

GATTUNG.

Gr. sehr kurz; N. halbkugelig, 5strahlig; Fr. 5eckig, 5knöpfig, in 5 nussartige Theilfrüchtchen zerfallend. **Tribulus**. I.

ARTEN.

I. **TRIBULUS**. *L.* **Burzeldorn**. Loh.

B. 5—7paarig; Blttch. längl., steifhaarig-gewimpert; Theilfrüchtch. 2—4dornig. ⊙ Jn.-Hrbst. *J.* gelb. **terrestris**. *L.* Dornloh.

---

27. Ordnung. RUTACEEN. *Juss.* Rautengewächse.

K. 3—5spalt. o. -theil.; Blb. so viele als KZipfel, mit diesen abwechselnd, einer drüsigen Scheibe eingefügt; Stb.-gfss. so viele o. doppelt so viele als KZipfel; Frknoten lappig, Lappen u. Fächer so viele als KZipfel; Fächer 2—4eiig; Gr. 1; Samenträger mittelpunktst.; B. durchscheinend-getüpfelt.

GATTUNGEN.

K. bleibend, meist 4theil.; Blb. meist 4, concav; Stbgfss. meist 8, gerade, horizontal abstehend. (Bth. grünlich-gelb.) .... **Ruta**. I.
K. abfallend, 5theil.; Blb. 5, ungleich; Stbgfss. 10, abwärts-geneigt; Stempelträger kurz, dick, stielf. **Dictamnus**. II.

ARTEN.

I. **RUTA**. *L.* **Raute**.

1 B. 3zählig, sitzend, Blttch. lineal o. lanzett.; Lappen der Kps. stumpf, aussen mit 1 Hörnchen; Stg., K. u. Bthstiele zottig. ♃ Ju. *J.* **patavina**. *L.* Gilbraute.
B. beinahe 3fach-gefiedert.......................... 2

6*

2 Blb. gefranst; Lappen der Kps. zugespitzt; B. fast sitzend. ♃ Jn. Jl. *J.*
bracteosa. *DC.* Deckblättrige R.
Blb. ganzrand. o. gezähnelt; Lappen der Kaps. stumpf; B. gestielt.......................... 3

3 Blättch. oval-längl., die endst. vrkhrt.-eif. ♃ Jn. Jl.
graveolens. *L.* Garten-R.
Blttch. längl.-lineal, die endst. der untern B. verlängert-vrkhrt.-eif. ♃ Jn. Jl. *J.*
divaricata. *Ten.* Spreizende R.

II. **DICTAMNUS**. *L.* **Spechtwurz**. Weisswurz.

B. gefiedert; Blttch. ellipt. o. längl., klein-gekerbt-gesägt. ♃ Mai, Jn. hellpurp. o. weiss.
Fraxinella. *Prs.* Eschenblättrige Sp.

---

28. Ordnung. CELASTRINEEN. *R. Br.* Celastergewächse.

K. 4—5spalt. o. -theil., in der Knospenlage dachig; Kr. regelm.; Blb. so viele als KZipfel; Stbgfss. so viele als Blb., mit diesen abwechselnd, am Rande der unterweib. Scheibe o. auf der Scheibe selbst eingefügt; Frknot. 1, 2—4fächerig; Fächer 1—mehreiig; Samenträger mittelpunktst.

GATTUNGEN.

Kaps. häutig, aufgeblasen; Samen knöchern, mantellos (B. gefiedert.).............. **Staphylea**. I.
Kaps. 3—5kantig; Sam. mit einem saftigen Mantel bis zur Mitte o. ganz umhüllt. (B. einfach.)
Evonymus. II.

ARTEN.

I. **STAPHYLEA**. *L.* **Pimpernuss**.

B. gefiedert, Blttch. eif. o. ellipt., kahl, gesägt; Bth. traubig. ♄ Mai, Jn. K. u. Kr. weiss, an der Spitze röthlich..........**pinnata**. *L.* Fiederblättrige P.

II. EVONYMUS *L.* **Spindelbaum.**

1 { Kaps. geflügelt-kantig, meist 5lappig; Blb. rundlich; Aeste zsmgedrückt-rundlich, glatt, ♄ Mai, Jn. grünlichbraun, Kps. carminroth.
latifolius. *Scp.* Breitblättriger Sp.
Kaps. flügellos, stumpfkantig, meist 4lappig, carmin- o. rosenroth mit orangefarb. Mantel............ 2

2 { Aeste 4eckig, glatt; Blb. längl. ♄ Mai, Jn.
europaeus. *L.* Gemeiner Sp.
Aeste stielrund, warzig; Blb. rundl. ♄ Mai, Jn.
verrucosus. *Scp.* Warziger Sp.

---

29. Ordnung. RHAMNEEN. *R. Br.* Kreuzdorngewächse.

K. 4–5splt., Zipfel in der Knospenlage klappig, abfällig, die Röhre bleibend, dem Frknoten anhängend; Blb. so viele als KZipfel; Stbgfss. so viele als Blb., u. diesen gegenst.; Frknoten 1, 2–4fächerig, Fächer 1eiig; Gr. 1, mit 2–4 Narben, bisweilen bis zur Bas. getheilt.

GATTUNGEN.

1 { Gr. 1, ungetheilt o. 2—4spalt.; Blb. schuppenf.; Steine der Länge nach aufspringend.
Rhamnus. III.
Gr. 2—3, kegelf.; Blb. vrkhrt.-eif.-spatelig, genagelt; Steine nicht aufspringend.................... 2

2 { Steinfrucht saftig, flügellos.......... **Zizyphus**. I.
Steinfr. trocken, mit 1 kreisf. Flügel umzogen.
Paliurus. II.

ARTEN.

I. ZIZYPHUS. *Tourn.* **Judendorn.**

B. eif., eingedrückt, gezähnelt, nebst den Aestch. kahl; Stacheln gezweit, der eine zurückgebogen, bisweilen fehlend. ♄ Jl. Ag.
vulgaris. *Lam.* Gemeiner J.

II. PALIURUS. *Tourn.* **Stechdorn.** Garthage.

Aestch. flaumig; B. eif., kurz-zugespitzt, 3nerv. ♄ Jn.-Ag. grünlich gelb.
aculeatus. *Lam.* Oriental. St.

III. RHAMNUS. *L.* **Wegdorn.** Wehenbeere. Kreusel.

1 Aeste gegenst.; Dornen an den heurigen Aesten endst., später gabelst. ....
Aeste wechselst., wehrlos. ....

2 Bstiele 2—3mal so lang als die hinfälligen pfrieml. NebenB.; B. eif. o. ellipt., an der Bas. fast herzf.; Ritze der Samen geschlossen. ♄ Mai, Jn. grünl.-gelb; Fr. schwarz. . . .**cathartica.** *L.* Kreuzdorn.
Bstiele meist so lang als die NebenB. ....

3 Steinfrüchte auf der flachen Bas. des K. sitzend; Ritze der Samen geschlossen. ♄ Mai. *J.*
infectoria. *L.* Gilbbeere.
Steinfrüchte auf der convexen o. halbkugeligen KBas. sitzend; Ritze der Samen klaffend ....

4 KBasis halbkugelig, kantig; Fr. stachelspitz. ♄ Mai.
tinctoria. *WK.* Färber-W.
KBasis etwas convex. (Niedergestreckter Strauch mit aufsteig. Aesten und ellipt. o. lanzett. B.) ♄ Mai, Jn. ....**saxatilis.** *L.* Zwerg-W.

5 Bth. in Trauben; B. lederig, ausdauernd, kahl, entfernt-gezähnelt-gesägt. ♄ Mai, Jn. *J.*
Alaternus. *L.* Immergrüner W.
Bth. in Büscheln; B. abfällig ....

6 Gr. 3spalt.; Bth. 2häus.; Blb. 4; Stbgfss. 4. ......
Gr. ungetheilt; N. kopfig; Bth. zwitterig; Blb. u. Stbgfss. 5 ....

7 B. am Mittelnerven beiderseits mit 12—20 schiefen, geraden Adern. ♄ Mai, Jn. *A.* **alpina.** *L.* Alpen-W.
B. am Mittelnerven beiderseits mit 6 schiefen, etwas bogigen Adern. ♄ Ap.-Jn. *A.*
pumila. *L.* Niedriger W.

8 B. oval o. rundl., stumpf, gekerbt-gesägt. ♄ Jn. Jl. **rupestris**. *Scp.* Felsen-W.
B. ellipit., zugespitzt, ganzrandig. ♄ Mai, Jn. **Frangula**. *L.* Faulbaum. Sporkel.

30. Ordnung. TEREBINTHACEEN. *DC.* Pistaziengewächse.

K. 3–5spaltig; Blb. 3–5, dem K. eingefügt, o. ganz fehlend; Stbgfss. vor die den Frknoten umziehende Scheibe eingefügt, o. bei fehlender Scheibe an der Bas. zsmgewachsen; Frknoten 1fächr., 1eiig; Fr. steinfruchtartig; B. wechselständig, nebenblattlos, unpunktirt.

GATTUNGEN.

Bth. blumenblattlos, 2häusig; K. der männl. Bth. 5spaltig, der weibl. 3–4spalt.; B. gefiedert, Blttch. eif.-längl. o. lanzett., stachelspitzig ... **Pistacia**. I.
Blb. 5; K. 5spalt.; Bth. vielehig .... **Rhus**. II.

ARTEN.

I. PISTACIA. *L.* Pistazie.

B. unpaarig-gefiedert; Blttch. meist zu 7, spitz. ♄ Ap. Mai. .... **Terebinthus**. *L.* Terpentinbaum.
B. abgebrochen-gefiedert; Blttch. meist zu 8, lederig, stumpf. ♄ Ap. Mai. *J.* **Lentiscus**. *L.* Mastixbaum.

II. RHUS. *L.* Sumach. Gärberbaum.

B. vrkhrt.-eif. o. oval. ♄ Mai, Jn. grünl.-weiss, Stmppolster dottergelb.... **Cotinus**. *L.* Perrückenbaum.
B. gefiedert, Blttch. eif.-lanzett., scharf-gesägt, unterseits graul.-behaart. ♄ Jn. cult. FrRispe purpurbraun .... **typhina**. *L.* Essigbaum.

---

31. Ordnung. PAPILIONACEEN. *L.* Schmetterlingsgewächse.

K. 5zähnig o. 2lippig, abfallend o. verwelkend-bleibend; Blkr. unregelmäss., schmetterlingsf.; Stbgfss. 10, mit den Blb. eingefügt, alle verwachsen, o. einer frei; Frknot. 1, frei, mit 1 seitenst. Samenträger; B. wechselst. nebenblttr.

GATTUNGEN.

1 { Stbgfss. einbrüdrig. 2
Stbgfss. 2brüdrig (9 verwachsen, der 10. frei o. zur Hälfte frei). 10

2 { Flügel der Blkr. am obern Rande über dem Nagel zierlich runzelig-faltig; K. deutlich 2lippig o. 1lippig. 3
Flügel nicht gefaltet; K. 5zähnig o. 5spalt., bisweilen undeutlich-2lippig 8

3 { K. oberwärts gespalten, 1lippig, Lippe an der Spitze trockenhäut. u. klein-5zähnig; Gr. pfrieml., bartlos; Narbe unter der Spitze des Gr. einwärts der Länge nach angewachsen . . . . **Spartium**. II.
K. 2lippig 4

4 { K. bis zur Basis getheilt-2lippig, Oberlippe 2-, Unterlippe 3zähnig. (Pfl. mit stechend-stachelspitz. B.) **Ulex**. I.
K. nicht bis zur Bas. getheilt-lippig 5

5 { Kiel in einen Schnabel zugespitzt; Hülse lederig, schwammig-querwandig; Stbkölb. sehr ungleich. (⊙ Bth. blau.) . . . . **Lupinus**. VI.
Kiel stumpf. (Sträucher o. ♃ Gewächse.) 6

6 { Gr. sehr lang, zirkelf.-eingerollt; Narb. endst., klein, kopfig; KLippen trockenhäut., die obere 2zähnig, die untere 3zähnig . . . . **Sarothamnus**. III.
Gr. pfrieml., aufstrebend; Narb. schief 7

7 { Narbe an der innern (der Fahne zugekehrten) Seite des Gr. angesetzt u. einwärts abschüssig. **Genista**. IV.
Narbe schief nach aussen (gegen den Kiel hin) abschüssig . . . . **Cytisus**. V.

Der 10. Stbfaden nur zur Hälfte verwachsen; Stbfäd. pfrieml.; Kiel stumpf; Hülse holperig, schief gestreift . . . . .Galega. XVII.
Alle Stbfäd. in 1 Bündel verwachsen 9

K. 5spaltig; Kiel in einen pfrieml. Schnabel zugespitzt; Hülse gedunsen; B. 3zählig . . .Ononis. VII.
K. 5zähnig; Kiel stumpf o. kurz-zugespitzt; Hülse im K. eingeschlossen; B. gefiedert. Anthyllis. VIII.

Gliederhülse quer in 1sam. Glieder abgetheilt, zwischen den einzelnen Samen eingeschnürt, meist in diese Glieder zerfallend, — oder nussartig aus 1 einsam. Gliede bestehend. 11
Hülse nicht gegliedert, nicht in Glieder zerfallend, auch nicht nussartig 16

Bth. in Trauben o. Aehren; Hülse zsmgedrückt. . . . 12
Bth. in einfachen Dolden 13

Hülse mehrgliedrig, zwischen den Gliedern an den Rändern eingekerbt; Glieder rundl. o. oval, 1sam. Hedysarum. XXVIII.
Hülse aus 1 Gliede bestehend, 1sam., der obere (samentragende) Rand dicker, gerade, der untere dünner, gekrümmt, gekämmt, gezähnt, dornig oder lappig. . . . . .Onobrychis. XXIX.

Hülse verlängert, zirkelf.-zsmgerollt, längsgefurcht. Scorpiurus. XXIII.
Hülse nicht zirkelf.-zsmgerollt. 14

Hülse aus dem obern (samentrag.) Rande buchtig-ausgeschweift o. kreisr.-tief-ausgeschnitten; Glieder halbmondf. o. fast kreisf.-gebogen. Hippocrepis. XXVI.
Hülse ohne Buchten u. Ausschnitte 15

Schiffchen zugespitzt-geschnäbelt; K. kurz, glockig; Hülse ziemlich stielr. o. 4kantig. Coronilla. XXIV.
Schiffchen stumpf, schnabellos; K. verlängert, röhrig; Hülse zsmgedrückt, nicht 4kantig. Ornithopus. XXV.

16 Hülse verlängert, flach-zsmgedrückt, an beiden Rändern etwas vorspringend, vorn lang- u. hakig-geschnäbelt, oben mit 1 Rinne durchzogen; Sam. längl.-4eckig. (Süd. *J.*) ...... **Securigera**. XXVII.
Hülse und Same anders beschaffen 17

17 Gr. unter der Narbe ringsum o. stellenweise behaart. 18
Gr. kahl, nur bisweilen am Grunde behaart........ 24

·18 Baum, dornig; Gr. fein behaart; Hülse lineal-längl. **Robinia**. XIX.
Strauch; Gr. beiderseits dicht-bewimpert, an der Spitze hakig; Hülse gestielt, stark aufgeblasen. **Colutea**. XVIII.
Kräuter.. 19

19 B. 3zählig; Gr. oberwärts behaart, in der Mitte knorpelig-verbreitert; Frknoten am Grunde von einer kleinen Scheibe umzogen. **Phaseolus**. XXXVI.
B. gefiedert, o. statt derselben blos ein rankiger o. blattf. Bstiel.............................. 20

20 Gr. 3kantig, unterseits breit, mit 1 Rinne durchzogen, oberseits gekielt und daselbst oberwärts bärtig. **Pisum**. XXXIII.
Gr. fädlich o. oberwärts flach.................... 21

21 Gr. fädlich...................................... 22
Gr. oberwärts abgeplattet und auf der innern Seite von der Narbe an abwärts haarig.. 23

22 Gr. oberwärts ringsum gleichf. — wenn auch bisweilen spärlich-behaart. .... **Ervum**. XXXII.
Gr. unter der Spitze auf der untern Seite bärtig, übrigens kahl oder ringsum behaart. **Vicia**. XXXI.

23 Bstiele (wenigstens die der oberen B.) in eine Wickelranke endigend, oder — die eigentl. B. fehlen, und in den Winkeln der NebenB. befinden sich blos rankenf. o. blattf. Bstiele. **Lathyrus**. XXXIV.
Bstiele in eine borstige o. krautige Spitze endigend. **Orobus**. XXXV.

Schiffchen geschnäbelt, aufsteigend; B. 3zählig..... 25
Schiffchen ungeschnäbelt; einfach-spitz o. stumpf, bisweilen stumpf mit einem aufgesetzten Stachelspitzchen 26

Hülse stielrund o. zsmengedrückt, flügellos; Gr. pfrieml.-fädlich.................. **Lotus**. XV.
Hülse 4flügelig; Gr. oberw. verdickt, mit verschmälerter, rinniger o. fast 2lippiger Narbe. **Tetragonolobus**. XVI.

Stbgfssröhre mit der Blkr. verwachsen, Blkr. dadurch 1—2blttr.; Hülse 1—4samig, vom K. o. von der verwelkten, bleibenden Blkr. eingeschlossen. **Trifolium**. XII.
Stbgfssröhre mit der Blkr. nicht verwachsen 27

Hülse durch die eingebogene untere Naht 2fächr. o. halb-2fächr., o. die obere (samentrag.) Naht derselben eingedrückt; B. unpaarig-gefiedert....... 28
Hülse 1fächer.; die obere Naht nicht eingedrückt . 30

Schiffchen unter der stumpfen Spitze mit 1pfrieml. Stachelspitze versehen; Hülse aufgeblasen o. walzl.; Gr. pfrieml.; N. stumpf........... **Oxytropis**. XXI.
Schiffchen stumpf, ohne Stachelspitze............ 29

Hülse im K. länger o. kürzer-gestielt, aufgeblasen, 1fächer., die obere (samentrag.) Naht oft eingedrückt, die untere Naht öfters inwendig in eine unvollkom. Scheidewand zsmgefaltet. **Phaca**. XX.
Hülse der Länge nach 2fächerig, die untere Naht inwendig in 1 vollkommene o. unvollkommene Scheidewand verbreitert. ..... **Astragalus**. XXII.

Schiffchen unter der stumpfen Spitze mit 1 pfrieml. Stachelspitze versehen; Hülse aufgeblasen o. walzl.; Gr. pfrieml.; N. stumpf.......... **Oxytropis**. XXI.
Schiffchen ohne Stachelspitze...................... 31

B. mehrpaarig-abgebrochen-gefiedert............. 32
B. 3zählig. durch NebenB. oft scheinbar 5zählig. .. 33

Hülse 2sam.; Same runzelig, spitz; K. 5spalt.; Stbfäd. an der Spitze verbreitert........ **Cicer**. XXX.
Hülse mehrsamig; Same abgerundet; K. 5zähnig; Stbfäd. fadenförm. .... **Phaca**. XX.

33 Flügel der Bl. vorne zsmhängend, jeder in der Mitte mit 1 längl. querlaufenden, aufgeblasenen Bausch versehen.................... **Dorycnium.** XIII.
Flügel der Bl. gleichf.-convex.................... 34

34 Flügel über dem Nagel in 1 hohlen Zahn eingedrückt, am obern Rande mit 1 längl. durch 1 hervortretenden Rand eingesäumten Eindrucke versehen. **Bonjeania.** XIV.
Flügel ohne Eindruck am obern Rande.......... 35

35 Flügel über dem Nagel in 1 hohlen Zahn eingedrückt; Frknoten bogig-aufwärts-gekrümmt, an die Fahne angedrückt; Hülse sichel- o. schneckenf., 1—4samig. **Medicago.** IX.
Flügel ohne hohlen Zahn über dem Nagel; Frknoten gerade; Hülse lineal, längl. o. kugelig.......... 36

36 Hülse lineal o. längl.-lineal, 4-vielsam., gerade o. sichelf........................ **Trigonella.** X.
Hülse fast kugelig o. längl. 1—4sam. **Melilotus.** XI.

ARTEN.

I. ULEX. *L.* Stechginster.

B. lineal, stachelspitz. ♄ Mai, Jn. gelb. *T.*
europaeus. *L.* Europäischer St.

II. SPARTIUM. *L.* Pfriemen.

Kahl; B. lanzett., ganzrand., gestielt; Bth. in lockern Trauben. ♄ Mai, Jn. gelb, wohlriechend.
junceum. *L.* Binsenartiger P.

III. SAROTHAMNUS. *Wim.* Besenstrauch.

B. 3zählig o. einfach, Blttch. vrkhrt.-eif., angedrückt-flaumig; Bth. blattwinkelst. ♄ Mai, Jn. gelb.
vulgaris. *Wim.* Gemeiner B.

IV. GENISTA. *L.* Ginster.

Oberlippe des K. kurz-2zähnig; Schiffchen aufwärts gekrümmt, zugespitzt-geschnäbelt; Blkr. kahl; Bthstiel 3mal länger als der K.: 2
Oberlippe des K. bis zur Bas. 2theilig. 3

Stg., B. u. K. kahl; B. am Rande etwas gewimpert. ♄ Mai, Jn. ....**diffusa**. *W.* Ausgebreiteter G.
B. unterseits u. am Rande sammt K., Aesten u. Bthstiel angedrückt-behaart. ♄ Ap.-Jn. **procumbens**. *WK.* Liegender G.

Stg. wehrlos, höchstens mit dornig werdenden NebenB. 4
Stg. dornig 9

Bth. am Stg. u. den Aesten seitenst.; B. unterseits nebst Bthstielen u. K. angedrückt-haarig; Bthstiel so lang als der K.; Fahne u. Kiel seidenhaarig. ♄ Mai, Jn. .... **pilosa**. *L.* Haariger G
Bth. traubig 5

NebenB. fehlen; Fahne u. Kiel seidenhaarig; B. unterseits angedrückt-haarig; Bthstielch. u. K. zottig. ♄ Jn. Jl. *J.*........**sericea**. *Wlf.* Seidenhaariger G.
NebenB. vorhanden; Blkr. kahl, höchstens am Kiele flaumig.................................. 6

B. u. Stg. kahl; NebenB. bleibend, pfrieml., endlich dornig; Aeste geflügelt-3kantig. ♄ Jn. **scariosa.** *Viv.* Rauschender G.
B. rauhhaarig o. wenigstens am Rande flaumig; NebenB. sehr klein, pfrieml. 7

B. nebst dem Stg. rauhhaar., eif., lanzett. o. ellipt.; Hülsen dicht rauhhaar. ♄ Jn. Jl. **ovata**. *WK.* Eirundbltt. G.
B. am Rande flaumig, ellipt. o. lanzett.; Hülsen kahl. 8

1—2' hoch; Stg. stielr., gerieft, oberw. flaumig. ♄ Jn. Jl.....**tinctoria**. *L.* Färber-G. Heideschmuck.
3—6' hoch; Stg. oberw. ästig, Aeste sehr lang. ♄ Jn. Jl...................**elatior**. *Koch.* Hoher G.

Tr. an der Spitze des Stg. zahlreich; Stg. unterw. blattlos.................................. 10
Tr. einzeln, endst.; Stg. von der Basis an beblättert. 11

10 Aestch. rauhhaarig; DeckB. pfrieml., 2mal kürzer als die Bthstielch. ♄ Mai, Jn. **germanica**. *L.* Deutscher G.
Aestchen kahl; DeckB. blattartig, länger als die Bth.-Stielch. ♄ Mai, Jn.... **anglica**. *L.* Englischer G.

11 Stg. rauhhaar. mit abstehend. Haaren; Dornen 4kantig, steif. ♄ Jn. Jl. *J.* **dalmatica**. *Brtl.* Dalmatischer G.
Stg. angedrückt-behaart o. seidig.... 12

12 Dornen aufr., fein gerieft; B. lanzett.; Stg. angedrückthaarig; K. u. Kiel flaumhaarig. ♄ Mai, Jn. **silvestris**. *Scop.* Wald-G.
Dornen bogig, 4kantig; Stg. oberw. seidenhaarig-grau; B. lineal; K. u. Kiel seidenhaarig. ♄ Mai, Jn. *J.* **arcuata**. *Koch.* Bogiger G.

V. CYTISUS. *L.* Geissklee.

1 Bth. purp., seitenst., meist zu 2; Stg., B. u. Aeste kahl o. zerstreut-haarig; Hüls. kahl. ♄ Ap.-Jn. **purpureus**. *Scop.* Purpurnbth. G. .
Bth. gelb 2

2 K. während des Aufblühens rundum abspringend; Bth. seitenst., gebüschelt; Aeste pfrieml., dornig. *J.* ♄ **spinosus**. *Lam.* Dorniger G.
K. nicht abspringend 3

3 K. tief-2lappig 4
KLippen kürzer als die KRöhre, diese kurz o. lang. 7

4 NebenB. krautig; Köpfchen gestielt, meist 3bth.; B. 3zähl.; die ganze Pfl. seidenhaarig; ♃ Ap. Mai. **argenteus**. *L.* Silberglänzender G.
NebenB. fehlend 5

5 Stg. geflügelt-2schneidig, gegliedert; B. wechselst., einfach. ♃ Mai-Jl. **sagittalis**. *Koch.* Geflügelter G.
Stg. nicht geflügelt; B. gegenst., 3zählig; Köpfchen endst., gestielt, meist 4bth. 6

6 Fahne tief ausgerandet. ♄ Mai, Jn. **radiatus**. *Koch.* Strahliger G.
Fahne abgerundet-stumpf. ♄ Mai, Jn. **holopetalus**. *Flschm.* Ganzblttr. G.

7 { KRöhre kurz, Bth. in Trauben 8
KRöhre lang, Lippen kürzer als die Röhre. 12

8 { KRöhre mit 3 DeckB., kahl; Tr. meist 6bth.; Blättch. vrkhrt.-eif., ♄ Mai, Jn.
sessilifolius. *L*. Stiellosblättriger G.
KRöhre mit 1 DeckB. o. ohne dieses; Tr. reichblüthig. 9

9 { Blättch. u. Hüls. kahl; Tr. aufrecht; Schiffchen flaumig; K. röhrig-glockig. ♃ Mai. *J*.
Weldenii. *Vis*. Welden's G.
Blättch. unters. o. am Rande behaart. 10

10 { Tr. aufrecht; Blttch. vrkhrt.-eif.-längl.; K. deckblattlos. ♄ Jn. Jl. . . . **nigricans**. *L*. Schwärzlicher G.
Tr. hängend; B. ellipt. 11

11 { Angedrückt-haarig; Blttch. obers. kahl; Hüls. seidenhaarig. ♄ Ap. Mai. . . . . **Laburnum**. *L*. Goldregen.
Kahl; Blttch. am Rande flaumig; Hüls. kahl. ♄ Mai, Jn. *A*. . . . . **alpinus**. *Mill*. Alpen-G.

12 { Aeste dornig, pfrieml.; Bth. einzeln; Pfl. oberw. silberweiss-seidig. ♄ Mai, Jn.
spinescens. *Sieb*. Dornästiger G.
Aeste unbewehrt. 13

13 { Bth. endst., doldig o. köpfig (wenigstens die an den heurigen Aesten). 14
Bth. alle seitenst. zu 2 u. 3. 17

14 { Bth. an den vorjährigen Aestchen (im Mai) seitenst. zu 2 u. 3; Bth. an den heurigen Aestchen (im Juni) doldig, endst.; Stg. u. Aeste liegend; K. u. B. von abstch. Haaren rauhhaarig. ♄ Mai, Jn.
prostratus. *Scop*. Gestreckter G.
Bth. alle endst., doldig o. köpfig, o. zu 2—4, doldig; die äusseren Bthstiele mit DeckB. 15

15 { Bth. zu 2—4, doldig; Stg. sehr ästig, sammt den Aesten niedergestreckt, Aestch. aufstrebend; K. fast kahl. ♄ Mai. . . . . . . **supinus**. *L*. Niedriger G.
Bth. doldig-köpfig, zahlreich; Aeste aufrecht o. ab stehend; K. rauhhaarig 16

16 B. von anlieg. Haaren grau; K. u. Aeste rauhhaarig; Aeste aufrecht. ♄ Jl. Ag.
austriacus. *L.* Oesterreichischer G.
B., K. u. Aestchen von abstehenden Haaren rauhhaarig; Aeste steif, aufrecht-abstehend, gleichhoch. ♄ Jn. .... **capitatus**. *Jcq.* Köpfiger G.

17 K., Aestchen u. B. rauhhaarig; Haare abstehend; Stg. aufrecht und aufstrebend. ♄ Mai, Jn. Kr. braun werdend. .... **hirsutus**. *L.* Rauhhaariger G.
K., Aestch. u. B. seidenhaarig; Haare angedrückt; Stg. u. Aeste niedergestreckt. ♄ Ap. Mai.
ratisbonensis. *Schaeff.* Regensburger G.

VI. LUPINUS. *L.* Wolfsbohne. Feigbohne.

Blttch. längl. o. vrkhrt.-eif.-keilig, rauhhar.; Haare des Stg. lang, weit abstehend. ⊙ Mai, Jn. *J.* blau.
hirsutus. *L.* Rauhhaarige W.

VII. ONONIS. *L.* Hauhechel. Stallkraut.

1 Bth. gelb. 2
Bth. rosa o. weiss. 3

2 Flaumig; Blkr. kürzer als der K.; Hülse aufrecht, eif. ♃ Mai, Jn. .... **Columnae**. *All.* Berg-H.
Drüsig-zottig; Blkr. länger als der K.; Hülse hängend, lineal. ♃ Jn. Jl. ... **Natrix**. *Lam.* Gelbe H.

3 Hülse nebst dem Stiele aufrecht, eif. 4
Hülse auf einem aufrecht. o. abstehend. Stiele hängend, lineal, gedunsen. 6

4 Bth. gezweit, an der Spitze der Aeste dicht ährig; Stg. wehrlos, zottig. ♃ Jn. Jl. rosa.
hircina. *Jcq.* Stinkende H.
Bth. einzeln; Aeste oberwärts dornig. 5

5 Stg. aufrecht o. aufstreb., einzeilig-zottig u. drüsig; Blttch. fast kahl; Hülse so lang o. länger als der K. ♃ Jn. Jl... **spinosa**. *L.* Heudorn. Aglarkraut.
Stg. liegend, zottig; Blttch. drüsig-haarig; Hülse kürzer als der K. ♃ Jn. Jl.
repens. *L.* Kriechende H.

6 Blttch. fast kreisf., gezähnt; Bthstiele 2—3bth.; NebenB. ganzrandig. ♃ Mai, Jn.
rotundifolia. *L.* Rundblättrige H.
Blttch. keilig o. rundlich-eif.; Bthstiele 1bth.; NebenB. gezähnelt. ♃ Mai, Jn. *J.* **reclinata**. *L.* Nickende H.

VIII. ANTHYLLIS. *L.* Wundklee.

K. bauchig, mit schiefer Mündung, Zähne des K. viel kürzer als die Röhre; Fahne halb so lang als ihr Nagel; Fiederblttch. ungleich. ♃ Mai, Jn.
vulneraria. *L.* Händelweiss.
K. röhrig, Zähne so lang als die Röhre; Fahne 2mal so lang als ihr Nagel; Fiedrblttch. gleich. ♃ Mai, Jn. .... **montana**. *L.* Berg-W.

IX. MEDICAGO. *L.* Schneckenklee.

1 Hülsen nierenf., sichelf. o. schneckenf.-gewunden, aber im Mittelpunkte der Windung offen. 2
Hülsen schneckenf.-gewunden, mit 1 o. mehreren Windungen, im Mittelpunkte geschlossen; Bth. gelb. 7

2 Hülsen sichelf. o. schneckenf.-gewunden, zsmgedrückt. 3
Hülsen nierenf., blattartig-flach, mit sich berührenden Enden; Bth. gelb. 6

3 Hülsen, Stg., Bstiel u. B. dicht-wollig-filzig. Blttch. vrkhrt.-eif., vorne gezähnelt. ♃ Mai, Jn. *J.*
marina. *L.* Meer-Sch.
Hülsen flaumhaarig o. kahl; Blttch. ausgerandet, stachelspitz. 4

4 Bthstielch. doppelt so lang als der K., nach dem Verblühen zurückgeschlagen; Traube 5—10bth. ♃ Jn.-Ag. .... **prostrata**. *Jcq.* Gestreckter Sch.
Bthstielch. kürzer als der K., nach dem Verblühen aufrecht; Trauben vielbth. 5

5 Trauben längl.; Hülse fast 3mal gewunden, angedrückt-flaumig. ♃ Jn.-Hrbst; violett o. bläul.
sativa. *L.* Luzernerklee.
Trauben kurz, oft köpfig; Hülse sichelf. o. 1mal gewunden, flaumig oder abstehend-drüsig-haarig. ♃ Jn.-Hrbst. .... **falcata**. *L.* Sichel-Sch.

6 Bthstiel meist 4bth.; Hülse behaart, am vordern Rande gezähnelt, am hintern ganz. ⊙ Jn. Jl. *J.*
circinata. *L.* Wickel-Sch.
Bthstiel meist 2bth.; Hülse kahl, am vordern Rande dornig, am hintern fransig. ⊙ Jl. Ag. *J.*
radiata. *L.* Strahliger Sch.

7 Hülsen wehrlos o. mit kurzen Knötchen besetzt. . . 8
Hülsen dornig. 12

8 NebenB. eif., fast ganzrand.; Aehren reichbth., gedrungen; Hüls. nierenf., gedunsen, an der Spitze gewunden. ⊙ Mai-Hrbst. **lupulina**. *L.* Hopfenklee.
NebenB. gezähnt o. fiedersplt.; BthStiele 1—3bth. (Istrianer o. Littoral-Pfl.). 9

9 Stg. kahl; Hüls. schneckenf.-kreisr.; Windungen meist zu 6; NebenB. tief-borstl.-fiederspaltig. 10
Stg. flaumig o. drüsenhaarig; NebenB. eif., gezähnt. 11

10 Hüls. beiders. etwas convex, die Windungen mit dem eingebogenen Rande dicht-aufeinanderliegend. ⊙ Mai, Jn. . . . . **orbicularis**. *All.* Randfrüchtiger Sch.
Hüls. beiders. flach, die Windungen am Rande von einander entfernt. ⊙ Mai, Jn.
marginata. *W.* Berandeter Sch.

11 Hüls. aderlos, Windungen dicht-aufeinanderliegend, mit Knötch., Dornen o. stumpfen Zitzen besetzt. ⊙ Mai, Jn. . . . . **tuberculata**. *W.* Knötiger Sch.
Hüls. schief-netzig-aderig, Windungen beckenf., concentr.-zsmgerollt, glatt. ⊙ Mai, Jn.
scutellata. *All.* Schildfrüchtiger Sch.

12 Dornen der Hülsen an der Bas. fast stielrund, ohne deutliche Furche, auf dem Rande der Windungen selbst stehend, Windungen auf einander liegend. . 13
Dornen der Hülsen an der Bas. zsmgedrückt, beiderseits mit einer deutl. Furche, daher fast 2schenkelig, Windungen locker-aufeinanderlieg. o. abstehend. 15

13 Hülsen filzig-flaumig, aderlos; Dornen kegelf.-pfrieml., an der Spitze fast hakig. ⊙ Mai, Jn.
Gerardi. *WK.* Gerard's Sch.
Hülsen kahl o. zerstreut-haarig. 14

Fahne fast doppelt so lang als der Kiel; Hülse zerstreut-haarig; Blttch. vrkhrt.-eif. ⊙ Mai, Jn. *J.*
tribuloides. *Lam.* Burzeldornähnlicher Sch.

Fahne so lang als der Kiel; Hüls. kahl; Blttch. 3eck.-vrkhrt.-herzf. ⊙ Mai, Jn. *J.*
littoralis. *Rhd.* Meerstrands-Sch.

Der hintere Schenkel der Dornen aus dem Rande der Hülse selbst entspringend.................. 16

Der hintere Schenkel der Dornen aus einer erhöhten, mit dem Rande gleichlaufenden, vom Rande entfernten Linie, oder aus einer starken Ader des netzigen Mittelfeldes entspringend........... ... 17

Oberfläche der Windungen glatt, die oberste wehrlos, die übrigen 2zeilig-dornig; Stg. zottig-flaumig. ⊙ Mai, Jn. *J*...**disciformis.** *DC.* Scheibenf. Sch.

Oberfläche der Wind. aderig, der Rand breit, 4kielig. 2zeilig-dornig, Dornen bogig-gekrümmt. ⊙ Mai, Jn. *J. T.*.............**maculata.** *W.* Gefleckter Sch.

Oberfläche der Windungen aderlos, o. mit einfachen, bogigen Adern, spärlich haarig; Dornen abstehend, gerade, an der Spitze hakig; Blttch. vrkhrt.-eif. ⊙ Mai, Jn........ **minima.** *Lam.* Kleinster Sch.

Oberfläche der Windungen netzig-aderig, kahl..... 18

Blttch. vrkhrt.-eif.; NebenB. spitz-gezähnt; der hintere Schenkel der Dornen aus einer starken Ader des netzigen Mittelfeldes entspringend. ♃ Mai, Jn.
carstiensis. *Jcq.* Karster-Sch.

Blttch. der Aeste vrkhrt.-herzf.; NebenB. fiederspaltig-gezähnt; der hintere Schenkel der Dornen aus 1, mit dem Rande gleichlaufenden erhabenen Linie entspringend.............................. 19

Bthstiele länger als die B.; Dornen sehr kurz, ziemlich gerade, kürzer als der halbe Durchmesser der Hülse. ⊙ Mai, Jn. *J.* **apiculata.** *W.* Bespitzter Sch.

Bthstiele ungefähr so lang als d. B.; Dornen pfrieml., an der Spitze hakig, so lang als der halbe Durchmesser der Hülse. ⊙ Mai, Jn. *J.*
denticulata. *W.* Gezähnelter Sch.

7*

X. TRIGONELLA *L.* Hornklee.

1 Bth. einzeln o. gezweit; Hülse sichelf. 2
Bth. in Tr. o. Dolden; Hüls. sichelf. o. gerade. . . . 3

2 Hüls. kahl, meist 2sam.; Blttch. längl.-keilf., vorn gezähnelt; Aeste aufr. ⊙ Jn. Jl.
Foenum graecum. *L.* Bockshorn.
Hüls. flaumig, meist 10sam.; Blttch. vrkhrteif., geschärft-klein-gesägt. ⊙ Jn. Jl. *J.*
gladiata. *Stev.* Säbelf. H.

3 Bth. doldig-gehäuft, Dolden sitzend; der gemeinschaftl. Bthstiel sehr kurz; Hülsen flaumig; Stg. liegend. ⊙ Jn. Jl.
monspeliaca. *L.* Französischer H.
Bth. in einer gestielten Traube; Bthstiele länger als d. B.; Hülsen kahl; Stg. aufrecht. ⊙ Jn. Jl. *J.*
corniculata. *L.* Gekrümmter H.

XI. MELILOTUS. *Tourn.* Honigklee. Steinklee.

1 Bth. aufrecht; Hülsen der Länge nach aderig-gestreift; Flügel länger als der Kiel, kürzer als die Fahne. ⊙ Jn. Jl. blau. **caerulea.** *Laml.* Ziegerkraut.
Bth. hängend; Hülsen netzig- o. bogig-runzelig. 2

2 Hülsen gleichlaufend-bogig-quer-gerieft, rundl., ganz stumpf; Fahne so lang als der Kiel, länger als die Flügel; unt. NebenB. an der Bas. gezähnt. ⊙ Jn. Jl. *J.* . . . . **sulcata.** *Desf.* Gerinnter H.
Hülsen netzig-runzelig. 3

3 Hülsen ganz stumpf, fast kugelig; NebenB. an der Bas. schwach-gezähnelt; Blttch. der unt. B. vrkhrt.-eif., der obern längl.-keilig. ⊙ Jn. Jl. *J.* gelb.
parviflora. *Desf.* Kleinblüthiger H.
Hülsen eif., spitzl., kurz-zugespitzt, o. stumpf u. stachelspitzig. 4

4 NebenB. aus verbreiteter, eingeschnitten gezähnter Basis pfrieml.; Flügel kürzer als die Fahne und länger als der Kiel; Hülse kahl; Blttch. ungleich-fast dornig-gesägt. ⊙ Jl.-Sp.
dentata. *Prs.* Gezähnter H.
NebenB. pfrieml., ganzrand. 5

5 Hüls. zugespitzt-geschnäbelt, kugelig, grubig-runzlig. ☉ Mai, Jn. *J.* gelb...**gracilis**. *DC.* Schlanker H.
Hüls. nicht geschnäbelt.................... 6

6 Hülse flaumig, kurz-zugespitzt; Blttch. der obern B. längl.-lineal; Flügel u. Kiel so lang als die Fahne. ☉ Jl.-Sp. gelb.
macrorrhiza. *Prs.* Langwurzeliger H.
Hülse kahl, stumpf, stachelspitzig; Blttch. der obern B. lanzett.................... 7

7 Flügel ungefähr so lang als der Kiel, kürzer als die Fahne. ☉ Jl.-Sp. Bth. immer weiss.
alba. *Desr.* Weisser H.
Flügel länger als der Kiel, ungefähr so lang als die Fahne. ☉ Jl.-Sp. gelb. var. weiss.
officinalis. *Desr.* Frauenschüchlein. Siebengezeit.

XII. TRIFOLIUM. *L.* Klee.

1 K. inwendig am Schlunde mit einer erhabenen, schwieligen, oft behaarten Linie, oder mit einem Haarkranze besetzt; Bth. sitzend o. sehr kurz gestielt, in rundl. o. längl. Aehren; Hülsen 1sam.; Gr. an der Spitze hakig.................... 2
KSchlund kahl und schwielenlos.................... 20

2 KRöhre (wenigstens zur FrZeit) kahl, die KZähne behaart o. gewimpert.................... 3
KRöhre behaart.................... 6

3 Aehren längl.-walzenf., meist gezweit, an der Bas. oft umhüllt; KZähne pfrieml., gewimpert; Blttch. längl.-lanzett., fein gesägt, sammt dem aufrechten Stg. ganz kahl. ♃ Jn. Jl. purp.
rubens. *L.* Röthlicher K.
Aehren kugelig o. zuletzt oval.................... 4

4 K. 20nervig; KZähne fast so lang als der K., borstighaarig; Blttch. vrkhrt.-eif., gezähnelt; Stg. ästig, ausgebreitet. ☉ Mai, Jn. *J.*
lappaceum. *L.* Kletten-K.
K. 10nervig.................... 5

5 KZähne fädlich, gewimpert, am fruchttrag. K. aufrecht; Blttch. ellipt., sehr fein-gezähnelt. ♃ Jn. Jl. purp. .... **medium**. *L.* Mittlerer K.
KZähne lanzett., fast 3nervig, behaart, halbabstehend, der untere abwärts-gebogen; Blttch. längl. o. lanzett.-keilig, fast ganzrandig. ⊙ Jn. Jl. weiss o. schwach röthl. *J.* ..... **maritimum**. *Hds.* Meer-K.

6 K. so lang als die halbe Kr. o. kürzer. 7
K. so lang als die ganze Kr. o. länger, o. höchstens um $^1/_3$ kürzer 13

7 Der freie Theil der NebenB. 3eckig-eif., allmälig zugespitzt; Aehre kugelig, nickend; KZähne lineal-pfrieml., fast gleich; B. u. Stg. weich-zottig; Blttch. längl.-lanzettl.; Stg. aufrecht ♃ Jl. *A.* weiss. **noricum**. *Wlf.* Norischer K.
Der freie Theil der NebenB. eif., plötzlich abgebrochen-begrannt o. lanzett-pfrieml. 8

8 Der freie Theil der NebenB. eif., plötzlich in eine, an der Spitze mit einigen Haaren besetzte Granne zsmgezogen; K. 10nerv., flaumig, Zähne fädlich, gewimpert. 9
Der freie Theil der NebenB. lanzett. o. pfrieml. ... 10

9 K. so lang als die halbe Kr., die 4 obern KZähne $1^1/_2$mal so lang als die KRöhre; Aehren einzeln; Blttch. eif., nebst den Bstielen u. Stg. durch abstehende Haare zottig. ⊙ Mai, Jn. *J.* weiss, röthl. **pallidum**. *WK.* Blasser K.
K. kürzer als die halbe Kr., die 4 obern KZähne so lang als die KRöhre; Aehren meist gezweit; Blttch. oval, durch anliegende Haare flaumig. ⊙ Mai-Sp. purp. o. weiss. **pratense**. *L.* Wiesen-K. Wiesenpreis.

10 K. 20vervig, zottig, Zähne fädl., gewimpert, die 4 obern fast so lang oder kürzer als ihre Röhre; Blttch. längl.-lanzett.; Stg. flaumig. ♃ Jn.-Ag. purp. **alpestre**. *L.* Wald-K.
K. 10nerv., KZähne lanzett.-pfrieml.; Aehren einzeln; Bth. weiss o. gelblich-weiss. 11

Bth. gelblich weiss; K. von abstehenden Haaren rauhh.;
11 Kr. 2mal so lang als der K.; Blttch. ganzrandig, haarig. ♃ Jn. Jl. **ochroleucum**. *L.* Gelblich-weisser K.
Bth. weiss. 12

K. zottig, die 4 obern KZähne so lang als die Röhre, der untere doppelt so lang, am fruchttr. K. alle aufrecht; Aehren einzeln, längl.-oval, gestielt; Blttch. längl.-lanzett.; Stg. steif-aufrecht. ♃ Jl. Ag.
12 **pannonicum**. *Jcq.* Pannonischer K.
K. durch weiche, aufrechte Haare flaumig; FrK. glockig, häutig; Blttch. längl. o. lanzett.; Fahne doppelt so lang als der Kiel; KZähne fast sichelf. ⊙ Jn. Jl. *J.* **alexandrinum**. *L.* Alexandrinischer K.

Aehren am Grunde mit Hüllblttch. versehen. 14
13 Aehren am Grunde hüllenlos, einzeln; K. 10nerv. oder 10streifig; B. nebst dem Stg. zottig. 17

K. 20nerv., rauhhaar., KZähne sehr rauhh., fädlich, fast gleichlang, so lang o. länger als die Kr.; Stg., B. u. NebenB. zottig; Aehre kugelig; Blttch. vrkhrt.-
14 herfz. ⊙ Mai, Jn. *J.* . . . **Cherleri**. *L.* Cherler's-K.
K. 10nervig, Zähne lanzett.-pfrieml. o. lanzett.; Aehren end- und seitenständ. 15

Blttch. mit sehr deutl., gegen den Rand hin verdickten u. in einem Bogen abwärts gekrümmten Seitennerven durchzogen, vrkhrt.-eif. u. längl.-keilf.; K. flaumig, länger als die Kr.; KZähne zu-
15 letzt in einem Bogen abstehend. ⊙ Mai, Jn.
scabrum. *L.* Rauher K.
Blttch. mit sehr deutl., gleichdicken, gegen den Rand hin ziemlich geraden Seitennerven, K. so lang als die Kr. o. kürzer; KZähne gerade. 16

K. flaumig; KZähne an die Kr. angedrückt; KRöhre zur FrZeit nicht bauchig; der freie Theil der NebenB. lanzett.-pfrieml. ⊙ Jn. Jl. rosa. *J.*
16 **Bocconii**. *Sav.* Boccon's-K.
K. zottig; KZähne abstehend; KRöhre zur FrZeit bauchig-gedunsen; der freie Theil der NebenB. eirund, plötzl. in 1 pfrieml. Spitze verschmälert. ⊙ Jn. Jl. . . . . **striatum**. *L.* Gestreifter K.

17 Blttch. lineal o. lineal-längl. 18
Blttch. vrkhrt.-herzf. o. vrkhrt.-eif. 19

18 K. borstig-rauhhaarig, der untere KZahn länger als die Kr., die übrigen ein wenig kürzer; Aehren kegelf.-längl.; Blttch. der obern B. lineal. ⊙ Jn. Jl. *J.* ......**angustifolium**. *L.* Schmalblättriger K.
K. weichzottig; KZähne länger als die Kr.; Aehren eif., zuletzt walzl.; Blttch. vrkhrt-eirund-linienf. ⊙ Jl.-Sp. .... **arvense**. *L.* Hasenpfötchen.

19 FrK. am Schlunde durch 1 schwieligen Ring u. filzige Haare geschlossen, borstlich-rauhh.; KZähne länger als die Kr., an den fruchttrag. K. sternf.-ausgebreitet, netzig-aderig; Blttch. vrkhrt.-herzf. ⊙ Jn. Jl. *J.* weissl.-fleischroth....**stellatum**. *L.* Stern-K.
FrK. am Schlunde offen, haarig; KZähne kürzer als die Kr.; Blttch. vrkhrt.-eif., gestutzt. ⊙ Jn. Jl. *J.* purp., fleischroth o. weiss.
incarnatum. *L.* Fleischrother K.

20 K. nach dem Verblühen bauchig-aufgeblasen. 21
K. nicht aufgeblasen. 24

21 Bth. weiss; K. 24nerv., kahl, zur FrZeit eirund; Aehre oval; DeckB. eif., so lang als die KRöhre; Blb. zugespitzt, trockenhäutig, vielstreifig. ⊙ Ag. *J.*
multistriatum. *Koch.* Vielstreifiger K.
Bth. fleischroth o. rosenr.; FrK. kugelig-aufgeblasen; Köpfchen zuletzt kugelig. 22

22 FrK. weissfilzig-haarig, die 2 obern Zähne kurz, fast ganz mit Filz bedeckt; Bthstiel kürzer als das B.; Kr. 2mal länger als der K. ⊙ Mai, Jn. *J.*
tomentosum. *L.* Filziger K.
FrK. zottig, die 2 obern Zähne gerade vorgestreckt. 23

23 Hülle vieltheilig, so lang als der K.; Bthstiel länger als d. B. ♃ Jn.-Hrbst. fleischfarb.
fragiferum. *L.* Erdbeer-K.
Hülle 10—12lappig, sehr kurz, so lang als d. Bthstielch.; Bthstiel so lang als d. B.; Kr. 3mal länger als d. K. ⊙ Jl. *J.* rosa. Bth. umgekehrt.
resupinatum. *L.* Verkehrtblumiger K.

24 { Gr. an der Spitze hakig-umgebogen. 25
Gr. an der Spitze nicht hakig. 27

25 { Fruchtbare Bth. doldig, 2—5; K. kahl, Zähne fädlich, kürzer als die Kr.; unfruchtb. Bth. nach dem Verblühen der fruchtb. erscheinend, ein rundl. Köpfchen bildend; Stg. niedergestreckt, rankenartig; Blttch. vrkhrt-herzf. ☉ Ap. Mai. *J.* weiss, Fahne roth. . . . . . . **subterraneum**. *L.* Unterirdischer K.
Fruchtb. Bth. in vielbth. Aehren o. Köpfchen. 26

26 { Der untere KZahn länger, herabgekrümmt; Blttch. vrkhrt.-eif., stumpf, die obern lanzett., geschärft-drüsig-gezähnelt. ☉ Mai, Jn. *J.*
strictum. *WK.* Steifer K.
Die 2 obern KZähne länger, alle in einem Bogen aufwärts-gekrümmt; Blttch. vrkhrt.-eif., geschärft-gesägt, mit verdickten Adern. ☉ Jn. weissl.
parviflorum. *Ehr.* Kleinblüthiger K.

27 { Stg. fehlend; Bthstiele wurzelst.; Bth. gestielt, lockerdoldig; Blttch. lineal-lanzett., schwach klein-gesägt. ♃ Jl. Ag. *A.* Bth. gross, purp. o. weiss.
alpinum. *L.* Alpen-K.
Stg. vorhanden. 28

28 { Blkr. weiss, gelbl.-weiss o. roth. 29
Blkr. gelb, beim Verblühen braun werdend. 37

29 { Bth. sitzend, o. mit sehr kurzen Bthstielchen, die noch viel kürzer sind, als der K. 30
Die inneren Bthstielchen so lang o. länger als die K-Röhre; Bthstiele blttwinklst. länger als d. B.; K. kahl, die 2 obern KZähne länger. 33

30 { Bth. sitzend, aufrecht; Aehren blttwinklst., sitzend, genähert, sammt den sehr kurzen Stg. an die Erde angedrückt; K. kahl, doppelt so lang als die Kr.; KZähne abwärts-gekrümmt, die 2 obern länger; NebenB. die Aehre umhüllend. ☉ Ap. Mai. *J.*
suffocatum. *L.* Sand-K.
Bth. kurz gestielt. 31

31 K. etwas zottig; Bthstielchen nach dem Verblühen herabgebogen; Blttch. ellipt., geschärft-kleingesägt, unterseits neben dem Stg. haarig, am Rande dichtaderig; Aederchen verdickt. ♃ Mai-Jl. weiss.
montanum. *L.* Berg-K.
K. kahl 32

32 Aehren end- u. seitenstd., sitzend; Bthstielch. kürzer als das sehr kleine Deckblttch.; KZähne gleich, eif., zugespitzt, an der Basis herzf. ⊙ Jn. Jl. *J.*
glomeratum. *L.* Geknäulter K.
Bthstiele blttwinkelst., länger als die B.; Blttch. feingesägt, sammt dem Stg. kahl; Stg. rasig, aufstrebend; K. länger als die halbe Kr.; KZähne lanzett., zugespitzt, die 2 obern länger. ♃ Jl. Ag. *A.*
caespitosum. *Rey.* Rasigstengliger K.

33 Die innern FrStielch. so lang als die KRöhre 34
FrStielch. 2—3mal länger als die KRöhre 36

34 Stg. niedergestr., wurzelnd; KZähne lanzett.; Neben-B. rauschend, abgebrochen-haarspitz; Blttch. vrkhrt-eif., klein-gesägt. ♃ Mai-Herbst; weiss.
repens. *L.* Kriechender K.
Stg. aufstrebend o. rasig-darniederliegend 35

35 K. 3mal kürzer als d. Kr.; Stg. rasig-darniederlg.; Blttch. klein-gesägt, sammt dem Stg. kahl. ♃ Jl.-Sp. *A.* weiss o. gelbl.
pallescens. *Schrb.* Verbleichender K.
K. so lg. als die hlb. Kr.; Stg. aufstreb.; Blttch. vorn klein-gesägt, von der Mitte bis zur Bas. ganzrandig. ⊙ Mai, Jn. *J.* weiss.
nigrescens. *Vis.* Schwärzlicher K.

36 Stg. aufrecht o. aufstrebend, ganz kahl, röhrig, weich; Blttch. rautenf.-ellipt., mit beiläufig 20 Adern am Rande. ♃ Mai-Herbst. weiss, dann rosa.
hybridum. *L.* Bastard-K.
Stg. in einen Kreis niedergestreckt, an d. Spitze aufstrebend, oberwärts flaumig, nicht hohl, hart; Blttch. vrkhrt.-eif., mit fast 40 Adern am Rande. ⊙ Jn. Jl. röthlich .... **elegans**. *Sav.* Zierlicher K.

37 Köpfch. endst., einzeln o. gezweit; Fahne von d. Bas. an eif.-gewölbt, gefurcht; Flügel gerade hervorgestreckt; Gr. 4mal kürzer als die Hülse; Hülse halb so lang als die Fahne. 38
Köpfchen seitenst. 39

38 Köpfch. endlich walzl.; Bthstielch. nach dem Verblüh. herabgebogen; KZähne haarig; NebenB. alle längl.-lanzett. ⊙ Jl. Ag.
spadiceum. *L*. Kastanienbrauner K.
Köpfch. kugelig, endl. oval-rundl.; die unt. Bthstielch. herabgeb.; NebenB. längl.-lanzett., die obern fast eif. ⊙ Jl. Ag. *A*.
badium. *Schrb*. Lederbrauner K.

39 Flügel seitl.-abstehend; Fahne löffelf., gefurcht; Hülse halb so lang als die Fahne. 40
Flügel gerade hervorgestreckt; Fahne zsmgefaltet, fast glatt, kaum gefurcht; Hülse wenig kürzer als die Fahne; Köpfch. locker, 2—10bth. 42

40 Gr. 4mal kürzer als die Hülse; NebenB. eif.; Köpfch. fast 40bth.; KZähne an der Spitze etwas haarig. ⊙ Mai-Hrbst. . . . . **procumbens**. *L*. Liegender K.
Gr. fast so lang als die Hülse. 41

41 Köpfch. dicht, rundl. o. oval; NebenB. längl.-lanzett., an der Bas. gleich-breit. ♃ Jn. Jl.
agrarium. *L*. Goldfarbener K.
Köpfch. locker, während des Blühens halbkugelig; NebenB. eif., an der Bas. breiter u. deutlich herzf.; KZähne an der Sptize etwas haarig. ⊙ Jn.-Ag.
patens. *L. Schb*. Abstehender K.

42 Köpfch. meist 10bth.; NebenB. am Grunde abgerundet-verbreitert, eif. ⊙ Mai-Hrbst.
filiforme. *L*. Fadenförmiger K.
Köpfch. 2—6bth.; NebenB. längl., am Grunde so breit wie in der Mitte. ⊙ Mai, Jn. *J*.
micranthum. *Viv*. Kleinblüthiger K.

XIII. DORYCNIUM. *Tourn.* Backenklee.

Blttch. lineal-keilig, fast seidenartig-zottig, Haare anliegend; Köpfch. meist 12bth. ♃ Mai, Jn. weiss, Kiel an der Spitze schwarz-violett.
suffruticosum. *Vill.* Halbstrauchiger B.
Blttch. längl.-keilig, zerstreut-haarig, Haare abstehend; Köpfch. meist 20bth. ♃ Jn. Jl.
herbaceum. *Vill.* Krautiger B.

XIV. BONJEANIA. *Rb.* Faltenklee.

Hüls. längl., gedunsen; die ganze Pf. filzig-rauhhaarig. ♃ Mai, Jn. blassrosa, Kiel an der Spitze schwarzviolett. .....**hirsuta.** *Rb.* Rauhhaariger F.

XV. LOTUS. *L.* Schotenklee.

1 Hülse zsmgedrückt, lineal, gekrümmt, fast gliederhülsig, kahl; Stg. flaumig, ausgebreitet; Köpfch. 3—5bth. ⊙ Ap.-Jn. *J.*
ornithopodioides. *L.* Vogelfussart. Sch.
Hülse stielrund. 2

2 Bth. einzeln o. gezweit. 3
Köpfch. meist 5—12bth. 4

3 BthStiele 2mal so lang als die B.; KZähne gewimp.; Hüls. schlank, gerade, 5—6mal länger als der K. ⊙ Jn. Jl. *J.*
angustissimus. *L.* Schmalfrüchtiger Sch.
BthStiele noch einmal so lang als die B.; KZähne rauhhaar., 3mal länger als die KRöhre; Hüls. gedunsen, 2—3mal länger als der K. ⊙ Mai, Jn. *J.*
edulis. *L.* Essbarer Sch.

4 Grau von angedrückten Haaren; KZähne längl.-lanzett., spitz, die 2 seitl. kürzer; Hülse etwas gekrümmt; Köpfch. meist 5bth. ♃ Mai. *J.*
cytisoides. *L.* Geisskleeartiger Sch.
Kahl o. abstehend-behaart; KZähne fast gleich, aus 3eckiger Bas. pfrieml.; Hülsen gerade, lineal. ... 5

Stg. ziemlich aufrecht, hohl; Köpfch. meist 12bth., langgestielt. ♃ Jl. Ag. **uliginosus.** *Schk.* Sumpf-Sch.
Stg. liegend; Köpfch. meist 5bth.; Bthstiel 4—5mal länger als d. B. 6

Flügel breit-vrkhrt-eif.; Blttch. u. NebenB. vrkhrt-eif. ♃ Mai-Hrbst. gelb, oft aussen, selten ganz blutroth. .... **corniculatus.** *L.* Hornwicke.
Flügel längl.-vrkhrt.-eiförm., schmal; Stg. engröhrig; Blttch. u. NebenB. lineal od. lineal-vrkhrt-eif. ♃ Mai-Hrbst. . .**tenuifolius**. *Rb.* Schmalblättriger Sch.

XVI. TETRAGONOLOBUS. *Scp.* Spargelerbse.

Flügel der Hülsen wellig, so breit als die Hülse. ⊙ Jl. Ag. cult. purpurbraun.
purpureus, *Mnch.* Purpurbraune Sp.
Flügel d. Hülsen gerade, 4mal schmäler als die Hülse. ♃ Mai, Jn. gelb.
siliquosus. *Rth.* Schotentragende Sp.

XVII. GALEGA. *L.* Geissraute.

Blttch. lanzett., stachelspitz, kahl; NebenB. breitlanzett.; Trauben länger als d. B. ♃ Jl. Ag. rosa, lila o. weiss. .....**officinalis.** *L.* Gebräuchliche G.

XVIII. COLUTEA. *L.* Blasenstrauch.

Blttch. ellipt., etwas eingedrückt; Hülsen an d. Spitze nicht klaffend. ♄ Mai, Jn. gelb.
arborescens. *L.* Fischblatter.

XIX. ROBINIA. *L.* Robinie. Schotendorn.

B. gefiedert; Blttch. oval o. längl., stachelspitzig; Tr. hängend, reichbth. ♄ Mai. Jn. weiss, wohlriechend.
Pseudacacia. *L.* Unechte Akazie.

XX. PHACA. *L.* Berglinse.

Hülse vollkommen 1fäch., ohne Scheidewand; Stg. aufrecht. 2
Hülse mit einer schmalen unvollständ. Scheidewand, also halb-2fächr.; Stg. liegend oder ausgebreitet; NebenB. eif. 3

2 Stg. ganz einfach; NebenB. oval, blattartig: B. 4—5-paarig. ♃ Jl. Ag. *A.* gelbl.-weiss. **frigida**. *L.* Kalte B.
Stg. ästig; NebenB. lineal-lanzett.; B. 9—12paarig. ♃ Jl. Ag. *A.* gelb........ **alpina**. *Jcq.* Alpen-B.

3 Flügel ausgerandet o. 2spalt.; Kiel viel kürzer als d. Fahne; Hülsen kahl; B. meist 5paarig. ♃ Jl. Ag. *A.* weiss o. gelbl., Kiel schwarz-violett. **australis**. *L.* Südliche B.
Flügel ganz; Kiel fast so lang als die Fahne; Hülsen rauhhaarig; B. 8—10paarig. ♃ Jl. Ag. *A.* Fahne bläul., Flügel weiss. **astragalina**. *DC.* Tragantartige B.

XXI. OXYTROPIS. *DC.* Spitzkiel.

1 Von beiden Nähten geht eine Scheidewaud aus, die im Innern der Hülse sich berühren — die Hülse desshalb 2fächerig; Pf. stengellos, zottig-seidig; Hülsen aufrecht im K. sitzend, eif., aufgeblasen. ♃ Mai-Jl. *A.* lila. .... **Halleri**. *Bung.* Haller's S.
Nur von der obern Naht geht eine Scheidewand nach innen — die Hülse desshalb halb-2fächerig — o. die Scheidewand fehlt ganz.................. 2

2 Hülsen halb-2fächer.; Aehren eif.................. 3
Hülsen einfächer.; Trauben abgekürzt, 3—6—12bth. 4

3 Stengellos; Hüls. aufgeblasen, eif.; B. meist 12paar.; Blttch. lanzett.; Schaft niederlieg., sammt d. K. haarig; Haare aufrecht. ♃ Jl. Ag. *A.* gelb. o. blau. **campestris**. *DC.* Feld-S.
Stg. vorhanden, aufrecht, zottig; Hüls. lineal, fast stielrund; Blttch. d. unt B. längl., d. obern lanzett.; Bthstiele länger als d. B. ♃ Jn. Jl. gelb. **pilosa**. *DC.* Zottiger S.

4 Trauben 3bth.; Stg. fehlend; Bthstiel so lang als d. B.; Fahne doppelt so lang als der Kiel. ♃ Jl. Ag. *A.* **triflora**. *Hpp.* Dreiblumiger S.
Trauben 6—12bth. 5

5 Hülsen hängend, lineal, stielrund; Bthstiel endlich doppelt so lang als d. B. ♃ Jl. *T. A.* röthl.
lapponica. *Gd.* Lappländischer S.
Hülsen aufrecht, längl.; Bthstiele so lang als d. B. 6

6 Bth. rosa; haarig o. ganz kahl; Fahne $1^1/_2$mal so lang als der Kiel. ♃ Jl. Ag. *A.* **montana**. *DC.* Berg-S.
Bth. blau; grauhaarig; Fahne 2mal so lang als der Kiel. ♃ Jl. Ag. *Kth. A.* **cyanea**. *Bieb.* Blauer S.

XXII. ASTRAGALUS. *L.* Tragant. Wirbelkraut. Christianwurz.

1 NebenB. ganz frei, o. nur dem Grunde des Bstiels anhängend. 2
NebenB. fast bis zu ihrer Mitte an den Bstiel angewachsen; B. 12—20paarig. 16

2 Bth. roth, blau, violett o. weiss. 3
Bth. gelb o. gelblich; fruchttrag. K. nicht aufgeblasen. (*A. vesicarius* mit aufgeblas. FrK., variirt bisweilen mit gelben Bth.) 13

3 Das Endblättchen d. B. deutlich länger-gestielt, als die übrigen 4
Das Endblättchen nicht länger gestielt, als die übrigen 5

4 Köpfch. langgestielt; K. dicht-schwarz-behaart; Hülse eif., im K. kurz-gestielt. ♃ Jl. Ag. *St. A.* hellblau.
oroboides. *Horn.* Walderbsenartiger T.
Köpfch. sitzend o. fast sitzend, blattwinkelst.; Hülsen sternf.-kopfig., lanzett., auf dem Rücken tief-gefurcht. ⊙ Mai, Jn. bläulich.
sesameus. *L.* Sesamfrüchtiger T.

5 Kahl o. fast kahl; B. 7—10paarig; Tr. länger als d. B., locker; Hülsen lineal, fast 3kantig. 6
Haarig; Haare angedrückt o. abstehend.... 7

6 Flügel der Blkr. 2spaltig; Hülse hängend. ♃ Jl. Ag. bläulich, Kiel strohgelb, an der Spitze violett gefleckt.......**austriacus**. *Jcq.* Oesterreichischer T.
Flügel der Blkr., ganz; Hülse aufrecht. ♃ Jn. Jl. hellviolett mit dunklern Linien.
sulcatus. *L.* Gefurchter T.

7 Gr. an der untern Hälfte rauhhaar.; Stg. ausgebreitet, grau, mit angedrückten, im Mittelpunkte angeheft. Haaren; B. 5—7paarig 8
Gr. kahl. 9

8 Hülse noch 1mal so lang als der K., fast 3kantig, grau. ♃ Mai. *J.* **argenteus.** *Bert.* Silberglänz. T.
Hülse ein wenig länger als der K., im Kelche sitzend, rauhhaar. ♃ Mai, Jn.
vesicarius. *L.* Aufgeblasener T.

9 B. 3—4paarig; Blttch. lineal, stumpf; Tr. 4—8bth.; Hüls. lineal-längl., so wie die ganze Pf. seidig-grau. ♃ Jn. Jl. fleischroth. **arenarius.** *L.* Sand-T.
B. 6—12paarig; Blttch. lanzett. o. eif.; Aehren kopfig 10

10 Fahne 3mal so lang als die Flügel; Aehre längl. o. eif.; Hülse aufr., eif., zugespitzt, rauhhaarig; Blttch. lanzett. o. lineal, die der unt. B. eif., ausgerandet. ♃ Jn. Jl. bläul.-purp.
Onobrychis. *L.* Langfahniger T.
Fahne $1\frac{1}{2}$mal so lang als die Flügel. 11

11 Haare angedrückt, mit der Mitte angeheftet; Aehren eif.; Hülse oval-längl., in dem K. sitzend, rauhhaarig; B. 6—9paarig; Blttch. längl.-eif. ♃ Jl. Ag. *A.* hellblau.. ....**leontinus.** *Wlf.* Tiroler T.
Haare mit dem Grunde angeheftet............... 12

12 Blttch. eif.-lanzett., an der Spitze 2zähnig-ausgerandet, mit spitzlichen Zähnchen; Hüls. rundl.-eif., an der Bas. herzf. ♃ Jl. Ag. *A.* purp.-violett.
purpureus. *Lam.* Purpurrother T.
Blttch. lanzett., die der unt. B. eif., ausgerandet; Hüls. rundl.-eif. ♃ Mai, Jn. violett.
Hypoglottis. *L.* Wiesen-T.

13 Flügel tief-ausgerandet o. 2spaltig; Pfl. steif, aufrecht, flaumhaarig-rauh; Haare angedrückt, mit der Mitte angeheftet; Hülsen an die Spindel angedrückt. ♃ Mai, Jn................. **asper.** *Jcq.* Rauher T.
Flügel ganz stumpf. 14

14 B. 5–6paarig; Blttch. eif.; Pf. fast kahl; Hülsen aufrecht, kahl, gebogen, endl. zsmschliessend; Aehren eif.-längl. ♃ Jn. Jl. gelblich-weiss, zuletzt rauchgrau. . . . . **glycyphyllos**. *L.* Bärschote.
B. 9–12paarig. 15

15 Hüls. aufrecht, rundl., aufgeblasen, im K. sitzend, rauhhaar.; Blttch. lanzett.-längl. o. oval. ♃ Jn. Jl. gelblichweiss. . . . . **Cicer**. *L.* Kicherartiger T.
Hüls. hakig-gekrümmt, an der Spitze pfrieml., auf dem Rücken gefurcht; Blttch. keilig o. vrkhrt-eif., ausgerandet. ⊙ Mai. Jn *J.*
hamosus. *L.* Hakenfrüchtiger T.

16 Sehr zottig; Bth. auf der Wz. gehäuft; Stg. fehlend; Blttch. eif.; Kr. kahl; Hüls., eif., zugespitzt, stachelspitzig, zottig. ♃ Mai, Jn.
exscapus. *L.* Schaftloser T.
Grau-flaumig o. fast kahl; beinahe stengellos. 17

17 Hülsen lineal, aufwärts gekrümmt, 10—20samig, bei der Reife fast kahl. ♃ Ap. Mai. dunkelpurp.
monspessulanus. *L.* Französischer T.
Hülsen lineal-längl., abwärts-gekrümmt, 24—30samig von angedrückten Härchen grau. ♃ Mai. *J.*
incurvus. *Dsf.* Krummfrüchtiger T.

XXIII. SCORPIURUS. *L.* Scorpionswieke.

Die äusseren Rippen der Hülse 6—8 steifl., an der Spitze fast hakige Dörnchen tragend. ⊙ Mai, Jn. *J.*
subvillosa. *L.* Feinstachlige S.

XXIV. CORONILLA. *L.* Kronwicke.

1 Nagel der Blb. 3mal so lang als der K.; NebenB. frei, lanzett.; Blttch. vrkhrt-eif. ♃ Mai-Jl.
Emerus. *L.* Strauchige K.
Nagel der Blb. ungefähr so lang als der K.; Hülse 4kantig oder 4flüglig 2

2 Bth. gelb 3
Bth. purp., rosa o. weiss. 6

3 B. 3zählig, das Endblttch. sehr gross; Hülse gebogen, gestreift. ⊙ Mai, Jn. *J.*
scorpioides. *Kch.* Krautige K.
B. 3—6paarig-gefiedert. 4

4 NebenB. eif., von der Grösse der Blttch.; Blttch. vrkhrt-eif.; Hülse 4flügelig. ♃ Mai-Jl.
vaginalis. *Lam.* Scheidenblättrige K.
NebenB. kleiner als ein Blttch. d. B.; Hülse 4kantig. 5

5 Bthstielch. so lang o. wenig länger als die KRöhre; Dolden 5—8bth. ♄ Jl. Ag *T.*
minima. *L.* Kleinste K.
Bthstielch. 3mal so lang als d. KRöhre; Dolden 15—20bth. ♃ Jn. Jl......**montana.** *Scp.* Berg-K.

6 Dolden 3—6bth.; BthStielch. so lang als d. K.; B. 6—8paarig. ⊙ Mai, Jn. *J.* weissl., Fahne purp.-gestreift, Kiel schwarz-purp.
cretica. *L.* Kretische K.
Dolden meist 20bth.; BthStielch. 3mal so lang als die KRöhre; B. meist 10paarig. ♃ Jn. Jl. Fahne rosa, Flügel und Kiel weiss, Kiel an der Spitze schwarz-purp. ....**varia.** *L.* Bunte K.

XXV. ORNITHOPUS. *L.* Vogelfuss.

KZähne 3mal kürzer als die KRöhre. ⊙ Mai, Jn. Bth. sehr klein, weiss, Fahne roth-gestreift, Kiel gelbl. .... **perpusillus.** *L.* Liegender V.

XXVI. HIPPOCREPIS. *L.* Hufeisenklee.

Dolde 4—8bth., lang gestielt; Glieder d. Hülse halbmondf., aneinander schliessend. ⊙ Mai-Jl. gelb.
comosa. *L.* Zopf-H.
Bth. einzeln, blttwinkelst., sehr kurz gestielt; Glieder d. Hülse fast kreisf., durch breite Zwischenlappen getrennt. ♃ Mai, Jn. *J.* gelb.
unisiliquosa. *L.* Einfrüchtiger H.

XXVII. SECURIGERA. *DC.* Beilwicke.

Bth. 3—6, doldig. ⊙ Mai, Jn. *J.* gelb.
Coronilla. *DC.* Gelbe B.

XXVIII. HEDYSARUM. *L.* **Hahnenkopf.** Süssklee.

NebenB. in ein einziges, 2spalt. verwachsen; Bth. u. Hülsen hängend. ♃ Jl. Ag. *A.* purp.
obscurum. *L.* Rosseisen.

XXIX. ONOBRYCHIS. *Tourn.* **Esparsette.** Eselswicke.

Die Zähne des untern gekielten Randes der Hülse halb so lang als die Breite des Kieles. ♃ Mai-Jl. rosa o. purp. dunkler linirt.
sativa. *Lam.* Angebaute E. Wiedehopf.
Die mittleren Zähne des untern gekielten Randes der Hülse so lang als die Breite des Kieles. ♃ Jn. Jl. roth o. weissl. ....**arenaria.** *DC.* Sand-E.

XXX. CICER. *L.* **Kicher.**

B. unpaarig-gefiedert, Blttch. oval. ⊙ Jn. Jl. *cult.*
arietinum. *L.* Kichererbse.

XXXI. VICIA. *L.* **Wicke.**

1 BthStiele verlängert, 6—vielbth.; Tr. meist so lang o. länger als d. B. 2
BthStiele 1—2bth., oder auch 4—6bth., aber sehr kurz traubig; Stiel der Bth. o. Tr. kürzer o. nur wenig länger als eine Bth. 7

2 NebenB. gezähnt; Tr. 6—12bth., locker; B. 5—8paarig. 3
NebenB. ganzrandig, halbspiessf.; Tr. vielbth., gedrungen; B. 8—15paarig. 4

3 NebenB. halbmondf., in 5—7haarspitzige Zähne gespalten; Tr. meist 6bth.; B. meist 5paarig; Blttch. eif., ♃ Jl. Ag. rothviolett mit dunklern Adern.
dumetorum. *L.* Hecken-W.
NebenB. halbspiessf., in der Mitte 2—3zähnig; Tr. 6—12bth.; Bth. entfernt; B. 6—8paarig; Blttch. lineal u. lanzett. ♃ ⊙ Mai-Jl. *J.* blau, am Grunde weissl. ..**onobrychioides.** *L.* Hahnenkopfartige W.

4 Die Platte der Fahne so lang als ihr Nagel. 5
Die Platte der Fahne entweder halb so lang oder 2mal so lang als ihr Nagel. 6

8*

5 Stiel der Hülse kürzer als die KRöhre; Blttch. angedrückt-flaumig; B. meist 10paarig. ♃ Jn.-Ag. violett. ....**Cracca**. *L.* Vogel-W.
Stiel länger als die KRöhre; Blttch. abstehend-behaart; die obern B. meist 15paarig. ♃ Jn. Jl. *J.* **Gerardi**. *DC.* Gerard's W.

6 Platte der Fahne doppelt so lang als ihr Nagel; Hüls. lineal-längl.; B. meist 10paarig. ♃ Jn.-Ag. blassblau........**tenuifolia**. *Rth.* Schmalblättrige W.
Platte der Fahne halb so lang als ihr Nagel; Hüls. ellipt., fast rautenf.; B. meist 8paarig. ⊙ Mai-Jl. viol., mit blässern Flügeln. **villosa**. *Rth.* Behaarte W.

7 Blkr. weiss, Flügel mit einem grossen schwarzen Flecke; Tr. 2—4bth. sehr kurz; BSpindel mit 1 Stachelspitze endigend; Blttch. ellipt. ⊙ Jn. Jl. *cult*..........................**Faba**. *L.* Saubohne.
Blkr. anders gefärbt.......................... 8

8 Blttch. zugespitzt o. spitzig...................... 9
Blttch. stumpf, abgestutzt, eingedrückt o. ausgerandet; Bthspindel (wenigstens die der obern B.) in eine Wickelranke endigend........................ 10

9 Blttch. eif., zugespitzt; B. 2paarig; BSpindel in eine Stachelspitze endigend; Tr. 3—6bth. ♃ Jn. Jl. hellgelb........**oroboides**. *Wlf.* Breitblättrige W.
Blttch. ellipt. o. lanzett., nur die obere B. 2paarig; BSpindel in eine Wickelranke endigend; BthStiele 1—2bth.; Hülse zottig. ⊙ Mai, Jn. *J.* purpurn. **bithynica**. *L.* Bithynische W.

10 Fahne behaart.............................. 11
Fahne kahl................................ 12

11 Tr. 2—4bth.; KZähne so lang als die KRöhre; Hülse rauhhaarig; Haare einfach. ⊙ Mai-Jl. weissl. mit braun gestreifter Fahne, auch purp. **pannonica**. *Jcq.* Ungarische W.
Bth. einzeln; Hüls. herabgebogen, ellipt.-längl., rauhhaarig; Haare auf einem kleinen Knötch. sitzend. ⊙ Mai, Jn. *J.* gelbl.-weiss. **hybrida**. *L.* Bastard-W.

12 { Tr. 2—5bth., sehr kurz. 13
Bth. einzeln o. paarig, blattwinkelst. 14

13 { B. 2—3paarig; Blttch. oval, ganzrand. o. gesägt; KZähne gerade vorgestreckt; Hülse am Rande weichstachl.-gewimpert. ⊙ Mai, Jn. *J.* hellpurp. **narbonensis**. *L.* Französische W.
B. 5—8paarig; Blttch. oval u. längl.; die 2 obern KZähne zsmgeneigt; Hüls. lineal-längl.; kahl. ♃ Ap.-Jn. hellviolett. .... **sepium**. *L.* Zaun-W.

14 { B. 2—3paarig, alle mit einer Stachelspitze, o. die obern mit einer Wickelranke endigend; Blttch. vrkhrt.-eif.; Bth. einzeln, fast sitzend; Hülse lineal, kahl; Samen würfelf., körnig-rauh. ⊙ Ap. Mai, Bth. klein, blassblau, oft weiss schattirt. **lathyroides**. *L.* Platterbsenartige W.
B. 4—8paarig; Bth. kurz gestielt. 15

15 { Bth. gelb, aschfarben o. weiss. (Auch *V. sativa*. var. bisweilen mit weissen Bth.) 16
Bth. roth, purp., blau o. violett. 17

16 { KZähne gerade vorgestreckt, halb so lang als die KRöhre; Fahne 2mal so lang als d. Flügel; Hülsen schwarzflaumig o. kahl. ⊙ Mai, Jn. *J.* blassgelb, Fahne am Grunde braun. **grandiflora**. *Scp.* Grossblumige W.
KZähne ungleich, die 2 obern zsmneigend, halb so lang als die unt., der unterste länger als die KRöhre; Hülsen rauhhaarig, die Haare auf starken Knötchen sitzend. ⊙ Jn. Jl. hellgelb. **lutea**. *L.* Gelbe W.

17 { Die 4 obern KZähne aufwärts gekrümmt; Hüls. längl., flaumig; Blttch. lineal. ⊙ Mai, Jn. *J.* hellpurp., dunkler gestreift. ..... **peregrina**. *L.* Fremde W.
KZähne gerade vorgestreckt. 18

18 { B. meist 5paarig; Blttch. der ob. B. lineal o. lanzett.-lineal, stumpf o. gestutzt; Hülsen abstehend, lineal, die reifen kahl, schwarz. ⊙ Mai, Jn. purp. o. hellroth. .... **angustifolia**. *Rth.* Schmalblättrige W.
B. meist 7paarig. 19

19 Blttch. der unt. B. vrkhrt.-herzf., die der obern lineal-keilig, 2lappig-ausgerandet. ⊙ Mai, Jn.
cordata. *Wlfn.* Herzblättrige W.
Blättchen vrkhrt.-eif., seicht ausgerandet. ⊙ Mai, Jn.
sativa. *L.* Futter-W.

XXXII. ERVUM. *Peterm.* Erve. Linsenwicke.

1 BthStiele 1—6bth.; Blttch. lineal o. länglich.... .. 2
Tr. vielbth.; Blttch. eif. o. eif.—länglich. (*Vicia L.*) 6

2 KZähne so lang o. kürzer als die KRöhre; ob. B. 3—6paarig.................................. 3
KZähne länger als die KRöhre; B. meist 7—12paarig; BthStiele 1—2bth............................ 5

3 KZähne so lang als die KRöhre; Hüls. flaumig, längl., 2sam.; BthStiele 2—6bth., so lang als d. B.; obere B. mit 1 Wickelranke, meist 6paarig; Blttch. lineal. ⊙ Jn. Jl. weissl.-bläul.
hirsutum. *L.* Rauhhaarige E.
KZähne kürzer als die KRöhre; Hülse kahl, lineal, 4—6samig; ob. B. 3—4paarig................ .. 4

4 BthStiele 1bth., grannenlos, so lang als d. B.; Blttch. lineal, stumpf; Hülsen 4samig. ⊙ Jn. Jl. Fahne lila, Flügel und Kiel weiss.
tetraspermum. *L.* Viersamige E.
BthStiele 1—4blth., begrannt, endlich doppelt so lang als d. B.; Blttch. lineal, spitzig; Hülsen 6samig. ⊙ Jn. Jl.............**gracile.** *DC.* Schlanke E.

5 NebenB. ungleich, das eine lineal, ganz, sitzend, das andere halbmondf., borstlich-gezähnt, gestielt; B. meist 7paarig; BthStiel 1bth., fast so lang als d. B.; Hülsen breit, längl. ⊙ Jn. Jl. bläulich mit dunklern Adern.........**monanthos.** *L.* Einblüthige E.
NebenB. gleichf., halbspiessf., borstlich-gezähnt; BthStiele 2bth., kürzer als d. B., B. meist 12paarig; Hülse fast perlenschnurf. ⊙ Jn. Jl. weiss, Fahne violett-gestreift. ......**Ervilia.** *L.* Linsenartige E.

6 NebenB. ganzrandig; B. vielpaarig; Tr. kürzer als d. B.; Hülse fast rautenf.; Wz. kriechend. ♃ Jn. Jl. violett. **cassubicum**. *Peterm.* Kassubische Wicke.
NebenB. gezähnt; B. 5—8paarig. 7

7 Tr. kürzer als d. B.; B. meist 5paarig, die untersten Blttch. an den Stg. anstehend u. die gezähnten halbpfeilf. NebenB. verbergend. ♃ Mai, Jn. gelbl.-weiss. ...**pisiforme**. *Peterm.* Erbsenartige Wicke.
Tr. länger als d. B.: B. meist 8paarig; NebenB. halbmondf., eingeschnitten-vielzähnig, Zähne borstlich-haarspitzig. ♃ Jl. Ag. weiss, Fahne blauaderig. **silvaticum**. *Peterm.* Wald-Wicke.

XXXIII. PISUM. *L.* Erbse.

1 NebenB. spiessf.; B. 4paarig; Blttch. ellipt., ganzrandig; BthStiel vielbth.; Stg. kantig. ♃ Jn.-Ag. *J.* purp., Fahne dunkler geadert. **maritimum**. *L.* Meerstrands-E.
NebenB. eif.- halbherzf., an der Bas. ungleich-gezähnt, sehr gross; B. 2—3paarig; BthStiel 1—2bth. 2

2 NebenB. 2—3mal kürzer als d. BthStiel; B. 3paarig; Blttch. ellipt. o. längl. ⊙ Jn. *J.* **elatius**. *Bieb.* Grosse E.
NebenB. so lang als der 1bth. BthStiel, o. länger als die unterste Bth. des 2bth. Bth-Stieles; Blttch. eif. 3

3 Same kugelig, gleichfarbig; B. 3paarig. ⊙ Mai-Jl. *cult.* weiss. ....**sativum**. *L.* Gartenerbse.
Same kantig-eingedrückt, braun punktirt; B. 2—3-paarig. ⊙ Mai-Jl. *cult.* hellviolett, Flügel purp. **arvense**. *L.* Zucker-E.

XXXIV. LATHYRUS. *L.* Platterbse.

1 B. fehlend; BStiele blattförmig o. rankentragend. .. 2
Die unt. BStiele blattlos, die oberen B. tragend; BStiele breit-geflügelt, lanzettl. o. ellipt. 3
BStiele sämmtl. blättertragend..... 4

2 BStiele fadenf., in eine Wickelranke endigend; NebenB. sehr gross, eif., an der Bas. geöhrt-pfeilf. ⊙ Jn. Jl. gelb.. .. .**Aphaca**. *L.* Deckblattige P.
BStiele blattf., lanzettl., ohne Wickelranke; NebenB. pfrieml., an der Bas. halb-spiessf. ⊙ Mai-Jl. purp. **Nissolia**. *L.* Einfachblttr. P.

3 Blkr. gelblich-weiss, ins Grünl.; BthStiele 1bth.; Hüls. am obern Rande 2flüglig. ⊙ Mai, Jn **Ochrus**. *DC.* Gelbe P.
Fahne purp., Flügel bläul.. Schiffch. weiss; BthStiele 1—3bth.; Hülse am oberen Rande stumpf-2kielig. ⊙ Mai, Jn........**auriculatus**. *Brt.* Geöhrelte P.

4 BthStiele 1—2bth.............................. 5
BthStiele vielbth., länger als d. B............... 15

5 B. 3—6paarig; Hüls. 2samig, fast rautenf. (*Ervum*. L.) 6
B. 1paarig; Hüls. 2—10samig, lineal, längl. o. ellipt. 7

6 B. meist 6paarig; BthStiele 1—2bth., begrannt; NebenB. lanzett., ganzrandig; K. so lang als die Kr.; Hülsen kahl. ⊙ Jn. Jl. *cult.* **Lens**. *Kitt.* Linse.
Die ob. B. 3paarig; BthStiele 1bth., grannenlos; NebenB. halb-spiessf., ganzrand.; K. kürzer als die Kr.; Hüls. flaumig. ⊙ Mai, Jn. blau. **Lenticula**. *Kitt.* Kleine Linse.

7 Same glatt; BthStiel 1bth........................ 8
Same knötig-rauh................................. 12

8 Hüls. verlängert-lineal, 8—10sam., gedunsen; BthStiele an der Bas. gegliedert.................... 9
Hüls. meist 4samig, netzig-aderig, zsmgedrückt, am ob. Rande 2flügl.; BthStiele oberw. gegliedert, mit kleinen DeckB.; BStiel schmal geflügelt, lineal. 11

9 Frknoten u. Hülsen kahl; Sam. kugelig.......... 10
Frknoten seidenhaarig-zottig; Hüls. flaumig; Sam. oval, beiderseits gestutzt; BthStiel grannenlos. ⊙ Jn. Jl. *J.* violett. **inconspicuus**. *L.* Kleinblüthige P.

10 { BthStiele grannenlos, mit sehr kleinen DeckB.; Frknoten fein-drüsig-punkt.; Hüls. aderig-netzig. ⊙ Jn. Jl. *J.* lila. . . . . **stans.** *Vis.* Getreide-P.
BthStiele begrannt; Hüls. nervig-gestreift. ⊙ Mai, Jn. ziegelroth. . . . . . .**sphaericus.** *Rtz.* Kugelsamige P.

11 { Der obere Rand d. Hülse gerade; KZipfel aufrecht; Sam. nicht gefleckt; röthl. ⊙ Ap.-Jn. *J.* roth. **Cicera.** *L.* Rothe P.
Der obere Rand d. Hülse gekrümmt; KZipfel abstehend; Sam. ledergelb, braungefleckt. ⊙ Mai, Jn. blau, rosa o. weiss. . . . .**sativus.** *L.* Angebaute P.

12 { BthStiele kürzer als d. B.; Sam. kugelig; Hülse zsmengedrückt, netzaderig, kahl. 13
BthStiele länger als d. B. 14

13 { Bth. purp.; Hülse 2—3sam. ⊙ Ap. Jn. *J.* **setifolius.** *L.* Borstenblättr. P.
Bth. gelb; Hülse 6samig; Stg. geflügelt. ⊙ Mai, Jn. *J.* . . . .**annuus.** *L.* Jährige P.

14 { Hülsen kahl, schmal-lineal, glatt, meist 10sam.; Sam. kubisch; BthStiele 1bth. ⊙ Mai, Jn. *J.* purp. **angulatus.** *L.* Eckigsamige P.
Hülsen rauhhaar., lineal-längl., die Haare am Grunde zwiebelig; Sam. kugelig; BthStiele 1—2bth. ⊙ Jn. Jl. blau. . . . .**hirsutus.** *L.* Rauhhaar. P.

15 { Stg. kantig, flügellos; B. 1paarig. 16
Stg. deutlich-geflügelt; B. 1—3paarig. 17

16 { Die obern KZähne kurz-3eckig; Hüls. kahl, netzigaderig; Sam. schwach-knötig. ♃ Jl. Ag. purp. **tuberosus.** *L.* Knollige P.
KZähne lanzett.-pfrieml.; Hüls. schief-aderig; Sam. glatt. ♃ Jn. Jl. gelb. . . .**pratensis.** *L.* Wiesen-P.

17 { B. einpaarig. 18
Die obern, oder alle B. 2—3paarig. 20

18 { Stg. breit-geflügelt; BStiele schmal geflügelt. ♃ Jl. Ag. fleischroth, Fahne am Rücken grünl. **silvestris.** *L.* Wald-P.
Stg. u. BStiele breit-geflügelt. 19

19 Sam. knötig-runzelig. ♃ Jl. Ag. *J.* Bth. gross, hellkarmin......... **latifolius.** *L.* Breitblättrige P.
Sam. schwach-knötig. ♃ Jl. Ag. Fahne innen rosa, Flügel vorn violett.
platyphyllos. *Rtz.* Flachblättrige P.

20 Stg. u. BStiele breit-geflügelt; Sam. knötig-rauh. ♃ Jl. Ag. **heterophyllos.** *L.* Verschiedenblättrige P.
Stg. geflügelt; BStiele flügellos, schmal berandet; Sam. glatt; Gr. bis zur Mitte bärtig. ♃ Jl. Ag. blau.................. **palustris.** *L.* Sumpf-P.

XXXV. OROBUS. *L.* Walderbse.

1 Hülsen 2samig, kahl; BthStiele 1—2bth., länger als d. B., begrannt; NebenB. halbspiessf., gezähnt. ♃ Ap. Mai. *J.*
nigricans. (*Ervum. Bieb.*) Schwärzliche Erve.
Hülsen vielsamig; BthStiele locker-traubig; K. kurzglockig.................................. 2

2 Stg. geflügelt; B. 2—3paarig, Blttch. unters. meergrün, glanzlos; WzStock kriechend, an den Gliedern knollig. ♃ Ap. Mai...**tuberosus.** *L.* Knollige W.
Stg. kantig, höchstens oberw. schmal-geflügelt..... 3

3 B. 2—3paarig; Blttch. eif., zugespitzt, o. lanzett. o. lineal.. 4
B. meist 4—6paarig; Blttch. ellipt. o. eif.-längl., unterseits meergrün, glanzlos.................. 6

4 Blttch. kahl, lineal-lanzett. o. lineal; Wz. büschelig, Fasern keulig. ♃ Mai, Jn. weiss. o. gelbl., Fahne auf dem Rücken oft rosa. . **albus.** *L.* Weisse W.
Blttch. flaumig-gewimpert, unterseits glänzend, zugespitzt.. 5

5 BthStiele gerade, meist 4bth.; Blttch. längl.-eif., lanzett. o. lineal, lang-zugespitzt. ♃ Ap. Mai. purp., dann blau, endl. grünl. **vernus.** *L.* Frühlings-W.
BthStiele gekrümmt, vielbth.; Blttch. breit-eif., an der Bas. schief-abgerundet. ♃ Mai, Jn. Fahne purp., Flügel u. Kiel rosa.
variegatus. *Ten.* Bunte W.

6 Blttch. ellipt., spitzlich; B. meist 4paarig; Stg. fast einfach; Wzstock horizontal, Fasern fädlich. ♃ Mai, Jn. gelblichweiss, dann gelbbraun. **luteus.** *L.* Gelbe W.
Blttch. eif.-längl.; B. meist 6paarig; Stg. ästig; Wz. ästig. ♃ Jn. Jl. purp.....**niger.** L. Schwarze W.

XXXVI. PHASEOLUS. *L.* **Bohne.**

BthStiele kürzer als das B.; Bth. weiss, seltner gelbl., lila o. röthl. ⊙ Jl. Ag. **vulgaris.** *Sav.* Gemeine B.
BthStiele so lang o. länger als das B.; Bth. roth., seltner weiss. ⊙ Jl. Ag. **coccineus.** *L.* Scharlachrothe B.

---

32. Ordnung. CAESALPINIEEN. *R. Br.* Cäsalpiniengewächse.

K. 5theil. o. 5zähn.; Kr. schmetterlingsf. o. fehlend; Blb. frei; Stbgfss. frei, 5 o. 10; Frknoten vieleiig; Samenträger seitenst.; Bäume mit wechselst. nebenblttr. B.

GATTUNGEN.

K. 5theil.; Kr. fehlend; Stbgfss. 5; Narbe sitzend; Hülse lederig, vielfächerig..........**Ceratonia.** I.
K. 5zähn.; Blb. 5, schmetterlingsf.; Stbgfss. 10; Hülse 1fächer.............................**Cercis.** II.

ARTEN.

I. CERATONIA. *L.* **Johannisbrotbaum.**

B. gefied., Blttch. oval, lederig, obers. glänzend. ♄ Sp. Oc. *J*................**Siliqua.** *L.* Echter J.

II. CERCIS. *L.* **Judasbaum.**

B. nieren-herzf., ganz stumpf u. kahl. ♄ Ap. Mai. rosa.............**Siliquastrum.** *L.* Liebesbaum.

---

33. Ordnung. AMYGDALEEN. *Juss.* Mandelgewächse.

K. 5spalt., innen mit einer honigabsondernden Drüsenscheibe ausgekleidet; Blb. 5; Stbgfss. zahlreich, frei, mit den Blb. dem KRande eingefügt; Frknoten frei, 1fächer., 2eiig; Gr. 1; Narbe einfach; Steinfrucht 1kernig. Sträuche u. Bäume mit wechselst. nebenblttr. B.

GATTUNGEN.

1 Steinfrucht lederig, trocken, bei der Reife 2klappig-aufplatzend. (Bth. rosa o. weiss.) .. **Amygdalus.** I.
Steinfrucht saftig, nicht aufspringend............ 2

2 Steinkern unregelmässig gefurcht u. von Löchelchen durchstochen. (Bth. hellrosa.) .... **Persica.** II.
Steinkern glatt, gefurcht o. runzelig, aber ohne Löchelchen. (Bth. weiss, oft röthl. überlaufen.) **Prunus.** III.

ARTEN.

I. AMYGDALUS. *L.* Mandelbaum.

B. drüsig-gesägt; BStiel so lang o. länger als die BBreite; KRöhre glockig; Steinkern löcherig; ♄ Fb.-Ap. .... **communis.** *L.* Gemeiner M.
B. drüsenlos-gesägt; BStiel kurz; KRöhre walzl.; Steinkern ohne Löchelchen. ♄ Ap. Mai. **nana.** *L.* Zwerg-M.

II. PERSICA. *Tourn.* Pfirsichbaum.

B. lanzett., spitz-gezägt; Fr. filzig. ♄ Mz. Ap. *cult.* **vulgaris.** *Mill.* Gemeiner P.

III. PRUNUS. *L.* Steinobst.

1 Narbe kopfig-nierenf., ausgerandet; Gr. mit einer herablauf. Furche.............................. 2
Narbe kopfig, nicht ausgerandet; Gr. ohne Furche. 9

2 Die jüngern B. zsmgerollt; Fr. sammtig o. bereift. 3
Die jüngern B. zsmgefaltet; Fr. ohne Reif, glatt... 7

3 Fr. sammtig; B. eif., fast herzf., zugespitzt, doppelt-gesägt, kahl; BStiel drüsig. ♄ Mz Ap. *cult.* weiss, aussen röthl.
Armeniaca. *L.* Aprikosen-, Marillenbaum.
Fr. bereift; B. ellipt. o. breit-lanzett.............. 4

4 BthStiele kahl; BthKnospe meist 1bth.; Fr. kugelig. 5
BthStiele flaumig; BthKnospen meist 2bth......... 6

5 Aestchen flaumig; Fr. aufrecht, blau. ♄ Ap. Mai.
spinosa. *L.* Schlehe. Schwarzdorn.
Aestchen kahl; Fr. hängend, roth. ♄ Ap Mai. *cult.*
cerasifera. *Ehr.* Kirschbaum.

6 Aestchen sammtig; Blb. rundl.; Früchte kugelig, hängend ♄ Ap. Mai. *cult.*
insititia. *L.* Kriechenbaum.
Aestchen kahl; Blb. längl.-eif.; Fr. längl ♄ Ap. Mai. *cult.*........ **domestica**. *L.* Pflaumenbaum.

7 B. flach, kahl, fast lederig; BStiel drüsenlos....... 8
B. etwas runzelig, unterseits flaumig; BStiel 2drüsig. ♄ Ap. Mai. **avium**. *L.* Vogelkirsche. Waldkirsche.

8 B. ellipt., alle zugespitzt; Dolden gehäuft u. zerstreut. ♄ Ap. Mai..............**Cerasus**. *L.* Weichsel.
Die ob. B. längl. o. lanzett., zugespitzt, die seitenst. vrkhrt.-eif., abgerundet-stumpf; Dolden einzeln. ♄ Ap. Mai (kleiner Strauch.)
Chamaecerasus. *Jcq.* Zwerg-Weichsel.

9 Tr. überhängend; B. ellipt. fast doppelt-gesägt; B-Stiel 2drüsig. ♄ Mai, Jn. **Padus**. *L.* Traubenkirsche. Elsenstrauch, Drudenbaum, Albstrauch.
Doldentr. gestielt, gewölbt, einfach; B. rundl.-eif., fast herzf., stumpf-gesägt. ♄ Mai, Jn.
Mahaleb. *L.* Steinweichsel.

---

34. Ordnung. ROSACEEN. *Juss.* Rosengewächse.

K. 4—5spalt., Zipfel oft gedoppelt; Kr. regelmässig; Blb. 4—5, oder doppelt so viele; Stbgfss. zahlreich, frei, sammt den Blb. dem K. eingefügt, selten weniger als 20; Frknoten viele, frei, 1fächerig; B. wechselst., meist nebenblttr.

GATTUNGEN.

1 { KZipfel einreihig, gleichgebildet. 2
KZipfel 2reihig, die äusseren kleiner u. mehr abstehend. 7

2 { K. 8—9spalt.; Blb. 8—9; Früchtch. mit einem bleibenden, federart. Gr. endigend. . . . . **Dryas.** II.
K. 4—5spalt.; Blb. 4—5. 3

3 { Fr. kapselartig, 2—4sam., einwärts-aufspring.; Bth. traubig, doldentr., rispig o. büschelig. . **Spiraea.** I.
Fr. nuss- o. steinfruchtart., 1sam., nicht aufspringend, entweder in eine falsche Beere verwachsen o. von dem erhärteten o. fleischigen K. eingeschlossen . 4

4 { Gr. u. FrKnoten 2; KSaum 5spalt.; Bth. gelb. 5
Gr. u. FrKnoten zahlreich. 6

5 { K. kreiself., unter dem Saume mit zahlreichen, hakigen, endlich verhärteten Dörnch. besetzt; Stbgfss. 12—20. **Agrimonia.** IX.
K. längl., unter dem Saume 5 kleine pfrieml. Zähnchen, die mit den KZipfeln abwechseln; Stbgfss. 5—10. . . . . **Aremonia.** X.

6 { K. ziemlich flach, krautig; FrKnoten einem halbkugel. o. kegelf. FrBoden eingefügt, zuletzt verwachsen und eine gekörnte, saftige Beere bildend. **Rubus.** IV.
K. krugf.; KRöhre fleischig, Schlund durch eine ringf. Scheibe verengert. . . . . **Rosa.** XI.

7 { Stbgfss. u. Gr. 5, selten 10; Blb. lanzett. **Sibbaldia.** VIII.
Stbgfss. zahlreich. 8

8 { FrBoden nach der BthZeit vergrössert, fleischig o. schwammig 9
FrBoden nach der BthZeit nicht vergrössert, saftlos, trocken 10

9 { FrBoden zuletzt fleischig, saftig, eine falsche, abfallende Beere darstellend; Bth. weiss. **Fragaria.** V.
FrBoden zuletzt schwammig; die kleinen Blb. u. der K. inwendig braun-purp. .... **Comarum.** VI.

10 { Früchtch. mit einem bleib. Gr. begrannt; FrBoden walzl. .... **Geum.** III.
Früchtch. wegen des abfälligen Gr. grannenlos; FruchtB. gewölbt o. kegelf. ...... **Potentilla.** VII

ARTEN.

I. SPIRAEA. *L.* Spierstaude. (Bth. weiss, selten rosa.)

1 { NebenB. an den BStiel angewachsen; B. unterbrochen-gefiedert 8
NebenB. fehlen 2

2 { B. mehrfach-zsmgesetzt; Rispe gross, aus langen, schmalen, walzl. Aehren gebildet. ♃ Jn, Jl.
Aruncus. *L.* Geissbart.
B. einfach ....

3 { Rispe endst., pyramidal; B. längl.-lanzett., ungleich-fast doppelt-gesägt, kahl. ♃ Jn.-Ag.
salicifolia. *L.* Weidenblättrige Sp.
Doldentr. endst. o. seitenst. 4

4 { Doldentr. endst 5
Doldentr. seitenst. 7

5 { Doldentr. zsmgesetzt; B. ganz kahl, vrkhrt.-eif. o. längl., stumpf, ungleich-fast doppelt-gesägt, an der Bas. ganzrandig. ♄ Mai, Jn. *A.*
decumbens. *Koch.* Niederlieg. Sp.
Doldentr. einfach, fast halbkugelig; die jüngern B. am Rande o. unterseits flaumig 6

6 Aestchen kantig-gerieft; Stbgfss. länger als die Kr.; B. eif., spitzig, ungleich-fast doppelt-gesägt, an der Bas. abgerundet. ♄ Mai, Jn. **ulmifolia.** *Scp.* Ulmenblättrige Sp.
Aestchen stielrund; Stbgfss. so lang als die Kr.; B. stumpf, vorne sparsam gekerbt, am Rande flaumig-gewimpert, am Grunde in den BStiel verschmälert. ♄ Mai, Jn. **chamaedryfolia.** *L.* Gamanderblättr. Sp.

7 Doldentr. gestielt; KZipfel zurückgekrümmt; B. längl.-lanzett., spitz., ganzrand. o. an der Spitze mit 2 stachelspitz. Zähnen, am Rande gewimpert. ♄ Mai, Jn.. ....**oblongifolia.** *WK.* Länglichblättrige Sp.
Doldentr., sitzend; KZipfel an die Kr. angedrückt; B. vrkhrt.-eif., ganz stumpf, an der Spitze ungleich-stumpf-gekerbt. ♄ Mai, Jn. *Kth.* **obovata.** *WK.* Verkehrteiförmigblättrige Sp.

8 Blttch. eif., ungetheilt, das endst. grösser, handf. 3—5spaltig. ♃ Jn. Jl..... **Ulmaria.** *L.* Mädesüss.
Blttch. längl., fiederspalt.-eingeschnitten, gesägt. ♃ Jn. Jl..............**Filipendula.** *L.* Wildgarbe.

II. DRYAS. *L.* Silberwurz.

B. gekerbt-gesägt, stumpf. ♄ Jl. Ag. *A.* weiss. **octopetala.** *L.* Achtkronblättrige S.

III. GEUM. *L.* Nelkenwurz. (Bth. gelb, selten weiss o. röthl.)

1 Stg. vielbth.; Gr. in der Mitte hakig-gegliedert, das obere Glied abfällig.......................... 2
Stg. 1bth.; Gr. nicht gegliedert. (Alpenpfl. mit unterbroch.-gefied. B.)........................ 5

2 KZipfel zurückgeschlagen o. horizontal-abstehend; das untere Glied der FrGranne 4mal so lang als das obere.......................... 3
KZipfel aufrecht; Bth. nickend; Blb. so lang als die KB.......................... 4

3 FrK. zurückgeschlagen; Blb. vrkhrt.-eif.; das obere Glied der Granne an der Bas. flaumig; Bth. aufr. ♃ Jl. Ag. .... **urbanum.** *L.* Aechte N.
FrK. horizontal; Blb. rundl., an der Bas. keilig; das obere Glied der Granne an der Bas. haarig. ♃ Mai, Jn. .... **intermedium.** *Erh.* Mittlere N.

4 Blb. breit-vrkhrt.-eif., lang-benagelt, ausgerandet; das obere, zottige Glied der Granne fast so lang als das untere nur an der Bas. haarige. ♃ Mai, Jn. **rivale.** *L.* Frauensäckel.
Blb. rundl., sehr kurz benagelt; das untere Glied der Granne doppelt so lang als das obere, beide zottig. ♃ Jn. Jl. *A.* ...... **inclinatum.** *Schl.* Geneigte N.

5 Blttch. eingeschnitten-spitz-gesägt, das endst. 3—5-spaltig. ♃ Jl. Ag. *A.* .. **reptans.** *K.* Kriechende N.
Blttch. ungleich-gekerbt, das endst. sehr gross, fast herzf. ♃ Jn.-Ag. *A.* ...... **montanum.** *L.* Berg-N.

IV. RUBUS. *L.* Bromstrauch. Hurst, Brämc.

1 B. einfach. 2
B. 3—5zählig-gefingert o. gefiedert. 3

2 Stg. krautig, einfach, 1bth.; B. herz.-nierenf., 5lappig. ♃ Jn. Beere roth, zuletzt gelbbraun. **Chamaemorus.** *L.* Wolkenbeere.
Stg. strauchig, drüsig-behaart; B. gross-spitzeckig-5lappig, doppelt gesägt. ♄ Mai-Ag. Bth. gross, bläul.-rosa. *cult.* .. **odoratus.** *L.* Wohlriechender B.

3 Früchte roth, seltener gelblich-weiss. 4
Früchte schwarz, schwarzroth o. bläulich; B. 5- u. 3zähl. 5

4 Stg. aufrecht, ästig, strauchig; B. gefiedert, die obern 3zählig; Blttch. unten weissfilzig. ♄ Mai, Jn. **idaeus.** *L.* Himbeere, Hindbeere.
Schösslinge peitschenf., liegend; Stg. einfach, krautig; B. 3zähl.; Blttch. vrkhrt.-eif., eingeschnitten-gesägt, fein behaart. ♃ Jn.-Jl. .... **saxatilis.** *L.* Felsen-B.

5 Fr. glanzlos, blau-bereift; Bth. weiss. ♄ Jl. Ag. **caesius.** *L.* Nebelbeere.
Fr. glänzend, schwarz; Bth. weiss o. rosa. ♄ Jl. Ag. **fruticosus.** *L.* Brombeere. Spreidach.

6 Stg. oberw. so wie die Rispenäste mit zahlreichen, drüsentrag. Borsten. **hybridus.** *Vill.* **glandulosus.** *Bell.*
Stg. weisslichgrau von dünnem angedrücktem Filze; B. unters. filzig. . . . . **amoenus.** *Portsch.*
B. beiders. filzig. . . . . **tomentosus.** *Borkh.*
B. unters. weiss-filzig. . . . . **fruticosus.** *Koch.*
B. unters. grün, haarig . . . . **corylifolius.** *Sm.*

V. FRAGARIA. *L.* Erdbeere. (Bth. weiss.)

1 FrK. angedrückt; Blttch. sehr kurz gestielt, beiderseits flaumig. ♃ Mai, Jn. **collina.** *Ehr.* Hügel-E.
FrK. wagrecht-abstehend o. zurückgeschlagen 2

2 Haare der seitenst. BthStiele aufrecht o. angedrückt. ♃ Mai, Jn. . . . . **vesca.** *L.* Wald-E.
Haare aller BthStiele wagrecht abstehend. ♃ Mai, Jn. **elatior.** *Ehr.* Garten-E.

VI. COMARUM. *L.* Blutauge.

Blb. klein, fast 3mal kürzer als d. K. ♃ Jn. Jl. dunkelbraun-purp. . . . . **palustre.** *L.* Sumpf-B.

VII. POTENTILLA. *L.* Fingerkraut.

1 Bth. gelb; nur bei *P. rupestris* (kenntlich durch den purpurrothen bis 2′ hohen Stg.) sind die 8—10‴ im Durchmesser haltenden Bth. weiss. 2
Bth. weiss o. roth 24

2 Wz. einfach, einen einzelnen gabelspalt. Stg. treibend. 3
Wz. holzig, vielköpfig, blühende Stg.- u. unfruchtb., erst im folgenden Jahre blühende WzKöpfe treibend 4

3 B. gefiedert, Blttch. längl., die obern herablaufend; Bth. einzeln; Stg. u. B. flaumig. ⊙ Jn.-Hrbst. **supina.** *L.* Niedriges F.
StgB. 3zählig; WzB. 2—3paarig-gefiedert; die obern Bth. zuletzt fast traubig; Haare des Stg. u. der B. abstehend, an der Bas. zwiebelig. ⊙ ⊙ Jn. Jl. **norvegica.** *L.* Norwegisches F.

4 { B. alle, oder wenigstens die untern gefiedert....... 5
B. gefingert....................................... 6

5 { Bth. weiss; die obern B. 3zählig; Blttch. eif.-rundl., eingeschnitten-gesägt, flaumig. ♃ Mai-Jl.
rupestris. *L.* Felsen-F.
Bth. gelb; B. vielpaarig-unterbrochen-gefiedert; Blttch. längl., scharf-gesägt., unters. weiss-seidenhaar. ♃ Mai-Jl...... **anserina.** *L.* Gänserich. Silberkraut.

6 { Blb. an den meisten Bth. 4; KZipfel 8........... 7
Blb. 5; KZipfel 10................................ 8

7 { Stg. an den Gelenken wurzelnd; StgB. gestielt; Blttch. vrkhrt.-eif.; NebenB. ganz o. 2—3zähnig. ♃ Jn. Jl.
procumbens. *Sibth.* Kriechendes F.
Stg. nicht wurzelnd; StgB. sitzend o. kurz gestielt; Blttch. längl.-lanzett., die der unt. B. vrkhrt.-eif.; NebenB. 3—vielspalt. ♃ Jn. Jl.
Tormentilla. *L.* Ruhrwurz, Blutwurz.

8 { B. 3zählig, wenigstens die WzB.; Stg. armblüth., oft 1bth.................................... 9
B. 5—7zählig, oft mit 3zähl. gemischt............ 13

9 { Blttch. unterseits matt-schneeweiss-filzig, glanzlos, eingeschnitten-gesägt; Stg. aufrecht, armbth. ♃ Jn. Jl. *A.*..............**nivea.** *L.* Schneeweisses F.
Blttch. graufilzig o. ganz ohne Filz.............. 10

10 { Blttch., BStiele u. Stg. graufilzig; Stämmch. gestreckt, oft wurzelnd. ♃ Ap.-Jn.
cinerea. *Chaix.* Aschgraues F.
Blttch. ohne Filz.................................. 11

11 { Sehr zottig; Blttch. stumpf-gezähnt, vrkhrt.-eif., die Zähne am Rande sich deckend; Stg. meist 1bth. ♃ Jn. Jl. *A.*.........**frigida.** *Vill.* Gletscher-F.
Stg. kurzhaarig o. flaumig......................... 12

12 { Stg. aufrecht, 3—7bth., kurzhaarig, Haare wagrecht-abstehend; Blttch. obers. flaumig, unters. zottig. ♃ Jl. Ag. *A.*...**grandiflora.** *L.* Grossblumiges F.
Stg. aufstrebend, flaumig, meist 1bth.; Blttch. kahl, am Rande und unters. auf den Adern haarig; ♃ Jl. Ag. *A.*...........**minima.** *Hall.* Kleinstes F.

9*

13 Stg. hingestreckt, rankenf., kriechend; B. 5zählig, hie und da mit 3zähl. untermischt; Blttch. stumpfl.-gesägt; Bth. einzeln. ♃ Jl. Ag.
reptans. *L.* Kriechendes F.
Stg. aufrecht o. aufstrebend, nicht kriechend...... 14

14 Stg. filzig, bisweilen zugleich zottig o. haarig; untere B. 5zähl.................................. 15
Stg. haarig o. flaumig (nicht filzig); B. 5zähl. oft 7zähl.................................. 18

15 Blttch. der obern B. längl.-lanzett.; unters. schwach-grau-filzig, mit abstch. Haaren bestreut u. bewimpert; Stg. nebst dem Filze weichzottig, an der Spitze ebensträuss.; Nüssch. mit einem schwach-fädlichen Kiele umzogen. ♃ Mai-Jl.
inclinata. *Vll.* Aufstrebendes F.
Blttch. vrkhrt.-eif. o. vrkhrt.-eif.-keilig; Nüssch. unberandet.................................. 16

16 Stämmch. niedergestreckt, oft wurzelnd; Stg. aufstreb., sammt BStielen u. B. grau-filzig u. haarig; Blttch. gestutzt, beiders. meist 4zähnig. ♃ Ap.-Jn.
cinerea. *Chaix.* Aschgraues F.
Pfl. anders beschaffen.................................. 17

17 Stg. aufstrebend; Blttch. am Rande umgerollt, unters. filzig, bisweilen fiederspalt.-zerschlitzt; BthStiele nach dem Verblühen aufrecht. ♃ Jn. Jl.
argentea. *L.* Silberweisses F.
Stg. nach allen Seiten niederliegend; Blttch. flach, unterseits an den Adern rauhhaar., übrigens flaumig o. filzig; BthStiele nach dem Verblühen zurückgebogen. ♃ Mai, Jn...... **collina.** *Wib.* Hügel-F.

18 Stg. durch abstehende, lange, auf Knötch. sitzende Haare rauhhaarig; Blttch. unterseits ohne Filz; B. 5—7zählig.................................. 19
Stg. flaumig o. rauhhaar.; Haare ohne Knötchen... 20

19 Stg. u. BRänder mit Drüsenhaaren; Blttch. unterseits rauhhaar., längl., am Grunde keilig. ♃ Jn. Jl.
recta. *L.* Aufrechtes F.
Stg. u. B. ohne Drüsenhaare; Blttch. eingeschnitten-gesägt, die der WzB. vrkht.-eif.-keilig; StgB. lineal-keilig; Früchtch. erhaben-runzelig, mit 1häut. flügelf. Kiele. ♃ Jl. Ag. *A.*....**hirta.** *L.* Haariges F.

20 { Stg. u. BthStiele mit verlängerten, wagrecht-absteh. Haaren; B. 5—7zähl., Blttch. längl.-keilig, gestutzt, tief-gesägt, der letzte Zahn kürzer. ♃ Mai, Jn.
opaca. *L.* Glanzloses F.
Stg. flaumig o. rauhhaar., mit aufrechten o. aufrecht-abstehenden Haaren........................ 21

21 { Blttch. lineal-keilig, unters. gleichfarb., am Mittelnerv rauhhaar., Sägezähne an den StgB. beiderseits 2—3; Stg. von aufrecht. fast angedrückten Haaren rauhhaar.; innere KZipfel breit-eif., spitz, fast kahl, gewimpert, die äussern rauhhaar. ♃ Mai.
patula. *WK.* Ausgebreitetes F.
Blttch. längl. o. vrkhrt.-eif...................... 22

22 { Untere B. 5—7zählig; Sägezähne der Blttch. beiderseits meist 4, der letzte kürzer; Blttch. längl.-vrkhrt.-eif. o. vrkhrt.-eif., gestutzt, am Rande u. unterseits, bisweilen auch oberseits haarig; Stg. u. BthStiele rauhhaar., Haare aufrecht-absteh. ♃ Ap. Mai.................... **verna**. *L.* Frühlings-F.
WzB. 5zählig; Sägezähne der Blttch. beiderseits meist 3; Blttch. am Rande u. auf den Adern unters. behaart.................................. 23

23 { Stg. haarig, Haare fast angedrückt; Blttch. längl., am Rande u. an den Adern unters. silberweiss-seidenhaarig; der letzte Zahn klein. ♃ Jl. Ag. *A.*
aurea. *L.* Goldgelbes F.
Stg. flaumig; Blttch. vrkhrt.-eif., am Rande u. an den Adern unters. abstehend-haarig; der letzte Zahn fast gleich; NebenB. alle eif. ♃ Jn.-Ag. *A.*
alpestris. *Hall.* Alpen-F.

24 { Bth. rosenroth; Blttch. ellipt., beiderseits seidenhaarig-filzig; Stg. meist 1bth.; B. 3zählig. ♃ Jl. Ag. *A.*................ **nitida**. *L.* Glänzendes F.
Bth. weiss.. 25

25 { Nüsschen nur am Nabel haarig 26
Nüsschen überall zottig; WzB. 5zählig........... 28

26 Blttch. längl.-lanzett., obers. kahl, unters. u. am Rande seidenhaarig; WzB. 5zählig; Stg. aufstreb., meist 3bth. ♃ Mai, Jn............**alba.** *L.* Weisses F.
Blttch. oval o. rundl.-eif., das mittlere vorne, die seitenst. an der äuss. Seite gesägt, unters. zottig, die jüngeren seidenhaarig; Stg. liegend, 1—2th.; WzB. 3zählig............................... 27

27 Das StgB. 3zähl.; Blttch. rund-eif., Stämmch. kriechend. ♃ Ap. Mai.
Fragariastrum. *Ehr.* Erdbeerartiges F.
Das StgB. einfach; Blttch. oval; kriech. Stämmchen fehlen. ♃ Ap. Mai. **micrantha.** *Ram.* Kleinblumiges F.

28 Stbfäden kahl; Stg. 1—3bth.; Blttch. längl.-lanzett., obers. ziemlich kahl, unters. zottig, am Rande fast seidenhaarig-gewimpert. ♃ Jl. Ag. *A.*
Clusiana. *Jcq.* Clusisches F.
Stbfäden rauhhaar.; Stg. vielbth.; Blttch. fast sitzend, längl.-lanzett., etwas zottig, am Rande fast seidenartig-gewimpert. ♃ Jl. Ag.
caulescens. *L.* Vielstieliges F.

VIII. SIBBALDIA. *L.* Gelbling.

B. 3zähl., Blttch. vrkhrt.-eif.-keilf., 3zähnig, behaart. ♃ Jl. Ag. *A.* gelb. **procumbens.** *L.* Gestreckter G.

IX. AGRIMONIA. *L.* Odermennig.
(Bth. gelb.)

Früchtch. vrkhrt-kegelf., bis zur Bas. tief-gefurcht; die äuss. Dornen weit abstehend. ♃ Jn.-Ag.
Eupatoria. *L.* Leberklette.
Früchtch. halbkugelig-glockig, bis zur Mitte seicht-gefurcht; die äuss. Dornen zurückgeschlagen. ♃ Jn.-Ag. *Kärnt*... **odorata.** *Ait.* Wohlriechender O.

X. AREMONIA. *Neck.* Borstentrichter.

StgB. 3zähl., Blttch. rundl.-eif., das Endblttch. grösser, vrkhrt.-eif. ♃ Mai, Jn. gelb. *Kr.*
agrimonioides. *Neck.* Krainer B.

XI. ROSA. *L.* Rose.

1 { Bth. dottergelb; Staubgfss. am Grunde spiessf.; Fr. gelb-scharlachroth. ♄ Jn. Jl. **lutea.** *Mill.* Gelbe R.
Bth. roth, weiss o. gelblich 2

2 { KZipfel ganz, nicht fiederspaltig, oder nur 1 o. 2 am Grunde etwas fiederspalt. 3
KZipfel alle, o. doch die meisten fiederspalt. 12

3 { Bth. weiss. 4
Bth. purp. o. rosa. 6

4 { Gr. frei; Stacheln ungleich, pfrieml. o. borstig, gerade; KZipfel halb so lang als die Kr., lineal-zugespitzt; Fr. kugelig, schwarz o. schwarz-purp. ♄ Jn. Jl. ...... **pimpinellifolia.** *DC.* Bibernellblttr. R.
Gr. in eine Säule zsmgewachsen; Stacheln derb, sichelf., am Grunde zsmgedrückt. 5

5 { Blttch. verschiedenfarb., unters. glanzlos, abfällig. ♄ Jn. .... **arvensis.** *Huds.* Heckrose.
Blttch. gleichfarb., beiders. spiegelnd, im Winter nicht abfallend. ♄ Jn. *J.* **sempervirens.** *L.* Immergrüne R.

6 { KZipfel kürzer als die Kr.; Stacheln pfrieml. u. borstig, gerade 7
KZipfel so lang o. länger als die Kr. 9

7 { Zipfel des K. lineal-zugespitzt; Fr. kugelig, schwarz o. schwarzpurp. ♄ Jn. Jl.
pimpinellifolia. *DC.* Bibernellbltr. R.
Zipfel des K. mit einer lanzettl. Spitze; Fr. eif. 8

8 { Blättch. 9—11, rundl. o. oval; K. halb so lang als die Kr.; Fr. hochroth. ♄ Mai, Jn. *J.*
gentilis. *Sternb.* Verwandte R.
Blttch. 5—7, eif.; K. kürzer als die Kr.; Fr. schwarz. ♄ Mai. *J.* ... **reversa.** *WK.* Rückwärtsstachlige R.

9 { FrStiele zurückgekrümmt; erwachsene Stämme wehrlos. ♄ Jn. Jl. wohlriechend. ... **alpina.** *L.* Alpen-R.
FrStiele immer gerade; erwachsene Stämme mit Stacheln 10

10 Blättch. unters. kahl; NebenB. der bthständ. B. elliptisch-verbreitert; Fr. kugelig, bei der Reife markig. ♄ Jn. hechtblau-angelaufen; die jüng. B. purp.
rubrifolia. *Vill.* Rothblättr. R.
Blättch. unters. flaumig, grau 11

11 Stacheln ohne Drüsenborsten; NebenB. der nicht blüb. Aestch. lineal-längl., mit röhrig-zsmschliessenden Rändern; Fr. kugelig, von dem bleib. zsmschliess. K. bekrönt. ♄ Mai, Jn.
cinnamomea. *L.* Zimmet-R.
Stacheln mit drüsentrag. Borsten gemischt; NebenB. ellipt. o. längl., ziemlich flach; Fr. ellipt. o. längl., von dem weit-abstehenden K. bekrönt. ♄ Jn.
turbinata. *Ait.* Kreiselförm. R.

12 Gr. in eine Säule zsmgewachs., kahl; Stamm aufr.; KZipfel so lang als die Kr. ♄ Jn. Jl. Auf den VorA.; hellrosa, weiss o. gelbl.
systyla. *Bast.* Griffelsäulige R.
Gr. nicht zsmgewachsen 13

13 NebenB. lineal-längl., an sämmtl. B. ziemlich gleich gestaltet; Blttch. ellipt. o. rundl., etwas lederartig. Niedriger Strauch von $^1/_3$—1 Met. Höhe. ♄ Jn. purp.
gallica. *Lindl.* Französische R.
NebenB. an den bthständ. B. grösser, ellipt., keilig, an den übrigen B. längl. 14

14 Blttch. rundl., doppelt-geschärft-gesägt, unters. kahl; BthStiele u. KRöhre sehr steifhaar. ♄ Jn. purp. Auf den VorA. **glandulosa**. *Bell.* Drüsentragende R.
Blttch. lanzettl., ellipt. o. eif. 15

15 Blttch. ellipt. o. eif., rückw. kurzhaarig u. drüsig-klebrig, schmutzig- o. bräunlichgrün, einen Weingeruch verbreitend. ♄ Jn. dunkelrosa.
rubiginosa. *L.* Wein-R. Rostrose.
Blttch. nicht klebrig u. ohne Weingeruch 16

16 Blb. drüsig-gewimpert; Blttch. längl.-lanzettl. o. ellipt., graugrün; FrK. zsmgeschlossen; Fr. kugelig, nickend. ♄ Jn. .... **pomifera**. *Herrm.* Apfel-R.
Blb. nicht drüsig-gewimpert; Blttch. ellipt. o. eif... 17

17 Stacheln sichelf.; Blttch. geschärft-gesägt, die oberen Sägezähne zsmneigend. ♄ Jn.
canina. *L.* Friggadorn, Hagrose, Pessolder.
Stacheln gerade, nur die der Zweige etwas sichelf.; Blttch. spitz-doppelt-gesägt, Sägezähne abstehend. ♄ Jn. . . . . **tomentosa.** *Sm.* Filzigblttr. R.

---

35. Ordnung. SANGUISORBEEN. *Lndl.* Wiesenknopfgewächse.

KSaum 4–8spalt.; KZipfel in der Knospenlage dachig; Kr. fehlt; Stbgfsse dem Drüsenringe des KSchlundes eingefügt; Frknoten 1–4, den Gr. an der Spitze o. an der Seite tragend; Nuss im K. eingeschlossen; B. nebenblättrig.

GATTUNGEN.

1 KSaum 8spalt., Zipfel abwechselnd kleiner; Stbgfss. 1—4; Gr. seitlich am FrKnoten befestigt; Bth. grün, am Schlunde gelbl. . . . . **Alchemilla.** I.
KSaum 4spalt.; Stbgfss. 4—30; Gr. endst. 2

2 FrKnot. 1; Narbe kopfig, mit längl. Wärzch. besetzt; Stbgfss. 4, 6—15. . . . . **Sanguisorba.** II.
FrKnot. 2—3; Narbe pinselig, aus fadenf. Zipfeln zsmgesetzt; Stbgfss. 20—30 . . . . **Poterium.** III.

ARTEN.

I. ALCHEMILLA. *L.* Frauenmantel. Sinau.

1 Bth. blattwinkelst., geknäult; B. handf.-3spalt., Zipfel vorne eingeschnitten-3—5zähnig. ⊙ Mai-Hrbst.
arvensis. *Scp.* Feld-F.
Bth. in endst. Ebensträussen. 2

2 WzB. nierenf., durch bis auf $^1/_3$ oder $^1/_2$ eindringende Buchten 7—9lapp. 3
WzB. bis zur Bas. 5theil. oder fingerig-5-7theilig . . 5

3 Lappen der B. fast halbkreisf., ringsum gesägt. ♃ Mai-Jl. . . . . **vulgaris.** *L.* Gemeiner F.
Lappen der B. kurz-vrkhrt.-eif., an den Seiten ganzrandig 4

4 WzB. bis zum dritten Theile gelappt, Lappen vorne spitzig gesägt. ♃ Jn. Jl. *A.*
pubescens. *M. B.* Flaumiger F.
WzB. bis zur Hälfte gespalten, Lappen vorne eingeschnitten-gezähnt. ♃ Jl. Ag. *A.*
fissa. *Schum.* Gespaltener F.

5 WzB. fingerig- 5—7theil., unters. seidenhaarig ♃ Jn.-Ag. *A.* . . . . **alpina.** *L.* Nimm mir nichts.
WzB. bis zur Bas. 5theil., kahl o. zerstreut-behaart; die 3 mittleren Zipfel vrkhrt.-eif.-keilig. ♃ Jl. Ag. *A.* . . . . **pentaphyllea.** *L.* Fünfblättriger F.

II. SANGUISORBA. *L.* **Wiesenknopf.** Sperberkraut.

Stbgfss. 4, ungefähr so lang als die KZipfel; Aehren eif.-längl. ♃ Jn. Ag. **officinalis.** *L.* Gemeiner W.
Stbgfss. 6—12, viel länger als der K.; Aehren walzenf. ♃ Jl. Ag.
dodecandra. *Mor.* Zwölfmänniger W.

III. POTERIUM. *L.* **Becherblume.**

KRöhre zur FrZeit schmal-geflügelt-4kantig, netzaderig-runzlig. ♃ Jn. Jl.
Sanguisorba. *L.* Gemeine B.
KRöhre zur FrZeit breit-geflügelt-4kantig, tiefgrubig-runzelig. ♃ Mai, Jn. *J.* Kr.
polygamum. *WK.* Vielehige B.

---

36. Ordnung. POMACEEN. *Lndl.* Apfelgewächse.

KRöhre an den FrKnoten angewachsen, Saum 5zähn. o. 5spalt., verwelkend; Blb. 5; Staubgfss. 20, sammt den Blb. dem KSchlunde eingefügt, in der Knospenlage einwärts gekrümmt; FrKnoten 2—5fächerig, Fächer 2—mehreiig, Samenträger mittelpunktst.; Fr. fleischig; B. nebenblättrig.

GATTUNGEN.

1 Bth. einzeln an der Spitze der Zweige. 2
Bth. in Büscheln, Trauben o. Doldentrauben....... 3

2 KZipfel länger als die Blb., ganzrandig; Steinapfel oben mit einer erweiterten Scheibe. **Mespilus.** III.
KZipfel viel kürzer als die Blb., gezähnelt; Apfelfr. mit vielsam. Fächern...............**Cydonia.** IV.

3 Steinapfel mit 3—5 zsmhängenden, an der Spitze freien, nicht in das Fleisch eingesenkten Steinen; Blb. fast so lang als der K; B. ganzrandig. **Cotoneaster.** II.
Steinapfel mit eingesenkt. Steinen, o. Apfelfr., o. Beere; Blb. viel länger als der K.......... .. 4

4 Fr. eine Beere mit sehr dünner, weicher Fächerhaut; Bth. in Trauben o. Ebensträussen..... ... 5
Fr. ein Apfel o. ein Steinapfel; Bth. in Büscheln o. Ebensträussen.................................. 6

5 Fächer durch eine unvollkomm. Scheidewand 2spalt., 2eiig; (Bth. traubig; B. einfach, oval, stumpf; Blb. lanzett.-keilig.) ....**Aronia.** VI.
Fächer ungetheilt; Bth. in Ebensträussen. **Sorbus.** VII.

6 Steinapfel mit einer Scheibe endigend; (dornige Sträuch. mit gelappten o. gespalt. B.) **Crataegus.** I.
Apfelfr. mit 2sam. Fächern; (B. einfach, ungetheilt.) **Pyrus.** V.

ARTEN.

I. CRATAEGUS. *L.* Weissdorn. Hiefalter, Hagen, Hagedorn.

1 Die jüngern Aestch. filzig; BthStiele u. K. krauszottig; KZipfel 3eckig; B. 3—5spaltig, Zipfel ganz o. 1—3zähnig. ♄ Mai. *Kr. Ty.* **Azarolus.** *L.* Azarol-W.
Aestch. kahl; KZipfel lanzett. o. eif. 2

2 BthStiele kahl; B. 3—5lappig; KZipfel eif.; Fr. oval, 1—3steinig. ♄ Mai, Jn.
Oxyacantha. *L.* Mehlfässel.
BthStiele zottig; B. 3—5spalt.; KZipfel lanzett.; Fr. kugelig, 1steinig. ♄ Mai, Jn.
monogyna. *Jq.* Einsamiger W.

II. COTONEASTER. *Med.* Steinmispel.

K. kahl; BthStiele etwas flaumig; B. rundl.-eif., spitzig o. ausgerandet. ♄ Ap. Mai. rosa.
vulgaris. *Lndl.* Gemeine St.
K. und BthStiele filzig; B. oval, abgerund.-stumpf. ♄ Mai. *A. Str.* .... **tomentosa.** *Lndl.* Filzige St.

III. MESPILUS. *L.* Mispel.

B. lanzett., unters. filzig. ♄ Mai, Jn.
germanica. *L.* Nesplenbaum.

IV. CYDONIA. *Tourn.* Quitte.

B. eif., ganzrand., unters. sammt dem K. filzig. ♄ Mai.
vulgaris. *Prs.* Gemeine Q.

V. PYRUS. *L.* Höltgen. Kernobst.

1 Gr. an der Bas. verwachsen; B. eif.; BStiel kaum halb so lang als das B. ♄ Mai. Bth. aussen rosa.
Malus. *L.* Apfelbaum. Aphalter.
Gr. frei; Bth. weiss. 2

2 B. ungefähr so lang als der BStiel, eif., gesägt, die ausgebildeten kahl. ♄ Ap. Mai.
communis. *L.* Birnbaum.
B. 3—4mal länger als d. BStiel, unters. filzig, an der Spitze schwach-kleingesägt. ♄ Ap. Mai. *J.*
amygdaliformis. *Vill.* Mandelblättriger Birnb.

VI. ARONIA. *Prs.* Felsenmispel.

B. oval, stumpf, unters. filzig, zuletzt ganz kahl; Blb. lanzett.-keilig. ♄ Ap. Mai. weiss.
rotundifolia. *Prs.* Rundblättrige F.

VII. SORBUS. *L.* **Spierbaum.** Thorsbjorg.

1. Blb. aufrecht, rosenroth; B. ellipt. o. lanzett., doppelt-gesägt, kahl o. unters. filzig. ♄ Jn. Jl.
   Chamaemespilus. *Cntz.* Zwerg-Sp.
   Blb. abstehend, weiss.......................... 2
2. B. gefiedert o. tief-fiederspaltig.................. 3
   B. mehr o. weniger eif., doppelt-gesägt o. gelappt.. 5
3. B. längl., an der Spitze doppelt-gesägt, am Grunde fiedertheil., unters. filzig. ♄ Mai.
   hybrida. *L.* Bastard-Sp.
   B. gefiedert, zottig, im Alter kahl, Blttch. spitzig gesägt.................................. 4
4. Fr. birnförm. gelb; Gr. 5; Knospen kahl, klebrig. ♄ Mai, Jn. **domestica.** *L.* Speerbirn. Aschitzen.
   Fr. kugelig, roth; Gr. 3—4; Knospen filzig. ♄ Mai, Jn...................**aucuparia.** *L.* Aberesche.
5. B. zuletzt kahl, Lappen ungleich-gesägt, die unteren grösser. ♃ Mai. Beeren lederbraun.
   torminalis. *Cntz.* Arliz- o. Elsebeerbaum.
   B. unters. filzig.............................. 6
6. B. längl.-oval, eingeschnitten-gelappt, Lappen gleichlauf., vorwärts gekehrt, abgerundet, durch den mittl. Zahn weichspitzig. ♄ Jn.
   scandica. *Fr.* Schwedischer Sp.
   B. eif. o. eif.-längl., kleingelappt, doppelt-gesägt, Läppch. von der Mitte gegen die Bas. des B. hin abnehmend. ♄ Mai...**Aria.** *Cntz.* Mehlbeerbaum.

---

37. Ordnung. ONAGRARIEEN. *Juss.* Nachtkerzengewächse.

KRöhre an den FrKnoten angewachsen; KSaum 2—5-spaltig; Blb. so viel als KZipfel, in der Knospenlage gedreht o. dachig, sammt den Staubgfss. dem KSchlunde eingefügt o. auch fehlend; Stbgfss. 2, 4 o. 8; FrKnoten 2—4fächer. mit mittelpunktst. Samenträger; Gr. 1; N. kopfig o. gespalten.

GATTUNGEN.

1 { Stbgfss. 8; N. 4, kreuzf.-abstehend o. in eine Keule verwachsen; Blb. 4; K. 4theil., abfällig; Kps. 4fächer., 4klapp., mehrsamig. 2
Stbgfss. 2—4. 3

2 { KRöhre so lang o. etwas länger, als der Frknoten; Bth. meist roth o. weiss. . . . . **Epilobium.** I.
KRöhre viel länger als der Frknoten; Bth. gelb. **Oenothera.** II.

3 { Stbgfss. 2; Blb. 2, vrkhrt.-herzf.; KSaum 2theil. **Circaea.** IV.
Stbgfss. 4; Blb. 4 o. fehlend; KSaum 2theil. 4

4 { Blb. fehlen; Kps. 4fächer., 4klapp., mehrsam. **Isnardia.** III.
Blb. 4, weiss; Nuss hart, ansehnlich, 4dornig, 1sam. **Trapa.** V.

ARTEN.

I. EPILOBIUM. *L.* Weidenröschen.

1 { B. zerstreut; Bth. flach-ausgebreitet; KRöhre fast fehlend; Stbgfss. abwärts-gebogen. 2
Untere B. gegenst., obere B. wechselst.; Bth. trichterf.; KRöhre kurz, aber deutlich.; Stbgfss. u. Gr. aufrecht. 4

2 { B. aderig, lanzett.; Blb. benagelt, vrkhrt.-eif. ♃ Jl. Ag. purp. o. weiss. **angustifolium.** *L.* Unholdenkraut. Wildfräulein.
B. aderlos, lineal o. lineal-lanzett.; Blb. ohne Nagel, ellipt.-längl. 3

3 { Gr. an der Bas. flaumig, so lang als die Stbgfss. ♃ Jl. Ag. *A.* **Dodonaei.** *Vill.* Rosmarinblättriges W.
Gr. bis über die Mitte flaumig, halb so lang als die Stbgfss. ♃ Jl. Ag. *Tr. A.* **Fleischeri.** *Hchst.* Fleischers-W.

4 { Stg. stielrund. 5
Stg. zwar stielrund, aber mit 4 o. 2 gegenst., erhabenen u. herablauf. Linien bezeichnet. 9

5 Narben abstehend. 6
Narben in eine Keule zsmgewachs.; B. lanzett., ganzrand. o. gezähnelt, mit keilf. Basis sitzend; Stg. etwas flaumig; Ausläufer fädlich. ♃ Jl. Ag.
palustre. *L.* Sumpf-W.

6 B. ganzrandig, eif., zugespitzt. ♃ Jn. Jl. weiss, später blassrosa. *Bh.*
hypericifolium. *Fsch.* Hartheublttr. W.
B. gezähnelt o. gesägt. 7

7 B. stgumfassend, etwas herablauf., spitz- o. fein-zugespitzt, gesägt; Stg. sehr ästig, mit einfachen, wagrecht-abstehenden und drüsigen, kürzeren Haaren. ♃ Jn. Jl. purp. **hirsutum.** *L.* Zottiges W.
B. kurzgestielt o. sitzend. 8

8 Stg. von absteh. Haaren zottig o. flaumig; B. lanzettl. o. lineal-lanzettl., gezähnelt, spitz, die unt. kurz-gestielt. ♃ Jn. Jl. violett o. weissl.
parviflorum. *Schrb.* Kleinblüthiges W.
Stg. von feinem, angedrückt. Flaume sammtig; B. eif. bis lanzettl., ungleich-gezähnt-gesägt, bisweilen zu 3, quirlig. ♃ Jn.-Ag.... **montanum.** *L.* Berg-W.

9 Die mittleren B. herablaufend-angewachsen; B. lanzett., die untern etwas gestielt; Stg. sehr ästig, fast kahl. ♄ Jn. Jl.
tetragonum. *L.* Vierkantiges W.
B. nicht herablaufend. 10

10 B. länger gestielt, längl., an beiden Enden spitzig, dicht-ungleich-gezähnelt-gesägt, am Rande und an den Adern flaumig; Stg. sehr ästig, vielbth. ♃ Jl. Ag. rosa und weiss.
roseum. *Schrb.* Rosenrothes W.
B. sitzend, kaum gestielt; Stg. einfach o. fast einfach. 11

11 B. zu 3—4, quirlig, sitzend, fast stgumfassend, längl.-eif., zugespitzt, gezähnelt-gesägt, am Rande und an den Adern flaumig. ♃ Jl. Ag. *A.*
trigonum. *Schrk.* Dreikantiges W.
B. etwas gestielt, gegenst., alle o. die untern stumpf; Stg. wenigbth., mit 2 flaumigen Linien. 12

B. eif., etwas entfernt-ausgeschweift-gezähnelt, kahl, die obern zugespitzt, die untern stumpf. ♃ Jl. Ag. *A*. . . **origanifolium**. *Lam.* Dostenblättriges W. *).
12 B. längl. o. längl. - lanzett., stumpf, ganzrand. o. schwach-gezähnelt, die obern lanzett., die der nicht blüh. Rosetten eif. ♃ Jn. Jl. *A*.
alpinum. *L.* Alpen-W.

II. OENOTHERA. *L.* Nachtkerze.

Bth. einzeln, in den BWinkeln sitzend, eine lange, beblätterte Aehre bild.; B. längl. o. eif.-lanzett. ⊙ Jn.-Ag. . . . . **biennis**. *L.* Zweijährige N.

III. ISNARDIA. *L.* Heusenkraut.

Stg. kahl; B. gegenst., eif., spitz; Bth. blattwinkelst. ♃ Jl. Ag. . . . . **palustris**. *L.* Sumpf-H.

IV. CIRCAEA. *L.* Hexenkraut.

1 Deckblättch. fehlend; B. eif., an der Bas. abgerundet o. fast. herzf., ausgeschweift-gezähnelt. ♃ Jl. Ag.
lutetiana. *L.* Grosses H.
Deckblättch. borstlich 2

2 Fr. fast kugelig-vrkhrt.-eif.; B. eif., am Grunde herzf. ♃ Jl. Ag. . . . . **intermedia**. *Ehr.* Mittleres H.
Fr. längl.-keulenf.; B. breit-eif., am Grunde tiefherzt. ♃ Jn. Jl. . . . . **alpina**. *L.* Alpen-H.

V. TRAPA. *L.* Wassernuss.

Fr. 4dornig; schwimm. B. gestielt, rautenf.; BStiele aufgeblasen. ⊙ Jn. Jl. weiss.
natans. *L.* Schwimmende W.

---

*) *E. salicifolium. Facch.* soll sich nach F. Hausmann von *E. origanifolium* durch Ausläufer, längl.-lanzett. B. u. die 4theil. N. unterscheiden.

38. Ordnung. HALORAGEEN. *R. Br.* Meerbeerengewächse.

KRöhre an den Frknoten angewachsen, Saum 4theil.; Blb. 4, dem KSchlunde eingefügt, auch fehlend; Stbgfss. 8 o. 4; Frknoten 1, 4fächerig; Fächer 1eiig; N. 4; Steinfr. bei der Reife in 2—4 Steine zerfallend. Bth. einhäusig, seltener zwitterig, in quirligen Aehren.

GATTUNG.

Charakter derselbe .... **Myriophyllum.** I.

ARTEN.

I. MYRIOPHYLLUM. *L.* **Tausendblatt.** Fenchelgarb. (Bth. ros. o. fleischf.)

DeckB. 2—3mal so lang als die Bth., kammf.-fiederspalt.; BthQuirle blattwinkelst. o. ährenf. ♃ Jl. Ag. **verticillatum** *L.* Quirlförm. T.

DeckB. so lang als die Bth., o. kürzer, die unt. eingeschnitten, die obern ganzrand.; BthQuirle eine nackte, unterbrochene Aehre bildend. ♃ Jl. Ag. **spicatum.** *L.* Aehrenförm. T.

---

39. Ordnung. HIPPURIDEEN. *Link.* Tannenwedel.

KRöhre an den Frknoten angewachsen; Blb. keine; Stbgfss. 1; Frknoten 1fächer., 1eiig; Steinfr. 1sam., mit dem KRande bekrönt.

GATTUNG.

Charakter derselbe.' .... **Hippuris.** I.

ART.

I. HIPPURIS. *L.* **Tannenwedel.**

Stg. röhrig, gegliedert, kahl; B. lineal, quirlig. ♃ Jl. Ag. .... **vulgaris.** *L.* Rosswedel.

40. Ordnung. CALLITRICHINEEN. *Link.* Wassersterne.

K. u. Blkr. fehlt; DeckB. 2, gegenständig, blbartig., am Grunde der Bth.; Stbgfss. 1; Frknoten 1, 4fächerig, Fächer 1eiig; Gr. 2; pfrieml.-fädlich; Steinfr. saftlos, in 4 Steinchen zerfallend.

GATTUNG.

Charakter derselbe.................. **Callitriche.** I.

ARTEN.

I. CALLITRICHE. *L.* **Wasserstern.**

1 B. alle vrkhrt.-eif.; DeckB. sichelf. mit den Spitzen zsmneigend; Gr. bleibend, zuletzt zurückgekrümmt. ♃ Mz.-Oct.....**stagnalis.** *Scp.* Breitblättriger W.
B. alle, oder wenigstens die der untern Aeste lineal. 2

2 B. sämmtl. lineal, an der Bas. breiter, gegen die Spitze schmäler. ♃ Herbst. **autumnalis.** *L.* Herbst-W.
Obere B. vrkhrt.-eif.......................... 3

3 DeckB. an der Spitze hakig; Gr. sehr lang, spreizend. ♃ Mz.-Oct....**hamulata.** *Ktz.* Hakenblüthiger W.
DeckB. nicht hakig.......................... 4

4 Gr. bleibend, endlich zurückgekrümmt; DeckB. sichelf., mit den ziemlich geraden Spitzen sich kreuzend. ♃ Mz.-Oct. **platycarpa.** *Ktz.* Breitfrüchtiger W.
Gr. bald abfallend, aufrecht; DeckB. etwas gekrümmt, mit den Spitzen kaum zsmneigend. ♃ Mz.-Oct. **vernalis.** *Ktz.* Frühlings-W.

---

41. Ordnung. CERATOPHYLLEEN. *Gray.* Wasserzinken.

Bth. 1häusig; männl. Bthhülle 12blättrig, HüllB. lineal, oben meist eingeschnitten-gezähnt; Stbkölbch. 12—20, sehr kurz-gestielt. — Weibl. Bthhülle 1bth.; Frknoten 1fächer.; 1eiig; Nuss vom Gr. bespitzt.

GATTUNG.

Charakter derselbe................ **Ceratophyllum** I.

ARTEN.

I. **CERATOPHYLLUM.** *L.* **Wasserzinken.** Hornblatt.

B. weich, in 4—8borstl. Zipfel gabelspaltig getheilt; Fr. an der Spitze mit 1 Dorn, der vielmal kürzer ist als die Fr. ♃ Jn. Jl.
submersum. *L.* Glatter W.

B. starr, sehr zerbrechlich, in 2—4fädl. Zipfel gabelspalt.-getheilt; Fr. am Grunde mit 2 Dornen, u. an der Spitze mit 1 Dorne, der so lang o. länger ist als die Fr. ♃ Jl. Ag. **demersum**. *L.* Rauher W.

---

42. Ordnung. LYTHRARIEEN. *Juss.* Weiderichgewächse.

K. 1blttrig, gezähnt; Blb. oben an der KRöhre zwischen den KZähnen eingefügt, bisweilen fehlend; Stbgfss. der KRöhre eingefügt, frei; Frknoten 1, frei, 2—4fächerig, Fächer vieleiig; Frträger mittelpunktst.; Gr. 1; Kps. häutig, vom K. umschlossen, 2—4fächer.; B. nebenblattlos.

GATTUNGEN.

KRöhre walzlich, 8—12zähnig; Blb. 4—6; Gr. fädlich; Narbe kopfig....................... **Lythrum.** I.

K. glockig, kurz, etwas zsmgedrückt, 12zähnig; Blb. 6 o. fehlend; Gr. sehr kurz; Narbe kreisrund.
Peplis. II.

ARTEN.

I. **LYTHRUM.** *L.* **Weiderich.**

1 Bth. 6männig, einzeln, blattwinkelst; B. lineal o. längl. ⊙ Jl.-Sp. dunkel lila.
Hyssopifolia. *L.* Ysopblättriger W.

Bth. 12männig, purpurroth...................... 2

10*

B. herz-lanzettf., die untern gegenst. o. quirlig; Bth. quirlig; KZähne ungleich-lang. ♃ Jl.-Sp. **Salicaria.** *L.* Blutkraut.

2 B. lanzett., die untern an der Bas. abgerundet, die obern nach beiden Enden verschmälert; untere Bth. quirlig, obere wechselst; KZähne gleichlang. ♃ Jn. Jl. .... **virgatum.** *L.* Ruthenförm. W.

II. PEPLIS. *L.* **Sumpfquendel.**

B. gegenst., vrkhrt.-eif., gestielt; Bth. einzeln, blattwinkelst., fast sitzend. ⊙ Jn.-Sp. **Portula.** *L.* Zipfelkraut.

---

43. Ordnung. TAMARISCINEEN. *Desv.* Tamariskengewächse.

K. 4—5theil.; Blb. 4—5; Stbgfss. 4, 5 o. 10 auf 1 den Frknoten umgebenden Drüsenringe; Frknoten frei, 1-fächer., vieleiig; Samenträg. wandst.; Kps. 3klappig; Sam. schopfig; Sträuche mit kleinen abfäll. B. u. kleinen, in ährenf. Tr. stehenden Bth.

GATTUNGEN.

Stbgfss. 5; Gr. 3, keulig, oberw. in die N. verbreitert; Aehren seitenst. .... **Tamarix.** I.

Stbgfss. 10; Gr. fehlend; Narbe sitzend, kopfig, 3—4-lappig; Aehren endst., einzeln. ..... **Myricaria.** II.

ARTEN.

I. TAMARIX. *L.* **Birtze.** (Bth. röthl.)

DeckB. zugeschweift-haarspitzig. ♄ Jl. *J.* **gallica.** *L.* Französische B.

DeckB. aus eif. Bas. längl. o. lanzett., stumpf. ♄ Jn. Jl. *J.* .... **africana.** *Poir.* Afrikanische B.

II. MYRICARIA. *Dsv.* **Porstbirtze.**

DeckB. länger als das BthStielchen; B. lineal-lanzett., sitzend. ♄ Mai, Jn. rosa. **germanica.** *Dsv.* Deutsche P.

---

44. Ordnung. PHILADELPHEEN. *DC.* Pfeifenstrauchgewächse.

KRöhre kreiself., an den Frknoten angewachsen, KSaum 4—5theil.; Blb. 4—5; Stbgfss. 20—40; Gr. 4—10, oft unten verwachsen; N. 4—10; Kaps. 4—10fächerig, 4—10klappig, vielsamig; Samenträger mittelpunktst., kantig. B. gegenst., nebenblattlos.

GATTUNG.

Charakter derselbe................**Philadelphus.** I.

ART.

I. PHILADELPHUS. *L.* **Pfeifenstrauch.** Deutscher Jasmin.

B. ellipt., zugespitzt, oben kahl, unters. kurzhaarig. ♄ Mai, Jn. weiss. *St.*
coronarius. *L.* Wohlriechender P.

---

45. Ordnung. MYRTACEEN. *R. Br.* Myrtengewächse.

KRöhre an den Frknoten angewachsen, Saum 5spaltig; Blb. 5, sammt den Stbgfss. dem KSchlunde eingefügt; FrKnot. mehrfächerig; Samenträger mittelpunktst.; Gr. 1; Narbe einfach; B. nebenblätterig, die Queradern in eine einzige, dem Rande parallele zsmfliessend.

GATTUNG.

KRöhre fast kugelig; Blb. 5; Beere 2—3fächerig, Fächer mehrsamig; Sam. nierenf.......**Myrtus.** I.

ART.

I. MYRTUS. *L.* **Myrte.** Borser.

BthStiele einzeln, kürzer als d. eif. o. lanzett., spitzigen B.; DeckB. 2, lineal. ♄ Jl. Ag. *J.*
communis. *L.* Braut-M.

---

46. Ordnung. CUCURBITACEEN. *Juss.* Kürbisgewächse.

K. 5zähnig, KSaum oberst.; Kr. 5spalt. o. 5theil.; Stbgfss. 5, 3brüdrig; Stbkölbch. oft verwachsen; Gr. 3theil.; N. lappig o. gefranst; Frknot. 3—5fächerig; Samenträg. wandst.; Fr. fleischig, 1 o. 2häusig; meist mit schraubenf. Ranken.

GATTUNGEN.

1 { Kürbisfrucht 3fächerig, Fächer 2theilig, Eichen in jedem Fache 2reihig; Bth. einzeln.............. 2
Beere 3fächerig................................. 3

2 { Same mit einem gedunsenen Rande umgeben; Stbkölbch. in eine Walze verwachsen; Ranken ästig; B. 5lappig........................**Cucurbita.** I.
Same am Rande scharf; Stbkölbch. zsmneigend; Ranken einfach; B. 5eckig.........**Cucumis.** II.

3 { Beere glatt; Narbe kopfig; B. knötig-rauh. **Bryonia.** III.
Beere stachlig; Narbe 5theilig; B. glatt. **Sicyos.** IV.

ARTEN.

I. CUCURBITA. *L.* **Kürbis.**

Fr. kugelig o. oval, glatt. ⊙ Jn.-Ag. *cult.*
Pepo. *L.* Pfeben.

II. CUCUMIS. Gurke.

Ecken der B. spitzig; Fr. längl., knötig. ⊙ Mai-Ag. *cult.* .... **sativus**. *L.* Gemeine G.
Ecken der B. abgerundet; Fr. kugelig o. oval, glatt o. knötig-netzig. ⊙ Jl.-Sp. *cult.* . . **Melo**. *L.* Melone.

III. BRYONIA. *L.* Zaunrübe. Teufelskürbis.

Beeren schwarz; N. kahl; K. der weibl. Bth. so lang als die Kr. ♃ Jn. Jl. **alba**. *L.* Schwarzfrüchtige Z. Stickwurz.
Beeren roth; N. haarig; K. der weibl. Bth. halb so lang als die Kr. ♃ Jn. Jl. **dioica**. *Jcq.* Rothfrüchtige Z.

IV. SICYOS. *L.* Stichling.

B. herzf.-spitzig-5eckig, glatt. ⊙ Ag. Sp. grünlich-gelb. Oest. . . . . . **angulatus**. *L.* Eckigblättriger St.

---

47. Ordnung. PORTULACEEN. *Juss.* Burzelkohlgewächse.

K. 2blättr. o. 2splt.; Blb. 4—6, bisweilen verwachsen; Stbgfss. 3—15, frei o. an die Blb. angewachsen; FrKnoten 1, 1fächer.; Samenträger mittelpunktst.; Gr. 1, o. fehlend; N. mehrere; Kaps. ringsum-aufspring. o. 3klappig.

GATTUNGEN.

K. 2spaltig, bis auf die bleibende Bas. abfällig; Blb. 4—6, frei o. am Grunde verwachs.; Stbgfss. 8—15; Kps. rundl., ringsum-aufspringend, vielsam. **Portulaca**. I.
K. 2blttrig, bleibend; Kr. trichterf. mit 1 bis zum Grunde reichenden Spalte, Saum 5theil., 3 Lappen kleiner; Stbgfss. 3—5; Kps. kreiself., 3klappig, 2—3sam. .... **Montia**. II.

ARTEN.

I. PORTULACA. *L.* **Burzelkohl.** (Bth. gelb.)

KZipfel auf dem Rücken stumpf-gekielt; B. längl.-keilig, fleischig. ⊙ Jl.-Sp. **oleracea.** *L.* Wilder B.
KZipfel auf dem Rücken geflügelt-zsmgedrückt; Stg. aufrecht; B. vrkhrt.-eif. ⊙ *cult.* **sativa.** *Hw.* Gebauter B.

II. MONTIA. *L.* **Quellengrensel.** (Bth. weiss.)

Sam. knötig-rauh, fast glanzlos; Stg. ziemlich starr. ⊙ Mai-Ag. . . . . **minor.** *Gml.* Kleinere Q.
Sam. sehr fein körnig-punktirt, glänzend; Stg. fluthend. ♃ Mz.-Oct. . . . . **rivularis.** *Gml.* Bach-Q.

---

48. Ordnung. PARONYCHIEEN. *St. Hil.* Nagelkrautgewächse.

K. 5theilig, bleibend, in der Knospenlage dachig; Blb meist 5, auch verwachsen o. ganz fehlend; Stbgfss. 10, 5 o. weniger, frei; FrKnoten frei, 1fächer., mit mittelpunktst. Samenträger u. vielciig, o. mit 1 hängenden o. aufrechten Eichen; Gr. 2—3; Fr. trocken, 3klappig o. nicht aufspringend; B. mit rauschenden NebenB.

GATTUNGEN.

1 Blb. 5; Stbgfss. 3—5. 2
Blb. fehlen; Stbgfss. 10, davon 5 ohne Stbkölbch.; Kps. 1sam.; B. gegenst. 4

2 B. gegenst.; Bth. sehr klein, kleiner als der K.; Kps. 1fäch., 3klapp., vielsam. . . . . **Polycarpon.** VI.
B. wechselst.; Blb. so lang o. länger als die KZipfel. 3

3 Kps. vielsamig, 3klappig; Gr. 3, abstehend-zurückgekrümmt. . . . . **Telephium** I.
Kps. 1sam., nicht aufspring.; Narben 3, sitzend. **Corrigiola.** II.

4 KZipfel verdickt, von der Seite zsmgedrückt, obers. schief-abgeschnitten, in eine Haarspitze ausgehend. **Illecebrum.** IV.
KZipfel flach-vertieft. 5

5 Gr. 2, sehr kurz o. fehlend; NebenB. klein, eif. **Herniaria.** III.
Gr. 1, 2spaltig; NebenB. sehr gross, breit-eif., silberweiss, die Bth-Knäule verdeckend. **Paronychia.** V.

ARTEN.

I. TELEPHIUM. *L.* Zierspark. Zumpenkraut.

Bth. traubig-ebensträuss., etwas gedrungen. ♃ Jl. weiss. .... **Imperati.** *L.* Wechselblättr. Z.

II. CORRIGIOLA. *L.* Hirschsprung.

Ebensträuss. beblttr.; StgB. lineal-keilig. ⊙ Jl. Ag. weiss. .... **littoralis.** *L.* Gemeiner H.

III. HERNIARIA. *L.* Bruchkraut.

1 B. u. K. kahl; BthKnäule meist 10bth. ♃ Jn.-Herbst. **glabra.** *L.* Kahles B.
B. u. K. kurzhaarig o. gewimpert. 2

2 KZipfel von einer längern Borste stachelspitz.; B. ellipt. o. längl.; BthKnäule meist 10bth. ♃ Jl.-Herbst. .... **hirsuta.** *L.* Behaartes B.
KZipfel gleich-behaart; B. längl. o. lanzett.; Bth.-Knäule meist 3bth. ♃ Mai, Jn. *J.* **incana.** *Lam.* Graues B.

IV. ILLECEBRUM. *L.* Knorpelblume. Lockblume.

Stg. niederliegend, fadenf., kahl. ♃ Jl. Ag. schneeweiss. .... **verticillatum.** *L.* Quirlige K.

V. PARONYCHIA. *Tourn.* Nagelkraut.

B. lanzett., eif. o. vrkhrt.-eif., gewimpert; BthKöpfe endst., gedrungen. ♃ Mai. *J.* **capitata.** *Lam.* Kopfiges N. Mauerraute.

VI. POLYCARPON. *L.* **Vielsamling.**

StgB. 4zählig, an den Aesten gegenst.; Bth. rispig. ⊙ Ag. Sp.....**tetraphyllum.** *L.* Vierblättriger V.

---

49. Ordnung. SCLERANTHEEN. *Link.* Knauelgewächse.

Hülle bleibend, die fruchttragende mit dem eingeschloss. FrGehäuse abfallend, Röhre glockig, am Schlunde durch einen Ring verengert, Saum 4—5spalt.; Blb. fehlend; Stbgfss. 5 o. 10 auf dem KSchlunde; FrKnoten frei, 1fächer., 1eiig; SchlauchFr. häutig; B. gegenst., nebenblattlos.

GATTUNG.

Charakter derselbe................ **Scleranthus. I.**

ARTEN.

I. SCLERANTHUS. *L.* **Knauel.**

Hüll-Zipfel spitzig, sehr schmal-weisslich-berandet, die fruchttr. etwas abstehend. ⊙ Jn.-Herbst. **annuus.** *L.* Jähriger K. Knörich.

Hüll-Zipfel abgerundet-stumpf, breit-milchweiss-berandet, die fruchttr. geschlossen. ♃ Mai-Hrbst. **perennis.** *L.* Ausdauernder K.

---

50. Ordnung. CRASSULACEEN. *DC.* Dickblattgewächse.

K. 3—6—20spalt. o. -theil.; Blb. so viele als KZipfel, bisweilen zu einer 1blttr. Kr. verwachsen, bisweilen fehlend; Stbgfss. sammt den Blb. dem K. eingefügt, so viele o. doppelt so viele als Blb.; FrKnoten so viele als Blb., ihnen gegenst., mit einer unterweibigen Schuppe gestützt. Saftige Kräuter mit nebenblattlos. B.

GATTUNGEN.

1 { B. schildf. kreisrund; Blkr. 1blttr., glockig, 5spalt.; Stbgfss. 10. .... **Umbilicus.** VI.
B. nicht schildf. 2

2 { Blb. 6—20, am Grunde unter sich u. mit den Stbgfss. zu einer 1blttr. Kr. verwachsen; K. 6—20theil. **Sempervivum.** V.
Blb. frei. 3

3 { K. 3—4theil.; Blb. 3—4, o. fehlend; Fr. 3—4, kapself., vielsam. 4
K. 5—6theil.; Blb. u. Fr. 5—6. 5

4 { ZwitterBth.; K. 4theil.; Blb. 4; Stgfss. 4. **Bulliarda.** I.
Zweihäusige Bth., die männl. mit 8 Stbgfss. u. 4 Blb., die weibl. mit viel kleineren o. gar fehlenden Blb. .... **Rhodiola.** II.

5 { Stbgfss. 5. .... **Crassula.** III.
Stbgfss. 10—12. .... **Sedum.** IV.

ARTEN.

I. BULLIARDA. *DC.* Saftkraut.

{ Bth. sehr kurz gestielt o. sitzend; B. lineal. ⊙ Ag. Sp. weiss. .... **aquatica.** *DC.* Wasser-S.
BthStielch. länger als die B.; B. lineal-längl. ⊙ Jl. Ag. fleischroth. .... **Vaillantii.** *DC.* Vaillants-S.

II. RHODIOLA. *L.* Rosenwurz.

B. flach, längl.-lanzett., vorne gesägt, mit verdickter Spitze. ♃ Jl. Ag. *A.* K. purp., Blb. gelbl. o. röthl. **rosea.** *L.* Aechte R.

III. CRASSULA. *L.* Dickblatt.

{ Aeste u. K. drüsig-haarig; B. zerstreut, halbwalzl. ⊙ Mai, Jn. weiss, Kiel fleischroth, **rubens.** *L.* Röthliches D.
Aeste u. K. kahl; B. dachig, eif., stumpf. ⊙ Ap. fleischroth, Kiel purp. *J.* **Magnolii.** *DC.* Kahles D.

IV. SEDUM. *L.* Fetthenne. Donnswurz, Knörpel.

1 { B. flach. 2
B. mehr o. weniger walzl. 5

2 { B. ganzrand., die oberen lineal-keilig, die unt. vrkhrt.-eif. ⊙ Jn. Jl. Blb. hellrosa mit purp. Kiele. *T.*
Cepaea. *L.* Rispige F.
B. gezähnt-gesägt; Wz. vielköpf., mehrstengl. 3

3 { Die unt. B. sitzend, die oberen mit seicht-herzf. Bas. fast stgumfassend; Blb. an der Spitze kappenf.-vertieft u. mit 1 kleinen Hörnchen endigend. ♃ Ag. blassgelb. . . . . . **maximum.** *Sutt.* Donnerblatt.
Die unt. B. kurzgestielt, o. in den BStiel verschmälert, die ob. nicht herzf.; Blb. an der Spitze flach o. höchstens rinnig, rosenroth. 4

4 { Obere B. mit abgerund. Bas. sitzend; B. oft gegenst., oft zu 3. ♃ Jl. purp., seltner weiss.
purpurascens. *Koch.* Donnergrün. Donnerbraut.
B. an der keilf. Bas. in einen kurzen BStiel verschmälert, wechselst. o. zerstreut. ♃ Jn. Jl.
Fabaria. *Koch.* Gebirgs-F.

5 { Wz. vielästige, kriechende, beblttrt. Stämmch. treibend, die aber nicht blühen und einen Rasen bilden, aus welchem die blüh. Stg. hervorkommen. . 6
Wz. ohne kriechende Stämmch., keinen Rasen bildend. 9

6 { Blb. 4mal so lang als der K.; Stbgfss. 12; Blb. 6; Trugdolde fast kahl. ⊙ Jl. Ag. Blb. weiss, unters. mit 1 ros. Nerven. . **hispanicum.** *L.* Spanische F.
Blb. ungefähr doppelt so lang als der K. 7

7 { Rispe sammt den linealen, fast stielrunden B. drüsig-flaumig; Blb. eif., spitz. ⊙ Jl. Ag. ros., purp.-gestreift. . . . . **villosum.** *L.* Drüsenhaarige F.
Trugdold. o. Ebensträusse kahl. 8

8 { B. stielrund-keilig; Ebensträusse endst., einfach, dicht; Bth. gestielt. ⊙ Jl. Ag. *A.* Blb. weiss o. grünl.-gelb mit 1 grün. Nerv.
atratum. *L.* Schwärzliche F.
B. lineal, obers. ziemlich flach; Bth. in Trugdolden, einseitig, fast sitzend. ⊙ Jn.-Ag. *A.* gelb.
annuum. *L.* Steinkorn.

9 Bth. weiss o. rosa. 10
Bth. gelb. 11

10 Rispe kahl; Blb. lanzett., 3mal so lang als d. K.; B. lineal. ♃ Jl. Ag. ....**album**. *L.* Weisse F.
Rispe drüsig-flaumig; Blb. eif., 2mal so lang als der K.; B. ellipt., am Rücken höckerig. ♃ Jn. Jl. *A.* Blb. mit purp. Rückenstreifen. **dasyphyllum**. *L.* Bereifte F.

11 B. mit stumpfer o. gleicher Bas. sitzend. 12
B. an der Bas. vorgezogen, etwas gespornt o. nach abwärts bespitzt. 13

12 B. eif. am Rücken höckerig; Blb. lanzett., spitz; unfruchtb. Stg. 6zeilig-beblättert. ♃ Jn. Jl. **acre**. *L.* Mauerpfeffer.
B. lineal, beiders. fast flach; Blb. eif.-längl., stumpf. ♃ Jl. Ag. *A.* ......**repens**. *Schl.* Kriechende F.

13 B. stumpf., stielrund, an der Bas. abwärts bespitzt; Blb. lanzett.; die unfruchtb. Stg. 6zeilig-beblttr. ♃ Jn. Jl. .... **boloniense**. *Lois.* Sechskantige F.
B. spitzig, stachelspitz., am Grunde etwas gespornt, an den unfruchtb. Aesten dachig. 14

14 KZipfel abgerundet-stumpf; B. lanzett.-lineal, beiders. etwas flach; Blb. längl., abstehend. ♃ Jl. Ag. **elegans**. *Lej.* Zierliche F.
KZipfel spitzig; B. lineal-pfrieml.; Blb. lanzett..... 15

15 Blb. aufrecht, zugespitzt; B. obers. etwas flach. ♃ Jl. Ag. *J.* ....**anopetalum**. *DC.* Aufrechte F.
Blb. abstehend; B. beiders. gewölbt, an den unfruchtb. Aesten abstehend und zurückgekrümmt. ♃ Jl. Ag. ....**reflexum**. *L.* Berghenne.

V. SEMPERVIVUM. *L.* Hauswurz. Donnerbart. Donnerwehr.

1 Blb. 12 o. mehrere, sammt den KZipfeln sternf.-ausgebreitet. 2
Blb. 6, sammt den KZipfeln aufrecht, glockenf., gelblich-weiss. 9

2 B. der Rosetten kahl, am Rande gewimpert. 3
B. der Rosetten drüsig-flaumig o. drüsig-kurzhaarig, gewimpert. 4

3 B. grasgrün; unterweib. Schuppen sehr kurz, gewölbt, drüsenf. ♃ Jl. Ag. *A.* purp.
tectorum. *L.* Godesbart. Wodansbart. Rampf.
B. meergrün; unterweib. Schuppen plättchenf., fast 4eckig. ♃ Jl. Ag. *A.* schwefelgelb.
Wulfenii. *Hppe.* Wulfen's H.

4 B. an der Spitze durch spinnwebart. Haare verbunden. ♃ Jl. Ag. *A.* rosa.
arachnoideum. *L.* Uebersponnene H.
B. ohne spinnwebart. Haare an der Spitze......... 5

5 FrKnoten breit-eif., fast rautenf.; B. beiderseits drüsig-flaumig; Bth. rosa. 6
FrKnoten schief-lanzett. 7

6 B. der Rosetten mit längeren u. stärkeren Haaren gewimpert. ♃ Jl. Ag. *A.*..**Funkii.** *Br.* Funk's H.
B. der Rosetten sehr kurz-gewimpert. ♃ Jl. Ag. *A. Tyr.* ....**dolomiticum.** *Facch.* Dolomit-H.

7 Stbfäd. stielrund, aufr.; StgB. aufrecht, vorn ein wenig breiter. ♃ Jl. Ag. *A.* Blb. lila mit violett. Mittelstreif............**montanum.** *L.* Feuerkraut.
Stbfäd. unten zusammengedrückt. 8

8 Blb. gelblichweiss mit grünem Rückenstreif.; obere StgB. aus breiterer eif. Bas. lanzettl. ♃ Jl. Ag. *A.*
Braunii. *Funk.* Braun's H.
Blb. gelblich, beiders. gleichfarbig; obere StgB. breitlineal-lanzettl. ♃ Jl. Ag. *A.*
Pittonii. *Schott.* Pittoni's H.

9 StgB. beiderseits behaart 10
StgB. beiderseits kahl......... 11

10 RosettenB. 6—12 Mm. breit, längl.o. lanzett. ♃ Jl. Ag.
hirtum. *L.* Kurzhaarige H.
RosettenB. 2—3 Mm. breit, lanzettl., gegen die Spitze verschmälert. ♃ Jl. Ag.
arenarium. *Schott.* Sand-H.

11 { RosettenB. 6—12 Mm. breit, keilig o. längl.-vrkhrt.-eif. ♃ Jl. Ag. *A*... **soboliferum**. *Sms.* Sprossende H.
RosettenB. 2—3 Mm. breit, schmal-lanzett., gegen die Spitze verschmälert. ♃ Jl. Ag. **Neilreichii**. *Schott.* Neilreich's H.

VI. UMBILICUS. *DC.* **Nabelkraut.**

Bth. traubig, hängend. ♃ Jn. Jl. *J.* **pendulinus**. *DC.* Frauennabel.

---

51. Ordnung. CACTEEN. *DC.* Fackeldistelgewächse.

K. an den FrKnoten angewachsen; KZipfel mehrreihig, allmählig in die vielblttr. Kr. übergehend; Stbgfss. zahlreich auf einer Scheibe; Gr. 1; Narben viele; FrKnoten 1fächerig; Samenträg. mehrere, wandst.; Beere breiig. Stachlige, fleischige Sträuche ohne eigentl. B.

GATTUNG.

KB. blattartig, die obersten flach, kurz; Kr. vielblttr., radf.; Gr. am Grunde eingeschnürt. **Opuntia**. I.

ART.

I. OPUNTIA. *Tourn.* **Feigendistel.**

Kriechend; Glieder des Stg. vrkhrt.-eif.; Stacheln sehr kurz, haarfein, gleichgross. ♄ Jl. schwefelgelb. *Süd-T.* .... **vulgaris**. *Mill.* Gemeine F.

---

52. Ordnung. GROSSULARIEEN. *DC.* Agrasgewächse.

KSaum oberst., 4—5theil., regelmäss.; Blb. 4—5, mit den KZipfeln abwechselnd; Stbgfss. 4—5, zwischen den Blb. eingefügt, frei; FrKnoten 1fächer., vieleiig; Samenträger 2, wandständig; Gr. 2—4spaltig; Beere vom verwelkten K. bekrönt.

GATTUNG.

Charakter derselbe. .... **Ribes.** I.

ARTEN.

I. **RIBES.** *L.* **Krausbeer.**

1 BthStiele 1—3bth. mit 2—3 Deck-B; Stg. mit 3theil. Stacheln. ♄ Ap. Mai.
Grossularia. *L.* Agras, Stachelbeerstrauch.
Bth. traubig; Stg. wehrlos. 2

2 DeckB. länger als die BthStielchen, lanzett.; Tr. drüsig-flaumig; K. kahl. ♄ Mai, Jn.
alpinum. *L.* Alpen-K.
DeckB. kürzer als die BthStielch.; Traub. zuletzt hängend. 3

3 K. drüsig-punktirt; Blb. längl.; B. unters. drüsig-getüpfelt. ♄ Ap. Mai. Kr. grün, innen röthl.
nigrum. *L.* Schwarze K. Zeitbeer.
K. kahl; KZipfel u. Blb. spatelig; DeckB. eif. 4

4 K. beckenf., Zipfel am Rande kahl; Tr. kahl o. fast kahl. ♄ Ap. Mai. gelbl.-grün.
rubrum. *L.* Johannisträubel. Ribisel.
K. glockig, Zipfel am Rande gewimpert; Tr. flaumig. ♄ Ap.-Jn. röthl. ......**petraeum.** *Wlf.* Felsen-K.

---

53. Ordnung. SAXIFRAGEEN. *Vent.* Steinbrechgewächse.

K. bleibend, 4—5spalt. o. -theil., in der Knospenlage dachig; Blb. 4—5, dem K. eingefügt, oder fehlend; Stbgfss. frei, so viele o. doppelt so viele als Blb.; FrKnoten 1—2-fächerig, Fächer vieleiig; Samenträg. in dem 1fächer. FrKnot. wandst., in dem 2fächer. mittelpunktst.; Gr. 2, bleibend; N. schief.

GATTUNGEN.

1 K. 4spalt., inwendig grüngelb; Kr. fehlt; Stbgfss. 8, selten 10; Kps. 1fächerig. . . . **Chrysosplenium.** III.
K. 5zähn., 5spalt. o. 5theil.; Blb. 5; Stbgfss. 10; Kps. 2fächer. 2

2 Blb. von derselben Beschaffenh. wie die KB., grün. **Zahlbrucknera.** II.
Blb. von den KB. deutlich verschieden gefärbt. **Saxifraga.** I,

ARTEN.

I. SAXIFRAGA. *L.* Steinbrech.

1 Wz. ausdauernde, am Grunde mit den vertrockneten bleibenden B., oberw. mit frischen o. immergrünen B. besetzte Stämmchen treibend. 2
Ausdauernde, über der Erde befindliche Stämmchen fehlen; der Stg. jährlich bis zum Grunde absterbend. 37

2 B. mit eingestochenen Punkten o. Grübchen versehen, die mit weissen, kalkart., später ausfallenden Schüppchen bedeckt sind; Wimpern am Grunde der B. nicht gegliedert. 3
B. entweder ohne eingestochene Punkte o. Grübchen, oder in diesem Falle wenigstens ohne weisse kalkart. Schüppchen. 17

3 Längs des BRandes eine Reihe zahlreicher, mit kalkart. Schüppch. bedeckter, eingestochener Punkte; BRosetten oft vorhanden. 4
An der dicken Spitze der gegenst. B. befinden sich bloss 1—3, mit kalkart. Schüppch. bedeckte, eingestochene Punkte. 13

4 B. der Rosetten längs des Randes vielpunktig 5
B. der Stämmchen oberw. längs des Randes 5—7-punktig; Bth. weiss o. gelblich-weiss. 9

5 Blb. pomeranzengelb; lineal-lanzett., spitz; B. der Ros. zungenf., vorne ganzrand. o. schwach-gesägt. ♃ Jn. Jl. . . . . **mutata.** *L.* Verwandelter St.
Blb. weiss o. grünlich, zuweilen am Grunde purp. o. purp.-geadert o. punkt., abgerundet-stumpf. . . . 6

6 B. der Rosetten ganzrandig, (durch die kalkart. Schuppen scheinbar gekerbt), lineal, stumpf; Blb. vrkhrt.-eif. ♃ Jl. Ag. *A.* **crustata.** *Vest.* Krustirter St.
B. der Ros. gekerbt o. gesägt 7

7 B. der Ros. durch abgestutzte Kerbzähne gekerbt; Stg. traubig - rispig; Aeste an der Spitze ebensträussig, 6—12bth. ♃ Jl. *A.*
elatior. *M. u. K.* Hochstengliger St.
B. der Ros. durch zugespitzte, vorwärts gerichtete Sägezähne gesägt. 8

8 Rispe pyramidal; Aeste von der Mitte an 5—15bth.; Blb. keilig. ♃ Jl. Ag. *St.*
Cotyledon. *L.* Silbermoos.
Stg. oberw. traubig; Aeste nackt, 1bth. o. an der Spitze 2—3bth.; Blb. rundl. ♃ Jl. Ag. *A.*
Aizoon. *Jcq.* Traubenblüthiger St.

9 Nerven der Blb. gerade........................ 10
Die Seitennerv. der Blb. bogig; B. lineal-längl, vom Grunde bis zur Mitte gefranst; Stg. 2—6bth...... 12

10 B. der Stämmch. stumpf, lineal-lanzett., dachig, obers. 7punktig, aufrecht, an der Spitze bogig-abstehend; Stg. 2—6bth., zerstreut-drüsig-haarig; Blb. rundl.-vrkhrt.-eif., 5nerv. ♃ Jl. Ag. *A.* weiss o. gelbl.-weiss............ **squarrosa.** *Sieb.* Sparriger St.
B. der Stämmch. spitzig o. zugespitzt, mit starrer Stachelspitze, 3kantig, knorpelig-berandet....... 11

11 B. der Stämmchen pfrieml., zugespitzt, obers. 7punkt.; Stg. meist 1bth.; Blb. rundl., gekerbt. ♃ Jn. Jl.
Burseriana. *L.* Burser's-St.
B. der Stämmch. eif.-lanzett., spitz, obers. 5punkt.; Stg. wenigbth., dicht-drüsig-zottig; Blb. oval, 2mal so lang als der K. ♃ Jn.-Ag. *A.*
Vandelii. *Strn.* Vandels-St.

12 B. der Stämmch. von der Bas. in 1 Bogen zurückgekrümmt; Blb. vrkhrt.-eif., 3—5nervig, weiss. ♃ Jn. Jl. *A.* ....**Caesia.** *L.* Steinmoos.
B. der Stämmch. wagrecht abstehend, an der Spitze zurückgekrümmt; Blb. längl.-vrkhrt.-eif., 3nerv., gelbl. ♃ Jl. *A.* **patens.** *Gd.* Abstehendblättriger St.

13 KZipfel am Rande kahl; B. 3punktig, 4reihig-dachig. ♃ Jl. Ag. *A.* hellpurp.
retusa. *Gouan.* Gestutzter St.
KZipfel gewimpert; B. an der Spitze 1punktig 14

14 Bth. einzeln; Stämmch. sehr ästig, Aeste aufr., gedrungen-rasig; B. 4reihig-dachig 15
Bth. zu 2—3, kopfig; B. etwas entfernt o. lockerdachig, die obern sammt den KZipfeln drüsig-gewimpert.......................... 16

15 KZipfel drüsenlos-gewimpert; Bth. fast sitzend. ♃ Mai, Jn. *A.* rosa, dann violett.
oppositifolia. *L.* Gegenblättriger St.
KZipfel sammt den obern B. drüsig-gewimpert. ♃ Jl. Ag. *A.* **Rudolphiana.** *Hrnsch.* Rudolphischer St.

16 Blb. von einander abstehend, lanzett., etwa so lang als die Stbgfss. ♃ Jl. Ag. *A.* rosa o. weiss.
biflora. *All.* Zweiblüthiger St.
Blb. einander berührend, längl., 2—3mal so lang als die Stbgfss. ♃ Jl. Ag. *A.* **Kochii.** *Hrn.* Koch's St.

17 K. zurückgeschlagen, frei........................ 18
K. aufrecht o. abstehend, bisweilen dem FrKnoten angewachsen.............................. 22

18 Stg. beblättert; B. flach, lanzett., ganzrand.; Blb. am Grunde 2schwielig. ♃ Jl. Ag. goldgelb, am Grunde safrangelb-punktirt. **Hirculus.** *L.* Cistenblüthiger St.
Stg. blattlos o. ganz fehlend.................... 19

19 Stbfäden pfriemlich.............................. 20
Stbfäden oberwärts breiter; Schaft rispig......... 21

20 Blb. lanzett., alle in einen Nagel verschmälert, weiss, mit 2 gelben Punkten. ♃ Jl. Ag. *A.* (bisweilen stengellos)....... **stellaris.** *L.* Sternblüthiger St.
Blb. ungleich, 3 eif.-lanzett., abgebrochen-benagelt, weiss mit 2 gelben Flecken — die andern 2 lanzett. in 1 Nagel verschmälert, einfarbig. ♃ Jl. Ag. *A.*.............. **Clusii.** *Gouan.* Clusen's St.

21 B. vrkhrt.-eif.-keilf., abgerundet-stumpf, ausgeschweift-gekerbt; BStiel keilf., kahl. ♃ Jn. Jl. *A.* **cuneifolia.** *L.* Keilblättriger St.
B. vrkhrt.-eif., etwas gestutzt, gekerbt; BStiel lineal, am Rande zottig-gewimpert. ♃ Jl. *Mhr.* **umbrosa.** *L.* Jesublümchen.

22 B. Wechselst., vor der Spitze mit 1 Knötchen versehen, in welchem sich ein nacktes o. mit 1 Drüse versehenes Grübchen befindet; BRosetten fehlen; BWimpern ungegliedert 23
B. am Rande u. an der Spitze ohne Grübchen u. Punkte; BWimpern gegliedert 26

23 B. lineal-lanzett., stachelig-begrannt u. gewimpert; KZipfel schwach-stachelspitz; Bth. weissgelbl..... 24
B. lineal-pfrieml., borstig gewimpert o. kahl....... 25

24 Stg. mehrblüthig; StgB. abstehend; BKnospen halb so lang als das sie stützende B. ♃ Jl. Ag. *A.* **aspera.** *L.* Rauher St.
Stg. 1bth.; StgB. fast angedrückt; BKnospen grösser als das sie stützende B. ♃ Jl. Ag. *A.* **bryoides.** *L.* Birnmoosartiger St.

25 KZipfel begrannt; B. haarspitzig-begrannt; K. oberst. ♃ Jl. Ag. *A.* weissl......**tenella.** *Wlf.* Zarter St.
KZipfel grannenlos; B. stachelspitzig; K. halbunterst. ♃ Jl. Ag. *A.* gelb. **aizoides.** *L.* Immergrüner St.

26 Blb. lineal, zugespitzt, 3mal schmäler, aber etwas länger als die KZipfel, citrongelb; B. keilig, 3—5spalt. o. ganz; Stg. blattlos, 1bth. ♃ Jl. Ag. *A.* **stenopetala.** *Gd.* Nacktstieliger St.
Blb. nicht lineal o. nicht zugespitzt 27

27 B. 3—5—9spalt.; Stämmch. rasig, an der Spitze rosettig 28
B. ungetheilt; (nur b. *S. Seguieri* u. *androsacea* manchmal an der Spitze fast 3zähnig.).......... 31

28 Zipfel der 5—9spalt. RosettenB. zugespitzt, stachelspitzig; BStiel flach, glatt o. 1furchig; Blb. noch einmal so lang als der K. ♃ Mai, Jn. *Bh.* **sponhemica.** *Gml.* Sponheimischer St.
Zipfel der RosettenB. grannenlos o. stumpf mit kurzer Stachelspitze.......................... 29

29 B. der jungen Triebe alle ungetheilt, die andern lineal, ganz oder lineal-keilig, 3spalt., mit linealen Zpf., glatt o. schwach-gefurcht; Stg. meist 1blttr.; Blb. länger als der K. ♃ Jn. Jl. *A.* gelb. o. schwarz-purp.......... **muscoides.** *Wlf.* Moosartiger St.
B. der jungen Triebe 3spalt; Blb. 2mal so lang als d. K.................................. 30

30 Zipfel der B. lineal o. längl., abgerundet-stumpf, tief gefurcht, welche Furchen am BStiele in 1 einzige zsmfliessen; B. meist 3spalt. ♃ Jn. Jl. *A* weiss o. gelbl.......... **exarata.** *Vill.* Gefurchter St.
Zipfel der B. ellipt. o lanzett., gar nicht oder schwach-gefurcht, welche Furchen mit der schwachen Furche des BStiels nicht zsmhängen; Rosett. B. 5—9spaltig. ♃ Mai, Jn...... **caespitosa** *L.* Rasiger St.

31 B. lanzett., spitzig u. stachelspitz; Blb eif., spitzig, so lang o. kürzer als der K.................. 32
B. nicht stachelspitz, lineal, vrkht.-eif. o. spatelig-lanzett., bisweilen auch lanzett., aber abgerundet-stumpf.................................. 33

32 Stg. blattlos; Blb. kürzer u. schmäler als die KZipfel. ♃ Jn.-Ag. *A.* gelb.
sedoides. *L.* Fetthennenähnlicher St.
Stg. beblättert; Blb. so lang als d. K., an der Spitze oft schwarz-purp. Jn.-Ag. *A.*
Hohenwartii. *Str.* Hohenwart's St.

33 Stg. nackt o. meist 1blttr....................... 34
Stg. mehrblttr.; B. der Stämmch. dachig, abgerundet-stumpf.................................. 36

34 B. lineal, an der Spitze abgerundet-stumpf; Blb. länger als d. K., oval-längl. ♃ Jn. Jl. *A.* gelb o. schwarz-purp.....**muscoides.** *Wlf.* Moosartiger St.
B. spatelig-lanzett. o. vrkhrt-eif.................. 35

35 Blb. so breit u. so lang als die KZipfel, längl.-lineal. ♃ Jl. Ag. *A.* gelb....**Seguieri.** *Spr.* Seguier's-St.
Blb. 2mal so breit u. lang als die K.Zipfel, vrkhrt.-eif., ausgerandet. ♃ Jl. Ag. *A.* weiss.
androsacea. *L.* Mannsschildartiger St.

36 Blb. gegen den Grund verschmälert, so breit als die KZipfel, aber etwas länger. ♃ Jl. Ag. *A.* gelbl. o. schwarz-purp....... **Facchinii.** *Kch.* Facchini's-St.
Blb. am Grunde abgerundet, 2mal so lang u. breit als die KZipfel. ♃ Jl. Ag. *A.* weiss. **planifolia.** *Lap.* Flachblättriger St.

37 Stg. beblättert, bisweilen ganz fehlend; DeckB. am Grunde der Bth.-Stiele 2, das eine kleiner....... 38
Stg. blattlos.................................... 45

38 Stg. aufrecht o. fehlend......................... 39
Stg. niederliegend; Wz. einfach o. spindelf.-ästig... 44

39 WzB. keilig o. spatelig, ganz, 3spalt. o. 3lapp..... 40
WzB. nieren- o. herzf., gekerbt o. gelappt......... 41

40 BthStiele 1bth., länger als die Fr.; StgB. handf.-3spalt. o. ganz. ⊙ Ap. Mai. weiss. **tridactylites.** *L* Dreifingerkraut.
BthStiele traubig, so lang als die Fr.; B. keilig, vorne 3—5zähnig; (bisweilen stengellos.) ⊙ Jl. Ag. *A.* weiss............ **controversa.** Strn. Streitiger St.

41 K. zur Hälfte angewachsen; Wz. körnig; Stg. ebensträuss. o. trugdold.; Blb. längl.-vrkhrt.-eif....... 42
K. frei; Stg. rispig o. 1bth.; Blb. lanzett. o. längl. 43

42 Stg. ästig, ebensträuss., armblättr.; StgB. keilf., 3—5spalt. ♃ Mai, Jn. weiss. . **granulata.** *L.* Keilkraut.
Stg. einfach, trugdold., vielblttr.; WzB. nierenf., lappig-gekerbt; StgB. in den BWinkeln zwiebeltragend. ♃ Mai, Jn. **bulbifera.** *L.* Zwiebeltragender St.

43 Stg. einfach, 1bth.; WzB. nierenf., handf.-5—7lappig; Blb. längl., gestutzt. ♃ Jl. Ag. *A.* **cernua.** *L.* Nickender St.
Stg. rispig, vielbth.; WzB. herz-nierenf., ungleich-grob-gekerbt; Blb. lanzett., weiss, mit gelb. o. roth. Punkten. ♃ Jn.-Ag. *A.* **rotundifolia.** *L.* Rundblättriger St.

44 Bth. weiss; Stg. einzeln; BthStiele 1bth.; B. handf.-3spalt., geschlitzt-gezähnt, Zipf. zugespitzt. ⊙ Mai, Jn...... ....**petraea.** *L.* Felsen-St.
Bth. citrongelb; Bth. endlich locker-traubig; B. rundl.-vrkhrt.-eif., vorne sehr stumpf, 3—5lappig. ♃ Jl. Ag.... .....**arachnoidea.** *Strn.* Spinnwebiger St.

45 Blb. längl., stumpf, länger als d. K., weiss; WzB. vrkbrt.-eif. o. spatelig, ungleich-gezähnt-gekerbt. ♃ Jl. Bh. ....**nivalis.** *L.* Schnee-St.
Blb. eif., spitz, so lang als d. K., blassgrün, am Rande purp.; WzB. eif. o. längl., entf.-geschweift-gezähnt. ♃ Jl. Ag. **hieracifolia.** *WK.* Habichtskrautblttr. St.

II. ZAHLBRUCKNERA. *Rb.* **Glimmersteinbrech.**

Stg. liegend; unt. B. herz-nierenf., 5—7lappig, die obern 3lapp. ⊙ Jl. Ag. grünl.
paradoxa. *Rb.* Zweifelhafter G.

III. CHRYSOSPLENIUM. *L.* **Milzkraut.** Güldenmilz (goldgelb).

B. wechselst. nierenf., tief-gekerbt, Kerben ausgerandet. ♃ Mz. Ap. **alternifolium.** *L.* Wechselblättr. M.
B. gegenst., halbkreisf., ausgeschweift-gekerbt. ♃ Mai, Jn.........**oppositifolium.** *L.* Gegenblättriges M.

54. Ordnung. UMBELLIFEREN. *Juss.* Doldengewächse.

KRöhre an den FrKnoten angewachsen; Blb. 5, mit den KZipfeln abwechselnd; Stbgfss. 5; FrKnoten 2fächerig (sehr selten 1fächer.); Fächer 1eiig; Gr. 2, jeder an der Bas. in eine oberweibige Scheibe (Stempelpolster) verbreitert; Fr. aus 2 mit den KHälften verwachsenen Früchtch. zsmgesetzt.; B. abwechs., selten gegenst., an der Bas. scheidig.

GATTUNGEN.

1 Dolden unvollkommen, entweder einfach mit kopf. o. büscheligen Dolden, o. trug-doldig-unregelm.-zsm.-gesetzt mit kopff. Döldchen.................. 2
Dolden vollkommen, regelm. zsmgesetzt, (die Doldenstrahlen an ihrer Spitze regelm. Döldchen tragend). 6

2 { B. schildf.-kreisf.; Dolde kopfig, meist 5bth. (Wasserliebende kriechende Pf.) .... **Hydrocotyle.** I.
B. nicht schildf. 3

3 { Fr. dicht-hakig-weichstachlig. (WzB. handf.-getheilt.) **Sanicula.** II.
Fr. ohne hakige Stacheln. 4

4 { Bth. gelb. .... **Hacquetia.** III.
Bth. anders gefärbt. 5

5 { Bth. in ungleich-strahl., zsmgesetzten Dolden. **Astrantia.** IV.
Bth. in rundl. o. ovalen Köpfch. (B. dornig.) **Eryngium.** V.

6 { Eiweiss*) auf der innern (der Berührungs- o. Verbindungsfläche zugekehrten) Seite flach o. gewölbt, (ohne Furche o. Aushöhlung — auch nicht mit den Rändern eingerollt). 7
Eiweiss auf der innern Seite mit den Rändern eingerollt o. eingebogen, oder durch eine Längsfurche rinnig, bisweilen halbkugelig- o. sackartig-ausgehöhlt. 54

7 { Früchtch. mit 5 Hauptriefen, die Nebenriefen fehlen. 8
Früchtch. mit 5 Hauptriefen und 4 Nebenriefen, vom Rücken her linsenf.-zsmgedrückt o. fast stielrund; Blb. vrkhrt.-eif., ausgerandet; Thälchen 1striemig. 51

8 { Fr. von der Seite her deutlich-zsmgedrückt o. an den Seiten zsmgezogen und dann mehr oder weniger 2knotig; Riefen sämmtl. gleich, fädlich, seltener etwas geflügelt, die seitenst. randend. 9
Fr. auf dem Querschnitte stielrund o. vom Rücken her zsmgedrückt. 24

9 { Blb. ganz. 10
Blb. vrkhrt.-herzf., ausgerandet, mit 1 kleinen, einwärts-gebogenen Läppchen. 14

---

*) Um das Eiweiss, die Verbindungs- o. Berührungsfläche der beiden Theilfrüchtchen, die Haupt- und Nebenriefen sammt den ölführenden Kanälen (Striemen) genau zu sehen, muss man aus der Fr. ein dünnes Querscheibchen schneiden und dasselbe gegen das Licht halten.

10 B. ungetheilt; Blb. rundl., eng eingerollt; Bth. gelb. **Bupleurum.** XXI.
B. gefiedert o. fiedersplt.; Blb. ausgebreitet o. einwärts-gekrümmt o. nur mit eingerolltem Spitzchen. 11

11 Blb. in einen Stern ausgebreitet; FrHalter ungetheilt. (Wasserliebende Pf.) 12
Blb. einwärts-gebogen; FrHalter 2theil. 13

12 Blb. rundl. mit dicht eingerolltem Spitzch.; Fr. rundl., 2knotig. .... **Apium.** VII.
Blb. eif. mit gerader oder einwärts-gebogener Spitze; Fr. eif. o. längl.; Dolden den B. gegenst.; Stg. liegend u. wurzelnd. .... **Helosciadium.** X.

13 Blb. rundl. mit einwärts-gebogenem Läppchen; Thälch. 1striemig; Hülle 1—3blttr. ... **Petroselinum.** VIII.
Blb. der männl. Bth. lanzett. in 1 eingerolltes Läppchen verschmälert; Thälchen fast striemenlos; Hülle fehlt. .... **Trinia.** IX.

14 KRand zahnlos 15
KRand 5zähnig. 20

15 Blb. unregelm.-2lappig; Thälch. 1striem.; Hülle u. Hüllch. vielblttr. .... **Ammi.** XIV.
Blb. regelmässig. 16

16 Thälchen striemenlos o. 1striemig. 17
Thälchen 3—vielstriemig. Striemen fädlich. 19

17 Striemen fehlend; FrHalter borstlich, gabelig; Hülle und Hüllch. fehlt. .... **Aegopodium.** XV.
Thälchen 1striemig. 18

18 Striemen keulf., nach unten breiter; Gr. sehr kurz; Blb. rundl.; Dolden 4strahlig. .... **Sison.** XIII.
Striemen fädlich; Gr. ausgespreizt-niedergebogen; Blb. vrkhrt.-eif. .... **Carum.** XVI.

19 Fr. eif. (B. einfach-gefiedert.) .... **Pimpinella.** XVIII.
Fr. längl. (Untere B. 3fach-gefied.; Wz. fast kugelig.) **Bunium** XVII.

20 Thälchen 1striemig. 21
Thälchen 3—vielstriemig. (B. gefiedert o. 3zählig.) 23

21 { Fr. rundl., 2knotig; Eiweiss auf dem Querschnitte stielrund; Striemen die Thälchen ausfüllend, mehr hervorragend als die Riefen. . . . . **Cicuta.** VI.
Fr. eif. o. längl.; Eiweiss auf der innern Seite ziemlich flach. 22

22 { Läppch. der Blb. von einer Querfalte ausgehend; Zipfel der StgB. lineal-fädlich. . . . . **Ptychotis.** XI.
Läppch. der Blb. aus der Ausrandung hervortretend; Zipfel der StgB. gesägt oder gezähnt. **Falcaria.** XII.

23 { Eiweiss auf dem Querschnitte stielrund; die Seitenriefen vor den Rand gestellt . . . . **Berula.** XIX.
Eiweiss an der innern Seite flach; die Seitenriefen randend. . . . . **Sium.** XX.

24 { Fr. weder von der Seite noch vom Rücken her zsm.-gedrückt, auf dem Querschnitte stielrund o. fast stielrund; Riefen fädlich o. geflügelt, die seitenst. randend, gleich o. ein wenig breiter. 25
Fr. vom Rücken her flachgedrückt, an den Rändern 2flügelig o. 1flügelig. 38

25 { Same frei in der Höhle des FrGehäuses; Blb. rundl., ganz, eingerollt; Riefen etwas geflügelt; Hülle u. Hüllch. vielblttr. (Meerstrands-Pfl.) **Crithmum.** XXXIII.
Same an das FrGehäuse angewachsen. 26

26 { Blb. ellipt., an beiden Enden spitzig, ganz; KRand zahnlos; Riefen etwas geflügelt. . . . . **Meum.** XXXI.
Blb. anders geformt. 27

27 { Blb. eingerollt; ganz, rundl., Läppch. fast 4eckig, gestutzt; Hülle u. Hüllch. fehlen; Bth. gelb. **Foeniculum.** XXIV.
Blb. blos mit 1 einwärts-gebogenen Läppchen. 28

28 { Thlch. striemenlos, jedoch oft sammt der Spitze des Früchtch. braun gefärbt; KRand 5zähnig. (Alpenpfl. mit einfach. blattlos. Stg., vielblttr. Hülle u. Hüllch.) **Gaya.** XXXII.
Thälchen 1—vielstriemig 29

29 { Thälchen 1striemig. 30
Thälchen 2—vielstriemig. 34

30 { KRand 5zähnig. 31
KRand zahnlos. 33

31 { Gr. aufrecht; FrHalter angewachsen, nicht bemerklich; Eiweiss fast halbstielrund . . **Oenanthe.** XXII.
Gr. zurückgebogen; FrHalter frei, 2theil.; Eiweiss fast stielrund. 32

32 { KZähne 3eckig, kurz, dicklich. (WzB. 3fach-gefied.) **Seseli.** XXV.
KZähne pfrieml., verlängert, abfällig; Stg. kantig-gefurcht. . . . . **Libanotis.** XXVI.

33 { Riefen dick, erhaben, gekielt, die seitenst. ein wenig breiter und etwas geflügelt; Hüllch. 3blttr., einseitig. . . . . **Aethusa.** XXIII.
Riefen häutig-geflügelt, gleich; Hüllch. vielblttr. **Cnidium.** XXVII.

34 { Riefen häutig-geflügelt, die randst. noch einmal so breit als die rückenst.; KRand zahnlos; Blb. vrkhrt.-herzf.; FrHalter 2theil. . . . . **Conioselinum.** XXXIV.
Riefen fast gleich. 35

35 { Gr. aufrecht o. spreizend; KRand 5zähnig; Blb. vrkhrt.-eif., ausgerandet. . . . . . **Athamanta.** XXVIII.
Gr. zurückgebogen. 36

36 { Riefen dick u. rindig; KRand 5zähnig, Zähne kurz, dicklich; Fr. oval o. längl. (Bth. weiss.) **Seseli.** XXV.
Riefen scharf, etwas geflügelt, gleich. 37

37 { Blb. kurz benagelt, vrkhrt.-eif., ausgerandet; Bth. weiss. . . . . **Ligusticum.** XXIX.
Blb. abgeschnitten-sitzend o. am Grunde mit Anhängseln, vrkhrt.-eif.-länglich; KRand zahnlos; Bth. schmutzig-gelb. **Silaus.** XXX.

38 { Fr. wegen der, auf der Verbindungsfläche klaffenden, und nur durch eine schmale Fuge verbundenen Früchtchen an den Rändern beider Früchtchen geflügelt — also 2flügelig. 39
Fr. wegen der mit der ganzen Verbindungsfläche auf einander liegenden Früchtchen nur 1flügelig. 43

39 Blb. lanzett. o. ellipt. zugespitzt.................. 40
Blb. vrkhrt.-herzf., vrkhrt.-eif. o. rundl............ 41

40 KRand zahnlos; Blb. lanzett.; Sam. an das FrGehäuse angewachsen; die Rückenriefen fädlich. **Angelica**. XXXVIII.
KRand 5zähnig; Blb. ellipt.; Sam. frei im FrGehäuse, reichstriemig; Rückenriefen erhaben, dickl. **Archangelica**. XXXIX.

41 KRand 5zähnig, Zähne eif.; Sam. nur in den Thälch. mit dem FrGehäuse zsmhängend; Riefen fädl.; Blb. benagelt, rundl.-vrkhrt.-herzf. **Ostericum**. XXXVII.
KRand zahnlos; Sam. mit dem FrGehäuse ganz verwachsen; Riefen geflügelt...................... 42

42 Blb. rundl., ganz; Thälch. 1striemig. **Levisticum**. XXXV.
Blb. vrkhrt.-eif., ausgerandet; Thälch. 1- o. 2striemig.......................**Selinum**. XXXVI.
Blb. vrkhrt.-herzf.; Thälch. 2—3striem.; Flügel ganz häutig...................**Conioselinum**. XXXIV.

43 Striemen 30—60, das ganze Eiweiss bedeckend; KRand 5zähnig; Blb. rundl., ganz; Rückenrief. 3, die 2 seitenst. in den Rand verlaufend. **Ferulago**. XL.
Thälch. 1—3striemig, Striemen oberflächlich. 44

44 Riefen fast gleichweit von einander abstehend..... 45
Die 2 seitenst. Riefen von den 3 Rückenriefen weiter entfernt, alle sehr fein....................... 49

45 Blb. einwärts-gerollt, gelb o. grünl.-gelb; Hülle fehlt. 46
Blb. flach, mit einwärts gebogenem Läppchen...... 47

46 Blb. rundl., ganz; Thälch. 1striem.; Striemen die Thälch. ausfüllend; KRand verwischt; Bth. gelb. **Anethum**. XLV.
Blb. vrkhrt.-eif.; Thälch. 1—3striem.; Bth. grünl. **Tommasinia**. XLII.

47 Striemen an der Fugenseite vom FrGehäuse bedeckt; Hülle reichblttr.; B. 3fach-gefiedert, mit lineallanzett., zugespitzt. Zipfeln. **Thysselinum**. XLIII.
Striemen an der Fugenfläche oberflächlich......... 48

48 { KRand zahnlos; WzB. 3zähl. o. dopp.-3zählig; B-Scheiden gross, aufgeblasen. **Imperatoria**. XLIV.
KRand 5zähnig; B. 1- o. mehrfach gefiedert o. mehrfach zsmgesetzt. . . . . **Peucedanum**. XLI.

49 { Blb. rundl., ganz, eingerollt, gestutzt; KRand schwachgezähnt; Hülle fehlt; Bth. gelb. **Pastinaca**. XLVI.
Blb. vrkhrt.-eif., ausgerandet, mit einwärts gebogenen Läppchen; KRand 5zähnig. 50

50 { FrRand verdickt, runzelig-knotig. (Bth. weiss; B. gefiedert; Blttch. gekerbt.). . . . **Tordylium**. XLVIII.
FrRand abgeflacht; Striemen meist keulig, äuss. Blb. oft strahlend, 2spalt.; BScheiden weit.
Heracleum. XLVII.

51 { Nebenriefen weniger hervortretend als die fädlichen stumpfen Hauptriefen; Fr. vom Rücken her zsm.-gedrückt, weder geflügelt, noch bewehrt.
Siler. XLIX.
Nebenriefen geflügelt o. stachelig. 52

52 { Nebenrief. geflügelt; Hptrief. fädl.; Fr. 8flügelig.
Laserpitium. *L*.
Nebenrief. stachelig; Hptrief. borstl.; äuss. Blb. strahlend, tief-2spalt. 53

53 { Nebenriefen 1reihig-stachelig. . . . . **Daucus**. LII.
Nebenriefen 2—3reihig-stachelig. . . . . . . **Orlaya**. LI.

54 { Eiweiss am Rande einwärts-gekrümmt, eingerollt o. an der innern Seite rinnig. 55
Eiweiss halbkugelig-ausgehöhlt o. sackartig-concav; Fr. kugelig o. 2knotig. Striemen fehlend; Hptriefen niedergedrückt, schlängelig o. nur schwache eingedrückte Rillen bildend — alle flügellos. 69

55 { Fr. gedunsen, eif. o. halbkugelig; Hauptriefen bisweilen fast verwischt, die seitenst. randend o. vor dem Rande liegend; Nebenriefen fehlen. 56
Fr. von der Seite her zsmgedrückt o. zsmgezogen, oft stielrund o. geschnäbelt. 60

56 { Bth. gelb. o. grünl.; KRand zahnlos; Blb. lanzett. o. ellipt., mit einwärts gebogener Spitze; Fr. nierenf.-kugelig, 2knotig; Früchtch. mit 8 geschärft. Riefen, die seitenst. verwischt. . . . . **Smyrnium**. LXVII.
Bth. weiss; KRand 5zähnig; Fr. eif. 57

57 Blb. vrkhrt.-eif. 58
Blb. vrkhrtherzf. mit einw. gebogenem Läppchen; Fr. mit einer einfachen Haut versehen. 59

58 Blb. ganz; äuss. FrHaut in 5 hohle Riefen aufgeblasen, die innere mit 5 hervortret. Riefen; Eiweiss auf dem Querschnitte halbmondf. **Pleurospermum.** LXV.
Blb. ausgerandet; Fr. fast stielrund, von einem hohlen FrBehälter eingeschlossen, kurz-geschnäbelt, mit 5 niedergedrückten welligen Riefen; Eiweiss einwärts gerollt; B. gefiedert. .. **Echinophora.** LXIII.

59 Fr. von der Seite her zsmgedrückt; Riefen wellig gekerbt; Eiweiss auf dem Querschn. herzf.-rundl. **Conium.** LXIV.
Fr. vom Rücken her zsmgedrückt; Riefen etwas geflügelt, spitzkantig; Sam. frei im FrGehäuse; Eiweiss auf dem Querschnitte nierenf. **Malabaila.** LXVI.

60 Hauptriefen borsten- o. stacheltrag., 3 auf dem Rücken, 2 auf der Berühr.-Fläche liegend; Nebenriefen stachelig o. durch die zahlreichen Stacheln der Thälchen nicht erkennbar. 61
Hauptriefen bisweilen geflügelt, oft am Grunde verwischt u. nur an der Spitze der Früchtch. bemerklich, alle 5 auf der Oberseite d. Früchtch. liegend; Nebenriefen fehlen; Fr. glatt o. bewehrt. 63

61 Früchtch. mit 7 stachligen Rückenriefen; Stacheln der einzelnen Riefen 2—3reihig u. gleich. (B. einfach-gefiedert.) ..... **Turgenia.** LIV.
Haupt- u. Nebenriefen der Rückenfläche sind sowohl durch Gestalt als Bewehrung verschieden. (B. 2—3fach-gefiedert o. 3zählig.) 62

62 Hauptriefen am Rücken 3, fädl., borstl. o. stachlig; die Nebenriefen mehr hervortretend, 1—3reihig-stachelig ..... **Caucalis.** LIII.
Früchtch. auf dem Rücken dicht-stachelig, mit 3 dazwischen liegenden Reihen von Börstchen. (Hauptriefen); Nebenriefen wegen der Stachel der Thälchen verborgen. ..... **Torilis.** LV.

63 KRand 5zähnig, blattig; Blb. lanzett., lang-zugespitzt; Riefen häutig-geflügelt, die seitenst. randend u. schmäler; Querschnitt des Eiweiss fast rautenf., statt der innern Kante eine tiefe Furche. **Molopospermum.** LXII.
KRand zahnlos o. undeutlich; Blb. vrkhrt.-eif. o. vrkhrt.-herzf. 64

64 Riefen scharf, spitzgekielt o. fast flügelig.......... 65
Riefen stumpf o. verwischt........................ 66

65 Riefen hohl, spitzgekielt, Kiele von Stacheln rauh; Blttch. des Hüllchens lanzett., zugespitzt, gewimpert. (Pfl. nach Anis riechend.).. .**Myrrhis**. LXI.
Riefen nicht hohl, scharf, fast flügelig; Blttch. des Hüllchens eif.-lanzett., haarspitzig, am Rande kahl; Fr. lineal, kohlschwarz.. ......**Biasolettia**. LX.

66 Blb. vrkhrt.-herzf.; Fr. längl. o. lineal; Früchtch. mit 5 sehr stumpfen, gleichen Riefen. **Chaerophyllum.** LIX.
Blb. vrkhrt.-eif.; Fr. geschnäbelt; Eiweiss stielrund mit 1 tiefen Furche........................... 67

67 Narbe auf der Spitze des kegelf. Stempelpolsters; Gr. fast fehlend; Stg. unter den Gelenken aufgeblasen................ ..**Physocaulus**. LVIII.
Narbe auf der Spitze des fädlichen Gr. 68

68 Früchtch. riefenlos, nur der Schnabel 5riefig; Fr. kahl, körnig o. stachlig-borstig. **Anthriscus.** LVII.
Früchtch. 5riefig, Schnabel sehr lang, stachelig-steifhaarig.... ....**Scandix**. LVI.

69 KRand zahnlos; Fr. 2knotig; Früchtch. kugelig-bauchig, mit 5 eingedrückten schwachen Rillen. **Bifora**. LXVIII.
KRand 5zähnig; Fr. kugelig; Früchtch. mit 5 schlängl. Haupt- und 4 mehr hervortret. Nebenriefen. **Coriandrum**. LXIX.

ARTEN.

I. HYDROCOTYLE. *L.* Wassernabel.

B. schildf., doppelt-gekerbt, 9nervig; Dolden kopfig, meist 5bth. ♃ Jl. Ag. weissl., röthl. o. grünl. **vulgaris**. *L.* Venusnabel.

II. SANICULA. *L.* Heilknecke.

WzB. handf.-getheilt, Zipfel 3spalt., ungleich eingeschnitten; Stg. fast blattlos. ♃ Mai. Jn.
europaea. *L.* Heil aller Schaden.

III. HACQUETIA. *Neck.* Schaftdolde.

WzB. gestielt, handf.-gefingert, Lappen vorn 2—3-spalt. ♃ Ap. Mai. gelb. **Epipactis.** *DC.* Grüne Sch.

IV. ASTRANTIA. *L.* Sterndolde.

1 { WzB. 3theilig o. gefingert mit 7—9 Blttch.; Zähne der Riefen spitz. 2
WzB. handf.-5theil.; Zähne der Riefen stumpf...... 3

2 { WzB. gefingert, Blttch. 7—9, lanzett., spitz. ♃ Jl. Ag. *A.* Bth. u. Hülle weiss. **minor.** *L.* Kleine St.
WzB. 3theilig, der mittl. Zipfel keilig-längl., die seitl. 2spalt. ♃ Jl. Ag. *Kr. A.*
gracilis. *Brtl.* Schlanke St.

3 { KZähne eif., stumpf, kurz-stachelspitz. ♃ Jl. Ag. *A.* Bth. u. Hülle weiss.
carniolica. *Wlf.* Krainische St.
KZähne eif.-lanzett., in 1 Stachelspitze zugespitzt. ♃ Jn.-Ag. K. Bth. u. Hülle bleich o. rosenroth.
major. *L.* Grosse St.

V. ERYNGIUM. *L.* Mannsstreu. Donardistel.

1 { B. doppelt-fiederspl. o. 3zählig-doppelt-fiederspl. .. 2
WzB. ungetheilt, am Grunde ziemlich herzf. 3

2 { Ebensträusse u. Bth. hell bläul.-grün; B. 3zählig-doppelt-fiederspl., netzig-aderig. ♃ Jl. Ag.
campestre. *L.* Walldistel. Elend.
Ebenstr. u. Bth. blau; B. doppelt-fiederspl., nervig-aderig. ♃ Jl. Ag. ....**amethystinum.** *L.* Blaue M.

3 { Hüllblttch. lineal-lanzett., entfernt dornig-gezähnt; WzB. oval-herzf., stumpf, gekerbt-gesägt. ♃ Jn. Jl. blau. ....**planum.** *L.* Flachblättrige M.
Hüllblttch. eif. o. vielspalt. 4

4 Hüllblttch. eif., dornig-gezähnt; WzB. herz-nierenf. ⊙ Jn.-Ag. blau o. weiss.
maritimum. *L.* Meerstrands-M.
Hüllblttch. vielspalt., borstig-gezähnt; WzB. herzf., spitzig. ♃ Jl. Ag. *A.* Hll. bläul., Bth. weiss.
alpinum. Alpen-M.

VI. CICUTA. *L.* Wasserschierling.

B. 3fach-gefied., Blttch. lineal-lanzett., spitz, gesägt; Wz. querfächerig-hohl. ♃ Jl. Ag.
virosa. *L.* Wuotschierling. Wütherich.

VII. APIUM. *L.* Sellerie.

Kahl; B. gefiedert, die obern 3zählig, Blttch. keilig, an der Spitze eingeschnitten u. gezähnt. ⊙ Jl.-Sp.
graveolens. *L.* Zeller.

VIII. PETROSELINUM. *Hff.* Steinsilge.

B. 3fach-gefied., glänzend, die unt. Blttch. 3splt., die obern 3zählig; Stg. kantig. ⊙ Jn. Jl. grüngelb. *cult.* .... **sativum**. *Hffm.* Petersilge.

IX. TRINIA. *Hff.* Faserschirm.

Hüllch. fehlend o. armblttr. ⊙ Ap. Mai.
vulgaris. *DC.* Gemeiner F.
Hüllch. 4—5blttr. ⊙ Jl. Ag.
Kitaibelii. *M. Bb.* Kitaibel's F.

X. HELOSCIADIUM. *Kch.* Sumpfschirm. (B. gefiedert.)

Fieder eif.-lanzett., gleichf.-stumpflich-gesägt. ♃ Jl. Ag. weissgrünl. **nodiflorum**. *Kch.* Knotenblüth. S.
Fieder rundl.-eif., ungleich gezähnt-gesägt o. gelappt. ♃ Jl.-Sp. weiss..... **repens**. *Kch.* Kriechender S.

XI. PTYCHOTIS. *Kch.* Haardolde.

Hüllblttch. borstlich. ⊙ Jl. Ag.
heterophylla. *Kch.* Verschiedenblttr. H.
2 Hüllblttch. spatelig, haarspitz., 3 lineal-pfrieml. ⊙ Mai. *J.* ...... **ammoides**. *Koch.* Ammiähnliche H.

XII. FALCARIA. *Hst.* Sicheldolde.

Zipfel der B. lineal-lanzett., gleichf.-genähert-gesägt, Sägezähne dornig-stachelspitzig. ⊙ Jl. Ag.
Rivini. *Hst.* Sichelmöhre.
Zipfel d. unt. B. eif., ungleich-tief-gesägt, die der obern B. längl.-keilig, eingeschnitten-gezähnt. ⊙ Jn. Jl. . . . . **latifolia.** *Kch.* Breitblättrige S.

XIII. SISON. *L.* Würzsilge.

Stg. ästig; B. gefiedert. ⊙ Jl. Ag.
Amomum. *L.* Bibernellblttr. W.

XIV. AMMI. *L.* Knorpelmöhre.

Unt. B. einfach- u. doppelt-gefied., Blttch. lanzett., knorpelig-stachelspitzig-gesägt; Hüllblttch. 3spalt. ⊙ Jl. . . . . **majus.** *L.* Grosse K.

XV. AEGOPODIUM. *L.* Geissfuss.

Stg. gefurcht; obere StgB. 3zählig; WzB. doppelt-3zähl. ♃ Mai-Jl. . . . . **Podagraria.** *L.* Giersch.

XVI. CARUM. *L.* Kümmel.

1 Hülle u. Hüllchen fehlen; B. doppelt-gefiedert, Blttch. fiederspalt.-vielsplt; Stg. kantig; Wz, möhrenf. ⊙ Ap. Mai. . . . . **Carvi.** *L.* Garten K.
Hülle u. Hüllch. vorhanden; Stg. stielrund; Wz. fast kugelig. . . . .

2 Hülle und Hüllch. reichblttr.; Früchtch. aneinander liegend, längl.; Dolden 12—24strahlig. ♃ Jn. Jl.
Bulbocastanum. *Kch.* Knolliger K.
Hülle armblttr., abfällig; Hüllch. 3—6blttr.; Früchtch. abstehend, lineal; Dolden 6—12strahl. ♃ Mai. *J.*
divaricatum. *Kch.* Spreizender K.

XVII. BUNIUM. *L.* Erdknollen.

Dolde 6—12strahl.; Hülle und Hüllch. 5—6blttr.; Hüllblttch. schmal-trockenhäut.-berandet, so lang als d. Bthstielchen; Wz. fast kugelig. ♃ Mai-Jl. *J.*
montanum. *Kch.* Berg-E.

XVIII. PIMPINELLA. *L.* Bibernell.

Fr. flaumig; unt. B. herzf.-rundl., eingeschnitten-gesägt, die mittl. gefiedert. ⊙ Jl. Ag. *cult.*
Anisum. *L.* Anis.
Fr. kahl; Bth. weiss o. roth 2

Stg. kantig-gefurcht, beblättert; Gr. länger als der FrKnoten; Fiederblättch. spitzig. ♃ Mai, Jn.
magna. *L.* Grosse B.
Stg. stielrund, zart gerillt, oberw. fast nackt; Gr. während der Bthzeit kürzer als der FrKnoten; Fiederblättch. stumpf 3

BthStiele kahl. ♃ Jl. Ag. **saxifraga**. *L.* Bockspeterlein.
BthStiele u. Stg. dicht-flaumig. ⊙ ♃ Jn.-Ag.
nigra. *W.* Schwarze B.

XIX. BERULA. *L.* Berle.

Dolden den B. gegenst.; B. gefiedert, Blttch. eingeschnitten-gesägt; Hüllblttch. zahlreich, meist fiederspalt. ♃ Jl. Ag.
angustifolia. *Kch.* Schmalblttr. B.

XX. SIUM. *L.* Merk.

Wz. faserig, auslaufend; B. gefiedert, Blttch. lanzett., gleich-gesägt, am Grunde ungleich. ♃ Jl. Ag.
latifolium. *L.* Wassermerk.
Wz. knollig, büschelig; die unt. B. gefiedert, Blttch. längl., ungleich-gesägt, am Grunde fast herzf., die obern B. 3zählig. ⊙ ♃ Jl. Ag. *cult.*
Sisarum. *L.* Zuckerwurzel, Geierlein, Gritzelmähre.

XXI. BUPLEURUM. *L.* Hasenohr.

B. nicht durchwachsen 2
B. durchwachsen, eif.; Thälch. striemenlos....... 13

Fr. bekörnelt-rauh 3
Fr. glatt....................................... 4

12*

3 B. lineal-lanzett., zugespitzt; Riefen der Fr. deutlich, körnig-gekräuselt. ⊙ Jl. Ag. **tenuissimum**. *L*. Feines H.
B. lanzett., die untern stumpf, stachelspitzig, die obern haarspitzig; Riefen der Fr. undeutlich. ⊙ Jl. Ag. *J*. **semicompositum**. *L*. Schwachdoldiges H.

4 B. nervig; Hüllblttch. frei 5
B. netzaderig 12

5 Stg. astlos, blattlos o. nach oben 1blttr.; WzB. lineal; StgB. lanzett., Hüllblttch. 5—9, ellipt., zugespitzt, länger als die Döldch. ♃ Jl. Ag. **graminifolium**. *Vahl*. Grasblttr. H.
Stg. ästig, mehr-vielblttr. o. astlos, aber mit andern B.

6 Obere StgB. aus herz- o. eif. Bas. verschmälert-zugespitzt; WzB. lineal o. lineal-lanzett.; Hüllblttch. länger als die Döldch. ♃ Jl. Ag. *A*. **ranunculoides**. *L*. Ranunkelblüth. H.
Obere StgB. o. alle B. lineal o. lineal-lanzett...... 7

7 B. zwischen den Nerven mit deutlichen Adern versehen 8
B. ohne Adern zwischen den Nerven 9

8 Die obern B. lanzett., an beiden Enden spitz, die unt. ellipt. o. längl., in den BStiel verschmälert. ♃ Ag.-Oct.............**falcatum**. *L*. Sichelblttr. H.
Die obern B. lineal; WzB. lanzettl.-lineal. ♃ Jl. Ag. *J*.................**exaltatum**. *MB*. Hohes H.

9 Hüllblttch. kürzer als die FrDöldchen, lanzett.-lineal; BthStielch. um die Hälfte kürzer als die Fr.; B. 7nerv. ⊙ Jl. Ag. *J*. **junceum**. *L*. Binsenstengl. H.
Hüllblttch. länger als die FrDöldch.; B. 3—5nervig. 10

10 Hüllbltch. ellipt. o. lanzett., begrannt-haarspitzig; B. 3nerv.; BthStielchen halb so lang als die FrKnoten. ⊙ Jl. Ag. **aristatum**. *Brtl*. Begranntes H.
Hüllblttch. lanzett., zugespitzt o. pfriemlich; B. 3—5nerv. 11

11 BthStielch. halb so lang als die ovale Fr.; Aeste ruthenf.; Aestchen kurz aufrecht, fast angedrückt; seitenst. Dolden meist 2strahlig. ⊙ Jl. Ag.
affine. *Sdl.* Verwandtes H.
BthStielch. so lang als die lineal-längl. Fr.; Aeste abstehend, an der Spitze doldentrag. ⊙ Jl. Ag.
Gerardi. *Jcq.* Gerard's H.

12 Stg. beblttr., oberw. etwas ästig; Hüllblttch. frei, ellipt.; B. eif. o. eif.-längl., mit tief-herzf. Grunde umfassend. ♃ Jl. Ag.
longifolium. *L.* Langblättriges H.
Stg. blattlos o. oberw. 1—2blttr.; Hüllblttch. vom Grunde bis zur Mitte zsmgewachsen, vrkhrt.-eif.; Wz. lineal-lanzett. ♃ Jl. Ag. *A.*
stellatum. *L.* Sternblüthiges H.

13 Stg. vom Grunde an ästig; Hüllch. immer abstehend; Thälch. körnig. ♃ Jn. Jl. *J.*
protractum. *Lnk.* Ausgebreitetes H.
Stg. oberw. ästig; Hüllch. nach dem Abblühen aufrecht; Thälch. gerillt. ⊙ Jn. Jl.
rotundifolium. *L.* Durchwachs.

XXII. OENANTHE. *L.* Rebendolde.

1 Wz. spindelf. faserig; B. 2—3fach-gefiedert, Blttch. eif., fiederspalt.-eingeschnitten, die untergetaucht. B. haardünn-vielspalt.; Fr. eif.-längl. ♃ Jl. Ag.
Phellandrium. *Lam.* Wasserfenchel.
Wz. büschelig, mit mehr o. weniger knollig-verdickten Fasern........ 2

2 Blttch. stielrund, an den StgB. nebst den BStielen röhrig-hohl; StgB. kürzer als d. BStiel; Fr. kreiself. ♃ Jn. Jl ....**fistulosa.** *L.* Tropfwurz.
Bltch. flach, nicht röhrig 3

3 Fr. längl., nach der Bas. verschmälert, unter dem KSaume eingeschnürt; Blb. vrkhrt.-herzf., an der Bas. keilig-verlängert, bis zum 3. Theile gespalten; obere StgB. einfach-gefiedert. ♃ Jn. Jl.
peucedanifolia. *Pllch.* Haarstrangblättrige R.
Fr. walzl., an der Bas. mit 1 Schwiele umgeben; B. 2—3fach-gefiedert........ 4

WzFasern längl. o. längl.-keulenf. ♃ Jn. Jl.
silaifolia. *Bieb.* Silaubltr. R.
4 WzFasern fädlich, gegen die Spitze in eine fast kugelige o. eif. Knolle verdickt. ♃ Jn. Jl.
pimpinelloides. *L.* Bibernellartige R.

XXIII. AETHUSA. *L.* Gleisse.

Hüllblttch. länger als die Döldch.; die äuss. FrStielchen meist 2mal so lang als die Fr. ⊙ Jn.-Hrbst. **Cynapium.** *L.* Faule Grete. Hundspeterlein.
Hüllblttch. so lang als die Döldch.; die äuss. FrStielchen so lang als die Fr. ⊙ Jn.-Ag.
cynapioides. *MB.* Wald-G.

XXIV. FOENICULUM. *Hffm.* Fenchel.

B. mehrfach-gefiedert, mit lineal-borstl. Zipfeln; Stg. am Grunde stielrund. ⊙ Jl. Ag. gelb.
officinale. *All.* Garten-F.

XXV. SESELI. *L.* Bergfenchel.

1 Hüllblttch. fast bis zur Spitze in 1 beckenf., gezähntes Hülldeckch. verwachsen; B. 3fach-gefiedert; Dolden 9—12strahlig. ♃ Jl. Ag.
Hippomarathrum. *L.* Pferde-Dill.
Hüllblttch. frei 2

2 Strahlen der Dolden fast stielrund, kahl 3
Strahlen der Dolden kantig, einwärts flaumig; BStiel obers. rinnig 5

3 Dolden 3—6strahl.; Hüllblttch. zur Bthzeit so lang als die BthStielchen. ⊙ Ag. Sp. *J.*
Gouani. *Kch.* Gouan's-B.
Dolden 10—25strahl., Hüllblttch. zur Bthzeit halb so lang als die Bthstielchen 4

4 BStiel stielrund o. von der Seite zsmgedrückt; Dolden 10—15strahl.; Fr. kurz-kreiself.-eif.; Hüllblttch. pfrieml. ⊙ Jl. Ag. ..**glaucum.** *Jcq.* Meergrüner B.
BStiel obers. rinnig; Dolden 15—25strahlig; Fr. lineal-längl.; Hüllblttch. lanzett., zugespitzt. ⊙ Jl. Ag.
varium. *Trev.* Bunter B.

5 Hüllblttch. zur Bthzeit so lang als die Döldch.; Dolden 6—12strahl. 6
Hüllblttch. länger als die Döldch., mit breitem häut. Rande; Hptdolde 20—30strahl.; Hülle fehlt. ⊙ o. ♃ Jl. Ag. . . . . **coloratum.** *Ehr.* *Rossfenchel

6 Hüllblttch. sehr schmal-häutig-berandet; Stg. einfach-ästig. ♃ Jl. Ag. . . . . . **montanum.** *L.* Gemeiner B.
Hüllblttch. mit breit. häut. Rande; Hülle 1—3blttr.; Stg. ästig, spreizend. ♃ Jl. Ag. *J.* **tortuosum.** *L.* Gewundener B.

XXVI. LIBANOTIS. *Crntz.* Hirschheil. (B. 2—3fach-gefied.)

Fr. kurzhaarig. ⊙ Jl. Ag. . . **montana.** *All.* Berg-H.
Fr. kahl. ⊙ Jl. Ag. **athamantoides.** *DC.* Kahlfrüchtiges H.

XXVII. CNIDIUM. *Cuss.* Brenndolde.

1 Die obern BScheiden straff-anliegend; Hüllblttch. pfrieml., kahl, so lang als die Döldch.; Stg. gerillt; B. doppelt-gefiedert. ♃ Jl. Ag. **venosum.** *Kch.* Aderige B.
BScheiden vom Stg. entfernt. 2

2 Hüllblttch. borstlich-rauh; Stg. kantig; B. doppelt-gefied.; Zipfel der Blttch. kurz-bespitzt. ⊙ Jl. Ag. **Monnieri.** *Cuss.* Französische B.
Hüllblttch. kahl; Stg. gerillt; B. 3fach-gefiedert; Zipfel der Blttch. stachelspitz. ♃ Jl. Ag. **apioides.** *Spr.* Silaublättr. B.

XXVIII. ATHAMANTA. *L.* Augenwurz.

Dolden 4—12strahl.; Fr. rauhhaarig, Haare wagrecht abstehend. ♃ Jn. Jl. *A.* . . **cretensis.** *L.* Alpen-A.
Dolden 15—25strahl.; Fr. von kurzen, aufrecht-absteh. Haaren sammtig. ⊙ Jl. Ag. **Matthioli.** *Wlf.* Fadenblättrige A.

XXIX. LIGUSTICUM. *L.* Liebstock.

Zipfel der mehrfach-gefiederten B. lineal, stachelspitz-zugespitzt; HüllB. ungetheilt, 1—5, oder fehlend. ♃ Jl. Ag. . . . . **Seguieri.** *Kch.* Seguier's L.

XXX. SILAUS. *Bss.* Wiesensilge.

B. 3—4fach-gefiedert, Zipfel lineal, stachelspitz; Hülle 1—2blttr. ♃ Jn.-Ag. blassgelb.
pratensis. *Bss.* Gemeine W.

XXXI. MEUM. *Tourn.* Bärwurz. (Bth. weiss o. purp.)

Zipfel der fiedertheil. - vielspaltigen Fiederchen fast quirlig, haardünn, spitzig. ♃ Jl. Ag. *A.*
athamanticum. *Jcq.* Haarblättr. B.

Zipfel der fiedertheil. Fiederchen lineal-lanzett. u. lineal, zugespitzt, stachelspitzig, ungetheilt o. 2—3-spalt. ♃ Jl. Ag. *A.*. . **Mutellina.** *Grtn.* Köpernikel.

XXXII. GAYA. *Gaud.* Zwergdolde.

Hüllbttch. 7—10, meist 3spalt. ♃ Jl. Ag. *A.*
simplex. *Gd.* Einfache Z.

XXXIII. CRITHMUM. *L.* Meerfenchel.

Stg. glatt, einfach, gelbl.; B. 3fach-3zähl., Blttch. längl.-lanzett., fleischig. ♃ Jl. Ag. *J.* grünl.-gelb.
maritimum. *L.* See-Bazille.

XXXIV. CONIOSELINUM. *Fisch.* Schierlingssilge.

Stg. stielrund, gestreift; B. 2—3fach-gefiedert, Blttch. unterw. fiedertheilig, oberw. eingeschnitten-gesägt. ♃ Jl. Ag. . . . . **Fischeri.** *W. u. Gr.* Fischer's Sch.

XXXV. LEVISTICUM. *Kch.* Liebstöckel.

B. doppelt-gefiedert; Blttch. vrkhrt.-eif. u. keilf., eingeschnitten-gezähnt; Hülle u. Hüllch. vielblttr. ♃ Jl. Ag. gelb. *cult.*
officinale. *Kch.* Gebräuchliches L.

XXXVI. SELINUM. *L.* Silge.

Stg. gefurcht-kantig; Strahlen der Dolde kahl. 4 Jl. Ag. . . . . **Carvifolia.** *L.* Wiesen-Olsnich.

XXXVII. OSTERICUM. *Hffm.* Mutterwurz.

Stg. gefurcht; Hülle fehlend o. 1blttr., Hüllblttch. zahlreich, lanzett. o. pfrieml. 4 Jl. Ag. **palustre.** *Bssr.* Sumpf-M.

XXXVIII. ANGELICA. *L.* Angstwurz. Hinfuss.

1 WzB. doppelt-gefiedert, Fied. fiedertheil., Zipfel lineal-lanzettl. o. lineal; Stg. meist blattlos. 4 Jl. Ag. **pyrenaea.** *Spr.* Pyrenäische A.
WzB. 3fach-gefiedert, Fied. eif. o. lanzettl., geschärft-gesägt, das endst. ganz o. 3spalt. 2

2 Blttch. nicht herablaufend. 4 Jl. Ag. **silvestris.** *L.* Waldschratt, Waldfräulein.
Die obersten Blttch. am Grunde herablauf. 4 Jl. Ag. **montana.** *Schl.* Berg-A.

XXXIX. ARCHANGELICA. *Hffm.* Angstheilwurz.

B. doppelt-gefiedert, Blttch. eif. o. ellipt. o. etwas herzf., ungleich-gesägt; Dolden mehlig-flaumig. ⊙ Jl. Ag. grünlich. **officinalis.** *Hffm.* Gebräuchliche A.

XL. FERULAGO. *Kch.* Birkwurz.

Stg. gerillt; B. vielfach-zsmgesetzt; Hüllblttch. lineal-längl., zugespitzt; Gr. der Fr. bogig-zurückgelegt. 4 Jn. Jl. *J.* gelb... **galbanifera.** *Kch.* Harzige B.

XLI. PEUCEDANUM. *L.* Haarstrang.

1 Hülle fehlend o. armblttr. (2—3blttr.); Rand der Fr. wenig verbreitert. 2
Hülle vielblttrig, (5—8—mehrblttr.) 5

2 B. 3—5mal-3fingerig; Blttch. ungetheilt........... 3
B. gefiedert, Fieder sitzend, die der unt. B. immer vielspalt., Zipfel lineal, am Grunde kreuzständ. .. 4

3 BthStielch. 2—3mal so lang als die Fr.; Blttch. lineal; Strahlen der Dolde kahl. ♃ Jl. Ag. gelb.
officinale. *L.* Gemeiner H.
BthStielch. so lang als die Fr.; Blttch. lineal-lanzett.; Strahlen der Dolde inners. flaumig-rauh. ♃ Jn.-Ag. weiss. *J*............. **parisiense.** *DC.* Pariser-H.

4 B. beiders. glänzend; Strahlen der Dolde inners. kurzhaarig; Hüllch. meist 1blttr. ♃ Jl. Ag. gelbweiss o. grünl...**Chabraei.** *Rb.* Langscheidiger H.
B. glanzlos, etwas meergrün; Strahlen der Dolde kahl. ♃ Jl. Ag. ......**Schottii.** *Bssr.* Schott's-H.

5 Rand der Fr. weniger verbreitert; B. 3fach-gefiedert. 6
Rand der Fr. breit, fast durchscheinend; B. 3zählig-3fach-gefiedert; Blb. breit-vrkhrt.-herzf., benagelt. 9

6 Hülle zurückgeschlagen; Stg. stielrund, gerillt. 7
Hülle abstehend, 5—8blttr.; Stg. kantig-gefurcht; Blttch. fiederspaltig, Zpfl. stachelspitz, am Rande rauh.. 8

7 Blttch. meergrün, fast dornig-gesägt, die obern zsm.-fliessend; Striemen der Berühr.-Fläche gleichlaufend. ♃ Jl. Ag...........**Cervaria.** *Lap.* Hirschwurz.
Blttch. glänzend, eingeschnitten- o. fast fiederspalt.-gezähnt, Zähne kurz-zugespitzt, stachelspitz.; Striemen der Berühr.-Fläche bogig. ♃ Jl. Ag.
Oreoselinum. *Mnch.* Berg.-H.

8 Strahlen der Dolde kahl; die herabgebogenen Gr. der Fr. wenig länger als die StmpPolster. ♃ Jl. Ag. gelbl................**alsaticum.** *L.* Elsässischer H.
Strahlen der Dolde inners. flaumig-rauh; die herabgebogenen Gr. der Fr. länger als der 3. Theil der Fr. ♃ Jl. Ag....**venetum.** *Kch.* Venetianischer H.

9 Blttch. fiederspaltig., Zipfel lanzett.-lineal, zugespitzt. ♃ Jl. Ag...**austriacum.** *Kch.* Oesterreichischer H.
Blttch. vielspalt., Zipfel schmal-lineal, zugespitzt. ♃ Jl. Ag....... **rablense.** *Kch.* Kärnthischer H.

XLII. TOMMASINIA. *Bert.* **Wirbeldolde.**

B. 3fach-gefiedert, Blttch. eif., spitz-gesägt, die endst. 3spalt., die seitenst. oft 2lappig; Scheiden gross, aufgeblasen; Hülle fehlend. ♃ Jl. Ag. grüngelb.
verticillaris. *Bert.* Quirlige W.

XLIII. THYSSELINUM. *Hffm.* **Olsenik.** Alstnach.

Stg. gefurcht; Hülle mehrblttr., zurückgeschlagen; B. 3fach-gefied., Blttch. fiederspl t.; Hüllblttch. frei. ⊙ Jl. Ag............. **palustre.** *Hffm.* Sumpf-O.

XLIV. IMPERATORIA. *L.* **Meisterwurz.**

B. doppelt-3zählig, Blttch. breit-eif., doppelt-gesägt, die endst. 3spalt., die seitenst. 2spalt. ♃ Jn. Jl.
Ostruthium. *L.* Astrenz.

XLV. ANETHUM. *L.* **Dill,** Tille.

Zipfel der Blttch. lineal-fadenf., verlängert; Fr. ellipt. ⊙ Jl. Ag. gelb. *J.* u. *cult.*
graveolens. *L.* Gartendill.

XLVI. PASTINACA. *L.* **Pastinak.**

1 { B. doppelt-gefiedert, Fiederch. ellipt.-lanzett., fieder-spalt.-gezähnt. ⊙ Jl. Ag.
Fleischmanni. *Hldn.* Fleischmann's-P.
B. einfach-gefiedert............................ 2

2 { B. obers. glänzend, unters. flaumig, Blttch. eif. o. längl. ⊙ Jl. Ag.........**sativa.** *L.* Gemeiner P.
B. glanzlos, beiders. flaumig, Blttch. eif., am Grunde fast herzf. ⊙ Jl. Ag. *J.*
opaca. *Brnh.* Glanzloser P.

XLVII. HERACLEUM. *L.* **Bärenklau.**

1 { B. entweder alle, o. doch die WzB. einfach, fast handf.-lappig.................................. 2
B. tief-fiederspalt., gefiedert o. 3zählig. 3

2 Fr. oval, ausgerandet, zuletzt kahl; BZipfel zugespitzt o. feinspitzig, ungleich-gezähnt-gesägt. ⊙ Jl. Ag. *A.* .... **asperum**. *MBb.* Rauher B.
Fr. vrkhrt.-eif.-kreisr.; BLappen abgerundet, gekerbt. ♃ Jl. Ag. .... **alpinum**. *L.* Alpen-B.

3 B. gefiedert u. 3zählig; Blttch. der WzB. eif., die der StgB. lanzettl., zugespitzt; Striemen der Berührungsfläche fehlend o. sehr kurz. ♃ Jl. Ag. **austriacum**. *L.* Oesterreich. B.
B. gefiedert oder tief-fiederspalt., rauhhaar.; Berührungsfläche 2striemig. 4

4 Dolden strahlend; FrKnoten flaumig; Fr. oval. ⊙ Jn.-Hrbst.... . **Sphondylium**. *L.* Scharelein. Schärling.
Blb. fast gleich; FrKnoten kahl; Fr. rundlich. ⊙ Jn.-Hrbst. .... **sibiricum**. *L.* Sibirischer B.

XLVIII. TORDYLIUM. *L.* Zirmet.

Berühr.-Fläche 2striemig; HüllB. lineal, kürzer als die Dolde; Fr. borstig-rauhhaarig; Stg. steifhaarig, Haare nach rückw. gerichtet. ⊙ Jl. Ag. **maximum**. *L.* Grösster Z.
Berühr.-Fläche vielstriem.; Strahlen der Dolde viel länger als die Hülle; Stg. ästig, beblättr., unterw. zottig; B. gefiedert. ⊙ Ap. Mai. *J.* **apulum**. *L.* Apulischer Z.

XLIX. SILER. *Scop.* Rosskümmel.

B. 3zählig-gefiedert, Blttch. unters. seegrün, die 2 seitl. 3lappig, das mittlere 3—5lappig. ♃ Jl. Ag. **trilobum**. *Scp.* Dreilappiger R.

L. LASERPITIUM. *L.* Bergkümmel.

1 Bth. weiss o. röthl. 2
Bth. gelblich mit purp. Rand; WzB. u. unt. StgB. 3zähl.-doppelt-gefiedert u. doppelt-3zählig........ 10

2 B. doppelt-gefiedert, am Rande o. unters. behaart; Blttch. fiederspalt. 3
Untere B. 3zählig-2—3fach-gefiedert o. doppelt-3zählig, o. 3fach-gefiedert, o. vielfach zsmgesetzt.. 4

3 Fr. kahl; Blttch. geschärft-gesägt, unters. steifhaarig; HüllB. an der Spitze eingeschnitten o. 3spalt. ♃ Jn. Ag. .... **nitidum.** *Zant.* Glänzender B.
Fr. mit steifhaar. Riefen; B. am Rande sammt den BStielen rauhhaar.; Stg. kantig-gefurcht, unterw. steifhaarig, Haare rückw.-gekehrt. ⊙ Jl. Ag. **pruthenicum.** *L.* Preussischer B.

4 Stg. gefurcht, rauhhaar.; B. 3zähl.-2—3fach-gefiedert, unters. rauhhaarig; Blttch. eif., ungleich-gesägt, die endst. 3spalt., mit keil. Bas. herablaufend. ♃ Jl. Ag. ...... **Archangelica.** *Wlf.* Angelikablttr. B.
Stg. stielrund, gerillt. 5

5 Blttch. ganzrandig, ungetheilt o. 3lappig, ganz kahl. 6
Blttch. gekerbt o. gesägt, o. vielspaltig. 7

6 Untere B. 3fach-gefied., Blttch. lanzett., Hauptadern schief; Gr. zurückgekrümmt, an die Fr. angedrückt. ♃ Jl. Ag. ... **Siler.** *L.* Gebräuchlicher B.
Untere B. 3zählig-2—3fach-gefiedert, Blttch. lineallanzett. o. lineal, ungetheilt, Hptadern dem Rande parallel; Gr. aufrecht, fast spreizend. ♃ Jn. Jl. **peucedanoides.** *L.* Haarstrangartiger B.

7 B. vielfach-zsmgesetzt, meist kurzhaarig; Fiederchen fiederig-vielsplt., Zipfel lineal; Fr. oval, kahl. ♃ Jl. Ag. *A.* .... **hirsutum.** *Lam.* Rauhhaariger B.
B. 3zähl.-2—3fach-gefiedert; Blttch. ganz o. 2—3-spalt. 8

8 Strahlen der Dolde inners. rauh; Blttch. eif., gesägt, an der Bas. herzf. ♃ Jl. Ag. **latifolium.** *L.* Breitblättriger B.
Strahlen der Dolde kahl; die endst. Blttch. 3spaltig. 9

9 Strahlen der Dolde ungleich; Blttch. doppelt-eingeschnitten-gezähnt; die obern Aeste oft quirlig; Blb. sitzend. ♃ Jl. Ag. *J.* **verticillatum.** *WK.* Quirliger B.
Strahlen der Dolde gleich; Blttch. ungleich-gesägt; Blb. mit 1 kurzen Nagel. ♃ Jl. Ag. **alpinum.** *WK.* Alpen-B.

Strahlen der Dolde kahl; Hptriefen kahl. ♃ Jl. Ag.
Gaudinii. *Mor.* Gaudin's-B.
10 Strahlen der Dolde inners. kurzhaarig; Hptriefen steifhaarig. ♃ Jl. Ag.
marginatum. *WK.* Berandeter B.

LI. ORLAYA. *Hffm.* Breitsame.

Strahlende Blb. vielmal länger als der FrKnoten; Nebenriefen gleich. ⊙ Jl. Ag.
grandiflora. *Hffm.* Grossblumiger B.
Strahl. Blb. so lang als d. FrKnoten; die äusseren Nebenriefen 2mal so breit als d. innern. ⊙ Jn. Jl. *J*.......... **platycarpos.** *Koch.* Breitfrüchtiger B.

LII. DAUCUS. *L.* Mohrrübe. Möhre.

Stg. steifhaarig; B. 2—3fach-gefiedert; Hüllblttch. 3spalt. o. fiederspalt., so lang als die Döldch.; Stacheln der Fr. so lang als der Querdurchmesser derselben. ⊙ Jn.-Hrbst. ... **Carota.** *L.* Gemeine M.

LIII. CAUCALIS. *Hoffm.* Haftdolde.

1 Stacheln der Nebenriefen 3reihig, rauh, an der Spitze widerhakig; Hülle fehlt. ⊙ Jn. Jl. *J*.
leptophylla. *L.* Schmalblttr. H.
Stacheln der Nebenriefen 1reihig, kahl...........

Stacheln der Nebenriefen so lang o. länger als der Querdurchmesser der Früchtch., an der Spitze hakig. ⊙ Jn. Jl... **daucoides.** *L.* Möhrenartige H.
2 Stacheln der Nebenriefen viel kürzer als der Querdurchmesser der Früchtch., an der Spitze aufwärtsgekrümmt. ⊙ Jn. Jl.
muricata. *Bisch.* Kleinstachelige H.

LIV. TURGENIA. *Hffm.* Klettendolde.

B. gefiedert, Fieder lanzett., eingeschnitten-gesägt; Dolde 2—3strahl. ⊙ Jl. Ag. weiss o. purp.
latifolia. *Hffm.* Breitblttr. K.

LV. TORILIS. *Adns.* Borstendolde.

Dolden geknäult, sitzend, d. B. gegenst.; die äuss. Fr. stachelig, widerhakig, die innern körnig-rauh. ⊙ Ap. Mai. .... **nodosa.** *Gaertn.* Knotige B.
Dolden langgestielt. 2

Stacheln d. Fr. nicht widerhakig, einw. gekrümmt; Hülle vielblttr. ⊙ Jn. Jl.
Anthriscus. *Gmd.* Wald-B.
Stacheln d. Fr. widerhakig; Hülle armblttr. o. fehlend. 3

Blb. strahlend, 2mal so lang als die FrKnoten; Fr. vielmal länger als d. Stempelpolster; B. doppelt-gefiedert. ⊙ Jl. Ag.
neglecta. *R. u. S.* Vernachlässigte B.
Blb. so lang o. kürzer als d. FrKnoten; obere B. gefiedert o. 3zähl. 4

Blb. so lang als der FrKnoten; Aeste auseinander fahrend. ⊙ Jl. Ag. ...**helvetica.** *Gml.* Kletten-B.
Blb. halb so lang als der FrKnot.; Aeste aufr.-abstehend. (Bth. sehr klein.) ⊙ Ap.-Jn. *J.*
heterophylla. *Guss.* Verschiedenblttr. B.

LVI. SCANDIX. *L.* Nadelkerbel.

FrSchnabel 2reihig-steifhaarig; Hüllblttch. ganz o. an der Spitze 2—3spalt. ⊙ Mai, Jn.
Pecten Veneris. *L.* Venuskamm.

LVII. ANTHRISCUS. *Hffm.* Klettenkerbel.

Stg. u. meist auch d. B. von sehr kurzem Flaume, fast sammtartig; B. 2- o. 3fach-gefiedert; Früchtch. lineal-längl. ♃ Mai, Jn.
fumarioides. *Spr.* Erdrauchähnl. K.
Stg. kahl o. unten rauhhaar., o. nur über den Gelenken flaumhaarig. 2

Stg. kahl; Gr. sehr kurz; Narbe fast sitzend; Fr. eif., stachelig, Stacheln pfrieml., einwärts-gekrümmt. ⊙ Mai, Jn. ....**vulgaris.** *Prs.* Eselskerbel.
Stg. unten rauhhaar., oben kahl; Hüllblttch. 5, ziemlich lang-gewimpert; Fr. längl. 3
Stg. über den Gelenken flaumig; Hüllch. halbirt, 2—4blttr.; Fr. lineal, Schnabel $^1/_5$ der Fr. ausmachend. 4

3 Fr. glatt o. zerstreut-bekörnelt. ♃ Mai, Jn. **silvestris.** *Hffm.* Grosser K.
Fr. bekörnelt u. die Knötchen mit 1 Stachelbörstchen besetzt. ♃ Mai, Jn. **nemorosa.** *MB.* Schattenliebender K.

4 Fr. stachelborstig. ⊙ Mai, Jn. **trichosperma.** *Schlt.* Haarfrüchtiger K.
Fr. glatt. ⊙ Mai, Jn. **Cerefolium.** *Hffm.* Kerbelkraut.

LVIII. PHYSOCAULUS. *Tausch.* Blasenstengel.

Stg. unter den Gelenken aufgeblasen; B. 3zählig-doppelt-gefiedert. ⊙ Mai, Jn. *J.* **nodosus.** *Tsch.* Knotiger B.

LIX. CHAEROPHYLLUM. *L.* Kälberkropf.

1 Blttch. ungetheilt, eif.-längl. zugespitzt, gesägt; B. 3fach zsmgesetzt; Stg. unter den Gelenken verdickt; Gr. spreizend. Jl. Ag. **aromaticum.** *L.* Gewürzhafter K.
Blttch. eingeschnitten o. fiederspaltig. 2

2 Stg. unter den Gelenken verdickt; Gr. zurückgekrümmt; Blb. kahl. 3
Stg. fast gleichf.; Gr. aufrecht o. abstehend; Blb. u. die Hüllch. gewimpert. 5

3 Gr. länger als d. Stempelpolster; Hüllch. gewimpert; Blb. kahl; B. 3fach-gefied., Blttch. am Grunde fiederspalt., an der langen vorgezogenen Spitze gesägt. ♃ Jn. Jl. . . . **aureum.** *L.* Goldfrüchtiger K.
Gr. so lang als das Stempelpolster; Stg. unten steifhaarig. 4

4 Stg. oben kurzhaarig; B. doppelt-gefiedert, Blttch. stumpf-lappig-fiederspalt.; Hüllch. gewimpert. ⊙ Jn. Jl. . . . . **temulum.** *L.* Berauschender K.
Stg. oben kahl; B. vielfach-zsmgesetzt, Blttch. tieffiederspalt.; Zipfel lineal o. lineal-lanzett., spitz; Hüllch. kahl. ⊙ Jn. Jl. . . . **bulbosum** *L.* Piperle.

5 FrHalter bis auf den Grund getheilt; B. doppelt-gefiedert; Hüllblttch. lanzett. ♃ Jn. Jl. *A.*
Villarsii. *Kch.* Villar's-K.
FrHalter nur an der Spitze 2spalt.; B. doppelt-3zählig; Hüllch. breit-lanzett. ♃ Jl. Ag.
hirsutum. *L.* Rauhhaariger K.

LX. BIASOLETTIA. *Kch.* Knollendolde.

Wz. knollig, rundl.; B. doppelt-gefiedert, kahl; Dolden 10strahlig; Hüllch. abstehend. ♃ Jn. Jl. *J.*
tuberosa. *Kch.* Gemeine K.

LXI. MYRRHIS. *Scp.* Süssdolde.

B. fein-zottig; Hüllch. lanzett., zugespitzt. ♃ Jn. Jl. *A.*..............**odorata.** *Scp.* Wohlriechende S.

LXII. MOLOPOSPERMUM. *Kch.* Striemensame.

B. zsmgesetzt, Blttch. rhombisch-verlängert-lanzett., fiederspalt.; Striemen breit, braun. ♃ Jl. Ag.
cicutarium. *DC.* Farnblättriger St.

LXIII. ECHINOPHORA. *L.* Stacheldolde.

B. gefiedert, Blttch. fiederspalt., Zipfel lineal, 3kantig, dornig. ♃ Jn. Jl.......*J.* **spinosa.** *L.* Starre St.

LXIV. CONIUM. *L.* Schierling.

Hüllblttch. lanzett., kürzer als die Döldch.; Stg. oft blutroth gefleckt. ⊙ Jl. Ag.
maculatum. *L.* Gefleckter Sch.

LXV. PLEUROSPERMUM. *Hffm.* Rippensame.

Riefen der Fr. stumpf-gekielt, Kiel etwas gekerbt. ♃ Jl. Ag.....**austriacum.** *Hffm.* Oesterreich. R.

LXVI. MALABAILA. *Tsch.* **Kerndolde.**

Stg. stielr., kahl, glatt; B. im Umfange 3eckig, herablaufend-gefiedert. ♃ Jn. Jl.
Hacquetii. *Tsch.* Hacquet's-K.

LXVII. SMYRNIUM. *L.* **Gelbdolde.**

StgB. stgumfassend, herz-eif., gekerbt; Stg. oberw. kantig-geflügelt. ⊙ Ap. Mai. gelb. *J. Ug.*
perfoliatum. *Mill.* Durchwachsene G.

Unt. B. 3fach-zähl., die obern 3zähl., Blttch. eif.; Hüllch. sehr kurz. ⊙ Ap. Mai. grünlich. *J.*
Olusatrum. *L.* Gespenst.

LXVIII. BIFORA. *Hffm.* **Hohlsame.**

Dolden 5strahl.; die äuss. Bth. strahlend; Gr. etwa halb so lang als die Früchtch. ⊙ Jn. Jl.
radians. *M. B.* Strahlender H.

LXIX. CORIANDRUM. *L.* **Koriander.**

WzB. gefiedert, Blttch. rundl., eingeschnitten-gesägt; StgB. doppelt gefiedert. ⊙ Jn. Jl. (wanzenartig riechend) ....**sativum.** *L.* Gebauter K.

---

55. Ordnung. ARALIACEEN. *Juss.* Araliengewächse.

KRöhre an den FrKnoten angewachsen, Saum oberst.; Kr. 5—10blttr.; Blb. mit breitem Grunde sitzend, in der Knospenlage klappig; Stbgfss. 5—10; Frknoten 1, 2—mehrfächerig, Fächer 1eiig; Fr. beerenartig. Sträuche mit nebenblattlosen B.

GATTUNG.

KSaum klein-5zähnig; Blb. 5—10; Stbgfss. 5—10, Griffel 5—10, oft in 1 verwachsen; Beere 5—10-fächerig ....**Hedera.** I.

ART.

I. HEDERA *L.* **Epheu.**

Stg. kletternd; B. lederig, kahl, winkelig-5lappig, die obersten der blüh. Aeste eif., zugespitzt; Dolden einfach, flaumig. ♄ Oct. Nv. grüngelb. **Helix.** *L.* Klimmauf.

56. Ordnung. CORNEEN. *DC.* Hartriegelgewächse.

Fr. eine SteinFr.; Bththeile zu 4; sonst Alles wie bei d. Araliaceen.

GATTUNG.

KSaum 4zähnig; Blb. u. Stbgfss. 4; Gr. 1; Steinfr. mit 1—3fächr. Steine, Fächer einsam. **Cornus.** I.

ARTEN.

I. CORNUS. *L.* **Cornelbaum.** Tyrliz.

Dolden flach; Hülle fehlt. ♄ Mai, Jn. weiss, Fr. schwarz, Zweige roth ..**sanguinea.** *L.* Hartriegel.
Dolden kugelig, vor den B. blühend, fast so lang als die Hülle. ♄ Mz. Ap. gelb, Fr. blutroth. **mas** *L.* Kornelkirsche, Dirndel, Fürwitzel.

57. Ordnung. LORANTHACEEN. *Don.* Riemenblumengewächse.

KRöhre an den FrKnoten angewachsen; Blb. 4—8, frei o. in 1 Röhre verwachsen; Stbgfss. 4—8; Stbfäden der Kr. angewachsen, oft fehlend; FrKnoten 1, 1fächer., 1eiig; Gr. 1, o. fehlend u. die N. sitzend; Fr. beerenartig. Gabelspaltig-ästige Sträuche, auf den Aesten der Bäume schmarotzend.

14*

GATTUNGEN.

Gr. 1, fädlich, in der männl. Bth. sammt dem Fr-Knoten verkümmert; Stbkölbch. mit Stbfäden. **Loranthus.** II.
Gr. fehlt; Stbkölbchen der männl. Bth. ohne Stbfäden .... **Viscum.** I.

ARTEN.

I. **VISCUM.** *L.* **Mistel.** Donarbesen. Affolter. Albruthe.

Stg. gabelspalt.-ästig; B. lanzett.; Bth. geknäult. ♄ Mz. Ap. gelb; auf verschied. Bäumen. **album.** *L.* Drudenbusch. Marentaken.
Stg. kahl, sehr ästig, blattlos; Scheiden beckenf. ♄ *J.* .... **Oxycedri.** *DC.* Wachholder-M.

II. **LORANTHUS.** *L.* **Riemenmistel.**

Kahl, sehr ästig; B. gegenst., gestielt; Aehren endst. ♄ Ap. Mai. gelbl.; Beeren gelb. Auf Eichen. **europaeus.** *Jcq.* Europäische R.

---

58. Ordnung. CAPRIFOLIACEEN. *Juss.* Geissblattgewächse.

K. oberständ.; Kr. 1blttr., auf dem FrKnoten sitzend, Saum 4—5spalt.; Stbgfss. der Kr. eingefügt, frei, so viele o. 2mal so viele als Zipfel, o. 4, 2mächtig; FrKnoten 3—5fäch., Fächer 1—mehreiig; Eichen hängend; Fr. beerenartig; B. gegenst.

GATTUNGEN.

1 Narben 4—5; Gr. bisweilen fehlend 2
Narbe 1; Gr. 1, fädlich; K. röhrig o. glockig 4

2 { KSaum 3theil.; Stbgfss. 10; Gr. 5, pfrieml.; Kr. radf., mit 5theil. Saume; (endst. Bth. mit 2theil. KSaume, 8 Stbgfss., 4 Gr. u. 4theil. Kr.) ...... **Adoxa.** I.
KSaum 5zähnig; Stbgfss. 5, Narben 3—5, sitzend..

3 { B. gefiedert; Kr. radf., Saum 5spalt., endlich zurückgeschlagen; Beere 3—5sam........ **Sambucus.** II.
B. nicht gefiedert; Kr. radf., etwas glockig o. röhrig, Saum 5lappig; Beere 1sam........ **Viburnum.** III.

4 { Stbgfss. 5; Beere 3fächer.; Saum der Kr. unregelmäss.-5spaltig .... **Lonicera.** IV.
Stbgfss. 4; 2mächtig; Gr. abwärts-gebog.; Beere von 2 DeckB. eingeschlossen .... **Linnaea.** V.

ARTEN.

I. ADOXA. *L.* Bisamkraut.

Wz. gezähnt, wagrecht; WzB. langgestielt, mehrfach fiedertheilig; StgB. 2, gegenst. ♃ Mz. Ap. grün.
Moschatellina. *L.* Waldrauch.

II. SAMBUCUS. *L.* Hollunder. Ellhorn.

1 { Rispe eif.; Beeren roth; Mark der Aeste rothgelb. ♄ Ap. Mai.............. **racemosa.** *L.* Bergellhorn.
Bth. in Trugdolden; Beeren schwarz 2

2 { Stg. krautig; NebenB. eif., gesägt; Trugdolde mit 3-zählig. Hptästen. ♃ Jl. Ag. weiss, aussen röthl.
Ebulus. *L.* Attich.
Stamm holzig; NebenB. fehlend; Trugdolde mit 5-zähl. Hptästen. ♄ Jn. Jl. weiss,
nigra. *L.* Schwarzer H. Schibike.

III. VIBURNUM. *L.* Schlingbaum.

1 { B. ganzrandig, eif.-längl., immergrün. ♄ Mz. Ap. *J.*
Tinus. *L.* Immergrüner Sch.
B. gezähnt, gesägt o. gelappt.................. 2

2 B. eif., an der Bas. etwas herzf., gezähnelt-gesägt, unters. von sternf. Flaume kleiig-filzig, obers. zerstreut-sternflaumig. ♄ Mai, Jn.
Lantana. *L*. Kandelwiede. Patschneppe.
B. 3—5lappig, Lappen gezähnt; die äuss. Bth. strahlend, geschlechtslos. ♄ Mai. Jn.
Opulus. *L*. Schneeball. Schwelke.

IV. LONICERA *L*. Waldgilge.

1 Bth. kopfig-quirlig; Beere vom KSaume bekrönt; Stg. sich windend 2
Bth. gezweit; KSaum abfällig; Stg. aufrecht..... 5

2 Bth. quirlig u. kopfig; das endst. Köpfch. sitzend; obere B. zsmgewachsen; Bth. weiss o. purp...... 3
Bth. kopfig; Köpfch. gestielt; B. abfällig 4

3 B. abfällig; Gr. kahl. ♄ Mai, Jn.
Caprifolium. *L*. Geissblatt, Zäunling.
B. immer grünend; Gr. rauhhaar. ♄ Mai, Jn. *J*.
implexa. *Ait*. Verflochtene W.

4 Obere B. zmgewachs.-durchwachsen. ♄ Jl. Ag.
etrusca. *Sav*. Etrurische W.
B. getrennt. ♄ Jn.-Ag. gelbl.-weiss.
Periclymenum. *L*. Männiken.

5 Die 2 FrKnoten am Grunde verwachsen, oben frei. 6
Die 2 FrKnoten fast durchaus in 1 einzigen verwachsen 7

6 BthStiele zottig, so lang als die Bth.; B. oval, flaumig. ♄ Mai, Jn. blassgelb; Beere roth.
Xylosteum. *L*. Hexenkirsche. Walpurgismai.
BthStiele kahl, mehrmal länger als d. Bth.; B. längl.-ellipt., die ältern kahl. ♄ Ap. Mai. weiss o. auswend. röthl.; Beeren schwarz....**nigra**. *L*. Schwarze W.

7 BthStiele kürzer als die Bth.; B. längl.-ellipt. ♄ Ap. Mai. gelbl.-weiss; Beeren schwarz, bläulich bereift.................... **caerulea**. *L*. Blaue W.
BthStiele länger als die Bth.; B. ellipt., lang-zugespitzt. ♄ Mai, Jn. *A*......**alpigena**. *L*. Alpen-W.

V. LINNAEA. *Gron.* Erdkrönchen.

Stg. fadenf. kriechend, wurzelnd; B. gegenst., gestielt, rundl.-eif. ♃ Mai, Jn. weiss mit blutrothen Adern............ **borealis**. *Gron.* Nördliches E.

---

59. Ordnung. RUBIACEEN. *Juss.* Krappgewächse.

K. oberst., KSaum 3—6spaltig o. 3—6zähnig, o. un-eutlich; Kr. 1blttr. auf dem FrKnoten sitzend, 3—6spalt.; tbgfss. der Kr. eingefügt, so viele als KrZipfel, mit iesen abwechselnd; FrKnoten 1, oft 2knotig, 2fächerig, ächer 1eiig; Gr. 1, oft 2spalt.; Fr. trocken, 2knotig, in einsamige, nicht aufspring. Früchtch. zerfallend — oder aftig, beerenartig; B. nebenblattlos, meist quirlig.

GATTUNGEN.

1 { Kr. trichterf. o. glockenf., 3 — 5spalt.; Gr. 2spalt.; Narbe kopfig 2
Kr. radf. o. flach 4

2 { KRand 4—6zähnig; Blkr. trichterf. ... **Sherardia** I.
KRand zahnlos 3

3 { KrZipfel abstehend; Fr. rundl.-2knotig; Früchtch. fast halbkugelig.................**Asperula**. II.
KrZipfel zsmneigend-einw.-gekrümmt; Früchtch. längl. o. halbeif.......................**Crucianella**. III.

4 { KRand unregelm. 6—8zähnig; Bth. zu 3, die mittlere zwitterig, mit 4spalt. Kr., die seitl. ♂, mit 3spalt. Kr.; Fr. 3hörnig, aus 3 verwachsenen FrKnoten. **Vaillantia**. VI.
KRand zahnlos; Fr. 2knotig, Früchtch. rundl. 5

5 { Fr. trocken; Bth. 4spalt., selten 3spaltig. **Galium**. V.
Fr. beerenartig, saftig; Bth. meist 5spalt. u. 5männig. **Rubia**. IV.

ARTEN.

I. SHERARDIA. *L.* Ackerröthe.

Stg. liegend, aufstreb., 4kantig; unt. B. rundl.-eif. o. ellipt., die obern lanzett., stachelig-feinsägezähnig. ⊙ Mai-Sp. lila........ **arvensis**. *L.* Ackerstern.

II. ASPERULA. *L.* Waldmeister.

1 Stg. nebst dem Rande u. Kiele d. B. rückwärts-klein-stachelig-rauh; Bth. rispig; B. meist zu 8. ♃ Jl. Ag. weiss...**Aparine**. *Schtt.* Klebkrautart. W.
Stg. stachellos.............................. 2

2 Bth. in endst. mit HüllB. umgebenen Büscheln.... 3
Bth. doldentraubig o. doldentraubig-rispig......... 4

3 Untere B. vrkhrt.-eif., zu 4, obere lineal-lanzett., stumpf, 6—8ständig. ⊙ Mai, Jn. blau. **arvensis**. *L.* Acker-W.
B. zu 4, ellipt., zugespitzt, 3nervig, gewimpert; Fr. kahl, punkt.-rauh. ♃ Mai, Jn. weiss. **taurina**. *L.* Italienischer W.

4 B. lanzett., am Rande und Kiele rauh, die untern 6ständ.; Fr. steifhaarig, mit hakigen Borsten. ♃ Mai, Jn. weiss...**odorata**. *L.* Wohlriechender W.
B. lineal..................................... 5

5 Röhre der Blkr. mehrmal länger als der Saum; B. 4ständ.................................... 6
Röhre der Blkr. kürzer o. eben so lang als d. Saum 7

6 Blkr. kahl; Stg. aufr.; Fr. körnig-rauh. ♃ Jl. Ag. aussen schmutzig-purp., inwend. gelbl. **longiflora**. *WK.* Langblumiger W.
Blkr. behaart; Stg. aufstrebend; Fr. kurzhaar. o. kahl. ♃ Sp. fast purp. *J.* **canescens**. *Vis.* Weissgraul. W.

7 Röhre der Blkr. kürzer als d. Saum; Kr. fast glockig; B. starr, lineal, stachelspitz, am Rande umgerollt u. rauh, meist zu 8; Stg. stielrund; Fr. glatt. ♃ Jn. Jl. weiss.....**galioides**. *MB.* Labkrautart. W.
Röhre der Blkr. eben so lang als der Saum; Kr. trichterf.; Bth. doldentraub.; B. unten zu 6, oben zu 4, oder alle zu 4......................... 8

8 Blkr. kahl; Fr. glatt; Wz. kriechend; Stg. einzeln, aufr. ♃ Jn. Jl. weiss...**tinctoria.** *L.* Färbender W.
Blkr. aussen rauhkörnig; Fr. fein-bekörnelt; Wz. spindelf., vielstngl.; Stg. sehr ästig, aufstrebend. ♃ Jn. Jl. fleischroth, innen weiss.
cynanchica. *L.* Bräunemeier.

III. CRUCIANELLA. *L.* Kreuzblatt.

Aehren verlängert-4zeilig-dachig, 4eckig; äuss. DeckB. am Rande kahl. ⊙ Jn. Jl. gelb. *J.*
angustifolia. *L.* Schmalblättriges K.
Köpfch. end- u. achselst., gestielt, fast rispig; DeckB. am Rande zottig. ♃ Jn. Jl.
mollugінoides. *MB.* Weichlingblättr. K.

IV. RUBIA. *L.* Röthe.

B. zu 4 u. 6, etwas gestielt, lanzett., netzig-aderig. ♃ Jn. Jl. gelbl. *cult.*....**tinctorum.** *L.* Färber-R.
B. sitzend, lanzettl. o. ellipt., aderlos. ♃ Mai, Jn.
peregrina. *L.* Fremde R.

V. GALIUM. *L.* Labkraut.

1 BthStand blattwinkelst. o. zuletzt rispig, aber in diesem Falle ist der Stg. durch abwärts gerichtete kleine Stacheln anhäkelig-scharf 2
BthStand endst., rispig o. wirtelig; Bth. zwitterig; BthStielchen nach dem Verblühen gerade; Stg. ohne Stacheln 11

2 Bth. einhäusig-vielehig, die endst. Bth. (an den Verästelungen) zwitterig u. fruchtbar, die seitenst. ♂ u. unfruchtb.; BthStiele nach dem Verblühen zurückgekrümmt 3
Bth. zwitterig; Stg. schlaff, von abwärts gekrümmten Stacheln anhäkelig-rauh; B. 1nerv., am Rande rauh o. stachel.-rauh 6

3 B. meist 6ständig, nach der BthZeit nicht abwärtsgekrümmt, lineal-lanzett., stachelspitzig, 1nerv., am Rande aufr.-stachelig-rauh; BthStiele 3blth. ⊙ Jn. Jl. weissl. ..**saccharatum.** *All.* Ueberzuckertes L.
B. 4ständig, nach der Bthzeit zurückgeschlagen, die Fr. bergend, 3nerv. 4

4 BthStiele mit DeckB., ästig; Stg. rauhhaar. ♃ Ap. Mai, gelb. . . . . **Cruciata** *Scp.* Valantskraut.
BthStiele deckblattlos 5

5 BthStiele ästig, kahl; Stg. kahl o. unterw. kurzhaarig. ♃ Mai, Jn. weiss o. gelbl.
vernum. *Scp.* Frühlings-L.
BthStiele einfach o. 2spalt., zottig; Stg. rückw.-stachelig. ⊙ Mai, Jn. gelbl.
pedemontanum. *All.* Piemontesisches L.

6 B. ganz stumpf, ohne Stachelspitze, 1nervig, lineal-längl., nach vorne breiter, zu 4, seltener zu 6, am Rande rückwärts-stachelig-scharf; Fr. glatt 7
B. stachelspitzig, 1nerv., zu 6—9 8

7 BthStiele blattwinkelst., 1—3bth., nach dem Verblühen zurückgekrümmt. ♃ Jl. Ag. weiss.
trifidum. *L.* Dreispaltiges L.
BthStiele eine lockere Rispe bildend, nach dem Verblühen wagrecht-abstehend. ♃ Mai-Jl. weiss.
palustre. *L.* Sumpf-L.

8 BthStiele meist 3bth., zur FrZeit herabgekrümmt; Fr. warzig-bekörnelt; B. meist zu 8, lineal-lanzett. ⊙ Jl.-Hrbst. weissl. **tricorne.** *With.* Dreihörniges L.
BthStiele zuletzt rispig, zur FrZeit gerade. 9

9 B. am Rande aufwärts-stachelig-rauh, meist 6ständig. ⊙ Jn.-Ag. grüngelbl., aussen röthl.
parisiense. *L.* Pariser-L.
B. am Rande rückwärts-stachelig-rauh, lineal-lanzett. 10

10 Durchmesser der Blkr. kleiner, als der der ausgebild. Fr.; Fr. steifhaarig o. kahl. ⊙ Jn.-Hrbst. weiss o. grünl. . . **Aparine.** *L.* Klebekraut. Liddegenge. Haftemasch.
Durchmesser der Blkr. grösser als der der ausgeb. Fr.; Fr. bekörnelt-scharf. ♃ Mai-Jl. weiss.
uliginosum. *L.* Morast-L.

11 B. 3nervig, 4ständig. 12
B. 1nervig; StgB. zu 4—6—12, meist stachelspitz. . 14

12 B. kurz-stachelspitz, oval, am Rande borstl.-rauh; Stg. schlaff; Fr. borstl.-steifhaarig. ♃ Jl. Ag. weiss. **rotundifolium**. *L.* Rundblttr. L.
B. ohne Stachelspitze........................ 13

13 Stg. aufrecht, steif, 4kantig; B. lanzett., nach vorne schmäler. ♃ Jl. Ag. weiss. **boreale**. *L.* Nordisches L.
Stg. ausgebreit.-aufstrebend; B. oval o. längl.-lanzett. ♃ Mai, Jn. .... **rubioides**. *L.* Rötheartiges L.

14 Stg. stielrund, 4rippig, aufrecht; StgB. 8—12ständig, KrZipfel kurz-bespitzt........................ 15
Stg. 4eckig; StgB. 6—8ständig.................. 17

15 B. längl.-lanzett., stumpf, stachelspitzig, am Stg. 8ständ.; Rispe weitschweifig; BthStielch. vor dem Aufblüh. nickend.; Fr. etwas runzelig. ♃ Jn. Jl. weiss.................... **silvaticum**. *L.* Wald-L.
B. lineal; Fr. glatt; Bth. gelb o. roth 16

16 Bth. gelb o. gelbl.; FrStielchen fast wagrecht-abstehend; Stg. flaumig-scharf; B. unterseits sammtig-fläumlich. ♃ Jn.-Hrbst. **verum**. *L.* Walstroh, Unser lieben Frauen Bettstroh.
Bth. blutroth; FrStielchen haarfein, nickend, fast traubig; Stg. flaumig; B. sehr schmal. ♃ Jl. Ag. **purpureum**. *L.* Purpurfarb. L.

17 KrZipfel haarspitzig; Rispe entweder längl., weitschweifig, spreizend o. die armblüth. Aeste mit einer 3spalt. Dolde endigend.................. 18
KrZipfel spitzig; Bth. entweder ebensträussig-rispig, o. die end- und blattwinkelst. BthStiele doldig 1 bis 3bthig............................ 21

18 Fr. bekörnelt; B. lineal o. lanzett., am Stg. zu 6—8; Stg. schlaff, niedergestreckt; Rispe ausgebreitet, spreizend; BthStielchen haarfein, gerade. ♃ Jn. Jl. blutroth, dann gelb, auch weiss. **rubrum**. *L.* Rothes L.
Fr. unbekörnelt, glatt o. etwas runzelig.......... 19

19 B. lanzett., beiders. verschmälert, am Stg. 8ständ.; Fr. glatt; Stg. aufrecht; Rispe weitschweifig; Bth-Stielch. haarfein, aufrecht-abstehend. ♃ Jl. Ag. **aristatum.** *L.* Begranntes L.
B. u. Stg. anders beschaffen; Fr. etwas runzelig; Rispe verlängert mit starren Aesten; StgB. meist zu 8.. 20

20 B. lineal, steif, beiderseits glänzend, unters. mit starkem, sehr breitem Mittelnerv. ♃ Mai-Jl. **lucidum.** *All.* Spiegelndes L.
B. lanzett. o. vrkhrt.-eif.-lanzett., stachelspitzig, unterseits matt, u. mit schmalem Mittelnerv. ♃ Mai-Ag. weiss o. gelbl.......**Mollugo.** *L.* Megerkraut.

21 BthStiele doldig, end- u. blattwinkelst., 1—3bth.; B. fast nervenlos, flach, etwas fleischig, vrkhrt.-eif.-spatelig, stumpf, o. die obersten lanzett., spitz; Stg. liegend; Fr. glatt. ♃ Jl. Ag. *A.* gelbl.-weiss. **helveticum.** *Weig.* Schweizer L.
Bth. ebensträuss. rispig; B. 1nervig; Fr. bekörnelt. . 22

22 B. lineal, von der Mitte an pfrieml.-verschmälert, begrannt, am Rande u. am Grunde etwas verdickt, unters. 2furchig, mit 1 starken Nerv., am Stg. zu 6—8. ♃ Jn. Jl. weiss...**pumilum.** *Lam.* Zwerg-L.
B. vrkhrt.-eif. o. lanzett. u. stachelspitz.......... 23

23 B. meist 6ständig, die unt. vrkhrt.-eif., die obern lanzett., vorn breiter, alle am Rande mit vorwärts gerichteten Börstchen besetzt o. kahl; Fr. dichtkörnig-rauh. ♃ Jl. Ag.....**saxatile.** *L.* Felsen-L.
B. am Stg. meist 8ständ., lineal-lanzett., vorn breiter, zugespitzt, stachelspitzig, die unt. vrkhrt.-eif.-lanzett., alle am Rande mit rückw. gerichteten Stachelch. besetzt o. kahl; Fr. schwach-körnig. ♃ Jn. Jl. weiss. ....**silvestre.** *Poll.* Heide-L.

VI. VAILLANTIA. *DC.* Schuttkraut.

Stg., B. u. K. kahl. ⊙ Mai, Jn. grüngelb. *J.* **muralis.** *L.* Mauer-Sch.

60. Ordnung. VALERIANEEN. *DC.* Baldriangewächse.

KSaum oberst., eingerollt u. endlich in 1 HaarKr. ausgebreitet oder gezähnt; Kr. 1blttr. auf dem FrKnoten stehend, Saum 3—5spaltig; Stbgfäss. der Kr. eingefügt, frei, 4 o. weniger; FrKnoten 1, 1fächer. o. 2—3fächer., nur 1 Fach fruchtbar, mit 1 einzelnen hängenden Eichen.

GATTUNGEN.

1 KSaum gezähnt, bleibend; Bth. weiss o. bläul.; Kr. trichterf., regelmäss.-5spalt. . . . . . **Valerianella.** III.
KSaum während d. BthZeit eingerollt, zur FrZeit in 1fedrige Haar-Kr. ausgebreitet. 2

2 Kr. an der Bas. höckerig; Stbgfss. 3. . . **Valeriana.** I.
Kr. an der Bas. gespornt; Stbgfss. 1; Bth. purp. **Centranthus.** II.

I. VALERIANA. *L.* Baldrian. Wielandswurz.

1 B. alle, o. nur die StgB. gefiedert. 2
B. 3zählig o. ungetheilt. 6

2 Alle B. gefiedert; Stg. gefurcht. 3
WzB. eif. o. ellipt., gestielt, die unt. StgB. leierf.-fiedertheil., die obern gefiedert, Zipfel lineal; Bth. 2häusig, fleischroth. 5

3 Wz. vielsteng., ohne Ausläufer; B. 7—10paarig-gefiedert. ♃ Jl.-Herbst. . . **exaltata.** *Mik.* Hoher B.
Wz. 1steng., Ausläufer treib.; Bth. fleischroth. 4

4 B. 7—10paarig-gefiedert. ♃ Mai, Jn. **officinalis.** *L.* Denmark.
B. 4—5paarig-gefiedert, Blttch. gezähnt-gesägt, an den WzB. breit-eif., grobgesägt. ♃ Jn.-Ag. **sambucifolia.** *Mik.* Hollunderblttr. B.

5 Fr. kahl; Wz. auslaufend; B. der unfruchtb. Büschel eif., langgestielt. ♃ Mai, Jn. **dioica.** *L.* Kleiner B.
Fr. mit 2 seidenhaar. Linien; Wz. knollig; WzB. ellipt.-längl. ♃ Mai. . . . . **tuberosa.** *L.* Knolliger B.

6 B. gezähnt, die der unfruchtb. Büschel herzf., langgestielt; StgB. meist 3zählig; Ebenstr. endst.; Wz. vielköpf. ♃ Mai-Ag. weiss o. fleischroth.
tripteris. *L.* Dreiblättriger B.
WzB. ganzrandig o. schwach gezähnt, sammt den StgB. ganz*)........................... 7

7 Bth. fleischroth; Ebensträusse endst., kopfig o. fast kopfig; Wz. vielköpf............................ 8
Bth. weiss o. gelbl.; Ebensträusse fast rispig-traubig o. quirlig-ährig............................ 9

8 Unt. WzB. rundl., die der unfruchtb. Büschel eif. u. langgestielt; Stg.B. eif., zugespitzt, die oberst. lanzett. ♃ Jn.-Ag.........**montana.** *L.* Berg-B.
B. spatelig, gestielt, gewimpert, das oberste Paar sitzend, lanzett. ♃ Jl. Ag. *A.* (5—8 Cm. hoch.)
supina. *L.* Niedriger B.
WzB. vrkhrt.-eif., kahl, in den BStiel verschmälert; StgB. lineal, wenige. ♃ Jl. Ag. *A.*
saliunca. *All.* Piemontesischer B.

9 B. gewimpert, 3—5nerv., WzB. längl.-spatelig, StgB. lanzett.-lineal; Wz. faserig-schopfig. ♃ Jn. Jl. *A.* weiss.................... **saxatilis.** *L.* Stein-B.
B. ganz kahl.................................... 10

10 Wz. schuppig-schopfig; B. ganzrand., Wzb. längl.-lanzett., StgB. lineal, meist 2; Ebensträuss. quirlig-ährig. ♃ Jl. Ag. *A.* gelbl., aussen röthl.
celtica. *L.* Speik. Katzenleiterlein.
Wz. nicht schopfig; B. eif., StgB. eingeschnitten-gezähnt; Ebenstrauss rispig-traubig. ♃ Jn. Jl. *A.* schmutzig-gelbl. ..**elongata.** *Jcq.* Verlängerter B.

II. CENTRANTHUS. *DC.* Spornblume.

Sporn 2mal so lang als der FrKnoten; B. eif. o. lanzett. ♃ Jl. Ag. purp.......**ruber.** *DC.* Rothe Sp.

*) Bisweilen variirt *V. dioica* mit ungetheilt. StgB.

III. VALERIANELLA. *Poll.* Feldsalat.

1 { KSaum becherf., häutig, innen ganz kahl, mit 6 begrannten Zähnen, bis über die Hälfte 6spalt., Zipfel an der Spitze hakig; Fr. zottig, eif., vorne 1furch. ⊙ Mai, Jn. .... **coronata**. *DC.* Bekrönter F.
KSaum 1—3zähnig, o. klein-gezähnelt, o. schief-abgeschnitten u. ungleich-gezähnt 2

2 { K. mit 3 kegelf.-pfrieml., zurückgekrümmt. Zähnen; Fr. längl., fast 3seit., 3furchig. ⊙ Ap. Mai. **echinata**. *DC.* Igelstachliger F.
KSaum undeutlich-gezähnt o. schief abgeschnitten.. 3

3 { Fr. zsmgedrückt o. fast 4seitig; KSaum undeutlich 1—3zähnig 4
Fr. fast kugelig-eif., o. vorne flach u. hinten gewölbt; KSaum schief-gezähnelt, der hintere Zahn grösser 5

4 { Fr. eif.-rundl., beiderseits ziemlich flach am Rande mit 1 Furche, an den Seiten 2rippig; KSaum undeutl.-3zähnig. ⊙ Ap. Mai...... **olitoria**. *Poll.* Rapunzel.
Fr. längl., fast 4seitig, auf der hintern Fläche tiefrinnig, auf der vordern flach, in der Mitte u. an den Seiten fein-1rippig; KSaum undeutl.-1zähnig. ⊙ Ap. Mai........... **carinata**. *Lois.* Gekielter F.

5 { Fr. fast kugelig-eif., fein 5rippig, vorne 1furchig; KSaum 1/3 so breit als d. Fr., klein gezähnelt. ⊙ Jl. Ag.......... **Auricula**. *DC.* Ohrfrüchtiger F.
Fr. hinten gewölbt u. fein 3rippig, vorne flach, mit 1 zwischen die erhabenen Ränder eingedrückten Beetchen.................................. 6

6 { KSaum von der Breite der Fr., glockig; BthStielchen dicht-gedrängt. ⊙ Ap. Mai. **eriocarpa**. *Desv.* Haarfrüchtiger F.
KSaum halb so breit als die Fr.; BthStielchen spreizend. ⊙ Jl. Ag..... **Morisonii**. *DC.* Gezähnter F.

---

61. Ordnung. DIPSACEEN. *DC.* Kardengewächse.

BthKöpfchen mit reichblättr. Hülle; der eigentl. K. doppelt, beide bleibend, der äussere die reife Fr. dicht umgebend, der innere mit der Röhre an den FrKnoten angewachsen, Saum oberst., schüssel- o. beckenf., ganz, gezähnt o. borstenf.; Kr. 1blttr., dem KSchlunde eingefügt, 4—5spalt., Zipfel ungleich; Stbgfss. 4, frei; Gr. 1; FrKnoten 1, 1fächer., 1eeig; Fr. mit dem KSaum bekrönt.

GATTUNGEN.

1 { Hülle dicht-dachig, halbkugelig; äuss. K. 8zähnig o. mit 1 trocken-häut. vielzähnigen Saume, innerer K. beckenf., ganz o. vielzähnig. . . . **Cephalaria**. II.
Hülle sternf.-ausgebreitet, Hüllblttch. 1- o. mehrreihig. 2

2 { Stg. u. BthStiele stachlig; FrBoden kegelf.; Spreublättch. stachlig- o. langborstig-gewimpert. **Dipsacus**. I.
Stg. u. BthStiele ohne Stacheln; FrBoden flach o. gewölbt. 3

3 { FrBoden rauhhaarig, ohne Spreublättchen, der innere K. 5—16zähnig, Zähne aus breit. Bas. pfrieml.; der äuss. K. klein-gezähnt. . . . . **Knautia**. III.
FrBoden spreuig. 4

4 { Blkr. 4spaltig; äuss. K. 8furchig mit 4lapp. kraut. Saume; innerer K. schüsself., 5borstig o. ganz; Kr. nicht strahlend. . . . . **Succisa**. IV.
Blkr. 5spaltig; äuss. K. 8furchig o. 8rippig mit radf. o. glockigem, trockenhäut., durchsichtig. Saume; innerer K. 5—10borstig o. ganz . . . . **Scabiosa**. V.

ARTEN.

I. DIPSACUS. *L.* Karde. Zeisel.

1 { B. gestielt, an der Spitze des BStiels geöhrt; Hüllblttch. abwärts-gerichtet; Spreublttch. borstig-gewimpert, gerade. ⊙ Jl. Ag. **pilosus**. *L.* Behaarte K.
B. sitzend, die StgB. breit-verwachsen 2

2 Spreublttch. steif, zurückgekrümmt, so lang als die Kr.; Hüllblttch. wagrecht; B. eingeschnitten-gekerbt. ⊙ Jl. Ag. lila...**Fullonum**. *Mill.* Weber-K.
Spreublttch. biegsam, gerade, länger als die Kr.; Hüllblttch. bogig-aufstreb.................. 3

3 B. am Rande kahl o. zerstreut-stachelig, gekerbt-gesägt; Hüllblttch. lineal-pfrieml. ⊙ Jl. Ag. lila o. weiss..............**silvestris**. *Mill.* Wilde K.
B. borstig-gewimpert, die unt. lappig-gekerbt, die übrigen fiederspalt.; Hüllblttch. lanzett.-pfrieml. ⊙ Jl. Ag. weiss.......**laciniatus**. *L.* Geschlitzte K.

II. CEPHALARIA. *Schrd.* Schuppenkopf. (B. gefied.)

Aeuss. K. trockenhäut., vielzähnig; Hüllblttch. eif., die äuss. abgerundet-stumpf. ♃ Jl. Ag. weiss. **leucantha**. *Schrd.* Weissblühender Sch.
Aeuss. K. mit 8 pfrieml. Zähnen; Hüllblttch. eif.-lanzett., grannig-feingespitzt. ⊙ Jl. Ag. *J.* lila o. weiss. **transsilvanica**. *Schrd.* Siebenbürgischer Sch.

III. KNAUTIA. *Coult.* Witwenblume.

1 Der innere K. 4mal kürzer als die Fr., meist 16-zähnig. ⊙ Jn. Jl. *J.*..**hybrida**. *Coult.* Bastard-W.
Der innere K. halb so lang als die Fr., meist 8zähnig.................................... 2

2 StgB. fiederspalt.; Stg. von sehr kurzen, drüsenlosen Haaren graulich und von längeren Haaren steifhaarig. ♃ Jl. Ag. bläul. **arvensis**. *Coult.* Nonnenkleppel.
B. ungetheilt o. nur am Grunde eingeschnitten..... 3

3 Die unt. B. eif., zugespitzt, gestielt, bisweilen geöhrelt, die oberen stgumfass.-durchwachsen. ♃ Jl. Ag. weissl. o. röthl. *Ug.* **ciliata**. *Coult.* Gewimperte W.
B. lanzettl...................................... 4

4 Stg. oben von kurzen drüsentrag. Haaren etwas klebrig, u. von längern steifhaar.; B. verlängert-lanzett., ganzrandig o. schwachgezähnelt. ♃ Jn. Jl. *A.* lila. **longifolia**. *Kch.* Langblättrige W.
Stg. am Grunde von zwiebeligen Haaren steifhaarig, oben von sehr kurzen drüsenlosen Haaren flaumig, u. von längern steifhaarig; B. ellipt.-lanzett., gekerbt. ♃ Jl. Ag. röthl.-blau. **silvatica**. *Dub.* Wald-W.

IV. SUCCISA. *M. K.* Teufelsabbiss.

Aeuss. K. rauhhaarig, 4spalt. mit spitz., stachelspitz. Zipfeln; innerer K. borstig. ♃ Ag. Sp. blau, röthl. o. weiss. . **pratensis**. *Mnch.* Wiesen-T. Rötalwurz.
Aeuss. K. kahl. Saum 4lappig, mit kurzen, stumpfen Lappen, innerer K. ohne Borsten. ♃ Ag. Sp. hellblau. . . . . **australis**. *Rb.* Südlicher T.

V. SCABIOSA. *R. u. Sch.* Grindkraut.

1 Fr. mit 8 tiefen, spitzig-eingeschnittenen, auslauf. Furchen u. 8 Riefen 2
Fr. dicht-zottig, unterw. stielrund o. schwach-gerieft, oberw. in 8 säulenf. Zähne zerspalten, welche durch 1 einwärts gefaltete Haut verbunden sind. 9

2 B. der unfruchtb. Büschel gekerbt, ganz o. leierf. . . 3
B. der unfruchtb. Büschel ganzrandig, ungetheilt; Zipfel der fiederspalt. Stg.B. lineal, ganzrandig. . 7

3 StgB. bis auf die Mittelrippe 2—3fach-fiederspalt.; Borsten des innern K. so lang o. fast 2mal so lang als der Saum des äuss. K. — o. fehlend. ♃ Jn. Jl. blau. . . . . **gramuntia**. *L.* Feinblättr. G.
StgB. fiederspalt., Zipfel der obern B. ganzrandig o. gezähnt; Borsten des innern K. 3—4mal so lang als der Saum des äuss. K. 4

4 StgB. leierf., der Endlappen sehr gross, eif., spitzig, gesägt, (oft fehlen die Seitenlappen gänzlich;) die obersten B. fiederspalt. mit lanzett., eingeschnittenen Zipfeln; StgGlieder 6—8, von einander entfernt. ♃ Ag. Sp. blau. . . . . **Hladnikiana**. *Host.* Hladnik's G.
Höchstens die unt. StgB. leierf., die übrigen o. alle fiederspalt. mit linealen o. lanzett.-linealen Zipfeln. 5

5 Borsten des innern K. inwendig mit 1 kielartigen Nerven; die unt. StgB. ganz o. an der Bas. fiederspalt., die obern fiederspalt. ⊙ Jl. Ag. *A.* röthl.-lila ... . **lucida.** *Vill.* Glattblättr. G.
Borsten des innern K. nervenlos; untere B. leierf., die übrigen fiederspalt 6

6 Köpfch. der Fr. eif. ⊙ Jl. Ag. gelbl.-weiss o. röthl. **ochroleuca.** *L.* Gelbblumiges G.
Köpfch. der Fr. kugelig. ⊙ Jn.-Hrbst. blau o. lila. **Columbaria.** *L.* Tauben-G.

7 Saum des äuss. K. bis zur Mitte 4lappig, Lappen zugespitzt; unterste B. vrkhrt.-eif.-keilig; StgB. mit grossem Endzipfel. ♃ Jl. lila. **silenifolia.** *WK.* Leinkrautblttr. G.
Saum des äuss. K. ungespalten 8

8 B. der unfruchtb. Büschel u. untere StgB. längl. o. lanzett.; Borsten des innern K. $1^1/_3$mal so lang als der Saum des äuss. K. ♃ Jl.-Sp. **suaveolens.** *L.* Wohlriechendes G.
B. der unfruchtb. Büschel u. untere StgB. spateligkeilf.; Borsten des innern K, 4mal so lang als der Saum des äuss. K. ♃ Jl. Ag. blau. *Tr.* **vestina.** *Fac.* Tiroler-G.

9 B. lineal o. lanzett.-lineal, ganzrand., silber-seidenhaarig; Fr. ganz zottig. ♃ Jl. Ag. blau. **graminifolia.** *L.* Grasblättr. G.
WzB. lineal-längl., gezähnt, die unt. StgB. fiedertheil. mit linealen Zipfeln, die obern StgB. fast ganz, lineal; Fr. an der Spitze kahl. ⊙ Jl Ag. blau o. gelbl.-weiss .... **ucranica.** *L.* Ukrainisches G.

---

62. Ordnung. COMPOSITEN. *Vaill.* Korbblüthler.

Bth. auf 1 gemeinschaftl. FrBoden in 1 Köpfchen dicht gehäuft, mit mehrblättr., gemeinschaftl. Hülle, selten jede einzelne von 1 Hülle umschlossen u. in 1 Köpfchen zsmgestellt; die KRöhre mit dem FrKnoten verwachsen, der Saum (pappus) spreuig, haar-, borsten- o. federartig, auch häutig, krautig, unansehnlich o. unmerklich; Kr. 1blttr., mit 4—5spaltigem Saume o. zungenf.; Stbgfss. 5, der BlkrRöhre eingefügt; Stbfäden gegliedert; Stbkölbch. lineal, in 1 Röhre verwachsen, einw. aufspring.; FrKnoten 1eiig, Gr. 1; Narb. 2; Fr. (Achene) trocken, nicht aufspringend.

GATTUNGEN.

1 { Bth. alle zungenf. 2
Bth. alle röhrig, (die des Randes bisweilen fädl. o. 2lippig.) 33
Bth. der Scheibe röhrig, die des Randes deutlich zungenf. 70

Blüthen alle zungenförmig.

2 { Pappus aller Achenen fehlend, o. nur aus einem kurzen häutigen Rande oder aus 2 Borsten gebildet 3
Pappus (wenigstens der Achenen im Mittelfelde) haarig, federig o. aus mehreren kurzen, lanzett. Spreublättchen gebildet 7

3 { FrBoden spreuig, Spreuen an die Achenen angewachsen; Pappus 2borstig. (B. starr, buchtig, dornig.) **Scolymus.** LXI.
FrBoden nackt; Pappus fehlend o. nur 1 schwachen Rand o. 1 sehr kurzes 5seitiges Krönchen darstellend 4

4 { Schaft blattlos, 1—3köpfig 5
Stg. beblättert 6

5 Hülle zur FrZeit kugelig-zsmschliessend, wulstig-gekerbt; Achenen 10riefig; Pappus ein kurzes 5kant. Krönchen. (BthStiele oberw. verdickt.) **Arnoseris**. LXIV.
Hülle zur FrZeit unverändert; Achenen 5riefig; Pappus nur 1 schwacher Rand. (B. schrotsägf.) **Aposeris**. LXIII.

6 FrHülle weit-abstehend; Achenen gebogen, ohne Pappus, die randst. von den sichelf. Hüllblttch. eingewickelt, sternf.-abstehend.....**Rhagadiolus**. LXV.
FrHülle aufrecht; Achenen 20riefig; Pappus ein schwacher Rand. (Stg. ästig; unt. B. leierf.) **Lapsana** LXII.

7 FrBoden spreuig, Spreu abfällig*)............... 8
FrBoden nackt o. am Rande der Höfchen fein-wimperig, o. etwas wabig....................... 9

8 Pappus federig; Achenen geschnabelt o. schnabellos; Hülle dachig............**Hypochoeris**. LXXVIII.
Pappus haarf., einfach, an den randst. Achenen abfällig, diese einw. 3kantig u. 3flügelig. **Pterotheca**. LXXXVIII.

9 Strahlen des Pappus scharf, mehrreihig, die äuss. haarfein, die innersten an der Bas. lanzett. u. zottig. (Pfl. zottig, mit linealen B.)... **Galasia**. LXXVII.
Pappus spreublättr., o. haarig o. federig.......... 10

10 Pappus (wenigstens an den Achenen des Mittelfeldes) aus SpreuB. bestehend, bisweilen gemengt mit kürzeren Borsten.............................. 11
Pappus haarig o. federig...................... 13

11 Pappus aller Achenen aus kurzen SpreuB. gebildet; Hülle doppelt. (Bth. blau, selten weiss o. röthl.) **Cichorium**. LXVI.
Pappus der randst. Achenen kurz-borstig, kronenf., der mittleren aus 3—5 lanzett. SpreuB. u. kurzen Borsten gebildet. (Bth. gelb. Istrianer Pfl.)...... 12

*) Man untersuche desshalb mehrere Bthköpfchen.

12 Achenen alle ziemlich stielrund. (Stg. beblättert.) **Hedypnois.** LXVIII.
Achenen des Randes u. des Mittelfeldes fast stielrund, die dazwischen liegenden geflügelt-zsmgedrückt. (Schaft oberw. keulig-verdickt.) **Hyoseris.** LXVII.

13 Pappus aus federigen Haaren gebildet 14
Pappus aus einfachen Haaren bestehend 21

14 Hülle aus 8—12 einreihigen, am Grunde verwachsenen Blttch. gebildet; Achenen geschnäbelt 15
Hülle dachig o. doppelt; (mit einem AussenK.).... 16

15 Strahlen des Pappus mit freien Federchen; Schnabel mit der Achene gegliedert, unten aufgeblasen u. inwendig mit 1 Querwand. (Istr. Pfl.) **Urospermum.** LXXIII.
Strahlen des Pappus mit verwebten Federchen; Schnabel nicht gegliedert, am Grunde nicht aufgeblasen u. querwandig.....**Tragopogon.** LXXIV.

16 Federchen des Pappus verwebt.................. 17
Federchen des Pappus frei.................... 18

17 B. ungetheilt; die am Grunde der Achene den FrNabel umgebende Schwiele sehr kurz; Achene in 1 Schnabel verschmälert.....**Scorzonera.** LXXV.
B. fiedertheilig; die am Grunde der Achene den FrNabel umgebende Schwiele verlängert u. aufgeblasen, dicker als die Achene selbst; Achenen nicht verschmälert.......**Podospermum.** LXXVI.

18 Pappus der randst. Achenen kurz, kronenf., gezähnt, der mittelst. federig. (Schaft blattlos; Wz. büschelig o. rübenf.).....................**Thrincia.** LXIX.
Pappus an allen Achenen gleichgestaltet, federig... 19

19 Achenen an der Spitze abgerundet, mit 1 haarfeinen verlängerten Schnabel; Pappus bleibend; Hülle doppelt; die äuss. 5-, die innere 8blättrig. **Helminthia.** LXXII.
Achenen ohne aufgesetzten haarfeinen Schnabel; Hülle dachig........................ 20

20 Pappus am Grunde in 1 leicht abfälligen Ring verwachsen; äuss. Hüllblättch. abstehend; Achenen querrunzlig .... **Picris.** LXXI.
Pappus nicht verwachsen, nicht abfällig. **Leontodon.** LXX.

21 Achenen in 1 stielart. o. fädl. Schnabel verlängert, daher d. Pappus gestielt 22
Achenen schnabellos, höchstens nach oben verschmälert; Pappus sitzend 26

22 Schnabel der Achene am Grunde mit Schuppen o. 1 Krönchen umgeben........................ 23
Schnabel der Achene am Grunde ohne Schuppen u. ohne Krönchen 25

23 Bth. 2reihig, 7—12 in einem Köpfchen; Hülle meist 8blttr. (Stg. ästig, ruthenförm.) **Chondrilla.** LXXXI.
Bth. vielreihig........................ 24

24 Achenen an der Spitze mit 1 feingekerbten Krönchen; Strahlen des Pappus 1reihig. (Stg. nicht röhrig, oberw. sammt der Hülle schwärzl.-zottig.) **Willemetia.** LXXIX.
Achenen an der Spitze schuppig-weichstachlig o. feinknötig; Strahlen des Pappus mehrreihig. (Schaft röhrig, milchend.)........... **Taraxacum.** LXXX.

25 Achenen flach-zsmgedrückt, Schnabel fädlich; Hülle dachig; Bth. 2—3reihig; Pappus am Grunde mit 1 mehr o. weniger hervorspring. oft gewimperten Rande umzogen ....**Lactuca.** LXXXIII.
Achenen stielrund; Hülle mit 1 AussenK.; Bth. vielreihig...................... **Crepis.** LXXXIX.

26 Achenen des Randes am Rücken sehr höckerig u. von den verdickten Hüllblttch. dicht umschlossen, die des Mittelfeldes stielrundl. (Istr. Pfl., ästig, fast kahl.)........ ....**Zazyntha.** LXXXVII.
Achenen des Randes u. des Mittelfeldes gleichgestaltet 27

27 Achenen stark zsmgedrückt; Bth. vielreihig. (StgB. am Grunde herz- o. pfeilf.)................ 28
Achenen 4kantig o. fast stielrund 29

28 Pappus steif, zerbrechlich, am Grunde mit 1 Borstenkrönchen; Bth. blau........ **Mulgedium**. LXXXV.
Pappus weich, biegsam, ohne Krönchen am Grunde; Bth. gelb.................. **Sonchus**. LXXXIV.

29 Achenen 4kantig, 4furchig, die 4 Riefen stark gekerbt. (Istr. Pfl., obere B. umfassend.) **Picridium**. LXXXVI.
Achenen ziemlich stielrund...................... 30

30 Köpfchen 5blth.; Bth. 1reihig, purp.; Hülle meist 8blttr.................... **Prenanthes**. LXXXII.
Köpfchen vielbth.; Bth. mehrreihig............... 31

31 Achenen durchaus gleichbreit, an der Spitze mit 1 kurzen, dünnen, gekerbelten, den Grund des Pappus umgebenden Rande, 10riefig, stielrund o. fast prismatisch, ganz schnabellos; Hülle dachig; Pappus zerbrechlich.................. **Hieracium**. XCI.
Achenen an der Spitze schmäler; Hülle mit 1 AussenK. o. etwas dachig.......................... 32

32 Strahlen des Pappus haarfein..... **Crepis**. LXXXIX.
Strahlen des Pappus pfrieml.-borstenf., am Grunde dicker. (Stg. 1köpf.; Hülle sehr rauhhaar.) **Soyeria**. XC.

Blüthen alle röhrig.

33 Jede Blüthe mit 1 besondern Hülle, alle in 1 kugeliges Köpfchen zsmgestellt; Pappus ein häutiges, kurzgefranstes Krönchen; Blüthen sämmtl. zwitterig. (Ansehnl. dornige Pf. mit blauen o. weissl. Bth.) **Echinops**. XLIII.
Die einzelnen Bth. haben ausser dem Pappus keine besondere Hülle.......................... 34

34 Pappus borstenf., spreuig, haarf. o. gefiedert...... 35
Pappus fehlend o. nur 1 kurzes Krönchen o. Scheibchen auf der Spitze der Achene darstellend..... 62

35 FrBoden spreuig, borstig o. durch stumpf-abgestutzte Schuppen tief-bienenzellig-grubig.............. 36
FrBoden nackt.................................. 52

36 Pappus aus bleibenden (2 — 5) scharfen Grannen o. (5—10 Spreublttch. bestehend 37
Pappus haarig, borstig o. federig 38

37 Hüllblttch. krautig, 2reihig, die äuss. abstehend; Pappus aus 2—5 rückwärts-stachligen Grannen bestehend .... **Bidens.** XXIII.
Hüllblttch. trockenhäutig, dachig, vielreihig, die innern gefärbt u. strahlend; Randbth. 2lippig; Pappus aus 5—10 Spreublttch .... **Xeranthemum.** LX.

38 Strahlen des Pappus ästig, 1reihig, in Büschel o. in 1 Ring verwachsen, abfällig 39
Strahlen des Pappus nicht ästig 40

39 Aeste des Pappus federig; innere Hüllblttch. trockenhäutig, strahlend; Spreublttch. an der Spitze gespalten .... **Carlina.** LI.
Aeste des Pappus einfach, fiederig-gestellt; Spreublttchen tief-gespalten .... **Staehelina.** LII.

40 Strahlen des Pappus haarig o. borstig, bisweilen gezähnt 41
Strahlen des Pappus federig 50

41 Pappus an der Bs. in 1 Ring verwachsen, und mit diesem abfällig, oder auf einen an der Achene befindlichen Knopf angewachsen und sammt diesem abfällig 42
Pappus an der Bas. nicht in 1 Ring verwachsen... 46

42 FrBoden durch abgestutzte Schuppen tief-bienenzellig-grubig. (Aestige Disteln.) **Onopordum.** XLIX.
FrBoden mit Spreublättchen o. Borsten besetzt.... 43

43 Pappus am Grunde auf 1 der Frucht angewachsenen Knopfe befindlich; Achene 4kantig. (Bth. purp.; B. unters. filzig, fiederspalt., mit linealen Fiedern.) **Jurinea.** LV.
Pappus am Grunde in 1 Ring verwachsen 44

44 Staubfäden frei .... **Carduus.** XLVIII,
Staubfäden 1brüderig 45

45 Strahlen des Pappus gezähnt; Hüllblättch. stark-dornig; B. stgumfassend, weissgefleckt. **Silybum**. XLVI,
Strahlen des Pappus glatt o. sehr kurz gezähnt; Hüllblttch. in 1 gerades Dörnchen endig.; B. herablaufend........................**Tyrimnus**. XLVII.

46 Pappus aus hinfälligen, kurzen Borsten gebildet; Hüllblttch. mit einem sehr spitzigen Haken endigend; B. gestielt, herzf.; Bth. purp.....**Lappa**. *L.*
Pappus nicht abfällig; Hüllblttch. nicht hakenf..... 47

47 Randblth. grösser, trichterf., 5spalt., geschlechtslos; Pappus borstig, meist kürzer als d. Fr.......... 48
Randblth. u. Scheibenblth. gleichgestaltet.......... 49

48 Achenen stielrund, Nabelgrübchen am Grunde derselben mittelpunktst.; Hüllblttch. lanzett., zugespitzt, ganzr. ohne Anhängsel; Pappus schwärzl.; Bth. roth. (Istr. Pfl.)..............**Crupina**. LIX.
Achenen zsmgedrückt, Nabelgrübchen am Grunde derselben seitenständig; Hüllblttch. fransig-gespalten, o. mit einem Anhängsel o. Dorne versehen........................**Centaurea**. LVIII.

49 Achenen zsmgedrückt; die innerste Reihe der Haare des Pappus länger. (Bth. purp. selten weiss.) **Serratula**. LIV.
Achenen 4kantig; die innerste Reihe der Haare des Pappus sehr kurz, zsmneigend. (Bth. citrongelb). **Kentrophyllum**. LVII.

50 Strahlen des Pappus nicht verwachsen, nicht abfällig, die äuss. kurz, borstig, gezähnelt. (Unbewehrte Pfl. mit purp. o. violett. Bth.) ..... **Saussurea**. LIII.
Strahlen des Pappus in 1 Ring verwachsen u. später mit diesem abfallend.......................... 51

51 Bth. mit einem 5seitigen Honigbehälter; die innern Hüllblttch. in einen gefiederten Dorn endigend. (Istr. Pfl.).. ....**Picnomon**. XLV.
Bth. ohne Honigbehälter...........**Cirsium**. XLIV.

52 Hüllblttch. 1reihig, gleichlang, bisweilen mit 1 kleinen AussenK.. 53
Hüllblttch. ziegeldachig............................ 57

53 Schaft wurzelst., schuppig; die randst. Bth. fädlich; B. herz- o. nierenf. 54
Stg. beblättert 55

54 Schaft 1—3bth.; randst. Bth. weibl., 1reihig, die mittleren ZwitterBth. .... **Homogyne.** III.
Bth. einen Ebenstrauss oder eif. Strauss bildend; Bth. 2häusig, die weibl. Bth. randst., in den weibl. Köpfchen vielreihig, in den männl. 1reihig, ZwitterBth. der Mitte unfruchtbar .... **Petasites.** V.

55 Schenkel des Gr. durchaus flaumig; Bth. purp.; B. nieren-herzf. .... **Adenostyles.** II.
Schenkel des Gr. kahl, nur die Narbe fläumlich; Bth. gelb o. pomeranzenf. 56

56 Hülle mit 1 AussenK. (oft ist dieser nur 1blttr.) **Senecio** XLI.
Hülle ohne Aussenkelch .... **Cineraria.** XXXIX.

57 Schenkel des Gr. durchaus fläumlich. (B. gegenst., 3—5theil.; Bth. fleischfarb. o. röthl.) **Eupatorium.** I.
Schenkel des Gr. oberseits auswendig fläumlich; B. wechselst. 58

58 Narbenspitzen fast herz-eif., zsmneigend; Bth. alle zwitterig; B. lineal, kahl .... **Linosyris.** VI.
Narbenspitzen halbstielrund; RandBth. weibl.; Staubkölbch. geschwänzt 59

59 RandBth. röhrig, 3zähnig; Hüllblttch. krautig, die innersten an der Spitze gefärbt. (Bth. gelb.) **Inula** XX.
RandBth. fädlich, an der Spitze gezähnelt 60

60 Hülle 5kantig; Hüllblttch. krautig mit trockenhäut. Rande; Bth. des Randes weibl., zwischen die Hüllblttch. gestellt, die des Mittelfeldes zwitterig, 4zähnig .... **Filago.** XXVI.
Hülle halbkugelig oder stielrund; Hüllblttch. völlig trockenhäutig, gefärbt; Bth. der Mitte 5zähnig ... 61

61 Weibl. Bth. am Rande 1reihig; (Hüllblttch. gelb, an der Spitze oft pomeranzenf.) **Helichrysum.** XXVIII.
Weibl. Bth. am Rande mehrreihig; Köpfch. bisweilen 2häusig .... **Gnaphalium.** XXVII.

62 Fr. Boden spreuig, (wenigstens zwischen den randst. weibl. Bth.) borstig o. zottig 63
FrBoden nackt 67

63 FrBoden zottig; Achenen mit 1 kleinen Scheibe an der Spitze; Köpfch. kugelig o. eif. (Bth. gelb o. an der Spitze roth.) .... **Artemisia.** XXIX.
FrBoden spreuig o. borstig 64

64 Bth. des Umkreises grösser, strahlend, geschlechtslos. **Centaurea.** LVIII.
Bth. gleichgebildet 65

65 Hüllblttch. 1—2reihig. (Istr. kleine graufilz. Pfl. mit vrkhrt.-eif., bthständ. B., welche um die doldiggehäuften Bthköpfe einen Rosettenstrahl bilden.) **Evax.** XV.
Hüllblättchen ziegeldachig 66

66 Hülle halbkugelig; KrRöhre beiders. flügelrandig. (B. 4reihig-zähnig; Bth. gelb.) ..... **Santolina.** XXXI.
Hülle kugelig; Achenen 4rippig. (B. ganz, kleindornig gezähnt; Bth. safranf.). ....**Carthamus.** LVI.

67 Hüllblttch. 1reihig, 5 — 9, die Samen einwickelnd. (Niedrige filzig-wollige, Pf. mit lanzett. B.) **Micropus.** XIV.
Hüllblttch. ziegeldachig 68

68 Achenen geschnäbelt; Staubkölbch. geschwänzt. (B. gestielt, oval o. längl.; Bth. gelb.) **Carpesium.** XXV.
Achenen schnabellos, an der Spitze mit 1 Scheibchen; RandBth. oft fädlich; Staubkölbchen nicht geschwänzt 69

69 Hülle kugelig o. eif.; Scheibchen der Achene schmäler als diese; Köpfchen in Trauben o. Aehren. **Artemisia.** XXIX.
Hülle halbkugelig; Scheibchen der Aehren so breit als diese. (Köpfchen in Ebensträussen; Bth. gelb.) **Tanacetum.** XXX.

Blüthen der Scheibe röhrig, die des Strahls (am Rande) zungenf.

70 FrBoden spreuig 71
FrBoden nackt 79

71 Pappus fehlend, statt dessen oft nur ein etwas hervorragender Rand; KrRöhre beiders. flügelrandig. 72
Pappus spreuig o. borstig, bisweilen kurz, häutig u. kronenartig.............................. 73

72 ZungenBth. breit, rundl., höchstens 10; Hülle eif. o. längl.; Köpfch. ebensträuss. . **Achillea.** XXXII.
ZungenBth. längl., zahlreich; Hülle halbkugelig o. flach...........................**Anthemis.** XXXIII.

73 Hüllbltch. 1reihig o. 2reihig u. die äuss. Reihe abstehend.. 74
Hüllblttch. ziegeldachig 75

74 Hüllblttch. 2reihig, die äuss. abstehend; Pappus aus 2—4 rückwärts-scharfen Grannen bestehend. (Unt. B. gegenst.; Bth. gelb, selten der Strahl weiss.) **Bidens.** XXIII.
Hüllblttch. 1reihig, 5—6; StrahlBth. meist 5; Pappus spreuig, Spreublttch. federig-gefranst. (B. gegenst., eif.; Strahl weiss o. lila, Scheibe gelb.) **Galinsoga.** XXII.

75 Staubkölbch. nicht geschwänzt; Bth. des Strahls geschlechtslos. (B. herzf. o. eif.; Bthköpfe ansehnlich; Bth. gelb, die der Scheibe oft braun. **Helianthus.** XXIV.
Staubkölbch. geschwänzt; Bth. des Strahls weibl., fruchtbar....................................... 76

76 Zungenf. RandBth. 2reihig; Achenen des Randes flach, 2flügelig; Hülle dornig. (Wollig-zottige Istr. Pfl. mit endst. Bthkopfe.).......... **Pallenis.** XIX.
Zungenf. RandBth. 1reihig; Achenen des Randes 3seitig o. stielrund........................... 77

77 ScheibenBth. an der Bas. verdickt; StrahlBth. am Grunde 2öhrig; Hüllblttch. länger als die StrahlBth. (Istr. Pfl. mit lanzett., stumpf. B. u. seidenhaarigen Achenen.)...........**Asteriscus.** XVIII.
ScheibenBth. an der Bas. verschmälert; StrahlBth. nicht geöhrt.................................. 78

78 { Achenen des Strahls 3kantig; kronenf. Pappus aus zerrissen-gezähnelten Schuppen gebildet. (BthKöpfe endst., einzeln.)............ **Buphthalmum.** XVII.
Achenen alle stielrund; kronenf. Pappus ungetheilt, gekerbt. (B. gestielt, herzf., doppelt-gesägt; Bth.-köpfe endst., einzeln, gross.).......**Telekia.** XVI.

79 { Pappus fehlend, an der Spitze der Achene höchstens ein etwas hervortretender Rand................ 80
Pappus haarig.. 83

80 { Hüllblättch. 2reihig gleichlang 81
Hüllblättch. ziegeldachig.......... 82

81 { Bth. des Mittelfeldes unfruchtbar; Stbkölbchen geschwänzt; Bth. gelb............**Calendula.** XLII.
Bth. des Mittelfeldes fruchtbar; Stbkölbch. ungeschwänzt; Strahl weiss o. röthl... .....**Bellis.** X.

82 { FrBoden kegelf. o. walzl.-kegelf., inwendig hohl. (Kahle Pfl. mit 2—3fach fiedertheil. B. u. linealen o. fädl. Zipfeln.)... .. ..**Matricaria.** XXXIV.
FrBoden flach o. halbkugelig o. kegelf., aber inwendig nicht hohl., ...**Chrysanthemum.** XXXV.

83 { Hülle aus 1—3 Reihen gleichlanger Blättch. gebildet, o. nur aus 1 Reihe, aber mit einem AussenK. 84
Hülle ziegeldachig........ 93

84 { Hüllblttch. 1reihig, o. 1reihig mit 1 AussenK., statt dessen oft 2 verlängerte Deckblättchen.......... 85
Hüllblttch. 2—3reihig.................................. 89

85 { Hülle 1reihig, ohne AussenK.; weibl. Bth. 1reihig. Bth. in Ebensträussen.).......**Cineraria.** XXXIX.
Hülle mit 1 AussenK., dieser oft nur 1blättr. o. aus 2 Deckblättch. gebildet.................. ... 86

86 { AussenK. aus 2 verlängerten Deckblttch. gebildet; Gr. u. N. fläumlich. (Bthköpf. in endst. Trauben; B. pfeil-herzf.)...................**Ligularia.** XL.
AussenK. klein, oft nur 1blttr............... . 87

87 { Stg. beblättert; Narben halbstielrund, kopfig-gestutzt u. an der Spitze fläumlich; Achene schnabellos, ungeflügelt, gefurcht..............**Senecio** XLI.
Schaft schuppig; WzB. herz- o. nierenf......... . 88

88 Schaft 1köpfig; StrahlBth. mehrreihig, gelb; Bth. des Mittelfeldes zwitterig, fruchtbar.... **Tussilago**. IV.
BthStrauss längl. o. ebensträussig; StrahlBth. in den weibl. Köpfchen vielreihig, in den männl. 1reihig; Bth. des Mittelfeldes zwitterig u. unfruchtbar. **Petasites**. V.

89 StrahlBth. 2reihig, mit kurz-borstigem Pappus; Achenen des Mittelfeldes mit doppelreihigem Pappus; die äussere Reihe aus kurzen Borsten, die innere aus längern Haaren bestehend. (Hülle zottig; Strahl weiss,)........ ....**Stenactis**. XI.
StrahlBth. 1reihig; Pappus der Ach. des Randes u. des Mittelfeldes gleichförm.................... 90

90 Schenkel des Gr. lanzett.-verschmälert, spitz. (Schaft 1bthköpf.; Strahl weiss.) . ....**Bellidiastrum**. IX.
Schenkel des Gr. kopfig-abgeschnitten, o. oben verdickt mit kegelf. Spitze. (Strahl gelb.) 91

91 Hülle walzl.; N. oben verdickt mit kegelf. Spitze; Bth. des Randes mit verkümmerten Stbgfss. (StgB. gegenst.; WzB. 5nervig.) ......**Arnica**. XXXVIII.
Hülle flach o. halbkugelig; N. kopfig-abgeschnitten. 92

92 Die randst. Achenen ohne Pappus. (StgB. mehr o. minder umfassend.) ....**Doronicum**. XXXVI.
Alle Achenen mit haarf. Pappus. (Alpen-Pf.) **Aronicum**. XXXVII.

93 Rand- und Scheibenblüthen gleichfarbig-gelb...... 94
Rand-Bth. anders gefärbt als die Bth. der Scheibe, näml. weiss, bläul. o. röthl.. 96

94 Stbkölbch. ungeschwänzt; StrahlBth. meist 5—8; Bthköpf. traubig o. rispig (B. eif. o. lanzett., in d. BStiel herablaufend.).. ....**Solidago**. XIII.
Stbkölbch. geschwänzt; StrahlBth. zahlreich... ... 95

95 Pappus doppelreihig, die innere Reihe aus langen Haaren, die äuss. aus zu 1 Krönchen verwachsenen Spreublttch. bestehend...........**Pulicaria**. XXI.
Pappus gleichförmig.................. **Inula**. XX.

96 StrahlBth. mehrreihig, schmal, die der innern Reihen oft fädlich. (Bth. der Scheibe gelb, des Strahls weiss, gelbl., lila, blau o. purp.)...**Erigeron.** XII.
StrahlBth. 1reihig, breit, lineal........ 97

97 Alle Bth. fruchtbar....................**Aster.** VII.
StrahlBth. unfruchtbar. (Graufiaum. Pfl. mit lanzett., stachelspitz., 3nerv., getüpfelten B.) **Galatella.** VIII.

ARTEN.

I. EUPATORIUM. *L.* Wasserdost. Donarkraut.

B. gestielt, 3—5theil., Zipfel lanzett., gesägt. ♃ Jl. Ag. fleischf. o. rosa.
cannabinum. *L.* Drachenkraut, Kunigundkraut.

II. ADENOSTYLES. *Cass.* Drüsengriffel. Alpendost.

B. unters. filzig, grob-ungleich-doppelt-gezähnt. ♃ Jn. Jl. *A.*.........**albifrons.** *Rb.* Weissblättriger D.
B. unters. an den Adern flaumig, fast gleichmässig-gezähnt-gekerbt. ♃ Jl. Ag. *A.*
alpina. *Bl. u. F.* Alpen-D.

III. HOMOGYNE. *Cass.* Brandlattich.

1 B. gelappt, der mittlere Lappen 3zähnig. ♃ Mai, Jn.
silvestris. *Cass.* Wilder B.
B. gekerbt.............................. 2

2 B. gezähnt-gekerbt, unters. an den Nerven flaumig. ♃ Mai-Jl. *A.*...........**alpina.** *Cass.* Echter B.
B. geschweift-gekerbt, unters. dicht-filzig. ♃ Mai-Jl. *A.*
discolor. *Cass.* Verschiedenfarb. B.

IV. TUSSILAGO. *L.* Huflattich.

B. herzf.-rundl., eckig, gezähnt, unters. grau- o. weissl.-filzig. ♃ Mz. Ap. gelb.
Farfara. *L.* Rosshub.

V. PETASITES. *Grtn.* Pestwurz. Kraftwurz.

B. ganz kahl, (nur die jüngern dünn-wollig-filzig),
spiess-herzf., lederartig, knorplig gezähnt; Strauss
1 fast traubig; Bth. weiss. ♃ Ap. Mai. *Sud.*
laevigatus. *Rb.* Kahlblättr. P.
B. unterseits wollig o. filzig.................... 2

Narben der ZwitterBth. kurz, eif.; B. herzf., unters.
wollig-grau. Lappen am Grunde rundl.; Strauss
längl. ♃ Mz. Ap. röthl.
2 **officinalis.** *Mnch.* Neunkräfter, Bulster.
Narben der ZwitterBth. verlängert, lanzett., zugespitzt; B. stachelspitzig-gezähnt 3

B. rundl.-herzf., eckig, unters. wollig-filzig. ♃ Ap.
Mai. weissgelbl. .. ..**albus.** *Grt.* Weisse P.
3 B. eif., o. fast 3eckig-herzf., unters. schneeweiss-
filzig, grundst. Lappen auseinanderfahrend; Strauss
eif. ♃ Ap. Mai. *A.* **niveus.** *Bmg.* Schneeweisse P.

VI. LINOSYRIS. *DC.* Goldschopf.

B. lineal, kahl; Hülle locker. ♃ Jl. Ag.
vulgaris. *Cass.* Gemeiner G.

VII. ASTER. *L.* Sternblume.

Stg. 1köpfig; B. 3nervig; Hüllblättch. lanzett., locker.
1 ♃ Jl.-Sp. Strahl blau......**alpinus.** *L.* Alpen-St.
Stg. mehrköpfig 2

Strahl blau o. violett 3
2 Strahl weiss o. später lila o. röthlich; Hüllbltch. angedrückt, nur an der äussersten Spitze abstehend. 5

B. stgumfassend, lanzettl., zugespitzt; Stg. traubig-
pyramid.; Aeste 1köpf.; Blttch. des HüllK. fast
3 gleichlang, die unt. abstehend. ♃ Oc. Nov.
brumalis. *Nees.* Winter-St.
B. nicht stgumfassend........... 4

4 B. lineal-lanzett., fast fleischig, kahl; Hüllblttch. dicht-dachig; Stg. ästig, Aeste ebensträuss. ⊙ Ag. Sp. . . . . **Tripolium**. *L.* Meerstrands-St.
B. ellipt., gestielt, die ob. lanzett.-längl., flaumig-rauh, 3fach-nervig; Hüllbltch. abstehend, abgerundet-stumpf. ♃ Ag.-Oct. **Amellus**. *L.* Virgil's-St.

5 B. der Bthstiele lineal, StgB. ganzrandig o. in der Mitte schwach gesägt 6
B. der Bthstiele längl.-lanzett., von der Mitte gegen die Bas. verschmälert, StgB. lanzett.-zugespitzt, entfernt-klein-gesägt, Aeste u. Aestchen traubig. ♃ Aug. Spt. Strahl $1^1/_2$ Cm. breit.
parviflorus. *Nees.* Kleinblüthige St.

6 B. der Bthstiele aufrecht, Aeste an der Spitze sammt den Aestchen doldentraubig, StgB. lanzett. ♃ Jl. Ag. Strahl $2^1/_2$ Cm. breit.
salignus. *Willd.* Weidenblätterige St.
B. der Bthstiele abstehend, Aeste traubig, Aestchen 1köpfig, die oberen 2--4köpfig. StgB. verlängert-lanzett.-lineal, verschmälert-zugespitzt. ♃ Ag. Sp. Strahl 2 Cm. breit.
leucanthemus. *Desf.* Weissblühende St.

VIII. GALATELLA. *Cass.* Graublume.

B. ganzrand., 3nerv., punktirt, sammt dem Stg. grau-flaumig. ♃ Ag. Sp. Strahl lila.
cana. *Nees.* Aechte G.

IX. BELLIDIASTRUM. *Cass.* Sternlieb.

WzB. vrkhrt.-eif.-längl., in den BStiel verschmälert, drüsig-gezähnt. ♃ Jn. Jl. Strahl weiss o. unters. röthl. *A.* . . . . **Michelii**. *Cass.* Micheli's-St.

X. BELLIS. *L.* Gänseblümchen. Maaslieb. Tausendschön.

B. schwach-3nerv.; WzStock schief, endlich vielköpfig. ♃ Fb.-Hrbst.
perennis. *L.* Rukerl, Friedelsauge.
B. aderig; Wz. endlich mehrstengelig. ⊙ Ap.-Jn. *J.*
annua. *L.* Jähriges G.

XI. STENACTIS. *Cass.* Schmalstrahl.

Unt. B. vrkhrt.-eif., grob-gesägt, d. obern lanzett., gesägt o. ganzrandig; Hülle rauhhaar. ♃ Jl. Ag. Strahl weiss.
bellidiflora. *A. Br.* Maasliebblth. S.

XII. ERIGERON. *L.* Berufkraut.

1 Rispe längl., sehr reichblth., Aeste u. Aestchen traubig; B. kurzhaarig, lineal-lanzett., borstig-gewimpert. ⊙ Jl. Ag. Strahl schmutzig-weiss.
canadensis. *L.* Kanadisches B.
Stg. traubig o. ebensträuss. mit 1—3köpf. Aesten, o. armköpfig 2

2 StrahlBth. aufrecht, so lang o. wenig länger als die ScheibenBth.; B. lineal-lanzett., die untern in den BStiel verschmälert 3
StrahlBth. abstehend, fast 2mal so lang als die ScheibenBth. 4

3 B. rauhhaarig. ⊙ Jl. Ag. Strahl hellpurp. o. weiss.
acris. *L.* Dauron.
B. kahl, am Rande gewimpert. ⊙ Jl. Ag. *A.* Strahl hell purp. ....**droebachensis.** *Mill.* Dröbacher B.

4 B. sammt den Aesten u. der Hülle drüsig-flaumig; Stg. 2—3köpf. o. fast rispig; B. längl.-lanzett. ♃ Jl. Ag. *A.* Strahl purp. **Villarsii.** *Bllr.* Villar's-B.
B. kahl o. rauhhaarig; Stg. 1—wenigköpf.; die unt. B. fast spatelig 5

5 Die innern weibl. Bth. röhrig-fädlich u. zahlreich; Hülle u. B. rauhhaarig. ♃ Jl. Ag. *A.* Strahl purp.
alpinus. *L.* Alpen-B.
Weibl. Bth. sämmtl. zungenf.; Strahl purp. o. weiss. 6

6 Hülle flaumig-kurzhaarig; B. kahl u. kurzhaarig-gewimpert o. kurzhaarig. ♃ Jl. Ag. *A.*
glabratus. *Hpp. u. Hrn.* Kahles B.
Hülle dicht-wollig-rauhhaarig; B. rauhhaarig, die unt. fast kahl. ♃ Jl. Ag. *A.*
uniflorus. *L.* Einblüthiges B.

XIII. SOLIDAGO. *L.* Goldruthe.

Stg. an der Spitze rispig-traubig o. einfach-traubig. ♃ Jl. Ag. gelb.
Virga aurea. *L.* Heidnisch Wundkraut.

XIV. MICROPUS. *L.* Falzblume.

B. zerstreut, lanzett.; Hülle wehrlos; BthKöpfe wollig. ⊙ Jn. Jl. *J.* gelbl.-weiss. **erectus.** *L.* Aufrechte F.

XV. EVAX. *Grt.* Filzkraut.

Bthständ. B. vrkhrt.-eif., stumpf. ⊙ Jn. Jl. *J.* schmutzig-weiss ....**pygmaea.** *Pers.* Zwerg-F.

XVI. TELEKIA. *Bmg.* Sonnenstern.

B. gestielt, herzf., doppelt-gesägt, die obersten sitzend. ♃ Ag. gelb .....**speciosa.** *Bmg.* Ansehnlicher S.

XVII. BUPHTHALMUM. *L.* Rindsauge. (Stg. 1köpf.)

B. herzf., umfassend, kahl, spitz-gezähnt; Achenen an der Spitze fläumlich. ♃ Jn.-Ag. *Süd-Tyr.*
speciosissimum. *Ard.* Prächtiges R.

B. längl.-lanzett., fläumlich, etwas gezähnelt, die unt. in den BStiel verschmälert; Achenen kahl. ♃ Jl. Ag..................**salicifolium.** *L.* Eselskraut.

XVIII. ASTERISCUS. *Trnf.* Sternauge.

Hülle viel länger als d. Strahl; Köpfch. gabelständ., sitzend u. endst.; Achenen seidenhaarig. ⊙ Jl. Ag. gelb. *J.* ....**aquaticus.** *Less.* Wasser-St.

XIX. PALLENIS. *Cass.* Goldauge.

Wollig-zottig; HüllBlttch. mit 1 Dorne endigend. ⊙ Jn.-Ag. *J.* gelb..... .**spinosa.** *Cass.* Dorniges G.

XX. INULA. *L.* Alant. Odinskopf.

1 Innere Hüllblttch. an der Spitze verbreitert, lineal-spatelig; B. ungleich gezähnt-gesägt, unters. filzig; StgB. herz-eif., zugespitzt, umfassend. ♃ Jl. Ag. **Helenium.** *L.* Grosser Heinrich.
Innere Hüllblttch. am Ende zugespitzt........... 2

2 Achenen kahl.............................. 3
Achenen rauhhaarig o. flaumig.................. 8

3 StgB. an der Bas. herzf., unters. flaumig-wollig; Ebenstrauss vielköpfig, geknäult; StrahlBth. kaum länger als die ScheibenBth.; Hüllblttch. am Rücken wollig-flaumig. ♃ Jl. Ag. **germanica.** *L.* Deutscher A.
StgB. entweder an der Bas. nicht herzf. o. kahl, o. nur am Rande etwas wollig, o. der BthStand anders beschaffen.......................... 4

4 B. schmal-lanzett. o. lanzett-lineal, kahl, am Rande etwas wollig u. scharf, die StgB. sitzend 5
B. lanzett., oval, (aderig) o. ellipt.-lanzett., am Rande nicht wollig 6

5 B. schmal-lanzett., nervig-aderig; Ebenstrauss meist 5köpfig, gedrungen. ♃ Jl. Ag. **hybrida.** *Bmg.* Bastard-A.
B. lanzett.-lineal, nervig; Stg. 1—mehrköpfig, Köpfch. einzeln, endstnd. ♃ Jl. Ag. **ensifolia.** *L.* Schwertblättr. A.

6 Hüllblttch. steifhaarig; B. u. Stg. rauhhaar. mit an der Bas. zwiebeligen Haaren; Hülle länger als die ScheibenBth.; Stg. 1köpf. ♃ Mai, Jn. **hirta.** *L.* Kurzhaariger A.
Hüllblttch. kahl, nur am Rande gewimpert....... 7

7 Obere StgB. herzf.-umfassend, alle B. kahl o. kurzhaarig, am Rande rauh. ♃ Jl. Ag. **salicina.** *L.* Weidenblättriger A.
B. mit abgerundeter Bas. sitzend, kahl, am Rande gewimpert-rauh. ♃ Jl. Ag. **squarrosa.** *L.* Sparriger A.

8 B. lanzett., längl. o. elliptisch.................. 9
B. fast lineal, etwas fleischig o. flaumig-klebrig; Stg. 1köpf.................................. 12

9 B. ellipt. o. ellipt.-lanzett., die unt. gestielt, alle obers. flaumig, unters. nebst dem Stg. dünn-filzig; Stg. oberw. rispig-ästig, Aeste ebensträuss. ⊙ Jl. Ag. **Conyza.** *DC.* Dürrwurz. Thyrswurz. Trollwurz.
B. längl. o. lanzett.; Stg. 1—5—mehrköpfig....... 10

10 Obere B. sitzend, lanzett.; Stg. 1köpf. sammt d. B. zottig-wollig, etwas seidenhaarig; Hüllblttch. nach aussen kürzer werdend, an der Spitze filzig-kurzhaarig. ♃ Jl. Ag..........**montana.** *L.* Berg-A.
Obere B. mit herzf. Bas. umfassend; Stg. 2—mehrkpf.................................. 11

11 Hüllbltteh. lanzett., die äussern allmälig kürzer werdend. ♃ Jn. Jl. **Oculus Christi.** *L.* Christusauge.
Hüllbltteh. lineal-lanzett., verschmälert, die äuss. so lang o. länger als die innern u. die Scheibe. ♃ Jl. Ag................ **Britanica.** *L.* Wiesen-A.

12 B. lineal, fleischig, die StgB. stumpf-3spitzig, die an den Aesten ganzrandig. ♃ Jl. Ag. *J.*
crithmoides. *L.* Meerfenchelart. A.
B. fast lineal, ganzrandig; die Pf. flaumig-klebrig; Stg. vom Grunde an ästig. ⊙ Ag. Sp. *J.*
graveolens. *Dsf.* Stinkender A.

XXI. PULICARIA. *Grtn.* Flohkraut.

1 B. mit breiter, tief-herzf. Bas. umfassend, schwachgezähnelt, unters. grau-filzig; Köpfch. ebenstr.; Strahl länger als die Scheibe. ♃ Jl. Ag.
dysenterica. *Grt.* Ruhrwurz, Dummergahn.
B. an der Bas. nicht herzf....................... 2

2 B. mit abgerundeter Bas. sitzend; Stg. rispig-ebenstr.; Strahl sehr kurz. ⊙ Jl. Ag.
vulgaris. *Grt.* Gemeines F.
B. lanzett., gesägt, sammt dem Stg. flaumig u. klebrig; Tr. endst. pyramidal, am Grunde ästig. ♃ Jl. Ag. *J.*
viscosa. *Cass.* Klebriges F.

XXII. GALINSOGA. *Rtz.* Gängelkraut.

Strahl weiss. ⊙ Jl. Ag. Verwild.; aus Peru.
parviflora. *Cav.* Kleinblüthiges G.

XXIII. BIDENS. *L.* Zweizahn.

1 B. doppelt-gefiedert; Achenen lineal, glattrandig, 2mal so lang als die Hülle. ⊙ Jl.-Hrbst. **bipinnata**. *L.* Doppeltgefiederter Z.
B. ganz o. 3theilig; Achenen am Rande stachlig, so lang als die innern Hüllblttch. 2

2 B. 3theilig, Zipfel lanzett., gesägt; Achenen vrkhrt.-eif. ⊙ Jl.-Hrbst. ... **tripartita**. *L.* Dreitheiliger Z.
B. lanzett., gesägt, an der Bas. etwas zsmgewachsen; Achenen fast keilf. ⊙ Ag.-Hrbst. **cernua**. *L.* Nickender Z.

XXIV. HELIANTHUS. *L.* Sonnenblume.

Alle B. herzf.; BthStiele verdickt; Köpfch. nickend. ⊙ Jl.-Hrbst. *cult.* .... **annuus**. *L.* Jährige S.
Die obern B. längl.-eif. o. lanzett., zugespitzt. ♃ Oc. Nv. *cult.* .... **tuberosus**. *L.* Erdbirne.

XXV. CARPESIUM. *L.* Kragenblume.

Köpfch. einzeln, endst., überhängend. ⊙ Jl. Ag. **cernuum**. *L.* Ueberhängende K.
Köpfch. blattwinkelst., fast traubig, einerseitswendig. ⊙ Jl. Ag. *J.* **abrotanoides**. *L.* Stabwurzartige K.

XXVI. FILAGO. *L.* Fadenkraut.

1 Hüllblttch. haarspitz., die 3—4 innersten stumpflich u. stachelspitz.; B. lanzett.; Stg. gabelspalt.; Knäulch. gabel- u. endst. ⊙ Jl. Ag. **germanica**. *L.* Wiesenwolle.
Hüllblttch. stumpflich 2

2 Aeste des rispigen Stg. beinahe ährig; Knäulch. seiten- u. endst.; B. lanzett. ⊙ Jl. Ag. **arvensis**. *L.* Feld-F.
Aeste gabelspaltig; Knäulch. gabel-, seiten- u. endst. 3

3 B. lineal-lanzett., kürzer als die Knäulch., aufrecht u. angedrückt; Pfl. filzig, etwas wollig. ⊙ Jl. Ag.
minima. *Fr.* Kleinstes F.
B. lineal-pfriemlich, länger als die Knäulch.; Pfl. fast seidenhaarig. ⊙ Jl. Ag.
gallica. *L.* Französisches F.

XXVII. GNAPHALIUM. *L.* **Ruhrkraut.** Katzenpfötchen.

1 Köpfchen verschiedenehig, 1häusig; Bth. des Randes weibl., die der Scheibe zwitterig; Bth. gelbl.-weiss o. grün-gelbl. 2
Köpfchen gleichehig, 2häusig; die ZwitterBth. unfruchtbar; Bth. roth o. weiss 8

2 Köpfch. in einen endst. Ebenstrauss zsmgestellt, umgeben von dicht-wolligen strahlenden B., die länger sind als das Köpfchen; Stg. astlos. ♃ Jl. Ag. *A.* grün-gelbl. ....**Leontopodium**. *Scp.* Edelweiss.
Köpfch. in Aehren, Knäueln o. einzeln 3

3 Bthköpfch. in Knäueln 4
Bthköpfch. in Aehren o. Trauben o. einzeln; Stg. einfach 5

4 Hüllblttch. strohgelb; Stg. einfach o. nur an der Spitze ästig; Köpfch. blattlos; B. lanzett., beiders. wollig-flaumig, halb-stgumfassend. ⊙ Jl. Ag.
luteo-album. *L.* Gelblichweisses R.
Hüllblttch. braun; Stg. von der Bas. an ästig; Köpfch. beblättert; B. lanzett-lineal, graulich. ⊙ Jl.-Hrbst. .. .. **uliginosum**. *L.* Schlamm-R.

5 Stg. fast fädlich; Stämmch. kriechend, dicht-rasig; B. wollig-filzig; die äussersten Hüllblttch. länger als das halbe Köpfchen. ♃ Jl. Ag. *A.*
supinum. *L.* Niedriges R.
Stg. aufrecht o. ruthenf., an der Spitze ährig...... 6

6 StgB. nach aufwärts allmälig kleiner werdend, die obern lineal, oberseits endlich kahl werdend; Stg. ruthenf. ♃ Jl. Ag.......**silvaticum**. *L.* Wald-R.
B. lanzett., obers. filzig, 3nervig 7

7 B. oberseits dünn-, unterseits dicht-filzig, in 1 kurzen BStiel verschmälert, mittl. StgB. zugespitzt-stachel-spitzig. ♃ Jl. Ag. *A.*
norvegicum. *Gun.* Norwegisches R.
B. beiders. dicht-filzig; die mittl. StgB. spitzig, mit 1 BStiele fast von der Länge des B. ♃ Jl. Ag. *A.*
Hoppeanum. *Kch.* Hoppe's R.

8 Ausläufer wurzelnd; StgB. fast alle gleich; WzB. obers. kahl, unters. schneeweiss-filzig; Hüllblttch. rosa o. weiss. ♃ Mai, Jn.
dioicum. *L.* Hinschkraut.
Ausläufer fehlen; B. lanzett., beiderseits wollig; Hüllblttch. olivenbraun. ♃ Jl. Ag. *A.*
carpaticum. *Whlb.* Karpathen-R.

XXVIII. HELICHRYSUM. *Grt.* Immerschön. Sonnengold.

Krautig; B. filzig, WzB. vrkhrt.-eif.-lanzett., StgB. lineal-lanzett. ♃ Jl. Ag. **arenarium.** *DC.* Sand-J.
Halbstrauchig; B. lineal, grau. ♄ Jl. Ag. *J.*
angustifolium. *DC.* Schmalblättriges J.

XXIX. ARTEMISIA. *L.* Beifuss. Biboz. Mugwurz.

1 Köpfchen verschiedenehig; RandBth. weibl., ScheibenBth. fruchtb. o. unfruchtbare Zwitter 2
Köpfchen gleichehig; Bth alle Zwitter; Köpfchen länglich 15

2 Fr. Boden behaart o. zottig 3
FrBoden nackt 6

3 Untere B. 2- o. 3fach - fiederspaltig o. doppelt - gefiedert; äuss. Hüllblttch. lineal; Bthköpf. kugelig, nickend 4
Untere B. 3theilig-vielspaltig, die bthständ. fiederspaltig, alle grau-seidenhaarig; äuss. Hüllblttch. längl. o. eif.; bthtrag. Stg. ganz einfach, die unfruchtb. rasig 5

4 Unt. B. 3fach- u. doppelt-fiedersplt., die obern 1fach-fiedersplt., Zipfel lanzett., stumpf; BStiel ohne Oehrchen; FrBoden rauhhaarig. ♃ Jl. Ag.
Absinthium. *L.* Wermuth. Els.
Unt. B. doppelt-gefiedert, im Umfange rundl.-eif., Zipfel schmal - lineal; alle B. gestielt, BStiel am Grunde geöhrelt; FrBoden kraushaarig ♃ Sp. Oc.
camphorata. *Vill.* Kampfer-B.

5 Unt. B. gestielt, die obern sitzend, die bthständ. fiedersplt.; Köpfch. gestielt, nickend, fast kugelig, meist 24bth. ♃ Jl. Ag. *A.* **lanata.** *W.* Wolliger B.
Alle B. gestielt, die obern sammt d. bthständ. fast fingerig-fieder-spaltig; Köpfchen aufrecht, rundl.-kreiself., traubig-ährig, meist 15bth. ♃ Jl. A. *A.*
Mutellina. *Vill.* Mutellin-B.

6 B. ungetheilt, kahl, lanzett-lineal, WzB. an derSpitze 3spalt. ♃ Ag.-Sp. *cult.* **Dracunculus.** *L.* Dragon-B.
B. vielspaltig 7

7 B. am Grunde des BStiels ohne Oehrchen 8
Die unt. StgB. am Grunde geöhrelt o. daselbst fiederspalt.-gezähnt 10

8 Stg. strauchig, rispig; die unt. B. doppelt-gefiedert, unters. flaumig, Zipfel sehr schmal lineal; Köpf. graulich, nickend. ♄ Ag. Sp. *cult.*
Abrotanum. *L.* Stabwurz. Ebereize.
Blüh. Stengel einfach, die unfruchtb. rasig 9

9 Unt. B. fingerig-vielspalt.; StgB. fiederspalt., im Umrisse längl., grauseidig; Köpfchen aufr., traubig-ährig; Hüllblttch. filzig. ♃ Jl. Ag. *A.*
spicata. *Wlf.* Aehriger B.
B. gestielt, doppelt-fiederspalt., Fiederch. gezähnt, Zähne u. Zipfelch. lanzettl., stachelspitz.; Köpfch. nickend; Hüllblttch. am Rande brandig-trockenhäutig. ♃ Jl. Ag. *Kr.*
tanacetifolia. *All.* Rainfarnblttr. B.

10 Köpfch. grau oder filzig 11
Köpfch. kahl; B. 2—3fach-fiedersplt., die obern 1fach fiedersplt. 13

11 Köpfch. längl. o. eif., fast sitzend, filzig; B. fiedersplt., unters. weiss-filzig; Fieder lanzett., zugespitzt, eingeschnitten-gesägt u. ganz. ♃ Ag. Sp.
vulgaris. *L.* Buck, Johannis- o. Sonnwendgürtel.
Köpfch. fast kugelig o. rundl.-eif.; unt. B. doppeltgefiedert, Fieder oft vielspaltig, Zipfel lineal..... 12

12 Köpfch. grau, fast kugelig; B. doppelt-gefied., obers. kahl o. grau, unterseits filzig; Hüllblttch. vrkhrt.-eif., die äuss. lanzett. ♃ Jl. Ag.
pontica. *L.* Römischer B.
Köpfch. rauhhaar.-filzig, rundl.-eif.; B. doppelt-gefiedert-vielspalt., grau-filzig, StgB. fast fingerig-getheilt; Hüllblttch. längl., die äuss. lineal. ♃ Ag. Sp.
austriaca. *Jcq.* Oesterreichischer B.

13 Stg. einzeln, aufrecht; Köpf. rundl.-eif.; B. im Umrisse eif., Zipfel lineal, die der unt. B. fast lanzett. ⊙ Ag. Sp. ....**scoparia**. *WK.* Besen-B.
Unfrucht. Stg. rasig, die bthtrag. aufstrebend; B. seidenhaarig-grau o. kahl, Zipfelchen stachelspitz... 14

14 Köpfch. eif.; innerste Hüllblttch. eif.-längl., die äuss. eif. u. kürzer. ♃ Jl. Ag... **campestris**. *L.* Feld-B.
Köpfch. kugelig; Hüllblttch. eif.; blüh. Stg. rispigtraubig. ♃ Jl. Ag. *Tyr.*.....**nana**. *Gd.* Zwerg-B.

15 B. schneeweiss-filzig, 2—3fach-gefiedert, Zipfel lineal, stumpf; Köpfchen filzig. ♃ Sp. Oc.
maritima. *L.* Meerstrands-B.
B. grau, ungetheilt, lanzett., an den unfruchtb. Stg. eingeschnitten u. fiederspalt. (Halbstrauch.) ♃ Ag. Sp. *J.*.......... **caerulescens**. *L.* Bläulicher B.

XXX. TANACETUM. *L.* Rainfarn.

B. doppelt-fiederspalt., Zipfel gesägt. ♃ Jl. Ag.
vulgare. *L.* Wurmfarn.

XXXI. SANTOLINA. *L.* Heiligenkraut.

BthStiele 1köpf.; B. 4reihig-gezähnt; Aeste filzig. ♄ Jl. Ag. gelb.
Chamaecyparissus. *L.* Cypressenartiges H.

XXXII. ACHILLEA. *L.* Schafgarbe. Garwe.

1 Strahl so lang als die Hülle, meist 10bth.; Bth. weiss. 2
Strahl halb so lang als die Hülle; meist 5bth.; Ebensträuss. doppelt-zsmgesetzt. 8

2 B. lanzett.-lineal, bis zur Mitte klein- u. dicht-, über der Mitte tiefer- und entfernter-gesägt, kahl ♃ Jl. Ag......... **Ptarmica**. *L.* Deutscher Bertram.
B. fiederspaltig o. gefiedert 3

3 B. 1fach-fiedersplt., im Umrisse längl.-keilig, Fiederläppch. längl., stumpf, ganzrand. o. 2 — 3zähnig; Stg. ganz einfach, sammt d. B. weissgrau - seidig. ♃ Jl. Ag. *A.*....... **Clavenae**. *L.* Weisser Speik.
B. gefiedert 4

4 B. sehr wollig-zottig, im Umrisse schmal-lanzett., gefiedert; Fieder der WzB. 2theilig, der vordere Zipfel 3spaltig, der hintere 2spalt.; Ebenstr. fast kugelig. ♃ Jl. Ag. *A.*.......**nana**. *L.* Zwerg-Sch.
B. kahl o. etwas haarig 5

5 Ebenstr. zsmgesetzt; B. im Umrisse breit-eif., einfach-gefied., Fied. ziemlich breit-lanzett., zugespitzt, eingeschnitten-doppelt-gesägt. ♃ Jl. Ag.
macrophylla. *L.* Grossblättr. Sch.
Ebenstr. einfach; B. im Umrisse längl. 6

6 B. kammf.-gefiedert, Fieder lanzett.- lineal, ungetheilt o. 1zähnig, nur an den unt. B. 2—3zähnig, ♃ Jl. Ag. *A.* .... **moschata**. *Wlf.* Bisam-Sch.
B. einf.- o. doppelt-gefiedert, die Fieder gespalten, Zipfel lineal.......................... 7

7 B. einfach-gefiedert, Fieder 2 — 3spalt., o. fiederig-5spalt.; Zipfel lineal, spitz., stachelspitz, zu 3 — 5 an den grössern Fiedern. ♃ Jl. Ag. *A.*
atrata. *L.* Schwarzer Speik.
B. doppelt-gefiedert, Fiederch. 2—3spalt., o. fiederig 5—6spalt., Zipfel schmal, lineal, spitz, zu 12—15 an den grössern Fied. ♃ Jl. Ag. *A.*
Clusiana. *Tsch.* Clusius-Sch.

8 Bth. goldgelb; B. sehr zottig, gefiedert, Fieder der unt. B. fingerig-3theil., der mittleren 2—3spalt., der oberst. ganz. ♃ Mai, Jn. **tomentosa**. *L.* Filzige Sch.
Scheibe weiss, Strahl weiss, purp., rosa o. gelbl.; B. doppelt-fiederspalt., wollig-zottig o. fast kahl 9

9 BSpindel ungezähnt o. nur an der Spitze, höchstens bis zur Mitte des B. herab gezähnt............ 10
BSpindel geflügelt u. gezähnt, (wenigstens an den unt. B.); Fiederch. der B. gezähnt-gesägt, Zähne zugespitzt, stachelspitzig...................... 12

10 StgB. im Umrisse lanzett. o. lineal, Fiederch. 2—3-spalt. o. fiederig-5spalt. ♃ Jn.-Hrbst.
Millefolium. *L.* Schafripp. Heil aller Welt.
StgB. im Umrisse oval o. längl.-oval 11

11 Spindel schmal, von der Spitze bis zur Mitte des B. gezähnt, Zähne lineal; Fiederchen der B. fiederspalt.-gezähnt, die grössern 5—7zähnig. ♃ Jl. Ag.
nobilis. *L.* Edelgarbe.
Spindel nicht gezähnt; Fiederch. der wollig-flaumigen B. lineal, ganzrandig o. 1zähnig. ♃ Jl. Ag. schmutzig weiss o. gelbl. *J.*
odorata. *L.* Wohlriechende Sch.

12 Spindel durchaus gezähnt; StgB. im Umrisse längl., Fiederch. d. B. reichlich-gezähnt. ♃ Jl. Ag.
tanacetifolia. *All.* Rainfarnblttr. Sch.
Spindel der unt. B. nur unter den Fiedern gezähnt; StgB. im Umrisse längl. o. lanzett., Fiederch. spärlich-gezähnt. ♃ Jl. Ag.
lanata. *Spr.* Wollige Sch.

XXXIII. ANTHEMIS. Hundskamille.

1 Spreublttch. ganz, in eine starre Spitze zsmgezogen o. lineal-borstlich; B. doppelt-fiederspalt... 2
Spreublttch. an der Spitze grannenlos u. brandfleckig, zerfetzt-gezähnt; FrBoden halbkugelig; Stg. 1fach, 1köpf.; B. gefied. 9

2 Spreublttch. lineal-borstl.; FrBoden verlängert-kegelf.; Achenen beinahe stielrund, mit 1 gekerbten Rande endigend. ⊙ Jn.-Hrbst.
Cotula. *L.* Balders Augenbraue.
Spreublttch. lanzett., längl.-vrkhrt.-eif. o. keilf., mit starrer Stachelspitze 3

3 FrBoden gewölbt o. halbkugelig; Achenen zsm.-gedrückt-4eckig, 2schneidig, mit einem scharfen Rande endigend 4
FrBoden verlängert-kegelf.; Achenen stumpf-4kantig, gleichf.-gefurcht; B. doppelt-fiedertheil. 8

4 Achenen beiderseits 5streifig, schmal-geflügelt; B. flaumig, Fiederch. kammf.-gestellt, gesägt; Spreublttch. lanzett. 5
Achenen beiders. entweder 3- o. 10streifig, schmal-geflügelt, o. 5streifig u. ungeflügelt; Spreublttch. längl. o. vrkhrt.-eif. 6

5 Strahl kaum halb so lang als der Durchmesser der Scheibe, meist gelb. ♃ Jl. Ag.
tinctoria. *L.* Färber-Kamille. Streichblume.
Strahl so lang als der Durchmesser der Scheibe, weiss. ♃ Jl. Ag. *J.* **Triumfetti**. *All.* Triumfetti's H.

6 Fiederch. ganzrandig, kammf.-gestellt; B. wollig-flaumig; Achenen beiderseits 3streifig. ⊙ Jl. Ag.
austriaca. *Jcq.* Oesterreichische H.
Fiederch. gezähnt o. gespalten 7

7 Spreublttch. vrkhrt.-eif., plötzl. in 1 starre Stachelspitze zsmgezogen, welche länger ist als die Bth.; Fiederch. gezähnt; Achenen schmal-geflügelt, beiderseits 10streifig. ⊙ Jl. Ag. *J.*
altissima. *L.* Höchste H.
Spreublttch. längl. mit 1 starren Stachelspitze, welche kürzer ist als die Bth.; Fiederch. 3spalt. o. fiederig-5spalt.; Achenen ungeflügelt, beiders. 5streifig. ⊙ Jn. Jl. *J.* .... **Cota**. *Viv.* Grosse H.

8 Spreublttch. vrkhrt.-eif.-längl. o. keilf., an der Spitze gezähnelt u. starr-stachelspitzig; die äuss. Achenen meist mit 1 halbirten, schief-abgestutzten Krönchen; die ganze Pfl. flaumig-zottig. ⊙ Jn.-Ag.
Neilreichii. *Ort.* Neilreich's H.
Spreublttch. spitzig u. in 1 starre Stachelspitze zugespitzt; die äuss. Achenen mit 1 gedunsenen, faltig-runzligen Ringe; die ganze Pfl. wollig-flaumig. ⊙ Jn.-Hrbst. .... **arvensis**. *L.* Feld-Kamille.

9 Unt. StgB. 3—6paarig-gefiedert. ♃ Ag. Sp. *A.* Scheibe gelb, Strahl weiss.....**montana.** *L.* Berg-Kamille.
StgB. 10—12paarig-gefiedert. ♃ Jl. Ag. *A.* Scheibe und Strahl weiss.......**alpina.** *L.* Alpen-Kamille.

XXXIV. MATRICARIA. *L.* **Mutterkraut.** Drudenkraut.

Hüllblttch. stumpf. ⊙ Mai-Jl.
Chamomilla. *L.* Echte Kamille. Hermel.

XXXV. CHRYSANTHEMUM. *L.* **Wucherblume.**

1 Strahl gelb; B. kahl, gezähnt, vorn verbreitert, 3spalt.-eingeschnitten, die obern mit herzf. Bas. stgumfassend. ⊙ Jl. Ag. ....**segetum.** *L.* Gold-W.
Strahl. weiss 2

2 Unt. B. einfach, ganz, gekerbt o. eingeschnitten-gezähnt, die obern lanzett. o. lineal, gesägt; Bthköpfe einzeln, endst.......................... 3
Unt. B. fiederspaltig o. gefiedert................. 5

3 Achenen sämmtl. ohne Krönchen; unt. B. lang-gestielt, vrkhrt.-eif.-spatelig, gekerbt o. fast gelappt, die obern sitzend. ♃ Jn. Jl.
Leucanthemum. *L.* Gänsblume.
Achenen (wenigstens die am Rande) mit 1 gezähnten Krönchen 4

4 Unt. B. vrkhrt.-eif.-keilf., eingeschnitten-5—7zähnig; StgB. eingeschnitten-gesägt, mit lanzett.-pfrieml. Zähnen. ♃ Jl. Ag. *A.*
coronopifolium. *Vill.* Krähenfussblttr. W.
Unt. B. längl., in den BStiel verschmälert, gekerbt, die mittl. u. obern gesägt, Sägezähne am Grunde der B. schmäler u. spitziger. ♃ Jn. Jl. *A.*
montanum. *L.* Berg-W.

5 B. 2—3fach-fiedertheil., Zipfel lineal-fädlich, verlängert; FrBoden kegelf.; Achenen stielrundl., gerade, an der Innenseite 3riefig, auf der Spitze mit 2 Drüsengruben versehen.
(**Ch. inodorum.** *L.* — **Tripleurospermum.** *Schlz.*) 9
B. gefiedert o. fiederspalt.......................... 6

6 WzB. fiederspalt., Zipfel ganz o. 2spalt.; Achenen alle häutig-bekrönt.; Bthköpfe endst., einzeln .. 7
WzB. gefiedert, Fieder fiederspl. o. eingeschnitten-gezähnt; Köpfchen ebensträuss. 8

7 WzB. u. StgB. fiederspalt., Zipfel lanzett.-lineal, entfernt, ganz oder 2spalt. ♃ Jl. Ag. *A.*
ceratophylloides. *All.* Hornblattähnl. W.
WzB. u. B. der unfruchtb. Stg. kammf.-fiederspalt., mit dicht genäherten, ganzrand. Zipfeln, B. der blüh. Stg. lineal, ganzrand. ♃ Jl. Ag. *A.*
alpinum. *L.* Alpen-W.

8 Zunge der RandBth. lineal-längl.; Fieder der unt. B. fiederspl., die Zipfel derselben spitz-gesägt mit stachelspitz. Sägezähnen. ♃ Jn. Jl.
corymbosum. *L.* Ebensträussige W.
Zunge der RandBth. längl.-oval; Fieder der flaum. B. ellipt.-längl., stumpf, fiederspalt., die obersten zsmfliessend, mit etwas gezähnten, sehr kurz-gespitzten Zipfeln. ♃ Jn. Jl.
Parthenium. *Prs.* Bertram. Maturei.
Zunge der RandBth. rundl.-vrkhrt.-eif., nur halb so lang als die Hülle; Fieder in eine breit-geflügelte BSpindel herablaufend, breit-lanzett., grob eingeschnitten-gezähnt, mit fast doppelt-gesägten Zähnen. ♃ Jn. Jl.... **macrophyllum.** *WK.* Grossblättr. W.

9 Unfruchtb. Wzköpfe fehlen; Stg. am Grunde einfach, nur oben verästelt; B. kahl, die fädl. Zipfel halbstielrund. ⊙ Jl.-Hrbst.
agreste. *Knaf.* Acker-W.
Unfruchtb. Wzköpfe vorhanden; Stg. vom Grunde aus verästelt; B. zerstreut-feinbehaart, die fädl. Zipfel stielrund, höchstens am Grunde halbstielrund. ⊙ Mai-Hrbst...... **bienne.** *Knaf.* Zweijährige W.

XXXVI. DORONICUM. *L.* Gemswurz.

1 WzB. fehlend, die unterst. StgB. klein, die folgenden grösser, genähert, herzf., zugespitzt, gezähnelt, geöhrt-gestielt, die obern längl., umfassend, die obersten lanzett. ♃ Jn.-Ag.
austriacum. *Jcq.* Oesterreichische G.
WzB. langgestielt, tief-herzf. 2

2 Unterirdische Ausläufer schlank, an der Spitze verdickt und wieder B. tragend; unt. StgB. eif., gezähnelt, die mittl. geöhrt-gestielt, die obern stgumfassend; FrBoden zottig. ♃ Mai, Jn.
Pardalianches. *L* Gemeine G.
Unterird. Ausläufer fehlen; WzB. grob-gezähnt, StgB. mit tief-herzf. Bas. umfassend; FrBoden kurzhaarig. ♃ Jn.-Ag. *A.* **cordifolium.** *Stb.* Herzblättrige G.

XXXVII. ARONICUM. *Neck.* Krebswurz.

1 Haare der BthStiele stumpf, gegliedert, Gelenke dichtgenähert; B. gezähnt, die unt. breit-eif., mit stumpfabgeschnittener o. fast herzf. Bas. ♃ Jl. Ag. *A.*
scorpioides. *Kch.* Scorpionart. K.
Haare der BthStiele spitzig, gegliedert, Gelenke derselben entfernt.......................... 2

2 Stg. röhrig; Wz. wagrecht; B. krautig-weich. ♃ Jl. Ag. *A.* .... **Clusii**. *Koch.* Clusius-K.
Stg. starr, gefüllt, nur unter dem Köpfch. hohl; Wz. schief; B. starr, dicklich. ♃ Jl. Ag. *A.*
glaciale. *Rb.* Eis-K.

XXXVIII. ARNICA. *L.* Wohlverleih. Fallkraut.

WzB. längl.-vrkhrt.-eif., 5nervig, fast ganzrandig; BthStiele u. Hülle zottig o. drüsig-flaumig. ♃ Jn. Jl. gelb.. **montana.** *L.* Berg-W. St. Lucianskraut.

XXXIX. CINERARIA. *L.* Aschenpflanze.

1 Stg. zottig, ästig, Aeste ebensträuss.; B. lanzett., halbumfassend, die untern buchtig-gezähnt. ⊙ Jn. Jl. blassgelb..... ..... **palustris.** *L.* Sumpf-A.
Stg. kahl o. spinnwebig-wollig; Ebenstr. endst. 2

2 Pappus während der Bthzeit so lang als die Blkr-Röhre, o. kürzer; die obern B. sitzend, lineal o. lanzett.... 3
Pappus während der BthZeit fast so lang als die ganze Blkr.................................. 6

3 B. etwas spinnwebig-wollig; FrKnoten kahl........ 4
B. kurzhaarig-rauh u. mehr o. weniger wollig; Bth. gelb.. 5

4 WzB. u. unt. StgB. ei-herzf., gezähnt, die folgenden in einen breitgeflügelten, gezähnten BStiel zsmgezogen. ♃ Mai, Jn. hell- bis safrangelb.
crispa. *Jcq.* Krausblttr. A.
Unt. B. längl., in den BStiel verschmälert, geschweiftgezähnelt, die folgenden lanzett., am Grunde verschmälert. ♃ Mai, Jn. gelb.
pratensis. *Hpp.* Wiesen-A.

5 WzB. eif. u. längl., gekerbt o. ganzrandig, die folg. verlängert-lanzett., am Grunde verschmälert. ♃ Mai, Jn. *A*......**longifolia**. *Jcq.* Langblättrige A.
Unterste B. eif. o. fast herzf., gekerbt-gezähnt, die folgenden längl.-eif., in einen breit geflügelten, keilf. BStiel zsmgezogen. ♃ Mai, Jn.
alpestris. *Hpp.* Alpen-A.

6 Bth. pomeranzenroth; B. spärlich-wollig, WzB. eif., in einen kurzen BStiel zsmgezogen, unt. StgB. lanzett., die ob. lineal; Stg. oberw. fast nackt. ♃ Mai-Jl. *A.* **aurantiaca**. *Hipp.* Pomeranzenrothe A.
Bth. gelb.. 7

7 B. mit kurzen geglied. Haaren sparsam bestreut, obers. spinnwebig-flockig, unters. weiss-wollig, die unt. am Grunde abgestutzt. ♃ Mai, gelb.
spathulaefolia. *Gm.* Spatelblättr. A.
B. spinnwebig-wollig, WzB. eif. o. rundl., in 1 kurzen BStiel zsmgezogen, unt. StgB. längl., am Grunde verschmälert. ♃ Jn. Jl. blassgelb.
campestris. *Rtz.* Feld-A.

XL. LIGULARIA. *Cass.* Goldkolbe.

B. fast pfeilf.-herzf., gezähnt; Tr. endst., einfach. ♃ Jl. Ag. gelb. *Bh. Ug.* **sibirica**. *Cass.* Sibirische G.

XLI. SENECIO. *L.* Greiskraut. Baldgreis.

1 Unt. B. herzf. u. gezähnt, o. eif. u. eingeschnittengekerbt, o. überhaupt leierf. o. fiederspaltig..... 2
B. mehr o. weniger lanzett. o. längl., ungetheilt, entweder ganzrandig o. gesägt o. gezähnt......... 18

2 StrahlBth. fehlend*) o. zurückgerollt; B. fiederspalt., Fieder gezähnt o. fast fiederspaltig.............. 3
StrahlBth. zugenf., abstehend...................... 5

3 StrahlBth. fehlend; Bth. alle röhrig; Schuppen des AussenK. meist 10, mit schwarzer Spitze, viel kürzer als die Hülle; ob B. mit geöhrter Bas. umfassend. ⊙ Fb.-Nv... ... **vulgaris.** *L.* Grimmkraut.
StrahlBth. zurückgerollt........... 4

4 B. u. Hülle drüsig-haarig, klebrig; AussenK. locker, halb so lang als die Hülle; Achenen kahl. ⊙ Jn.-Oc.. .... **viscosus.** *L.* Klebriges G.
B. spinnwebig-flaumig; AussenK. angedrückt, sehr kurz; Achenen grau-flaumig. ⊙ Jl. Ag. **silvaticus.** *L.* Wald-G.

5 B. beiders. grau- o. weissfilzig o. seidig; BStiel am Grunde ohne Oehrchen........................ 6
B. kahl, zottig o. flockig-wollig................... 8

6 Stg. 1köpf.; B. schneeweiss-filzig, unt. B. eif., eingeschnitten -gekerbt, die ob. lineal, ganzrand. ♃ Jl. Ag. *A*........... **uniflorus.** *All.* Einblüthiges G.
Bth. ebensträuss.; B. fiederspalt. o. leierf. 7

7 B. von angedrückt. fast seidenhaarigem Filze grau, zuletzt kahl werdend; WzB. u. unt. StgB. eingeschnitten-gekerbt o. fiederspalt., Fieder ganzrand. o. gekerbt. ♃ Jl. Ag. *A.* **carniolicus.** *W.* Krainer G.
B. von wolligem Filze schneeweiss; WzB. und unt. StgB. eif., fiederspalt., Fieder eingeschnitten, 2 bis 3fach-gekerbt. ♃ Jl. Ag. *A.* **incanus.** *L.* Graues G.

8 B. herzf., gestielt; Achenen kahl.................. 9
B. fiederspalt., fiedertheil. o. leierf. 10

9 B. unters. schwach-spinnwebig-filzig, herz-eif., 1½mal so lang als breit, BStiel der oberst. schmal, ganzrand., mit kurzen, kaum umfassenden Oehrchen. ♃ Jl. Ag. *A*...... **cordatus.** *Kch.* Herzblättr. G.
B. unters. an den Adern kurzhaarig, herzf., so lang als breit; BStiel der oberst. breit-geflügelt mit umfass. Oehrchen. ♃ Jl. Ag. *A.* **subalpinus.** *Kch.* Voralpen-G.

*) Auch *S. Jacobaea* (mit leierf. B. u. meist 2blttr. AussenK.) findet sich bisweilen ohne StrahlBth.

10 BSpindel gezähnt; B. leierf. o. fiederspalt.-geöhrelt u. stgumfassend; Achenen grau-flaumig 11
BSpindel ganzrandig; B. fiedertheil., Zipfel lineal, gezähnt oder fiederspalt.. 13

11 BZipfel lineal; AussenK. meist 1blttr. ⊙ Jn. Jl. *J.*
squalidus. *L.* Schmutziges G.
BLappen längl., eif., stumpf; Aussen-K. 6—12blttr. 12

12 B. beiders. von abstehenden Haaren zottig, längl., fiederspalt.-buchtig, Lappen eif., stumpf, am Rande kraus u. gezähnt. ⊙ Ap.
vernalis. *WK.* Frühlings-G.
B. kahl o. etwas wollig, die unt. leierf., die mittleren fiederspalt., Lappen längl., stumpf. ⊙ Mai-Jl.
nebrodensis. *L.* Nebrodensisches G.

13 B. fiedertheil. oder doppelt-fiedertheil. mit linealen Zipfeln; AussenK. halb so lang als die Hülle . . 14
B. zum Theil o. sämmtlich leierf.; AussenK. sehr kurz 15

14 Ebenstr. vielköpfig; Achenen kahl; B. fiedertheil., die unt. gestielt, die obern sitzend, Zipfel gezähnt o. fiedersplt. ♃ Jl. Ag.
erucifolius. *L.* Rankenblättr. G.
Ebenstr. 3—6köpfig; Achenen haarig; B. kahl, die unt. doppelt-fiedertheil. mit ganzrand. o. höchstens 1zähnigen Zipfeln. ♃ Jl. Ag. *A.*
abrotanifolius. *L.* Stabwurzblättr. G.

15 B. leierf. mit vieltheilig. Oehrchen halbstgumfassend, die Seitenlappen längl., gezähnt-gesägt, der endst. sehr gross, geschärft-doppelt-gesägt o. am Grunde eingeschnitten. ♃ Jl. Ag. *A.*
lyratifolius. *Rb.* Leierblättriges G.
B. leierf., gestielt, mit anders beschaffenen End- u. Seitenlappen 16

16 Achenen des Mittelfeldes kurz-haarig; unt. B. leierf., die übrigen StgB. fiedertheil., Fieder gezähnt o. fast fiederspalt., vorn 2spalt., mit auseinanderfahr. Zipfeln, Spindel ganzrandig. ⊙ Jl. Ag.
Jacobaea. *L.* Jakobskraut.
Achenen des Mittelfeldes kahl o. undeutlich-flaumig 17

17 B. leierf., Fiedern der mittl. StgB. gezähnt, meist zu 5, die seitenst. weit abstehend, vrklrt-eif.-längl., der Endlappen an den unt. B. sehr gross, herz-eif., an den obern B. keilig. ⊙ Jl. Ag. **erraticus.** *Bert.* Spreizendes G.
WzB. u. Stg.B. längl.-eif., ganz o. leierf., die mittl. StgB. an der Bas. eingeschnitten o. leierf., die seitl. Fiedern längl. o. lineal, schief aus der Mittelrippe vortretend, der Endlappen eif.-längl. gezähnt o. gelappt. ⊙ Jl. Ag. **aquaticus.** *Hds.* Wasser-G.

18 Strahl 5—13bth. o. fehlend; Ebenstrauss vielköpfig. 19
Strahl vielbth.; Stg. 1—3köpf.; AussenK. vielblttr., so lang als die Hülle 23

19 Strahl fehlend; B. ellipt. lanzett., gezähnt-gesägt, Spitzchen der Sägezähne gerade; DeckB. lineal; AussenK. so lang als die Hülle. ♃ Jl. Ag. weiss o. gelbl.-weiss. **Cacaliaster.** *Lam.* Pestwurzart. G.
Strahl 5—13bth., selten fehlend; Bth. gelb 20

20 AussenK. fast so lang als die Hülle; Achenen kahl. 21
AussenK. so lang o. kürzer als die halbe Hülle; Achen. fläumlich 22

21 B. lanzett.-ellipt. o. eif., Spitzch. der Sägezähne gerade; AussenK. 3—5blttr.; Strahl 5—8bth.; Wz. nicht kriechend. ♃ Jl. Ag. .. **nemorensis.** *L.* Hain-G.
B. längl.-lanzett., sehr spitzig, am Grunde keilig; Spitzchen der Sägezähne vorw. gekrümmt; AussenK. 5blttr.; Strahl 7—8bth., selten fehlend. ♃ Jl. Ag. **saracenicus.** *L.* Machtheil.

22 Strahl 5bth.; AussenK. sehr kurz; B. ganz kahl, längl.; DeckB. lineal-pfrieml., mit eif.-herzf. Grunde. ♃ Jl. Ag. .... **Doria.** *L.* Hohes G.
Strahl meist 13bth.; AussenK. halb so lang als die Hülle; B. sitzend, verlängert-lanzett., geschärft-gesägt. ♃ Jl. Ag. .... **paludosus.** *L.* Sumpf-G.

23 B. lederig, kurzhaarig, bisweilen etwas wollig, die unt. längl.-lanzett.; Stg. 1—6-mehrköpf. ♃ Jl. Ag. *A.* goldgelb o. orange. **Doronicum.** *L.* Gebirgs-G.
B. krautig-weich, kahl o. wollig, die unt. spatelig-eif.; Hülle dichtwollig; Stg. 1köpfig. ♃ Mai-Jn. citrongelb .... **lanatus.** *Scp.* Wolliges G.

XLII. CALENDULA. *L.* Ringelblume.

Achenen am Rücken weichstachelig; B. längl.-lanzett.; die obern mit abgerund. Grunde halbstgumfassend. ⊙ Jl.-Oct. gelb............**arvensis.** *L.* Feld-R.

XLIII. ECHINOPS. *L.* Kugeldistel.

1 { Aeuss. Hüllblttch. auf dem Rücken drüsig-haarig; B. obers. von etwas klebrigen Haaren flaumig, unters. wollig-filzig. ♃ Jl. Ag. weiss, Staubkölbch. bleigrau...... **sphaerocephalus.** *L.* Bisemknopf.
Hüllblttch. auf dem Rücken kahl................ 2

2 { B. obers. kahl o. spinnwebig-wollig, unters. schneeweiss-filzig, doppelt-fiederspalt. ♃ Jl. Ag. *J.* blau. **Ritro.** *L.* Blaue K.
B. obers. mit dornigen Börstch. spärlich besetzt, unters. grau-filzig, tief-fiederspalt................ 3

3 { Strahlen des Pappus fast bis zur Spitze verwachsen, gleich. ♃ Jl. Ag. weiss. *J.* **exaltatus.** *Schrad.* Hohe K.
Strahlen des Pappus bis zur Mitte verwachsen, ungleich, sehr fein-gewimpert. ♃ Jl. Ag. *J.* **commutatus.** *Jur.* Verwechselte K.

XLIV. CIRSIUM. *Tourn.* Kratzdistel*)

1 { Bth. gelb o. gelbl.-weiss........................ 2
Bth. purp. o. röthl.-violett, höchst selten weiss.... 5

2 { Stg. oberw. nebst den BthStielen u. DeckB. rostfarbig-zottig; die unt. B. gestielt, eif., die obern mit herzf. Grunde umfassend. ♃ Jl. Ag. *A.* **carniolicum.** *Scp.* Krainer K.
Stg., BthStiele u. DeckB. nicht rostfarbig-zottig.... 3

3 { BthStiele nickend; Hüllblttch. gekielt, auf dem Kiele klebrig; B. zerstreut-flaumig, stgumfassend, tief-fiederspaltig. ♃ Jl. Ag. **Erisithales.** *Scp.* Klebrige K.
BthStiele aufrecht; B. kahl o. zerstreut-behaart; DeckB. gelblich.................. 4

---

*) Nur die Stammformen sind hier angegeben. Die Arten dieser Gattung, so wie die Arten von *Carduus*, *Verbascum*, *Salix* u. a. erzeugen zahlreiche Bastarde von den verschiedensten Formen.

4 DeckB. zerschlitzt-fiederspalt., dornig; B. längl. o. lanzett., die untern in den BStiel verschmälert, StgB. umfassend, alle fiederspalt.-gelappt, Lappen eif.-3spalt.; Stg. dicht-beblättert, an der Spitze zottig. ♃ Jl. Ag. *A.*
spinosissimum. *Scp*. Sehr stachlige K.
Die äuss. DeckB. nicht zerschlitzt, eif.; B. umfassend, die unt. gewöhnlich fiederspalt., Fieder lanzett., zugespitzt, gezähnt, die obern StgB. ungetheilt, gezähnt. ♃ Jl. Ag. . . . **oleraceum**. *Scp*. Kohldistel.

5 B. oberseits dornig-steifhaarig. 6
B. oberseits kahl o. weichhaarig 7

6 B. herablauf., buchtig-fiederspalt. o. fast ganz, unters. etwas spinnwebig- o. weiss-wollig; Köpfch. eif. ⊙ Jn.-Sp. . . . . **lanceolatum**. *Scp*. Lanzettbl. K.
B. nicht herablauf., stgumfassend, tief-buchtig-fiedertheil., unters. filzig; Köpfch. kugelig. ⊙ Jl. Ag.
eriophorum. *Scp*. Wollköpfige K.

7 B. ganz- o. kurz-herablaufend. 8
B. sitzend 11

8 Innere Hüllblttch. an der Spitze eilanzettl.-verbreitert; Wz. büschelig, Knollen längl. o. spindelf. ♃ Jl. Ag.
canum. *M. B.* Graue K.
Innere Hüllblttch. gegen die Spitze verschmälert. . . 9

9 Stg. vom Grunde bis zur Spitze lappig- o. gekraustgeflügelt; Köpfch. traubig-geknäult; Dorn der Hüllblttch. 1 Mm. lang. ⊙ Jl.-Hrbst.
palustre. *Scp*. Sumpf-K.
Stg. oben fast blattlos u. daselbst nicht geflügelt. . 10

10 Stg. unten von den ganz-herablauf. ungetheilt. B. lappig- o. gekraust-geflügelt., weichdornig; obere B. fiederspalt. mit meist ganzrand. vorgezogener Spitze; Hüllblttch. in einen 2—3 Mm. lang. strohgelben Dorn zugespitzt. ⊙ Jl. Ag.
brachycephalum. *Jur*. Kurzköpfige K.
Stg. unten von den kurz-herablauf. B. schwach- u. ganzrandig-geflügelt, kaum dornig; alle B. ungetheilt; Hüllblttch. nicht dornig. ♃ Jn. Jl.
pannonicum. *Gd*. Ungarische K.

11 Pappus der weibl. Pfl. dicht, länger als die Blkr., zuletzt über 1" lang; B. längl.-lanzettl.; Köpfch. rispig-ebensträussig; Wz. kriechend. ♃ Jl. Ag. **arvense.** *Scop.* Margendistel.
Pappus anders beschaffen; Wz. nicht kriechend... 12

12 Hüllbltteh. an der Spitze abstehend o. zurückgebogen; B. unters. spinnwebig-wollig, am Rande gelappt u. gezähnt; WzB. gestielt, unt. StgB. mit dem geöhrelten u. geflügelten BStiele umfassend, obere StgB. mit herzf. Grunde sitzend. ♃ Jl. Ag. *A.* **pauciflorum** *Spr.* Armblüthige K.
Hüllblttch. angedrückt, oft stumpf u. plötzl. in 1 Dorn zugespitzt................................ 13

13 Stg. fehlend, o. niedrig u. dicht beblättert; B. kahl, lanzett., buchtig-fiederspalt., Fieder eif., eckig fast 3spalt. ♃ Jl. Ag. ....**acaule.** *All.* Stengellose K.
Stg. deutlich, ansehnlich; B. obers. zerstreut-flaumig o. haarig, o. unters. wollig o. filzig............ 14

14 Stg. reichblttr., 1—3köpf.; B. obers. kahl, unters. schneeweiss-filzig, lanzett. o. ellipt., WzB. gesägt, obere StgB. fast ganzrand. ♃ Jn. Jl. *A.* **heterophyllum.** *All.* Verschiedenblttr. K.
Stg. oberw. nackt, blattlos; B. zerstreut-flaum. o. unters. spinnwebig-wollig......................... 15

15 B. zerstreut-flaumig, umfassend, fiederspalt., unt. StgB. in den geflügelten an der Bas. verbreiterten BStiel zsmgezogen; DeckB. lineal, ganzrandig. ♃ Jl. Ag. **rivulare.** *Lnk.* Bach-K.
B. obers. zerstreut-haarig, unters. spinnwebig-wollig.

16 WzFasern verdickt, an der Bas. und Spitze verschmälert; B. tief-fiederspaltig, die unt. gestielt, Fieder gezähnt, klein-gelappt u. 2—3spaltig; Stg. 1—3köpf. ♃ Jl. Ag. .... **bulbosum.** *DC.* Knollige K.
WzFasern in der Mitte nicht verdickt; B. längl.-lanzett., spitz, gezähnt oder fast buchtig, Lappen 2—3spalt., WzB. gestielt; Stg. 1köpf.; Hülle deckblattlos, ziemlich wollig. ♃ Jn. **anglicum.** *Lam.* Englische K.

XLV. PICNOMON. *Cass.* Sperrdistel.

B. herablauf., lanzett., wollig-grau, gezähnt; Köpfch. gehäuft; die innern Hüllblttch. mit 1 gefiederten Dorne endigend. ♃ Jl. Ag. *J.* purp.
Acarna. *Cass.* Spanische Sp.

XLVI. SILYBUM. *Grt.* Mariendistel.

B. stgumfassend, spiessf., kahl, weissfleckig; Hüllblttch. zurückgebrochen, am Rande stachlig. ⊙ Jl. Ag. *J.*.......... **marianum.** *Grt.* Gemeine M.

XLVII. TYRIMNUS. *Cass.* Weissdistel.

B. herablauf., unters. spinnwebig-wollig; Hüllblttch. lanzettl. ⊙ Mai, Jn. *J.*
leucographus. *Cass.* Gefleckte W.

XLVIII. CARDUUS. *L.* Distel*).

1 { Köpfch. längl., fast walzlich; B. obers. etwas zottig, unters. wollig-filzig o. weissl.-wollig, buchtig u. fiederspalt., Lappen eif., eckig, gezähnt, dornig. ⊙ u. ⊙ Jl. Ag.
pycnocephalus. *Jcq.* Dichtköpfige D.
Köpfch. eif. o. rundlich 2

2 { Die mittlern Hüllblttch. über dem eif. o. ovalen Grunde zsmgezogen, oberhalb der Einschnürung lanzett., in 1 Dorn zugespitzt, abstehend o. herabgeknickt; B. tief-fiederspalt., Fieder eif., fast handf.-3spalt.; BthKöpfe rundl.; einzeln o. paarig...... 3
Hüllblttch. lineal o. lanzett., nicht herabgeknickt... 4

3 { Köpfch. nickend, einzeln; mittl. Hüllblttch. herabgeknickt-abstehend. ⊙ Jl. Ag. **nutans.** *L.* Nickende D.
Köpf. aufrecht, einzeln o. paarig, u. dann das eine sitzend u. wagrecht. ⊙ Jl. Ag. *A.*
platylepis. *Saut.* Breitschuppige D.

---

*) Das Seite 246 bei *Cirsium* Gesagte gilt auch hier.

4 Köpfch. einzeln o. zu 2, ansehnlich 5
Köpfch. knäulig-gehäuft*), klein; BthStiele meist kraus-geflügelt 9

5 BthStiele kraus-geflügelt, dornig; B. kahl o. unters. auf den Adern zottig, tief-fiederspalt., Fieder fast bandf.-3spalt., gezähnt u. dornig-gewimpert, Lappen und Zähne mit 1 starken Dorne endigend. ⊙ Jl. Ag.
acanthoides. *E.* Stachel-D. Wegdistel.
BthStiele oberw. nackt 6

6 Die Fieder der tief-fiederspalt. B. eif., 3spalt. u. gelappt, Lappen dornig-gewimpert, mit 1 starken Dorn endigend; Aeste ruthenf. 7
Die Fieder lanzett., vorne 2—3lappig, o. die B. überhaupt nicht fiederspalt.; Hüllblttch. lineal, dornig-stachelspitz, von der Mitte an abstehend........ 8

7 Die innern Hüllblttch. hakig zurückgekrümmt; B. obers. zerstreuthaarig, unters. spinnwebig-wollig o. fast kahl. ⊙ Jl. Ag. **hamulosus.** *Ehr.* Hakige D.
Hüllblttch. angedrückt o. abstehend; B. unters. o. beiders. wollig-filzig o. fast kahl. ⊙ Jl. Ag.
collinus. *WK.* Weissliche D.

8 B. tief-fiederspalt., unters. spinnwebig-flaumig, zuletzt kahl, herablaufend, Fieder lanzett., am vordern Rande 2—3lappig. ♃ Jl. Ag. *A.*
arctioides. *W.* Klettenartige D.
B. lanzett. o. längl., kahl o. unters. auf den Adern haarig, gezähnt, gesägt, gelappt o. bis zur Mitte fiederspalt., die untersten und die obersten nur halb-herablaufend. ♃ Jl. Ag.
defloratus. *L.* Abgeblühte D.

9 Die obern B. ganz, eif. u. lanzett., die unt. im Umrisse breit-eif., bis zur Mittelrippe fiedersplt., Fieder längl., spitz, gelappt u. gezähnt; die B. obers. zerstreut-behaart, unters. spinnwebig-wollig. ♃ Jl. Ag. *A.* .... **Personata.** *Jcq.* Maskenblumige D.
B. tief- o. buchtig-fiedersplt., Fieder eif., 3spalt. o. 3lappig 10

---

*) *C. crispus* (mit unters. wollig-filz. B.) kommt oft auch mit einzelnen Köpfchen vor.

Köpfch. eif.; Achenen der Länge nach sehr fein-gerieft; B. zerstreut-behaart, unters. auf den Adern zottig o. spinnwebig-wollig, tief-fiederspalt., Fieder fast handf.-3spalt. ⊙ Jl. Ag. *Mh.*
10 **multiflorus.** *Gd.* Vielblüthige D.
Köpfch. rundl.; Achenen quer-runzlig; B. unters. wollig-filzig u. auf den Adern fast zottig, längl., buchtig-fiederspit., Fieder 3lappig, der Mittellappen grösser. ⊙ Jl. Ag. . . . . . **crispus.** *L.* Krause D.

XLIX. ONOPORDUM. *L.* Eseldistel.

B. ellipt.-längl., buchtig; Hüllblttch. aus eif. Grunde lineal-pfrieml., die unt. weit abstehend. ⊙ Jl. Ag. **Acanthium.** *L.* Krebsdistel.
B. lanzett.-fiederspalt.; Hüllblttch. eif.-lanzett., die unt. bogig-herabgekrümmt. ⊙ Jl. Ag. *J.* **illyricum** *L.* Illyrische E.

L. LAPPA. *L.* Klette. Letschen.

1 Hülle ziemlich kahl; HüllB. grün; Köpfch. fast ebensträuss. ⊙ Jl. Ag. . . . . **major.** *Grt.* Bucholter.
Hülle spinnwebig-wollig; die innern HüllB. purp.-roth o. purp.-braun. 2

2 Hülle etwas spinnwebig-wollig; Köpfch. traubig. ⊙ Jl. Ag. . . . . **minor.** *DC.* Kleine K.
Hülle stark spinnwebig-weiss-wollig; Köpfchen fast ebensträuss. ⊙ Jl. Ag. **tomentosa.** *Lam.* Wollige K.

LI. CARLINA. *L.* Eberwurz.

1 Stg. 1köpfig, bisweilen fehlend; strahlende HüllB. weiss; B. sämmtl. o. nur die äuss. tief-fiederspaltig. 2
Stg. meist mehrköpfig; strahl. HüllB. gefärbt o. weiss; B. lanzett., gezähnt. 4

2 B. unters. grau-wollig, die äuss. fiederspalt., die innersten ungetheilt; Stg. fehlend. ⊙ Jn.-Ag. *J.* **acanthifolia.** *All.* Krebsdistelblättr. E.
B. kahl o. unters. etwas spinnwebig-wollig, alle tief-fiederspalt. 3

3 Stengellos o. kurz-stengl.; die strahl. Hüllblttch. bis über die Mitte lineal, an der Spitze lanzett. ⊙ Jl. Ag......... **acaulis.** *L.* Wetterdistel, Einhaken.
Stg. vorhanden; die strahl. Hüllblttch. lanzett., unterhalb der Mitte verschmälert. ⊙ Jl. Ag. **simplex.** *WK.* Einfache E.

4 Strahlende Hüllblttch. kahl ....
Strahlende Hüllblttch. bis zur Mitte gewimpert.....

5 Strahlende Hüllblttch. oberseits gelb; Stg. fast ebensträuss. ⊙ Jl. Ag. *J.* **corymbosa.** *L.* Ebensträussige E.
Strahlende Hüllblttch. obers. purp.; Stg. meist 3-köpfig; B. filzig-wollig. ⊙ Jl. Ag. *J.* **lanata.** *L.* Wollige E.

6 DeckB. kürzer als die Köpfch.; B. längl.-lanzett., buchtig-gezähnt. ⊙ Jl. Ag. Strahl blassgelb. **vulgaris.** *L.* Schönharke.
DeckB. länger als d. Köpfch.; B. lanzett., entfernt-gezähnt. ⊙ Jl. Ag. *A.* Strahl weiss. **nebrodensis.** *Gus.* Nebrodische E.

LII. STAEHELINA. *L.* Strauchscharte.

B. lineal, entfernt-gezähnelt, obers. grau, unters. filzig. ♄ Jn. Jl. purp. *J.* **dubia.** *L.* Zweifelhafte St.

LIII. SAUSSUREA. *DC.* Schartenflocke.

1 Stg. 1köpf.; B. lineal-lanzett. o. lineal, obers. zerstreut-, unters. dicht-rauhhaarig. ♃ Jl. Ag. *A.* **pygmaea.** *Sp.* Zwergige S.
Köpfch. ebensträuss.; WzB. eif.-lanzett., gestielt, die oberst. sitzend. ....

2 B. unters. spinnwebig-filzig; WzB. mit abgerundeter Bas. ♃ Jl. Ag. *A.* .... **alpina.** *DC.* Alpen-S.
B. unters. schneeweis-filzig; WzB. mit herzf. Bas. ♃ Jl. Ag. *A.*..... **discolor.** *DC.* Zweifarbige S.

LIV. SERRATULA. *L.* Scharte.

1 Hüllblttch. an der Spitze in 1 breit-eif. Anhängsel verbreitert; Stg. 1köpfig; B. gestielt, eif.-längl., gezähnelt, unters. wollig-filzig, WzB. fast herzf. ♃ Jl. Ag. *A.* .. **Rhaponticum.** *DC.* Klettenblättr. S.
Hüllblttch. ohne Anhängsel 2

2 B. kammf.-fiederspalt., flaumig-rauh; Stg. einfach o. ästig, Aeste 1köpfig; Hülle fast kugelig. ♃ Jn. Jl. **radiata.** *M. B.* Strahlige S.
B. nicht kammf.-fiederspalt., rauh 3

3 Köpfch. ebensträuss., längl.; Hülle längl.; B. geschärft-gesägt; eif., ganz, leierf. o. fiederspalt. ♃ Jl. Ag. .... **tinctoria.** *L.* Färber-S. Gilbe.
Stg. 1köpfig; Hülle fast kugelig; unt. B. eif., grobgesägt o. eingeschnitten, die obern längl., fiederspalt.-gezähnt, die obersten lineal, ganz. ♃ Jn. Jl. **heterophylla.** *Dsf.* Verschiedenblttr. S.

LV. JURINEA. *Cass.* Silberscharte.

Hülle spinnwebig-wollig; Achenen plättchenf.-faltig; Stg. oberw. nackt, meist 1köpf. ♃ Mai, Jn. **mollis.** *Rb.* Weiche S.
Hülle filzig-grau; Achenen glatt, schwach-grubig; Stg. 1- o. armköpf. ♃ Jl. Ag. **cyanoides.** *Rb.* Kornblumartige S.

LVI. CARTHAMUS. *L.* Saflor. Feldsafran.

B. ganzrandig, gezähnt-gesägt, so wie d. Stg. kahl, Sägezähne dornig. ⊙ Jl. Ag. zuletzt safranroth. *cult.* .... **tinctorius.** *L.* Färber-S.

LVII. KENTROPHYLLUM. *Neck.* Spornblatt.

Die unt. B. fiederspalt., gezähnt, die oberst. stgumfassend, fiederspalt.-gezähnt; Hülle mehr o. weniger spinnwebig-wollig. ⊙ Jl. Ag. citrongelb. **lanatum.** *DC.* Wolliges S.

LVIII. CENTAUREA. *L.* Flockenblume.

1 HüllB. ungefranst, an der Spitze handf.- o. fiederf.-dornig.. 2
HüllB. mit einem trockenhäut. Anhängsel endigend. 3

2 Bth. citrongelb; Hülle wollig; B. graul., lineal-lanzett., herablaufend, ganzrandig, WzB. leierf. ⊙ Jl. Ag. **solsticialis.** *L.* Sommer-F.
Bth. purp.; Hülle ganz kahl; B. tief-fiederspalt. mit linealen, gezähnten Zipfeln; Stg. sehr ästig, behaart. ⊙ Jl. Ag....... **Calcitrapa.** *L.* Sterndistel.

3 Das Anhängsel ganz o. unregelmäss.-zerschlitzt, an den äuss. u. mittl. HüllB. oft fransig-gewimpert, die endst. Wimper nicht dicker und nicht starrer als die übrigen; Bth. fleischroth o. purp......... 4
Das Anhängsel o. die Spitze der HüllB. fransig-gesägt o. gespalten, die Endfranse breiter und stärker, obschon nicht selten kürzer, oft dornig oder starrdornig.................................. 11

4 Anhängsel der HüllB. durchscheinend, eif., aufgeblasen-concav; Pappus so lang als die Achenen; unt. B. doppelt-fiederspalt. ♃ Jl. Ag. *J.* **splendens.** *L.* Glänzende F.
Anhängsel der Hüll-B. nicht durchscheinend....... 5

5 Pappus fehlend; Anhängsel der HüllB. eif.; concav, ganz o. zerschlitzt o. kammf.-gefiedert.......... 6
Pappus vorhanden; Anhängsel der HüllB. lanzett. o. pfriemlich, gefiedert-fransig.......... 8

6 Die Anhängsel der Hülle von einander entfernt, aufrecht o. an der Spitze zurückgekrümmt, kammf.-gefranst; B. längl. o. eif., gezähnelt, die unt. oft leierf.-buchtig. ♃ Jl. Ag. purp., Anhängsel der Hülle schwarzbraun. **nigrescens.** *W.* Schwärzliche F.
Anhängsel der Hülle einander deckend, concav 7

7 B. lanzett.-lineal, ganzrandig, die untersten oft fiederspalt., alle nebst dem Stg. flockig, fast filzig. ♃ Jl. Ag. ....**amara.** *L.* Bittere F.
B. lanzett., die untersten oft buchtig o. fiederspalt., alle kahl o. spinnwebig-wollig. ♃ Jn.-Hrbst. **Jacea.** *L.* Flockenkraut.

8 Anhängsel der Hülle lanzett., aufrecht, Fransen borstl., noch einmal so lang als die Breite des Mittelfeldes; Pappus 3mal kürzer als die Achene; B. lanzett., die unt. gezähnt o. fast buchtig. ♃ Jl. Ag. purp. **nigra**. *L*. Schwarze F.
Anhängsel der Hülle aus lanzett. Bas. lang-pfrieml., zurückgekrümmt.......... 9

9 Stg. astlos, 1köpfig; B. lanzett., ungetheilt, gezähnelt, die obern am Grunde tiefer-gezähnt. ♃ Jl. Ag. *A*. purp.......... **nervosa**. *W*. Nervige F.
Stg. ästig, mehrköpfig; Anhängsel der HüllB. rundlich, zerschlitzt-gezähnt.......... 10

10 Anhängsel der 3 innern Reihen der HüllB. über die äuss. hinausragend; B. längl.-ellipt. u. lanzett., gesägt-gezähnt. ♃ Jl. Ag. purp. **austriaca**. *W*. Oesterreichische F.
Anhängsel der innersten Reihe von den Fransen der vorhergehenden Reihe bedeckt; B. längl.-ellipt. u. eif., gezähnelt. ♃ Jl. Ag. **phrygia**. *L*. Phrygische F.

11 B. ungetheilt, 3spaltig, buchtig, aber nicht fiederspaltig; Hüllblttch. geschwärzt-berandet, gesägt-fransig.......... 12
B. fiederspaltig o. gefiedert.......... 14

12 B. nicht herablaufend, lineal-lanzett., die wurzelst. vrkhrt.-eif.-lanzett., ungetheilt u. 3spaltig. ⊙ Jn. Jl. blau, röthl. u. weiss. **Cyanus**. *L*. Kornblume. Blauer Schneider.
B. herablaufend; RandBth. blau, d. innern violett.. 13

13 Fransen der HüllB. ungefähr so lang als die Breite des schwarzen Randes; B. ganzrandig o. gezähnelt, meist spinnwebig-wollig. ♃ Jl. Ag. **montana**. *L*. Berg-F.
Fransen beinahe 2mal so lang als die Breite des Randes, fast knorpelig; B. ungetheilt o. buchtig. ♃ Jl. Ag.......... **axillaris**. *W*. Seitenblüthige F.

14 Hülle rundlich; Zipfel der fiederspaltigen, wollig-rauhen o. kahlen B. lanzett., mit 1 schwieligen Knötchen endigend.......... 15
Hülle mehr o. weniger eif.; Zipfel der fiederspalt. B. ohne schwielige Knötchen an der Spitze.......... 16

15 Anhängsel der HüllB. schmäler als die HüllB. u. dieselben nicht verdeckend; Fransen so lang o. kürzer als der Querdurchmesser des Anhängsels; B. fiederspalt. o. doppelt-fiederspalt. ♃ Jl. Ag. violett.
Scabiosa. *L.* Grindkrautart. F. Eisenwurzel.
Anhängsel der HüllB. breiter als die HüllB. u. diese verdeckend; Fransen länger als der Querdurchmesser des Anhängsels; B. fiederspalt. o. leierf.-fiederspalt.; Stg. meist 1köpf., Köpfch. grösser als b. *C. Scab.* ♃ Jl. Ag. dunkel-violett-purp.
Kotschyana *Heuf.* Kotschy's-F.

16 Pappus fehlend; B. rauh, WzB. fast 3fach-, StgB. 1fach-gefiedert, Fieder nebst den obersten B. lineal; Anhängsel der HüllB. breiteif.; Stg. sehr ästig, spreizend. ⊙ Jl. Ag. *J.* fleischroth.
cristata. *Brtl.* Federbuschart. F.
Pappus vorhanden; WzB. 1—2fach-gefiedert....... 17

17 Anhängsel der rundl.-eif. Hülle mit 1 dreieckigen, schwarzen Flecke; B. rauh, etwas wollig, Zipfel lineal; Stg. oberw. rispig-ebensträuss.; Bth. blass-violett. ⊙ Jl. Ag.....**maculosa.** *Lam.* Fleckige F.
Anhängsel der Hülle ohne 3eckigen schwarzen Fleck. 18

18 Anhängsel längl.-eif., kurz, bräunlich; B. kahl, am Rande rauh o. unters. flockig-wollig, die ob. fiederspalt., Zipfel lineal-stachelspitz. ♃ Jn. Jl. hellgelb.
rupestris. *L.* Felsen-F.
Anhängsel 3eckig................................ 19

19 HüllB. nervenlos; Anhängsel schwärzlich; B. etwas wollig, am Rande rauh o. kahl, WzB. doppelt-gefiedert, ob. StgB. fiederspaltig, Zipfel lineal, borstlich-stachelspitz. ♃ Jn. Jl. schmutzig-gelb oder schmutzig-purp. . . . **sordida.** *W.* Schmutzige F.
HüllB. 5nervig; StgB. gefiedert..... 20

20 Stg. oberw. rispig; Pappus 3mal kürzer als die Achene; Hülle längl.; BFieder und die oberst. B. lineal. ⊙ Jl. Ag. rosa.
paniculata. *Lam.* Stöbenkraut.
Stg. vom Grunde an ästig, rasig; Pappus so lang als die Achene; Hülle eif.; BFieder u. die oberst. B. lanzett., vorn breiter. ⊙ Jl. Ag. violett.
Karschtiana. *Scp.* Fransige F.

LIX. CRUPINA. *Dill.* Schwarzflocke.

Hüllblttch. lanzett., zugespitzt; B. gefiedert, Fieder lineal, stachelspitzig-fein-gesägt. ⊙ Jl. Ag. *J.* fleischroth................ **vulgaris.** *Prs.* Gemeine Sch.

LX. XERANTHEMUM. *L.* Strohblume.

Hülle halbkugelig; Hüllblttch. kahl, stachelspitz., die innern 2mal so lang als die Scheibe. ⊙ Jn. Jl.
annuum *L.* Jährige St.

Hülle walzl.; die äuss. Hüllblttch. grannenlos, auf der Mitte filzig. ⊙ Mai, Jn. *J.*
cylindraceum. *Sm.* Walzliche St.

LXI. SCOLYMUS *L.* Golddistel.

B. in einen verschmälerten Flügel herablaufend; Hüllblttch. zugespitzt; Pappus 2borstig ⊙ Jl. Ag. Bth. u. Stbkölb. citrongelb. *J.*
hispanicus *L.* Spanische G.

LXII. LAPSANA. *L.* Rainkohl.

B. gezähnt, die unt. leierf.; der Stg. rispig. ⊙ Jl. Ag. gelb...................... **communis** *L.* Milchen.

LXIII. APOSERIS. *Neck.* Stinkkohl.

Schaft 1köpf.; B. schrottsägef.-fiederspalt., Zipfel fast rautenf., der endst. 3eckig, fast 3lappig. ♃ Jl. Ag. gelb..................... **foetida.** *Lss.* Gelber St.

LXIV. ARNOSERIS. *Gärtn.* Lämmersalat.

Schaft 1—3köpf.; Bth.Stiele oberw. keulig-verdickt, röhrig; B. vrkhrt.-eif.-längl., gezähnt. ⊙ Jl.-Sp.
pusilla. *Grtn.* Kleiner L.

LXV. RHAGADIOLUS. *Tourn.* Sichelsalat.

Hülle mit einem kurzen AussenK. umgeben; die äuss. Achenen sternf.-ausgebreitet. ⊙ Ap. Mai. *J.* gelb. .... **stellatus.** *Grtn.* Sternblüthiger S.

LXVI. CICHORIUM. *L.* Wegwart. Hintläufte.

Bthständ. B. lanzett., am Grunde breiter, fast stgumfassend. ♃ Jl. Ag. blau, rosa, weiss. **Intybus.** *L.* Blauer Sonnenwirbel, Sonnenwende.
Bthständ. B. breit-eif., am Grunde herzf., stgumfassend. ⊙ Jl. Ag. *cult*............**Endivia.** *L.* Endivie.

LXVII. HYOSERIS. *L.* Schweinsalat.

Schaft oberw. keulig-verdickt; B. schrottsägef.-fiederspalt., Lappen eif., gezähnt; Wz. einfach. ⊙ Mai, Jn. *J.* gelb............ **scabra.** *L.* Rauher Sch.

LXVIII. HEDYPNOIS. *Tourn.* Röhrchenkraut.

Stg. ausgebreitet; WzB. buchtig-gezähnt; BthStiele keulig-verdickt; Hüllblttch. auf d. Rücken steifhaarig. ⊙ Mai, Jn. *J.*.**cretica.** *W.* Kretisches R.

LXIX. THRINCIA. *Roth.* Hundslattich.

WzZasern stark, fädlich; Achenen nur an der Spitze in 1 Schnabel verdünnt. ♃ Jl. Ag.
hirta. *Rth.* Kurzhaariger H.
WzZasern rübenf.; Achenen von der Mitte an in 1 Schnabel verdünnt. ♃ Mai, Jn. *J.*
tuberosa. *DC.* Knolliger H.

LXX. LEONTODON. *L.* Löwenzahn.

1 Wz. senkrecht, spindelf. mit haardünnen Zasern.... 5
Wz. abgebissen.................................. 2

2 Strahlen des Pappus gleichartig, alle federig; Schaft 1—mehrköpf.; B. fiederspalt.-gezähnt; BthStiele oberw. verdickt u. schuppig. ♃ Jl.-Herbst.
autumnalis. *L.* Herbst-L.
Strahlen des Pappus ungleich, die inneren federig, die äuss. haarf. u. scharf; Schaft 1köpf. 3

3 Pappus schneeweiss; Schaft mit 1—3 Schuppen versehen, nebst der Hülle von schwarzen Haaren sehr rauhhaarig; B. lanzett., in den BStiel verschmälert, ganzrandig, gezähnt o. fiederspalt. ♃ Jl. Ag. *A.* **Taraxaci.** *Lois.* Schwarzhaariger L.
Pappus schmutzig-weiss.......................... 4

4 Schaft schuppig, vor dem Aufblühen überhängend; B. vrkhrt.-eif.-lanzett., ausgeschweift-gezähnelt, kahl o. behaart, Haare einfach. ♃ Jl. Ag. *A.* **pyrenaicus.** *Goun.* Pyrenäischer L.
Schaft nackt o. mit 1—2 Schuppen: B. längl.-lanzett., in den BStiel verschmälert, gezähnt o. fiederspalt., kahl o. kurzhaarig, Haare 2—3gablig. ♃ Jn.-Herbst. **hastilis.** *L.* Spiessiger L.

5 B. lanzett., in den BStiel verschmälert, buchtig- o. fiederspalt.-gezähnt; von 3gabl. Haaren steifhaarig; Achenen fast 2mal länger als d. Pappus, von der Mitte an geschnäbelt. ♃ Jn. Jl. schwefelgelb..................**saxatilis.** *Rb.* Felsen-L.
B. längl.-lanzett., ganzrand. o. entfernt-gezähnelt, nebst dem Stg. von 3—4gabl. Haaren grau-filzig o. rauhhaarig.............................. 6

6 Schaft 1—3köpf., am Grunde ästig, Aeste von 1 Blatte gestützt; BthStiele oberw. dicker, mit 1—2 Schuppen; Filz der B. fast mehlig. ♃ Jl. Ag. (7—10 Cm. hoch.)...............**Berinii.** *Rth.* Berini's L.
Schaft 1-köpf., nackt o. mit 1—2 Schuppen; Haare des Stg. u. d. B. sehr kurz. ♃ Jl. Ag. *A.* (20—30 Cm. hoch.)...............**incanus.** *Schrk.* Grauer L.

LXXI. PICRIS. *L.* Bitterkraut.

Aeuss. Blttch. des HüllK. am Rande kahl, auf dem Rücken steifhaar.; mittl. StgB. am Grunde abgeschnitten o. spiessf. ⊙ Jl. Ag. **hieracioides.** *L.* Habichtskrautart. B.
Aeuss. Blttch. des HüllK. borstig-gewimpert; StgB. am Grunde herzf. ⊙ Jn. Jl. *J.* **hispidissima.** *Brtl.* Sehr steifhaariges B.

17*

LXXII. HELMINTHIA. *Juss.* Wurmlattich.

Aeuss. Hüllblttch. ei-herzf., zugespitzt; WzB. vrkhrt-eif., StgB. herzf., stgumfassend. ⊙ Jl. Ag.
echioides. *Grtn.* Stechender W.

LXXIII. UROSPERMUM. *Juss.* Schweifsame.

Hülle weich-flaumig; Schnabel der Achene vom Grunde an allmälig sich verschmälernd. ♃ Mai, Jn. *J.* schwefelgelb.
Dalechampii. *Dsf.* Dalechamp's S.
Hülle borstig-steifhaar.; Schnabel der eif. Achene plötzlich in einen fadenf. Stiel zsmgezogen. ⊙ Mai, Jn. *J.* ....**picroides.** *Dsf.* Bitterkrautart. S.

LXXIV. TRAGOPOGON. *L.* Bocksbart.

1 BthStiele aufwärts allmälig verdickt, keulenf., hohl; Hülle länger als d. Bth. 2
BthStiele gleich, unter der Bth. nur ein wenig verdickt; Bth. gelb 3

2 Bth. bläul.-purp.; Hülle 8blttr.; Köpfch. obers. ganz flach. ⊙ Jn. Jl. ...**porrifolius.** *L.* Lauchblttr. B.
Bth. gelb.; Hülle meist 12blttr.; Köpfch. oberseits vertieft. ⊙ Jn. Jl. ....**major.** *Jcq.* Grosser B.

3 Schnabel der Achenen sehr kurz; randst. Achenen am Grunde fast glatt, oberw. am Pappus feinschuppig-weichstachlig. ⊙ Jn. Jl. *J.*
floccosus. *WK.* Flockiger B.
Schnabel der Achenen fadenf., halb- o. eben so lang als d. Achene; HüllB. über dem Grunde quereingedrückt 4

4 Bth. so lang als die Hülle o. kürzer; randst. Achenen knötig-rauh, so lang als der Schnabel. ⊙ Mai-Jl.
pratensis. *L.* Habermalch. Gauchbart.
Bth. meist länger als die Hülle; randst. Achenen schuppig-weich-stachelig, fast noch einmal so lang als der Schnabel. ⊙ Mai-Jl.
orientalis. *L.* Morgenländischer B.

LXXV. SCORZONERA. *L.* **Schlangenwurz.** Haferwurz.

1 { Bth. gelb 2
Bth. rosenroth; B. lineal o. lineal-lanzett.; die äuss. Hüllblttch. eif.-lanzett.; WzSchopf faserig....... 6

2 { Stg. beblättert, 1—mehrköpf., etwas wollig; die randst. Achenen fein-weichstachlig; B. längl. o. lanzett., zugespitzt; Hülle halb so lang als die Bth., kahl, die äuss. Blttch. 3eckig-eif., die innern eif.-lanzett., alle spitz. ⊙ Jn. Jl.
hispanica. *L.* Spanische Sch. Schwarzwurz.
Stg. nackt o. mit 2—3 linealen o. schuppenf. B. besetzt, 1—3köpfig 3

3 { Stg. nackt, 1köpf.; die äuss. Hüllblttch. eif.-lanzett., an der Spitze verlängert-pfrieml., oft so lang als die innern; Achenen quer-faltig-knötig; B. lineal-lanzett. o. lineal. ♃ Jl. *A.*
aristata. *Ram.* Grannige Sch.
Stg. mit 2—3 schuppenf. o. linealen B. besetzt; Achenen glatt-gerieft.......................... 4

4 { WzSchopf faserig; Stg. meist 1köpf., mit 2—3 schuppenf. B., kahl; Hüllblttch. zugespitzt, an der Spitze selbst stumpf, die äuss. eif.; B. längl.-lanzett. o. lineal ♃ Ap. Mai. **austriaca.** *W.* Oesterreichische Sch.
WzSchopf schuppig o. fehlend; Stg. 1—3köpf., mit 2—3 linealen B.............................. 5

5 { Stg. wollig; Hülle halb so lang als die Bth., die äuss. Blttch. eif.-lanzett. ♃ Mai, Jn.
humilis. *L.* Nattermilch.
Stg. kahl; Hülle so lang als die Bth., die äuss. Blttch. eif. ⊙ Mai-Jl.
parviflora. *Jcq.* Kleinblüthige Sch.

6 { Riefen der Achenen glatt; Stg. 1köpf. o. an der Spitze ästig, 2—4köpfig. ♃ Mai, Jn.
purpurea. *L.* Purpurrothe Sch.
Riefen der Achenen oberw. gezähnelt-rauh; Stg. 1köpf. o. an der Bas. mit einem oder dem andern Aste. ♃ Jl.............**rosea.** *WK.* Rosenrothe Sch.

LXXVI. PODOSPERMUM. *DC.* Stielsame.

(Bth. gelb; B. fiedertheil. mit lineal. zugespitzt. Zipfeln, der endst. lanzett.)

RandBth. noch einmal so lang als die Hülle; unfruchtb. BBüschel vorhanden; Aeste oberw. gefurcht. ♃ Jn.-Ag.
Jacquinianum. *Koch.* Jacquin's-St.
RandBth. so lang o. wenig länger als die Hülle; unfruchtb. BBüschel fehlen; Aeste oberw. stielrund. ⊙ Mai-Jl. ...... **laciniatum.** *DC.* Geschlitzter St.

LXXVII. GALASIA. *Cass.* Zottenriegel.

B. lineal, gekielt, zottig; Stg. ästig; HüllB. sehr zugespitzt, zottig. ♃ Mai, Jn. *J.* gelb.
villosa. *Cass.* Echter Z.

LXXVIII. HYPOCHOERIS. *L.* Ferkelkraut.

1 Stg. kahl, blattlos, ästig; Strahlen des Pappus haarf. u. federig 2
Stg. steifhaarig; Strahlen des Pappus bloss federig. 3

2 Bth. so lang als die Hülle; innere Strahlen des Pappus d. RandFr. mit freien Federchen. ⊙ Jl. Ag.
glabra. *L.* Kahles F.
Bth. länger als die Hülle; innere Strahlen des Pappus der RandFr. dicht wollig-verwebt. ♃ Jl. Ag.
radicata. *L.* Langwurzliges F.

3 BthStiele fast gleichdick; Stg. 1—3köpf., kurz-steifhaarig; B. braun-gefleckt o. ungefleckt. ♃ Jl. Ag.
maculata. *L.* Gefleckte F.
BthStiele fast keulig; Stg. 1köpf., steif-rauhhaarig, am Grunde beblättert. ♃ Jl. Ag. *A.*
uniflora. *Vill.* Einblüthiges F.

LXXIX. WILLEMETIA. *Neck.* Kronlattich.

B. lanzett.-vrkhrt.-eif., gezähnt, kahl, die obern lanzett.; Stg. eckig, unten rauh; BthStiele u. Hülle steifhaarig. ♃ Jl. Ag. gelb. *A.*
apargioides. *Neck.* Löwenzahnähnl. K.

LXXX. TARAXACUM. *Juss.* Pfaffenröhrlein.

Achenen längl.-lineal, beiders. verschmälert, an der Spitze feinknötig; B. längl., die ersten ungetheilt, die spätern gezähnt o. fiederspaltig. ♃ Jl.-Sp.
serotinum. *Poir.* Spätblühendes P.

Achenen fast vrkhrt.-eif., an der Spitze schuppig-weichstachlig........................... 2

Der ungefärbte Theil des Schnabels der Achene länger als diese mit dem gefärbten Theile des Schnabels. ♃ Mai-Hrbst.
officinale. *Wigg.* Röhrelkraut. Mönchskopf.

Der ungefärbte Theil des Schnabels kürzer als die Achene mit d. gefärbten Theile das Schnabels; B. lineal o. lineal-lanzett., in den BStiel verschmälert, ganzrandig o. entfernt-gezähnelt. ♃ Ap. Mai. *J.*
tenuifolium. *Hpp.* Schmalblättriges P.

LXXXI. CHONDRILLA. *L.* Knorpellattich.

WzB. schrottsägef., die ob. StgB. lineal o. lanzett.; Achenen mit 5 lanzett. Zähnen endigend. ⊙ Jl. Ag. gelb, unters. mit 3 weissl. Streifen.
juncea. *L.* Gelber Sonnenwirbel.

WzB. lanzett., nach der Bas. verschmälert, entfernt-gesägt; Achenen mit einem kurzen, klein-gekerbten Krönchen endigend. ♃ Jl. Ag.
prenanthoides. *Vill.* Hasenlattichartiger K.

LXXXII. PRENANTHES. *L.* Hasenlattich.

B. mit herzf. Grunde umfassend, kahl, unterseits meergrün; Köpfch. rispig. ♃ Jl. Ag. purp.
purpurea. *L.* Purpurrother H.

LXXXIII. LACTUCA. *L.* Lattich.

Bth. blau; Achenen beiders. 1riefig; B. kahl, fiederspalt., Zipfel lineal-lanzett.; Ebensträuss. locker, endst. ♃ Mai, Jn. **perennis.** *L.* Ausdauernder L.

Bth. gelb; Achenen beiders. mehrriefig 2

2 Köpfch. 5bth.; B. herablaufend o. gestielt......... 3
Köpfch. mehr als 5bth.; B. sitzend, nicht herablaufend.................................... 4

3 B. herablaufend, die unt. tief-fiederspalt., mit linealen ganzrand. o. etwas gezähnten Zipfeln, die ob. B. lineal, ungetheilt. ⊙ Jl. Ag.
viminea. *Schlz.* Klebriger L.
B. gestielt, leierf.-fiederspalt., Zipfel eif., winkelig-gezähnt; Köpfch. rispig. ⊙ Jl. Ag.
muralis. *Fres.* Mauer-L.

4 Schnabel der Achene schwarz, halb so lang als die Achene; B. unters. glatt; Rispe ebensträuss..... 5
Schnabel der Achene weiss; B. meist am Kiele stachlig 6

5 WzB. u. untere StgB. schrottsägef.-leierf., gezähnt, die obern fiederspalt. mit pfeilf. Grunde. ⊙ Jl. Ag.
stricta. *WK.* Steifer L.
WzB. in den BStiel verschmälert, buchtig-gezähnt, StgB. pfeilf., ungetheilt, gezähnelt, die unt. längl. mit verschmälertem Grunde, die ob. eif.-lanzett., zugespitzt. ⊙ Jl. Ag.
sagittata. *WK.* Pfeilblättr. L.

6 B. ganzrand., lineal, zugespitzt, die untersten schrottsägef.-fiederspaltig; Aeste ruthenf., traubig-ährig. ⊙ Jl. Ag...........**saligna.** *L.* Weidenblättr. L.
B. gezähnelt, längl. o. oval, am Grunde pfeilf...... 7

7 Rispe verbreitert, ebensträuss., flach; B. mit herz-pfeilf. Grunde umfassend, gezähnelt, ganz o. fiederspalt. ⊙ Jl. Ag. *cult.*
sativa. *L.* Kopfsalat. Schmalzkraut.
Rispe pyramidenf. o. mit abstehenden Aesten; B. oval-längl., auf dem Kiele stachlig 8

8 B. spitz, fiederspalt.-schrottsägef., selten ganz; Rispe pyramidenf., Aeste traubig. ⊙ Jl. Ag.
Scariola. *L.* Zaunlattich.
B. stumpf, ganz o. buchtig, die ob. zugespitzt; Rispenäste abstehend. ⊙ Jn.-Ag. **virosa.** *L.* Giftlattich.

LXXXIV. SONCHUS. *L.* Gänsedistel. (Bth. gelb.)

1 Hülle am Grunde schneeweiss-flockig; B. gestielt, fiedertheil., BStiele der mittl. StgB. an der Bas. pfeilf. mit lang-zugespitzten Oehrchen. ⊙ Jn. Jl. *J.* **tenerrimus.** *L.* Zarte G.
Hülle drüsenborstig; Stg. einfach, an der Spitze armköpf. o. ebensträuss. 4
Hülle kahl; StgB. am Grunde herzf.; Stg. ästig; Aeste doldig-ebensträuss. 2

2 B. pfeilf.-umfassend, Oehrch. der StgB. zugespitzt; Achenen querrunzlig. ⊙ Jn.-Hrbst. **oleraceus.** *L.* Hasenkohl. Dudistel;
B. herzf.-umfassend 3

3 Stg. ästig; Aeste doldig-ebensträuss.; Wz. spindelf. ⊙ Jn.-Hrbst. .... **asper.** *Vill.* Rauhe G.
Stg. einfach, an der Spitze 1—wenigköpfig; Wz. kriechend. ♃ Jl. Ag. *J.* **maritimus.** *L.* Seestrand-G.

4 Hülle gelbdrüsig-borstig; Wz. kriechend; StgB. am Grunde herzf. ♃ Jl. Ag. ..**arvensis.** *L.* Saumelk.
Hülle schwarzdrüsig-borstig; Wz. ohne Ausläufer; StgB. am Grunde pfeilf. ♃ Jl. Ag. **palustris**. *L.* Sumpf-G.

LXXXV. MULGEDIUM. *Cass.* Melkdistel.

Tr. einfach u. zsmgesetzt, drüsig-behaart; B. gezähnt, leierf., der endst. Lappen sehr gross, spiessf.-3eckig. ♃ Jl. Ag. *A.* blau. **alpinum.** *Lss.* Berghasenkohl.

LXXXVI. PICRIDIUM. *Desf.* Bitterlattich.

Unt. B. buchtig-fiederspltig, gezähnelt, die obern stgumfassend, längl., fast ganzrandig; BthStiele an der Spitze dicker. ⊙ Ap. Mai. *J.* **vulgare.** *Dsf.* Gemeiner B.

LXXXVII. ZACYNTHA. *Tourn.* Höckerlattich.

WzB. leierf., schrottsägef. o. ganz, StgB. lineal, zugespitzt, am Grunde pfeilf. ⊙ Mai, Jn. gelb. *J.* **verrucosa.** *Gaertn.* Warziger H.

LXXXVIII. PTEROTHECA. *Cass.* Flügellattich.

B. gezähnt o. leierf. ♃ Mai, Jn. *J.* gelb.
nemausensis. *Cass.* Zweispaltiger F.

LXXXIX. CREPIS. *L.* Pippau. Grundfeste.

1 Bth. hellpurp.; Stg. nackt, an der Bas. beblättert; B. schrotsägef. o. tief-fiederspalt., die oberen lanzettl. ⊙ Jn. Jl. . . **rubra**. *L.* Rothblühender P.
Bth. gelbl., fleischfarben, röthl. o. weiss 2

2 Schaft blattlos, o. am Grunde 1—2blättrig 3
Stg. beblättert 7

3 Schaft 1köpfig. (Alpen- o. Istr. Pfl.) 4
Schaft traubig o. doldentraub. 6

4 Bth. pomeranzengelb; Stg. oberw. nebst der Hülle schwarz-rauhhaarig; B. kahl. ♃ Ap. Mai. *A.*
aurea. *Cass.* Goldgelber P.
Bth. gelb 5

5 Stg. an der Spitze nebst dem unt. Theile der Hülle kurzhaarig; B. längl.-lanzett., etwas gezähnt, kahl; WzFasern knollentrag. ♃ Ap. Mai. *J.*
bulbosa. *Cass.* Knolliger P.
Stg. an der Spitze filzig; Hülle von schwärzl., bisweilen drüsentragenden Haaren mehr o. weniger rauhhaar.; Wz. spindelf.; B. lanzettl., gezähnt o. schrottsägef. ♃ Jl. Ag. **alpestris**. *Tsch.* Alpen-P.

6 Schaft traubig, die unt. BthStiele 2—3köpfig, die oberen 1köpfig; B. oval-längl., an der Bas. verschmälert, gezähnt, flaumig. ♃ Mai, Jn. gelb.
praemorsa. *Tsch.* Abgebissener P.
Schaft doldentraub.; B. vrkhrt-eif.-längl., an der Bas. verschmälert, gezähnelt. ♃ Mai, Jn. röthl., weiss o. gelb . . . . **incarnata**. *Tsch.* Fleischfarb. P.

7 BStiele gezähnt. (Pfl. der Alpen u. Voralpen.) 8
BStiele fehlend o. nicht gezähnt 9

8 BStiele leierf.-gezähnt; B. eif. o. herzf.; Stg. liegend. ♃ Jl. Ag. *A.* . . . . **pygmaea**. *L.* Zwerg-P.
BStiele der unt. B. tief-gezähnt, stgumfassend; B. ellipt.-rundl. ♃ Jl. Ag. **sibirica**. *L.* Sibirischer P.

9 { Blttch. des HüllK. ganz kahl; Blttch. des AussenK. eif., kurz, angedrückt; Blrispe gleichhoch, nackt. ⊙ Jn. Jl. . . . . **pulchra**. *L* Schöner P.
Blttch. des HüllK. flaumig, verschieden behaart o. dornig 10

10 { B. längl., gezähnt; WzB. am Grunde verschmälert; StgB. pfeil- o. spiessf.; Blttch. des HüllK. rauhhaar., die innern so lang als die äusseren, Haare borstig, einfach. ♃ Jl. Ag.
blattaroides. *Vill.* Schabenkrautart. P.
B. u. HüllK. anders beschaffen 11

11 { Blttch. des HüllK. drüsig-behaart o. rauhhaar. von einfachen u. drüsentrag. Haaren 12
Blttch. des HüllK. ohne Drüsenhaare 15

12 { Achene deutlich geschnäbelt; B. schrottsägef.-fiederspalt., die obern lanzettl., am Grunde tief-eingeschnitten; HüllK. grau u. zottig von einfach. drüsentrag. Haaren. ⊙ Jn.-Ag.
foetida. *L.* Stinkender P.
Achene ungeschnäbelt; StgB. stgumfassend 13

13 { Pappus weissgelbl., 10rief.; B. kahl, die obern eilanzettl., am Grunde herzf., an der Spitze ganzrandig, lang-zugespitzt. ♃ Jn. Jl.
paludosa. *Mnch.* Sumpf-P.
Pappus schneeweiss, 20riefig 14

14 { B. kahl o. einfach-behaart, längl., schwachgezähnt, das unterste StgB. über dem Grunde zsmgezogen. ♃ Jl. Ag. . . **succisaefolia**. *Tsch.* Abbissblättr. P.
B. drüsig-flaumig, gezähnt, WzB. längl.-lanzettl., in 1 breiten BStiel verschmälert; StgB. am Grunde pfeilf. ♃ Jl. Ag. *A.*
grandiflora. *Tsch.* Grossblumiger P.

15 { Blttch. des HüllK. steifhaarig o. dornig-steifhaar.; Achenen des Mittelfeldes o. alle deutlich geschnäbelt. 16
Blttch. des HüllK. grauflaumig o. filzig. 19

BthStiele vor dem Aufblühen nickend; Stg. und die
schrottsägef.-fiederspalt. B. sowie der HüllK. bor-
16 stig-steifh. ⊙ Jn. Jl.
rhoeadifolia. *MB.* Klatschrosenblttr. P.
BthStiele vor dem Aufblühen aufrecht. 17

Hülle nach dem Verblühen von der Länge des Pappus; Blttch. des AussenK. lanzettl., spitz., nebst
dem Rande der DeckB., dem Rücken der inneren
HüllBlttch. u. den BthStielen fast dornig-steifh. ⊙
17 Jl. Ag. . . . .**setosa**. *Hllr.* Borstiger P.
Hülle nach dem Verblühen von der halben Länge
des Pappus, grau u. steifhaarig; Blttch. des AussenK.
kahl. 18

Blttch. des AussenK. eif.-lanzettl., nach der Spitze
verschmälert, am Rande häutig; die DeckB. lineal,
krautig, schmal-häutig-berandet. ⊙ Mai, Jn.
taraxacifolia. *Thuil.* Löwenzahnblttr. P.
18 Blttch. des AussenK. oval, concav, häutig; die DeckB.
längl., stumpf, häutig, mit schmalem krautigem
Rückenstreifen. ⊙ Mai. *J.*
vesicaria. *L.* Blasiger P.

B. gefiedert, Fieder büschelig getheilt, Zipfel lineal,
19 sehr schmal. ♃ Jn. Jl.
chondrilloides. *Jcq.* Knorpelsalatähnl. P.
B. nicht gefiedert. 20

HüllK. nebst den BthStielen locker-filzig u. oft schwarz-
rauhh.; Stg. 1—5köpf.; WzB. lanzettl., kahl, ge-
20 stielt, StgB. schrottsägef.; Achenen 12riefig. ♃ Jl.
Ag. *A.* . . . . **Jacyuini**. *Tsch.* Jacquin's P.
HüllK. grauflaumig; Achenen 10—13riefig; Pappus
weich, schneeweiss. 21

Stg. vom Grunde an ästig, Aestch. 2—3bth., vor der
Bthzeit überhängend; Blttch. des AussenK. ange-
21 drückt, lanzettl., u. nebst den DeckB. am Rande
kahl. ⊙ Ap. Mai. *J.* **neglecta**. *L.* Vernachlässigter P.
Stg. doldentraubig. 22

Die innern Hüllblttch. an ihrer Innenfläche haarig,
22 die äuss. abstehend. 23
Die innern Hüllblttch. an ihrer Innenfläche kahl;
StgB. flach, am Grunde pfeilf. 24

23 StgB. flach, am Grunde geöhrelt-gezähnt; Hüllblttch. längl.-lineal, stumpflich. ⊙ Mai, Jn.
biennis. *L.* Zweijähriger P.
StgB. lineal, am Grunde pfeilf., am Rande zurückgerollt; Hüllblttch. lanzettl., verschmälert. ⊙ Mai, Jn.... .... **tectorum.** *L.* Dachgrundfeste.

24 Die äuss. Hüllblttch. abstehend, lanzettl.; Achenen an der Spitze verschmälert; Oehrchen der Stg.B. zugespitzt u. abwärts gerichtet. ⊙ Mai, Jn.
nicaeensis. *Blb.* Nicäischer P.
Die äuss. Hüllblttch. angedrückt, lineal; Achenen lineal-längl., an der Spitze nicht verschmälert; Fr-Boden kahl. ⊙ Jn.-Herbst.
virens. *Vill.* Schlitzblättr. P.

XC. SOYERIA. *Monn.* Pfriemenkrone.

Stg. am Grunde beblättert, an der Spitze verdickt; B. ellipt.-längl., gezähnt, StgB. halbumfassend; Hülle sehr rauhhaar. ♃ Jn. Jl. *A.*
montana. *Monn.* Berg-P.
Stg. blattreich; B. sämmtl. gestielt, schrottsägef., das oberste lineal, ganzrandig; Hülle sehr schwarzrauhhaarig. ♃ Jl. Ag. *A.*
hyoseridifolia. *Kch.* Schweinsalatblttr. P.

XCI. HIERACIUM. *L.* Habichtskraut*).

1 Strahlen des Pappus gleichlang, 1reihig; WzStock schief o. wagrecht, meist abgebissen, sehr oft beblätterte Ausläufer treibend; Stg. schaftartig, oft gabelig, blattlos o. armblättrig, sehr selten reichblttr.; B. ganzrandig o. undeutl. gezähnt....... 2
Strahlen des Pappus ungleich, fast 2reihig, die äuss. kürzer; Ausläufer fehlen..................... 13

*) Um die Habichtskräuter mit Sicherheit bestimmen zu können, wähle man frische, vollständ. Exemplare mit Wz., WzB., Ausläufern u. dgl., u. untersuche nicht blos ein, sondern wo möglich mehrere Individuen einer Art; mit einzelnen Zweigen und getrockneten Ex. plagt man sich vergeblich.

Auf die zahlreichen Bastard- u. Uebergangsformen dieser Gattung, in den Floren unter den verschiedensten Benennungen angeführt, kann in dieser analytischen Darstellung kein Bedacht genommen werden.

2 Stg. schaftf. u. 1köpfig, o. gabelspaltig u. 2köpfig, o. wiederholt-gabelspaltig und jeder Ast 1köpfig.. 3
Stg. 2—vielköpfig, aber nicht gabelspaltig; Köpfch. ebensträuss............................. 6

3 Schaft nackt, 1köpf.; Hülle kurz-walzlich; B. etwas meergrün, vrkhrt.-eif.-längl. o. lanzett., unters grau- o. weissfilzig; ausläufer-treibend. ♃ Mai Hrbst.
Pilosella. *L.* Dukatenröschen.
Schaft meist 1blttr., 2köpfig o. gabelspaltig-3—mehrköpfig, sehr selten 1köpfig..................... 4

4 Ausläufer sehr kurz o. ganz fehlend; Hülle zur FrZeit kugelig; B. kahl u. zerstreut borstig, unters. mit fein sternförm. Flaume besetzt, auf der Mittelrippe borstig. ♃ Jl. Ag. *A.* RandBth. unterseits purp.-streifig. .. ..**furcatum.** *Hpp.* Gabliges H.
Ausläufer liegend, unfruchtb. o. bthtragend; B. borstig-behaart, unters. von zerstreut sternf. Flaume etwas grau............................. 5

5 RandBth. unters. mit 1 Purp.-Streifen; Hülle zur FrZeit niedergedrückt-kugelig; B. grasgrün. ♃ Mai-Jl.
stoloniflorum. *WK.* Ausläuferblüthiges H.
RandBth. meist gleichfarbig; Hülle zur FrZeit eif.-kegelf.; B. bläulich-grün. ♃ Mai-Jl.
bifurcum. *MB.* Zweigabliges H.

6 Stg. an der Spitze 2—5köpfig, nackt o. 1blttr.; Bth-Stiele ebensträuss.; Bth. gelb o. schwefelgelb.... 7
Stg. ebensträuss.-vielköpfig (20—100köpfig, bei *H. aurantiacum* bloss 2—10köpf.); Bth. gelb o. pomeranzenfarb............................. 8

7 B. bläul.-grün, lanzett., kahl u. zerstreut-borstlich, die äuss. stumpf, die innern spitz. ♃ Jn.-Hrbst.
Auricula. *L.* Mausöhrchen.
B. grasgrün, lanzett. o. lineal, kahl, o. am Rande o. auf der Rippe fein-sternf.-flaumig u. zerstreut-borstig. ♃ Jn.-Ag. *A.*
angustifolium. *Hpp.* Schmalblttr. H.

8 B. mehr o. weniger bläulich-grün, niemals grasgrün, am Rande o. überall borstig-steifhaar., u. unters. o. beiders. sternhaarig-flaumig, selten ganz kahl; Bth. gelb o. schwefelgelb. 9
B. grasgrün, nicht bläulich, übrigens rauhhaar., bisweilen etwas grau, aber dann mit pomeranzenf. o. röthl. Bth. 12

9 Stg. 5—12blttr.; B. nach aufwärts an Grösse allmälig-abnehmend, lanzett., von sternf. Flaume weiss-filzig u. von starren, langen Borsten beiders. steifhaarig; Ebenstr. locker, weissfilzig. ♃ Jn.-Ag.
echioides. *WK.* Natterkopfart. H.
Stg. nackt o. am Grunde nur 3—5blttr. 10

10 Ebenstr. locker, kahl o. zerstreut-behaart o. feinsternf.-flaumig; B. lanzett., o. schmal-lanzett., kahl, o. am Rande u. auf der Oberfläche borstig-behaart, aber daselbst ohne sternf. Flaume. ♃ Jn. Jl.
florentinum. *Gd.* Florentinisches H.
Ebenstr. gedrungen, von drüsigen Haaren o. Borsten rauhhaarig; B. längl.-lanzett. o. längl. 11

11 Stg. feinsternf.-flaumig u. borstig, an der Bas. 3 bis 6blttr.; B. beiders. feinsternf.-flaumig u. kurzborstig. ♃ Jn. Jl. .... **Nestleri**. *Vill.* Nestler's H.
Stg. von verlängerten schlanken Haaren rauhhaar., armblttr., oberw. nebst dem Ebenstr. schwarz-behaart; B. nur etwas bläulich, oberseits ohne sternf. Flaum, von schlanken Haaren rauhhaarig. ♃ Jn.-Ag.
pratense. *Tsch.* Wiesen-H.

12 Bth. lebhaft-pomeranzenroth, o. die innern gelb; Stg. von verläng. schlanken Haaren rauhhaar., oberw. nebst dem Ebenstr. schwarz-drüsig-behaart; Ebenstr. locker, meist 2—10köpf.; B. längl. o. vrkhrt-eif., ohne sternf. Flaum. ♃ o. ⊙ Jn. Jl. *A.*
aurantiacum. *L.* Pomeranzenfarb. H.
Bth. gelb o. röthlich; Stg. nebst den BthStielen u. B. feinsternf.-flaumig und von verläng. Borsten rauhhaar.; Ebenstr. dicht-gedrängt, meist 20—30-köpfig; B. lanzett. o. vrkhrt-eif.-lanzett. ♃ Jn.-Ag. *A.* .... **sabinum**. *Seb. u. M.* Sabinisches H.

13 WzB. der nicht blühenden WzKöpfe überwinternd, und im nächsten Jahre zur Zeit des Aufblühens noch frisch.................................. 14
WzB. fehlen gänzl. o. sind schon vor der BthZeit vertrocknet; die Pflanze setzt im Herbste Wz-Knospen an, die im folgenden Jahre einen Stg. treiben o. kleine BBüschel, die noch vor dem Aufblühen verwelken. (Die wegen unvollkomm. Entwickelung des Stg. bei *H. boreale* u. *rigidum* am untern Theile des Stg. dicht stehenden StgB. dürfen nicht für WzB. gehalten werden.).............. 36

14 Haare der B. nicht drüsentragend, (nur *H. Jacquini* hat wenige drüsentrag. Haare, aber auswendig kahle BthZähne), gezähnelt-scharf.............. 15
Haare der B. alle o. doch die meisten drüsentragend; B. grün, kaum in's Bläuliche spielend; BthZähne auswendig mit kurz-gegliederten Haaren besetzt; WzB. in den BStiel verschmälert.............. 34

15 BthZähne auswendig kahl........................... 16
BthZähne auswendig mit kurz-gegliederten Haaren besetzt; BthStiele drüsig-behaart; B. zugespitzt, ganzrand. o. entfernt-gezähnelt, in einen langen BStiel verschmälert, die StgB. entfernt-stehend, die obern sitzend, eif.-lanzett., halb-umfass.; Hülle zottig o. dicht-drüsenhaar. (WzB. oft ½15 Cm. lang.) ♃ Jl. Ag. *Kth. A. Ug.*
longifolium. *Schl.* Langblättr. H.

16 Haare an der Spitze des Stg., an den BthStielen u. Hüllen schwarz, drüsentragend u. kurz, gemengt mit grauem Flaume; Stg. 2—vielköpf., meist ebensträuss.................................... 17
Haare an d. Spitze des Stg. entweder nicht drüsentrag. o. nicht schwarz, oder nur am Grunde schwarz. 20

17 B. ganzrandig, hinterw. wenig-zähnig, beiders. rauhhaarig, bläulich-grün, die äuss. WzB. eif., vorn etwas breiter, abgerundet-stumpf. ♃ Jn. Jl.
lasiophyllum. *Kch.* Wollblttr. H.
B. gezähnt, am Rande u. unters. rauhhaarig....... 18

18 Die tiefern Zähne an der Bas. d. B. nach rückwärts gerichtet; B. grasgrün. WzB. eif., fast herzf.; Stg. meist 1blttr. ♃ Jn.-Ag.
murorum. *L.* Buchkohl. Kostekraut.
Die tiefern Zähne an der Bas. d. B. nach vorwärts gerichtet; B. eif.-lanzett. o. eif., am Grunde verschmälert. 19

19 B. grasgrün; Stg. 3—mehrblttr.; B. am Rande u. unters. zottig, eif. o. eif.-lanzett., gezähnt o. eingeschnitten, die WzB. u. unt. StgB. gestielt, die obern fast sitzend. ♃ Jn. Jl.
vulgatum. *Kch.* Gemeines H.
B. bläulich-grün; Stg. meist 1blttr., das StgB. fast sitzend, alle am Rande o. unters. rauhhaar., eif.-lanzett., gezähnt. ♃ Jn.-Ag.
Schmidtii. *Tausch.* Schmidt's-H.

20 Stg. wenigstens an der Spitze sammt BthStielen u. Hüllen ausser dem grauen Flaume mit einfachen, fast immer drüsenlosen, grauen, am Grunde schwarzen Haaren o. Zotten besetzt. 21
Stg. entweder kahl o. mit sternf. Flaume besetzt, o. sammt den BthStielen u. Hüllen von weissen o. russfarb. Haaren sehr zottig, o. die Haare sind mit vielen drüsentragenden gemischt................ 23

21 Stg., BthStiele u. Hüllen nebst dem Flaume von verlängerten Haaren sehr zottig; Stg. fast nackt, 1—armköpf.; B. bläulich grün, lanzett., spitzig, in den BStiel verschmälert, ganzrandig o. klein-gezähnelt, WzB. rasig. ♃ Jn.-Ag. *A.*
Schraderi. *Schl.* Schrader's H.
Stg. an der Spitze, nebst BthStielen u. Hüllen ausser dem Flaume haarig o. kurzhaarig; B. gezähnt. .. 22

22 Stg. nackt o. meist 1blttr.; B. bläulich grün, WzB. ellipt. o. lanzett., am Grunde verschmälert; StgB. lanzett. o. schuppenf.; Stg. schlank, 2theil. o. gabelspalt.-ästig, Aeste abstehend, 1köpf.; BthStiele u. Hülle mit einfachen Haaren. ♃ Jn.-Ag. *A.*
bifidum. *Kit.* Zweispaltiges H.
Stg. vom Grunde an ästig u. beblttr.; B. grasgrün, eif.-lanzett., am Grunde verschmälert, die tiefern Zähne abstehend, WzB. u. untere StgB. gestielt, die obersten sitzend; Stg. rispig-ebenstr.; BthStiele u. Hüllen grau u. kurzhaarig. ♃ Jn.-Ag. **ramosum**. *WK.* Aestiges H.

23 { Stg. fast nackt o. 1blttr., o. nur mit wenigen lanzett.-lineal. B. 24
Stg. beblättert 27

24 { Wz. unter der Erde weit kriechend; Stg. 1—3köpf., fast nackt; BthStiele verlängert, oberw. vielschuppig, sammt d. Hülle grau; WzB. lineal o. lineal-lanzett., kahl, entfernt-gezähnt o. ganzrandig. ♃ Jn. Jl. *A.* **staticefolium.** *Vill.* Grasnelkenblättr. H.
Wz. nicht unter d. Erde kriechend; B. lanzett. o. eif.; Stg. o. Hüllen drüsig-haarig 25

25 { Stg. 1köpf. ausser dem sternf. Flaume von kurzen Drüsenhaaren dicht bedeckt; die Hülle von verlängerten, russfarb.-grauen, am Grunde schwarzen Haaren sehr zottig; B. lanzett., spitz, grasgrün, ganzrandig o. klein-gezähnelt, WzB. rasig. ♃ Jl. Ag. *A.* .... **glanduliferum.** *Hpp.* Drüsiges H.
Stg. meist 2köpf. o. ästig o. ebensträuss.; B. bläulich-grün 26

26 { Stg. ebensträuss., meist 1blttr., oberw. sammt Bth.-Stielen u. Hüllen grau u. haarig, Haare am Grunde schwarz, die meisten drüsentrag.; B. eif.-lanzett., am Grunde verschmälert, gezähnt. ♃ Jn.-Ag. **Schmidtii.** *Tsch.* Schmidt's-H.
Stg. schlank, fast fadenf., meist gabelspalt., die wenigen Aeste verläng., 1köpfig, an der Spitze sammt der Hülle grau u. einfach- u. drüsig-haarig; WzB. breit-lanzett., zugesp., in den BStiel verschmälert, StgB. wenige, lanzett.-lineal. ♃ Jn. Jl. **rupestre.** *All.* Felsen-H.

27 { B. grasgrün, längl.-eif., unters. u. am Rande haarig, WzB. u. unt. StgB. gestielt, am Grunde tief gezähnt o. fast fiederspalt., die obersten lanzett., ganzrand., sitzend; Stg. niedrig, aufstreb., von einfachen u. drüsentrag. Haaren kurzhaar., meist 2köpf. o. ästig. ♃ Jn. Jl. *A.* .. **Jacquini.** *Vill.* Jacquin's H.
B. bläulich-grün 28

28 { Stg. kahl; B. kahl o. an der Bas. gewimpert. 29
Stg. zottig, haarig o. flaumig 32

29 BthStiele sammt Hüllen von weissen Haaren sehr zottig; B. lanzett., zugespitzt, in den BStiel verschmälert; Blttch. der Hülle sehr spitz, die äuss. etwas abstehend. ♃ Jn. Jl. *A.*
glabratum. *Hpp.* Kahles H.
BthStiele sammt Hüllen von feinem sternf. Flaume graulich, oder auch nebstdem haarig. 30

30 Hüllblttch. spitz, die äuss. abstehend; BthStiele aufr., sammt den Hüllen sternf. flaumig u. von einfach. Haaren behaart; B. lanzett., zugespitzt, am Grunde verschmälert, ausgeschweift gezähnelt o. gezähnt, StgB. zahlreich, genähert, die ob. sitzend. ♃ Jl. Ag *A.*..... **bupleuroides.** *Gml.* Hasenohrart. H.
Hüllblttch. an der Spitze stumpf u. angedrückt. ... 31

31 Stg. meist vom Grunde an ästig, locker-rispig; Aeste schlank, abstehend, meist 2köpf.; B. lineal-lanzett. o. lineal, zugespitzt, am Grunde verschmälert, fast ganzrand.; Köpfch. 20—25blüthig. ♃ Jl. Ag. *A.* ... **porrifolium.** *L.* Lauchblttr. H.
Stg. 2—vielköpf.; BthStiele ausgespreizt; B. lanzett., zugespitzt, nach dem Grunde verschmälert, ganzrand. o. entfernt gezähnt o. gezähnelt; Köpfch. 50—60bth. ♃ Jn. Jl. *A.*
glaucum. *All.* Graugrünes H.

32 Hüllblttch. stumpfl., nur die innern spitz; Stg. rauhhaar., oberw. sammt Hülle u. BthStielen auch noch von sternf. Flaume grau; B. graugrün, lanzett. o. längl.-lanzett., zugespitzt, etwas steif. ♃ Jl. Ag. *A.*
speciosum. *Horn.* Schönes H.
Hüllblttch. verschmälert, sehr spitz. 33

33 Stg. von der Wz. an nebst den BthStielen u. Hüllen von weissen Haaren sehr rauhhaarig; B. wolligrauhhaar., längl.-lanzett., gezähnelt, fast wellig, nach dem Grunde verschmälert, die obern eif. u. halbstgumfassend; die äuss. Hüllblttch. weit-abstehend. ♃ Jn. Jl. *A.* **villosum.** *Jcq.* Zottiges H.
Stg. mit sternf. Flaume bestreut u. zottig; B. rauhhaar. o. obers. kahl, weich, lanzett., zugespitzt; StgB. zahlreich, die obern kleiner, eif., sitzend; BthStiele u. Hüllen grau u. rauhhaar. ♃ Jl. Ag. *A.*
dentatum. *Hpp.* Gezähntes H.

18*

34 Stg. drüsig-behaart, Haare gelblich, die an den Köpfch. u. BthStielen oft am Grunde schwarz; Aeste abstehend, mit 1 B. gestützt; B. etwas dick u. steif, die StgB. sitzend o. halbumfass., die obern sammt d. DeckB. eif. o. herzf.; die innersten Hüllblttch. verschmälert, sehr spitz. ♃ Jn. Jl. *A.*
amplexicaule. *L.* Stengelumfass. H.
Stg. durch einfache graue, am Grunde schwarze Haare mehr o. minder zottig o. rauhhaar., u. mit ganz schwarzen Drüsenhaaren besetzt.......... 35

35 Stg. 1—wenigköpf., 1- o. mehrblttr., mit feinsternf. Flaume bestreut, u. nebst der Hülle von langen, am Grunde schwarzen u. kohlschwarzen drüsentrag. Haaren sehr zottig; B. grasgrün, lanzett. o. ellipt., ganzrand. o. gezähnt. ♃ Jn. Jl. *A.*
alpinum. *L.* Alpen-H.
Stg. ebensträuss., vom Grunde an beblttr., rauhhaar., an der Spitze nebst den BthStielen u. Hüllen feinsternf.-flaumig, schwarzdrüsig u. grauhaarig; B. grasgrün, ellipt., gezähnt. ♃ Jn. Jl.
cydoniaefolium. *Vill.* Sudeten-H.

36 BthZähne auswendig mit kurz-gegliederten Haaren besetzt; WzB. zur BthZeit bereits vertrocknet; B. mit herzf. Grunde umfass., längl.-lanzett. o. eif., zugespitzt, gezähnelt, unters. netzaderig, die unt. fast geigenf.-spatelig. ♃ Jl. Ag. *A.*
prenanthoides. *Vill.* Hasenlattichart. H.
BthZähne auswendig kahl; WzB. fehlen gänzlich... 37

37 B., Stg., BthStiele u. Hüllen dicht-drüsenhaarig-klebrig, verlängert-lanzett., ausgeschweift- o. buchtiggezähnt; Stg. 1köpf. o. ästig mit 1köpf. Aesten. ♃ Jl. Ag. *A.* blassgelb. **albidum.** *Vill.* Weissliches H.
B. nicht drüsenhaarig; Stg. starr, blattreich...... 38

38 Stg. von der Mitte o. vom Grunde an traubig-ästig; die seitenst. BthStiele der Aeste so lang als das stütz. DeckB. o. kürzer; Hülle fast kahl; B. gezähnt, die unt. in den BStiel verschmälert, die obern eif., zugespitzt, halbstgumfassend. ♃ Jl. Ag.
racemosum. *WK.* Traubiges H.
Stg. oberw. rispig, ebensträuss. o. doldig; BthStiele länger als die stütz. DeckB.................. 39

39 B. eif., die ob. mit herzf. Grunde anschliessend-sitzend, umfassend, die unt. in den kurzen, verbreit. BStiel zsmgezogen; Hüllblttch. am Rande blass; 1—2 Schuppen unter dem Köpfch. ♃ Jl. Ag. **sabaudum.** *L.* Savoyer H.
B. eif.-lanzett., lanzett. o. lineal, die unt. in 1 kurz. BStiel zsmgezogen, die obern fast sitzend. 40

40 Hüllblttch. an der Spitze zurückgekrümmt; Stg. ästig, selten 1köpf., die letzten Aeste meist doldig; B. lanzett. o. lineal, meist ganzrandig. ♃ Jn.-Hrbst. .... **umbellatum.** *L.* Doldiges H.
Hüllblttch. mit der Spitze angedrückt. 41

41 Hüllblttch. gleichfarbig; Stg. dicht-beblättert; B. nach aufw. an Grösse allmälig abnehmend, eif.-lanzett. o. lanzett.; BthStiele unter dem Köpfch. deutlich verdickt, meist mit mehreren Schuppen; Köpfch. am Grunde rundlich-eif. ♃ Jl.-Hrbst. **boreale.** *Fr.* Nordisches H.
Hüllblttch. am Rande blässer gefärbt; Stg. oberw. ästig, Aeste fast ebenstr.; B. eif.-lanzett. o. lineal-lanzett., tief u. sparsam gezähnt. ♃ Jn. Jl. **rigidum.** *Hartm.* Steifes H.

---

63. Ordnung. AMBROSIACEEN. *Lk.* Ambrosiengewächse.

Bth. 1häusig; männl. Bth. in 1 von einer vielblttr. Hülle umgebenes Köpfch. zsmgestellt, die weibl. einzeln o. gezweit, von einer 1blttr. Hülle eingeschlossen; Perigon der weibl. Bth. fehlend, das der männl. Bth. 1blttr., 5zähnig; Staubgfss. 5, dem Grunde des Perig. eingefügt; FrKnoten nackt; Gr. 1; Narb. 2; Fr. trocken, von der verhärt. Hülle, die eine falsche Nuss darstellt, eingeschlossen.

GATTUNG.

Charakter derselbe. ....**Xanthium.** I.

ARTEN.

I. **XANTHIUM.** *L.* **Spitzklette.** (Bth. grün.)

1 Dornen am Grunde d. B. 3gabelig; B. ganz o. 3lappig, der mittl. Lappen verlängert, zugespitzt, ⊙ Jl. Ag. **spinosum.** *L.* Igelklette.
Dornen am Grunde d. B. fehlen.................. 2

2 Fr. flaumhaarig mit etwas zsmneigenden, geraden Schnäbeln. ⊙ Jl.-Oc. **strumarium.** *L.* Bettlerläuse.
Fr. steifhaarig mit hakigen Schnäbeln. ⊙ Jl.-Oct. **macrocarpum.** *DC.* Langfrüchtige Sp.

---

64. Ordnung. CAMPANULACEEN. *Juss.* Glockenblumengewächse.

K. oberständ., 5spaltig; Kr. 1blttr., dem K. eingefügt, regelm.; Stbgfss. 5, der Kr. eingefügt, mit deren Zipfeln abwechselnd; FrKnoten 2—10fächerig, Fächer vieleiig; Samenträger mittelpktst.; Gr. 1; N. 2—10spalt.; Kapsel-Fr.; B. wechselständig.

GATTUNGEN.

1 Kr. mit linealen Zipfeln, die beim Aufblühen verwachsen sind u. sich später vom Grunde nach der Spitze trennen.............................. 2
Kr. mit freien Zipfeln, glockenf. o. radf........... 3

2 Stbfäd. pfrieml.; Stbkölbch. zsmhängend; Kps. an der Spitze mit 1 Loche aufspring.; B. lineal. **Jasione.** I.
Stbfäd. am Grunde breit-3eckig; Stbkölbch. frei; Kaps. mit seitl. Löchern aufspring. **Phyteuma** II.

3 Kr. radf. mit flachem Saume; Kps. lineal-längl., prismatisch......................... **Specularia.** VI.
Kr. glockig; Kps. eif. o. kreiself................ 4

4 Kps. innerhalb des K. unregelm.-aufspringend, Klappenstücke abfallend. . . . . **Edrajanthus.** IV.
Kps. an der Spitze mit 3 Löchern aufspring., kreiself. 5

5 Die oberweibige Scheibe um den Gr. in Gestalt eines Röhrchens erhöht. . . . . **Adenophora.** V.
Keine röhrenf. Erhöhung um den Grund des Gr. **Campanula.** III.

ARTEN.

I. JASIONE. *L.* Sandglöckchen. (Bth. blau.)

Wz. einfach, vielstengelig. ⊙ Jn. Jl. **montana.** *L.* Berg-S.
Wz. ausläufertrb.; Stämmchen 1stengelig. ♃ Jn.-Ag. **perennis.** *Lam.* Ausdauerndes S.

II. PHYTEUMA. *L.* Rappwurz.

1 Bth. ährig; Aehre kugelig o. walzlich. (Bth. violett, blau o. weiss.) 2
Bth. kurz-gestielt, doldig o. traubig-rispig. 11

2 Aehre immer kugelig, o. nach dem Verblühen fast oval. 3
Aehre zur BthZeit verlängert, endlich walzlich; DeckB. lineal o. pfriemlich. 8

3 Die äuss. DeckB. lineal, ganzrandig, meist länger als das vielbth. kugelige Köpfch. ♃ Jl. Ag. *A.* **Scheuchzeri.** *All.* Scheuchzer's-R.
Die äuss. DeckB. am Grunde eif., nicht lineal. 4

4 DeckB. stumpf, rundl.-eif., zottig-gewimpert, kürzer als das 5bth. Köpfch. ♃ Jl. Ag. *A.* **pauciflorum.** *L.* Wenigblüthige R.
DeckB. lanzett.-verschmälert o. zugespitzt; Köpfch. vielbth. 5

5 B. der unfruchtb. Büschel u. unt. StgB. langgestielt, herzf., eif. o. eif.-lanzett.; DeckB. gesägt. 6
B. lineal o. lanzett.-lineal; Kpfch. meist 12bth.; DeckB. zottig-gewimpert o. gewimpert rauh. 7

6 B. gekerbt, die ob. StgB. sitzend, aus rauten-eif. Bas. verschmälert; äuss. DeckB. eif., zugespitzt, geschärft-gesägt, ♃ Jl. Ag. *A.*
Sieberi. *Spr.* Sieber's R.
B. gekerbt-gesägt, die ob. StgB. lineal; äuss. DeckB. lanzett., etwas gesägt. ♃ Jn.-Ag.
orbiculare. *L.* Kugelförmige R.

7 B. ganzrandig o. an der Spitze etwas gekerbt; DeckB. ganzrand., zottig-gewimpert, halb so lang als die Kpfch. ♃ Jl. Ag. *A.*
hemisphaericum. *L.* Teufelskrallen.
Die obern B. entfernt-gezähnelt; DeckB. am Grunde geschärft-gezähnt, am Rande gewimpert-rauh, fast so lang als d. Kpfch. ♃ Jl. Ag. *A.*
humile. *Schl.* Niedrige R.

8 Aehre vrkhrt-eif.-längl.; B. grob-doppelt-gesägt, die unt. gestielt, eif., die obersten lanzett. ♃ Jn. Jl. *A.* schwarz-violett, selten weiss.
Halleri. *All.* Haller's-R.
Aehre längl. o. rundl., o. oval und zuletzt walzlich; die obersten B. lanzett. o. lineal................ 9

9 Aehre anfangs rundl. o. oval, endlich walzl.; B. entfernt-gekerbt-kleingesägt, WzB. u. unt. StgB. herzf., eif.-lanzett. o. fast lineal, gestielt, die oberst. sitzend. ♃ Jl. Ag. *A.* violett.
Michelii. *Brt.* Micheli's-R.
Aehre längl.; B. einfach- o. doppelt-gekerbt-gesägt, die unt. gestielt, eif. mit herzf. Grunde, die obersten lineal................................... 10

10 B. einfach-gekerbt-gesägt. ♃ Mai, Jn. dunkelviolett.
nigrum. *Schm.* Schwarzblüthige R.
B. doppelt-gekerbt-gesägt. ♃ Mai, Jn. weiss o. gelbl., an der Spitze grün.....**spicatum.** *L.* Aehrige R.

11 Bth. in einer endst. Dolde; B. gezähnt, WzB. nierenf. ♃ Jn. Jl. azurblau, an der Spitze schwarz-roth.
comosum. *L.* Schopfige R.
Bth. einzeln, zerstreut, traubig-rispig; die unt. B. eif., gekerbt-gesägt. ♃ Jl.-Hrbst. blau.
canescens. *WK.* Grauliche R.

III. CAMPANULA. *L.* Glockenblume.

1 Buchten zwischen den KZipfeln ohne Anhängsel ... 2
Buchten zwischen den KZipfeln mit herabgebogenen Anhängseln versehen, welche die KRöhre mehr o. weniger bedecken; Bth. nickend. 26

2 Bth. gestielt, einzeln o. in Trauben u. Rispen, blau, violett, selten weiss. 3
Bth. sitzend, in Aehren, Köpfch. o. knäulige Büschel zsmgestellt. 23

3 Blkr. mit dicht-bärtigen Zipfeln, längl.-glockig; B. ganzrand., die unt. eif., gestielt, die mittl. StgB. spatelig, die obern lineal. ♃ Jl. Ag. *A.*
Zoysii. *Wlf.* Nickende G.
BlkrZipfel nicht bärtig. 4

4 Stg. steif-aufrecht, sehr ästig, Aeste ruthenf., aufr.; B. ganz kahl, gesägt, eif., die ob. lanzett., die der unfrucht. Büschel herzf u. lang-gestielt. ⊙ Jl. Ag.
pyramidalis. *L.* Aronsruthe.
Stg. u. B. von anderer Beschaffenheit. 5

5 StgB. sämmtlich, o. wenigstens die obern lineal u. ganzrandig. 6
StgB. ellipt., eif., herzf., längl. o. lineal-lanzett. u. dann gekerbt o. gesägt. 10

6 KZipfel lineal-borstl., so lang als die Kr., zurückgebogen; Stg. 1bth.; B. der nicht blüh. Büschel eif. o. herzf., gestielt. ♃ Jn. Jl. *A.*
carnica. *Schied.* Krainer G.
KZipfel pfriemlich. 7

7 WzB. u. StgB. vrkhrt.-eif., in einen ziemlich breiten BStiel von der Länge des B. herablaufend; die unt. StgB. lineal-lanzett.; Stg. mehrblüthig; BthStiele 1—2bth.; Kr. längl.-glockig, unter den Zipfeln etwas verengt. ♃ Jl. Ag. *A.*
caespitosa. *Scp.* Rasige G.
B. der nicht blüh. Büschel eif., herzf. o. nierenf., gestielt; BStiel länger als d. B. 8

8 B. der nicht blüh. Büschel eif. o. herzf., die unt. StgB. lineal-lanzett., ganzrandig o. gekerbt-gesägt; Stg. 1bth., o. traubig-2—6bth. ♃ Jl. Ag. *A.* **Scheuchzeri.** *Vill.* Scheuchzer's-G.
B. der nicht blüh. Büschel nierenf., eif. u herzf., die unt. StgB. ellipt. o. lanzett.; Stg. traubig o. rispig. 9

9 Kr. halbkugelig-glockig: Stg. traubig, 3—6bth.; B. der unfr. Büschel gesägt, unt. StgB. ellipt. ♃ Jn.-Ag. *A.* .... **pusilla**. *Haenk.* Niedrige G.
Kr. eif.- o. fast kreiself.-glockig; Stg. rispig-vielbth.; unt. StgB. lanzett. ♃ Jn.-Hrbst. **rotundifolia.** *L.* Rundblttr. G. Buschglöckchen.

10 Stg. 1—2blüth.; Alpenpfl. (*C. persicif.* hat auch bisweilen 1—2bth. Stg., die Kr. ist aber sehr gross u. weit-glockig.) 11
Stg. mehr-vielblüth. 13

11 Bth. aufrecht; KZipfel lanzett., 4mal kürzer als d. Kr.; B. einfach-gesägt. die der unfruchtb. Büschel herzf., lang-gestielt, die StgB. eif. ♃ Jl Ag. *Tyr.* **Morettiana.** *Rb.* Moretti's-G.
Bth. nickend. 12

12 B. ellipt., gekerbt, gestielt, 3mal so lang als d. BStiel, die unt. stumpf, die obern spitz; KZipfel pfrieml. ♃ Jl. Ag. *A.* .... **pulla.** *L.* Dunkelblaue G.
B. längl.-vrkhrt.-eif., entfernt-gekerbt, die unt. spatelig; KZipfel breit-eif., zugespitzt. ♃ Jl. Ag. *Tyr. A.* .... **Raineri.** *Prp.* Rainer's G.

13 Kr. sehr klein, röhrig-glockig, aussen am Grunde kurzhaarig; Bth. fast sitzend; Stg. oberw. meist gabelspalt.; unt. B. vrkhrt.-eif.-längl., in einen kurzen BStiel verschmälert, die bthständ. beiderseits 1—2zähnig. ⊙ Jn. .. **Erinus.** *L.* Gabelspaltige G.
Kr. ansehnlich, o. der Stg. nicht gabelspalt., sondern traubig o. rispig, selten 1—2bth. 14

14 Stg. liegend, einfach, rasig. 15
Stg. aufrecht. 16

15 B. ungleich- o. doppelt-gesägt, die mittl. StgB. eif., in den BStiel vorgezogen; KZipfel lanzettl. ♃ Mai, Jn. *J.* ....**garganica.** *Ten.* Garganische G.
B. gesägt, unt. StgB. herzf., die obern ei-herzf., zugespitzt, kurzgestielt; KZipfel lineal-lanzettl. ♃ Mai, Jn. *J.*...............**Elatines.** *L.* Tännel-G.

16 StgB. lineal-lanzett., gekerbt o. kleingesägt; WzB. in den BStiel herablauf..................... 17
StgB. am Grunde breit, herzf. o. abgerundet....... 19

17 KZipfel lanzett.; Tr. armbth.; B. entfernt-kleingesägt; WzB. längl.-vrkhrt-eif. ♃ Jn. Jl.
persicifolia. *L.* Waldzimbel.
KZipfel pfrieml.; B. gekerbt, WzB. längl.-vrkhrt.-eif. 18

18 Rispe fast ebensträuss. abstehend; Bth. aufrecht; Aeste oberw. getheilt. ⊙ Mai-Jl.
patula. *L.* Abstehende G.
Rispe fast traubig; Aeste an der Basis getheilt. ⊙ Mai-Ag. ....**Rapunculus.** *L.* Rapunzel-G.

19 Bth. rispig, einers.-wendig; B. eif. o. lanzett., gesägt, die obern sitzend, die untern kurz-gestielt; KZipfel lanzett.-pfrieml. ♃ Jl. Ag. *A.*
rhomboidalis. *L.* Rautige G.
Bth. o. B. anders beschaffen; KZipfel lanzett.- o. eif.-lanzett. 20

20 Wz. kriechend; Tr. endst., einerseitswendig; B. ungleich-gesägt, etwas rauhhaar., die unterst. fast herzf., lang gestielt, die ob. lanzett.; Stg. stumpfkantig. ♃ Jl. Ag.
rapunculoides. *L.* Rapunzelartige G.
Wz. nicht kriechend.......................... 21

21 Stg. stielrund; KZipfel lanzett.; Tr. endst.; B. gekerbt-gesägt, unters. filzig-grau, die unt. herzf., lang gestielt, die ob. eif., zugespitzt, sitzend. ♃ Jl. Ag. .... **bononiensis.** *L* Bologneser G.
Stg. kantig; KZipfel eif.-lanzett.; BthStiele blattwinkelst., 1—3bth., traubig; B. grob-doppelt-gesägt.................................. 22

22 Stg. scharf-kantig; B. steifhaar., die unt. lang-gestielt, herzf., die obern längl., sitzend. ♃ Jl. Ag.
Trachelium. *L*. Nesselblttr. G. Huckblatt.
Stg. stumpf-kantig; B. eif.-lanzett., zugespitzt, kurzhaar., kurzgestielt. ♃ Jl. Ag.
latifolia. *L*. Breitblttr. G.

23 Bth. in eine Aehre zsmgestellt; B. schwach-gekerbt, sammt den St. steifhaarig.................... 24
Bth. in end- u. seitenständ. Köpfch.; B. klein gekerbt. 25

24 Bth. gelbl.-weiss; Aehre eif.-längl., dicht; B. lineal-längl. ♃ Jl. Ag. *A*.
thyrsoidea. *L*. Straussblüthige G.
Bth. blau; Aehre verlängert, unterbrochen; B. längl.-lanzett., die obern umfassend. ⊙ Jl. Ag. *A*.
spicata. *L*. Aehrige G.

25 Steifhaar.; B. lanzett., in den BStiel verschmälert; StgB. lanzett.-lineal, die ob. umfassend. ♃ Jl. Ag. blau..........**Cervicaria**. *L*. Natterkopfblttr. G.
Kurzhaar., flaumig o. kahl; WzB. herz-eif. o. eif.-lanzett.; die ob. mit herzf. Grunde umfassend. ♃ Mai, Jn. blau.
glomerata. *L*. Geknäulte G. Büschelglocke.

26 Anhängsel der Bucht sehr kurz; Stg. oberw. sammt den BRändern, K. u. BthStielen wollig-zottig; B. lineal, fast ganzrand. ♃ Jn. Jl. *A*.
alpina. *Jcq*. Alpen-G.
Anhängsel der Bucht fast so lang als die KRöhre.. 27

27 Kr. an der Spitze inwendig dicht-bärtig; B. längl.-lanzett., fast ganzandig. ♃ Jl. Ag. *A*.
barbata. *L*. Bärtige G.
Kr. an der Spitze kahl; B. lanzett., wellig, die ob. halbumfassend. ⊙ Mai, Jn.
sibirica. *L*. Sibirische G.

IV. EDRAIANTHUS. *A. DC*. Krugglocke. (Bth. blau.)

B. u. DeckB. borstig-gewimpert; Stg. haarig. ♃ Jl. Ag. *J. Ug*. **tenuifolius**. *A. DC*. Schmalblättrige K.
B. u. DeckB. weichwollig-gewimpert; Stg. flaumig. ♃ Jl. *A*........**Kitaibelii**. *A. DC*. Kitaibel's-K.

V. ADENOPHORA. *Fsch.* **Becherglocke.**

Stg. aufrecht; B. längl., grob-spitz-gesägt; KZipfel drüsig-gesägt; Gr. hervorragend. ♃ Jl. Ag.
suaveolens. *Mey.* Wohlriechende B.

VI. SPECULARIA. *Hst.* **Frauenspiegel.** (Bth. einzeln, purp.-violett.; B. längl., die unt. vrkhrt.-eif.)

1 { KZipfel länger als die Kr. 2
KZipfel so lang als die Kr. o. kürzer, lineal; Stg. spreizend. ⊙ Jn. Jl.
Speculum. *DC.* Venusspiegel.

2 { KZipfel lanzett., am Grunde u. an der Spitze verschmälert. ⊙ Jn. Jl. ...**hybrida.** *DC.* Bastard-F.
KZipfel lanzett.-lineal, lang-verschmälert, bogig-zurückgekrümmt. ⊙ Jn. Jl. *J.*
falcata. *DC.* Sichelf. F.

---

65. Ordnung. VACCINEEN. *DC.* Heidelbeergewächse.

K. oberst, 4—5-zähnig o. -spaltig, auch ungetheilt; Kr. 1blttr., 4—5-zähnig o. -spaltig; Stbgfss. 8, 10 o. 12, vor einer oberweib. gekerbten Scheibe eingefügt; FrKnoten 4—5fächerig, Fächer mehreiig; Samenträger mittelpunktst.; Gr. 1; N. einfach; Beere kugelig; Sträuche mit wechselst. B.

GATTUNG.

Charakter derselbe....................**Vaccinium.** I.

ARTEN.

I. VACCINIUM. *L.* **Heidelbeere.**

1 { Kr. radf., zurückgeschlagen; Stg. kriechend; B. immergrün, eif., ziemlich spitz, unters. aschgrau. ♄ Jn.-Ag. purp. Beere roth.
Oxycoccos. *L.* Wuotans- oder Moosbeere.
Kr. eif., kugelig o. glockig.................... 2

2 B. immergrün, vrkhrt-eif., am Rande zurückgerollt, unters. punktirt; Kr. glockig; Beeren roth; ♄ Mai-Jl. weiss o. röthl.
Vitis idaea. *L.* Preiselbeere. Bernitzekraut. Grandenbeer.
B. abfällig; Kr. eif. o. kugelig; Beeren schwarz.... 3

3 B. eif., kleingesägt, kahl; Kr. kugelig. ♄ Mai, Jn. hellgrün, fleischfarb. überlaufen.
Myrtillus. *L.* Schwarze Heidelbeere. Heelbeere. Pickbeere.
B. vrkhrt-eif., ganzrand., unters. bläulich-grün, netzig; Kr. eif. ♄ Mai, Jn. weiss o. röthl.
uliginosum. *L.* Moor-Heidelbeere. Bulberlock. Puttegnaden.

---

66. Ordnung. ERICINEEN. *Desv.* Heidekrautgewächse.

K. 4—5-zähnig, -spaltig o. -theilig, bleibend; Kr. 5blttr. o. 4—5zähnig, -spaltig o. -theilig, unterweibig; Stbgfss. 4, 8—10, vor der Kr. einer unterweib. Scheibe eingefügt, frei, an die Kr. nicht angewachsen; FrKnoten 1, frei, vielfächerig, Fächer 1—mehreiig; Samenträger mittelpktst.; Gr. 1; N. 1; Kapselfr. o. Beere. Niedrige, meist immergrüne Sträuche mit nebenblattlosen B.

GATTUNGEN.

1 Kr. 5blttr.; K. klein, 5zähnig; Kps. 5fächer., 5klappig. **Ledum. VIII.**
Kr. 1blttr. 2

2 K. 4blttr. o. 4theil.; Blkr. mit 4theil. Saume; Stbgfss. 8; Kps. 4fächer., 4klappig.................... 3
K. 5spalt. o. 5theil.; Kr. 5theil. o. 5spaltig; Stbgfss. 5—10. 4

3 Scheidewände von den Klappen getrennt, an das Säulchen angewachsen, den Nähten gegenst. **Calluna. IV.**
Klappen in der Mitte scheidewandtragend. **Erica. V.**

Stbgfss. 5; Kr. glockig; Kps. 4klapp., 4fächerig. **Azalea**. VI.
Stbgfss. 10. 5

Kr. trichterf. o. radf. . . . . **Rhododendron**. VII.
Kr. glockig, eif. o. fast kugelig. 6

Kaps. 5fächer., Scheidewände auf der Mitte der Klappen. . . . . **Andromeda**. III.
Fr. eine Beere o. Steinfr. 7

Stamm hingestreckt; Tr. kurz; Steinfr. 5steinig, Steine einsamig. . . . . **Arctostaphylos**. II.
Stamm aufrecht; Rispe hängend; Beere 5fächer., Fächer 4—5samig. . . . . **Arbutus**. I.

ARTEN.

I. ARBUTUS. *L.* Elsbeer.

B. vrkhrt.-eif. o. längl.-lanzett., gesägt, lederartig, kahl. ♄ Oc.-Fb. weiss, an d. Spitze grün. **Unedo**. *L.* Sandbeer.

II. ARCTOSTAPHYLOS. *Adns.* Bärentraube.

Bth. weiss, am Schlunde grün; B. ungleich-kleingesägt, vrkhrt-eif., verwelkend. ♄ Mai-Jl. Beere schwarz. . . . . **alpina**. *Spr.* Alpen-B.
Bth. fleischfarb.; B. ganzrand., längl.-vrkhrt-eif., immergrün. ♄ Mai, Jn. Beere roth. **officinalis**. *W. u. G.* Gebräuchliche B.

III. ANDROMEDA. *L.* Kienporst.

B. lineal-lanzett., am Rande umgerollt, obers. glänzend, unters. bläulich-grün. ♄ Jn. Jl. K. rosa, Kr. weiss, in's Röthl. . . . . . **polifolia**. *L.* Gränke.

IV. CALLUNA. *Salisb.* Besenheide.

B. 3kantig, kahl, in 4 Reihen gegenständ. ♄ Ag.-Hrbst. lila o. weiss. . . . . . **vulgaris**. *Sal.* Grampe.

V. ERICA. *L.* Heide.

1 Stbkölbch. eingeschlossen, begrannt o. mit 1 Anhängsel. 2
Stbkölbch. hervortretend, wehrlos; B. 4ständ.; Bth. fleischfarb. 3

2 Kr. krug-eif., 4zähnig; N. kopfig; B. 3—4ständ., steifhaarig-gewimpert. ♄ Jl.-Sp. fleischfarb. **Tetralix.** *L.* Sumpf-H.
Kr. glockenf., 4spalt.; N. schildf.; B. 3ständ. ♄ Mai, Jn. weiss. ......**arborea.** *L.* Baumartige H.

3 Kr. krugf.-röhrig; KB. lanzett., länger als die halbe Kr. ♄ Ap. Mai. .....**carnea.** *L.* Fleischfarb. H.
Kr. glockenf.; KB. eif., 3mal kürzer als die Kr. ♄ Ap. *J.*...............**vagans.** *L.* Wandernde H.

VI. AZALEA. *L.* Gemsenheide.

Aestig, kriechend; B. lederig, kurz-gestielt, ellipt.-lanzett., am Rande zurückgerollt. ♄ Jl. Ag. rosa. *A.* **procumbens.** *L.* Liegende G.

VII. RHODODENDRON. *L.* Alpenrose. Almrausch. Donnerrose. Oswaldstaude.

1 Kr. radf., flach; Bth. meist gezweit; B. ellipt.-lanzett., gesägt-gewimpert; BthStiele u. K. drüsig-behaart. ♄ Jl. Ag. *A.* **Chamaecistus.** *L.* Niedrige A.
Kr. trichterf.; Tr. fast doldig. 2

2 B. am Rande kahl, die Unterseite zuletzt dicht rostroth-schuppig. ♄ Jl. Ag. *A.* **ferrugineum.** *L.* Rostrothe A. Holzrösel.
B. am Rande entfernt-gewimpert, unters. drüsig-getüpfelt. 3

3 Tüpfel gedrängt-stehend, zuletzt rostbraun. ♄ Mai-Jl. *A.* .... **intermedium.** *Tsch.* Mittlere A.
Tüpfel zerstreut, weit auseinander stehend. ♃ Mai-Jl. *A.*...**hirsutum.** *L.* Rauhhaarige A. Nebelrose.

VIII. LEDUM. *L.* Porst.

B. lineal, am Rande zurückgerollt, unters. nebst den Aestchen rostfarbig-filzig. ♄ Jn. Jl. weiss o. rosa.
palustre. *L.* Sumpf-P.

---

67. Ordnung. PYROLACEEN. *Lindl.* Wintergrüngewächse.

Unterweib. Scheibe fehlend; Sam. sehr klein, kugelig, mit einem röhr., netzigen Samenmantel. Sonst Alles wie bei den Ericineen.

GATTUNG.

K. 5theilig.; Blb. 5; Kps. 5fächer. mit 5 Ritzen aufspring.; Klappen in der Mitte scheidewandtragend.
Pyrola. I.

I. PYROLA. *L.* Wintergrün. Birnkraut.

1 { Bth. in Trauben; Kapselspalten wollig. 2
{ Bth. in Dolden, o. ein 1bth. Schaft; Kpsspalten kahl. 6

2 { Tr. einerseitswendig; B. eif., spitz; ♃ Jn. Jl. grünl.-weiss. . . . . **secunda.** *L.* Einerseitsw. W.
{ Tr. nicht einerseitswendig. 3

3 { Stbgfss. aufw.-gekrümmt; Gr. abwärts-geneigt, fast S-förmig gebogen. 4
{ Stbgfss. gleichf.-zsmschliessend; Gr. gerade. 5

4 { KZipfel lanzett., zugespitzt, an der Spitze zurückgekrümmt, halb so lang als die Kr. ♃ Jn. Jl. weiss.
rotundifolia. *L.* Rundblttr. W. Holzmangold.
{ KZipfel eif., kurz-zugespitzt, so breit als lang, 4mal kürzer als die Kr. ♃ Jn. Jl. grünlich-weiss.
chlorantha. *Sw.* Grünlichblth. W.

5 Gr. etwas schief, oberw. verdickt; Bth. weiss. ♃ Jn. Jl. ....**media**. *Sw.* Mittleres W.
Gr. senkrecht, gleichdick; Bth. rosenroth. ♃ Jn. Jl. **minor**. *L.* Kleines W.

6 Schaft 1bth.; Bth. weiss. ♃ Jn. Jl. **uniflora**. *L.* Einblüthiges W.
Bth. doldig; B. lanzett.-keilig; Bth. rosa. ♃ Jn. Jl. **umbellata**. *L.* Doldiges W.

---

68. Ordnung. MONOTROPEEN. *Nutt.* Ohnblattgewächse.

K. 5blttr.; Kr. 5blttr., unterweib.; Stbgfss. 10, unterweib., frei, 5 abwechselnd aus der Bucht der unterweib. Drüsen, welche den Grund des FrKnotens umgeben, hervortretend, 5 mit den Drüsen abwechselnd; FrKnoten 1, frei, halb-5fächerig; Gr. 1. Blattlose, schuppentragende, nicht grüne Pfl.

GATTUNG.

K. u. Kr. 5blttr.; Blb. am Grunde höckerig, fast gespornt, inwendig honigabsondernd. **Monotropa**. 1.

ART.

I. MONOTROPA. *L.* **Ohnblatt.**

Tr. reichbth.; Blb. gezähnelt; Stg. kahl o. flaumig. ♃ Jl. Ag. bleich, farblos, N. honiggelb. **Hypopitys**. *L.* Himmelshagen.

---

69. Ordnung. AQUIFOLIACEEN. *DC.* Stecheichengewächse.

K. 4—5zähnig; Kr. radf., 4—5theil., unterweib.; Stbgfss. der Kr. eingefügt, mit deren Zipfeln abwechselnd; Scheibe fehlt; FrKnoten 4—5fächerig, Fächer 1eiig; N. 4—5lappig, fast sitzend; SteinFr. 4—5steinig, nicht aufspring.

GATTUNG.

Charakter derselbe . . . . **Ilex.** I.

ART.

I. ILEX. *L.* **Stecheiche.** Hulst. Zwieseldorn.

B. wechselst., eif., spitz, kahl, spiegelnd, dornig-gezähnt o. ganzrand. mit 1 starken Enddorne. ♄ Mai, Jn. weiss, Beeren roth.
Aquifolium. *L.* Schratt, Schrätel.

70. Ordnung. OLEACEEN. *Lindl.* Oelbaumgewächse.

K. 4zähn. o. 4theil.; Kr. regelm., unterweib., 1blttr. mit 4spalt. Saume—oder 4blttr. mit paarweise durch 1 Staubfaden zsmgehefteten Blb.; Stbgfss. 2; FrKnoten 1, 2fächer., Fächer 2eiig; Kaps., Beere o. SteinFr.—Sträuche o. Bäume.

GATTUNGEN.

1 { B. gefiedert; Bth. vielehig—2häusig; K. u. Kr. 3- bis 4theil. o. gänzlich fehlend . . . . **Fraxinus.** V.
B. nicht gefiedert 2

2 { B. zerstreut; Bth. weiss o. grünl.; SteinFr. schwarz. **Philyrea.** II.
B. gegenst. 3

3 { Kaps. 2klappig, 2fächer., 1—2sam.; B. herzf. **Syringa.** IV.
Beere o. SteinFr.; B. längl. o. lanzett. 4

4 { SteinFr., Steinschale beinhart; B. stachelspitz, unters. mehlig-schülferig . . . . **Olea.** I.
Beere schwarz; B. ohne Stachelspitze, kahl. **Ligustrum.** III.

19*

ARTEN.

I. OLEA. *L.* **Oelbaum.**

B. lanzett., ganzrand.; Tr. blattwinkelst., zsmgesetzt. ♄ Mai, Jn. weiss. **europaea**. *L.* Europäischer Oe.

II. PHILYREA. *L.* **Steinlinde.**

B. eif.-lanzett. o. längl.; SteinFr. mit 1 hervorspring. Spitze. ♄ Mz. Ap......... **media**. *L.* Mittlere St.

III. LIGUSTRUM. *L.* **Beinholz.** Rainweide.

B. längl.-lanzett.; Rispe endst., gedrungen. ♄ Jn. Jl. weiss......... **vulgare.** *L.* Gimpelbeere, Kerngert.

IV. SYRINGA. *L.* **Flieder.**

B. herzf., zugespitzt. ♄ Ap. Mai, violett, weiss o. purp.... .... **vulgaris**. *L.* Holler. Lilak.

V. FRAXINUS. *L.* **Esche.** Asch.

B. 3—6paarig, Blttch. sitzend, längl.-lanzett.; Bth. ohne K. u. Kr. ♄ Ap. Mai, braun. **excelsior.** *L.* Hohe E.

B. 3paarig, Blttch. gestielt, lanzett. o. ellipt.; Bth. vollständ. ♄ Ap. Mai, weiss. **Ornus.** *L.* Manna-E.

---

71. Ordnung. JASMINEEN. *R. Br.* Jasmingewächse.

K. 5—8zähnig; Kr. regelm., unterständ. mit 5—8spalt. Saume; Stbgfss. 2, der Kr. eingefügt; FrKnoten 1, 2fächerig, Fächer 1eiig; Gr. 1; N. 1; Beere 1—2fächer., 1—2sam.; B. gegenst.

GATTUNG.

Charakter derselbe. .... Jasminum. I.

ART.

I. JASMINUM. *L.* **Jasmin.**

B. gefiedert, Blttch. zugespitzt. ♄ Jl. Ag. weiss.
officinale. *L.* Veilchenrebe.

---

72. Ordnung. ASCLEPIADEEN. *R. Br.* Seidenpflanzengewächse.

K. 5theil., bleib.; Kr. 1blttr., unterweib., regelm., 5spaltig; Stbgfss. 5, am Grunde der Kr. angewachsen; BthStaub in Massen zsmgeflossen, die an die Drüsen der N. angeheftet sind; FrKnoten 2; Gr. 2; N. 1, beiden Griffeln gemein, verbreit., 5kantig; Balgkaps. 2.

GATTUNG.

Kr. fast radf., tief-5spalt.; Stbfädenkranz (Nebenkrone) einfach 5lappig, o. doppelt u. 10lappig mit 5 innern Anhängseln. .... **Cynanchum.** 1.

ARTEN.

I. CYNANCHUM. *R. Br.* **Hundswürger.**

1 { Bth. blassrosa; Stg. windend; B. tief-herzf., zugespitzt. ♃ Jl. *J.* .... **acutum.** *L.* Spitziger H.
Bth. weiss, aussen gelblich-weiss, am Grnnde grünl. 2

2 { Lappen des Stbfd.-Kranzes ohne Zwischenhaut, aufrecht, aneinander-schliessend. ♃ Mai-Jl. *J.* **contiguum.** *Kch.* Geschlossener H.
Lappen des Stbfd.-Kranzes durch eine durchsichtige Zwischenhaut verbunden. 3

3 Mittlere B. eif.-herzf.; Zipfel der Blkr. eif. ♃ Mai-Jl
Vincetoxicum. *L.* Schwalbenwurz.
Mittlere B. aus herzf. Grunde längl.-lanzett.; Zipfel der Blkr. längl., am Rande zurückgebogen. ♃ Mai-Jl. . . . . **laxum.** *Brtl.* Lockerer H.

---

73. Ordnung. APOCYNEEN. *R. Br.* Hundsgiftgewächse.

K. 5theil., bleibend; Kr. 1blttr., unterst., regelm., 5spaltig, in der Knospenlage schief-zsmgedreht, abfällig; Stbgfss. 5, der Kr. eingefügt; Stbkölbch. auf der N. aufliegend; BthStaub körnig; FrKnoten 1, vieleiig, 1—2fächer.; Gr. 2 o. 1; N. 1; Balgkapsel einzeln o. paarig.

GATTUNGEN.

Kr. glockig; Stbkölbch. in der Mitte mit der verbreiterten N. zsmhängend. . . . . **Apocynum.** I.
Kr. tellerf.; N. mit 1 Haarkrone umgeben; Sam. nackt. . . . . **Vinca.** II.
Kr. trichterf., 5theil., am Schlunde mit 1 geschlitzten Kranze; N. gestutzt; Sam. schopfig. . . **Nerium.** III.

ARTEN.

I. APOCYNUM. *L.* **Hundsgift.**

B. längl.-lanzett., kahl, stachelspitz, am Rande gezähnelt-rauh; Dolde rispig. ♃ Jl. Ag. rosa. *J.*
venetum. *L.* Venetianisches H.

II. VINCA. *L.* **Sinngrün.** (Kriechend o. niederliegend.)

1 KZipfel kahl; B. eif. u. lanzett-ellipt. ♃ Ap. Mai.
minor. *L.* Kleines S. Strit.
KZipfel gewimpert. 2

2 { B. eif., am Grunde abgerundet o. fast herzf., am Rande meist gewimpert. ♃ Ap. Mai.
major. *L.* Grosses S.
Die unt. B. eif., die obern lanzett., die jüngern am Rande rauh. ♃ Ap. Mai.
herbacea. *WK.* Krautiges S. }

III. **NERIUM.** *L.* **Lorberrose.**

B. lanzett., zu 3, unters. mit gleichlauf. Adern. ♃ Jl. Ag. rosa... .....**Oleander.** *L.* Oleanderbaum.

74. Ordnung. GENTIANEEN. *Juss.* Enziangewächse.

K. aus 4—10 verwachsenen, selten freien B. gebildet; Kr. 1blttr., unterweib., 4—10spaltig; Stbgfss. der Kr. eingefügt, so viele als Zipfel derselben, u. mit diesen abwechselnd; FrKnoten 1; Gr. 2, theilweise o. ganz verwachsen; Kaps. vielsam., 1fächer., 2klappig mit samentrag. Klappenrändern — o. 2fächerig mit mittelpunktst. Samenträger u. eingebog. KlppRändern. Bittere Kräuter.

GATTUNGEN.

1 { FrKnoten auf einer drüs. Scheibe stehend o. von Drüsen umgeben; B. wechselst. 2
Unterweib. Scheibe u. Drüsen fehlen; B. gegenst... 3 }

2 { Kr. trichterf.; FrKnoten auf einem gewimperten Ringe liegend. .... **Menyanthes.** I.
Kr. radf.; FrKnoten mit 5 Drüsen am Grunde.
Limnanthemum. II. }

3 { Staubkölbch. nach dem Verblühen schraubenf.-zsmgedreht. (Bth. meist fleischf.).... **Erythraea.** VIII.
Staubkölbch. nach dem Verblüh. nicht zsmgedreht. 4 }

4 Kr. tellerf. mit 8theil. Saume; Stbgfss. 8; N. 2; Bth. gelb. .. .. **Chlora.** III.
K. radf., walzl., glockig o. trichterf.; Stbgfss. 4—9. 5

5 Kr. trichterf. mit 4theil. Saume; Stbgfss. 4; K. kurzglockig, 4zähn.; Gr. 1, ungetheilt. (Bth. gelb.) **Cicendia.** VII.
Kr. radf. o. glockig, o. KrRöhre walzl.; Stbgfss. 4—9. 6

6 Kr. radf., 5theil., am Grunde jedes Zipfels 2 mit aufrechten Wimpern umgebene Honiggruben. **Swertia.** IV.
KrZipfel ohne Honiggruben. 7

7 Gr. 2, o. 1 mit 2 N.; KrRöhre walzl. o. glockig, Saum 4—9spalt.; K. 4—9spaltig o. -theilig, o. halbirt und scheidenartig. .. .. **Gentiana.** VI.
Gr. fehlend; N. kurz, ungetheilt; Kr. radf. mit 5theil. Saume; K. 5theil.; BthStiele gipfelst., sehr lang. **Lomatogonium.** V.

ARTEN.

I. MENYANTHES. *L.* Bitterklee.

B. 3zählig. ♃ Ap. Mai. hellrosa, weiss-gebärtet. **trifoliata.** *L.* Fieberklee. Zottenblume.

II. LIMNANTHEMUM. *Gm.* Tümpelblume.

B. schwimmend, herzf.-kreisrund. ♃ Jl. Ag. gelb. **Nymphoides.** *Lk.* Seerosenartige T.

III. CHLORA. *L.* Bitterling.

StgB. 3eckig-eif., mit ihrer ganzen Breite verwachsen; KZipfel 1nerv., kürzer als die Kr. ⊙ Jl. Ag..... ...**perfoliata.** *L.* Durchwachsener B.
StgB. eif. o. eif.-lanzett., an der abgerund. Bas. verwachsen; KZipfel schwach-3nervig, so lang als die Kr. ⊙ Ag.-Oct. **serotina.** *Kch.* Spätblühender B.

IV. SWERTIA. *L.* Tarant.

Stg. einfach; BthStiele fast-geflügelt-4kantig; WzB. ellipt. ♃ Jl. Ag. trüb-violett. *A.*
perennis. *L.* Ausdauernder T.

V. LOMATOGONIUM. *A. Br.* Saumnarbe.

B. eif., spitz, WzB. vrkhrt-eif., stumpf. ⊙ Ag.-Oct. blass-azurblau. *A.*
carinthiacum. *Al. Br.* Kärnthner S.

VI. GENTIANA. *L.* Enzian. Bitterwurz. Verlacham.

1 KrZipfel gesägt, in der Mitte eingeschnitten-gefranst, Schlund nackt; Bth. endst.; B. lineal-lanzett.; Stg. hin- u. hergebogen, kantig. ⊙ Ag. Sp. blau.
ciliata. *L.* Gefranster E.
KrZipfel nicht gefranst. 2

2 Schlund der Kr. inwendig nackt, KrRöhre zwischen den Zipfeln mit einer gestutzten o. in einen ungetheilt. o. 2spalt. Zahn vorgezogenen Falte. 3
Schlund der Kr. inwendig bärtig, (näml. am Grunde jedes Zipfels liegt eine 2spalt. u. zugleich haarfein-vieltheil. Schuppe.) 22

3 Blühende Stg. ganz einfach. 4
Stg. vom Grunde an ästig, (nur auf den höchsten Alpen erscheinen die hieher gehörigen Arten oft zwergig mit einem 1bth. Stengel;) Wz. einfach, ohne unfruchtb. BBüschel; KRöhre walzl., o. etwas bauchig; Bth. schön blau. 20

4 Bth. quirlig o. kopfig. 5
Bth. einzeln o. zu 2 an der Spitze der Stg. — o. blattwinkelst. 9

5 K. scheidenartig-halbirt, auf 1 Seite der Länge nach gespalten. 6
K. glockig, ziemlich gleichf.-gezähnt, (selten kommen darunter auch halbirte K. vor.) 7

6 { Bth. gelb, Zipfel oft mit 3 Reihen brauner Punkte. ♃ Jl. Ag. *A*. ....**lutea**. *L*. Vertaich.
Bth. auswendig hell-purp., inwendig gelb, Röhre gelb. ♃ Jl. Ag. *A*. **purpurea**. *L*. Purpurrother E.

7 { B. lanzett., 3nervig, am Grunde scheidig. ♃ Jl.-Sp. violett; Saum innen azurblau.
cruciata. *L*. Madelgeer.' Speerstich.
B. nicht scheidig, sitzend, 'nervig, ellipt., die unt. gestielt.. 8

8 { KZähne zurückgekrümmt. ♃ Ag. Sp. *A*. dunkelpurp., schwarz-punktirt, Röhre bleichgelb.
pannonica. *Scp*. Ungarischer E.
KZähne aufrecht. ♃ Jl.-Sp. *A*. hellgelb mit schwarzpurp. Punkten ....**punctata**. *L*. Punktirter E.

9 { KrRöhre keulenf.-glockig; Wz. ohne unfruchtb. BBüschel.. 10
KrRöhre walzl.; Wz. vielstengl., rasig; unfruchtb. BBüschel vorhand.; Stg. 1bth.; Stbkölbch. frei; N. halbkreisf.. 15

10 { N. halbkreisf., gezähnelt; WzB. rosettig; Stg. 1bth. 11
N. längl. o. lineal; WzB. nicht rosettig; Stg. 1—mehrbth.. 12

11 { KZähne aus breiterer Bas. verschmälert-lanzett., an die KrRöhre angedrückt; WzB. lanzett. o. ellipt. ♃ Jl. Ag. *A*.......**acaulis**. *L*. Gugguhandschuh.
KZähne aus einer schmälern Bas. eif.-lanzett., abstehend; WzB. ellipt. o. oval. ♃ Jl. Ag. *A*.
excisa. *Prsl*. Ausgeschnittener E.

12 { B. aus eif. Bas. lanzett., zugespitzt, sitzend, 5nerv.; Stg. vielbth. ♃ Ag. Sp. *A*. inwendig azurblau u. dunkel punkt., auch weiss.
asclepiadea. *L*. Schwalbenwurzartiger E.
B. lineal-lanzett., die untern scheidig............. 13

13 { B. kurz-scheidig, die untersten klein, schuppenf.; N. lineal, verlängert; Stg. 1—vielbth. ♃ Jl.-Hrbst. inw. dunkel-azurblau mit 5 grünpunkt. Streifen.
Pneumonanthe. *L*. Lungenblume.
WzB. u. unt. StgB. mit oberw.' erweiterten Scheiden, gehäuft; N. längl.; Stg. 1—2bth.............. 14

14 Stbkölbch. zsmgewachs.; Gr. halb so lang als der FrKnoten. ♃ Ag. Sp. *A.* hellblau, nicht punkt. **Fröhlichii.** *Hlad.* Fröhlich's E.
Stbkölbch. frei; Gr. vielmal kürzer als der FrKnoten. ♃ Jl. Ag. *A.* weissl. punkt., inwendig mit 5 bläul. Streifen.......**frigida.** *Hnk.* Durchscheinender E.

15 Gr. tief-2spalt.; B. vrkhrt-eif., in den kurzen BStiel zsmgezogen, die unt. o. alle gedrungen. ♃ Jl. Ag. *A.*..............**bavarica.** *L.* Baierischer E.
Gr. ungetheilt.............................. 16

16 B. am Grunde kaum schmäler, lineal, die unt. gedrungen. ♃ Jl. Ag. *A.*....**pumila.** *Jcq.* Zwerg-E.
B. am Grunde verschmälert, nicht lineal......... 17

17 B. sämmtl. dachig, lanzett.-ellipt., spitz., am Rande rauh; ♃ Jl. Ag. *A.* **imbricata.** *Froel.* Ziegelblttr. E.
WzB. rosettig.............................. 18

18 B. rundl.-eif., kurz zugespitzt, in den kurzen BStiel zsmgezogen; Kanten des K. nicht geflügelt. ♃ Jl. Ag. *A.*.........**brachyphylla.** *Vill.* Kurzblttr. E.
B. ellipt. o. lanzett., spitz; Kanten des K. geflügelt. 19

19 Kanten des K. schmal-geflügelt, Flügel gleich. ♃ Mai, Jn. *A.* an feuchten Orten. **verna.** *L.* Frühlings-E. Rugenblüh.
Kanten des K. in der Mitte breiter. ♃ Mai, Jn. *A.* auf Felsen.........**aestiva.** *R. u. S.* Sommer-E.

20 Stg. liegend o. aufstreb., meist 1bth.; unt. B. vrkhrt-eif., ziegeldachig; Gr. 2theil., zurückgerollt. ⊙ Jl. Ag. *A.*.........**prostrata.** *Hnk.* Liegender E.
Stg. aufrecht; unt. B. rosettig, eif. o. längl. 21

21 K. aufgeblasen, geflügelt-kantig, oval; Gr. verlängert. ⊙ Jn.-Ag. A........**utriculosa.** *L.* Bauchiger E.
K. walzl., kielig-kantig; Gr. ziemlich kurz. ⊙ Jl. Ag. *A.*.................**nivalis.** *L.* Schnee-E.

22 K. 4—5zähnig; Stg. aufrecht, traubig o. rispig; WzB. vrkhrt-eif., gestielt........................ 23
K. fast bis zum Grunde 4—5theilig; Kr. röhrig-glockig.................................. 26

23 Kr. 4spalt.; KZipfel sehr ungleich, die 2 äuss. breit-ellipt.; B. eif.-lanzett., spitz. ⊙ Jn.-Ag. dunkelviolett.. ....**campestris**. *L*. Feld-E.
Kr. 5spalt.; KZipfel fast gleich, lineal-lanzett..... 24

24 B. eif., aus breiterem Grunde verschmälert-spitz; Kaps. fast sitzend. ⊙ Ag. Sp.
germanica. *W*. Steh auf und geh weg.
B. nicht eif.................................. 25

25 B. aus breiterem Grunde lanzett. o. lineal-lanzett., spitz. ⊙ Ag. Sp........**Amarella**. *L*. Bitterer E.
WzB. u. unt. StgB. länglich, stumpf, sitzend, die ob. StgB. eif.-lanzett., spitz. ⊙ Jl. Ag. *A*.
obtusifolia. *W*. Stumpfblttr. E.

26 B. ellipt.-längl., spitzlich; KZipfel eif.-lanzett. ⊙ Ag. Sp. *A*... ....**tenella**. *Rttb*. Zarter E.
B. vrkhrt-eif., abgerundet-stumpf; KZipfel eif. ⊙ Ag. Sp. *A*..................**nana**. *Wlf*. Kleinster E.

VII. CICENDIA. *Adns.* Bitterblatt.

Stg. vom Grunde an ästig; B. lanzett.; BthStiele verlängert, nackt. ⊙ Jl. Ag.
filiformis. *Rb*. Fädliches B.

VIII. ERYTHRAEA. *Prs.* Erdgalle.

1 Bth. gelb; N. fädlich, länger als der Gr.; B. eif. ⊙ Jn. *J*.............**maritima**. *Prs*. Meerstrands-E.
Bth. rosa o. fleischroth; N. rundl., kürzer als der Gr. 2

2 Bth. blattwinkelst., gestielt; der Stg. sehr ästig; B. eif., 5nerv. ⊙ Jl. Ag. **pulchella**. *Fr*. Niedliche E.
Bth. in Ebenstr., Rispen o. Aehren................ 3

3 Die seitenst. Bth. in verlängerten Aehren; Stg. ästig; B. länglich; KrZipfel lanzett. ⊙ Jl. Ag. *J*. rosa.
spicata. *Prs*. Aehrige E.
Bth. in Ebenstr. o. Rispen; KrZipfel oval......... 4

4 B. oval-längl., meist 5nervig. ⊙ Jl. Ag.
Centaurium. *Prs*. Tausendguldenkraut.
B. lineal o. lineal-längl.. meist 3nerv. ⊙ Jl. Ag.
linariaefolia. *Prs*. Leinkrautblttr. E.

75. Ordnung. POLEMONIACEEN. *Lindl.* Sperrkrautgewächse.

K. 5spalt., bleibend; Kr. radf., mit 5lappigem Saume; Stbgfss. 5, der KrRöhre eingefügt, den Schlund verschliessend; FrKnoten 1, frei, 3fächer., vieleiig; Samenträg. mittelpktst.; Gr. 1; N. 3spalt.; Kps. 3klappig; Klappen auf der Mitte die Scheidewand tragend.

GATTUNG.

Charakter derselbe................ **Polemonium**. I.

ART.

I. POLEMONIUM. *L.* **Sperrkraut.** Himmelsleiter.

Stg. oberw. drüsig-flaumig; B. gefiedert, Fieder eif.-lanzett., zugespitzt. ♃ Jn. Jl. blau o. weiss. **caeruleum**. *L.* Blaues S.

---

76. Ordnung. CONVOLVULACEEN. *Juss.* Windengewächse.

K. 5blttr. o. 4-5spalt., bleibend; Kr. 1blttr., unterweib., regelm. 4-5spalt. o. 5lappig, mit meist gefaltetem Saume; Stbgfss. 5; FrKnot. 1, frei, 2—4fächerig; Gr. 1, bisweilen getheilt; Kapsel 2-4klappig, o. quer- o. gar nicht aufspringend. Pfl. oft windend u. milchend; B. wechselst., nebenblattlos, o. die B. fehlen gänzlich.

GATTUNGEN.

B. vorhanden; Kr. trichterf.-glockig, 5lappig-eckig, 5faltig........................ **Convolvulus**. I.
B. fehlen; Kr. glockig o. krugf., 4—5spalt. (Fadenf. Schmarotzergewächse.).............. **Cuscuta**. II.

ARTEN.

I. CONVOLVULUS. *L.* Winde.

1 { Zwei verbreiterte DeckB. am Grunde der Bth. . . . 2
Die DeckB. von der Bth. entfernt. 3

2 { B. pfeilf.; K. von herzf. DeckB. eingeschlossen. ♃ Jl.-Hrbst. weiss. . . **sepium**. *L.* Zaun-W. Bettlerseil.
B. nierenf.; K. mit eif., stumpfen DeckB. gestützt. ♃ Jl. Ag. weiss. . **Soldanella**. *L.* Meerstrands-W.

3 { Stg. sich nicht windend, ästig, gestreckt; B. lineal-lanzett., spitz. ♃ Jn. Jl. **cantabrica**. *L.* Cantabrische W.
Stg. sich windend. 4

4 { B. pfeilf. ♃ Jn. Jl. ros. o. weiss u. aussen mit 5 roth. Streifen. . . . . **arvensis**. *L.* Acker-W. Teufelsdarm.
B. herzf., die obern fussf., nebst dem Stg. silberf.-seidig. ♃ Jn. Jl. *J.* **tenuissimus**. *Sbth.* Seidige W.

II. CUSCUTA. *L.* Flachsseide. Seidenfilz.

1 { N. 1; Bth. ährig; KrRöhre walzl., 2mal so lang als der Saum. ⊙ Jl. Ag. rosa. **monogyna**. *Vhl.* Einweibige F.
N. 2. 2

2 { Stg. einfach; KrRöhre fast kugelig, 2mal so lang als der Saum. ⊙ Jl. Ag. weiss. **Epilinum**. *Wh.* Leinseide.
Stg. ästig. 3

3 { KrRöhre kurz-glockig, Saum 2mal so lang als die Röhre. (Kr. fast 5theil.) ⊙ Jl. Ag. weiss. **planiflora**. *Ten.* Flachblumige F.
KrRöhre walzl., so lang als der Saum. 4

4 { Die Schuppen unterhalb der Stbgfss. aufrecht an die KRöhre angedrückt. ⊙ Jl. Ag. blasspurp. **europaea**. *L.* Europäische F.
Die Schuppen gegeneinander geneigt, die KrRöhre verschliessend. ⊙ Jl. Ag. blasspurp. **Epithymum**. *L.* Quendel-F.

77. Ordnung. BORAGINEEN. *Desv.* Boretschgewächse.

K. 5theil., 5spalt. o. 5zähnig; Kr. 1blttr., unterweib., regelm. o. ungleich, mit 5spalt. o. 5zähn. Saume; Stbgfss. 5, der Kr. eingefügt, mit den Zipfeln derselben abwechselnd; FrKnoten 4, frei, auf 1 unterweib. Scheibe stehend, jeder 1fächer., 1eiig, o. 2, jeder 2fächer. mit 1eiigen Fächern, o. 1 FrKnoten, der bei der Reife in 4 Nüsse zerfällt; Gr. 1; Nüsse 2 o. 4, vom K. eingeschlossen; B. wechselst., nebenblattlos.

GATTUNGEN.

1 { Nüsse 2, jede 2fächer., mit einem halbkreisf., flachen Hofe angeheftet; Kr. walzl.-glockig; Deckklappen fehlen. . . . . **Cerinthe.** XII.
Nüsse 4, jede 1sam 2

2 { FrKnoten 1 mit dem Gr. an der Spitze, bei der Reife in 4 Nüsschen sich spaltend; Kr. trichterf. mit faltig. Saume; Deckklappen fehlen. **Heliotropium.** I.
Nüsse aus 4 FrKnoten entstanden, mit dem Gr. in der Mitte. 3

3 { Nüsse mit dem Rücken an den Gr. angewachsen; Kr. am Schlunde mit 5 Deckklappen. 4
Nüsse einer unterweib. Scheibe eingefügt; Gr. frei. 7

4 { FrK. flach-zsmgedrückt, aus 2 flachen, buchtig-gezähnten B. gebildet; Nüsse zsmgedrückt. **Asperugo.** II.
FrK. nicht zsmgedrückt, glockig o. ausgespreizt. . . . 5

5 { Nüsse 3kantig, am Rande weichstachelig, mit der Rückenkante an den Gr. angewachsen; Bth. blau. **Echinospermum.** III.
Nüsse plattgedrückt, rund o. oval. 6

6 { Nüsse weichstachlig. . . . . **Cynoglossum.** IV.
Nüsse glatt, napff. . . . . **Omphalodes.** V.

7 Nüsse am Grunde mit 1 gedunsenen, gerieften Ringe umgeben, und innerhalb des Ringes ausgehöhlt... 8
Nüsse am Grunde nicht ausgehöhlt.............. 12

8 Kr. radf.; Deckklappen ausgerandet; Stbfäd. 2spalt., der innere Schenkel das Staubkölbch. tragend. **Borago.** VI.
Kr. trichterf. o. walzl.-glockig; Deckklappen nicht ausgerandet o. fehlend...................... 9

9 Kr. walzl.-glockig; Deckklapp. pfrieml. in 1 Kegel zsmneigend, am Rande drüsig-gezähnt. **Symphytum.** X.
Kr. trichterf.; Deckklapp. stumpf, gestutzt o. fehlend. 10

10 Schlund offen, bärtig, kaum verengert; Bth. tief-purpurbraun.........................**Nonnea.** IX.
Schlund der Kr. durch stumpfe Deckklapp. geschlossen.................................. 11

11 KrRöhre gerade, Saum regelm. ......**Anchusa.** VII.
KrRöhre in der Mitte gekrümmt, o. nur wenig gebogen, aber mit unregelm., schiefem Saume. **Lycopsis.** VIII.

12 Deckklappen am Grunde der Kr. fehlend 13
Schlund durch kahle Deckklapp., Haare o. haarige Falten verengert.............................. 14

13 Kr. walzl.-glockig; Staubkölbch. pfeilf., am Grunde zsmhängend; Bth. weiss, dann gelbl.-weiss. **Onosma.** XI.
Kr. glockig o. allmäl. erweitert; Stbkölbch. oval, frei. **Echium.** XIII.

14 Schlund durch kahle Deckklapp. verengert; Kr. teller- o. trichterf.................................. 15
Schlund durch Haare o. haarige Falten verengert; Kr. trichterf.................................. 16

15 Nüsse unberandet, vorne convex, hinten stumpf-gekielt ....**Myosotis.** XVI.
Nüsse 3kantig, vorne flach u. mit 1 hervorspring. Rande umgeben. (Kleine, dichtrasige Alp. Pfl.) **Eritrichium.** XVII.

16 K. 5zähnig, prismatisch; Schlund der Kr. mit 5 pinself.-behaarten, ausgerandeten Buckeln. **Pulmonaria.** XIV.
K. 5theilig; Schlund der Kr. durch 5 haarige Falten o. flaumige Deckklappen ein wenig verengert. **Lithospermum.** XV.

ARTEN.

I. HELIOTROPIUM. *L.* Sonnenwende. Wodanskraut.

B. eif., ganzrand., filzig-rauh; FrKelche sternf.-abstehend. ⊙ Jl. Ag. weiss o. hellviolett. **europaeum.** *L.* Europäische S.

II. ASPERUGO. *L.* Scharfkraut.

Stg. kantig, sehr rauh; Bth. blattwinkelst. ⊙ Mai, Jn. blau.......... **procumbens.** *L.* Schlangenäugel.

III. ECHINOSPERMUM. *L.* Igelsame.

FrStiele aufrecht; B. angedrückt-haarig; Nüsse mit 2 Reihen Stacheln. ⊙ Jl. Ag. blau. **Lappula.** *Lhm.* Klettenartiger J.
FrStiele zurückgebogen; B. abstehend-beharrt; Nüsse mit 1 Reihe Stacheln. ⊙ Mai, Jn. blau. **deflexum.** *Lhm.* Herabgebogener J.

IV. CYNOGLOSSUM. *L.* Hundszunge.

1 B. zerstreut-behaart, obers. fast kahl, glänzend, unters. etwas rauh. ⊙ Jn. Jl. **germanicum.** *Jcq.* Deutsche H.
B. graulich-feinfilzig, die obern aus fast herzf., halbumfass. Grunde lanzett. 2

2 Unt. B. ellipt. ⊙ Mai-Jl. roth-violett o. weiss, mit purp. Deckklappen.... **officinale.** *L.* Venusfinger.
Unt. B. längl. ⊙ Mai, Jn. hellblau mit purp. Adern, Deckklappen blutroth. .. **pictum.** *Ait.* Geäderte H.

V. OMPHALODES. *Tourn.* Nabelnuss.

B. fast kahl, WzB. herz-eif.; Tr. paarig. ♃ Ap. Mai. azurblau........... **verna.** *Mnch.* Gedenkemein.
B. rauh, WzB. spatelig; Bth. blattwinkelst. ⊙ Ap. Mai. blau. . **scorpioides.** *Lhm.* Niederliegende N.

VI. BORAGO. *L.* Boretsch.

Die unt. B. ellipt., stumpf, nach dem Grunde verschmälert; Kr.Zipfel eif., zugespitzt. ⊙ Jn. Jl. blau. **officinalis.** *L.* Wohlgemuth.

VII. ANCHUSA. *L.* Ochsenzunge.

1 Deckklapp. längl., pinself.-behaart; DeckB. lineallanzett; B. glänzend. ⊙ Mai-Jl. azurbl., Deckklapp. weiss......... ...**italica.** *Rtz.* Italienische O.
Deckklapp. eif., sammtig; DeckB. eif.-lanzett...... 2

2 KZipfel spitzl.; Haare an d. K. u. BthStielen etwas abstehend. ⊙ ♃ Mai-Hrbst. **officinalis.** *L.* Liebäugelein.
KZipfel ganz stumpf; Haare an den K. u. BthStielen anliegend. ⊙ Jl. Ag. **leptophylla.** *R. u. S.* Schmalblättr. O.

VIII. LYCOPSIS. *L.* Krummhals.

KrRöhre in der Mitte gekrümmt; Stg. aufrecht; Tr. beblättert. ⊙ Jn.-Hrbst. blau. **arvensis.** *L.* Wolfsauge.
KrRöhre fast gerade, mit unregelm. schiefem Saume; Stg. aufstrebend; Tr. oberw. nackt. ⊙ Mai, Jn. Saum azurblau mit 5 weissen Linien. *J.* **variegata.** *L.* Gescheckter K.

IX. NONNEA. *Med.* Runzelnüsschen.

B. lanzett., ganzrand., angedrückt-haarig; Saum der Kr. so lang als die Röhre. ⊙ Mai, Jn. purpurbraun, fast schwarz. **pulla.** *DC.* Schwarzbraunes R.
B. längl., doppelt-gewimpert, steifhaar. ⊙ Mai, Jn. gelb. *Ug*................ ..**lutea.** *DC.* Gelbes R.

X. SYMPHYTUM. *L.* Beinwell.

Wz. spindelf., ästig; ob. B. herablaufend. ♃ Mai, Jn. rosa, weiss o. violett.
officinale. *L.* Walwurz.
Wz.Stock knollentrag., o. schief, fleischig u. abgebissen; ob. B. halb- o. kaum herablaufend 2

WzStock knollentrag., mit Ausläuf.; Kr. fast walzl., 5spalt., Zipfel aufrecht. ♃ Mai, Jn. *J.* weisslich, Saum hellgelb, **bulbosum.** *Schmp.* Kriechendes B.
WzStock schief, fleischig, abgebissen; Kr. trichterf.-röhrig, 5zähnig, mit zurückgekrümmten Zähnen ♃ Ap. Mai. gelb.... **tuberosum.** *L.* Knolliges B.

XI. ONOSMA. *L.* Lotwurz.

Stg. einfach; B. steifhaar., die Borsten auf sternf.-behaarten Knötchen sitzend. ♃ Jn. Jl.
stellulatum. *WK.* Besternte L.
Stg. ästig; B. lineal-lanzett., steifhaar., die Borsten auf kahlen Knötchen sitzend 2

Stbkölbch. am Rande gezähnelt-rauh. ⊙ Jn. Jl.
arenarium. *WK.* Sand-L.
Stbkölbch. kahl, 2mal so lang als d. Stbfäden. ⊙ Jn. Jl. .... **echioides.** *L.* Natterkopfartige L.

XII. CERINTHE. *L.* Wachsblume.

Kr. 5zähnig. Zähne eif., zurückgebogen. ♃ Jn.-Ag. *A.*...................... **alpina.** *Kit.* Alpen-W.
Kr. bis über $^1/_3$ 5spaltig, Zähne pfrieml., aufrecht-zsmneigend. ⊙ Mai-Jl. gelb, auch braungefleckt.
minor. *L.* Kleine W.

XIII. ECHIUM. *L.* Natterkopf. Frauenkrieg. Weiberschreck. (Borstig-steifhaar. Pfl.)

Aehren 2spaltig; Gr. an der Spitze 2spalt.; B. lanzett. ⊙ Jn. Jl. weiss o. blassröthl.
italicum. *L.* Italienischer N.
Aehren ungetheilt........................... 2

20*

2 Die obern B. aus herzf.-stengelumfass. Grunde verschmälert, die unt. längl.-lanzett. ⊙ Mai, Jn. blauviolett. *J.* .... **violaceum.** *L.* Violetter N.
B. sämmtl. lanzett 8

3 KrRöhre kürzer als der K.; Gr. 2spalt.; Stbgfss. abwärts-geneigt, an dem Saume der Kr. anliegend. ⊙ Jn.-Sp. blau, rosa o. weiss.
vulgare. *L.* Stolzer Heinrich.
KrRöhre länger als der K........................ 4

4 Gr. an der Spitze 2theil.; Stbgfss. abwärts-geneigt, vom Saume der Kr. entfernt. ⊙ Mai-Jl. blau mit 5 violetten, heller berandeten Streifen. *J.*
pustulatum. *Sibth.* Blatteriger N.
Gr. an der Spitze ungetheilt; B. lineal-lanzett. ⊙ Jn. Jl. roth.................**rubrum.** *Jcq.* Rother N.

XIV. PULMONARIA. *L.* **Lungenkraut.** (BStiele der nicht blüh. WzKöpfe geflügelt.)

1 Die äuss. B. der nicht blüh. WzKöpfe herzf., o. eif.; Bth. roth, später violett........................ 2
B. der nicht blüh. WzKöpfe ellipt-lanzett. o. lanzett. 3

2 Die äuss. B. der nicht blüh. WzKöpfe herzf. in den BStiel allmälig zsmgezogen. ♃ Mz. Ap.
officinalis. *L.* Hirschmangold.
Die äuss B. der nicht blüh. WzKöpfe eif., in den BStiel plötzlich zsmgezogen; B. mit weissen, zsmfliessenden Flecken. ♃ Mz. Ap.
saccharata. *Mill.* Grossgescheektes L.

3 StgHaare weich, gegliedert, klebrig-drüsig; B. der nicht blüh. WzKöpfe ellipt.-lanzett. u. lanzett. ♃ Ap. Mai. roth, dann violett.
mollis. *Wlf.* Weichhaariges L.
StgHaare borstig, Drüsenhaare wenige, nur eingemengt 4

4 Schlund inwendig unterhalb d. bärtigen Kreises behaart. ♃ Ap. Mai, roth, dann violett.
angustifolia. *L.* Schmalblättr. L.
Schlund inwendig unterhalb d. bärtigen Kreises kahl. ♃ Ap. Mai. azurblau. **azurea** *Bss.* Azurblaues L.

XV. LITHOSPERMUM. *L.* Steinsame. Steinhirse.

1 { Nüsse glatt, glänzend; B. lanzett., spitz 2
Nüsse rauh, bekörnelt, glanzlos 3

2 { Bth. grünl.-weiss; Stg. sehr ästig; B. aderig, sehr rauh; Haare am Grunde knötig. ♃ Mai-Jl.
officinale. *L.* Margries.
Bth. roth, dann azurblau; blüh. Stg. an der Spitze 2—3spalt., die nicht blüh. kriechend. ♃ Mai. Jn.
purpureo-caeruleum. *L.* Purpurblauer St.

3 { Bth. weiss, selten blau; B. lanzett., die unt. längl.-lanzett.; Nüsse runzelig-rauh. ⊙ Ap.-Jn. (Pf. kurzhaarig.)... **arvense.** *L.* Schminkwurzel, Rothwurz.
Bth. gelb; B. lineal, die unt. fast spatelig-lanzett.; Nüsse höckerig-rauh. ⊙ Ap. Mai. J. (Pf. borstig-steifhaar.) .... **apulum.** *Vahl.* Apulischer St.

XVI. MYOSOTIS. *L.* Vergissmeinnicht. Mäuseohr.

1 { K. mit angedrückten, geraden Haaren besetzt, nach dem Verblühen offen. 2
K. abstehend-behaart, die Haare am Grunde des K. weit-abstehend u. hakig-zurückgekrümmt 3

2 { Stg. kantig; Stg.B. längl.-lanzett., ziemlich spitz; Wz. faserig. ♃ Mai-Jl. blau, fleischfarb. o. weiss.
palustris. *Wth.* Sumpf-V.
Stg. stielrund; StgB. lineal-längl., stumpf; WzStock schief, kriechend. ⊙ Jn. Jl.
caespitosa. *Schlz.* Rasiges V.

3 { Tr. stiellos, unten beblättert; die unterste o. mehrere der unt. Bth. mit 1 DeckB. gestützt 4
Tr. gestielt; die untersten Bth. ohne DeckB. 5

4 { FrStielch. aufrecht, kürzer als der K.; KrRöhre im K. eingeschlossen. ⊙ Ap. Mai. Bth. klein, blau.
stricta. *Lnk.* Steifes V.
FrStielch. zurückgeschlagen, vielmal länger als der K.; Tr. sehr locker. ⊙ Mai, Jn. blau.
sparsiflora. *Mik.* Zerstreutblüthiges V.

5 FrStielchen kürzer als der K.; KrRöhre zuletzt 2mal so lang als der K.; StgB. lineal-lanzett. ⊙ Mai, Jn. schwefelgelb, dann bläulich, endlich violett. **versicolor.** *Prs.* Buntes V.
FrStielch. so lang als der K. o. länger 6

6 Staubbeutel länger als die Deckklappen, aus der KrRöhre herausragend, diese zuletzt 2mal so lang als der K. ⊙ Jn. gelb, dann roth, endl. blau. **variabilis.** *Ang.* Veränderliches V.
Staubbeutel kürzer als die Deckklappen, in der KrRöhre eingeschlossen........................ 7

7 FrKelch offen; FrStielch. wagrecht-abstehend, so lang als der K., dieser die KrRöhre einschliessend. ⊙ Mai, Jn........**hispida.** *Schlcht.* Steifhaariges V.
FrKelch geschlossen........................... 8

8 Kronensaum ganz flach; B. grün; FrStiele so lang als der K. ⊙ Mai-Jl. dunkelblau, wohlriechend. **silvatica.** *Hffm.* Wald-V.
Kronensaum concav; B. graulich; FrStiele 2mal so lang als der K. ⊙ Jn.-Ag. **intermedia.** *Lnk.* Mittleres V.

XVII. ERITRICHIUM. *Schrd.* Himmelsherold.

B. längl.-lanzett., zottig; Tr. 3—6bth., unten beblättert. ♃ Jl. Ag. 1—2 Zoll hoch; Bth. schön blau. *A*...............**nanum.** *Schrd.* Zwerg H.

---

78. Ordnung. SOLANEEN. *Juss.* Nachtschattengewächse.

K. 5theil., 5spaltig o. 5zähnig; Kr. 1blttr., unterweib., regelm. o. etwas ungleich, Saum 5spaltig o. 5lappig; Stbgfss. 5, am Grunde der Kr. eingefügt, mit deren Zipfeln abwechselnd; Stbkölbch. am Ende des spitz. Stbfadens aufliegend; FrKnoten 1, frei, 2fächer., vieleiig; Gr. 1; N. einfach; Kapsel o. Beere; B. wechselst., die obern oft paarig. Meist giftige Kräuter.

GATTUNGEN.

Kr. radf., Röhre kurz; Fr. eine Beere.......... 2
Kr. glockig o. röhrig-glockig.................... 4
Kr. trichterf. o. präsentirtellerf.................... 5

Beere auf dem ausgebreiteten K. sitzend.......... 3
Beere von einem aufgeblasenen u. vergröss. K. eingeschlossen. (Bth. einzeln.) .... **Physalis**. III.

Bth. wechselst., einzeln, weiss; Beere sehr gross, trocken, ei-kegelf., scharlachroth o. gelb. **Capsicum**. IX.
Bth. in Trauben o. Doldentrauben.. ..**Solanum**. II.

Kr. glockig; Beere glänzend-schwarz, 2fächerig. **Atropa**. IV.
Kr. röhrig-glockig o. vrkhrt.-eif.-glockig; Kapsel rundl., am Grunde ringsum aufspringend. **Scopolina**. V.

Sträuche; Beere mit angedrückt. kleinem K.; KrSaum 5spalt.............................. ..**Lycium**. I.
Krautige Pfl.; Kaps. vielsamig; KrSaum 5lappig ... 6

KrSaum nicht faltig; Kapsel unten bauchig, oben zsmgezogen, an der Spitze ringsum aufspring.; Bth. einzeln, fast sitzend............**Hyoscyamus**. VI.
KrSaum faltig; Kaps. (oft nur an der Spitze) 4klappig. 7

N. kopfig; Bth. in Trauben o. Rispen. **Nicotiana**. VII.
N. aus 2 Plättchen gebildet; Bth. einzeln; Kps. stachelig.......................... **Datura**. VIII.

ARTEN.

I. LYCIUM. *L.* Bocksdorn. Harluf. Fitze.

KrRöhre 2mal länger als der Saum. ♄ Mai, Jn. *J.* weiss o. blasspurp.. **europaeum**. *L.* Europäischer B.
KrRöhre so lang als der Saum. ♄ Jl. Ag. purp. *cult.* **barbarum**. *L.* Gemeiner B.

II. SOLANUM. *L.* Nachtschatten.

1 B. gefiedert, Blättch. ungleich 2
B. nicht gefiedert 3

2 Kahl; Stg. kantig, unter der Erde knollentragend. ♃ Jl. Ag. *cult.* **tuberosum.** *L.* Erdapfel. Kartoffel.
Klebrig-behaart. ⊙ Jl.-Sp. gelb; Beere sehr gross, wulstig, scharlachroth o. gelb. **Lycopersicum.** *L.* Paradiesapfel.

3 Stg. strauchig; B. eif.-herzf., die ob. meist spiessf.; Ebenstr. blattgegenst. ♄ Jn.-Ag. violett, Zipfel mit 2 grünen, weiss berandeten Flecken; Beeren roth. **Dulcamara** *L.* Bittersüss. Albranke.
Stg. krautig; Tr. einfach 4

4 B. u. Stg. fast kahl; B. ei- fast rautenf., ausgeschweift-gezähnt. ⊙ Jl.-Hrbst. Beeren wachsgelb. **humile.** *Brnh.* Niedriger N.
B. u. Stg. zottig o. flaumig; buchtig-gezähnt 5

5 Beeren schwarz o. grün; B. eif., fast deltaf., nebst dem Stg. flaumig, Haare einw.-gekrümmt, aufrecht; Astkant. hervortret. ⊙ Jl.-Hrbst. **nigrum.** *L.* Dollapfel.
Beeren roth o. gelb; B. u. Stg. zottig 6

6 Beeren roth; B. eif., fast deltaf., sammt d. Stg. abstehend-zottig; Astkant. hervortret. ⊙ Jl.-Hrbst. **miniatum.** *Brnh.* Mennigrother N.
Beeren gelb; B. eif., sammt den Stg. fast filzig-zottig; Kanten der Aeste unmerkl. ⊙ Jl.-Hrbst. **villosum.** *Lam.* Zottiger N.

III. PHYSALIS. *L.* Schlutte.

B. gestielt, ungetheilt, spitz. ♃ Jl. Ag. Bth. weiss, K. endlich mennigroth, die scharlachrothe Beere einschliess. **Alkekengi.** *L.* Judenkirsche. Boberelle.

IV. ATROPA. *L.* Lockwurz. Walkyrenbeere. Teufelsbeere.

B. eif., ungetheilt. ♃ Jn. Jl. Bth. schmutzig-violettbraun, geadert, am Grunde olivengrün; Beere schwarz, glänz....... **Belladonna.** *L.* Tollkirsche.

V. SCOPOLINA. *Schlt.* **Tollkraut.**

Kr. röhrig-glockig, auswend. glänzend-braun, inwend. matt u. olivenfarb. ♃ Ap. Mai.
atropoides. *Schlt.* Lockwurzart. T.
Kr. vrkhrt-eif.-glockig, beiders. gleichfarb.-grün. ♃ Ap. Mai. *Kr.*....**Hladnikiana.** *Frey.* Hladnik's-T.

VI. HYOSCYAMUS. *L.* **Bilsen.** Elfenkraut.

B. eif.-längl., fiederspalt.-buchtig, die unt. gestielt, StgB. halbumfass. ⊙ ⊝ Jn. Jl. schwefelgelb mit schwarzen Adern.......... **niger.** *L.* Malkraut.
B. rundl.-eif., buchtig, stumpf-lappig, sämmtl. gestielt, die ob. ausgeschweift-gezähnt. ⊝ Mai, Jn. blassgelb mit violettem Schlunde. *J.*..**albus.** *L.* Weisser B.

VII. NICOTIANA. *L.* **Tabak.** (Cult. Pfl.)

1 Die unt. B. gestielt, eif., ganzrandig; KrSaum mit rundl.-stumpfen Lappen. ⊙ Jl. Ag. gelbl.-grün.
rustica. *L.* Bauern-T.
Die unt. B. herablaufend; KrSaum mit zugespitzten Lappen; Bth. rosenroth........................ 2

2 B. längl.-lanzett., die unt. verschmälert-herablauf.; KrSaum lang-zugespitzt. ⊙ Jl. Ag.
Tabacum. *L.* Virginischer T.
B. eif.-lanzett., die unt. aus geöhrelter Bas. herablaufend; KrSaum kurz-zugespitzt. ⊙ Jl. Ag.
latissima. *Mill.* Grossblättr. T.

VIII. DATURA. *L.* **Stechapfel.** Donnerkugel.

B. eif., ungleich-buchtig-gezähnt; Kps. aufrecht, dornig. ⊙ Jl. Ag. weiss o. hellviolett.
Stramonium. *L* Dorrenapfel.

IX. CAPSICUM. *L.* **Beissbeere.**

Beere hängend; Stg. krautig. ⊙ Jl.-Ag.
annuum. *L.* Türkischer Pfeffer. Paprika.

79. Ordnung. VERBASCEEN. *Bartl.* Königskerzengewächse.

Kr. ungleich o. unregelm.; Staubkölbch. auf die verbreiterte Spitze der Stbfäden quer- o. schief-angewachsen, 1fächerig. Sonst Alles wie bei den Solaneen.

GATTUNGEN.

Kr. radf., Saum 5lappig, ungleich; Stbgfss. 5, ungleich. **Verbascum** I.
Kr. fast kugelig, Saum 5lapp., Lappen klein; Stbgfss. 4, 2mächtig, oft mit einem Ansatze zu einem 5. Stbfaden. .... **Scrophularia.** II.

ARTEN.

I. VERBASCUM. *L.* **Königskerze.** Himmelbrand. Unholdkerze*).

1 B. mehr o. weniger herablaufend, filzig.......... 2
B. durchaus nicht herablaufend.................. 6

2 B. völlig von B. zu B. herablauf; Bth. gelb o. weiss; Wolle der Stbfäd. weiss; die zwei längern Stbfäd. kahl o. nur unterw. spärlich behaart........... 3
B. kurz- oder halbherablaufend; Bth. gelb 4

3 Kr. fast trichterf.; die 2 längeren Stbfäden 4mal so lang als ihr seitl. Stbkölbch. ⊙ Jl. Ag. — **Schraderi.** *May.* Schrader's-K.
K. radf.; die 2 läng. Stbfäden $1^1/_2$ — 2mal so lang als ihr seitl. Stbkölbch. ⊙ Jl. Ag. — **thapsiforme.** *Schrd.* Grossblumige K.

4 Stbfäden-Wolle purp.-violett; WzB. u. unt. StgB. buchtig, die obern gekerbt; Stbkölbch. gleich; Tr. rispig. ⊙ Jl. Ag. *J*.... **sinuatum.** *L.* Buchtige K.
Stbfäden-Wolle weiss; B. gekerbt, filzig, Filz d. B. gelbl. 5

---

*) Man sehe die Anmerkung auf der Seite 246 (bei Cirsium).

5 Die 2 längeren Stbfäden $1\frac{1}{2}$mal so lang als ihr seitl. Stbkölbch. ⊙ Jl. Ag.
phlomoides. *L.* Windblumenähnl. K.
Die 2 längern Stbfäd. 4mal so lang als ihr seitl. Stbkölbch. ⊙ Jl. Ag. *Tyr.*
montanum. *Schrd.* Berg-K.

6 Bth. dunkelviolett mit gelbl. Röhre; Tr. drüsig-behaart; BthStielchen einzeln, viel länger als d. DeckB.; Stbkölbch. alle gleich, nicht herablauf. ⊙ Jn. Jl. . . . . **phoeniceum**. *L.* Dunkelviolette K.
Bth. gelb, seltener weiss. 7

7 Bth. einzeln o. gezweit; Stbfäd. violett-wollig; B. kahl, die unt. vrkhrt-eif.-längl., am Grunde verschmälert, buchtig; Tr. drüsenhaarig; BthStielchen 1—2mal so lang als die DeckB. ⊙ Jn. Jl.
Blattaria. *L.* Goldknöpflein.
Bth. büschelig. 8

8 Wolle der Stbfäd. weiss; WzB. u. unt. StgB. in den BStiel verschmälert. 9
Wolle der Stbfäd. purp. 11

9 B. obers. fast kahl, unters. staubig-filzig, graulich, die unt. ellipt.-längl., die unt. StgB. kurzgestielt, die obern sitzend, eif., zugespitzt; Aeste pyramidenf.-rispig, scharf-kantig. ⊙ Jl. Ag.
Lychnitis. *L.* Heidenfackel.
B. beiders. dicht-filzig. 10

10 Filz der B. bleibend; B. ganzrand., wellig, die unt. längl., spitz, die StgB. geöhrelt-herzf., sitzend; Aeste kantig. ⊙ Jl. Ag.
speciosum. *Schrd.* Ansehnliche K.
Filz der B. abfällig, weiss, flockig; WzB. längl.-ellipt., die übrigen sitzend, unmerkl.-gekerbt, die obern langzugespitzt, halbumfass.; Aeste stielrund. ⊙ Jl. Ag. . . . . **floccosum**. *WK.* Flockige K.

11 Stg. u. Aeste fast stielrund; BthStielchen $1\frac{1}{2}$mal so lang als der K.; Aeste rispig; B. obers. fast kahl, unters. dünn-filzig, die unt. eif.-längl., in den BStiel zsmgezogen o. seicht-herzf., die ob. sitzend, fast herzf. ⊙ Jl. Ag. **orientale**. *M. B.* Schmächtige K.
Stg. oberw. kantig; BthStielch. 2mal so lang als der K. 12

12 Die unt. und mittl. B. fast buchtig-doppelt-gekerbt, unters. wollig-filzig, längl., gestielt, die obern längl.-eif., sitzend, spitz-gekerbt; Tr. einfach. ⊙ Jl. Ag. . . . . **lanatum.** *Schrd.* Wollkraut.
Die unt. und mittl. B. einfach-gekerbt, längl.-eif., am Grunde herzf., lang-gestielt, die obern eif.-längl., sitzend. ⊙ Jl. Ag.
— **nigrum.** *L.* Schwarze K. Hildebrant.

II. SCROPHULARIA. *L.* Braunwurz.

1 Bth. blattwinkelst.; KZipfel ohne häut. Rand; B. herzf. 2
Bth. in 1 endst., längl., aus gabelspalt. Aesten zsmgesetzten Rispe; KZipfel häutig-berandet 3

2 B. flaumig; Stg. u. BStiele zottig. ⊙ Mai, Jn. grünl.-gelb . . . . **vernalis.** *L.* Frühlings-B.
B. kahl, glänzend. ♃ Ap. Mai. dunkelblutroth. *J.*
peregrina. *L.* Fremde B.

3 Anhängsel (Rudiment des 5. unfruchtb. Stbfadens unter der Oberlippe) rundl., nierenf. o. querlängl. 4
Anhängsel schmal, lanzett. u. spitzig, o. auch fehlend; B. kahl, gefiedert. 8

4 B. lappig-eingeschnitten u. an der Basis fiederspaltig o. gefiedert; Rispenäste drüsig. ♃ Ap. Mai grün, Oberlippe obers. purpur-braun. *J.*
laciniata. *W. K.* Schlitzblättr. B.
B. weder lappig-eingeschnitten noch gefiedert. 5

5 B. beiders. flaumig, doppelt-gekerbt; Stg. u. BthStiele zottig. ⊙ Jn. Jl. trüb-olivengrün und auf dem Rücken braun o. ganz grün.
Scopolii. *Hpp.* Scopoli's-B.
B. beiders. kahl. 6

6 Stg. geschärft-4eckig; B. längl.-eif. o. fast herzf., doppelt-gesägt; KZipfel sehr schmal-häutig-berandet. ♃ Jn.-Ag. trüb-olivengrün, auf d. Rücken braun o. ganz grün.
nodosa. *L.* Droswurz. Kropfwurz.
Stg. nebst den BStielen breit-geflügelt; KZipfel breit-häutig-berandet. 7

B. sämmtl. scharf-gesägt; Anhängsel vrkhrt-herzf.-2lappig, Lappen auseinander stehend. ♃ Jl.-Sp. Bth. auf dem Rücken purp.-braun.
Ehrharti. *Stv.* Ehrhart's B.

7 Die unterst. B. gekerbt; Anhängsel quer-längl., 3mal breiter als lang, vorn seicht-ausgerandet; B. eif. o. eif.-längl., stumpflich, die mittl. u. ob. spitzlich u. gesägt. ♃ Jl.-Sp. rothbraun, am Grunde grünl.
Neesii. *Wrtg.* Nees'sche B.

Die Oberlippe der Kr. 3mal so lang als die Röhre; Rispe drüsig, Drüsen sitzend. ♃ Jn. Jl. violett-roth, die seitl. Zpf. weiss, der unterste weiss-berandet. .... **canina.** *L.* Hundsraute.

8 Die Oberlippe der Kr. etwas länger als die halbe Röhre; Rispe drüsenhaarig. ⊙ Jl. Ag. violett. *A.*
Hoppii. *Kch.* Hoppe's B.

---

80. Ordnung. ANTIRRHINEEN. *Juss.* Löwenmaulgewächse.

K. gespalten, bleibend; Kr. 1blttr., unterweib., unregelm. o. ungleich, abfällig; Stbgfss. 4, 2mächtig o. 2, der Kr. eingefügt; Stbkölbch. am Grunde ohne Anhängsel; FrKnoten 1, 2fächer., mit in der Mitte der Scheidewand angewachsenen Samenträgern, o. 1fächer. mit freiem mittelpktst. Samenträg.; Gr. 1; N. ungetheilt o. 2lappig; Fr. eine Beere o. Kapsel; B. wenigstens die unt. gegenst.

GATTUNGEN.

1 2 Stbfäd. mit Stbkölbch.; (zuweilen auch noch 2 unfruchtb. Stbfäd.) 2
4 Staubfäd. mit Stbkölbch., 2mächtig. 5

2 Kr. ziemlich radf., 4spaltig, Zipfel flach, der obere breiter; N. ungetheilt; Kps. ausgerandet.
Veronica. VI.
Kr. 2lippig 3

3 4 Stbfäden, davon 2 unfruchtb.; KrRöhre 4seitig; K. mit 2 DeckB.; N. 2spaltig.......... **Gratiola**. I.
2 fruchtb. Stbgfss.; KrRöhre stielrund; K. ohne DeckB.; N. ungetheilt...................... 4

4 Stbkölbch. herz-eif., mit 2 Längsritzen aufspring.; Stbfäd. ganz unten an der daselbst mit 1 haar. Ringe geschlossenen Röhre eingefügt. **Paederota**. VII.
Stbkölbch. nierenf., in ein 2lapp. Scheibchen aufspring.; Stbfäd. im obersten, nackten Theile des Schlundes, an den die Lippen trennenden Buchten eingefügt...................**Wulfenia**. VIII.

5 Kr. 5spalt., präsentirtellerf. o. fast radf., Saum flach o. trichterf., Zipfel gleich o. ungleich............. 6
Kr. 2lippig, o. maskirt, o. gespornt, o. glockig, o. röhrig-glockig mit schiefem, 3—4spaltigem Saume 7

6 K. 5spalt., Kr. fast radf., Zipfel ganz, gleich; Wz. kriechend. (Wasserpflanze.) ....**Limosella**. X.
K. bis zum Grunde 5theil.; Kr. präsentirtellerf. mit schlanker, stielrunder Röhre, Saum flach, ungleich-5splt., mit ausgerandeten Zipfeln......**Erinus**. V.

7 Kr. maskirt. (Unterlippe mit einem gewölbten Gaumen den Schlund verschliessend.).............. 8
Kr. nicht maskirt. (Gaumen fehlend, Schlund der Kr. offen.)...................................... 9

8 Kr. am Grunde bucklig; Kaps. an der Spitze mit 3 Löchern aufspringend..........**Antirrhinum**. III.
Kr. am Grunde gespornt; Kaps. an der Spitze mit 2 Klappen aufspring., mit einem zurückbleib., den Gr. tragenden Bogenstücke..........**Linaria**. IV.

9 Kr. glockig, o. glockig-röhrig, Saum schief, 3spalt.; der ob. Zipfel ausgerandet..........**Digitalis**. II.
Kr. 2lippig.................................... 10

10 Oberlippe der Kr. ausgerandet, Unterlippe 3splt., der mittlere Zipfel grösser; Kr. kürzer als der 5theil. K., N. stumpf, 2lappig...........**Lindernia**. IX.
Oberlippe der Kr. 2lappig, Unterlippe 3splt., an der Bas. oft 2höckerig, Lappen fast gleich. Kr. um das Doppelte länger als der 5zähn. K., N. aus 2 Plättchen gebildet...............**Mimulus**. XI.

ARTEN.

I. GRATIOLA. *L.* Gnadenkraut.

B. sitzend, lanzett., kleingesägt, am Grunde ganzrandig; BthStiele blattwinkelst., 1bth. ♃ Jl. Ag. weiss o. blassrosa, Röhre gelbl.
officinalis. *L.* Gebräuchliches G.

II. DIGTIALIS. *L.* Fingerhut. Elfenhut. Unserer Frauen Handschuh.

1 { Kr. röhrig o. glockig, der mittlere Zipfel der Unterlippe viel kürzer als die Krone. 2
Kr. kurz-glockig, der mittl. Zipfel der Unterlippe fast so lang als die Kr. 5

2 { Kr. auswendig drüsig-flaumig, erweitert-glockig 3
Kr. auswendig kahl; Zipfel der Unterlippe eif. ... 4

3 { Der mittl. Zipfel der Unterlippe 3eckig; B. flaumig u. gewimpert. ♃ Jn. Jl. trüb-schwefelgelb, inwendig braun-genetzt.
grandiflora. *Lam.* Grossblumiger F.
Der mittl. Zipfel der Unterlippe eif., kurz zugespitzt; B. kahl, gewimpert. ⊙ Jl. ockergelb, inwendig rothbraun-genetzt. *J.*
fuscescens. *WK.* Bräunlicher F.

4 { Stg. u. BthStiele filzig; KZipfel flaumig, 3nerv., zugespitzt; Kr. erweitert-glockig, Zipfel der Unterlippe abgerundet. ⊙ Jn.-Ag. purp., ros. o. weiss, inwendig mit purp. Punkten.
purpurea. *L.* Purpurrother F.
Stg. u. BthStiele kahl; Kr. röhrig; KZipfel 1nerv., spitz, am Rande drüsig-flaumig. ⊙ Jn.-Ag. schwefelgelb. .... **lutea**. *L.* Gelber F.

5 { K. wollig, KZipfel spitz; DeckB. länger als der K. ⊙ Jn. weissl., braunroth-geadert. *Ug.*
lanata. *Ehr.* Wolliger F.
K. kahl o. drüsig-flaumig 6

6 KZipfel lanzett., zugespitzt, am Rande, so wie die Kr. drüsig-flaumig. ⊙ Jl. ockergelb, braun-geadert u. netzig, Unterlippe weiss, bläulichgrün-geadert. **laevigata.** *WK.* Geglätteter F.
KZipfel längl.-eif., abgerundet-stumpf, mit 1 breiten, häut. Rande. ⊙ Jl.-Ag. ockergelb, inwendig rostroth-, an der Unterlippe braun-purp.-genetzt. **ferruginea.** *L.* Rostrother F.

III. ANTIRRHINUM. *L.* Löwenmaul. Dorant.

KBltch. eif., stumpf, viel kürzer als die Kr. ♃ Jn.-Ag. purp. oder weiss, mit 2 gelben Flecken am Gaumen.................**majus.** *L.* Grosses L.
KZipfel lanzett., länger als die Kr. ⊙ Jl.-Hrbst. purp. o. weiss......**Orontium.** *L.* Brackenhaupt.

IV. LINARIA. *L.* Leinkraut.

1 BthStiele einzeln in den Winkeln der B., bisweilen sehr lockere, beblätterte Tr. bildend; Schlund der Kr. durch den Gaumen nicht völlig geschlossen.. 2
Bth. in endst. Tr. o. Aehren; Schlund völlig geschlossen; Pfl. kahl, o. nur BthStiele u. K. drüsigbehaart.................................. 7

2 Stg. niedergestreckt; Aeste rankig, fädlich, B. breit, alle deutlich gestielt.......................... 3
Stg. aufrecht, abstehend-ästig; B. lanzett., die ob. sitzend; die ganze Pf. drüsig-behaart.......... 6

3 B. herzf.-rundl., 5lappig, kahl. ♃ Jn.-Ag. hellviolett, Gaumen weiss mit 2 dottergelben Höckern. **Cymbalaria.** *Mill.* Mauerzimbel.
B. spiessf., o. rundl.-eif. u. ganzrand............ 4

4 B. rundl.-eif.; BthStiele zottig; Sporn bogig. ⊙ Jl. Ag. weissl., Obrlpp. inwend. schwarz-violett, Unt.-lipp. hellgelb.........**spuria** *Mill.* Unechtes L.
Die mittl. u. ob. B. spiessf.; BthStiele kahl....... 5

5 Sporn gerade; B. eif.-spiessf., die unt. eif. ⊙ Jl.-Hrbst. Kr. klein, weissl., Oberlippe inwend. violett, Untlpp. schwefelgelb. **Elatine**. *Mill.* Spiessblättr. L.
Sporn fast hakig; B. spiessf., die unt. vrkhrt-eif. ⊙ Ag. Sp. Kr. gross. *J.*
commutata. *Brnh.* Verwechseltes L.

6 BthStiele 3mal so lang als der K.; Zipfel der Oberlippe spreizend. ⊙ Jl.-Hrbst hellviolett mit gelbl.-weiss. Lippen............**minor**. *Dsf.* Kleines L.
BthStiele so lang als der K.; Zipfel der Oberlippe gleichlaufend. ⊙ Jn. Jl. *J.*
littoralis. *Brnh.* Ufer-L.

7 Die untersten B. gegenst. o. zu 3—4, o. quirlig.... 8
B. wechselst. o. ordnungslos zerstreut............. 11

8 Die unt. B. quirlig, lineal-lanzettl.; KZipfel lineal, noch einmal so lang als die rundl., etwas zsmgedrückte Kapsel. (Pfl. ganz kahl.) ⊙ Mai, Jn. weiss, oft blaugestreift. *J.*
chalepensis. *Mill.* Aleppisches L.
B. zu 3 beisammenstehend, oval-längl., nervig; Bth. dicht-ährig; KZipfel länger als die Kapsel. ⊙ Jn. Jl. *J.* gelblich-weiss, Gaumen dottergelb. Sporn violett..............**triphylla**. *Mill.* Dreiblttr. L.
Die unt. B. zu 4 beisammenstehend. 9

9 K. nebst den BthStielen drüsig-behaart; KZipfel stumpf; Tr. gestielt, kopfig, später verlängert; B. lineal. ⊙ Jl. Ag. hellblau mit dunklern Streifen, Gaum. weissl. mit violettem Netze.
arvensis. *Dsf.* Feld-L.
K. nebst den BthStielen ganz kahl; KZipfel spitz. . 10

10 KZipfel lanzett., kürzer als die vrkhrt-eif. Kps.; Sam. geflügelt. ⊙ Jl. Ag. blau, am Gaumen safrangelb. *A.*...**alpina**. *Mill.* Alpen-L. Verschreikraut.
KZipfel aus breit. Bas. verschmälert, noch einmal so lang als die Kapsel; Sam. kammf.-gewimpert. ⊙ Mai, Jn. blau, dunkler geadert, Gaum. weiss, blaugestreift. *J.*...**pelisseriana**. *Mill.* Langsporniges L.

11 Spindel nebst den BthStielen drüsig-flaumig; B. ohne Ordnung gedrängt-gestellt, lanzett-lineal, 3nerv. ♃ Jl.-Sp. schwefelgelb. Untlipp. dottergelb, Gaumen safrangelb. **vulgaris.** *Mill.* Heidenflachs. Tackenkraut. Harnkraut.
Spindel u. BthStiele kahl; B. entfernt o. zerstreut, wechselst. 12

12 Sam. eif., 3kantig, flügellos; KZipfel länger als die Kaps.; B. eif.-lanzett. o. lanzett. zugespitzt. ♃ Jl. Ag. citrongelb. **genistaefolia.** *Mill.* Ginsterblttr. L.
Sam. geflügelt, in der Mitte meist knötig-rauh; KZipfel kürzer als die Kaps.; B. lineal-lanzett., spitz, flach. ♃ Jl.-Sp. gelb. **italica.** *Trv.* Italienisches L.

V. ERINUS. *L.* Leberbalsam.

Ebenstr. einfach, später traubig; B. spatelig, vorn gekerbt. ♃ Mai-Jl. violett. *A.* **alpinus.** *L.* Alpen-L.

VI. VERONICA. *L.* Ehrenpreis.

1 Bth. blattwinkelst., einzeln, o. in blattwinkelst. Trauben 2
Bth. in endst. Aehren o. Trauben; bisweilen noch mehrere seitenst. Tr. unter denselben.......... 13

2 Tr. blattwinkelst.; Sam. zsmgedrückt, auf einer Seite flach o. auf beiden Seiten convex.......... 3
BthStiele einzeln, entfernt, in den Winkeln bthst. B., welche mit den übrigen StgB. von gleicher Gestalt sind; BthStiele fast so lang als d. B., zur FrZeit herabgekrümmt.......... 26

3 K. 4theilig.......... 4
K. 5theilig, der 5. Zipfel klein.......... 11

4 B. lanzett.-lineal, sitzend, spitz, entfernt-rückw.-gezähnelt; Kps. zsmgedrückt, ausgerandet-2lappig, quer-breiter. ♃ Jn.-Sp. weiss, rosa, auch blaugestreift.......... **scutellata.** *L.* Schildsamiger E.
B. lanzett.-längl., eif. o. vrkhrt-eif., gesägt, gekerbt o. ganzrandig.......... 5

5 Tr. meist einzeln, 2—4bth., schaftf., gestielt; Stg. sehr kurz, wurzelkopfart.; B. kurz-gestielt, vrkhrt-eif.-ellipt. ♃ Jn.-Ag. *A.* **aphylla** *L.* Blattloser E.
Tr. mehrere o. eine u. reichblüthig.............. 6

6 Stg. u. B. ganz kahl; FrStielchen weit-abstehend. (Wasserpfl.)................................. 7
Stg. u. B. mehr o. weniger behaart.............. 8

7 B. sitzend, halbumfass., spitz, lanzett. o. eif; Kps. kreisrund. ♃ Mai-Ag. hellblau mit dunklern Adern o. rosa...............**Anagallis**. *L.* Wasser-E. *)
B. gestielt, stumpf, ellipt. o. längl.; Kps. rundl., gedunsen. ♃ Mai-Ag. rosa o. blau, dunkler-geadert.....**Beccabunga**. *L.* Quellen-E. Bachpunge.

8 Stg. 2zeilig-behaart o. behaart u. überdies noch 2 dichte Haarleisten; B. eif., eingeschnitten-gekerbt-gesägt; Kps. 3eckig-vrkhrt-herzf., gewimpert. ♃ Ap. Mai. hellblau, dunkler geadert.
Chamaedrys. *L.* Gamanderart. E.
Stg. rundum gleichmässig behaart................ 9

9 B. sitzend, eif., gekerbt-gesägt, die ob. lang-zugespitzt; Kps. fast kreisrund, quer-breiter. ♃ Mai-Jl. hellblau o. rosa, mit dunklern Streifen.
urticaefolia. *L.* Nesselblättr. E.
B. gestielt, Stg. am Grunde kriechend............ 10

10 B. langgestielt, eif., eingeschnitten-gekerbt-gesägt; Kaps. rundl., quer-breiter. ♃ Mai, Jn. weissl., mit purp.-blauen Streifen........**montana**. *L.* Berg-E.
B. kurzgestielt, vrkhrt-ellipt. o. längl., gesägt; Kps. 3eckig-vrkhrt-herzf. ♃ Jn. Jl. hellblau mit dunklern Adern, o. weiss mit ros. Adern.
officinalis. *L.* Grundheil.

11 Die unfruchtb. Stg. gestreckt, die blüh. aufstrebend; B. kurzgestielt, lineal-lanzett., gekerbt-gesägt, am Grunde etwas eingeschnitten o. ganzrandig. ♃ Mai, Jn. blassblau, weiss o. fleischf.
prostrata. *L.* Gestreckter E.
Stg. sämmtl. aufrecht o. aus bogiger Bas. aufstrebend.. 12

*) *V. anagalloides. Guss.* ist nach *Neilreich* nur eine schmalblättr. dünne Var. von *V. Anagallis.*

12 B. am Grunde verschmälert, etwas gestielt, lanzett., gekerbt o. fiederspalt.-gesägt, o. vielspaltig u. im Umrisse eif. ♃ Jn. Jl. schön blau.
austriaca *L.* Oesterreichischer E.
B. sitzend, aus fast herzf. Bas. eif. u. längl., eingeschnitten-gesägt o. fiederspalt. ♃ Jn. Jl. schön blau, dunkler geadert. **latifolia**. *L.* Breitblättr. E.

13 KrRöhre walzl., länger als ihr Querdurchmesser, Saum fast 2lippig; Tr. endst., oft mit mehreren seitenst. Nebentr.; Kps. rundl., gedunsen, ausgerandet. 14
KrRöhre sehr kurz; Tr. am Stg. u. an d. Aesten endst.; StgB. meist in DeckB. übergehend 16

14 Tr. fast rispig, ziemlich locker; DeckB. so lang o. kürzer als die BthStielch.; B. gegenst. zu 3—4, längl.-lanzett. o. lanzett., spitz, einfach- o. doppeltgesägt. ♃ Jl. Ag. blau. . .**spuria**. *L.* Unechter E.
Tr. ährenf., verlängert, sehr gedrungen.............. 15

15 B. zu 3 u. 4, aus eif. o. herzf. Bas. lanzett., zugespitzt, bis zur Spitze geschärft-doppelt-gesägt; DeckB. lineal-pfrieml. ♃ Jl. Ag.
longifolia. *L.* Langblättr. E.
B. gegenst., eif. o. lanzett., gekerbt-gesägt, an der Spitze ganzrandig, die untern stumpf; DeckB. lanzett.-pfrieml. ♃ Jl. Ag. blau, selten rosa o. weiss....................**spicata**. *L.* Aehriger E.

16 Die mittl. u. ob. B. fingerf. o. fingertheil., die unt. eif., ungetheilt.................................. 17
B. nicht fingerf. o. fiedertheil........................ 18

17 Bthständ B. lanzett.; Stg. traubig-ährig; BthStielch. aufrecht, kürzer als der K.; Kps. vrkhrt-herzf. ⊙ Ap. Mai. bläul., dunkler geadert.
verna. *L.* Frühlings-E.
Bthständ. B. 3theilig; BthStielch. länger als d. Kps., diese rundl.-vrkrt-herzf. ⊙ Mz.-Mai. blau.
triphyllos. *L.* Dreiblättr. E. Hühnerraute.

18 Same concav, beckenf.; Stg. u. Aeste reichbth., lockertraubig; die unt. B. herz-eif., gekerbt, stumpf, die bthst. lanzett., ganzrandig; Kps. oval-vrkhrt-herzf. ⊙ Mz.-Mai. blau mit dunklern Adern.
praecox. *All.* Frühblühend. E.
Sam. flach, schildf.................................. 19

19 Kps. wenig o. kaum ausgerandet; Tr. armblth., behaart o. flaumig 20
Kps. seicht- o. tief-ausgerandet o. halb-2spalt.; Stg. u. Aeste reichbth., locker-traubig o. traubig-ährig. 23

20 Tr. zottig o. rauhhaar., Haare gegliedert; Kps. vrkhrt.-eif., ausgerandet 21
Tr. drüsig-flaumig, o. von gekräuselten drüsenlosen Haaren flaumig; Kps. oval o. eif.; B. gekerbt, die untersten kleiner; strauchige Pfl. 22

21 B. vrkhrt.-eif., stumpf, etwas gekerbt, die unt. grösser, fast rosettig; Tr. zottig. ♃ Jl. Ag. schmutzig-blau. *A*. .... **bellidioides**. *L*. Maasliebart. E.
B. ellipt., gekerbt u. ganzrandig, die untersten kleiner, rundl.; Tr. von abstehend., drüsenlosen Haaren rauhhaarig. ♃ Jl. Ag. blau. *A*.
alpina. *L*. Alpen-E.

22 Tr. drüsig-flaumig; Kps. oval, seicht-ausgerandet; B. längl., stumpf. ♃ Jl. Ag. fleischf. mit ros. Adern. *A*.
fruticulosa. *L*. Strauchiger E.
Tr. von gekräuselten, drüsenlos. Haaren flaumig; Kps. eif., oberw. verschmälert, kaum ausgerandet; B. längl. o. ellipt. ♃ Jl. Ag. blau, Schlund mit 1 purp. Ringe. *A*. .... **saxatilis**. *Jcq*. Felsen-E.

23 B. alle in den BStiel keilf.-verschmälert, die unt. vrkhrt.-eif.-längl., schwach-gekerbt, die obern lineal-längl., ganzrandig. ⊙ Ap. Mai weiss o. bläulich. .... **peregrina**. *L*. Fremder E.
B. in den BStiel nicht keilf.-verschmälert. 24

24 BthStielch. abstehend, 2mal so lang als der K.; Kaps. quer-breiter, halb-2spaltig, Lappen kreisrund; B. eif. ⊙ Ap. Mai. blau.
acinifolia. *L*. Thymianblttr. E.
BthStielch. aufrecht, so lang als d. K. o. kürzer. .. 25

25 BthStielch. so lang als d. K.; Kaps. quer-breiter, stumpf-ausgerandet; B. eif. o. längl., etwas gekerbt, die unterst. kleiner, rundl. ♃ Ap.-Hrbst. weiss, blau geadert.... **serpyllifolia**. *L*. Quendelblttr. E.
BthStielch. so lang als der K.; Kps. vrkhrt-herzf.-2lappig; B. herz-eif., gekerbt, die obern lanzett., ganzrand. ⊙ Mz.-Hrbst. blau.
arvensis. *L*. Feld-E.

26 B. eif., fast herzf., gesägt-gekerbt................ 27
B. herzf.-rundl. u. fast 5lappig, o. fast halbkreisr. u. lappig-gekerbt; Kps. kugelig; Bth. blassblau..... 30

27 Kapseln netzig-geadert, vrkhrt-nierenf., quer-breiter mit auseinander fahrenden Lappen u. stumpfer Bucht; obere BthStiele 4—6mal länger als die Kps.; Bth. 5''' im Durchm. ⊙ Ap. Mai. himmelblau............ **Buxbaumii.** *Ten.* Buxbaums-E.
Kapseln aderlos, mit spitzer Bucht.............. 28

28 Haare der Kaps. gekräuselt, Lappen am Rande zsmgedrückt-gekielt, 3—5sam. ⊙ Mz.
opaca. *Fr.* Glanzloser E.
Haare der Kaps. abstehend; Lappen gedunsen, mit undeutlichem Kielrande........................ 29

29 B. gelblichgrün o. olivengrün; Kapsel zerstreut-drüsig-behaart; Blkr. milchweiss, blau gestreift, der obere Lappen hellblau o. fleischroth. ⊙ Mz.-Hrbst.
agrestis. *L.* Acker-E.
B. dunkelgrün; Kaps. dicht-flaumig; Blkr. hellblau. ⊙ Mz.-Hrbst.............. **polita.** *Fr.* Glatter E.

30 KZipfel herzf.; B. herzf.-rundl., kerbig, fast 5lappig. ⊙ Mz.-Mai. blassblau.
hederifolia. *L.* Epheublttr. E.
KZipfel ellipt.; B. fast halb-kreisrund, etwas herzf., lappig, 5—9kerbig. ⊙ Mz. Ap. blassblau. *J.*
Cymbalaria. *Bod.* Zimbelkrautart. E.

VII. PAEDEROTA. *L.* Mänderle.

Oberlippe der Kr. ungetheilt; Stbgfss. länger als die Kr. ♃ Jn. Jl. blau, selten rosa. *A.*
Bonarota. *L.* Blaues M.
Oberlippe der Kr. 2spaltig; Stbgfss. kürzer als die Kr. ♃ Jn. Jl. gelb. *A.*.... **Ageria.** *L.* Gelbes M.

VIII. WULFENIA. *Jcq.* Kühtritt.

WzB. längl., spatelig, gesägt; StgB. stumpflich. ♃ Jl. blau, Schlund weissl. *A.*
carinthiaca. *Jcq.* Kärnthner K.

IX. LINDERNIA. *L.* Büchsenkraut.

B. längl.-eif., ganzrand., 3nervig, sitzend; Stg. liegend. ⊙ Jl. Ag. weissl., mit hell-fleischr. Saume.
pyxidaria. *All.* Gewöhnliches B.

X. LIMOSELLA. *L.* Sumpfglöckchen.

Stglos; B. lanzett.-spatelig, ganzrand., etwas fleischig. ⊙ Jl. Ag. grün, mit fleischr. Saume.
aquatica. *L.* Wasser-S.

XI. MIMULUS. *L.* Gauklerblume.

Stg. aufsteig. 4eckig, ästig, B. eif. o. etwas längl., die unt. langgestielt fast leierf., die ob. sitzend o. herzf.-umfassend. ♃ Jn. Ag. gelb mit roth. Punkten.
luteus. *L.* Gelbe G.

---

81. Ordnung. OROBANCHEEN. *Juss.* Sommerwurzgewächse.

K. 4spaltig o. 2blttr., KB. oft 2spaltig; Kr. rachig. unterw. drüsig-fleischig; FrKnoten 1, 1fächer., mit wandst. Samenträgern. Sonst Alles wie bei den Antirrhineen Niemals grüne, auf den Wz. anderer Gewächse schmarotzende Pflanzen, die statt d. B. blos Schuppen besitzen.

GATTUNGEN.

Kr. zuletzt über der Bas. ringsum-abspringend, die schüsself. Bas. bleibend...... . . **Orobanche.** I.
Kr. mit ihrer Bas. abfällig; WzStock fleischig-schuppig; Tr. einerseitswendig, vor dem Aufblühen nickend; DeckB. am Rücken der Tr. 2zeilig-dachig; Bth. weiss o. röthl. ....**Lathraea.** II.

ARTEN.

I. OROBANCHE. *L.* Sommerwurz.

1 K. 1blttr., ringsum geschlossen, vorn 4—5spalt., mit 3 DeckB. gestützt.............................. 2

K. 2blttr., von 1 einzigen DeckB. gestützt; KB. ungetheilt o. 2splt., hinten von einander getrennt, vorne manchmal zsmgewachsen. ♃ Jn.-Ag. verschiedenfarbig.
polymorpha. *Schrk.**) Vielgestaltige S. Böser Heinrich.

2 Stg. ästig; KZähne eif.-3eckig, pfrieml.-zugespitzt; Stbkölbch. kahl. Jn.-Sp. lavendelblau.
ramosa. *L.* Aestige S. Hanfwürger.

Stg. einfach; KZähne lanzett. o. pfrieml........... 3

3 KZähne lanzett., spitz; KrRöhre vorwärts-gekrümmt, Zipfel der Lippen spitz, flach; Stbkölbch. kahl o. am Grunde wenig flaumig. ♃ Jn. Jl. blau; auf *Achill. Millef*...........**caerulea**. *Vill.* Blaue S.

KZähne pfrieml.; KrRöhre fast gerade, Zipfel der Lippen stumpf, zurückgebogen; Stbkölbch. an der Naht wollig-behaart. ♃ Jl. Ag. blau; auf *Artemis. camp*...................**arenaria**. *Brkh.* Sand-S.

II. LATHRAEA. *L.* Schuppenwurz.

Stg. einfach; Bth. hängend, einerseitswendig; Unterlpp. der Kr. 3spalt. ♃ Mz. Ap. blass rosa.
squamaria. *L.* Schnapperwurz.

---

*) Dass ich die übrigen, in den verschiedenen Floren zahlreich aufgestellten Arten unter diese Benennung zusammenziehe, wird mir sicher Niemand übel deuten, der *Orobanchen* zu bestimmen versucht hat. Meine zahlreichen, durch eine lange Reihe von Jahren gemachten Beobachtungen bestätigen vollständig Neilreich's Bemerkung in seiner Fl. v. W. p. 394: „So gross auch die Verdienste sind, die sich Sutton, Wallroth, Vaucher, Reichenbach, F. W. Schultz, A. Braun und Koch um diese Gattung erworben haben, und so viel auch zur Erklärung ihrer Arten geschrieben worden ist, so wird doch jeder Botaniker, der die *Orobanchen* durch eine längere Reihe von Jahren in der freien Natur unbefangen beobachtet hat, zuletzt zur Ueberzeugung gelangen, dass alle die zur Unterscheidung dieser neuen Arten aufgestellten Merkmale, als: die Gestalt und Farbe der Blumenkrone, die Richtung der Lippen, die Form und die Länge der KB., die Einfügung und der Ueberzug der Stbgefss., die Farbe der Narbe, die Mutterpflanze u. s. w. unverlässlich, unbeständig und daher zu dem beabsichtigten Zwecke unzulänglich seien."

82. Ordnung. RHINANTHACEEN. *Juss.* Rüsselblumengewächse.

Stbkölbch. am Grunde mit 1 Spitze o. 1 Dörnchen versehen — sonst Alles wie bei den Antirrhineen.

GATTUNGEN.

1 { B. fiederspalt. o. doppelt-fiederspalt.; Oberlippe der Kr. helmartig, zsmgedrückt, ganz o. ausgerandet; K. röhrig o. aufgeblasen. ....**Pedicularis.** III.
B. nicht fiederspaltig 2

2 { Saftige, fettglänzende Pfl.; Bth. gelb, Unterlippe blutroth-punktirt; Wz. dachig-schuppig... ..**Tozzia.** I.
Anders beschaffene Pfl.... 3

3 { Obere B. handf.-eingeschnitten, unt. B. gekerbt, alle eif.......... ....**Trixago.** VI.
Obere B. ganz o. höchstens 3spalt. o. 3theil....... 4

4 { K. aufgeblasen, 4zähn.; Bth. gelb mit weissl. Röhre. **Rhinanthus.** IV.
K. nicht aufgeblasen, röhrig o. glockig......... ... 5

5 { Fächer des FrKnot. 1—2eiig; K. röhrig; obere Kr-Lippe am Rande zurückgeschlagen, die untere 3furchig...... ....**Melampyrum.** II.
Fächer der FrKnoten vieleiig 6

6 { Bth. dunkelviolett-roth, flaumig; K. glockig; Stg. einfach, aufrecht, zottig; B. eif., gekerbt-gesägt; Same flügelrandig..................**Bartsia.** V.
Bth. weiss, gelb, lila o. roth; K. röhrig o. glockig; Same ohne Flügelrand...........**Euphrasia.** VII.

ARTEN.

I. TOZZIA. *L.* **Alpenrachen.**

B. sitzend, eif., spärlich-gekerbt-gesägt. ♃ Jl. Ag. gelb, Unterlipp. blutroth-punktirt. *A.*
alpina. *L.* Echter A.

II. MELAMPYRUM. *L.* Wachtelweizen.

1 Aehren dicht-dachziegelig, 4kantig; DeckB. eif., zurückgekrümmt, kämmig-gezähnt. ⊙ Jn. Jl. weissl., vorn blassgelb, Untlpp. dottergelb o. purp.
cristatum. *L.* Kammähriger W.
Aehren locker, nicht 4kantig 2

2 Aehren gleich; DeckB. eif., lanzett. - zugespitzt, pfrieml.-gezähnt 3
Aehren einerseitswendig; DeckB. herzf. o. lanzett... 4

3 Bth. karminroth, in der Mitte mit 1 weissen Ringe, u. 1 gelben Flecke auf der Unterlipp.; K. flaumig-rauh, fast so lang als die KrRöhre. ⊙ Jn. Jl. DeckB. purp.......... **arvense.** *L.* Hundsweiz.
Bth. gelb; K. rauhhaar., 3mal kürzer als die KrRöhre. ⊙ Mai, Jn. DeckB. gelbl.-grün, selten röthl.
barbatum. *WK.* Bärtiger W.

4 Die obern DeckB. tief-herz., gezähnt; K. rauhhaar., halb so lang als die Kr. ⊙ Jl. Ag. goldgelb, Röhre rostbraun; DeckB. azurblau.
nemorosum. *L.* Hainbrand.
DeckB. sämmtl. lanzett.; K. kahl 5

5 K. 3mal kürzer als die Kr.; Bth. wagrecht-abstehend; die ob. DeckB am Grunde beiders. 1—2zähnig. ⊙ Jn. Jl. gelb o. weiss u. gelb.
pratense. *L.* Holzbock.
K. so lang als die Kr.; Bth. aufrecht; DeckB. meist ganzrandig. ⊙ Jl. Ag. goldgelb.
silvaticum. *L.* Wald-W.

III. PEDICULARIS. *L.* Rodel. Läusekraut.

1 KrRöhre in einen glockigen, durch die zsmneigenden Lippen geschlossenen Schlund erweitert; BFieder eif.-längl., stumpf, doppelt - gekerbt. ♃ Jn.-Ag. schwefelgelb, Rand der Unterlipp. blutroth.
Sceptrum Carolinum. *L.* Scepterf. R.
KrRöhre nicht glockig-erweitert.................... 2

2 Oberlippe der Kr. vorn geschnäbelt, Schnabel an der Spitze abgestutzt.... 3
Oberlippe nicht geschnäbelt, gerade o. sichelf.-gekrümmt, an dem meist nicht breiten Ende helmartig, stumpf 14

3 Schnabel meist ansehnlich, oft an der Spitze kleingekerbt, aber die unt. Ecken der Schnabelspitze nie in 1 deutl. Zahn vorgezogen............... 4
Schnabel kurz, beiders. an den Ecken in 1 spitzigen o. pfrieml. Zahn vorgezogen.................... 10

4 Stbfäden kahl; K. wollig o. wollig-zottig; Bth. rosenr. 5
Die läng. Stbfäd. über der Mitte bärtig, o. an der Spitze behaart o. zottig......... 6

5 KZipfel gekerbt, an der Spitze hakig, 3mal kürzer als die KrRöhre; B. tief-fiederspaltig, Blttch. doppelt-gesägt. ♃ Jl. *A.*
asplenifolia. *Flk.* Streifenfarnblttr. R.
KZipfel ganzrandig, gerade, die längern so lang als die KrRöhre; B. doppelt-fiederspalt., kleingesägt; Aehre sehr locker. ♃ Jl. Ag. Oberlippe dunkler als die Unterlippe. *A.*
incarnata. *Jcq.* Fleischrothe R.

6 Oberlippe der Kr. plötzlich in einen verlängerten, linealen, an der Spitze abgeschnittenen u. ausgerandeten Schnabel verschmälert 7
Oberlippe allmälig in 1 kurz-kegelf., an der Spitze abgeschnittenen Schnabel verschmälert; Bth. roth; die läng. Stbfäd. über der Mitte bärtig.......... 9

7 Bth. gelb; K. bis zur Mitte 5spalt., Zipfel gerade, eingeschnitten-gezähnt; B. tief-doppelt-fiederspalt., Fiederchen gezähnt. ♃ Jl. Ag. *A.*
tuberosa. *L.* Knotenwurzl. R.
Bth. rosenroth; KZipfel 3mal kürzer als die KrRöhre, ungleich-gekerbt, an der Spitze zurückgekrümmt o. hakig 8

8 K. längl.-glockig, kahl o. am Rande u. auf den Nerven flaumig, Zipfel zurückgekrümmt; die läng. Stbfäd. an der Spitze zerstreut-haarig. ♃ Jl. Ag. *A.*
Jacquinii. *Kch.* Jacquin's R.
K. röhrig, überall kurz zottig, Zipfel an der Spitze hakig; Stbfäd. über der Mitte bärtig. ♃ Jl. Ag. *A.*
rostrata. *L.* Geschnäbelte R. Einhaken.

9 K. röhrig-glockig, kahl, am Rande u. auf den Nerven flaumig; Zipfel zurückgekrümmt, kürzer als die KRöhre; Stg. dicht-beblättert. ♃ Jn. Jl. rosa. *A.* **Portenschlagii.** *Saut.* Portenschlag's R.
K. glockig, bis über die Mitte 5spalt., dicht flaumig, Zipfel fiederspalt. u. gezähnt, gerade; die ob. DeckB. 3spaltig. ♃ Jl. Ag. purp. *A.* **fasciculata.** *Bllrd.* Büschelige R.

10 Schnabelzähne klein, pfrieml.; K. 2lappig, Lappen kraus; Stg. aufrecht, von der Bas. an ästig. ♃ ⊙ Mai, Jn. fleischr. . . . . **palustris.** *L.* Sumpf-R.
Schnabelzähne 3eckig-pfrieml.; K. 5zähnig o. 5spalt. 11

11 HauptStg. aufr. u. vom Grunde an bthntragend, NebenStg. gestreckt; Oberlippe der Kr. etwas sichelf.; K. 5zähnig, Zähne oberw. gezähnt. ♃ ⊙ Mai-Jl. rosenroth. . . . . **silvatica.** *L.* Wald-R.
Stg. einfach; Oberlippe deutl. sichelf. 12

12 KZähne sehr kurz, eif., stumpf, breiter als lang; K. an den Kanten flaumig; Zipfel der BFieder stachelspitz-gesägt. ♃ Jn.-Ag. gelblich-weiss o. citrongelb. **comosa.** *L.* Schopfblüthige R.
KZähne lanzett. 13

13 K. 5spaltig mit zottigen Kanten, Zähne ungetheilt, klein-gesägt; Fiederblttch. gelappt-gezähnt, klein-gesägt. ♃ Jn. Jl. fleischr. **sudetica.** *W.* Riesengebirgs-R.
K. 5zähnig, eif., von langen Haaren wollig, Zähne spitzig, 2—3mal länger als breit; Lappen der Blttch. stachelspitz-gesägt. ♃ Mai. gelblichweiss. *J.* **Friderici Augusti.** *Tomm.* Friedrich August's-R.

14 BthStiele wurzelst., einzeln; Oberlippe sichelf., abgerundet-stumpf, am Rande zottig. ♃ Ap. Mai, weiss in's fleischrothe. . . . . **acaulis.** *Scp.* Stengellose R.
BthStiele stengelst.; Oberlippe gerade o. fast sichelf. 15

15 StgB., DeckB. u. Bth. quirlig; K. aufgeblasen, rauhhaar. ♃ Jn. Jl. purp. *A.* **verticillata.** *L.* Quirlige R.
StgB., DeckB. u. Bth. zerstreut. 16

16 Oberlippe rauhhaar.; K. glockig, ungetheilt, auf den Kanten zottig, 5zähnig, Zähne viel kürzer als die Röhre; Stbfäd. an der Spitze dicht bärtig. ♃ Jl. Ag. schwefelgelb; 6—12 Zoll hoch. *A.*
foliosa. *L.* Beblätterte R.
Oberlippe kahl o. nur sehr wenig behaart 17

17 K. halb-2spalt., fast bthnscheidig, vorn zottig, 3—5-zähnig, Zähne sehr kurz, 3eckig; die läng. Stbfäd. an der Spitze dicht-bärtig. ♃ Mai. schwefelgelb. *A.* 2—4 Fuss hoch ....**Hacquetii**. *Grf.* Hacquet's R.
K. 5zähnig o. fast bis zur Hälfte 5spalt. 18

18 K. glockig, kahl, Zähne ungleich, lanzett., spitz; B. tief-fiederspalt., Fieder lanzett., fiederspalt.-gezähnt u. gezähnelt. ♃ Jl. Ag. rostbraun-purpurn. *A.*
recutita. *L.* Beschnittene R.
K. röhrig-glockig, wollig o. zottig; Oberlippe fast sichelf. 19

19 Bth. rosenroth; KZähne gleich, lanzett.-pfrieml., spitz, unt. DeckB. fiederspaltig-gezähnt; BFieder schmal-lanzett., spitz-gesägt. ♃ Jl. *A.*
rosea. *Wlf.* Rosenrothe R.
Bth. citrongelb mit 1 roth. o. dunkelpurp. Flecke; KZähne ungleich, lanzett., an der Spitze zurückgekrümmt; unt. DeckB. fiederspalt.-gekerbt; BFieder oval. ♃ Jn. Jl. *A.*
versicolor. *Whlb.* Bunte R.

IV. RHINANTHUS. *L.* Klapper. Glitscher.

1 DeckB. gleichfarb., meist braun-grün, Zähne der obern DeckB. zugespitzt; Lippen der Kr. gerade vorgestreckt, Röhre gerade, Zahn auf beiden Seiten der Oberlippe kurz-eif., ⊙ Mai, Jn. Zahn der Oberlippe weissl. o. violett.....**minor**. *Ehr.* Kleine K.
DeckB. verschiedenfarb., bleich; Zähne der ob. DeckB. pfrieml., haarspitzig o. begrannt......... 2

2 Oberlippe der Kr. aufstrebend, die untere abstehend, Zahn auf beiden Seiten der Oberlippe längl. ⊙ Jl. Ag. *A.* Zahn der Oberlippe blau, Unterlippe mit 1 o. mehreren blauen Flecken.
alpinus. *Bmg.* Alpen-K.
Oberlippe der Kr. gerade vorgestreckt, Röhre etwas gekrümmt, Zahn an der Oberlippe eif. 3

3 K. kahl o. etwas flaumig. ⊙ Mai, Jn. Zahn der Oberlpp. violett. . . . . **major.** *Ehr.* Grosse K.
K. zottig. ⊙ Mai, Jn. **Alectorolophus.** *Poll.* Hahnenkamm.

V. BARTSIA *L.* Alpenhelm.

B. gegenst., eif., fast stgumfassend, stumpf-gesägt. ♃ Jl. Ag. *A.* . . . . **alpina.** *L.* Echter A.

VI. TRIXAGO *Link.* Echsenfuss.

B. handf.-gezähnt; Bth. fast kopfig-gehäuft. ⊙ Ap. Mai. purp. *J.* . . . . **latifolia.** *Rb.* Breitblttr. E.

VII. EUPHRASIA. *L.* Augentrost.

1 Oberlippe 2lappig, Lappen 2—3zähnig; Unterlippe 3spaltig, Zipfel tief-ausgerandet. 2
Oberlippe abgestutzt-stumpf, zsmgedrückt; Zipfel der Unterlippe nicht ausgerandet. 5

2 B. eif., meist beiderseits 5zähnig, Zähne der obern B. stachelspitz. 3
B. lanzett. o. längl. o. lineal, beiders. 1—3zähnig . . 4

3 Lappen der Oberlippe abstehend. ⊙ Jl. Ag. weiss o. blau, Unterlpp. gelb - gefleckt, Oberlpp. violett-linirt. . . . . . . **officinalis.** *L.* Leuchte. Milchschelm.
Lappen der Oberlippe zsmneigend. ⊙ Jl. Ag. Oberlpp. blau, Unterlpp. gelb, beide linirt. *A.* **minima.** *Schl.* Kleinster A.

4 B. lanzett. o. längl., am Grunde keilig, beiders. 2—3-zähnig; Zähne der ob. B. u. d. K. haarspitzig-begrannt. ⊙ Jl. Ag. *A.* **salisburgensis.** *Fnk.* Salzburger A.
B. lineal (12 Mm. lang, 1 Mm. breit), beiders. 1zähnig; K- u. BZähne spitz, nicht begrannt. ⊙ Jl. Ag. **tricuspidata.** *L.* Dreispitziger A.

5 Stbkölbch. kahl, frei; Kr. bärtig-gewimpert. ⊙ Jl. Ag. dottergelb. . . . . **lutea.** *L.* Gelber A.
Stbkölbch. an der Spitze zottig-aneinandergeklebt; Bth. purp. 6

6 B. aus breiterem Grunde verschmälert-lanzett.-lineal, DeckB. länger als die Bth. ⊙ Jn.-Hrbst. hellpurp. **Odontites.** *L.* Rother A. Zahntrost.
B. lanzett., zugespitzt, nach dem Grunde verschmälert; DeckB. kürzer als die Bth. ⊙ Jl. Ag. blasspurp. ....**serotina.** *Lam.* Spätblühender A.

---

83. Ordnung. LABIATEN. *Juss.* Lippenblüthler.

K. röhrig, bleibend; Kr. 1blttr., unterweib., unregelm., oft 2lippig; Stbgfss. der Kr. eingefügt, 4, zweimächtig, o. nur 2; FrKnoten 4, frei, einer unterweib. Scheibe eingefügt, 1fächer., 1eiig; Gr. 1, in der Mitte der FrKnoten; Nüsse 4, vom K. eingeschlossen; B. gegenständ., nebenblattlos.

GATTUNGEN.

1 2 fruchtb. Stbgfss. vorhanden, (bisweilen nebst diesen noch 2 unfruchtb., in Gestalt von kurzen, geknöpften Fäden) 2
4 fruchtb. Stbgfss. vorhanden 4

2 Kr. trichterf., der obere Zipfel ausgerandet; K. 5zähnig..........................**Lycopus.** IV.
Kr. rachenf.; K. 2lippig.......................... 3

3 Oberlippe der Kr. 2spalt., flach. aufr., Untlpp. 3theil., Lippen fast gleichlang. (B. lineal, am Rande umgerollt.)......................**Rosmarinus.** V.
Oberlippe der Kr. ganzrandig o. ausgerandet, gerade, sichelf. o. helmförmig, Untlpp. 3spalt., kürzer als die Oberlpp.........................**Salvia.** VI.

4 Stbkölbch. nierenf., 1fächer., mit einer halbkreisf. Ritze aufspringend, u. dann ein flaches, kreisrundes Tellerchen darstellend. (B. lineal o. lanzett., am Rande umgerollt; Bth. in unterbroch. Aehren.) **Lavandula.** I.
Stbkölbch. anders gestaltet u. anders aufspringend. . 5

5 Kr. trichterf., 4spalt.; Kr.Röhre inw. ohne Haarring. 6
Kr. ein- o. 2lippig 7

6 KSchlund bartlos; K. 5zähnig; der ob. Zipfel der Kr. ausgerandet.................... **Mentha.** II.
KSchlund bärtig; K. 2lippig; der ob. Zipfel der Kr. ganz .... **Pulegium** III.

7 Kr. 1lippig, die Oberlippe fehlend o. äusserst kurz; K. 5zähnig o. 5spalt........................... 8
Kr. 2lippig 9

8 Oberlippe der Kr. aus 2 kleinen, kurzen Läppchen bestehend, Untlpp. 3spalt.........**Ajuga.** XXXIII.
Oberlippe der Kr. fehlend, an ihrer Stelle 1 Spalte; Untlpp. 5spalt.................**Teucrium.** XXXIV.

9 Stbgfss. nicht gleichlaufend, u. entweder oberwärts auseinander weichend, o. unt. der Oberlippe der Kr. zsmneigend.. 10
Stbgfss. unter der Oberlppe der Kr. gleichlaufend, dicht nebeneinander gestellt, (nur nach dem Verblühen bisweilen auswärts gebog.) 17

10 K. 5zähnig, o. halbirt und auf einer Seite bis zum Grunde gespalten.. 11
K. 2lippig.. 13

11 Stbgfss. unter der Oberlpp. zsmneigend; K. röhrigglockig o. walzl.-röhrig............**Satureja.** IX.
Stbgfss. oberw. auseinander tretend.... 12

12 Obere KrLippe ausgerandet; StbkölbchSäckchen von einander getrennt. (B. eif. o. ellipt.) **Origanum.** VII.
Obere KrLippe 2spalt.; StbkölbchSäckchen an der Spitze zsmgewachsen, unten auseinander tretend.
Hyssopus. XIV.

13 Kr. inwendig unterhalb der Einfügung der Stbgfss. mit 1 Haarringe, Oberlpp. gerade, 2spalt.
Horminum. XIII.
Kr. inwendig ohne Haarring 14

14 Stbgfss. oberw. auseinander tretend; Oberlpp. der Kr. gerade, ausgerandet...........**Thymus.** VIII.
Stbgfss. unter der Oberlpp. der Kr. zsmneigend.... 15

15 BthQuirle am Grunde mit 1 aus vielen borstenf HüllB. gebildeten Hülle umgeben. **Clinopodium**. XI.
Bth. ohne solche Hülle 16

16 Oberlippe der Kr. gewölbt, die Wölbung mit einem flachen Rande umgeben; StbkölbchSäckchen an der Spitze zsmstossend............**Melissa**. XII.
Oberlippe gerade, nicht gewölbt, vorne am Schlunde 2 längl., erhabene, behaarte Höcker; Stbkölbch-Säckch. sich nicht berührend, gleichlaufend. **Calamintha**. X.

17 FrK. durch aneinander gelegte KLippen verflacht-geschlossen; K. 2lippig; Oberlippe der Kr. gewölbt. 18
FrK. offen, an der Spitze nicht zsmgedrückt, KZähne abstehend o. zsmneigend; Stbgfss. nach dem Verblüh. bisweilen auswärts herabgebogen. 19

18 Stbfäd. an der Spitze ohne Anhängsel; Untlpp. der Kr. ungetheilt; Haarring in der Kr. fehlend; KLippen ungetheilt...........**Scutellaria**. XXX.
Stbfäd. an der Spitze mit 1 Zahn o. Höcker; Untlpp. der Kr. 3splt.; Haarring in der Kr. vorhanden; KLippen gezähnt..............**Prunella**. XXXI.

19 Oberlippe der Kr. flach u. gerade 20
Oberlippe der Kr. gewölbt....... 24

20 Stbgfss. u. Gr. in der KrRöhre verborgen 21
Stbgfss. u. Gr. hervortretend, unter der Oberlippe gleichlauf.................. 22

21 Nüsse abgerundet-stumpf; K. 2lippig. **Sideritis**. XXIV.
Nüsse an der Spitze mit einer 3eckigen Fläche abgeschnitten; K. 5—10zähnig. (Bth. weiss; B. filzig.) **Marrubium**. XXV.

22 Stbkölbch. paarweise in ein Kreuz gestellt 23
Stbkölbch. gleichlaufend, nicht kreuzständ.; Mittelzipfel der unt. KrLippe abgerundet, sehr ausgehöhlt. **Nepeta**. XV.

23 K. röhrig, 5zähn.; B. herz- u. nierenf.; Bth. violett. **Glechoma** XVI.
K. weit, glockig, lappig-2lippig; B. eif. o. herz-eif.; Bth. weiss, purp. o. gescheckt.... **Melittis**. XVIII.

24 Nüsse fleischig, steinfruchtart.; Unterlippe der Blkr. 3spalt., der mittl. Zipfel grösser. **Prasium.** XXXII.
Nüsse nicht fleischig 25

25 Röhre der Blkr. inwendig ohne Haarleiste.......... 26
Röhre der Blkr. inwendig mit 1 Haarleiste 30

26 Die seitl. Zipfel der Unterlippe der Kr. klein, zahnf. o. fehlend, der mittl. vrkhrt-herzf... **Lamium**. XIX.
Die seitl. Zipfel der Unterlippe deutlich.......... 27

27 Zipfel der 3spalt. Unterlippe der Kr. fast 4eckig, der mittl. länger, meist breiter, u. am Grunde mit 2 hohlen, kegelf. Zähnchen besetzt. **Galeopsis.** XXI.
Zipfel der Unterlippe anders gestaltet, der mittlere ohne hohle Zähnchen 28

28 K. röhrig, 2lippig; mittl. Zipfel der Unterlippe der Kr. vrkhrt-herzf.; Bth. violett o. weiss. **Dracocephalum.** XVII.
K. nicht 2lippig, röhrig-glockig 29

29 Nüsse abgerundet-stumpf; Bth. purp. o. blassgelb. **Betonica.** XXIII.
Nüsse an der Spitze mit einer 3eckigen Fläche abgeschnitten; Bth. rosa........**Chaiturus.** XXVIII.

30 Die seitl. Zipfel der Unterlippe der Kr. klein, zahnf. o. fehlend, der mittl. vrkhrt-herzf...**Lamium**. XIX.
Die seitl. Zipfel der Unterlippe deutlich........... 31

31 Bth. gelb; Mittelzipfel der Unterlippe der Kr. dottergelb mit braunen Flecken, sammt den seitl. eif.-längl., spitz. ....**Galeobdolon.** XX.
Bth. gelblich o. anders gefärbt. 32

32 Der mittl. Zipfel der Unterlippe der Kr. eif.-längl., stumpf, alle 3 in einen pfrieml. Zapfen sich zsmrollend. ....**Leonurus.** XXVII.
Der mittl. Zipfel der Unterlippe vrkhrt-eif. o. vrkhrtherzf.. 33

33 Stbgfss. mit ihrem Grunde angewachsen, u. darunter mit 1 Anhängsel; Nüsse mit einer 3eck. Fläche abgeschnitten....................**Phlomis**. XXIX.
Stbgfss. am Grunde frei u. daselbst ohne Anhängsel; Nüsse abgerund.-stumpf 34

34 Stbgfss. nach dem Verblühen gerade; Mittelzipfel der Untlpp. d. Kr. vrkhrt-herzf. .... **Ballota.** XXVI.
Die unt. Stbgfss. nach dem Verblühen zsmgedreht u. auswärts zurückgebogen; Mittelzipfel der Untlpp. der Kr. vrkhrt-eif. o. vrkhrt-herzf. **Stachys.** XXII.

ARTEN.

I. LAVANDULA. *L.* Lavendel.

B. längl.-lineal o. lanzett., ganzrand.; DeckB. rauten-eif., zugespitzt, ♃ Jl. Ag. blau.
vera. *DC.* Echter L.

II. MENTHA. *L.* Minze *).

1 Bth. in endst. Aehren 2
Bth. in Quirlen u. endst., rundl. o. ovalen Köpfchen. 5

2 Aehren lineal-walzl., dünn; K. schwach-gerieft; Zähne des FrK. zsmneigend; B. sitzend o. fast sitzend.. 3
Aehren längl.-walzl., dick; K. gerieft o. gefurcht; Zähne des FrK. gerade vorgestreckt; B. gestielt, gesägt; (nur bei krausblttr. Var. fast sitzend.).... 4

3 DeckB. lanzett.; FrK. fast kugelig-bauchig, Zähne lanzett.-pfrieml.; B. sitzend, meist eif., gekerbt-gesägt. ♃ Jl. Ag... **rotundifolia.** *L.* Rundblttr. M.
DeckB. lineal-pfrieml.; FrK. bauchig, oberw. eingeschnürt, Zähne lineal pfrieml.; B. fast sitzend, eif. o. lanzett., gezähnt-gesägt. ♃ Jl. Ag.
silvestris. *L.* Wald-M.

4 Die obern DeckB. lineal-pfrieml.; K. gerieft, Zähne lineal-borstl.; B. eif. ♃ Jl. Ag.
nepetoides. *Lej.* Dickährige M.
Die ob. DeckB. lanzett.; K. gefurcht, Zähne lanzett.-pfrieml.; B. längl. o. eif.-längl. ♃ Jl. Ag.
piperita. *L.* Pfeffer-M. Krause-M.

*) Eine ehemals durch eine Masse unhaltbarer Arten höchst verworrene Gattung — der vielen Bastarde und Mittelformen wegen aber noch immer schwierig.

5 Bth. in Quirlen und einem endst. Köpfch.; KZähne aus 3eck. Grunde pfrieml., Röhre gefurcht; B. gestielt, eif., gesägt. ♃ Jl. Ag.
aquatica. *L.* Wasser-M. Brunnheilige.
Bth. blos in Quirlen, Quirle entfernt, von 2 bthständ. B. gestützt 6

6 K. glockig, KZähne 3eckig-eif., so lang als breit; B. gestielt, eif. o. ellipt., gesägt. ♃ Jl. Ag.
arvensis. *L.* Acker-M. Rossminze.
K. röhrig-trichterf., KZähne 3eckig-lanzett., länger als breit 7

7 B. sitzend o. etwas gestielt, lanzett. o. ellipt., an beiden Enden spitz, gesägt, Sägezähne vorwärtsgerichtet, scharf-zugespitzt. ♃ Jl. Ag.
gentilis. *L.* Wiesen-M. Heidnische M.
B. gestielt, eif. o. ellipt., gesägt, Sägezähne nach aussen abstehend. ♃ Jl. Ag. **sativa.** *L.* Braunminze.

III. PULEGIUM. *Mill.* Polei.

Quirle kugelig; K. röhrig; B. gestielt, ellipt., stumpf, schwach-gezähnt. ♃ Jl. Ag. lila o. hellpurp.
vulgare. *Mill.* Herzpolei.

IV. LYCOPUS. *L.* Wolfstrapp.

B. eif.-längl., grob eingeschnitten-gesägt, am Grunde fiederspalt.; unfruchtb. Stbgfss. fehlen. ♃ Jl. Ag. weiss, inw. roth-punkt. **europaeus.** *L.* Sparrfaden.
B. bis auf den Mittelnerv fiederspalt., die unt. im Umrisse breit-eif., die ob. lanzett.; unfruchtb. Stbgfss. vorhanden. ♃ Jl. Ag.
exaltatus. *L. f.* Hoher W.

V. ROSMARINUS. *L.* Rosmarin.

B. sitzend, lederig, am Rande zurückgerollt. ♄ Mz. Ap. blassblau. *J.* .... **officinalis.** *L.* Grensing.

VI. SALVIA. *L.* Salbei.

1 KrRöhre inwendig mit einem haarigen Ringe 2
Kr.Röhre inwendig ohne Haarring 3

2 Stg. strauchig; B. eif.-lanzett. o. lanzett., runzelig, die jüngern nebst den Aesten grau-flaumig; Quirle 6—12bth. ♄ Jn. Jl. violett, roth o. weiss. *J.*
officinalis. *L.* Gebräuchliche S.
Stg. krautig; B. fast 3eckig-herz.; Quirle reichbth., fast kugelig. ♃ Jl. Ag. blau.
verticillata. *L.* Quirlblüth. S.

3 B. herz-spiessf., grob-gesägt, die ob. lang-zugespitzt; Stg. oberw. drüsig-klebrig. ♃ Jn. Jl. schwefelgelb, braun punkt.
glutinosa. *L.* Klebrige S., Sul, Harzich.
B. nicht spiessf.; Bth. weiss, roth o. blau 4

4 Oberlippe des K. flach, mit 3 geraden Zähnen 5
Oberlippe des K. concav, 3furchig, mit 3 zsmneigend. kleinen Zähnen 6

5 B. nebst dem K. weiss-wollig, eif., fast herzf., ausgefressen-gekerbt, buchtig o. lappig; DeckB. ungefärbt. ⊙ Jn. Jl. weiss, oft in's Violette.
Aethiopis. *L.* Ungarische S.
B. fast filzig, doppelt-gekerbt, die unt. B. herzf.; DeckB. rosenroth o. violett. ⊙ Jn. Jl. hellbläul. Untlpp. gelbl... ....**Sclarea**. *L.* Scharlach.

6 Oberlippe des K. abgerundet, sehr klein-3zähnig; DeckB. rundl.-eif., zuletzt herabgebogen; B. längl., lappig-gezähnt o. fiederspalt. ♃ Mai-Ag. hellblau. *J.* ....**clandestina**. *L.* Orientalische S.
Oberlippe des K. kurz-3zähnig; nicht abgerundet; DeckB. eif. 7

7 Stbgfss. noch einmal so lang als die Kr.; Stg. drüsig-behaart u. zottig; B. eif., lappig und fast fiederspalt., flaumig. ♃ Mai, Jn. weiss o. gelbl.-weiss.
austriaca. *Jcq.* Oesterreichische S.
Stbgfss. kürzer als die Kr.; WzB. am Grunde herzf.; Bth. blau, röthl. o. weiss 8

8 DeckB. krautig, kürzer als der K.; Stg., DeckB., Kr. u. K. klebrig behaart; B. ungetheilt o. 3lappig, die ob. umfassend. ♃ Mai-Jl.
pratensis. *L.* Wiesen-S.
DeckB. rosenr. o. violett; Stg., K. u. die unt. Seite der B. grau-flaumig; die ob. B. am Grunde herzf. o. eif., sitzend. ♃ Jl. Ag. **silvestris.** *L.* Wilde S.

VII. ORIGANUM. *L.* Dost.

1 K. halbirt, auf 1 Seite fast bis zum Grunde gespalten; DeckB. gefurcht, dicht-dachig; B. ellipt., stumpf, grau-filzig. ⊙ ♃ Jl. Ag. *cult.* weiss.
Majorana. *L.* Majoran. Margran.
K. gleichf.-5zähnig; Bth. purp. o. weiss; B. eif. 2

2 DeckB. auf der innern u. äussern Seite drüsig-punktirt. ♃ Jn. Jl. Drüsen der DeckB. feuerfarb., hervortretend. *J.* .....**hirtum.** *Lnk.* Kurzhaariger D.
DeckB. auf der innern Seite drüsenlos. ♃ Jl. Ag.
vulgare. *L.* Wohlgemuth.

VIII. THYMUS. *L.* Quendel. Kunold.

B. am Rande zurückgerollt, lineal o. längl.-eif., spitz, in den BWinkeln büschelig, die bthst. lanzett., stumpf. ♄ Mai, Jn. *J.*
vulgaris. *L.* Garten-Thymian. Immenkraut.
B. am Rande flach, lineal o. ellipt., stumpf in 1 kurzen BStiel zsmgezogen, die bthst. gleichgestaltet. ♄ Jl.-Sp...**Serpyllum.** *L.* Kudelkraut. Feldquendel.

IX. SATUREJA. *L.* Pfefferkraut. Bohnenkraut.

1 Stg. krautig, sehr ästig; Ebensträussch. meist 5bth.; B. lineal-lanzett. ♃ Jl.-Hrbst. lila.
hortensis. *L.* Garten-P.
Stg. halbstrauchig 2

2 B. eif., flaumig, fast sitzend, am Grunde abgerundet, am Rande zurückgerollt, die bthständ. an die Spindel angedrückt. ♃ Jn. Jl. *J.* **Juliana.** *L.* Julianisches P.
B. lanzettl., die obern stachelspitz 3

3 Stg. 4kantig, kahl; B. unters. spärlich-drüsig-punkt. ♄ Jl. Ag. violett, Schlund dunkler-gefleckt.
pygmaea. *Sieb.* Zwergiges P.
Stg. fast stielr., flaumig; B. beiders. drüsig-punkt.; Bth. weiss, Oberlpp. rosenr., Unterlpp. purp.-punkt. 4

4 Zipfel der Untlpp. der Kr. fast gleich, längl., stumpf; Oberlpp. tief-ausgerandet. ♄ Jl. Ag.
montana. *L.* Berg-P.
Die seitl. Zipfel der Unterlpp. d. Kr. gestutzt, der mittl. noch einmal so breit, rundl., ungetheilt, am Rande wellig. ♄ Jl. Ag. **variegata.** *Hst.* Buntes P.

X. CALAMINTHA *Mnch.* Bergminze

1 Quirle aus 6 einfach. BthStielen zsmgesetzt; K-Schlund mit 1 Haarringe; B. eif., gesägt........ 2
Quirle aus gabelspalt. Ebensträussch. zsmgesetzt.... 3

2 Wz. einfach; Stg. aufrecht; FrK. an der Spitze zsmgezogen, durch die anliegenden Zähne geschlossen. ⊙ Jn.-Ag..........**Acinos.** *Clair.* Steinquendel.
Wz. vielköpfig; Stg. liegend, aufstreb.; Zähne der FrK. aufrecht-abstehend. ♃ Jl. Ag. *A.*
alpinus. *Lam.* Alpen-B.

3 KSchlund nackt; B. ellipt., stumpf, schwach-gesägt. ♃ Jl. Ag. weiss, Oberlpp. hellviolett, Untlpp. violett-punkt......**thymifolia.** *Rb.* Quendelblttr. B.
KSchlund mit 1 Haarringe; B. eif.............. 4

4 B. spitzig, tief- u. spitz-gesägt; BthStiele 3—5bth.; Nüsse schwarz, rundl.-oval. ♃ Jl. Ag. rosa.
grandiflora. *Mnch.* Grossblüthige B.
B. stumpf, angedrückt-gesägt; Nüsse braun....... 5

5 BthStiele 2—5bth.; KSchlund kurz- u. spärlich-behaart. ♃ Jl. Ag. purp., Untlpp. weiss gefleckt, Flecken purp.-punkt.
officinalis. *Mnch.* Gebräuchliche B.
BthStiele 12—15bth.; KSchlund dicht-behaart, Haare hervorragend. ♃ Jl. Ag. bläul.-purp.
Nepeta. *Clair.* Katzen-B.

XI. CLINOPODIUM. *L.* Wirbeldost.

Stg. zottig; Quirle reichblth.; Hülle so lang als d. K. ♃ Jl. Ag. purp. .... **vulgare**. *L.* Wilddost.

XII. MELISSA. *L.* Herzkraut.

B. eif., gekerbt-gesägt, die unt. fast herzf.; Quirle halbirt, einerseitswendig. ♃ Jl. Ag. weiss.
officinalis. *L.* Gebräuchl. H.

XIII. HORMINUM. *L.* Drachenmaul.

Stg. nackt; WzB. längl., stumpf, gekerbt. ♃ Jl. Ag. violett. *A.* ...... **pyrenaicum**. *L.* Pyrenäisches D.

XIV. HYSSOPUS. *L.* Ysop.

BthQuirle einerseitsw.; B. lanzett., ganzrand. ♃ Jl. Ag. .... **officinalis**. *L.* Gebräuchlicher Y.

XV. NEPETA. *L.* Katzenminze.

1 { B. beiders. grasgrün, sitzend. ♃ Jl. Ag. weiss o. violett, innen dunkelviolett-punkt. **nuda**. *L.* Nackte K.
B. auf 1 o. auf beiden Seiten graufilzig o. flaumig, gestielt 2

2 { B. unters. graufilzig, gestielt; K. eif., Zähne stachelspitz. ♃ Jn. Ag. weiss, in's Rosenrothe, Untlpp. purp.-punkt. .... **Cataria**. *L.* Siegeminze.
B. beiders. grauflaumig o. filzig, kurzgestielt; K. röhrig, Zähne ohne Stachelspitze. ♃ Jl. Ag. weiss. o. hell-fleischr., purp.-punkt. *A.*
Nepetella. *L.* Walliser K.

XVI. GLECHOMA. *L.* Gundelrebe. Guntram. Donarrebe.

{ KZähne eif., 3mal kürzer als die KRöhre. ♃ Ap. Mai.
hederacea. *L.* Epheuart. G. Massholde.
KZähne lanzett., länger als die halbe KRöhre. ♃ Mai, Jn. .... **hirsuta**. *WK.* Rauhhaarige G.

XVII. DRACOCEPHALUM. *L.* **Drachenkopf.** (Bth. violett.)

B. lineal-lanzett., ungetheilt, ganzrand., wehrlos. ♃ Jn.-Ag. . . . . **Ruyschiana.** *L.* Schwedischer D.
B. gefiedert-5theil. mit linealen, stumpfen Zipfeln, die ast- o. bthst. 3theil., die oberst. ungetheilt, stachelspitz. ♃ Mai, Jn.
austriacum. *L.* Oesterreichischer D.

XVIII. MELITTIS. *L.* **Immenblatt.**

B. herz-eif. ♃ Jl. Ag. purp. o. weiss o. gescheckt.
Melissophyllum. *L.* Melissenblättr. I.

XIX. LAMIUM. *L.* **Bienensaug.** Taubnessel. Todtennessel.

1 Stbkölb. kahl; B. breit-eif., zugespitzt, doppelt-tiefgesägt; KrRöhre gerade, inwend. mit 1 Haarringe. ♃ Ap. Mai. purp., Röhre weiss.
Orvala. *L.* Grossblüth. B.
Stbkölb. bärtig 2

2 KrRöhre inw. ohne Haarring, gerade; BthZeit: Mz.-Oct. 3
KrRöhre inw. m. 1 Haarring; B. ei-herzf., ungleichgesägt 4

3 B. ungleich-stumpf-gekerbt, die bthständ. sitzend, umfassend, fast lappig. ⊙
amplexicaule. *L.* Stengelumfass. B.
B. ungleich-eingeschnitten-gekerbt-gezähnt; die ob. B. eif., fast rautenf. ⊙
incisum. *W.* Eingeschnittener B.

4 Bth. ziemlich klein; Röhre der Kr. fast gerade, nicht bauchig. ⊙ fast das ganze Jahr blüh., purp., selten weiss. . **purpureum.** *L.* Purpurrother B. Helnessel.
Bth. ansehnlich; Röhre der Kr. gekrümmt, über dem Grunde bauchig-erweitert 5

5 Bth. weiss; Rand des KrSchlundes beiders. mit 3 kleinen u. 1 längern pfrieml. Zahne. ♃ Ap. Mai. **album**. *L*. Weisser B.
Bth. purp., Untlpp. lila mit purp. Flecken; Rand des KrSchlundes beiders. mit 1 pfrieml. Zahne. ♃ Ap.-Hrbst. .... **maculatum**. *L*. Gefleckter B.

XX. GALEOBDOLON. *Hds*. Goldnessel.

♃ Mai. Jn. gelb, der mittl. Lappen der Untlpp. überall, u. d. seitl. am Grunde dottergelb mit bräunl. Flecken. .... **luteum**. *Hds*. Gelbe G.

XXI. GALEOPSIS. *L*. Hanfnessel.

1 Der Stg. unter den Gelenken nicht verdickt, von abwärts-angedrückten, weichen Haaren flaumig 2
Der Stg. unter den Gelenken verdickt 3

2 B. lanzett. o. längl.-lanzett. ⊙ Jl. Ag. purp., mit einem gelbl.-weissen, purp.-gefleckten Hofe auf der Untlpp. **Ladanum**. *L*. Acker-H.
StgB. eif., die astst. eif. - lanzett. ⊙ Jl. Ag. gelbl.-weiss mit schwefelgelb. Hofe auf der Untlpp. **ochroleuca**. *Lam*. Gelblichweisse H.

3 KrRöhre so lang als der K. o. kürzer 4
KrRöhre länger als der K.. 5

4 Bth. hellpurp. o. weiss, mit 1 schwefelgelb., purp.-gescheckten Hofe auf der Untlppe. ⊙ Jl. Ag. **Tetrahit**. *L*. Grosse H.
Bth. klein, rosenroth, Mittelzipfel dunkel - purp. o. violett mit weissl. Rande, am Grunde mit 2 gelben Flecken. ⊙ Jl. Ag. **bifida**. *Bungh*. Ausgerandete H.

5 Stg. steifhaarig. ⊙ Jl. Ag. Kr. gross, schwefelgelb, Röhre weiss, Untlppe citrongelb, die seitl. Zipfel weiss, der mittlere violett, weiss berandet. **versicolor**. *Curt*. Bunte H.
Stg. flaumig, unter den Gelenken steifhaarig. ⊙ Jl. Ag. purp., Untlpp. heller, purp.-gefleckt, Röhre weissl., oberw. bräunl.-gelb. **pubescens**. *Bss*. Flaumige H.

XXII. STACHYS *L.* Ziest.

1 DeckBlttch. halb o. völlig so lang als der K.; Bth. purp. o. braunroth; Quirle reichblüthig.......... 2
DeckBlttch. sehr klein; Quirle 4—6—12bth......... 4

2 Stg. oberw. drüsig-behaart, rauhhaar.; B. gestielt, ei-herzf., spitz, gesägt. ♃ Jl. Ag. **alpina**. *L.* Alpen-Z.
Stg. von einf. Haaren wollig o. filzig; die ob. B. sitzend.. 3

3 Stg. dicht-wollig-zottig; B. eif.-herzf., gekerbt, wollig-filzig, die ob. lanzett. ⊙ Jn.-Ag. **germanica**. *L.* Deutscher Z.
Stg. wollig-filzig; B. kleingekerbt, filzig. StgB. längl., am Grunde abgerund. o. etwas herzf., die ob. fast 3eckig-eif. ♃ Jl. Ag. *J.* **italica** *Mill.* Italienischer Z.

4 Bth. purpurn.. 5
Bth. gelblich-weiss.................................... 8

5 B. ei-herzf., stumpf, gekerbt, die bthständ. sitzend, eif.-längl., begrannt; K. fast so lang als die Kr.; Stg. steifhaarig. ⊙ Jl.-Hrbst. hellpurp. **arvensis**. *L.* Acker-Z.
B. spitz o. zugespitzt; Kr. 2mal so lang als der K. 6

6 Stg. rauhhaar., oberw. ästig u. drüsenhaarig; B. gestielt, breit-ei-herzf., gesägt, rauhhaar. ♃ Jl. Ag. braun-purp., Untlpp. mit weissen schlängl. Streifen. **silvatica**. *L.* Wald-Z. Stucknessel. Schnoppen.
Stg. steifhaarig, Haare abwärts-gebog.; B. aus herzf. Grunde lanzett.................................. 7

7 B. zugespitzt, gesägt, gestielt. ♃ Jl. Ag. hell-purp. **ambigua**. *Sm.* Zweideutiger Z.
B. spitz, gekerbt-gesägt, flaumig, die unt. kurz-gestielt, die ob. halbumfassend; Stg. einfach. ♃ Jl. Ag. trüb-purp.............**palustris**. *L.* Sumpf-Z.

8 B. kahl, gestielt, gekerbt-gesägt, die unt. oval-längl., die bthständ. lanzett., kurz-stachelspitz; Quirle 4—6bth. ⊙ Jl.-Hrbst......**annua**. *L.* Jähriger Z.
B. behaart o. filzig-zottig; Quirle 6—10bth........ 9

9 B. sammt dem Stg. oberw. u. dem K. filzig-zottig, gestielt, oval-längl., gekerbt, stumpf. ♃ Jn. Jl. *J.*
maritima. *L.* Seestrands-Z.
B. rauhhaar. o. zerstreut-behaart; StgB. lanzett. o. längl., die bthst. eif., zugespitzt 10

10 K. rauhhaar.; B. gekerbt, die ob. bthst. begrannt, ganzrand.; Stg. aufr. o. aufstreb. ♃ Jn.-Ag.
recta. *L.* Beschreikraut. Fusperkraut.
K. kurzhaar; B. entfernt-gekerbt o. ganzrand., die astst. lineal, die ob. bthst. stachelspitz; Stg. ausgebreit. o. aufstreb. ♃ Jl. Ag. *J.*
subcrenata. *Vis.* Wenigkerbiger Z.

XXIII. BETONICA. *L.* Zehrkraut. Bentonik.

1 Kr. blassgelb, in's Grünl., kahl. ♃ Jl. Ag. *A.*
Alopecurus. *L.* Gelblichweisses Z.
Kr. purp., zerstreut. o. dicht-flaumig............. 2

2 K. aderlos; Stbgfss. kürzer als die Hälfte der Oberlippe. ♃ Jn.-Ag.......... **officinalis.** Fluhblume.
K. netzig-aderig; Stbgfss. fast so lang als die Oberlippe. ♃ Jl. Ag. *A.*... **hirsuta.** *L.* Rauhhaariges Z.

XXIV. SIDERITIS. *L.* Gliedkraut. Zeisigkraut.

K. länger als die Kr.; Oberlpp. des K. 3spalt. ⊙ Jl. Ag. citrongelb, am Rande u. an den Lippen braun.
montana. *L.* Berg-G.
K. so lang als die Kr.; Oberlipp. des K. eif., ungetheilt, die Untlpp. 4zähnig. ⊙ Jl. Ag. weiss, Oberlpp. oft rosa. *J.*........... **romana.** *L.* Römisches G.

XXV. MARRUBIUM. *L.* Andorn.

1 KZähne sammt dem DeckB. zottig, von der Mitte an kahl, an der Spitze hakig-zurückgekrümmt; B. eif., filzig, runzl. ♃ Jl.-Sp... **vulgare.** *L.* Gottvergess.
KZähne sammt d. DeckB. durchaus filzig.. 2

2 B. graufilzig, die unt. eif., die ob. längl.-lanzett.; Quirle 6—mehrbth., fast gleichhoch. ♃ Jl. Ag. **peregrinum**. *L.* Fremder A.
B. filzig, die unt. breit-eif., die obern oval; Quirle reichbth., fast kugelig; Stg. weissfilzig. ♃ Jl. Ag. *J.* .... **candidissimum**. *L.* Glänzendweisser A.

XXVI. BALLOTA. *L.* Stinkandorn.

B. eif.; K. 5zähnig, Zähne eif., begrannt. ♃ Jn.-Ag. violett o. weiss............. **nigra**. *L.* Fehweibel.

XXVII. LEONURUS. *L.* Löwenschwanz.

Die unt. B. handf. - 5spalt., eingeschnitten - gezähnt, die ob. ganzrandig, 3lappig, am Grunde keilig. ♃ Jl. Ag. purp., Untlpp. in der Mitte gelbl.-weiss mit 1 gelben, purp.-punkt. Flecke.
Cardiaca. *L.* Hert'sgespann.

XXVIII. CHAITURUS. *Hst.* Katzenschwanz.

B. längl., grob-gesägt; Quirle dicht-blüthig. ⊙ Jl. Ag. Kr. klein, rosa. **Marrubiastrum**. *Rb.* Andornart. K.

XXIX. PHLOMIS. *L.* Brandkraut.

WzB. eif., am Grunde tief-herzf., gekerbt, die bthst. längl.-lanzett. ♃ Jn. Jl purp.
tuberosa. *L.* Knolliges B.

XXX. SCUTELLARIA. *L.* Helmkraut.

1 Bth. in einer 4seit. Aehre; DeckB. dachig; Stg. liegend; B. eif., gesägt-gekerbt. ♃ Jl. Ag. Oblppe violett, unt. gross, weisslich. *A.* **alpina**. *L.* Alpen-H.
B. blttwinkelst., einerseitswendig, bisweilen die obern traubig 2

2 KrRöhre gerade, am Grunde ein wenig bauchig; B. längl. - lanzett., am Grunde beiders. 1—2zähnig, fast spiessf., die unterst. eif. ♃ Jl. Ag. violett.
minor. *L.* Kleines H.
KrRöhre am Grunde fast rechtwinkelig - gekrümmt, vielmal länger als d. K...................... 3

3 K. kahl o. von einfach. Haaren flaumig; B. aus herzf. Bas. längl.-lanzett, entfernt-stumpf-gekerbt-gesägt. ♃ Jl. Ag. hellviolett.
galericulata. *L.* Gemeines H.
K drüsig-flaumig; B. längl.-lanzett., am Grunde beiders. 1–2zähnig, fast spiessf., die unt. eif., die oberst. lanzett. ♃ Jl. Ag. violett.
hastifolia *L.* Spiessblttr. H.

XXXI. PRUNELLA. *L.* **Brunelle.** Braunheil. Gottheil.

1 Stbgfss. alle wehrlos, die läng. an der Spitze mit 1 kleinen Höcker; Zähne der ob. KLippe breit-eif., die der unt. lanzett., gewimpert. ♃ Jl. *A.* violett.
grandiflora. *Jcq.* Grossblüthige B.
Die längern Stbgfss. an der Spitze mit 1 dornf. Zahne versehen.................................... 2

2 Zähne der obern KLippe sehr kurz, abgeschnitten, die der unt. eif.-lanzett., schwach-gewimpert. ♃ Jl. Ag. violett o. weiss......**vulgaris.** *L.* Halskraut.
Zähne der obern KLippe breit-eif., zugespitzt-begrannt, die der unt. lanzett.-pfrieml., kammf.-gewimpert. ♃ Jl. Ag. gelbl.-weiss........**alba.** *Pall.* Weisse B.

XXXII. PRASIUM. *L.* **Klippenziest.**

B. eif., gekerbt-gesägt. ♄ Mz.-Mai. weiss, Untlpp. purp.-punkt. *J*.............**majus.** *L.* Grosser K.

XXXIII. AJUGA. *L.* **Günsel.**

1 Bth. in reichblüth. Quirlen..................... 2
Bth. einzeln, blattwinkelst.; B. 3spalt. mit linealen Zipfeln............................... 4

2 Ausläufer kriechend; B. ausgeschweift o. schwach-gekerbt; Stg. fast kahl. ♃ Mai, Jn. blau, fleischr. o. weiss.
reptans. *L.* Blauer Guguk. Blaumännchen.
Ausläufer fehlend; Stg. zottig; B. ganz.......... 3

3 Die unt. DeckB. 3lappig, gezähnt u. ganzrandig, die obern kürzer als der Quirl. ♃ Mai, Jn. blau o. fleischr. . . . . **genevensis.** *L.* Haariger G.
DeckB. ausgeschweift-gekerbt, die ob. noch einmal so lang als der Quirl. ♃ Mai, Jn. blau.
pyramidalis. *L.* Pyramidenf. G. Guldengünsel.

4 Bth. kürzer als das stützende B.; KrRöhre doppelt so lang als der K. ⊙ Jn.-Hrbst. weissl., Untlpp. citrongelb, am Grunde mit 4 Reihen rostfarb. Punkte. . . . . **Chamaepytis.** *Schr.* Acker-G.
Bth. so lang als das stütz. B.; KrRöhre 3mal so lang als der K. ⊙ Jn. gelb. *J.*
Chia. *Schr.* Chios'scher G.

XXXIV. TEUCRIUM. *L.* Gamander. Bathengel.

1 K. 2lippig, obere Lippe eif., ungetheilt, unt. 4zähnig; B. eif. o. längl. mit herzf. Grunde, runzlig, flaumig. ♃ Jl. Ag. weiss, in's Grünliche.
Scorodonia. *L.* Salbeiblättr. G.
K. 5zähnig; Bth. in Quirlen o. Köpfchen. 2

2 Bth. in 2—6bth. Quirlen, diese blattwinkelst., von einander entfernt, o. in eine endst. Tr. zsmgestellt. 3
Bth. Quirle in endst. Köpfchen zsmgedrängt; Stg. halbstrauchig. 7

3 Quirle blattwinkelst, entfernt; BthB. den StgB. gleichgestaltet. 4
Die 6bth. Quirle in eine endst. Tr. zsmgestellt; DeckB., wenigstens die obern von den StgB. verschieden. 6

4 B. doppelt-fiederspalt.-geschlitzt; Quirle 2—6bth. ⊙ Jl.-Hrbst. purp. . . . . **Botrys.** *L.* Trauben-G.
B. nicht fiederspalt., sitzend; Quirle 4bth. 5

5 Unt. B. längl., am Grunde abgerund., die obern lanzett. ♃ Jl. Ag. purp.
Scordium. *L.* Lachenknoblauch.
Unt. B. eif., am Grunde fast herzf., die ob. eif., alle ringsum gekerbt-gesägt; Stg. u. B. mehr o. weniger wollig-zottig. ♃ Jn. Jl. *J.*
scordioides. *Schr.* Starl .ochender G.

6 B. keilig-eif., eingeschnitten-gekerbt; Stg. liegend, Aeste aufstr. ♃ Jl. Sp. purp.
Chamaedrys. *L.* Kummertrost. Frauenbiss.
B. fast 3eckig-eif., stumpf-gekerbt, am Grunde fast abgeschnitten. ♄ Jl. Ag. *J.* gelb.
flavum. *L.* Gelber G.

7 Köpfch. rundl. u. oval, gestielt; Stg. aufstreb., filzig o. haarig; B. keilig-längl. o. lineal, gekerbt, ganz filzig, am Rande umgerollt. ♄ Jl. Ag. *J.*
Polium. *L.* Polei-G.
Köpfch. ebensträuss.; Stg. gestreckt; B. lineal-lanzett., ganzrand., unters. o. beiders. grau. ♄ Jn.-Ag.;
montanum. *L.* Berg-G.

---

84. Ordnung. VERBENACEEN. *Juss.* Eisenkrautgewächse.

K. röhrig, bleib.; Kr. 1blttr., röhrig, Saum unregelm. o. ungleich; Stbgfss. 4, 2mächtig o. 2, der Kr. eingefügt; FrKnoten 1, frei; Gr. 1; FrGehäuse steinfruchtartig, mit 4 einsam. Steinen, o. in 4 Nüsschen zerfallend.

GATTUNG.

K. 5zähnig; trockene Steinfr. mit 4fächer., 4sam. Nuss. (Strauch.) .... **Vitex.** I.
K. 5spaltig; Fr. in 4 Nüsse zerfallend. (Kraut. Pfl.)
Verbena II.

ARTEN.

I. VITEX. *L.* Mülle.

B. gefingert, 5—7zählig, Blttch. lanzett., zugespitzt, ganzrand., unters. graufilzig. ♄ Jl. Ag. violett. *J.*
Agnus castus. *L.* Keuschbaum. Schafmülle.

II. VERBENA. *L.* **Eisenkraut.** Isere.

Aehren fädlich, rispig; B. eif., längl., 3spaltig-geschlitzt u. gekerbt, in den breiten BStiel zsmgezogen. ⊙ Jn.-Hrbst. hellpurp.
officinalis. *L.* Eisenhart. Dinskraut.

---

85. Ordnung. UTRICULARIEEN. *Endl.* Wasserschlauchgewächse.

K. 5theil. o. 2blttr., bleib.; Kr. 1blttr., unterweib., unregelm., 2lippig, gespornt; Stbgfss. 2, am Grunde der Kr. eingefügt; FrKnoten 1, frei, 1fächer., vieleiig; Samenträg. mittelpunktst.; Gr. 1; KapselFr.

GATTUNGEN.

Kr. rachenf.; K. 5theil.; Kps. 1fächer., 2klapp. (Alpen- u. Wiesen-Pfl.). .... **Pinguicula.** I.
Kr. maskirt; K. 2blttr.; Kps. gedeckelt. (Wasser-Pfl.) **Utricularia.** II.

ARTEN.

I. PINGUICULA. *L.* **Fettkraut.**

Sporn kegelf.; Kaps. zugespitzt. ⊙ Ap. Mai, weiss mit 1—2 citrongelben Flecken.
alpina. *L.* Alpen-F. Schmalztasche.
Sporn pfrieml.; Kaps. eif. ♃ Mai, Jn. violett, oft mit 2 weiss. Flecken o. Linien.
vulgaris. *L.* Gemeines F. Zitrachkraut.

II. UTRICULARIA. *L.* **Wasserschlauch.** (B. borstl.- o. haarfein-vieltheilig u. mit Luftblasen versehen.)

1 Oberlippe der Kr. ausgerandet; Sporn fast kegelf., sehr kurz. ♃ Jn.-Ag. blassgelb, Gaumen rostf.-gestreift .... **minor.** *L.* Kleiner W.
Oberlippe der Kr. ganz. 2

2 Sporn längl.-kegelf., absteigend; BZipfel haardünn, nach allen Seiten abstehend. ♃ Jn.-Ag. dottergelb, Gaumen pomeranzf.-gestreift.
vulgaris. *L.* Wasserhelm.
Sporn pfrieml., an die Untlpp. angedrückt; BZipfel borstlich, zweizeilig. ♃ Jl. Ag. schwefelg., Oberlpp. u. Gaum. purp.-gestreift.
intermedia. *Hayn.* Mittlerer W.

---

86. Ordnung. PRIMULACEEN. *Vent.* Primelgewächse.

K. 4—5theil. o. -zähnig; Kr. 1blttr., regelm., 4—5spalt., auch fehlend; Stbgfss. 4—7, den KrLappen gegenst. o. 10, davon die 5 äuss. mit den KrZipfeln abwechs. u. unfruchtbar; Frknoten 1, 1fächer., vieleiig; Samenträg. mittelpunktst., Gr. 1; Kapsel; Sam. schildf.

GATTUNGEN.

1 Bth. unvollst.; der gefärbte K. glockig, 5lappig; Kr. fehlt; Kaps. 5klappig. .... **Glaux.** XIII.
Bth. vollständ.; (K. u. Kr. vorhanden.) 2

2 Der 5spalt. K. mit dem FrKnoten zur Hälfte verwachsen, die Kr. daher oberst.; KrRöhre kurz glockig, Saum 5theil., weitabsteh.; 5 fruchtb. u. 5 unfruchtb. Stbgfss. vorhanden..... **Samolus.** XII.
Bth. unterst. 3

3 Pfl. mit beblättertem Stg.; K. 4—5—7theil......... 4
Pfl. ohne Stg.; BthStiele wurzelst.; K. 5zähnig, 5spalt. o. 5theil. 8

4 Kr. meist 7blttr., flach, die Blb. am Grunde durch 1 Ring verbunden; K. tief-7theil.; Stbgfss. 7; Kaps. endl. 7klappig. (Die Theile der Bth. u. Fr. variiren von 5—9.) .... **Trientalis.** I.
KrSaum 4—5theilig. 5

Röhre der Kr. fast kugelig-bauchig, mit 4theil. abstehend. Saume; Stbgfss. 4; K. 4theil.; Kps. rings-
5 um aufspring.............. ......Centunculus. IV.
Röhre der Kr. walzl., o. sehr kurz, o. ganz fehlend;
Stbgfss. 5—10; K. u. KrSaum 5theil............ 6

Kr. präsentirtellerf. (Wasserpfl. mit kammf.-fieder-
6 theil. B.)........................Hottonia. VIII.
Kr. radf. mit kurzer, fast fehlender Röhre......... 7

Kps. 5klappig; Stbgfss. 5, o. 10, die 5 äuss. kürzer
o. unfruchtb.; Bth. gelb o. weissl. Lysimachia. II.
7 Kaps. ringsum-aufspring.; Stbgfss. 5, frei; Stbfäden
am Grunde zottig; Bth. roth, blau u. als Var. weiss.
Anagallis. III.

KrZipfel über der kurz-glockigen Röhre zurückgebrochen, spitz; KrSaum u. K. 5theil.; Kps. 5klappig.
8 (Bth. purp.)......................Cyclamen. XI.
KrSaum aufrecht- o. ausgebreit.-abstehend......... 9

Stbgfss. auf einem hervortret. Ringe im Schlunde
der Kr. entspring.; Kr. trichterf., Zipfel spitz; Kps.
9 2klappig. (B. eckig-nierenf.) ...... Cortusa. IX.
Stbgfss. ohne Ring; Kps. 5klappig o. gedeckelt. ... 10

Kr. trichterf.-glockig, 5spalt., Zipfel vielspaltig; K.
5theil.; Kps. gedeckelt. .... Soldanella. X.
10 Kr. teller- o. trichterf. mit ungetheilt. o. 2spalt.
Zipfeln; K. 5spalt. o. 5zähn.................. 11

KrRöhre eif., an der Spitze verengert, ziemlich so
lang als der K.; Schlund mit kurzen Deckklappen.
11 (Rasige Kräut. mit rosettigen B.).. Androsace. V.
KrRöhre walzl., an der Einfüg. der Stbgfss. erweitert;
K. 5spalt.................................... 12

FrKnoten 5eiig; Schlund mit Deckklappen. (B. lineal,
in dachziegelf. sich deckenden dichten Rosetten.)
12 Aretia. VI.
FrKnoten vieleiig; Schlund mit u. ohne Deckklappen.
Primula. VII.

ARTEN.

I. TRIENTALIS. *L.* Dreifaltigkeitsblümchen.

B. eif.-lanzett., ganzrand. ♃ Mai-Jl. weiss, StbfädRing gelbl.-weiss, fein drüsenhaarig.
europaea. *L.* Europäisches D.

II. LYSIMACHIA. *L.* Gilbweidrich.

1 Bth. in gedrungenen, blttwinkelst., gestielten Tr.; B. gegenst. o. zu 3—4, verlängert-lanzett. ♃ Jn. Jl. Kr. gelb, an der Spitze nebst d. K. roth-punkt.
thyrsiflora. *L.* Straussblüthiger G.
Bth. blattwinkelst., einzeln o. quirlig o. rispig..... 2

2 Bth. weissl.; Sam. quer-runzlig; Bth. blattwinkelst.; B. gegenst., lanzett., zugespitzt, kahl. ⊙ Jn. J. 1—4 Zoll hoch.
Linum stellatum. *L.* Leinblättriger G.
Bth. gelb; Sam. glatt........................ 3

3 Stbgfss. 10, davon 5 kleiner u. unfruchtb.; B. eif.-längl., fast herzf.; BthStiele blattwinkelst., gegenst. u. quirlig; BthStiele gewimpert. ♃ Jn. Jl.
ciliata. *L.* Gewimperter G.
Stbgfss. 5.................................. 4

4 Stbgfss. bis zur Mitte zsmgewachsen, den FrKnoten bedeckend; Stg. aufrecht; B. lanzett. o. eif., kurz gestielt, oft quirlig. 5
Stbgfss. frei, den FrKnoten nicht bedeckend; Stg. liegend; B. gegenst.; BthStiele einzeln; Bth. citrongelb. 6

5 Kr. Zipfel am Rande kahl, eif.; B. unters. etwas zottig; Bth. in rispigen Tr. ♃ Jn. Jl. goldgelb.
vulgaris. *L.* Weidenkraut. Dorkraut.
KrZipfel drüsig-gewimpert; B. flaumig, unters. meist schwarz-punkt.; BthStiele 1—3bth. ♃ Jn. Jl. gelb, oft am Grunde rostbraun. **punctata.** *L.* Punktirter G.

6 B. herzf.-rundl.; KZipfel herzf.; Stg. kriechend. ♃ Jn. Jl.
Nummularia. *L.* Pfennigkraut. Wiesengeld.
B. eif., spitz; KZipfel lineal-pfrieml. ♃ Jn. Jl.
nemorum. *L.* Hain-G.

III. ANAGALLIS. *L.* Gauchheil. Colmarkraut.

1 B. gesticlt, gegenst., rundl.-eif. ♃ Jl. Ag. rosenroth, dunkler geadert. . . . . **tenella.** *L.* Zartes G.
B. sitzend, gegenst. o. zu 3, eif. 2

2 KrZipfel fein-drüsig-gewimpert. ⊙ Jn.-Hrbst. mennigroth. . . . . **arvensis.** *L.* Faulliesuhen.
KrZipfel drüsenlos. ⊙ Jn.-Hrbst. blau o. weiss. **caerulea.** *Schr.* Blaues G.

IV. CENTUNCULUS. *L.* Kleinling.

B. wechselst., eif.; Bth. sitzend. ⊙ Jn. Jl. weiss. o. blassrosa. . . . . **minimus.** *L.* Wiesen-K.

V. ANDROSACE. *L.* Mannsschild.

1 BthStiele 1bth.; Stämmch. dicht-rasig; B. dachig, alle o. nur die an der Spitze der Aeste rosettig.. 2
BthStiele doldig. 4

2 B. kurzhaarig, dicht-dachig; Haare der B. abwärtsgekerbt, einfach; B. lanzett.; KZipfel so lang als die KrRöhre. ♃ Jl. Ag. weiss mit 1 gelbl. Hofe in der Mitte und gelben Deckklappen. *A.* **helvetica.** *Gd.* Schweizer M.
B. filzig-grau o. flaumhaarig, Haare sternf. 3

3 KZipfel stumpf; B. dicht-dachig, nebst d. BthStielen u. K. filzig-grau. ♃ Jn. Jl. Röhre purp., Saum weiss, Deckklpp. roth. *A.* **imbricata.** *Lam.* Dachiger M. Blauer Speik.
KZipfel spitz; B. dicht-genähert, spitzlich, flaumig. ♃ Jl. Ag. rosa o. weiss mit gelben Deckklapp. *A.* **glacialis.** *Hpp.* Eis-M. *)

4 Wz. vielköpfig; Stämmch. an der Spitze rosettig, Rasen bildend; Dolden mit 1 Hülle; Kr. länger als der K. 5
Wz. einfach, ohne Stämmchen, oben mit 1 BRosette, 1—2 Schäfte treibend. 9

*) Zwischen *A. Hausmanni. Leyb.* u. *A. glacialis, Hpp.* finde ich keinen wesentlichen Unterschied. *A. Wulfeniana, Sieb.* ist eine Var. mit dunkelroseur. Kr. u. safrangelben Deckklpp.

5 Schaft nebst den BthStielen u. K. ganz kahl; B. lanzett. o. lineal, kahl o. gewimpert; BthStiele verlängert. ♃ Jl. Ag. schneeweiss, Schlundrand gelb. *A*.. ... . **lactea**. *L*. Milchweisser M.
Schaft, BthStiele u. K. zottig o. flaumig.. 6

6 Schaft u. Dolde zottig. Haare gegliedert; B. lanzett., ganzrand., am Grunde verschmälert. 7
Schaft u. Dolde kurzhaarig, Haare sternf. 8

7 B. ganz zottig, Rosetten fast kugelig. ♃ Jn.-Ag. weiss o. rosa, mit 1 gelb. o. purp. Nabel. *A*. **villosa**. *L*. Zottiger M.
B. am Rande zottig, Rosetten flach. ♃ Jn.-Ag. weiss, Nabel gelb. *A*. ..**Chamaejasme**. *Hst*. Haariger M.

8 B. lanzett., am Rande flaumig; BthStiele länger als die Hülle. ♃ Jn. Jl. weiss o. röthl. mit gelbl. Röhre. *A*........ **obtusifolia**. *All*. Stumpfbltt. M.
B. lineal, gegen die Spitze verschmälert, unters. gekielt, an der Spitze zurückgekrümmt, kurz gewimpert. ♃ Jl. Ag. *A*. fleischroth. **carnea**. *L*. Fleischrother M.

9 Deckklappen den Schlund nicht verengend; Schaft u. Dolde behaart, Haare gegliedert; K. länger als die Kr. ⊙ Ap. Mai. weiss o. röthl., Deckklapp. gelb.......... ....**maxima**. *L*. Mannsharnisch.
Deckklapp. den Schlund verengend; Schaft u. Dolde flaumig, Haare kurz, fein-sternf.; B. lanzett., gezähnt; Bth. milchweiss mit gelb. Deckklapp. 10

10 K. länger als die Kr.; B. am Rande flaumig. ⊙ Jl. Ag. ....**elongata**. *L*. Verlängerter M.
K. kürzer als die Kr., kahl; B. ganz flaumig. ⊙ Mai, Jn........**septentrionalis**. *L*. Nordischer M.

VI. ARETIA. *Gd*. Schlüsselspeik.

B. lineal, spitz, am Rande u. unters. flaumig; Bth. einzeln, sitzend. ♃ Jl. Ag. *A*. gelb. **Vitaliana**. *L*. Granit-S.

VII. PRIMULA. *L.* **Schlüsselblume.** Himmelschlüssel. Madaun. Marienröschen.

1 Die jüngern B. rückwärts-gerollt, mehr o. weniger runzlig; Deckklappen am Schlunde der KrRöhre vorhanden. 2
Die jüngern B. zsmgerollt, die ausgebildeten flach, etwas fleischig, nicht runzlig; Schlund der KrRöhre ohne Deckklappen. 7

2 B. kahl, unters. mehr o. weniger mit Mehl bestäubt, vrkhrt-eif.-längl., gekerbt; Deckklappen gefärbt; Bth. fleischroth. 3
B. unters. kurzhaarig, sammtig o. filzig, nicht bestäubt; Deckklappen meist mit dem Rande des Saumes gleichfarbig. 4

3 KZähne eif.; KrRöhre $1^1/_2$mal so lang als der K.; Dolde reichblüth. ♃ Jn.-Ag.
farinosa. *L.* Frauenäugelein.
KZähne lanzett.; KrRöhre 3mal so lang als der K.; Dolde 2—5bth. ♃ Jn. Jl. *A.*
longiflora. *All.* Langblüthige S.

4 Zipfel des KrSaumes concav, glockig, Kr. trichterf., citrongelb, mit 5 safrangelben Flecken am Schlunde; K. trichterf.-aufgeblasen, Zähne breit-eif., kurzzugespitzt; B. eif., fast herzf., wellig-gekerbt. 5
Zipfel des KrSaumes flach; B. längl.-vrkhrt-eif. o. vrkhrt-eif., in den BStiel verschmälert, unters. kurzhaarig. 6

5 B. unters. sammt Schaft u. Dolde sammtig. ♃ Ap. Mai. . . . . **officinalis.** *Jcq.* Petersschlüssel.
B. unters. schneeweiss-filzig, in den wenig-gezähnten BStiel herablaufend. ♃ Ap. Mai. *J.*
suaveolens. *Brtl.* Wohlriechende S.

6 Haare der BthStielchen länger als deren Querdurchmesser; BthStiele wurzelst., 1bth. o. doldig. ♃ Mz.-Mai. schwefelgelb mit 5 safrangelb. Flecken o. röthl. . . . . **acaulis.** *Jcq.* Stengellose S.
Haare der BthStielch. so lang als deren Querdurchmesser; K. röhrig, KZähne lanzettl. ♃ Mz.-Ap. schwefelg. . . . . **elatior.** *Jcq.* Garten-S.

7 Hüllblättch. eif., kürzer als die BthStielch.; die läng. BthStielch. 2—3mal länger als d. K.; KrZipfel vrkhrt-herzf., aber nicht bis auf 1/4 der Länge ausgerandet. 8
Hüllblättch. längl. o. lineal, so lang o. länger als die BthStielch.; Bth. kurz-gestielt o. fast sitzend; KrZipfel halb-2spaltig mit spreiz. Lappen. 13

8 Schaft u. BthStiele von geglied., drüsentrag. Haaren kurz-zottig; B. vrkhrt-eif. o. fast rund, beiders. klebrig-flaumig. ♃ Mai, Jn. *A.* **villosa.** *Jcq.* Zottige S.
Schaft kahl, wenn auch obers. sammt den BthStielch. u. K. mehlig oder mit sehr kleinen sitzenden Drüsen besetzt. 9

9 B. kahl, am Rande ohne Mehl u. ohne Drüsenhaare, höchstens mit feinen Drüsen spärlich besetzt; K. 3mal kürzer als die KrRöhre. 10
B. am Rande mit kurzen drüsentrag. Haaren dichtbewimpert o. die Wimpern überdies noch bestäubt. 11

10 KZähne am Rande u. inwendig mehlig; Schaft oberw. sammt Dolde u. K. spärlich - bestäubt; B. ganzrand. o. gezähnt-gesägt. ♃ Ap. Mai. purp., getrocknet dunkel-violett. *J.* **venusta.** *Hst.* Schöne S.
KZähne sammt Schaft u. Dolde kahl; B. ganzrand. o. ausgeschweift gekerbt. ♃ Mai, Jn. purp., getrockn. roth-violett... **carniolica.** *Jcq.* Krainer S.

11 Schlund der Kr. nicht bestäubt; B. vrkhrt-eif. o. längl-vrkhrt-eif.; Schaft kahl, oberw. bisweilen kleindrüsig. ♃ Jn. Jl. purp. *A.* **rhaetica.** *Gd.* Rhätische S.
Schlund der Kr. dicht-bestäubt; Schaft bisweilen oberw. mehlig. 12

12 Bth. gelb; B. vrkhrt-eif., gezähnt-gesägt o. fast ganzrandig. ♃ Mz.-Mai; auf den *A.* im Sommer. (In Gärten verschiedenfarb.)... **Auricula.** *L.* Aurikel.
Bth. purp.; B. vrkhrt-eif.-längl., an der Spitze gezähnt-gesägt. ♃ Ap. Bth. kleiner. KrRöhre schlanker als bei *P. Aur.*... **pubescens.** *Jcq.* Flaumige S.

13 B. knorplig-berandet, ganzrand., kahl, ellipt.-lanzett. o. lanzett., mit sehr kurz-gewimpertem o. klein-gezähneltem Rande. ♃ Jl. Ag. purp. *A.*
Clusiana. *Tsch.* Ansehnliche S.
B. nicht knorpelig-berandet 14

14 B. ellipt. o. längl., kahl o. obers. zerstreut-haarig, am Rande sammt dem Schafte zottig; Schaft 1–3-bth. ♃ Jl. Ag. hellrosa. *A.*
integrifolia. *L.* Ganzblättr. S.
B. vrkhrt-eif., lanzett., längl. o. keilf. 15

15 B. keilf., vorn ausgeschweift o. gezähnelt mit grannenlosen Zähnen, flaumig, am Rande gewimpert. ♃ Jl. Ag. purp. *T.* . . . .**Dinyana.** *Lgg.* Diny's S.
B. anders beschaffen 16

16 B. vrkhrt-eif., stachelspitzig-gezähnt o. fast ganzrandig, sammt d. Schafte u. K. drüsig-behaart u. klebrig; Schaft 1—2bth; Hüllblttch. keilf. ♃ Jn. *Tyr* . . . .**Allionii.** *Lsl.* Allioni's S.
B. u. Schaft kahl, wenn auch klebrig; K. röhrig-glockig 17

17 B. keilig-lanzett., stumpf, klebrig, von der Mitte bis zur Spitze gesägt, Sägezähne ohne Stachelspitze; Schaft 3—5bth.; Hüllblttch. oval. ♃ Jn.-Ag. sattviolett. *A.* . . . .**glutinosa.** *Wlf.* Klebrige S.
B. vrkhrt-eif.-keilig, Zähne o. Kerben der B. zugespitzt-stachelspitzig 18

18 B. u. Schaft etwas klebrig, erstere vorn abgerundet, u. fast von der Mitte an gekerbt-gezähnt; Schaft 3—5bth.; Hüllblttch. oval-längl. ♃ Jl. Ag. *A.* purp.
Flörkeana. *Schrd.* Flörken's S.
B. u. Schaft nicht klebrig, erstere vorn abgeschnitten-stumpf u. gekerbt; Schaft 1—2bth.; Hüllblttch. lineal. ♃ Jl. Ag. rosa o. weiss. *A.*
minima. *L.* Hab' mich lieb. Platenige.

VIII. HOTTONIA. *L.* Wasserfeder.

Tr. endst., quirlig; B. kammf.-fiederspalt. ♃ Mai, Jn. weiss o. hellrosa . . . . . .**palustris.** *L.* Sumpf-W.

IX. CORTUSA. *L.* Heilglöckchen.

B. langgestielt, nierenf., fast rund, eckig. ♃ Mai, Jn. purp. *A*. . . . . **Matthioli.** *L.* Matthiol's H.

X. SOLDANELLA. *L.* Troddelblume.

1 Schaft 1bth.; Gr. kürzer als die Kr. 2
Schaft 2—4bth.; Gr. so lang o. länger als die Kr., 3

2 B. herz-nierenf., etwas ausgeschweift; BthStielch. fein-drüsig-rauh. ♃ Mai-Jl. kupferroth in's Bläul. *A*. **pusilla.** *Bmg.* Niedrige T.
B. kreisrund; BthStielch. fein-drüsig-flaumig. ♃ Jn Jl. hell-lila, inwendig purp.-gestreift. *A*. **minima.** *Hpp.* Kleinste T.

3 B. rundl., entfernt-seicht-gekerbt; BthStielch. durch kurze Drüsenhärchen flaumig. ♃ Mai-Jl. violett. **montana.** *W.* Berg-T.
B. rundl.-nierenf., ganzrand. o. etwas ausgeschweift; BthStielch. von sitzenden Drüsen rauh. ♃ Mai-Jl. violett mit dunklern Streifen. *A*. **alpina.** *L.* Alpenglöckchen.

XI. CYCLAMEN. *L.* Erdbrod. (B. rundl. o. eif., am Grunde herzf.)

B. ausgeschweift o. kleingekerbt, Kerben grannenlos. ♃ Ag.-Oct. rosa. . . . **europaeum.** *L.* Brodblume.
B. ausgeschweift u. eckig, Ecken u. Kerben kurzstachelspitzig. ♃ Jn.-Ag. purp. *J*. **repandum.** *Sibt.* Ausgeschweiftes E.

XII. SAMOLUS. *L.* Pungen.

B. vrkhrt-eif. o. längl., stumpf; Tr. zuletzt verlängert; Kaps. fast kugelig. ♃ Jn.-Ag. weiss. **Valerandi.** *L.* Valerand's P.

XIII. GLAUX. *L.* Milchkraut.

Niedergestreckt, ästig; B. gekreuzt, lanzett., fleischig; Bth. einzeln, blattwinkelst. ♃ Mai, Jn. rosa o. weiss. . . . . **maritima.** *L.* Meerstrands-M.

87. Ordnung. GLOBULARIEEN. *DC.* Kugelblumengewächse.

K. 5spalt., in der Knospenlage dachig; Kr. 1blttr., unterweib., 5spalt., meist ungleich; Stbgfss. 4, der KrRöhre eingefügt u. mit deren Zipfeln abwechselnd, das 5. zwischen den ob. Zipfeln fehlend; FrKnoten 1, frei, 1fächer., 1eiig; Gr. 1; N. 2spalt.; Fr. schlauchig, nicht aufspring.

GATTUNG.

Charakt. derselbe; Bth. violett, blau, seltener weiss. **Globularia.** I.

ARTEN.

I. GLOBULARIA *L.* **Kugelblume.**

1 { Halbstrauchig, liegend; B. vrkhrt-eif.-keilig, an der Spitze stumpf, ausgerand. ♄ Mai, Jn. *A.* **cordifolia.** *L.* Herzblttr. K.
Krautig; Wz. vielköpfig........................ 2

2 { WzB. spatelig, ausgerand. o. kurz-3zähnig; StgB. zahlreich, lanzett. ♃ Mai, Jn. **vulgaris.** *L.* Rückherz.
WzB. längl.-keilig, an der Spitze abgerund.-stumpf; Stg. nackt o. mit 1—2 Schuppen. ♃ Mai-Jl. *A.* **nudicaulis.** *L.* Nacktstenglige K.

---

88. Ordnung. PLUMBAGINEEN. *Juss.* Bleiwurzgewächse.

K. 5zähnig, gefaltet; Kr. 1blttr., regelm., mit 5spalt. Saume o. 5blttr. mit benagelten Blb.; Stbgfss. 5; FrKnoten 1, frei, 1fächer., 1eiig; Gr. 5 o. 1 mit 5 Narb.; Kaps. an der Spitze o. gar nicht aufspringend.

GATTUNGEN.

Gr. 5; Kr. 5blttr., bisweilen die Blb. verwachsen; K. oberw. trockenhäutig; Kaps. nicht aufspring. **Statice.** I.
Gr. 1; Nr. 5; Kr. 1blttr., trichterf., 5lappig; Kps. aufspring., 5klappig. .... **Plumbago.** II.

ARTEN.

I. STATICE. *L.* Sandnelke.

1 Stg. 1köpfig, nackt; B. lineal o. lanzett.; Bth. rosenr. 2
Stg. einerseits-wend. Aehren-tragend, diese in Rispen o. Ebenstr. zsmgestellt.......................... 3

2 B. 1nervig, lineal, spitzl., am Rande gewimpert; BthStielch. so lang als die KRöhre; Blb. ganzrand., gekerbt o. schwach-ausgerandet. ♃ Mai-Hrbst. **elongata.** *Hffm.* Nelkengras.
B. fast 3nerv., lanzett.-lineal o. lineal, kahl; BthStielchen halb so lang als die KRöhre; Blb. ausgerandet. ♃ Jl. Ag. *A.* .... **alpina.** *Hpp.* Alpen-S.

3 Stg. fast rechtwinklig hin- u. hergebogen, sehr ästig, filzig-kurzhaarig; B. vrkhrt-eif.-spatelig o. keilig, ausgerandet. ♃ Mai, Jn. blauviolett. *J.* **cancellata.** *Brnh.* Gegitterte S.
Stg. nicht winkelig-gebogen u. nicht filzig; B. stachelspitz.. 4

4 Stg. von der Mitte an ästig, Aeste sehr abstehend, Aestchen zurückgebogen; B. 1nerv., längl.-eif. ♃ Jl. Ag. Am Strande des adriat. Meeres. **Gmelini.** *W.* Gmelin's S.
Stg. abwärts ästig... 5

5 Stg. körnig-rauh, sehr ästig; B. vrkhrt-eif. o. lanzett.-keilig, 3nervig, kahl. ♃ Jl. Ag. blau. *J.* **caspia.** *W.* Kaspische S.
Stg. kahl, stielrund, aufrecht... 6

6 { B. 3—5nerv., längl.-spatelig; Aehren locker; KZipfel längl., abgerund.-stumpf. ♃ Mai-Jl. blauviolett. *J.* **globulariaefolia.** *Dsf.* Kugelblumenblttr. S.
B. 1nerv., vrkhrt-eif.; Aehren dichtbth.; KZähne eif., spitzig; Aestchen später zurückgebogen. ♃ Ag. Sp. violettblau............**Limonium.** *L.* Meer-S.

II. PLUMBAGO. *L.* **Bleiwurz.**

StgB. umfassend, lanzett., am Rande rauh; Stg. steif. ♃ Ag. Sp. lila. *J.*....**europaea.** *L.* Europäische B.

---

89. Ordnung. PLANTAGINEEN. *Juss.* Wegerichgewächse.

Bth. zwitterig o. 1häusig; K. 3—4blättr. o. 4theilig; Kr. 1blttr., unterweib., 4spalt. o. ungetheilt, regelm., trockenhäut.; Stbgfss. 4, der KrRöhre o. dem FrBoden eingefügt; FrKnoten 1, frei, 1fächer. u. 1eiig, o. durch einen mittelpunktst. 2—4flügeligen Samenträger 2—4fächerig; Gr. 1.

GATTUNGEN.

{ Bth. 1häusig; männl. Bth. gestielt; K. 4blttr.; Kr. walzl. mit 4theil. Saume; weibl. Bth. am Grunde des BthStiels der männl. Bth. sitzend, mit 3blttr. K. u. schwach-gezähnelter Kr.; Nuss 1fächerig. **Littorella.** I.
Bth. zwitterig; K. tief-4theil., die vordern 2 Zipfel bisweilen verwachsen; KrRöhre eif., Saum 4theil., zurückgebrochen; Kapsel gedeckelt-aufspring., 2- bis 4fächerig.....................**Plantago.** II.

ARTEN.

I. LITTORELLA. *L.* **Strandling.**

B. fleischig, stielrund, pfrieml., am Grunde scheidig; (etwa 3 Zoll hoch, mit Ausläuf.) ♃ Jn. Jl. weissl. **lacustris.** *L.* Tümpel-St.

II. PLANTAGO. *L.* Wegerich. Wegtritt.

1 Stg. beblättert, oft ästig; B. lineal, ganzrand.; Bth-Stiele blattwinkelständig. 2
Schafte wurzelst., blattlos, einfach; nur WzB. vorhanden. 4

2 KZipfel gleichgestaltet, lanzett., allmälig zugespitzt; Aehren eif., ziemlich locker; DeckB. aus eif. Grunde pfrieml. ⊙ Jl. Ag. *J.*
Psyllium. *L.* Flohsamen.
KZipfel ungleich. 3

3 Die vordern KZipfel schief-spatelig, ganz stumpf, die hint. lanzett., spitz; die ob. DeckB. spatelig, stumpf. ⊙ Jl. Ag. .... **arenaria**. *WK.* Sand-W.
Die vord. KZipfel breit-eif., stumpf, stachelspitz., die hintern schmäler, gekielt, am Kiele gewimpert; die ob. DeckB. stachelspitz; Stg. strauchig, am Grunde liegend. ♄ Jn. Jl. ... **Cynops.** *L.* Strauchiger W.

4 Kaps. 3—4fächerig; die seitenst. KZipfel auf dem Rücken geflügelt; B. fiederspaltig u. fiederspalt.-gezähnt; KrRöhre zottig-flaumig. ⊙ Jl. Ag.
Coronopus. *L.* Schlitzblättr. W.
Kapsel 2fächerig; B. ungetheilt. 5

5 KrRöhre kahl. 6
KrRöhre flaumig o. flaumig-zottig. 14

6 B. eif. o. ellipt., 5—9nervig. 7
B. lanzett. o. lineal-lanzett., an beiden Enden zugespitzt. 9

7 B. beiders. kurzhaarig, ellipt., 7—9nerv., in den kurzen, breiten BStiel zsmgezogen; Schaft stielrund, seicht-gerillt; DeckB. kahl, am Rande häutig. ♃ Mai, Jn. .... **media**. *L.* Heudieb.
B. kahl o. zerstreut-flaumig, gestielt; Aehre lineal-walzl., verlängert; DeckB. eif., gekielt. 8

8 Schaft aufstrebend, schwach-gerieft; Kaps. 8sam. ♃ Jl.-Oct. **major.** *L.* Ballenkraut. Glücksmännchen.
Schaft aufrecht, tief-gerieft, 2—3mal so lang als die B.; Kaps. 4sam. ♃ Jl. Ag. *J.* Aehre fast schwarz.
Cornuti. *Gouan.* Cornuti's W.

9 DeckB. krautig, häutig-berandet; B. 3nerv., lanzett.-lineal o. lanzett., rauhhaarig, Schaft stielrund, von weit abstehenden Haaren zottig. ⊙ Jn. *J.* **pilosa.** *Pour.* Haariger W.
DeckB. trockenhäut.; B. 3—7nerv., lanzett., etwas gezähnelt.................................. 10

10 DeckB. kahl o. in der Mitte zerstreut-behaart, eif.. 11
DeckB. nebst d. K. an der Spitze bärtig o. bärtig-zottig.. 13

11 Schaft stielrund, seicht-gerieft; B. angedrückt-behaart, fast seidig; DeckB. in der Mitte zerstreut-behaart. ♃ Mai, Jn. *J.* **Victorialis.** *Poir.* Seidenblättr. W.
Schaft kantig, gefurcht; B. kahl o. rauhhaar.; DeckB. ganz kahl.................................... 12

12 Schaft vielfurchig; die seitl. KZipfel gekielt, an der Spitze abgerundet-stumpf, am Rande gewimpert; B. 5—7nerv. ♃ Ap. Mai. **altissima.** *L.* Höchster W.
Schaft 5furchig; die seitl. KZipfel kahnf., stumpf-zugespitzt, mit kahlem Rande; B. 3—6nerv. ♃ Ap.-Hrbst.........**lanceolata.** *L.* Spitzwegerich.

13 Schaft gefurcht; DeckB. eif.-lanzett., zugespitzt; die seitl. KZipfel gekielt. ⊙ Ap. Mai. *J.* **Lagopus.** *L.* Zottiger W.
Schaft stielrund; DeckB. breit-vrkhrt-eif., sehr stumpf, kurz-stachelspitz; KZipfel nicht gekielt. ♃ Jl. Ag. *A.* **montana.** *Lam.* Berg-W.

14 DeckB. aus eif. Bas. pfrieml.-verschmälert, länger als der K.; B. lineal, halb-stielrund-3kantig, am Rande fein-borstig-gewimpert; Aehre walzl., lineal-verlängert. ♃ Jl.-Sp. *J.* **serpentina.** *Lam.* Schlangen-W.
DeckB. eif., spitzl., so lang o. kürzer als der K.; B. 3nerv.. 15

15 Seitennerven vom BRande u. dem Mittelnerven ungleich-entfernt; Aehre längl.-walzl. ♃ Jl. Ag. *A.* **alpina.** *L.* Alpen-W.
Seitennerven vom BRande u. dem Mittelnerven gleichweit-entfernt; Aehre lineal, verlängert...... 16

16 DeckB. so lang als der K.; der häut. Theil an den vord. KZipfeln so breit als der krautige; B. am Rande kahl o. fein-borstlich-gewimpert, gerinnelt. ♃ Jn.-Oct. .... **maritima.** *L.* Meerstrands-W.
DeckB. kürzer als der K.; der häut. Theil an den vord. KZipfeln 4mal schmäler als der krautige; B. am Rande kahl. ♃ Jl. Ag. *J.*
recurvata. *L.* Gekrümmter W.

---

90. Ordnung. AMARANTHACEEN. *Juss.* Amarantgewächse.

Bth. 1häusig; Perigon 3—5theil., trockenhäut.; Stbgfss 3—5, unterweib.; FrKnoten 1, 1fächer., 1eiig, Eichen am Grunde des Faches angeheftet; N. 2—3; Kaps. nicht aufspring. o. ringsum-aufspring.; B. wechselst., ohne NebenB. u. Scheiden.

GATTUNG.

Charakter derselbe................ **Amaranthus.** I.

ARTEN.

I. **AMARANTHUS.** *L.* **Mattenkraut.** (Bth. klein, geknäult, ährenf. o. rispig.)

1 Männ. Bth. 5männig; Stg. aufrecht, behaart; DeckB. 2mal so lang als das Perigon, fast dornig-stachelspitzig. ⊙ Jl. Ag.
retroflexus. *L.* Rauhstengliges M.
Männ. Bth. 3männig; Stg. gestreckt o. aufstrebend (wenigstens die NebenStg.); DeckB. so lang o. kürzer als das Perig. 2

2 Bthknäulch. blattwinkelst., keine endst. Aehre bildend; HptStg. aufrecht; B. rauten-eif., am Rande wellig. ⊙ Jl. Ag........ **silvestris.** *Dsf.* Wald-M.
Die endst. Bthknäulch. in eine Aehre zsmgestellt; Stg. ausgebreitet o. gekerbt. 3

3 Stg. kahl, ausgebreitet, aufstrebend; DeckB. kürzer als die Bth.; Kaps. rundl.-eif.; B. vorne ganz stumpf o. eingedrückt. ⊙ Jl. Ag.
Blitum. *L.* Kleiner Meier. Stuhr.
Stg. oberw. behaart, gestreckt; DeckB. ungefähr so lang als die Bth.; Kaps. längl.-eif.; B. vorn zugespitzt-verschmälert, an der Spitze selbst stumpf o. eingedrückt. ⊙ Jl. Ag. *J.*
prostratus. *Blb.* Gestrecktes M.

---

91. Ordnung. PHYTOLACCEEN. *Rob. Br.* Kermesbeergewächse.

Perigon 4—5theilig; Staubgef. auf dem Grunde des Perigons eingefügt; FrKnoten frei, 1—10fächer., Fächer 1eiig, Eichen aufrecht; Griffel so viele als Fruchtknoten, ungetheilt; Frucht eine wahre Beere; B. wechselständig, ohne NebenB. und Scheiden.

GATTUNG.

Perigon 5theil.; Stbgefsse 8—20; FrKnoten 8—10-riefig; Narben 8—10; Beere 8—10fächerig.
Phytolacca. I.

ART.

I. PHYTOLACCA. *L.* **Kermesbeere.** Schminkbeere.

Bth. 10männig, 10weibig. ♃ Jl. Ag. purp., cult., verwildert in *J.* **decandra.** *L.* Zehnmännige K.

---

92. Ordnung. CHENOPODEEN. *Vent.* Gänsefussgewächse.

Perig. meist 5theil. o. 5blttr.; Stbgfss. am Grunde des Perig. eingefügt, meist so viel als Perig.-Zipfel; FrKnot. 1, einfächerig, 1eiig; Gr. 1, einfach o. 2—4theil.; N. ungetheilt; Fr. nicht aufspring., trocken, o. eine falsche, aus dem fleischig. Perig. entstandene Beere; B. wechselst., ohne NebenB. u. Scheiden; Bth. zwitterig o. vielehig.

GATTUNGEN.

1 Stg. gegliedert, blattlos, kahl; Bth. in endst., fleischigen Aehren; Aehrenglieder beiderseits 3bth.; Stbgfss. 1—2........ .... **Salicornia**. III.
Stg. nicht gegliedert........................ 2

2 B. fädlich, halbstielrund, pfrieml., lineal o. lanzettl.-lineal, im letzteren Falle sind die B. jedoch stets ganzrandig, und weder drüsig-getüpfelt noch filzig. 3
B. (wenigstens die unt.) lanzettl., längl., eif., vrkhrt-eif., herzf., 3eckig, rautenf., spiessf., buchtig-eckig o. fiederspalt.-buchtig.................. 8

3 B. deutlich stachelspitzig o. dornig-spitzig; Bth. blattwinkelst., einzeln......................... .. 4
B. nicht stachelspitzig, übrigens spitz, spitzlich o. stumpf; Bth. blttwinkelst. zu 2—3 o. geknäult.... 6

4 B. lineal o. lanzettl.-lineal nebst den DeckB 1nervig, zerstreut; Perig. 2blttr. o. fehlend; Nuss flach-convex o. convex-concav.........**Corispermum**. IV.
B. pfrieml., halbstielrund o. fädlich; Perig. 5blttr... 5

5 B. 3kantig-pfrieml., ziemlich starr, stachelspitzig, (nicht dornig-spitzig); Perig. mit 2 DeckB.; Stbgfss. 3........................**Polycnemum**. V.
B. fädlich, halbstielrund o. pfrieml. mit dorniger Spitze; Perig.-B. auf dem Rücken mit 1 Querkiele; Stbgfss. 5........................**Salsola**. II.

6 Pf. kahl; B. halbstielr., fleischig; Bth. meist geknäult; Perig. 5theil...............**Schoberia**. I.
Pf. behaart o. wenigstens die B. haarig-gewimpert. 7

7 Bth. geknäult-ährig, o. blttwinkelst. einzeln, fast sitzend; Perig. glockig, zsmgedrückt, 4spalt., mit ungleich. Zipfeln; Stbgfss. 4. (Rauhhaar. Pf. mit pfrieml. B.)................**Camphorosma**. XV.
Bth. zu 2—3 sitzend; Perig. 5spalt., Zipfel zuletzt mit flügelf. o. kegelf. Anhängseln; Stgfss. 5. **Kochia**. VI.

8 Sternhaariger, niedriger Strauch mit lanzettl. graufilzigen B. und wolligen weiblichen Bth.; männl. Perig. 4spalt., weibl. krugf., an der Spitze 2zähnig; Stbgfss. 4..................... .**Eurotia**. XI.
Krautige Pf. o. Sträuche ohne sternhaar. Filz...... 9

9 Stbgfss. mehr als 5, ungefähr 12.; Perig. 2spalt. (Litt.-Pf., krautig, kahl, fleischig, mit gestielt., eif., ganzr. B.)........................ **Theligonum**. XIV.
Stbgfss. 1, 2, 3, 4, 5............................ 10

10 B. vrkhrt-eif. o. vrkhrt-eif.-längl., ganzrand., am Grunde verschmälert, schülferig, kahl; Perig. 4—5theil; FrPerig. weichstachl.; Stbgfss. 4—5. **Halimus**. XII.
B. von anderer Form u. Beschaffenheit; Bth. ohne Deckblttch.................................. 11

11 BthHülle zur Fruchtzeit beerenartig, saftig, schön roth; B. 3eckig, fast spiessf........ **Blitum**. VIII.
BthHülle nicht beerenart........................ 12

12 Zweihäusige, kahle, allgemein als Gemüse *cult.* Pf.; männl. Perig. 4theil., weibl. 2—3splt.; Gr. 4. **Spinacia**. X.
Bth. zwitterig oder 1häusig, letztere bisweilen mit ZwitterBth. gemischt........................ 13

13 Bth. 1häus., bisweilen mit eingemengten ZwitterBth. (in diesem Falle Pf. mit herzf.-3eckig. B.); männl. Perig. 3—5theil. mit 3—5 Stbgfss., weibl. zsmgedrückt, 2lappig o. 2theil.; N. 2, fadenf., innerseits papillig........................ **Atriplex**. XIII.
Bth. zwitterig............................ 14

14 N. eif. o. lanzett.; Stbgfss. 5, auf 1 fleischigen Ringe der Perigonröhre eingefügt; Stbbeutel oval; Fr. an das erhärtende Perig. angewachsen. **Beta**. IX.
N. fädl. o. pfriemenf., flaumig-papillig; Stbgfss. 1—5, dem BthBoden o. dem Grunde des Perig. eingefügt; Stbbeutel rundl.; Fr. im unveränderten, plattgedrückt., stumpf—5eck. Perig. eingeschlossen; B. kahl, mehlig o. drüsig-flaumig. **Chenopodium**. VII.

ARTEN.

I. SCHOBERIA. *Mey.* Laugenkraut.

B. stumpf; Gr. 3. ♄ Jl.-Sp. *J.*
fruticosa. *Mey.* Strauchiges L.
B. spitz; Gr. 2. ⊙ Ag. Sp.
maritima. *Mey.* Meerstrands-L.

24*

II. SALSOLA. *L.* Salzkraut.

Kurzhaarig o. kahl; Aeste ausgebreitet; B. pfrieml., an der Spitze dornig; FrPerig. knorpelig. ⊙ Jl. Ag.
Kali. *L.* Kalikraut.
Kahl; Aeste aufstreb.; B. lineal, halbstielr., kurzstachelspitz; FrPerig. häutig. ⊙ Jl.-Sp. *J. Ug.*
Soda. *L.* Sodakraut.

III. SALICORNIA. *L.* Glasschmelz.

Die 3 Bth. der einzelnen Aehrenglieder in ein Dreieck geordnet. ⊙ Ag. Sp.
herbacea. *L.* Krautiger G. Seekrapp.
Die 3 Bth. der einzelnen Aehrenglieder gleichreihig. ♄ Jl. Ag. *J.*........**fruticosa.** *L.* Strauchiger G.

IV. CORISPERMUM. *L.* Wanzensame.

1 Perig. fehlend; Nüsse fast kreisr.; Stbgfss. 1. ⊙ Jl. Ag. *Ug.*..........**intermedium.** *Schwg.* Baltischer W.
Perig. 2blttr.; Nüsse rundl. o. oval.............. 2

2 Der häutige Theil der ob. DeckB. halb so breit als der krautige. ⊙ Ag. Sp.
hyssopifolium. *L.* Ysopblttr. W.
Der häut. Theil der ob. DeckB. eben so breit als der krautige. ⊙ Jl. Ag. Stbgfss. 5.
nitidum. *Kit.* Glänzender W.

V. POLYCNEMUM. *L.* Knorpelkraut.

DeckB. kaum so lang als das Perig. ⊙ Jl. Ag.
arvense. *L.* Acker-K. Geferkraut.
DeckB. länger als das Perig. ⊙ Jl. Ag.
majus. *A. Br.* Grosses K.

VI. KOCHIA. *Rth.* Sommercypresse.

1 B. pfrieml., fädlich, etwas fleischig, unters. gefurcht; die Anhängs. d. Perig. fast rautenf., ungleich; Pfl. rauhhaar. ⊙ Mai-Jl......**arenaria.** *Rth.* Sand-S.
B. lineal o. lanzett., flach.................... 2

2 Krautig, flaumig; B. lineal-lanzett., gewimpert; Anhängs. des FrPerig. sehr kurz, 3eckig. ⊙ Jl.-Sp. **Scoparia.** *Schrd.* Besenf. S.
Halbstrauchig; B. lineal, flaumig o. zottig-grau; Anhängs. des FrPerig. rundl. ♃ Jl.-Sp. **prostrata.** *Schrd.* Gestreckte S.

VII. CHENOPODIUM. *L.* Gänsefuss.

1 Stg. und B. drüsig-flaumig; B. fiederspalt.-buchtig, stumpf-gezähnt. ⊙ Jl. Ag. **Botrys.** *L.* Traubiger G. Bertholdskraut.
Stg. u. B. mehlig o. kahl, nicht drüsig-flaumig.... 2

2 B. herzf., gezähnt-eckig, Ecken zugespitzt, die mittlere verlängert; BthSchweife rispig; Sam. grubig-punkt. ⊙ Jl. Ag. **hybridum.** *L.* Bastard G. Neunspitzen.
B. nicht herzf. 3

3 B. 3eckig. 4
B. nicht 3eckig.. 6

4 B. glanzlos, 3eckig-spiessf., ganzrandig. ♃ Mai-Ag. **Bonus Henricus.** *L.* Koboldschmerbel. Guter Heinrich.
B. glänzend, buchtig- o. ausgeschweift-gezähnt..... 5

5 B. rautenf.-3eckig, fast spiessf.-3lappig; Aehre beblttr. ⊙ Jl.-Sp...... **rubrum.** *L.* Rother G. Mistmelde.
B. 3eckig, am Grunde in den BStiel vorgezogen, Aehre fast blattlos; Stg. steif-aufrecht. ⊙ Ag. Sp. **urbicum.** *L.* Gassenmelde.

6 B. unterseits seegrün, längl. o. eif.-längl., stumpf, entfernt-gezähnt. ⊙ Jl.-Sp. **glaucum.** *L.* Seegrüner G.
B. entweder unters. nicht seegrün o. von anderer Gestalt 7

7 B. sämmtl. ganzrandig; Tr. blattlos; Sam. glänzend, sehr fein-punkt. 8
Die unt. B. gezähnt, oft auch gelappt........... 9

8 B. eif., stachelspitz, kahl; FrPerig. abstehend. ⊙ Ag. Sp. .**polyspermum.** *L.* Vielsamiger G. Fischmelde.
B. rauten-eif., grau, mehlig. ⊙ Jl. Ag. **Vulvaria.** *L.* Stinkender G. Buhlkraut.

9 B. lanzett., an beiden Enden verschmälert, entfernt-gezähnt, unters. drüsig; Tr. beblättert. ⊙ Jn. Jl. **ambrosioides.** *L.* Wohlriechender G.
B. nicht lanzett., o. unters. nicht drüsig. 10

10 Die unt. B. 3lappig-spiessf., gezähnt, der mittlere Lappen verlängert, längl.-lanzett., stumpf, die ob. B. lineal-lanzett.; Sam. eingedrückt-punkt. ⊙ Jl. Ag. . . . . **ficifolium.** *Sm.* Feigenblttr. G.
B. rundl.-rautenf. o. rauten-eif. 11

11 B. rundl.-rautenf., fast 3lappig, sehr stumpf, ausgebissen-gezähnt, die obern ellipt.-lanzett.; Sam. glatt, glänzend. ⊙ Jl.-Sp. **opulifolium.** *Schrd.* Schneeballblttr. G.
B. rauten-eif. 12

12 Sam. glanzlos; B. glänzend, spitz-gezähnt; Bth-Schweife spreizend. ⊙ Jl.-Sp. **murale.** *L.* Mauer-G. Stauderich.
Sam. glänzend; B. ausgebissen-gezähnt, die ob. längl., ganzrandig; BthSchweife fast blattlos. ⊙ Jl.-Sp. **album.** *L.* Weisser G.

VIII. BLITUM. *L.* Erdbeerspinat. Meier.

B. wenigzähnig; Aehren nackt. ⊙ Jn.-Ag. **capitatum.** *L.* Aehriger E.
B. tief-gezähnt; Bth. in blttwinkelst. Knäulchen. ⊙ Jn.-Ag. . . . . **virgatum.** *L.* Seitenblüthiger E.

IX. BETA. *L.* Runkelrübe. Mangold. Biese.

Wz. 1stengl.; Stg. aufrecht; N. eif. ⊙ ⊙ *cult.* **vulgaris.** *L.* Feldrübe.
Wz. vielstgl; Stg. hingestreckt; N. lanzett. ♃ Jl. Ag. **maritima.** *L.* Meerstrands-R.

X. SPINACIA. *L.* Spinat. Binetsch.

B. längl.-eif.; Fr. wehrlos. ⊙ ⊙ Mai, Jn. *cult.* **inermis.** *Mnch.* Wehrloser S.
B. am Grunde beiders. spiessf.-2zähnig; Fr. behörnt. ⊙ u. ⊙ Mai, Jn. *cult.* . **oleracea.** *Mill.* Garten-S.

XI. EUROTIA *Adns.* **Hornmelde.**

B. lanzett., grau-filzig; weibl. Bth. wollig. ♄ Ag. Sp.
ceratoides. *Mey.* Graue H.

XII. HALIMUS. *Wllr.* **Keilmelde.**

Stg. halbstrauch., aufstreb.; B. gegenst., vrkhrt-eif.-längl. ♄ Jl. Ag.
portulacoides. *Wllr.* Burzelkohlart. K.

XIII. ATRIPLEX. *L.* **Melde.** Burkhart.

1 Bth. vielehig, die weibl. bis zum Grunde 2theil., fast 2blttr.; ZwitterBth. 3–5theil.; FrPerig. eif., zugespitzt, netzaderig, ganzrand.; B. herzf.-3eckig 2
Bth. einhäusig, die weibl. 2theil. o. 2spalt........ 3

2 B. gleichfarb., glanzlos, gezähnt. ☉ Jl. Ag. *cult.*
hortensis. *L.* Garten-M.
B. obers. glänzend, unters. silbern-bläulichgrün, buchtig-gezähnt. ☉ Jl. Ag.
nitens. *Rbt.* Glänzende M.

3 B. unterseits silberweiss-schülferig; FrPerig. unterw. knorpelig-hart und weissl...................... 4
B. grün o. graugrün, beiders. gleichfarb.; FrPerig. krautig o. häutig 5

4 B. tief-buchtig-gezähnt, fast spiessf., die unt. 3eckig-rautenf., die ob. spiessf.-längl.; Aehren nur am Grunde beblttrt. ☉ Jl. Ag.
laciniata. *L.* Lappige M.
B. buchtig-gezähnt, die unt. rautenf., die ob. eif.; Aehren beblttrt. ☉ Jl. Ag....**rosea.** *L.* Rosen-M.

5 B. lineal o. lanzett.; FrPerig. rauten-eif., gezähnt, ☉ Jl. Ag.................**littoralis.** *L.* Ufer-M.
Die unt. B. 3eckig, eif. o. lanzett. mit spiessf. oder fast spiessf. Basis.............................. 6

6 Die unt. B. 3eckig-spiessf., die ob. spiessf.-lanzett., die obersten ganzrandig; die unt. Aeste spreizend. 7
Die unt. B. lanzett.-spiessf. o. eif.-spiessf......... 8

7 FrPerig. 3eckig, ganzrand. o. gezähnt; B. gezähnt. ⊙ Jn.-Ag. .... **latifolia.** *Whlb.* Breitblättr. M.
FrPerig. herzf.-3eckig, buchtig-gezähnt, Zähne zugespitzt u. pfrieml.; B. tief-buchtig-gezähnt. ⊙ Jl. Ag. **hastata.** *L.* Spiessbltr. M.

8 FrAehren an der Spitze überhängend, locker; Aeste aufr., abstehend; die unt. B. eif.-lanzett., fast spiessf.; FrPerig. rauten- o. eif., ganzrandig. ⊙ Jl. Ag. .... **tatarica.** *L.* Tatarische M.
FrAehren steif; die unt. Aeste spreizend; die unt. B. lanzett.-spiessf., gezähnt; FrPerig. spiess-rautenf. ⊙ Jl. Ag. .... **patula.** *L.* Schmalblättr. M.

XIV. THELIGONUM. *L.* **Hundskohl.**

B. gesticlt, eif., die unt. gegenst. ⊙ Jn. *J.* gelbl.-weiss .... **Cynocrambe.** *L.* Springkraut.

XV. CAMPHOROSMA. *L.* **Kampherkraut.**

Rauhhaarig; Bth. blattwinkelst., geknäult-ährig. ♃ Jl. Ag. *J* .... **monspeliaca.** *L.* Haariges K.
Zerstreut-behaart o. kahl; Bth. blattwinkelst., einzeln, vrkhrt-eif. ⊙ Jl.-Sp. *Ug.* **ovata.** *WK.* Ungarisches K.

---

93 Ordnung. POLYGONEEN. *Juss.* Knöterichgewächse.

Perig. unterst., 3–6theil.; Stbgfss. 4–8, am Grunde des Perig. eingefügt; FrKnoten 1, frei, 1fächer., 1eiig; Gr. 2–3; Fr. nicht aufspring., nussart. o. fleischig, nackt o. durch die innern Zipfel des Perig. (falsche Kapsel) verhüllt; B. wechselst. mit scheidigen NebenB.

GATTUNGEN.

1 N. kopfig, 2—3, auf dem ungespalt. Gr. oft in eine dreilappige verwachsen; Stbgfss. 5—8; Gelenksscheiden häutig, bisweilen blattartig. **Polygonum.** III.
N. pinselig-sternf., vielspalt.; Stbgfss. 6 2

2 Gr. 2; HautFr. zsmgedrückt, geflügelt; B. grundst., herz-nierenf. . . . . **Oxyria.** II.
Gr. 3; Nuss 3eckig, bedeckt von einer falschen Kapsel, (den 3 innern Perig.-Zipfeln) . . **Rumex.** I.

ARTEN.

1. RUMEX. *L.* Ampfer.

1 B. am Grunde verschmälert, abgerundet o. herzf.; Gr. frei; Bth. zwitterig o. vielehig. 2
B. am Grunde spiess- o. pfeilf.; Gr. an die Kanten des FrKnotens oberw. angewachsen; Bth. vielehig o. 2häusig 16

2 BthQuirle sämmtl., o. die meisten, o. wenigstens die untersten mit 1 B. gestützt; die 3 innern Zipfel des FrPerig. alle, o. nur einer mit einer Schwiele. 3
Bth.Quirle blattlos, traubig 8

3 Die 3 innern Zipfel des FrPerig. beiders. borstlich-2zähnig, an der vorgezogenen Spitze ganzrand., alle mit 1 Schwiele 4
Die 3 innern Zipfel des FrPerig. ganzrand. o. fast dornig-vielspalt. 6

4 Die innern Zipfel des FrPerig. fast rautenf., die Zähne von der Länge des Längendurchmessers der Zipfel; Quirle mit 1 B. gestützt, die obern zsm-fliessend; B. lanzett.-lineal, in den BStiel verschmälert. ⊙ Jl. Ag. **maritimus.** *L.* Goldgelber A.
Die innern Zipfel des FrPerig. eif. o. eif.-längl., die Zähne kürzer als die innern Zipfel des Perig. . . . 5

5 B. lanzett.-lineal o. verlängert-lanzett., in den BStiel verschmälert; Quirle mit 1 B. gestützt. ⊙ Jl. Ag. **palustris.** *Sm.* Grüngelber A.
B. breit-längl. mit herzf. Bas., StgB. aus abgerund. Bas. lanzett., die obern lanzett.; die ob. Quirle nackt. ♃ Jl. Ag. . . . . **Steinii.** *Bk.* Stein's A.

6 Die innern Zipfel des FrPerig. grubig-netzig, fast dornig-vielzähnig, eif.-längl.; die unt. B. herzf. o. herzf.-längl., fast geigenf., stumpf; Aeste weit abstehend. ⊙ Mai, Jn. . . . **pulcher.** *L.* Schöner A.
Die innern Zipfel des FrPerig. ganzrandig, lineal-längl. 7

7 Die innern Zipfel des FrPerig. alle schwielentrag.; die unt. u. mittl. Quirle mit 1 B. gestützt. ♃ Jl. Ag.........**conglomeratus.** *Murr.* Geknäulter A.
Von den innern Zipfeln des FrPerig. nur 1 schwielentrag.; Quirle fast alle nackt, o. nur die unterst. mit 1 B. ♃ Jl. Ag...**nemorosus.** *Schrad.* Hain-A.

8 WzB. u. StgB. lanzett., spitz; die innern Zipfel des FrPerig. ganzrandig o. hinten gezähnelt, alle, o. nur 1 mit einer Schwiele.................... 9
WzB. u. unt. StgB. mit herzf. o. eif. Basis........ 10

9 Die innern Zipfel des FrPerig. rundl., fast herzf.; B. spitz, wellig, kraus. ♃ Jl. Ag.
crispus. *L.* Krauser A. Mengelwurz.
Die innern Zipfel des FrPerig. eif.-3eckig, alle schwielentrag.; B. zugespitzt, flach, am Rande wellig, klein-gekerbt; BStiele obers. flach. ♃ Jl. Ag......**Hydrolapathum.** *Hds.* Wasserlendiwurz. Dockenblatt.

10 Die innern Zipfel des FrPerig. gezähnt, Zähne 3eckig, zugespitzt u. pfrieml........................... 11
Die innern Zipfel des FrPerig. ganzrandig o. sehr klein-gezähnelt 12

11 Innere FrPerig.-Zipfel eif.-3eckig, in 1 lange, stumpfe Spitze vorgezogen, alle schwielig; unt. B. herz.-eif., stumpf o. spitzlich. ♃ Jl. Ag.
obtusifolius. *L.* Grindwurz.
Innere FrPerig.-Zipfel eif, fast herzf., stumpf, alle o. nur 1 schwielig; WzB. u. unt. StgB. herzf.-längl., spitz. ♃ Jl. Ag.
pratensis. *M. u. K.* Wiesen-A. Halbgaul.

12 Die innern FrPerig.-Zipfel lineal-längl., stumpf, ganzrand., nur 1 schwielentrag.; unt. B. herzf.-längl. o. fast geigenf. ♃ Jl. Ag.
sanguineus. *L.* Drachenblut.
Die innern FrPerig.-Zipfel eif. o. herzf........... 13

13 Die innern FrPerig.-Zipfel alle schwielentrag., 3eckig-herzf.; WzB. u. unt. StgB. lanzett., spitz, mit schiefer eif. o. herzf. Bas.; BStiele beiders. mit einer hervortret. Rippe berandet. ♃ Jl. Ag.
maximus. *Schrb.* Grösster A.
Die innern FrPerig.-Zipfel schwielenlos o. nur schwach-schwielig, o. nur einer mit 1 Schwiele; BStiele obers. rinnig. 14

14 Innere FrPerig. - Zipfel rundl. - herzf., der eine schwielentr.; WzB. u. unt. StgB. eif.-lanzett., flach, zugespitzt; Quirle genähert. ♃ Jl. Ag.
Patientia. *L.* Garten-A.
Innere FrPerig.-Zipfel sämmtl. schwielenlos u. häutig; WzB. herz-eif. o. rundl.-herzf. 15

15 WzB. herz-eif., spitz, am Grunde verbreitert; BStiele obers. schmal- u. seicht-, unter dem B. aber deutlich-rinnig, ♃ Jl. Ag. wasserliebend.
aquaticus. *L.* Wasser-A.
WzB. rundl.-herzf., abgerundet-stumpf, o. an der stumpfen Spitze kurz-zugespitzt; Tr. dicht-rispig. ♃ Jl. Ag. *A*........**alpinus.** *L.* Alpen-A. Foissen.

16 Bth. zwitterig, aber viele unfruchtb.; die innern Zipf. des FrPerig. rundl.-herzf. ohne Schwiele; B. eif., fast geigenf., am Grunde spiess- o. pfeilf., seegrün. ♃ Mai-Jl.............**scutatus.** *L.* Schildblättr. A.
Bth. 2häusig 17

17 Die innern Zipfel des FrPerig. netzaderig, ohne Schwiele u. Schuppe, die äuss. aufrecht, angedrückt; B. spiessf., lanzett. o. lineal. ♃ Mai-Jl.
Acetosella. *L.* Gauchampfer.
Die innern Zipfel des FrPerig. mit Schwielen o. Schuppen, die äuss. zurückgeschlagen........... 18

18 B. dicklich, fast nervenlos; die äuss. WzB. rundl.-eif., fast herzf., ganz stumpf; Stg. einfach, blattlos o. 1—2blttr. ♃ Jl. Ag. *B.*
nivalis. *Hgtsch.* Schnee-A.
B. aderig o. 5—7nerv., spiess- o. pfeilf............ 19

19 NebenB. ganzrandig; B. spiess-pfeilf.; am Grunde strahlig-5—7nerv.; Stg. oberw. ästig; Aeste quirlig-traub. ♃ Jl. Ag. *A.* **arifolius.** *All.* Arumblttr. A.
NebenB. geschlitzt-gezähnt; B. spiess-pfeilf., aderig. ♃ Mai, Jn. **Acetosa.** *L.* Sauer-A. Sure. Lendiwurz.

II. OXYRIA. *Hill.* Säuerling.

WzB. langgestielt, nierenf., ausgeschweift, kahl. ♃ Jl. Ag. *A*...........**digyna.** *Cmp.* Nierenblttr. S.

III. POLYGONUM. *L.* Knöterich.

1 Bth. bloss in endst. Aehren, nie blttwinkelst.; Stbgfss. 5, 6, 7, 8 2
Bth. in rispigen o. ebenstr. Tr. o. blttwinkelst., gebüschelt o. eine unterbrochene Aehre bildend; Stbgfss. 8. 9

2 Eine einzige gedrungene Aehre an der Spitze des ganz einfach. Stg.; Gr. bis auf den Grund gespalten; N. rundl., sehr klein; Bth rosa o. weiss 3
Stg. ästig, jeder Ast mit 1 Aehre; Gr. bis zur Hälfte o. tiefer gespalten; N. gross, kopfig 4

3 BStiele geflügelt; B. längl.-eif., fast herzf., wellig. ♃ Jn. Jl.
Bistorta. *L.* Natterwurz. Schlippen. Mederwurz.
BStiele flügellos; B. oval o. lanzett., am Rande umgerollt, gerieft-klein-gekerbt. ♃ Jl. Ag. *A.*
viviparum. *L.* Spitzkeimender K. Otterwurz.

4 Aehren längl. o. oval, gedrungen, aufrecht o. nickend 5
Aehren fädlich, locker, meist überhängend 7

5 Bth. 5männig; Aehren einzeln, walzl.; B. längl.-lanzett., am Grunde etwas herzf. o. abgerundet; Wz. kriechend. ♃ Jn. Jl. auf dem Lande liegend o. aufr., im Wasser schwimmend.
amphibium. *L.* Sommerlocken.
Bth. 6männig; Aehr. längl.-walzl.; B. eif., ellipt. o. lanzett 6

6 Tuten kahl o. etwas wollig, kurz- u. sehr fein-gewimpert; BthStiele nebst dem K. drüsig-rauh. ⊙ Jl.-Hrbst. .... **lapathifolium.** *L.* Ampferblttr. K.
Tuten rauhhaar. o. fast kahl, lang-gewimpert; BthStiele nebst dem K. drüsenlos. ⊙ Jl.-Hrbst.
Persicaria. *L.* Flöh-K. Rottach.

7 StgB. am Grunde abgerundet, AstB. am Grunde etwas mehr spitz, B. lanzett.-lineal, nach vorn verschmälert; Aehren fast aufrecht. ⊙ Jl.-Hrbst.
minus. *Hds.* Kleiner K.
StgB. am Grunde spitz, längl.-lanzett. o. lanzett.; BthAehren fast immer hängend 8

8 Tuten lang-gewimpert; K. drüsenlos; B. krautig-schmeckend. ⊙ Jl.-Oct. . . . . **mite.** *Schk.* Milder K.
Tuten kurz-gewimpert; K. drüsig-getüpfelt; B. beissend-scharf-schmeckend. ⊙ Jl.-Oct. grün o. purp.
Hydropiper. *L.* Wasser-Pfeffer. Rassel. Mucken.

9 Keine Drüsen zwischen den Stbgfss. am Grunde des Perig. 10
Drüsen zwischen den Stbgfss. (wenigstens zwischen den 3 innern) am Grunde des Perig. vorhanden; Stg aufrecht 15

10 Gr. 3, sehr kurz, frei; N. sehr klein; B. lanzett. o. ellipt.; Bth. grün, purp.- o. weiss-berandet. 11
Gr. 1, kurz; N. 3lappig; B. herz-pfeilf.; Stg. windend; Bth. nicht purp.-berandet 14

11 B. am Rande umgerollt, ellipt; Stg. ästig; Nüsse glatt, glänzend. ♃ Jl. Ag. *J.*
maritimum. *L.* Meerstrands-K.
B. flach 12

12 Bth. blattwinkelst.; Aeste bis zur Spitze beblätt. ⊙ Jl.-Hrbst. **aviculare.** *L.* Denngras. Hansel am Weg.
Bth. in blattlosen Aehren; Aeste ausgespreizt o. ruthenf. 13

13 B. längl., gegen den Grund hin lang-verschmälert. ⊙ Ag.-Oct. *Ug.* . . . . . . **arenarium.** *WK.* Sand-K.
B. ellipt., die ob. lanzettl., zugespitzt. ⊙ Jl. Jn. *J.*
Bellardi. *All.* Bellardi's K.

14 Die 3 innern Zipfel des Perig. häutig-geflügelt; Nüsse glänzend. ⊙ Jl. Ag.
dumetorum. *L.* Hecken-K.
Die 3 innern Zipfel des Perig. stumpf-gekielt; Nüsse glanzlos. ⊙ Jl.-Hrbst.
Convolvulus. *L.* Spinn. Haidelwinde.

15 Alle Stbgfss. zwischen Drüsen eingefügt; Tr. endst., rispig; B. längl.-lanzett., wellig, unters. flaumig. ♃ Jl.-Ag. gelblichweiss o. blassrosa. *A.*
alpinum. *All.* Alpen-K.
Nur die 3 innern Stbgfss. zwischen Drüsen eingefügt; B. pfeil-herzf., zugespitzt. 16

16 { Bth. rosa o. weissl., blttwinkelst.; Tr. einfach, die endst. ebenstr.; Nüsse 3kantig, Kanten ganzrand. ⊙ Jl. Ag. *cult.*
Fagopyrum. *L*. Buchweizen. Haiden. Blende.
Bth. grün; Bth. büschelig, Büschel in den BWinkeln einzeln, die endst. unterbroch. hängende Aehren bildend; Kanten der Nüsse ausgeschweift-gezähnt. ⊙ Jl. Ag. .... **tataricum**. *L*. Tatarischer K.

---

94. Ordnung. DAPHNOIDEEN. *Vent.* Seidelbastgewächse.

Perig. unterst., farbig, röhrig mit 4spalt. Saume; Stbgfss. 8; Stbkölbch. 2fäch., mit 2 Längsritzen aufspring.; FrKnoten 1, 1fächer., 1eiig; Gr. 1; N. 1; Fr. trocken o. beerenartig; NebenB. fehlen.

GATTUNGEN.

{ Stbkölbch. herz-eif.; N. kopfig; Perig. bleibend. **Passerina**. I.
Stbkölbch. oval; N. niedergedrückt, in der Mitte vertieft-genabelt; Perig. abfällig. .... **Daphne**. II.

ARTEN.

I. PASSERINA. *L*. Vogelkopf.

{ Stg. kahl; B. lanzett.-lineal, spitz, kahl. ⊙ Jl. Ag. grün. .... **annua**. *Wkstr*. Jähriger V.
Stg. filzig; B. eif., fleischig, obers. filzig. ♄ Mai. *J*. **hirsuta**. *L*. Rauhhaariger V.

II. DAPHNE. *L*. Seidelbast. Zielant. Kellerhals.

1 { Bth. an den Seiten der Aeste, o. in blttwinkelst. kurzen Tr.; B. lanzett., an der Bas. keilf.-verschmälert, kahl. 2
Bth. endst., gehäuft o. gebüschelt. 3

2 Bth. seitenst., sitzend, meist zu 3, flaumig; Perig.-Zipfel eif., spitz. ♄ Fb. Mz. rosa, selten weiss. **Mezereum**. *L*. Wielandsbeere.
Tr. blttwinkelst., kurz, meist 5bth., nickend; Bth. kahl. ♄ Mz. Ap. gelblich-grün. **Laureola**. *L*. Immergrüner S.

3 Bth. weiss, gehäuft, sitzend, zottig; Perig.-Zipfel lanzett., zugespitzt; B. lanzett. o. vrkhrt-eif. ♄ Mai-Jl. *A*. .... **alpina**. *L*. Alpen-S.
Bth. rosa o. gelbl., gebüschelt. 4

4 B. unters. rauhhaarig, längl.-vrkhrt-eif., stumpf o. eingedrückt, glänzend; Perig.-Zipf. eif., stumpf. ♄ Mz. Ap. rosa. *J*. .... **collina**. *Sm*. Hügel-S.
B. kahl. 5

5 B. ohne Stachelspitze, lineal-keilig, am Rande wulstig-verdickt; Bth. flaumig. ♄ Jl. Ag. *T*. **petraea**. *Leyb*. Felsen-S.
B. kurz-stachelspitz, am Rande ohne Wulst. 6

6 Bth. sitzend, kahl; Perig.-Zipfel ellipt.; DeckB. eif.; B. lineal-keilig. ♄ Jl. Ag. rosa. *A*. **striata**. *Trtt*. Gestreifter S.
Bth. kurzgestielt, feinhaar. o. flaumig. 7

7 B. längl.-vrkhrt-eif.; DeckB. lineal-keilig. ♄ Mai. gelbl.-weiss...... **Blagayana**. *Fry*. Blagay'scher S.
B. lineal-keilig; DeckB. sehr kurz, abgestutzt. ♄ Jn. Jl. rosa........... **Cneorum**. *L*. Steinröslein.

---

95. Ordnung. SANTALACEEN. *R. Br.* Santelgewächse.

Perig. oberst., 3—4—5spalt., inwendig farbig; Stbgfss. 3—4—5, am Grunde der PerigZipfel eingefügt u. diesen gegenst.; FrKnoten 1, 1fächer., 2—4eiig; Eichen neben der Spitze des mittelpktst. Samenträgers hängend; Gr. 1; Fr. eine Nuss o. SteinFr., 1sam.; B. nebenblattlos.

GATTUNGEN.

Bth. zwitterig; Perig. grün; inwend. weiss, 4—5-spalt., teller- o. trichterf.; Stbgfss. 4—5; N. 1. **Thesium**. I.
Bth. vielehig; Perig. schmutziggelb, 3spalt.; Stbgfss. 3; N. 3. .... **Osyris**. II.

ARTEN.

I. THESIUM. *L.* Leinblatt. Bergflachs.

1 3 DeckB. unter jeder Bth.; Stg. oberw. traubig o. rispig, bis zur Spitze mit Bth. besetzt. 2
1 DeckB. unter jeder Bth.; fruchtt. Stg. an der Spitze durch unfrucht. DeckB. schöpfig. 9

2 Saum des Perig. nach dem Verblüh. bis auf den Grund eingerollt u. einen kurzen Knopf auf der Fr. bildend. 3
Saum des Perig. nach dem Verblüh. röhrig, nur an der Spitze eingerollt. 7

3 Fr. deutlich gestielt; Stg. oberw. rispig. 4
Fr. fast sitzend, eif.; Stg. oberw. traubig o. ästig-traubig. 6

4 B. 1nerv. o. schwach-3nerv., lineal, spitz; Fr. walzl. o. längl.; FrStiel länger als die halbe Fr. ♃ Jn. Jl. *J.* .... **divaricatum**. *Jan.* Sperriges L.
B. stark-3nerv. o. 5nerv.; Rispe pyramidenf. 5

5 B. lanzett. o. lineal-lanzett., lang-zugespitzt, 3—5-nerv.; Fr. rundl.-eif. ♃ Jl. Ag. **montanum**. *Ehr.* Berg-L.
B. lineal-lanzett., 3nerv.; Fr. längl. o. oval; Wz. ausläufertr. ♃ Jl. Ag. **intermedium**. *Schrd.* Mittleres L.

6 BthAestchen von der Länge der Fr. o. länger, zuletzt fast wagrecht-abstehend; B. lineal, undeutl.-1nerv.; DeckB. so lang als die fast sitzende Fr. ♃ Jn. Jl.... **humifusum**. *DC.* Niedergestrecktes L.
BthAestchen 3—4mal länger als die Fr., abstehend; B. lanzett. o. lineal, fast 3nerv. ♃ Jn. Jl. **ramosum**. *Hay.* Aestiges L.
BthAestchen viel kürzer als die Fr., aufrecht; Fr. am Stg. anliegend; B. lineal, 1nervig. ♃ u. ⊙ Jn. Jl. .... **humile**. *Vhl.* Niedriges L.

7 FrAestchen einerseitswend., aufrecht-abstehend; Stg. meist einfach, traubig; B. lineal, 1nerv. ♃ Jn. Jl. **alpinum**. *L.* Alpen-L. Vermeinskraut.
FrAestch. allerseitswendig........................ 8

8 FrAestch. horizontal-absteh.; B. lanzett.-lineal, schwach-3nerv.; FrPerig. so lang als die Fr. ♃ Jn. Jl. ....**pratense**. *Ehr.* Wiesen-L.
FrAestch. aufstrebend; B. schmal-lineal, 1nerv. ♃ Jn. Jl........**tenuifolium**. *Saut.* Schmalblttr. L.

9 Wz. kriechend; Fr. oval, gestielt, lederig. ♃ Jn. Jl. **ebracteatum**. *Hay.* Deckblattloses L.
Wz. abgebiss., vielkpf.; Fr. fast kugelig, sitzend, beerenart., saftig, citrongelb. ♃ Jn. Jl. **rostratum**. *M. u. K.* Schnabelfrücht. L.

II. OSYRIS. *L.* Harnstrauch.

B. lineal-lanzett., ganzrand. ♄ Ap. Mai. Strauch, 30—90 Cm. hoch. *J.*........ **alba**. *L.* Weisser H.

---

96. Ordnung. ELAEAGNEEN. *R. Br.* Oleastergewächse.

Perig. unterst., inwendig farbig, 2—4splt.; Stbgfss. 4—5; FrKnot. 1, in der Röhre des Perig. eingeschlossen, frei, 1eiig; Gr. 1; N. 1; eine falsche SteinFr., aus dem beerenart. gewordenen Perig. u. einer krustigen Nuss gebildet. Bäume o. Sträuche mit silberweissen o. bräunlichschülferigen B.

GATTUNGEN.

Bth. zwitter., Röhre schlank, Saum glockig, 4spalt., Schlund durch 1 kegelf. Ring verengt; Stbgfss. 4—5............................ **Elaeagnus**. I.
Bth. 2häus. ♂ Perig. 2theil.; Stbgfss. 4; ♀ Perig. röhrig; an der Spitze 2spalt., ohne Ring. **Hippophaë**. II.

ARTEN.

I. ELAEAGNUS *L.* **Oleaster.**

B. lanzett., spitz, ganzrand., beiders. schülferig-silberweiss. ♄ Mai, Jn. auswend. silberweiss, inwend. pomeranzengelb. *J.* . . **angustifolia.** *L.* Silberbaum.

II. HIPPOPHAË *L.* **Sanddorn.**

B. lineal-lanzett., obers. kahl, unters. weissl.-schülferig; Stg. dornig. ♄ Ap. Mai. Bth. klein, gelbl.-rostfarb. . . . . **rhamnoides.** *L.* Rheindorn.

---

97. Ordnung. CYTINEEN. *A. Brog.* Blutschuppengewächse.

Bth. 1häusig; Perig. oberst., 4spalt.; Stbgfss. 8, in eine Säule zsmgewachsen; FrKnot. 1, 1fächer. mit 8 wandst. Samenträgern, vieleiig. Fleischige, blattlose Kräuter.

GATTUNG.

Charakter derselbe . . . . **Cytinus.** I.

ART.

I. CYTINUS. *L.* **Blutschuppe.**

Bth. vor dem Aufblühen blutroth, dann röthl.-gelb. ♃ Mai. Auf den Wz. der Cisten schmarotzend. *J.* **Hypocistis.** *L.* Schmarotzende B.

---

98. Ordnung. ARISTOLOCHIEEN. *Juss.* Osterluzeigewächse.

Perig. oberst., ungetheilt u. schief-abgeschnitten o. 3-spalt.; Stbgfss. frei auf der Spitze des FrKnot., o. mit dem Gr. o. der N. verwachsen; FrKnot. 3—6fächer., mit mittelpktst., vieleiigen Samenträgern; B. wechselst.

GATTUNGEN.

Perig. röhrig, am Grunde bauchig, an der Spitze schief in eine Lippe verbreitert; Stbkölbch. 6, unter der N. angewachsen.. .....**Aristolochia**. I.
Perig. glockig, 3—4spalt.; Stbgfss. 12, auf dem Fr-Knot. sitzend; N. strahlig, 6lappig... **Asarum**. II.

ARTEN.

I. **ARISTOLOCHIA**. *L*. **Osterluzei**. Biberwurz. (B. eif., tief-herzf.)

1 Wz. kriechend; Bth. büschelig; B. kahl. ♃ Mai, Jn. gelbl.-weiss. **Clematitis**. *L*. Donnerwurz Fobwurz.
Wz. fast kugelig; Bth. einzeln.................... 2

2 Lippe des Perig. oval, an der Spitze ausgerand. ♃ Ap., Mai, gelb, inwend. schwarz-purp.-gestreift. *J*. **rotunda**. *L*. Runde O.
Lippe des Perig. eif.-lanzett., zugespitzt. ♃ Mz. Ap. grüngelb, inwend. schwarz-purp.-gestreift, mit einem gleichen Flecke am Grunde der Lippe. **pallida**. *W*. Bleiche O.

II. **ASARUM** *L*. **Haselwurz**.

B. nierenf. ♃ Mz. Ap. grünbraun, inwendig schmutzig-blutroth............. **europaeum**. *L*. Nebelwurz.

---

99. Ordnung. EMPETREEN. *Nutt*. Rauschbeer-gewächse.

Bth. 2häusig; K. 3theil.; Kr. 3blttr. ♂: 3 Stbgfss.; ♀: Gr. fast fehlend; N. 6—9strahlig; SteinFr. 1fächer., 6—9samig. Sträuche mit kleinen immergrünen B.

GATTUNG.

Charakter derselbe. .... **Empetrum**. I.

ART.

1. EMPETRUM. *L.* **Rauschbeere.**

Liegend; B. lineal o. längl., am Rande zurückgerollt; N. 9strahlig. ♄ Ap. Mai. rosa, Stbgfss. purp.
nigrum. *L.* Hexenbeere.

---

100. Ordnung. EUPHORBIACEEN. *Juss.* Wolfsmilchgewächse.

Bth. 1geschlechtig; Perig. unterweib. mit gespalt. Saume, o. fehlend; Blb. mit den PerigZipfeln abwechselnd o. fehlend; ♂: Stbgfss. im Mittelpunkte der Bth. eingefügt o. unter einem Ansatze zu einem Stempel; Stbfäd. frei o. verwachsen; ♀: FrKnot. frei, 3fächer., Fächer 1—2eiig; N. getheilt; Kapsel aus 2—3 oft elastisch aufspring. SpringFr. gebildet; Pfl. oft milchend.

GATTUNGEN.

1 { Bth. 1häusig; 10—viele männl. u. 1 weibl. Bth. in ihrer Mitte, von einer gemeinschaftl. BthHülle umgeben, eine falsche vielmännige ZwitterBth. darstellend; die eigenthüml. BthHülle glockig, 9—10zähnig, 5 Zähne aufr. o. einwärts-gekrümmt, dazwischen 4—5 auswärts-gekehrt u. oben 1 fleischige Scheibe (Drüse) tragend; ♂ : ein einzelnes auf dem BthStielchen stehendes Stbgfss., gestützt mit 1 gewimp. o. gespalt. Schüppchen; ♀ Bth. einzeln im Mittelpunkte der gemeinsch. BthHülle; Blb. fehlen; K. sehr klein o. unmerklich; Gr. 3spalt. o. 3theil.; Kaps. 3knot.; SpringFr. 1sam. . . . . **Euphorbia.** III.
Bth. einzeln, gesondert, 1—2häusig; K. o. Perig. nicht glockig, nicht drüsentrag. 2

2 { Bth. 2häusig, selten 1häus.; Blb. fehlen; Perig. 3theil.; ♂: Stgfss. 9—12; ♀: Gr. kurz; N. 2, verlängert; Kaps. 2knotig. . . . . **Mercurialis.** IV.
Bth. 1häusig; K. u. Blb. wenigstens bei ♂ Bth. vorhanden. 3

3 Niedriger, immergrüner Baum mit lederig. B.; ♂ Stbgfss. 4. .... **Buxus** I.
Stg. krautig; ♂ : Stbgfss. 5. .... **Andrachne**. II.

ARTEN.

I. BUXUS *L.* **Buxbaum**.

B. eif., BStiele am Rande etwas behaart; Stbkölbch. eif.-pfeilf. ♄ Mz. Ap. gelbl.-grün.
sempervirens. *L.* Immergrüner B.

II. ANDRACHNE. *L.* **Burgel.**

Stg. gestreckt; B. gestielt, eif., kurz-zugespitzt, kahl. ♃ Jn. Jl. *J.* ..... **telephioides**. *L.* Zierparkart. B.

III. EUPHORBIA. *L.* **Wolfsmilch.** Teufelsmilch.

1 B. mit NebenB., gegenst.; Bth. blttwinkelst., einzeln; Stg. hingestreckt, ästig. 2
B. ohne NebenB.; Bth. doldig 3

2 B. rundl., am Grunde schief, vorne seicht-gekerbt; Stg. u. B. kahl o. rauhhaar. ⊙ Jn.-Ag. *J.*
Chamaesyce. *L.* Niedrige W.
B. längl., stumpf, ausgerandet, hinten klein-gekerbt o. ganzrandig, am Grunde halb-herzf.; Stg. u. B. kahl. ⊙ Jl. Ag. Drüs. roth. *J.*
Peplis. *L.* Seestrands-W.

3 Drüsenscheiben der eigenthüml. BthHülle rundl. o. quer-oval, ganz. 4
Drüsenscheiben halbmondf.-ausgeschnitten o. 2hörnig*). 16

4 Samen wabig-netzig; Dolde 5strahl., Aeste 3gabelig mit gabelspalt. Aestchen; Kaps. glatt; B. vrkhrt-eif., vorn gesägt. ⊙ Jl.-Sp.
helioscopia. *L.* Sonnenwendige W.
Samen glatt. 5

*) Bei *E. Gerardiana* sind bisweilen halbmondf., bei *E. nicaeensis* bisweilen querovale Drüsenscheiben eingemengt.

5 Kaps. mit halbkugeligen, kurzwalzl. o. fadenf. Warzen besetzt 6
Kaps. glatt, fein-knötig o. erhaben-punktirt, nicht warzig; Drüsen gelb 14

6 Dolde vielstrahlig, Aeste 3spalt. u. weiter 2spalt.; Warzen der Kps. längl.-walzl.; B. sitzend, lanzett., kahl; Hüllch. ellipt., stumpf, am Grunde verschmälert. ♃ Mai, Jn. Drüs. rothgelb.
palustris. *L.* Sumpf-W.
Dolde 3—5strahlig 7

7 Warzen der Kaps. fadenf. verlängert; B. sitzend; Wz. vielköpfig 8
Warzen der Kaps. halbkugelig o. kurz-walzl. 9

8 Zipfel der eig. BthHülle 4mal kürzer als disse Hülle selbst; Hüllch. rundl.-eif.; B. längl. o. lanzett. ♃ Ap. Mai. Drüs. braunroth.
fragifera. *Jan.* Erdbeertragende W.
Zipfel der eig. BthHülle so lang als diese selbst; Hüllch. ellipt., ausgerandet; B. längl. ♃ Mai, Jn. Warzen der Kps. röthl.
epithymoides. *Jcq.* Gelbblttr. W.

9 Hüllch. stachelspitzig, fast 3eckig-eif., kleingesägt; B. spitz, von der Mitte an ungleich-kleingesägt, lanzett., mit herzf. Grunde sitzend, die unterst. vrkhrt-eif., ganz stumpf, in den BStiel verschmälert. 10
Hüllch. stumpf; B. kurz-gestielt o. fast sitzend; Drüs. gelb 11

10 Warzen der Kps. fast halbkugelig; Sam. rundl. ⊙ Jl.-Sp. .... **platyphylla.** *L.* Flachblättr. W.
Warzen der Kps. kurz-walzl.; Sam. oval. ⊙ Jn.-Sp.
stricta. *L.* Steife W.

11 Hüllblttch. am Grunde abgestutzt, 3eckig-eif., feingesägt 12
Hüllblttch. ellipt., am Grunde abgerundet o. verschmälert, kurz-gestielt; Drüsen gelb 13

12 { Stg. stielrund; B. lanzett.-längl., stumpf, nach dem Grunde verschmälert; Hüll. lanzett.; Kps. ungleich-warzig, meist behaart. ♃ Ap. Mai. Drüsen schwarz-purp. .... **dulcis**. *Jcq.* Süsse W.
Stg. scharf-kantig-gestreift; B. längl.-oval o. längl., vorn kleingesägt; Hüll. eif., sitzend. ♃ Mai, Jn. Drüsen gelb, dann rostbraun. **angulata**. *Jcq.* Kantige W.

13 { B. lanzett.-längl., stumpf, ganzrand., nach dem Grunde verschmälert; Aeste der Dolde überhängend; Wz-Stock horizont. ♃ Ap. Mai. **carniolica**. *Jcq.* Krainer W.
B. längl.-eif., kleingesägt; Wz. vielköpf. ♃ Mai, Jn. **verrucosa**. *Lam.* Warzige W.

14 { B. kleingesägt, ober- u. unters. zottig, auch bisw. kahl; Hüllch. oval, stumpf, hinten abgerundet o. verschmälert. ♃ Jn. Jl. **procera**. *M. B.* Hohe W.
B. ganzrandig o. vorne schwach-klein-gekerbt, see-grün; Hüllch. stachelspitz 15

15 { B. lanzett-lineal o. lineal, zugespitzt-stachelspitzig, kahl; Hüllch. 3eckig-eif., quer-breiter, begrannt, stachelspitzig; Strahlen der Dolde wiederholt 2spalt. ♃ Jn. Jl. .... **Gerardiana**. *Jcq.* Gerard's W.
B. lanzett., kurz-stachelspitzig, vorn schwach-klein-gekerbt, die obern breiter; Hüllch. breit-eif., stumpf, stachelspitz; Strahlen der Dolde 1mal 2spalt. ♃ Jn. Jl. .... **pannonica**. *Hst.* Ungarische W.

16 { Samen glatt 17
Samen runzl., höckerig o. mannigfach-grubig u. ausgestochen 26

17 { Hüllchen zsmgewachsen 18
Hüllchen frei 19

18 { Kaps. kahl; B. flaumig, vrkhrt-eif.-längl. o. lanzett.; Hüllch. in 1 flaches Scheibchen zsmgewachsen. ♃ Ap. Mai. Drüs. gelbl. o. purp. **amygdaloides**. *L.* Mandelblttr. W.
Kaps. dicht-zottig; B. beiders. sammtig-filzig, lanzett.-lineal, sitzend; Hüllch. kreiself.-zsmgewachsen. ♃ Ap. Mai. honiggelb. J. **Wulfenii**. *Hpp.* Wulfen's W.

19 Dolde vielstrahlig 20
Dolde 3—5strahlig; B. seegrün, kahl 25

20 Strahlen der Dolde einmal 2spalt.; B. kahl, längl.-lineal, ganzrand., stumpf o. kurz zugespitzt-stachelspitzig; seegrün; Hüllch. herz-eif. ♃ Jl. Ag. **nicaeensis.** *All.* Glatte W.
Strahlen der Dolde wiederholt 2spalt.; Hüllch. rauten- o. 3eckig-eif., breiter als lang, stumpf-stachelspitzig o. kurz-zugespitzt; Drüsen 2hörnig 21

21 B. dicht-flaumig, lanzett., ganzrand., nach der Basis u. Spitze verschmälert. ♃ Mai, Jn. **salicifolia.** *Hst.* Weidenblttr. W.
B. kahl o. bloss an der Spitze etwas rauh, lanzett. o. lanzett.-lineal 22

22 B. genau lineal o. nach dem Grunde ein wenig verschmälert; Drüsen wachsgelb 23
B. von der Mitte gegen die Spitze hin verschmälert. 24

23 B. kahl, AstB. schmäler; Hüllbltt.ch. kurz-zugespitzt, grünl., gelb, röthl. o. purp. ♃ Ap. Mai. **Cyparissias.** *L.* Cypressen-W. Warzengras.
B. gegen die Spitze hin am Rande rauh, die unt. kurz-gestielt, AstB. schmäler. ♃ Jn.-Ag. **Esula.** *L.* Gemeine W.

24 B. glanzlos; Wz. vielköpf. ♃ Mai, Jn. **virgata.** *WK.* Ruthenförm. W.
B. glänzend; Wz. wagr., kriechend. ♃ Jl. Ag. Drüs. zuletzt rothgelb..... **lucida.** *WK.* Glänzende W.

25 Drüsen 2hörnig, Hörnch. kurz, stumpf; die unt. B. lineal-längl., nach dem Grunde verschmälert, die ob. ellipt.; Hüllch. stachelspitz, am Grunde abgeschnitten o. fast herzf. ♃ Mai, Jn. Drüsen wachsgelb .... **saxatilis.** *L.* Felsen-W.
Drüsen halbmondf.; B. längl.-lineal o. lineal; Hüllch. quer-oval, concav, ♃ Jn. *J.* Drüs. rothgelb. **Paralias.** *L.* Dickblttr. W.

26 B. gegenst., die Paare in's Kreuz gestellt, längl.-lineal; Hüllch. längl.-eif., spitz. ⊙ Jn. Jl. Drüsen blassgelb. *J.* **Lathyris.** *L.* Hexenmilch. Springwurz.
B. wechselst. o. zerstreut 27

27 Drüsen roth u. bräunlich; B. vrkhrt-eif., die unt. fast kreisrund; die unt. Aeste liegend o. aufsteigend. ⊙ Ap. Mai. *J*. .... **peploides.** *Gouan.* Peplusart. W.
Drüsen gelb 28

28 Hüllch. aus fast herzf. Bas. lineal, spitz; B. lineal o. lineal-keilig; Same knötig-runzlig. ⊙ Jn.-Hrbst. **exigua.** *L.* Kleine W.
Hüllch. eif., ellipt., rautenf., nierenf. o. herzf. 29

29 Hüllch. eif. 30
Hüllchen nierenf., herzf. o. rautenf.; B. bläulichgrün, stachelspitz 31

30 B. eif., gestielt, in den BStiel vorgezogen, die unt. fast kreisrund. ⊙ Jl.—Wint. **Peplus.** *L.* Rundblttr. W. Hundsmilch.
B. lanzettl., am Grunde verschmälert, sammt den Hüllch. stachelspitzig, die unt. spatelf. ⊙ Jl.-Hrbst. **falcata.** *L.* Sichelf. W.

31 B. längl. o. vrkhrt-eif.; Hüllch. stachelspitzig; Same grubig-runzlig. ♃ Jn. Jl. *J.* **Myrsinites.** *L.* Südliche W.
B. in der Mitte o. am Grunde des Stg. lineal, die obern breiter, alle kahl; Same grubig-netzig..... 32

32 B. stumpf, die obersten sammt den Hüllch. fast 3lappig. ♃ Mai, Jn. *J*. .... **pinea.** *L.* Fichtenart. W.
B. zugespitzt; Hüllch. nieren- o. rautenf., stachelspitzig. ⊙ Jn. Jl. .... **segetalis.** *L.* Saaten-W.

IV. MERCURIALIS. *L.* Bingelkraut. Rigelkraut.

1 Stg. ästig; ♀ Bth. fast sitzend; B. gestielt, eif. o. eif.-lanzett. ⊙ Jn.-Hrbst ...... **annua.** *L.* Jähriges B.
Stg. ganz einfach; ♀ Bth. lang-gestielt 2

2 B. gestielt, eif.-längl. o. lanzett. ♃ Ap. Mai. **perennis.** *L.* Godeskraut.
B. fast sitzend, eif. ♃ Ap. Mai. **ovata.** *St. u. Hpp.* Rundblttr. B.

101. Ordnung. URTICEEN. *Juss.* Nesselgewächse.

Bth. 1häus., 2häus. o. vielehig, ausnahmsweise auch zwitterig; Perig. unterst., 4theil., auch 3—6theil., bei ♀ Bth. auch ungetheilt; Stbgfss. frei am Grunde des Perig.; FrKnoten 1, frei, 1fächer. u. 1eiig, o. 2fächer. mit 1eiig. Fächern; Gr. 1 o. 2; Fr. nicht aufspring.; B. nebenblätterig.

GATTUNGEN.

1 { Krautige Pfl.; Fr. eine Nuss, nackt o. vom Perig. eingeschlossen, nicht geflügelt. 2
Bäume; Fr. eine fleischige, falsche Beere, o. SteinFr. o. geflügelte Nuss. 5

2 { Perig. der ♂ o. ☿ Bth. 4theil. o. 4spalt.; Stbgfss. 4. 3
Perig. der ♂ Bth. 5theil.; Stbgfss. 5; Bth. 2häus.; Nuss vom Perig. eingeschlossen. 4

3 { Bth. 1häusig o. 2häus.; ♀ Perig. 2theil.; B. gegenst., gesägt. . . . . **Urtica.** I.
Bth. vielehig; Perig. glockig, das ♀ 2spalt.; B. wechselst., ganzrandig, durchscheinend-getüpfelt. **Parietaria.** II.

4 { ♀ Perig. 1blttr., auf der einen Seite der Länge nach gespalten; Gr. 2; Stg. aufrecht. . . . . **Cannabis.** III.
♀ Perig. schuppenf., zwischen den Schuppen einer zapfenf. Aehre; Stg. windend. . . . . . **Humulus.** IV.

5 { Bth. in 1 fleischigen, an der Spitze genabelten, inwendig hohlen FrBoden eingeschlossen; ♂ Perig. 3theil.; Stbgfss. 3; ♀ Perig. 5splt.; N. 2. **Ficus.** V.
Bth. nicht in 1 hohlen FrBoden eingeschlossen; Stbgfss. 4—12 6

6 { Bth. zwitterig; Nuss geflügelt; Perig. glockig, 4—5zähn.; Stbgfss. 4—12; B. doppelt-gesägt. **Ulmus.** VIII.
Bth. vielehig o. 1häusig; Fr. eine falsche Beere o. SteinFr.; Perig. 4—6theil. 7

7 Perig. 4theil.; Stbgfss. 4; Fr. eine falsche saft. Beere; FrKnot. 2eiig; B. herzf. ....**Morus**. VI.
Perig. 5—6theil.; Stbgfss. 5—6; Steinfr.; FrKnot. 1eiig; B. lanzett ....**Celtis**. VII.

ARTEN.

I. URTICA. *L.* Nessel. Brennessel.

1 ♀ Aehren kugelig; B. eif., zugespitzt, eingeschnitten-gesägt. ⊙ Jn.-Oct.. .**pilulifera**. *L.* Kugelährige N.
Blattwinkelst. Rispen........................ .,. 2

2 B. oval, spitz, eingeschnitten-gezähnt. ⊙ Jl.-Sp. **urens**. *L.* Kleine N. Heiternessel.
B. herzeif. o. herzf.-längl. 3

3 Stg. aufrecht; B. trübgrün. ♃ Jl.-Sp. **dioica**. *L.* Grosse N.
Stg. liegend, wurzelnd, endl. aufstrebend; B. beiderseits hellgrün. ♃ Jl.-Sp. **radicans**. *Bolla*. Sumpf-N.

II. PARIETARIA. *L.* Glaskraut. Peterskraut.

Stg. aufrecht, einfach; B. längl.-eif.; DeckB sitzend. ♃ Jl.-Herbst. ....**erecta**. *M. K.* Tag und Nacht.
Stg. gestreckt, ausgebreit., ästig; B. eif.; DeckB. herablaufend. ♃ Jl.-Hrbst. **diffusa**. *M. K.* Tropfkraut.

III. CANNABIS. *L.* Hanf.

B. gegenst., gefingert. ⊙ Jl. Ag. grün. *cult.* **sativa**. *L.* Gebauter H.

IV. HUMULUS. *L.* Hopfen.

Stg. windend, kantig; B. gegenst., herzf. - 3—5-lappig, gesägt, rauh. Jl. Ag. grün. **Lupulus**. *L.* Heckenhopfen.

V. FICUS. *L.* Feigenbaum.

B. herzf., ganz o. handf.-gelappt, obers. rauh, unters. flaumig. ♄ Jl. Ag. *cult.* **Carica**. *L.* carischer F.

VI. MORUS. *L.* **Maulbeerbaum.**

N. u. die Ränder des Perig. kahl. ♄ Mai. Fr. weiss. *cult*. .... **alba**. *L.* weisser M.
N. u. die Ränder des Perig. rauhhaar. ♄ Mai. Fr. schwarz. *cult*. .... **nigra**. *L.* Schwarzer M.

VII. CELTIS. *L.* **Zürgel.**

B. längl.-lanzett., zugespitzt, geschärft-gesägt, unters. kurz-zottig, am Grunde ungleich. ♄ Mai.
australis. *L.* Morgenländischer Z.

VIII. ULMUS. *L.* **Rüster.** Ulme. Ilme.

Bth. fast sitzend; Fr. kahl. ♄ Mz. Ap.
campestris. *L.* Feld-R.
Bth. gestielt, hängend; Fr. am Rande zottig-gewimpert. ♄ Mz.-Ap. .... **effusa**. *W.* Lindbast.

---

102. Ordnung. JUGLANDEEN. *DC.* Wallnussgewächse.

Bth. 1häusig; ♂ Bth. in Kätzch.; Perig. 5—6theil.; Stbgfss. 14—36; ♀ Bth. einzeln o. zu 2—3 an der Spitze der Aestchen, ohne Hülle; K. oberst., 4zähnig, abfällig; Blb. 4, krautig; FrKnoten 1, 1fächer., 1eiig; N. 2; Steinfr. fleischig, Steinkern 2klappig; Bäume mit nebenblattlosen B.

GATTUNG.

Charakter derselbe .... **Juglans. I.**

ART.

I. JUGLANS. *L.* **Nussbaum.**

Blttch. meist zu 9, oval, kahl, etwas gesägt; Fr. kugelig. ♄ Mai. *cult*. .... **regia**. *L.* Wallnuss.

---

103. Ordnung. CUPULIFEREN. *Rich.* Becherfruchtgewächse.

Bth. 1häusig; ♂ in Kätzchen, diese walzl. o. rundl., aus DeckB. (Schuppen) zsmgesetzt; Perig. fehlend o. 4—5spalt.; Stbgfss. 5—24; ♀ einzeln, gehäuft o. ährig; Perig. an den FrKnoten angewachsen, mit gezähneltem oft verschwindendem Saume; FrKnoten 2—6fächerig, Fächer 1—2eiig; N. 2—6; Hülle nach der BthZeit sich vergrössernd, das FrGehäuse bedeckend o. eine falsche Fr. darstell.; Nuss durch Fehlschlagen 2fächer., 1sam. — Bäume o. baumart. Sträuche.

GATTUNGEN.

1 { FrKätzchen ähnlich der FrAehre des Hopfens; ♂: Stbgfss. 12—24; ♀: Gr. 1; Nr. 2, fädlich. **Ostrya.** VI.
FrKätzchen von anderer Gestalt. 2

2 { Baumartiger Strauch, der vor den B. blüht; ♂: Stbgfss. 8; ♀ in dachschuppigen Knospen; N. roth; Nuss einzeln in der vergröss. röhrigen blattart. Hülle. . . . . **Corylus.** IV.
Ansehnliche Bäume mit anderen Merkmalen 3

3 { N. 2; ♂: Stbgfss. 12—24 auf den Kätzchen-Schuppen eingefügt; Nuss von einer blattigen, halbirten Hülle umgeben. . . . . **Carpinus.** V.
N. 3—5. 4

4 { FrHülle stachelig, kapselart.; Nusschale lederig, inwendig seidig-filzig; B. längl.-lanzett., stachelspitzgesägt. . . . . **Castanea.** II.
FrHülle nicht stachelig. 5

5 { FrHülle fast holzig, zuletzt 4klappig-aufspring.; Nüsse spitz, 3kantig; B. eif., am Rande zottig-gewimpert. **Fagus.** I.
Nuss oval, längl. o. eif., nur unters. von dem FrBecher umschlossen. (EichelFr.) . . . . **Quercus.** III.

I. FAGUS *L.* Buche.

B. eif., kahl, am Rande gewimpert, schwach-gezähnt o. ausgeschweift. ♄ Mai.
silvatica. *L.* Rothbuche. Akram.

II. CASTANEA. *Tourn.* Kastanienbaum. Kesten.

B. längl.-lanzett., zugespitzt, stachelspitzig-gesägt, kahl. ♄ Jn. .... **vesca.** *Gaertn.* Echter K.

III. QUERCUS. *L.* Eiche.

1 B. abfällig.................................... 2
B. ausdauernd, immergrün. 5

2 B. mit stachelspitz. Lappen, flaumig o. unters. graufilzig; Schuppen des Bechers lineal-pfrieml., abstehend, gewunden. ♄ Mai. . **Cerris.** *L.* Zerr-E.
BLappen stumpf, wehrlos; Schuppen des Bech. angedrückt.................................. 3

3 B. im Frühl. filzig, die ältern unters. flaumig, zuletzt kahl, gestielt; BLappen stumpf, ganzrandig o. 1 bis 2eckig. ♄ Mai. ....**pubescens.** *W.* Flaumige E.
B. kahl, mit abgerundet-stumpfen Lappen......... 4

4 BthStiele so lang als der BStiel o. kürzer; B. gestielt, am Grunde ausgerandet o. in den BStiel vorgezogen. ♄ Mai.
sessiliflora. *Sm.* WinterE. Donnereiche.
BthStiele vielmal länger als der BStiel; B. kurz-gestielt, o. fast sitzend, am Grunde tief-ausgerandet. ♄ Mai **pedunculata.** *Ehr.* Sommer-E. Drudeneiche.

5 B. eif., dornig-gezähnt, kahl. ♄ Mai. *J.*
coccifera. *L.* Kermes-E.
B. ganzrandig o. stachelspitzig-gesägt, unters. graufilzig o. filzig................................ 6

6 Rinde rissig-schwammig, korkig. ♄ Mai. *J.*
Suber. L. Kork-E.
Rinde eben. ♄ Mai. *J.*.... **Ilex.** *L.* Stein-E. Iseich.

IV. CORYLUS. *L.* Hasel.

FrHüllen glockig, an der Spitze etwas abstehend; Nuss eif. ♄ Fb. Mz.
Avellana. *L.* Waldhaselnuss.

FrHüllen röhr.-walzl., an der Spitze verengert; Nuss fast walzl. ♄ Fb. Mz. *J.*
tubulosa. *W.* Lambertnuss. Blutnuss.

V. CARPINUS. *L.* Hagenbuche. Hainbuche.

Schuppen der FrKätzch. 3theil., die Zipfel lanzett., der mittlere verlängert. ♄ Ap. Mai.
Betulus. *L.* Weissbuche.

Schuppen der FrKätzch. eif., ungleich-gesägt, etwas eckig. ♄ Ap. Mai. *J.* **duinensis.** *Scp.* Duiner H.

VI. OSTRYA. *Mich.* Hopfenbuche.

Zapf. eif., hängend; B. eif., zugespitzt, am Grunde fast herzf. ♄ Ap. Mai.
carpinifolia. *Scp.* Hainbuchenblttr. H.

---

104. Ordnung. SALICINEEN. *Rich.* Weidengewächse.

Bth. 2häusig, in Kätzchen, diese aus schuppenf. Deck-B. gebildet; Perig. ein fleischiger, schief-abgeschnittener Becher o. fehlend u. durch 1—2 Drüsen vertreten; ♂: Stbgfss. 2—24, frei o. einbrüderig; ♀: FrKnot. 1, frei, 1fächer., vieleiig; Gr. 1; N. 2, oft 2spaltig; Kps. 2klappig; Same schopfig. Bäume o. Sträuche mit wechselst. B.

GATTUNGEN.

Perig. fehlend; Geschlechtsorg. am Grunde mit 1—2 Drüsen gestützt. . . . . **Salix.** I.

Perig. becherf. auf der Kätzchen-Schuppe liegend.
Populus II.

ARTEN.

I. SALIX. *L.* Weide. Felber*).

1 Kätzchen endst. — Zwergartige Sträuche mit einem unter der Erde kriechenden Stamme u. aufstreb. Aesten. (**Glaciales.** Gletscher-W.) 2
Kätzchen seitenst. 4

2 Kaps. eif., filzig; B. langgestielt, ellipt.-kreisr., am Rande zurückgerollt, obers. runzlig, unters. seegrün, netzig, endlich kahl. ♄ Jl. Ag. *A.* **reticulata.** *L.* Netzaderige W.
Kaps. eif.-kegelf., kahl; B. kurz-gestielt o. fast sitzend. 3

3 B. vrkhrt-eif. o. längl.-keilig, gleichlaufend-aderig, ganzrand. o. am Grunde drüsig-gezähnelt. ♄ Jl. Ag. *A.* .... **retusa.** *L.* Gestutztblttr. W.
B. kreisr. o. oval, netzaderig, gesägt, beiders. glänzend. ♃ Jl. Ag. *A.* ... **herbacea.** *L.* Krautige W.

4 Kätzchen-Schuppen gleichfarbig, gelbl.-grün; Kätzch. gestielt auf 1 beblttr. Stiele; Stbgfss. am Grunde ein wenig zsmhängend u. rauhhaarig. 5
Kätzchen-Schuppen an der Spitze anders gefärbt als am Grunde... 11

5 Schuppen der ♀ Kätzch. vor der FrReife abfallend; Stbgfss. 2—10; Drüsen 2; Aeste besond. zur Bth-Zeit sehr brüchig. Hohe ansehnl. Bäume. (**Fragiles.** Knack-W.) 6
Schuppen der ♀ Kätzch. bleibend; Stbgfss. 2—3; 1 Drüse; Neben-B. halb-herzf.; höhere oft baumart. Sträuche mit gertenf. Aesten. (**Amygdalinae.** Mandel-W.) 9

---

*) Die zahlreichen Arten dieser Gattung sind wegen der Unbeständigkeit fast aller Merkmale schwer zu bestimmen. Die hybriden Weiden können bei der analytischen Darstellung nicht berücksichtigt werden, denn ihre Unterscheidungsmerkmale sind oft nur individuell, fliessen mit jenen der Stammeltern mehr oder weniger zusammen, und bieten desshalb für die analytische Methode viel zu wenig Anhaltspunkte dar. Auch sind sie sehr selten und stets einzeln, übrigens aus sich allein oft gar nicht zu bestimmen, da hierzu eine fortgesetzte Beobachtung in verschiedenen Stadien und Bedachtnahme auf die in der Nachbarschaft stehenden Weiden nothwendig ist. *Neilr.* Fl. v. U.-Oest. S. 248.

6 { 2 Stbgfss. B. lanzett., zugespitzt, gesägt, kahl o. seidenhaarig 7
Mehr als 2 Stbgfss.; B. dicht-kleingesägt, ganz kahl; BStiel oberw. vieldrüsig .... 8 }

7 { NebenB. halb-herzf.; Kaps. gestielt, Stielch. 3—4mal so lang als die Honigdrüse; N. 2spalt.; B. ganz kahl o. die jüngern etwas seidig. ♄ Ap. Mai.
fragilis. *L.* Bruch-W. Brestfelber.
NebenB. lanzett.; Kaps. zuletzt gestielt; Stielch. kaum so lang als die Honigdrüse; N. ausgerandet; B. beiders. seidig. ♄ Ap. Mai.
alba. *L.* Weisse W. Weissfelber. }

8 { NebenB. eif.-längl., gleichseitig, gerade; Bth. 5—10-männig; N. 2spalt.; B. eif.-ellipt. o. eif.-lanzett., zugespitzt. ♄ Mai, Jn.
pentandra. *L.* Lorbeer-W. Julster.
NebenB. halb-herzf., schief; Bth. 4—5männig; N. ausgerandet; B. längl.-lanzett., lang-zugespitzt. ♄ Mai, Jn. ...... **cuspidata**. *Schlz.* Haarspitzige W. }

9 { Kätzch.-Schuppen an der Spitze kahl; Gr. sehr kurz; N. wagrecht, ausgerandet; B. lanzett. o. längl., zugespitzt, gesägt, ganz kahl. ♄ Ap. Mai.
amygdalina. *L.* Mandelblttr. W.
Kätzch.-Schuppen filzig u. an der Spitze bärtig, o. ganz rauhhaarig; Gr. verläng.; N. 2spalt.; B. flaumig, zuletzt kahl, lanzett., lang-zugespitzt. ...... 10 }

10 { ♂ : 3 Stbgfss.; B. dicht-feingesägt. ♄ Ap. Mai.
undulata. *Ehr.* Welligblttr. W.
♂ : 2 Stbgfss.; B. klein-drüsig-gezähnelt. ♄ Ap. Mai.
hippophaëfolia. *Thuil.* Sanddornblttr. W. }

11 { Kaps. sitzend o. kurz-gestielt, das Stielch. höchstens so lang als die Honigdrüse 12
Kaps. gestielt, das Stielch. 2—6mal länger als die Honigdrüse; Stbkölbch. nach dem Verblühen gelb; Kätzch. sitzend, mit kleinen B. gestützt, o. gestielt u. mit vergröss. B. am Stiele versehen. **(Capreae.** Sahl-W.) .... 22 }

12 Kätzch. sitzend, am Grunde mit kleinen schuppenf. DeckB. gestützt, die fruchttr. bisweilen kurz gestielt; höhere oft baumart. Sträuche, an Ufern, auf feucht. Triften, in Wäldern u. Alpenthälern wachsend 13
Kätzch. gestielt, der Stiel beblättert; Stbkölbch. nach dem Verblühen gelb; sehr ästige Alpen-Sträuche mit knorrigen älteren, u. fast gertenart. jüngeren Aesten. (**Frigidae.** Alpen-W.) Hierher auch *S Lapponum* mit bisweil. sitz. Kätzch. 40

13 Stbkölbch. purp., nach dem Verblüh. schwarz; Kaps. filzig; B. kahl o. die jüngern flaumig; die innere Rinde im Sommer citrongelb; Kätzchen vor den B. blühend; höhere oft baumartige, seegrüne o. dunkler-grüne Sträuche. (**Purpureae**. Purpur-W.) 14
Stbkölbch. nach dem Verblühen gelb........ 16

14 Einmännig (durch gänzlich verwachsene Stbgfss.); Kaps. sitzend; Gr. kurz; N. eif.; B. lanzett., vorn breiter, geschärft-kleingesägt, kahl, flach. ♄ Mz. Ap. ....**purpurea.** *L.* Bach-W. Rothfelber.
Einbrüderig; die jüngern B. flaumig............. 15

15 N. eif., ausgerandet; B. vrkhrt-eif.-lanzett., kleingesägt; NebenB. halb-herzf.; Kaps gestielt. ♄ Mz. Ap... ....**Pontederana.** *W.* Pontedera's W.
N. längl.-lineal o. fädlich; B. verlängert-lanzett., ausgeschweift-gezähnelt, am Rande etwas zurückgerollt; NebenB. lineal; Kaps. sitzend. ♄ Mz. Ap. **rubra.** *Hds.* Rothe W.

16 Innere Rinde im Sommer u. Herbste citrongelb; Kaps. kahl; Aeste meist hechtgrau - bereift; B. freudig-grün. (**Pruinosae.** Schimmel-W.) 17
Innere Rinde im Sommer u. Herbste grünlich; Kaps. filzig; B. unters. filzig o. seidenhaarig; höhere oft baumart. Sträuche mit gertenf. Aesten. (**Viminales.** Korb-W.) 18

17 NebenB. lanzett., zugespitzt; B. lineal-lanzett., langzugespitzt, gesägt u. nebst den jüng. Aesten kahl; Rinde der Aeste bereift, schwärzl.-blutroth. ♄ Mz. **acutifolia.** *L.* Spitzblttr. W.
NebenB. halbherzf.; B. längl.-lanzett., zugespitzt, drüsig-gesägt, kahl, die jüngern nebst den jung. Aesten zottig. ♄ Mz. Ap. **daphnoides.** *Vill.* Seidelbastblttr. W.

18 Kaps. sitzend o. nur sehr kurz-gestielt; Gr. verlängert. 19
Kaps. gestielt; Gr. kürzer o. so lang als die fadenf. N.; B. am Rande etwas wellig; NebenB. nierenhalbherzf., spitz o. zugespitzt 21

19 N. lineal, 2splt., so lang als die Schuppenhaare; B. entfernt-ausgeschweift-gezähnelt, die jüng. unters. feinfilzig u. glanzlos; NebenB. eif., spitz. ♄ Ap. Kätzch.-Schuppen gelbl.-braun.
mollissima. *Ehr.* Weichblttr. W.
N. ungetheilt, fädl.; B. ganzrand. o. etwas ausgeschweift 20

20 NebenB. lanzett.-lineal, kürzer als der BStiel; B. unters. glänzend-seidenhaarig. ♄ Mz. Ap. Schupp. schwarzbraun mit silberf. Haaren.
viminalis. *L.* Korb-W. Fischer-W.
NebenB. aus halbherzf. Grunde lanzett.-verschmälert, so lang als der BStiel; B. unters. filzig, ein wenig glänzend. ♄ Mz. Ap.
stipularis. *Sm.* Nebenblättr. W.

21 B. schwach-wollig-gekerbt, unters. seidig-filzig; NebenB. zugespitzt; Gr. kürzer als die N.; N. oft 2theilig. ♄ Mz. Ap. ..**Smithiana.** *W.* Smith's-W.
B. klein-drüsig-gezähnelt, unters. seegrün, filzig, Filz glanzlos; NebenB. spitz; Gr. so lang als die N.; N. ungetheilt. ♄ Ap. **acuminata.** *Sm.* Zugespitzte W.

22 ♀ Kätzch. gekrümmt, sitzend; Kaps. eif.-lanzett., Stielchen derselben 2mal so lang als d. Honigdrüse. 23
♀ Kätzch. nicht gekrümmt; Stielch. d. Kaps. 2—6mal so lang als die Honigdrüse 25

23 Kaps. kahl; B. lanzett.-lineal, gezähnelt, unters. filziggrau. ♄ Ap. Mai. *A*......**incana.** *Schrk.* Ufer-W.
Kaps. filzig; B. längl.-lanzett., unters. filzig, runzligaderig 24

24 NebenB. eif., spitz; B. zugespitzt, klein-gekerbt, unters. weiss-filzig. ♄ Ap. *A*.
Seringeana. *Gd.* Seringe's-W.
NebenB. halbherzf., spitz; B. spitz, nach dem Grunde verschmälert, schwach-gezähnelt, unters. grau-filzig, die unterst. stumpf. ♄ Ap. Mai.
salviaefolia. *Lnk.* Salbeiblttr. W.

26*

25 Die ausgewachsenen B. unters. filzig o. filzig-rauhhaarig; Gr. sehr kurz; Kätzch. sitzend; Kaps. filzig. 26
Die ausgewachs. B. unters. nicht filzig, kahl, flaumig o. seidenhaar.; die FrKätzch. meist gestielt...... 29

26 NebenB. halbeif., stumpf; B. lanzett., zugespitzt, vorn verschmälert u. scharf-gezähnelt. ♄ Mz. Ap. Aeste graufilzig. Knospen grau-flaumig.
holosericea. *W.* Sammtige W.
NebenB. nierenf.; B. ellipt.-eif. o. vrkhrt-eif. 27

27 B. kurz-zugespitzt, ellipt.- o. lanzett-vrkhrt-eif., wellig-gesägt, grau-grün, obers. flaumig; Knosp. graubehaart. ♄ Mz. Ap. Aeste grau-filzig.
cinerea. *L.* Aschgraue W.
B. an der Spitze zurückgekrümmt; Knosp. meist kahl; Filz der B. unters. seegrün 28

28 B. flach, eif. o. ellipt., schwach wellig-gekerbt, obers. kahl; N. 2spalt. ♄ Mz. Ap.
Caprea. *L.* Sahl-W. Palmweide.
B. runzelig, vrkhrt-eif., o. längl.-vrkhrt-eif., wellig-gesägt, obers. flaumig; N. ausgerandet. ♄ Ap. Mai.
aurita. *L.* Geöhrelte W.

29 B. unters. fast gleichfarb., die ältern ganz kahl, vrkhrt-eif., zugespitzt, wellig-gesägt, die unterst. sehr stumpf; Kätzch. sitzend; N. 2spalt.; NebenB. nierenhalbherzf., ♄ Mai, Jn. **silesiaca.** *W.* Schlesische W.
B. unters. verschiedenfarb. o. netzig-aderig, kahl o. mehr o. weniger seidenhaarig 30

30 B. unters. verschiedenfarb., grau, graugrün, seegrün, kahl o. flaumig, aber nicht netzaderig, nicht runzelig-aderig u. nicht silberf.-seidig; Sträuche der Alpen u. Voralpen 31
B. unters. angedrückt-zottig- o. silberf.-seidig, oft runzelig-aderig o. netzaderig und dabei ganz kahl. 36

31 Gr. sehr kurz; Stielch. der Kaps. 5—6mal länger als die Honigdrüse; NebenB. nierenf.; Kaps. filzig. 32
Gr. verlängert; Stielch. der Kaps. 2—3mal länger als die Honigdrüse; NebenB. halbherzf., drüsenf. o. ganz fehlend.. 33

32 B. längl.-vrkhrt-eif., zugespitzt, flach, schwach-wellig-gesägt, kahl, unters. graugrün, flaumig; Knosp. kahl. ♄ Mz. Ap. *A.* **grandifolia.** *Ser.* Grossblttr. W.
B. vrkhrt-eif. o. ellipt., ganzrandig, o. entfernt-stumpf-gesägt, unters. seegrün, sammtig o. flaumig, o. die ält. ganz kahl. ♄ Ap.
depressa. *L.* Niedergedrückte W.

33 Schuppen sehr zottig, Zotten lang, gekräuselt, glänzend weiss; Kaps. u. Stbfäd. kahl; B. eif.-ellipt. o. lanzett., kahl, kleingesägt; NebenB. halbherzf. mit gerader Spitze. ♄ Jn. *A.* .... **hastata.** *L.* Spiessf. W.
Schuppen kahl o. zottig o. haarig, die Behaar. jedoch nicht gekräuselt 34

34 B. unters. grau, an der Spitze meist grün, die jüng. nebst den Zweigen kurzhaarig-flaumig, später kahl, alle eif.-ellipt. o. lanzett., wellig-gesägt; NebenB. halbherzf. mit gerader Spitze. ♄ Ap. Mai. *A.*
nigricans. *Fr.* Schwärzliche W.
B. (wenigstens die jüngern) unters. seegrün........ 35

35 B. obers. kahl, spiegelnd, ellipt. o. vrkhrt-eif., gesägt; NebenB. fehlend o. drüsenf.; Schuppen haarig, zuletzt kahl; Stbgfss. unterw. zottig; Kaps. kahl. ♄ Jn. Jl. *A.* ....**glabra.** *Scp.* Glanzblttr. W.
B. obers. nicht spiegelnd, entfernt-ausgeschweift-gezähnelt o. ganzrandig, eif., ellipt. o. lanzett., die ältern ganz kahl; NebenB. halbherzf. mit schiefer Spitze. ♄ Mai, Jn. *A.*
phylicifolia. *L.* Zweifarbige W.

36 B. glanzlos, völlig kahl, unters. netzaderig, eif. mit fast herzf. Grunde, längl. o. lanzett.; NebenB. halbeif.; Kaps. kahl; N. ausgerandet. ♄ Mai, Jn.
myrtilloides. *L.* Heidelbeerblttr. W.
B. unters. silberf.-seidig o. angedrückt-zottig-seidig, später oft kahl.......................... 37

37 B. mit rückwärts gekrümmter Spitze, oval, ellipt. o. lanzett.......................... 38
B. mit gerader Spitze, ganzrand. o. entfernt-drüsig-gezähnelt; NebenB. lanzett.; N. 2spalt......... 39

38 B. unters. runzlig-aderig, angedrückt-zottig-seidig, zuletzt kahl, ganzrandig o. entfernt-gezähnelt; NebenB. halbeif.; N. ausgerandet. ♄ Ap. Mai.
ambigua. *Ehr*. Strittige W.
B. am Rande etwas umgebogen, ganzrand. o. entfernt-drüsig-gezähnelt, obers. glänzend, unters. seidig; NebenB. lanzett., spitz; N. 2spalt. ♄ Ap.
repens. *L*. Kriechende W.

39 B. lineal o. lineal-lanzett., verschmälert-zugespitzt, am Rande flach; Kaps. filzig. ♄ Mai.
rosmarinifolia. *L*. Rosmarinblttr. W. Krebsweide.
B. verlängert-lanzett., steif, zugespitzt, am Rande etwas zurückgerollt; Kaps. filzig o. kahl. ♄ Mai.
angustifolia. *Wlf*. Schmalblättr. W.

40 B. beiders. seegrün, glanzlos, ganz kahl, ganzrandig mit zurückgerolltem Rande, ellipt. o. lanzett., zugespitzt; Kätzchen kurzgestielt. ♄ Jn. Jl. *A*.
caesia. *Vill*. Hechtblaue W.
B. nur unters. seegrün, o. glänzend o. behaart. 41

41 B. auf beiden Seiten spiegelnd, netzaderig, gleichfarb., zuletzt kahl, am Rande dicht-drüsig-kleingesägt, ellipt. o. lanzett.; Kätzch. lang-gestielt. ♄ Jn. Jl. *A*. . . . . . . **myrsinites**. *L*. Myrsinenblttr. W.
B. unters. glanzlos, grau o. seegrün 42

42 B. kahl, unters. seegrün, glanzlos, obers. glänzend, lanzett., spitz, o. eif. u. am Grunde u. an der Spitze stumpf u. kurz-zugespitzt, entfernt. o. dicht-gesägt. ♄ Jn. Jl. *A*. **arbuscula**. *L*. Bäumchen-W.
B. (wenigstens die jüngern) auf einer o. auf beiden Seiten seidig, zottig o. filzig, lanzett. o. ellipt. 43

43 Die jüngern B. seidig-zottig, die ält. obers. runzlig, unters. filzig, glanzlos, alle zugespitzt, ganzrandig o. kleingesägt; NebenB. halbherzf., an der Spitze zurückgekrümmt; Kätzch. fast sitzend. ♄ Mai, Jn. *A*. . . . . **Lapponum**. *L*. Lappländische W.
Die jüngern B. unters. grau, beiders. seidig-zottig, die ältern zuletzt kahl werdend, spitz, die unterst. ganz stumpf, alle ganzrandig; NebenB. eif., spitz, gerade; Kätzch. langgestielt. ♄ Jn. Jl. *A*.
glauca. *L*. Seegrüne W.

II. POPULUS. *L.* Pappel. Alber.

1 { Die jüngern Zweige o. d. wurzelst. Triebe filzig o. kurzhaar.; Stbgfss. 8. 2
Die jüngern Zweige u. wzst. Triebe kahl; Stbgfss. 12—30; B. zugespitzt, gesägt .... 4 }

2 { B. fast kreisrund, gezähnt, beiders. kahl, B. der Triebe u. jüng. Zweige eif., kurzhaarig; Knospen klebrig. ♄ Mz. Ap.
tremula. *L.* Zitter-P. Espe. Aspolter.
B. rundl.-eif., winkelig-gezähnt, unters. filzig; Knospen nicht klebrig .... 3 }

3 { B. unters. nebst den Zweigen schneeweiss-filzig, die an den endst. Zweigen herzf.-5lappig. ♄ Mz. Ap.
alba. *T.* Silber-P. Sarbaum.
B. unters. nebst den Zweigen graufilzig, die an den endst. Zweigen herz-eif., ungetheilt. ♄ Mz. Ap.
canescens. *Sm.* Graue P. Bollweide. }

4 { B. rautenf., am Rande kahl; Aeste aufrecht. ♄ Mz. Ap. *cult.* .... **pyramidalis.** *Roz.* Pyramiden-P.
B. 3eckig-eif., am Grunde abgeschnitten .... 5 }

5 { B. am Rande kahl, am Grunde gesägt. ♄ Ap.
nigra. *L.* Schwarzalber.
B. am Rande flaumig, am Grunde fast ganzrandig. ♄ Ap. *cult.*. . **monilifera.** *All.* Perlschnurtrag. P. }

---

105. Ordnung. BETULACEEN. *Rich.* Birkengewächse.

Bth. 1häusig, in Kätzchen; ♂ Perig. eine ungetheilte o. 3blttr., o. 4spalt. Schuppe, 4männig, zu 3 auf dem Stiele der schildf. Kätzchenschuppe sitzend; ♀ Kätzchenschuppen nicht gestielt; Perig. fehlend; FrKnot. 2fächer., Fächer. 1eiig; N. 2, fädlich; FrGehäuse nicht aufspringend, häutig o. lederig, bisweilen geflügelt. Bäume u. Sträuche mit wechselst. B.

GATTUNGEN.

♂ Perig. eine Schuppe mit 4 Stbgfss., unter jeder Kätzchenschuppe 3 solche Perig. und 2 Nebenschuppen; ♀ Kätzchenschuppen zuletzt 3lappig, am Grunde keilig, abfällig, einen walzl. Zapfen bildend; Nuss geflügelt.................. **Betula.** I.

♂ Perig. kelchart., 4spalt. o. 3blttr., mit 4 Stbgfss., unter jeder Kätzchenschuppe 3 solche Perig. u. 4 Nebenschuppen; ♀ Kätzchenschuppen eif., oben mit 4 Schüppchen, bleib., einen eif., holzigen Zapf bildend; Nuss zsmgedrückt............ **Alnus**. II.

ARTEN.

I. BETULA. *L.* Birke. Marenquaste.

1 B. ästig-aderig, nicht augenfällig netzaderig, zugespitzt, doppelt-gesägt.......................... 2
B. unters. dicht-netzaderig.......................... 3

2 B. rautenf.-3eckig, kahl; Nüsse ellipt. ♄ Ap. Mai. **alba.** *L.* Weisse B.
B. eif. o. rautenf., fläumlich, zuletzt kahl o. unters. an den Winkeln der Adern bärtig; Nüsse vrkhrteif. ♄ Ap. Mai. **pubescens.** *Ehr.* Flaumighaarige B.

3 B. fast kreisrund, gekerbt, Kerben abgerundet-stumpf. ♄ Mai...................... **nana.** *L.* Zwerg-B.
B. rundl.-eif. o. eif., ungleich-gekerbt-gesägt, Sägezähne spitz. ♄ Ap.... **humilis.** *Schrk.* Niedrige B.

II. ALNUS. *L.* Erle. Else. Eller.

1 BthZeit: Mai, Jn.; B. eif., spitz, geschärft-doppeltgesägt, kahl, gleichfarb., auf den Adern unters. kurzhaarig; Nüsse breit-häutig-geflügelt. ♄ *A.* **viridis.** *DC.* Grüne E.
BthZeit: Fb. Mz.............................. 2

2 B. unters. flaumig o. etwas filzig... 3
B. kahl, nur unters. an den Winkeln der Adern haarig o. bärtig.......................... 4

3 B. unters. bläulich-grün, eif., spitz, scharf-doppelt-gesägt, bisweilen fiederspalt. ♄ **incana** *DC.* Graue E.
B. beiders. grasgrün, rundl. o. vrkhrt-eif., doppelt-kerbig-gesägt. ♄ . . **pubescens.** *Tsch.* Flaumige E.

4 B. rundl., sehr stumpf, am Grunde keilig. ♄ **glutinosa.** *Grtn.* Schwarz-E.
B. eif.-längl., spitz, am Grunde rundl., unters. runzlig. ♄ *Nördl. Bhm.* (aus *N. Amerika.*) **rugosa.** *Spr.* Hasel-E.

---

106. Ordnung. CONIFEREN. *Juss.* Zapfenträger.

Bth. 1—2häusig; ♂ Kätzch. aus 6—vielen, nackten Stbgfss. ohne Perig. u. ohne Deckschuppen bestehend, Stbfäd. sehr kurz, in ein schild- o. schuppenf. Mittelband verbreitert; ♀ Bth. 3—viele in einem, meist deckschupp. Kätzchen, selten 1—2 einzeln; Perig., Gr. u. N. fehlen; Eichen nackt, 1—2, selten mehrere, am Grunde des offenen, meist schuppenf. Samenträgers, o. einzeln an der Spitze desselben; Fr. ein Beerenzapfen o. ein holziger Zapfen. Immergrüne, meist harzige Nadelhölzer.

GATTUNGEN.

1 Blattlose, 2häusige Sträuche mit gegliederten Aestchen, die an den Gelenken mit scheidig-verwachsenen Schuppen versehen sind........**Ephedra.** I.
Sträuche o. Bäume mit nadelf. B. 2

2 Bth. 1häusig; Fr. ein holziger Zapfen. 3
Bth. 2häusig; Fr. ein Beerenzapfen o. eine falsche Beere, entstanden durch die Vergrösserung der fleischigen Hülle. 4

3 Weibl. Bth. aus 1, zuletzt schuppenf. Samenträger u. zahlreichen Eicheln bestehend; Eichen flaschenf., mit der Mündung nach oben; Zapfenschuppen in der Mitte mit einem Buckel, schildf., kantig. **Cupressus.** IV.
Weibl. Bth. aus 1 Deckblttch. u. 1, in dessen Winkel stehenden Samenträger mit 2 Eichen bestehend; Eichen mit der Mündung nach unten gerichtet; Zapfenschuppen an der Spitze entweder verdickt o. dünner, am Grunde beiders. ausgehöhlt. **Pinus.** V.

4 Weibl. Bth. einzeln, auf einer ungetheilt., ringf. Hülle sitzend; B. kammf.-2reihig. .... **Taxus.** II.
Weibl. Bth. zu 3, endst., mit einer 3spalt., fleischigen Hülle; B. zu 3 u. wirtelig, o. 4reihig. **Juniperus.** III.

ARTEN.

I. EPHEDRA. *L.* Meerträubchen. (Fr. roth.)

Kätzch. einzeln; BthStiele länger als das Kätzch. ♄ Ag.-Oct. *Ug.*..... **monostachya.** *L.* Einähriges M.
Kätzch. gezweit o. gedreit, sehr kurz-gestielt. ♄ Ap. Mai. .... **distachya.** *L.* Zweiähriges M.

II. TAXUS *L.* Eibe. Iben. Hundahs.

B. 2zeilig, genähert, lineal, spitz; Bth. blattwinkelst., sitzend. ♄ Mz. Ap. Beere rundl., roth. **baccata.** *L.* Beereibe.

III. JUNIPERUS. *L.* Wachholder. Spurke.

1 B. dicht-dachig. 2
B. zu 3, wirtelig, stechend. 3

2 B. 6reihig, kurz-eif., stumpf, auf dem Rücken gefurcht; Fr. roth. ♄ Mai. *J.* **phoenicea.** *L.* Scharlachrother W.
B. 4reihig, rautenf., spitz, auf dem Rücken 1 Drüse tragend; Fr. blau. ♄ Ap. Mai. **Sabina.** *L.* Sevenbaum. Sagebaum.

3 Die reifen Beeren roth, glänzend, kugelig; B. lineal, obers. 2furchig, unters. scharf-gekielt. ♄ Mai. *J.*
Oxycedrus. *L.* Rothfrüchtiger W.
Die reifen Beeren bläulich-schwarz, hechtgrau bereift. 4

4 B. obers. 2furch., unters. scharf gekielt, weit abstehend, lanzett.-lineal. ♄ Mai *J.*
macrocarpa. *Sibth.* Grossbeeriger W.
B. obers. seicht-rinnig, unters. stumpf-gekielt, mit 1 eingedrückten, den Kiel durchziehenden Linie.... 5

5 Liegend; B. einwärts-gekrümmt, lanzett.-lineal; Beeren ungefähr so lang als die B. ♄ Jl. Ag. *A.*
nana. *W.* Zwerg-W.
Aufrecht; B. weit-abstehend, lineal-pfrieml.; Beeren 2—3mal kürzer als die B. ♄ Ap. Mai.
communis. *L.* Kranewit. Rekolter.

IV. CUPRESSUS. *L.* Cypresse.

Zweige 4kantig; B. 4reihig-dachig, stumpf, convex; Zapfen fast kugelig. ♄ Fb. Mz.
sempervirens. *L.* Immergrüne C.

V. PINUS. *L.* Tangelbaum. Nadelholz.

1 B. einzeln. 2
B. zu 2, 3, 5 o. büschelig. 3

2 B. 2reihig, plattgedrückt, ausgerandet, unters. mit 2 weissen Linien; Zapfen aufrecht. ♄ Mai.
Picea. *L.* Tanne.
B. zerstreut, zsmgedrückt, fast 4kantig, stachelspitz, grün; Zapfen hängend. ♄ Mai.. **Abies.** *L.* Fichte.

3 B. büschelig, flach, etwas rinnig, abfällig. ♄ Mai.
Larix. *L.* Lärche.
B. zu 2, 3 o. 5.......................... 4

4 B. zu 3 und 5, grün, am Grunde nach abgefallenen Scheiden nackt; Zapf. eif., sitzend; Sam. flügellos. ♄ Jn. .... **Cembra.** *L.* Zirbe.
B. gezweit; ZapfSchuppen an der Spitze mit 1 gebuckelten Hofe; Sam. geflügelt. 5

5 Flügel 3mal kürzer als der Sam.; B. bläulich-grün; Zapfen spiegelnd, zurückgebogen, eif.-rundl. ♄ Mai. *cult.* .... **Pinea.** *L.* Schirmföhre.
Flügel 2—3mal länger als der Same.............. 6

6 Zapfen glanzlos, die heurigen an einem hakenf. Stiele von der Länge des Zapfens herabgebogen; B. bläulich-grün. ♄ Mai.
silvestris. *L.* Kiefer. Föhre. Forche.
Zapfen glänzend, die heurigen aufrecht, FrStiel kürzer als der Zapfen; B. grün................. 7

7 Stiel der heur. Zapfen vielmal kürzer als der Zapfen; die reifen sitzend, kegelf.; ♂ Kätzch. walzl., zuletzt sehr lang. ♄ Mai.
Laricio. *Poir.* Schwarzföhre.
Stiel der heur. Zapfen halb so lang als der Zapfen o. kürzer; die reif. eif. o. kegelf.; ♂ Kätzch. eif. ♄ Mai. *A.*...**Mughus.** *Scop.* Legföhre. Knieföhre.

Monocotyledonen.

Einkeimblättrige. Umsprosser.

107. Ordnung. HYDROCHARIDEEN. *DC.* Froschbissgewächse.

K. 3blättrig o. 3theil., krautig; Kr. 3blttr., regelmäss.; Stbgfss. frei, 3, 9 o. 12; FrKnot. unterst., 1—mehrfächer., vieleiig; Samenträg. an die FrWand o. an die Scheidewände angewachsen; Gr. fehlend o. 6; Fr. nicht aufspring., fleischig, inwendig breiig; Bth. 2häus.; Wassergewächse.

GATTUNGEN.

1 { Zahlreiche ♂, sehr kleine Bth. auf 1 Kolben, bei der Befruchtung sich losreissend; Stbgfss. 3; ♀ Bth. einzeln, endst. auf 1 wurzelst., spiralen, sehr langen Schafte; Gr. fehlt; N. 3, eif. **Vallisneria.** I.
♂ Bth. ansehnlich, nicht auf 1 Kolben; ♀ Bth. nicht auf 1 spiral. Schafte........................ 2

2 { ♂: Stbgfss. 9; ♀: Nebenstaubgfss. 3, fädlich; Honigschuppen 3, fleischig; Gr. 6; N. 2theil. **Hydrocharis.** III.
♂: Stbgfss. 12; ♀: Nebenstaubgfss. 20—30; Gr. 6, 2spalt.; Beere 6seitig, 6fächer., vielsam. **Stratiotes.** II.

ARTEN.

I. VALLISNERIA. *L.* **Sumpfschraube.**

Nur WzB., diese grasartig, lineal, gegen die Spitze hin stachelspitzig-gezähnelt. ♃ Jl. Ag. weiss. **spiralis.** *L.* Gedrehte S.

II. STRATIOTES. *L.* **Wasserscheer.**

B. schwertf.-3eckig, stachelig-gewimpert. ♃ Jl. Ag. weiss .... **aloides.** *L.* Aloëartige W.

III. HYDROCHARIS. *L.* **Wasserlieb.**

B. gestielt, kreis-nierenf., ganzrand., schwimmend. ♃ Jl. Ag. weiss. ..... **Morsus ranae.** *L.* Froschbiss.

---

108. Ordnung. ALISMACEEN. *Juss.* Froschlöffelgewächse.

K. 3blttr. o. 3theil.; Kr. 3blttr. regelm., unterweib.; Stbgfss. unterweib., frei, 6 oder zahlreich; FrKnot. 3—6 o. mehrere, jeder mit 1 Gr., oberständ., 1—2eiig; N. einfach; Fr. trocken, nicht aufspring. Sumpf- o. Wasserpflanzen.

GATTUNGEN.

Bth zwitterig; K. 3blttr.; Stbgfss. 6; Früchtch. 6 o. zahlreich, 1sam. .... **Alisma.** I.
Bth. 1häus.; K. 3theil.; ♂ : Stbgfss. zahlreich; ♀ : Fr. zahlreich; FrBoden kugelig........ **Sagittaria.** II.

ARTEN.

I. ALISMA. *L.* **Froschlöffel.**

1 Stg. beblättert; Bth. an den StgGelenken einzeln o. zu 3 u. 5; StgB. gestielt, oval o. längl., WzB. sitzend, lineal. ♃ Jn.-Ag. weiss. **natans.** *L.* Schwimmender F.
Schaft blattlos............................ 2

2 Schaft doldig o. quirlig-doppelt-doldig; Früchtchen schief-5kantig, spitz, in 1 kugel. Köpfch. zsmgestellt; B. lanzett., 3nerv. ♃ Jn. Ag. weiss. **ranunculoides.** *L.* Hahnenfussart. F.
Schaft quirlig-rispig o. traubig................ 3

3 { Früchtch. an der Spitze abgerundet-stumpf, grannenlos, auf dem Rücken 1—2furchig, in einen stumpf-3eckigen Wirtel gestellt. ♃ Jl. Ag. weiss o. rosa. **Plantago.** *L.* Froschwegerich. Engeltrank.
Früchtch. vrkhrt-eif., an der Spitze einw. begrannt, vielrillig; B. tief-herzf. ♃ Jl. Ag. weiss. **parnassifolium** *L.* Herzblttr. F.

II. **SAGITTARIA.** *L.* **Pfeilkraut.**

B. tief-pfeilf.; Schaft einfach. ♃ Jn. Jl. weiss mit purp. Nägeln......**sagittaefolia.** *L.* Pfeilblättr. P.

---

109. Ordnung. BUTOMEEN. *Rich.* Wasserviolengewächse.

K. 3blättr., blumenkronartig; Kr. 3blttr. unterweib.; Stbgfss. 9, frei, die 3 innern den Blb. gegenst.; FrKnoten 6, oberst., am Grunde verwachsen, jeder mit 1 Gr. u. 1 N., vieleiig; Kaps. 6, einw. aufspring.; Sam. die ganze innere Wandfläche der Kaps. bedeckend.

GATTUNG.

Charakter derselbe.............. ...**Butomus.** I.

ART.

I. **BUTOMUS.** *L.* **Wasserviole.**

Bth. doldig, mit 3 verwelk. HüllBlttch.; B. lineal, sehr lang. ♃ Jn.-Ag. rosa. **umbellatus.** *L.* Doldige W.

---

110. Ordnung. JUNCAGINEEN. *Rich.* Dreizackgewächse.

Perig. unterst., 6theil. o. 6blttr., kelchartig o. gefärbt; Stbgfss. 6, unterweibig; FrKnoten 3—6, jeder mit 1 freien Gr. o. 1 schief-angewachsenen N., oberw. getrennt u. nur am Grunde verwachsen, o. in 1 ungetheilt. 3—6furchigen FrKnoten verwachsen, aber bei der Reife in eben so viele Theilfrüchtch. von der mittelpktst. Achse sich lösend, 1—2-eiig; Fr. trocken; Bth. in Tr. o. Aehren.

GATTUNGEN.

Perig. tief-6theil.; Stbfäd. schlank; N. schief-aufgewachsen; Stg. beblättert. .... **Scheuchzeria.** I.
Perig. 6blttr.; Stbfäd. sehr kurz; N. federig; Schaft blattlos. .... **Triglochin.** II.

ARTEN.

I. SCHEUCHZERIA. *L.* **Blumensimse.**

Bth. in endst. 4—5bth. Tr.; B. lineal, ganz kahl; DeckB. scheidenartig. ♃ Mai, Jn. gelbl.-grün u. bräunl. .... **palustris.** *L.* Stumpf-B.

II. TRIGLOCHIN. *L.* **Dreizack.** (Bth. grün, oft röthl. überlaufen.)

Fr. eif.; N. zurückgekrümmt. ♃ Jn. Jl. **maritimum.** *L.* Seestrands-D.
Fr. keulig-lineal, an die Spindel angedrückt; N. sitzend. ♃ Jn. Jl. ...... **palustre.** *L.* Stumpf-D.

---

111. Ordnung. NAJADEEN. *Rich.* Najadengewächse.

Bth. zwitterig, o. 1- o. 2häusig; Perig. unterst. 4theilig, o. fehlend; Stbgfss. frei, 1, 2, 3, 4; FrKnoten 1, 2 oder 4, 1fächer., 1eiig; N. 1 und sitzend, o. 2–3 fädliche; Fr. nuss- o. steinfruchtartig. Wasserpfl. mit untergetauchten o. schwimmenden B.

GATTUNGEN.

1 Bth. zwitterig; FrKnot. 4; Gr. fehlend. 2
Bth. 1- o. 2häusig; ♂ Bth. mit 1 Stbgfss. 3

2 Perig. fehlend; Stbgfss. 2; Stbfäd. schuppenf.; Nüsse 4, zuletzt langgestielt. .... **Ruppia**. II.
Perig. 4theil.; Stbgfss. 4, sitzend; SteinFr. 4, sitzend. **Potamogeton**. I.

3 BthScheide gestielt, plattgedrückt, in 1 lineales B. endigend, die auf einer flachen, häutigen Spindel sitzenden zahlreichen ♂ u. ♀ Bth. einschliessend. **Zostera**. V.
BthScheide nicht in ein B. verlängert. 4

4 Bth. 1häusig, ♂ u. ♀ in derselben Scheide; ♂: Perig. fehlt; ♀: Perig. glockig; N. schief, schildf.; Nüsse 3—5, fädlich-gestielt. .... **Zanichellia**, III.
Bth. 1- o. 2häusig; ♂: Blumenscheide 1blttr., krugf., an der Spitze 2—3zähnig, das Stbkölbch. eng-einschliessend; ♀: Gr. 2—3; Fr. steinfruchtart. **Najas**. IV.

ARTEN.

I. POTAMOGETON. *L.* Laichkraut. Seehalde.

1 Die obersten B. der vollkommen ausgebild. Pfl. schwimmend, ihrer Gestalt und oft auch ihrem Gewebe nach von den untergetauchten verschieden, wechselst., nur die am Grunde der BthStiele gegenst. 2
B. alle gleich, häutig, durchscheinend; die ganze Pfl. untergetaucht, die Aehren nur während der BthZeit über das Wasser hervortretend. 7

2 Alle B. langgestielt; BthStiele gleichdick... 3
Die untergetaucht. B. sitzend o. mit 1 BStiele von der halben Länge des B. 5

3 Von den untergetauchten B. ist zur BthZeit die BScheibe durch Fäulniss bereits zerstört, daher nur die BStiele übrig; schwimm. B. am Grunde seicht-herzf., oval o. längl. ♃ Jl. Ag. **natans.** *L.* Schwimmendes L. Wasserlack.
Die untergetaucht. B. während der BthZeit unversehrt. 4

4 Die untergetaucht. B. lanzett., die schwimm. länglich, die obersten eif. mit seicht-herzf. Grunde; BStiele obers. eben o. etwas vertieft. ♃ Jl. Ag. **oblongus.** *Viv.* Längliches L.
Die untergetaucht. B. verlängert-lanzett., die schwimmenden längl.-lanzett. o. oval, am Grunde spitz o. abgerundet; BStiele der ausgebild. B. convex. ♃ Jl. Ag. .... **fluitans.** *Rth.* Fluthendes L.

5 B. alle gestielt, häutig, durchsichtig, am Rande glatt, die untersten lanzett., die schwimm. fast herz-eif.; Stg. ästig. ♃ Jl. Ag. **Hornemanni.** *Mey.* Hornemann's L.
Die untergetaucht. B. sitzend, häutig, durchsicht., die schwimmenden lederig. 6

6 Stg. einfach; die untergetaucht. B. lanzett., am Grunde verschmälert, stumpfl., am Rande glatt, die schwimm. vrkhrt-eif., stumpf, in den BStiel verschmälert. ♃ Jl. Ag. .... **rufescens.** *Schrd.* Röthliches L.
Stg. sehr ästig; BthStiele an der Spitze verdickt; B. am Rande ein wenig rauh, die untergetaucht. lanzett.-lineal, schmal- o. breit-lanzett., zugespitzt, am Grunde verschmälert, die obersten kürzer u. breiter, die schwimm. lanzett. o. eif., lang-gestielt. ♃ Jl. Ag..... **gramineus.** *L.* Grasartiges L. Flussdock.

7 Alle B. gegenst., sitzend, umfassend, ellipt-lanzett. o. lineal-lanzett.; Aehren zuletzt zurückgebogen. ♃ Jl. Ag.... .... **densus.** *L.* Dichtblttr. L.
B. wechselst., höchstens die btlhständ. gegenst. ... 8

8 B. lanzett., o. breiter bis zur rundl. Form, bisweilen lineal-längl. u. kraus. 9
B. genau lineal, grasartig o. borstenf. 12

B. wellig-kraus, kleingesägt, lineal-längl., sitzend, stumpfl., kurz-zugespitzt; Stg. ästig, zsmgedrückt. ♃ Jl. Ag.. **crispus.** *L.* Krauses L. Froschlattich.
B. nicht wellig-kraus. 10

B. nicht umfassend, stachelspitzig, gestielt, oval o. lanzett., am Rande feingesägt-rauh; BthStiele oberw. verdickt; Stg. ästig. ♃ Jl. Ag.
lucens. *L.* Spiegelndes L.
B. mit verbreit. Grunde umfassend................ 11

B. aus herzf. Grunde eif. o. eif.-lanzett., am Rande etwas rauh. ♃ Jl. Ag.
perfoliatus. *L.* Durchwachsenes L.
B. aus eif. Grunde längl. o. lanzett., am Rande glatt, an der Spitze kappenf.-zsmgezogen. ♃ Jl. Ag.
praelongus. *Wlf.* Langblttr. L.

B. scheidenlos, sitzend, 3—5-vielnervig, o. 1nerv. u. aderlos.................................. 13
B. mit 1 BScheide, u. an deren Spitze mit 1 BHäutchen versehen, 1nervig und queraderig; Aehren langgestielt.......................... 17

B. borstl.-lineal, zugespitzt, 1nerv., aderlos; BthStiele 2—3mal so lang als die 4—8bth. Aehre; Fr. halbkreisr.; Stg. stielrundl., sehr ästig. ♃ Jl. Ag.
trichoides. *Cham.* Haarartiges L.
B. lineal, nicht borstl., 3—5-vielnerv.; Stg. zsmgedrückt.................................. 14

Stg. fast blattartig-plattgedrückt; B. vielnerv. mit 3—5 stärkeren Nerv.......................... 15
Stg. zsmgedrückt mit abgerund. Kanten; B. 3—5-nervig...................................... 16

B. stumpf, kurz-stachelspitz; Aehre 10—15bth. ♃ Jl. Ag. ..... **compressus.** *L.* Zusammengedrückt. L.
B. am Ende haarspitz; Aehre 4—6bth., FrAehre rundl. ♃ Jl. Ag.. **acutifolius.** *Lnk.* Spitzblättr. L.

BthStiele so lang als die 6—8bth. ununterbroch. Aehre; B. stumpf, kurz-stachelspitz. ♃ Jl. Ag.
obtusifolius. *M. K.* Stumpfblttr. L.
BthStiele 2—3mal so lang als die 4—8bth., oft unterbroch. Aehre; Fr. schief-ellipt.; B. kurz-zugespitzt. ♃ Jl. Ag........ **pusillus.** *L.* Kleines L.

27*

17 Fr. schief-vrkhrt-eif., halbkreisr., zsmgedrückt, getrocknet auf d. Rücken gekielt, mit 1 kurz. aufsteig. Gr. ♃ Jl. Ag. **pectinatus.** *L.* Fadenblättr. L.
Fr. vrkhrt-eif., fast kugelig, getrocknet runzlig, auf dem Rücken breit-abgerundet, kiellos, mit 1 breit. sitzenden N. ♃. Jn. Jl. . . . . **marinus.** *L.* Meer-L.

II. RUPPIA. *L.* Meerfaden.

StbkölbchSäckch. längl.; Fr. eif., schief-aufrecht. ♃ Ag.-Hrbst. . . . . **maritima.** *L.* Echter M.
StbkölbchSäckch. fast kugelig; Fr. fast halbmondf.-eif. ♃ Ag.-Hrbst. **rostellata.** *Koch.* Geschnäbelter M.

III. ZANICHELLIA. *L.* Teichfaden. (Stg. u. B. fadenf.)

Fr. langgestielt; Gr. schlank, so lang als die Fr. ♃ Jl.-Sp. . . . . **pedicellata.** *Fr.* Gestielter T.
Fr. kurzgestielt; Gr. halb so lang als die Fr. ♃ Jl.-Sp. . . . . **palustris.** *L.* Sumpf-T.

IV. NAJAS. *L.* Zackenbändchen. (B. lineal, ausgeschweift-stachelspitz-gezähnt.)

BScheiden ganzrandig. ⊙ Ag. Sp. **major.** *Rth.* Grosses Z.
BScheiden wimperig-gezähnelt; B. zurückgekrümmt. ⊙ Ag. Sp. . . . . **minor.** *All.* Kleines Z.

V. ZOSTERA. *L.* Wasserriemen.

B. 3nerv., lineal, grasartig, am Grunde scheidig. ♃ Ag. . . . . **marina.** *L.* Meergras. Wier.

112. Ordnung. LEMNACEEN. *Link.* Wasserlinsengewächse.

Perig. 1blttr., krugf., häutig; Stbgfss. 2, Stbkölbch. 2-knötig, 2fächerig; FrKnoten 1, 1–6eiig; Gr. kurz; N. stumpf; Fr. schlauchart., durchsichtig. Schwimmende, blattlose Wasserpfl. mit blattart. verbreit. Stg. (Laub), von denen einer aus dem andern herauskömmt, und die zusammen flache, oft weite Wasserstrecken überziehende Rasen bilden.

GATTUNG.

Charakter derselbe. .... **Lemna.** I.

ARTEN.

I. LEMNA. *L.* **Wasserlinse.**

1 { Wz. fehlt; Laub ellipt. o. rundl., unters. kugelig-convex. ⊙ Wurde bisher immer ohne Bth. gefunden. **arrhiza**. *L.* Wurzellose W.
Wz. vorhanden. 2

2 { Wz. gebüschelt; Laub rundl.-vrkhrt-eif. ⊙ Ap. Mai. **polyrrhiza**. *L.* Vielwurzl. W. Wassermoos.
Wz. einfach, einzeln. 3

3 { Laub lanzett., zuletzt gestielt, Glieder kreuzweis-zsmhängend. ⊙ Ap. Mai. **trisulca**. *L.* Wassereppich.
Laub vrkhrt-eif., Glieder sitzend. 4

4 { Laub unten u. oben flach. ⊙ Ap. Mai. **minor** *L.* Entenflott.
Laub unters. schwammig-stark-convex. ⊙ Ap. Mai. **gibba**. *L.* Bucklige W.

---

113. Ordnung. TYPHACEEN. *Juss.* Rohrkolbengewächse.

Bth. 1häus., in gedrängten, walzl. o. kugeligen Aehren, obere Aehren männl., die unt. weibl.; Perig. aus 3 o. mehreren Schuppen o. Borsten gebildet. ♂ : Stbgfss. 3; ♀: FrKnot. 1, 1eiig; N. einfach; FrGehäuse trocken, nicht aufspring.

GATTUNGEN.

Aehren walzl. o. ellipt.; BthHülle aus Haaren bestehend. .... **Typha**. I.
Aehren kugelig; BthHülle aus Schuppen o. Spreublättern gebildet. .... **Sparganium**. II.

ARTEN.

I. TYPHA. Rohrkolben. Narrenkolben.

1 B. der blüh. Stg. lanzett., vielmal kürzer als der Stg.; ♀ Aehren zuletzt oval. ♃ Ap. Mai. **minima.** *Hpp.* Kleinster R.
B. lineal, länger als der bthtrag. Stg. 2

2 ♂ u. ♀ Aehren von einander entfernt; N. schmallineal. lang-verschmälert. ♃ Jl. Ag. ♀ Aehr. rothbraun. .... **angustifolia.** *L.* Schmalblättr. R.
♂ u. ♀ Aehren sich meistens berührend; N. spateligeif.; B. breit-lineal. ♃ Jl. Ag. ♀ Aehr. schwarz, in's Grünl. .... **latifolia.** *L.* Breitblttr. R.

II. SPARGANIUM. *L.* **Igelkolben.** Degenkraut.

1 Stg. ästig; B. am Grunde 3kant. mit concaven Seitenflächen; N. lineal. ♃ Jl. Ag. **ramosum.** *Huds.* Aestiger J.
Stg. einfach; B. an den Seiten flach. 2

2 B. am Grunde 3kantig; N. lineal. ♃ Jl. Ag. **simplex.** *Hds.* Einfacher J.
B. flach, liegend; N. längl.; ♂ Aehre meist einzeln. ♃ Jl. Ag. .... **natans.** *L.* Schwimmender J.

---

114. Ordnung. AROIDEEN. *Juss.* Arongewächse.

Kolben fleischig, ganz o. theilweise mit 1geschlecht. u. nackten, o. zwitter. u. mit einem 6blttr. Perig. versehenen Bth. dicht bedeckt; Gr. 1, o. N. 1; FrGehäuse nicht aufspring., trocken o. beerenart., 1—mehrsamig.

GATTUNGEN.

1 Bth. 1häus., ohne Perig.; Blumenscheide anschl.; Fr. eine Beere.............................. 2
Bth. zwitterig; Perig. 6blttr.; Blumenscheide fehlt; Kaps. 3fächer.................... ..**Acorus**. III.

2 BlScheide kapuzenf.; Kolben an der Spitze nackt. **Arum**. I.
BlScheide flach, oben schneeweiss; Kolb. von den Stbgfss. u. FrKnot. dicht-bedeckt......**Calla**. II.

ARTEN.

I. ARUM. *L.* **Zehrwurz.** Pfaffenpint.

1 Kolben einwärts-gekrümmt; B. herz-pfeilf., stachelspitzig, grundst. Lappen stumpf. ♃ Mz. *J.* **Arisarum**. *L.* Krummkolb. Z.
Kolben gerade; B. spiess-pfeilf., ohne Stachelspitze. 2

2 B. gleichfarbig o. braun-gefleckt. ♃ Mai. Kolb. schwarz-purp........**maculatum**. *L.* Drachenfitz.
B. weissaderig. ♃ Ap. Kolb. gelb. *J.* **italicum**. *Mill.* Italienische Z.

II. CALLA. *L.* **Drachenschwanz.**

B. herzf. ♃ Jl. Ag... .... **palustris**. *L.* Sumpf-D.

III. ACORUS. *L.* **Kalmus.**

Spitze des Schaftes blattig, sehr lang; B. 2schneidig, am Grunde 3seit. ♃ Jn. Jl. **Calamus**. *L.* Gewürz-K.

---

115. Ordnung. ORCHIDEEN. *Juss.* Ragwurzgewächse.

Perig. oberst., blumenblattig, 6theil., unregelmäss., fast achig, die 3 äussern u. die 2 innern Zipfel bilden die)berlippe (Helm), der 3. innere die Unterlippe (Honigppe); FrKnot. 1fächer., vieleiig, mit wandst. Samen-

trägern; Stbgfss. 1, selten 2, mit dem Gr. in einen Körper (Griffel- o. Befruchtungssäule) verwachsen; Stbfäd. fehlen; Stbkölbchen 2fächerig, die Fächer getrennt u. seitlich an den über die Stbgfss. hinausragenden Gr. angewachsen, o. zsmgewachsen u. dann ein unbewegl. u. bleibendes, o. bewegliches u. abfälliges Stbkölbch. bildend; BthStaub in wachsart. o. körnige Massen geballt; N. auf der vordern u. obern Seite des Gr. in Gestalt einer Vertiefung, oben in 1 Spitzchen o. eine Platte (Schnäbelchen) endigend; Kapseln mit 3 Längsspalten aufspring.; Sam. feilstaubartig. Kräuter mit scheidigen o. umfassenden, bisweilen auf farblose Schuppen zurückgeführten B., deckbltt. Bth-Aehren, u. zweiknolligen, handf. o. gebüschelten Wz.

GATTUNGEN.

1 Bth. mit 2 Stbgfss.; Perig. abstehend; Honiglipp. bauchig, aufgeblasen; Befruchtungssäule 3spaltig, die seitl. Lappen die Stbgfss. tragend. **Cypripedium. XXIV.**
Bth. mit 1 Stbgfss. 2

2 Wz. aus eif. o. handf.-getheilten, fleischigen Knollen bestehend. 3
Wz. büschelig o. korallenartig-verzweigt; Stg. am Grunde nicht knollig. 15
Wz. ein mit häut. Scheiden umhüllter seitenst. Knollen, o. der Grund des Stg. zwiebelig verdickt. 22

3 Honiglippe gespornt. (Sporn bisweilen beutelf.) 4
Honiglippe spornlos. 10

4 FrKnoten nicht gewunden; Perig. etwas abstehend, fast glockig, umgekehrt, die Honiglippe oben. **Nigritella. VII.**
FrKnoten gewunden; Perig. rachig o. helmig. 5

5 Stbkölbch.-Fächer gleichlaufend, unterw. aneinanderliegend mit einem dazwischen geschobenen Fortsatze des Schnäbelchens. 6
Stbkölbch.-Fächer unterw. durch eine Bucht der ausgeschnittenen N. von einander getrennt; Schnäbelchen fehlend; Honiglippe lineal, ungetheilt o. an der Spitze 3zähnig. 9

6 Stbkölbch.-Fächer am Grunde durch ein gemeinschaftl. Beutelchen verbunden. 7
Stbkölbch.-Fächer am Grunde ohne Beutelchen; Honiglippe abwärts gerichtet. . . . **Gymnadenia.** III.

7 Honiglippe gewunden, 3theilig, Zipfel lineal, der mittlere sehr lang. . . . . **Himantoglossum.** IV.
Honiglippe nicht gewunden, abstehend. 8

8 Die BthStaubmassen auf 2 getrennten Klebdrüsen eingefügt. . . . . **Orchis.** I.
Die BthStaubmassen auf 1 gemeinschaftl. Klebdrüse eingefügt; Honiglippe am Grunde mit 2 Plättchen. **Anacamptis.** II.

9 Sporn kurz, beutelf.; Honiglippe an der Spitze 3zähnig. **Coeloglossum.** V.
Sporn lang, fädlich; Honiglippe ungetheilt. **Platanthera.** VI.

10 FrKnoten nicht gewunden. 11
FrKnoten gewunden. 13

11 Honiglippe 2gliederig, an der Spitze 3lappig, der mittl. Lappen verlängert, in einem Knie zurückgebrochen-herabhängend. . . . . **Serapias.** XII.
Honiglippe ungegliedert. 12

12 Perig. abstehend; Honiglippe abstehend; Stbkölbch.-Fächer am Grunde getrennt, daselbst ohne Schnäbelchen. . . . . **Ophrys.** VIII.
Perig. helmig; Honiglippe hängend, ungetheilt, am Grunde beiderseits mit 1 Zahne. **Chamaeorchis.** IX.

13 Honiglippe eif., von 2 seitl. Zipfeln eingeschlossen; BthStaub kantig-körnig; BthAehre schraubenf.-gedreht. . . . . **Spiranthes.** XX.
Honiglippe 3theil. o. spiessf., herabhängend o. vorgestreckt. 14

14 Honiglippe spiessf.-3spaltig, am Grunde sackartig-vertieft; Perig. glockenf. . . . . **Herminium.** XI.
Honiglippe 3theil., der mittl. Zipfel lineal, 2spalt.; Perig. helmf. . . . . **Aceras.** X.

15 Honiglippe kurz-gespornt. 16
Honiglippe ungespornt. 18

FrKnoten gewunden; Perig.-Zipfel in 1 rundl. Helm
zsmschliessend; Honiglippe 3lappig, die seitl.
16 Lappen spitz, der mittlere längl., stumpf.
Gymnadenia. III.
FrKnoten nicht gewunden; Stg. blattlos mit Schuppen o. Scheiden besetzt. 17

Wz. korallenartig; Sporn sehr kurz; Perig. rachig;
BthStaub in 4 dichten, fast kugeligen Massen.
Corallorrhiza. XXI.
17 Wz. nestartig; Sporn lang, pfrieml., herabsteigend;
Perig. aufrecht-abstehend; BthStaub staubartig.
Limodorum. XIV.

18 FrKnoten gewunden 19
FrKnoten nicht gewunden 20

Honiglippe ungegliedert, vorn zurückgekrümmt, am
Grunde sackartig-höckerig; BthStaub kantig-körnig.
Goodyera. XIX.
19 Honiglippe 2gliederig, das unt. Glied sackartig-ausgehöhlt; Perig.-Zipfel aufr., etwas zsmneigend;
BthStaub staubart. (Bth. purp., weiss o. gelbl.)
Cephalanthera. XV.

Stg. blattlos; Wz. von durcheinander geflochtenen
fleischigen Fasern nestartig; Honiglippe vorgestreckt,
20 am Grunde ausgehöhlt . . **Neottia.** XVIII.
Stg. beblättert; Wz. fasrig, meist kriechend, nicht
nestartig. 21

Honiglippe 2gliedrig, hinten sackart.-ausgehöhlt; FrKnoten in 1 gedrehten Stiel verschmälert; Perig.
glockig-absteh. (Bth. grünlich o. schmutzig-violett.)
21 **Epipactis.** XVI.
Honiglippe ungeglied.; Stbkölbch. auf 1 eif. Fortsatze der Befrucht.-Säule stehend. (Stg. 2blttr.;
B. gegenst.) . . . . **Listera.** XVII.

Stg. bleich, wachsartig, blattlos, oben röthl.; Perig.
umgewendet; Honiglippe gespornt.
22 **Epipogium.** XIII.
Stg. grün, beblättert, mit einer seitenst., zwiebelart.
Wz.; Perig. abstehend; Honiglippe spornlos 23

23 Stbmassen ziemlich kugelf.; Honiglippe stumpf; Stbklbch. abfällig .... **Sturmia**. XXII.
Stbmassen keulenf.; Honiglippe zugespitzt; Stbklbch. bleibend .... **Malaxis**. XXIII.

ARTEN.

I. ORCHIS. *L.* Ragwurz. Knabenkraut. Oswurz.

1 Alle 5 Zipfel der Oberlippe in einen Helm zsmschliessend, frei o. verwachsen: Knollen ungespalten 2
Die 2 seitl. der 3 äusseren Perig.-Zipfel abstehend o. zurückgebogen, nur der 3. sammt den 2 inneren in 1 Helm zsmschliessend 10

2 Honiglippe rundl.-eif., gezähnt, ungetheilt; Sporn pfrieml., hinabsteigend; DeckB. 3—5nerv.; B. lanzett. ♃ Mz. purp. *J.*
papilionacea. *L.* Schmetterlings-R.
Honiglippe 3theil., 3spalt. o. 3lappig 3

3 Honiglippe 3lappig, Lappen breit, kurz, der mittlere abgestutzt-ausgerandet; Sporn walzl. o. fast keulig. ♃ Ap. Mai. purp., Oberlpp. grün-geadert, auch weiss, violett u. rosa
Morio. *L.* Triften-R., rother Guguck.
Honiglippe 3spalt. o. 3theil., mit verlängertem o. an der Spitze verbreitertem u. 2spalt. Mittelzipfel... 4

4 Honiglippe bis zur Hälfte 3spalt., der Mittelzipfel längl., ganz o. abgestutzt-ausgerandet; DeckB. so lang o. länger als der FrKnoten 5
Honiglippe 3theil., der Mittelzipfel vorn verbreitert u. 2spaltig, in der Bucht meist mit 1 Zähnchen; DeckB. kürzer als der FrKnoten 6

5 Honiglippe herabhängend, Zipfel fast gleich, der mittl. länglich, ungetheilt; Sporn kegelf.; Perig.-Zipfel zugespitzt. ♃ Mai, Jn. Helm schmutzig-rothbraun, Moniglpp. hellröth., purp.-punktirt, Zipfel grün mit röthl. Rande.
coriophora. *L.* Stinkende R.
Honiglippe gerade vorgestreckt, Zipfel längl., der mittlere breiter, ausgerandet; Sporn fast walzl.; Perig.-Zipfel eif., spatelig-haarspitzig. ♃ Mai, Jn. purp., HonigL. punkt. *A.* **globosa**. *L.* Kugelährige R.

6 DeckB. halb so lang als der FrKnot. o. länger.... 7
DeckB. vielmal kürzer als der FrKnot.; Perig.-Zipfel in 1 eif. Helm zsmschliessend, am Grunde verwachsen 8

7 Aehre fast kugelig; Honiglippe kahl-punktirt; Sporn halb so lang als der FrKnoten. ♃ Mai. hellpurp., HonigL. purp.-punkt. . **variegata**. *All.* Bunte R.
Aehre walzl.-längl.; Honiglippe sammtig-punktirt; Sporn 3mal kürzer als der FrKnoten. ♃ Mai. schwarzpurp., HonigL. weiss mit satt-purp. Tropfen. **ustulata**. *L.* Brandblth. R., Brendlin.

8 Honiglippe sammtig-punktirt, die seitl. Zipfel schmal-lineal, einwärts gekrümmt, der mittl. 2spaltig. ♃ Mai. Helm etwas purp., in's Graue, Honiglippe blass-purpur o. weissl., dunkler punkt. **Simia**. *Lam.* Affen-R.
Honiglippe pinselig-punkt., die seitl. Zipfel lineal .. 9

9 Die mittl. Zipfel der Honiglippe vrkhrt-herzf. ♃ Mai, Jn. Helm schwarz-purp., dunkler-punkt. o. grünlich und schwarz-punkt., HonigL. weiss o. blass-rosa, purp.-punkt. ... .**fusca**. *Jcq.* Braune R.
Der mittlere Zipfel der Honiglippe lineal, an der Spitze verbreitert, 2spalt. ♃ Mai, Jn. Helm aschgrau o. hellpurp., HonigL. blasspurp., in der Mitte weissl., purp.-punkt. ....**militaris**. *L.* Helm-R.

10 DeckB. 1nerv., so lang als der FrKnoten; Knollen ungespalten 11
DeckB. 3—mehrnerv., die unterst. o. alle netzig-aderig 14

11 Sporn kegelf.-walzl., senkrecht-hinabsteigend, kürzer als der FrKnoten; Honiglippe etwas sammtig, Lappen breit, gekerbt, der mittlere ausgerandet; B. längl.-vrkhrt-eif., stumpf. ♃ Jn purp. *A.* **Spitzelii** *Saut.* Spitzel's R.
Sporn walzl. o. fast keulig, wagrecht o. aufstreb., fast so lang als der FrKnoten 12

12 Lappen der Honiglippe breit, gezähnt, am Grunde kurzhaarig; Perig.-Zipfel eif.-längl.; Aehre locker; B. längl. o. lanzett. ♃ Mai, Jn. purp.
mascula. *L*. Freyasthräne. Frauenthräne.
Lappen der Honiglippe gekerbt o. ganzrand., am Grunde sammtig 13

13 B. vrkht-eif.-längl., stumpf; Aehre eif. ♃ Ap. Mai. gelbl.-weiss, selten purp.... **pallens**. *L*. Bleiche R.
B. lanzett., fein-stachelspitzig; Sporn gekrümmt; Aehre schlaff. ♃ Mai. blassgelb, Honiglippe dunkler, in d. Mitte röthl.-punkt. *J*.
provincialis. *Balb*. Provinz-R.

14 Knollen ungespalten, o. wie b. *O. sambuc.* an der Spitze kurz-2—3-lappig. 15
Knollen handf.; HonigL. 3lappig; Sporn kegelf-walzl., kürzer als der FrKnoten 16

15 Sporn walzl., wagrecht o. aufstreb., kürzer als der FrKnoten; die 2 seitl. äuss. Perig.-Zipfel zurückgeschlagen; B. lanzett.-lineal. ♃ Mai, Jn. purp.
laxiflora. *Lam*. Lockerblüthige R.
Sporn kegel-walzenf., hinabsteigend, so lang als der FrKnoten, ♃ Mai, Jn. gelbl.-weiss o. purp., geruchlos ....**sambucina**. *L*. Hollunder-R.

16 Stg. nicht hohl, meist 10blttr., die ob B. deckblttart., die mittl. lanzett., die unterst. längl.; seitl. Perig.-Zipfel abstehend. ♃ Jn. hell-lila mit purp. Flecken u. Strichen; B. oft braun-gefleckt.
maculata. *L*. Christushand. Brönngras.
Stg. röhrig, 4—6blttr., die seitl. Perig.-Zipfel zuletzt aufwärts-zurückgeschlagen; Bth. purp. 17

17 B. abstehend, die unt. oval o. längl., stumpf, die obern kleiner, lanzett., zugespitzt; unt. u. mittl. DeckB. länger als die Bth. ♃ Mai, Jn. B. oft gefleckt.....**latifolia**. *L*. Breitblttr. R. Venusblume.
B. ziemlich aufrecht, verlängert-lanzett., o. lanzettlineal 18

18 B. mit dem Stg. gleichlaufend, verläng.-lanzett., verschmälert, an der Spitze kapuzenf.-zsmgezogen, das oberste über den Grund der Aehre hinaufreichend. ♃ Jn. **incarnata.** *L.* Fleischfarbige R.
Die unt. B. lineal-lanzett., aufrecht-etwas-abstehend, die ob. lineal, aufrecht, an der Spitze flach, ein wenig rinnig. ♃ Mai, Jn.
Traunsteineri. *Saut.* Traunsteiner's R.

II. ANACAMPTIS *Rich.* Straussstendel.

Honiglippe halb-3spalt., Lappen gleich, stumpf, ganzrand; Sporn fädlich; Perig.-Zipfel spitz; B. lanzett.-lineal. ♃ Mai-Jl. purp.
pyramidalis. *Rich.* Pyramidenf. St.

III. GYMNADENIA. *R. Br.* Friggagras.

1 Knollen büschelig; Sporn 3mal kürzer als der FrKnoten. ♃ Jn.-Ag. weissl. *A.*
albida. *Rich.* Weissliches F.
Knollen handf.; Sporn fädlich, 1—2mal so lang als der FrKnoten 2

2 Sporn fast noch einmal so lang als der FrKnot.; B. verlängert-lanzett. ♃ Jn. Jl. purp. selten weiss.
conopsea. *R. Br.* Langsporniges F. Höswurz.
Sporn etwa so lang als der FrKnoten; B. lineal o. lineal-lanzett. ♃ Jn. Jl. purp., rosa o. weiss. *A.*
odoratissima. *Rich.* Wohlriechendes F.

IV. HIMANTOGLOSSUM. *Spr.* Riemenzunge.

Honiglippe 3theil., Zipfel lineal, der mittlere sehr lang, gedreht, die seitl. wellig-kraus. ♃ Mai. Jn. Helm weissl., inwendig purp.- u. grüngestreift, HonigL. grünl., röthl.-punkt.
hircinum. *Rch.* Bocksgeil.

V. COELOGLOSSUM. *Hrtm.* Hohlzunge.

HonigL. lineal, an d. Spitze 3zähn., die seitl. Zähne länger, gerade vorgestreckt. ♃ gelb-grünl.
viride. *Hrt.* Grüne H.

VI. PLATANTHERA. *Rich.* Breitkölbchen.

Stbkölbch-Fächer gleichlaufend; Sporn fädlich. ♃ Jn. Jl. weiss .... **bifolia.** *Rich.* Zweiblttr. B.

Stbkölbch.-Fächer unterw. von einander entfernt; Sporn fädlich, am Ende fast keulig. ♃ Jn. Jl. **chlorantha.** *Cust.* Grünblumiges B.

VII. NIGRITELLA. *Rich.* Kohlröschen.

Honiglippe eif., zugespitzt; Sporn vrkhrt.-eif., 3mal kürzer als der FrKnoten. ♃ Mai-Ag. dunkel- o. schwarz-purp., nach Vanille riechend. *A.* **angustifolia.** *Rch.* Schmalblttr. K. Blutstendel.

Honiglippe fast 3lappig; Sporn walzl.-pfrieml., so lang als der FrKnot. ♃ Jl. Ag. freudig-purp. *A.* **suaveolens.** *Koch.* Wohlriechendes K.

VIII. OPHRYS. *L.* Kervenstendel.

Honiglippe an der Spitze ohne Anhängsel........ 2

Honiglippe an der Spitze mit 1 kahlen Anhängsel; breit- oder rundl.- vrkhrt-eif., convex, aufgetrieben, sammetartig 4

Honiglippe längl., flach, 3splt., in der Mitte mit 1 fast 4eck. kahlen Flecke, der mittl. Lappen an der Spitze tief-2spaltig; die 2 innern Perig.-Zipfel fädl., zottig u. zsmgerollt. ♃ Jn. HonigL. purp.-braun, in der Mitte mit 1 grau-bläul. Flecke, am Grunde mit 2 glänz. schwarzen Höckerchen. **muscifera** *Hds.* Fliegentragender K.

Honiglippe vrkhrt.-eif. 3

Honiglippe längl.-vrkhrt.-eif., convex, gedunsen, in der Mitte mit 2 bis 4 kahlen Längslinien; die inneren Perig.-Zipfel kahl. ♃ Mai, Jn. Honiglippe purp.-braun o. gegen den Rand hin gelbl., Linien schmutzig-gelb, Perig. grün. **aranifera.** *Huds.* Spinnentrag. K.

Honiglippe ziemlich flach, behaart, vor der kurz-3lapp., ein wenig aufstreb. Spitze mit 1 fast 4eck. kahlen Flecke; die innern Perig.-Zipfel am Rande fläumlich. ♃ Ap. Mai. HonigL. schwarz-purp., der kahle Fleck bleicher. *J.* **Bertolonii.** *Mor.* Bertoloni's K.

4 Honiglippe ungetheilt, an der Spitze seicht-ausgerandet. ♃ Jn. rosenroth, HonigL. purp.-braun, am Grunde mit gelben Punkten und Strichen, Anhängs. grün-gelb. **arachnites.** *Rich.* Spinnenähnl.-K.
Honiglippe 5spalt., die 2 hintern Lappen eif., am Grunde mit 1 rauhen Höcker, die 3 vordern zurückgekrümmt. ♃ Jn. Jl. HonigL. braun, gelb bemalt.............. **apifera.** *Hds.* Bienentrag. K.

IX. CHAMAEORCHIS. *Rich.* Zwergstendel.

Honiglippe eif.-längl., am Grunde beiders. mit 1 schwachen Zahne; B. schmal-lineal. ♃ Jl. Ag. gelbgrün. *A*................. **alpina.** *Rich.* Alpen-Z.

X. ACERAS. *R. Br.* Ohnsporn.

Seitl. Zipfel der HonigL., so wie die Abschnitte des mittl. Zpfl. lineal-fädlich. ♃ Mai, Jn. Perig. grünl., purp.-berandet, HonigL. rothbraun, später in's Goldgelbe. **anthropophora.** *R. Br.* Menschentrag. O.

XI. HERMINIUM. *R. Br.* Einknolle.

Honiglippe 3theil., Zipfel lineal, der mittl. noch einmal so lang. ♃ Mai, Jn. grünl.-gelb.
Monorchis. *R. Br.* Echte E.

XII. SERAPIAS. *L.* Zungenrage.

1 Hinteres Glied der HonigL., mit undeutl. Seitenlappen, sehr kurz u. schmal, das vordere 3spaltig, gezähnelt, mit schief-eif. Seitenzipfeln, u. eif., zugespitzt., am Grunde etwas bärt. Mittelzipfel. ♃ Mai. *J*.................. **triloba.** *Viv.* Dreilappige Z.
Hinteres Glied der HonigL. beiderseits deutlich gelappt.................................. 2

2 Hinteres Glied der HonigL. nach innen mit 1 einfach. Schwiele, das vordere am Grunde sparsam behaart, längl.-lanzett. ♃ Ap. Mai. Perig. blass-röthl., dunkler gestreift. Schwiele schwarzroth, mit weiss. Saume. *J*........................ **Lingua.** *L.* Echte Z.
Hinteres Glied der HonigL. nach innen mit 2 längl. Plättchen besetzt, das vordere am Gr. bärtig.... 3

Vorderes Glied der HonigL. breit-eif. o. herzf. ♃ Mai. Perig. ziegelroth u. dunkler-gestreift, die 2 Plättch. schwarzroth. *J.*
cordigera. *L.* Herztragende Z.
Vorderes Glied der HonigL. lanzett. o. längl.-lanzett. ♃ Ap. Mai. HonigL. ziegelroth mit dunklern Seitenlappen. **pseudocordigera.** *Mor.* Falsche herztrag. Z.

XIII. EPIPOGIUM. *Gm.* Aufbart.

Blattlos; Stg. bescheidet, armbth.; Bth. hängend. ♃ Jl. Ag. Perig. gelbl., Sporn fleischroth.
Gmelini. *Rich.* Gmelin's A.

XIV. LIMODORUM. *Tourn.* Bartdingel.

Blattlos; Schaft bescheidet; HonigL. eif., wellig; Sporn pfrieml. ♃ Mai, Jn. Stg. dunkel-, Perig. hellviolett. . . . . **abortivum.** *Sw.* Violetter B.

XV. CEPHALANTHERA. *Rich.* Kopfstendel.

FrKnoten flaumig; Perig.-Zpf. zugespitzt. ♃ Jn. Jl. dunkel-rosa. . . . . **rubra.** *Rich.* Rother K.
FrKnoten kahl 2

DeckB. länger als der FrKnoten; B. lanzett. o. eif. ♃ Mai, Jn. gelbl.-weiss. **pallens.** *Rich.* Bleicher K.
DeckB. vielmal kürzer als der FrKnot.; B. lanzett. o. lineal-lanzett. ♃ Mai, Jn. schneeweiss mit 1 gelbl. Flecke auf der Honiglippe.
ensifolia. *Rich.* Schwertblättr. K.

XVI. EPIPACTIS. *Rich.* Zimbel.

Das vordere Glied der HonigL. rundl., stumpf; B. lanzett. ♃ Jn. Jl. grau-grünl., inwend. in's Rosenr., HonigL. weiss, roth-gestreift.
palustris. *Crn.* Sumpfwurz. Sumpfstendel.
Das vordere Glied der HonigL. zugespitzt, an d. Spitze zurückgekrümmt 2

2 B. eif.-lanzett. o. lanzett. mit kahlen Nerv.; Perig. glockig; Höcker der HonigL. faltig-kraus. ♃ Jn. Jl. grünl., am Rande röthl., HonigL. am Rande weiss ....**microphylla.** *Ehr.* Kleinblttr. Z.
B. eif., mit flaumig-rauhen Nerven.... 3

3 Höcker der HonigL. glatt; Perig.-Zpf. kahl. ♃ Jl. Ag. grünl., in's Rosenr., vorderes Glied der HonigL. lila ....**latifolia.** *All.* Breitblttr. Z.
Höcker der HonigL. faltig-kraus; Perig. glockig, die 3 äuss. Zpf. flaumig. ♃ Jn. schmutzig-violett, o. grün, rostf.-überlaufen.
rubiginosa. *Gd.* Braunrothe Z.

XVII. LISTERA. *R. Br.* Zweiblatt.

B. eif.; HonigL. lineal, 2spalt. ♃ Mai, Jn. grün.
ovata. *R. Br.* Eirundblttr. Z.
B. herzf.; HonigL. 3spalt., der mittl. Zpf. 2spalt. ♃ Mai-Jl. grün.......**cordata.** *R. Br.* Herzblttr. Z.

XVIII. NEOTTIA. *L.* Nestwurz.

Stg. blttlos, bescheidet; HonigL. vrkhrt-herzf. ♃ Mai, Jn. die ganze Pf. bräunlich-weiss.
Nidus avis. *Rich.* Blattlose N. Vogelnest.

XIX. GOODYERA. *R. Br.* Drehling.

WzB. eif., gestielt, netzig; Stg. oberw. nebst d. Bth. behaart. ♃ Jl. Ag. weissl.
repens. *R. Br.* Kriechender D.

XX. SPIRANTHES. *Rich.* Drehähre.

Stg. beblttr.; B. lanzett.-lineal; HonigL. längl.-eif., an der Spitze abgerundet. ♃ Jl. weiss.
aestivalis. *Rich.* Sommer-D.
Stg. blttlos, bescheidet; WzB. eif. o. eif.-längl.; HonigL. vrkhrt-eif., ausgerandet. ♃ Ag.-Oct. weiss.
autumnalis. *Rich.* Herbst-D.

XXI. CORALLORRHIZA. *L.* Korallenwurz.

Perig.-Zipfel spitz, die unt. herabgebogen; HonigL. längl., stumpf, im Mittelfelde mit 2 Schwielen. ♃ Jn.-Ag. grünl.-weiss.
innata. *R. Br.* Einheimische K.

XXII. STURMIA. *Rb.* Zwiebelstendel.

Stg. 3kant., am Grunde 2blttr.; B. ellipt.-lanzett. ♃ Jn.-Ag. gelbl.-grün .... **Loeselii.** *Rb.* Lösel's Z.

XXIII. MALAXIS. *Sw.* Weichstendel.

Stg. 5seitig, unterw. 3—4blttr. ♃ Jl.-Ag. grünlich-gelb .... **paludosa.** *Sw.* Sumpf-W.
Stg. 3kantig, meist 1blttr. ♃ Jl. grünlich.
monophyllos. *Sw.* Einblättr. W.

XXIV. CYPRIPEDIUM. *L.* Venusschuh.

Stg. beblttr., 1—2bth. ♃ Mai, Jn. Die schuhf. HonigL. gelb, die übrigen Perig.-Zpf. purpurbraun.
Calceolus. *L.* Liebfrauenschuh.

---

116. Ordnung. IRIDEEN. *Juss.* Schwertelgewächse.

Perig. oberst., blumenblattig, 6theil.; Stbgfss. 3; Stbkölbch. auswärts aufspringend; FrKnoten 3fächer., vieleiig; N. 3, einfach o. gespalten, oft blumenblattartig; Kaps. 3klapp.; Wz. knollig o. zwiebelig.

GATTUNGEN.

1 Perig. regelmäss., trichterf. o. glockig............ 2
Perig. unregelmäss. o. mit abwechselnd-zurückgebog. Zipfeln 3

2 Perig. mit langer Röhre u. glockigem Saume; N. oben breiter, zsmgerollt, an der Spitze gezähnelt o. eingeschnitten .. ..**Crocus** I.
Perig. mit kurzer Röhre u. absteh. Saume; N. 2theil. mit fädl., zurückgekrümmten Zipfeln. **Trichonema.** II.

3 Perig. fast 2lippig. (Bth. purp. mit 1 weissl. Flecke an den 3 unt. Perig.-Zipfeln.) .... **Gladiolus.** III.
3 zurückgebog. Perig.-Zipf. mit 3 aufrecht. o. zsmneigenden abwechselnd; N. 3theil., blumenblatt.; B. schwertf. o. sichelf. .... **Iris.** IV.

ARTEN.

I. CROCUS. *L.* Safran.

1 Häute des Zwiebelknollens papierartig, glatt; N. tief-3spalt., kürzer als d. Perig., mit röhrenf. Zipfeln. ♃ Mz. weiss, rosa überlaufen, o. die 3 äuss. Zpf. dunkel-violett gestreift, Schlund gelb. *J.*
biflorus. *Mill.* Zweiblüthiger S.
Häute des Zwiebelknollens netzig-faserig. 2

2 BthScheide 1blttr.; N. 3spalt., halb so lang als d. Perig. ♃ Mz. Ap. violett, auch weiss, violett-gestreift o. ganz weiss, Schlund nicht gelb. *A.*
vernus. *Wulf.* Frühlings-S. Burzigagel.
BthScheide 2blättr. 3

3 Schlund des Perig. bärtig; N. 3theil., so lang als das Perig. ♃ Sp. Oct. violett. *cult.*
sativus. *L.* Echter S.
Schlund des Perig kahl; N. 3spalt., halb so lang als das Perig. ♃ Fb. Mz. blassblau, die 3 äuss. Zipf. mit 3 viol. Streifen, Schlund gelbl. *J.*
variegatus. *Hpp.* Bunter S.

II. TRICHONEMA. *Ker.* Fadennarbe.

B. pfrieml., angedrückt, gefurcht, zuletzt gewunden-zurückgekrümmt. ♃ Fb. Mz. inwend. gelb, oben violett o. weissl. *J.*
Bulbocodium. *Ker.* Europäische F.

III. GLADIOLUS. *L.* Schwertel.

1 Stbkölbch. länger als der Stbfaden; seitl. Perig.-Zipfel lineal-keilf.; Kaps. kugelig, 3furchig. ♃ Mai, Jn. *J.* **segetum.** *Gaw.* Saaten-S.
Stbkölbch. kürzer als der Stbfaden; die obern seitl. Perig.-Zipfel rauten-eif. 2

2 Fasern der WzHäute netzig mit rundl. Maschen; Kps. längl.-vrkhrt-eif., an der Spitze abgerundet. ♃ Mai, Jn. . . . . **palustris.** *Gd.* Sumpf-S.
Fasern der WzHäute gleichlaufend mit sehr schmalen Maschen; Kaps. fast 3seitig, an der Spitze eingedrückt. 3

3 NZipfel vom Gr. bis zur Mitte lineal u. am Rande kahl, über der Mitte plötzl. in eine rundl.-eif., am Rande warzig-gewimperte Platte verbreitert. ♃ Mai. **illyricus.** *Kch.* Illyrisches S.
NZipfel aufw. allmälig breiter werdend, u. fast vom Gr. an warzig-gewimpert. 4

4 Winkel der Kaps. oberw. stumpf-gekielt. ♃ Mai, Jn. Nägel der Zipfel u. die Röhre des Perig. in's Rostbraune. . . . . **communis.** *L.* Siegmarswurz.
Winkel der Kaps. überall abgerundet. ♃ Jn. Bth. genähert, klein, getrocknet bläulich, das unterste B. meist stumpf. . . . . **imbricatus.** *L.* Dachiges S.

IV. IRIS. *L.* Schwertlilie.

1 Die äuss. Perig.-Zipfel am Grunde inwendig mit 1 Streifen dicht-gestellter Haare besetzt. 2
Die äuss. Perig.-Zipfel bartlos. 11

2 Stg. 1bth.; Perig.-Zipfel längl.-vrkhrt-eif. 3
Stg. mehrblüth. 4

3 B. länger als der Stg. ♃ Ap. Mai. violett, hellblau o. weiss. . . . . **pumila.** *L.* Niedrige Sch.
B. kürzer als der Stg. ♃ Mai. weissgelbl., die äuss. Zpfl. violett geadert.
lutescens. *Lam.* Gelbliche Sch.

4 BthScheiden schon vor der BthZeit ganz trockenhäutig; die innern Perig.-Zipfel rundl.-eif., plötzl. in den Nagel zsmgezogen. ♃ Mai, Jn. wohlriechend, blassviolett, Zpf. am Grunde braungeadert. *J.* **pallida.** *Lam.* Blasse Sch.
BthScheiden während d. BthZeit mehr o. weniger krautig.. 5

5 BthScheiden während der BthZeit vom Grunde bis zur Mitte krautig; der blüh. Stg. länger als d. B.; Lappen der NZipfel eif......................... 6
BthScheiden während d. BthZeit ganz krautig o. häutig-krautig; die blüh. Stg. etwa von der Länge d. B., der frtragende meist kürzer............. 8

6 Stbfad. so lang als das Stbkölbch.; Zpf. der N. längl., an der Spitze breiter mit ausgespreizt. Lappen. ♃ Ap. Mai. geruchlos, violett. Nägel gelbl., braun-geadert.. **germanica.** *L.* Deutsche Sch. Himmelslilie.
Stbfad. $1^1/_2$mal so lang als das Stbkölbch.; Zipfel der N. in der Mitte breiter.......................... 7

7 Riecht wie die innere Rinde von *Sambuc. nig.*; äuss. Perig.-Zipf. violett, am Rande u. hinten weiss, dunkler geadert, die innern bläul.-aschgrau mit gelbl. Rande u. Nagel; NZipf. gelb. ♃ Jn. **sambucina.** *L.* Hollunderduft. Sch.
Nach Honig riechend; äuss. Perig.-Zipf. violett, die innern schmutzig-gelb. ♃ Jn. **squalens.** *L.* Schmutzige Sch.

8 BthScheiden ganz krautig; B. schwert-sichelf., etwa so lang als der blüh. Stg. ♃ Mai, Jn. gelb, die äuss. Zpf. mit braunen o. schwarzpurp. Adern. **variegata.** *L.* Bunte Sch.
BthScheiden häutig-krautig, an der Spitze verwelkend; B. schwertf. noch 1mal so lang als der frtrag. Stg.; Bth. violett.......................... 9

9 BthScheiden buckelig-aufgeblasen, fast ganz violett gefärbt, kurz. ♃ Mai. **hungarica.** *W. K.* Ungarische Sch.
BthScheiden aufgeblasen, gar nicht o. höchstens gegen den Rand hin gefärbt.......................... 10

10 BthScheiden eif.-längl., am Rücken gekrümmt; FrKnot. fast stielrund. ♃ Mai.
bohemica. *Schm.* Böhmische Sch.
BthScheiden lanzett., verschmälert; FrKnot. stumpf-3seitig. ♃ Mai....... **Fieberi**. *Seidl.* Fieber's Sch.

11 Stg. 2schneidig, meist 2bth.; B. lineal. ♃ Mai, Jn. die Nägel der äuss. Zpf. purp., in der Mitte mit 1 gelben Linie, Platte weissl., violett gead., die inn. Zpf. violett.... **graminea**. *L.* Grasblättr. Sch.
Stg. stielrund. 12

12 B. so lang als der vielbth. Stg., lanzett-lineal. ♃ Jn. Jl. gelb, die äuss. Zpf. dunkelgelb-gefleckt u. schwarz-purp.-geadert.
Pseud-Acorus. *L.* Wasserilge. Drachenwurz.
B. kürzer als der arm- o. 2bth. Stg. 13

13 Stg. röhrig, meist 2bth.; Fr.Knot. 3seitig; B. lineal. ♃ Jn. äuss. Perig.Zpf. blassblau, violett geadert mit braungelb. Nägeln, innere Zpf. violett, dunkler geadert... **sibirica**. *L.* Sibirische Sch. Wiesenlilie.
Stg. nicht hohl, armbth; FrKnot. 6seitig. ♃ Jn. Platte der äuss. Zpf. weissgelbl., blau-geadert, Nägel beiders. schief-gestreift, innere Zpf. violett.
spuria. *L.* Bastard-Sch.

---

117. Ordnung. AMARYLLIDEEN. *R. Br.* Prachtschwertelgewächse.

Stbgfss. 6; Stbkölbch. einwärts-gewendet. Sonst Alles wie bei den Irideen.

GATTUNGEN.

1 Perig. tellerf.; auf dem Schlunde des Perig. eine glockige o. schlüsself. Nebenkrone. **Narcissus**. II.
Perig. trichterf. o. glockig. 2

2 Die 3 äuss. Zipf. des 6theil. Perig. abstehend, die 3 innern aufrecht, kürzer, ausgerandet. **Galanthus**. IV.
Saum des 6theil. Perig. regelm., alle Zipfel gleich.. 3

3 Perig. glockig, Zipfel an der Spitze verdickt; Stbfäd. gleich.......................**Leucojum**. III.
Perig. trichterf.; 3 Stbfäden kürzer; N. 3lappig; Kaps. beerenartig...................... **Sternbergia**. I.

RATEN.

I. STERNBERGIA. *W. K.* Gewitterblume.

B. lineal; Bth. aufrecht; Schaft 2schneidig; Perig.-Zpf. oval-längl. ♃ Hrbst. *J.*.**lutea**. *Ker.* Gelbe G.

II. NARCISSUS. *L.* Josefsstab. Märzenbecher.

1 NebenKr. sehr kurz, schüsself. o. napff., feingekerbt. 2
NebenKr. becherf. o. glockig.................... 4

2 NebenKr. mit 1 farblos. Rande, schüsself.; Schaft 2bth. ♃ Ap. Mai, schmutzig-weiss, NebenKr. gelb, weiss berand. ....**biflorus**. *Curt.* Zweiblumiger J.
NebenKr. mit 1 scharlachrothen Rande; Schaft 1bth. 3

3 FrKnoten während der BthZeit zsmgedrückt-2schneidig; NebenKr. in 1 flache Schüssel ausgebreitet. ♃ Ap. Mai. schneeweiss, Neben-Kr. gelb. **poëticus**. *L.* Echter J.
FrKnoten während der BthZeit stielrund; NebenKr. aufrecht, napff. ♃ Ap. Mai. schmutzigweiss, Neben-Kr. gelb.......**radiiflorus**. *Sal.* Strahlblüthiger J.

4 NebenKr. becherf., ganzrand., 3mal kürzer als das Perig.; Schaft 3—10bth.; B. flach. ♃ Mz. weiss, NebenKr. gelb. *J.*...........**Tazetta**. *L.* Tazette.
NebenKr. glockig; Schaft 1bth.; Perig. gelb, Neben-Kr. gleichfarb. o. goldgelb.................. 5

5 NebenKr. halb so lang als d. Perig., am Rande kraus; B. ziemlich flach. ♃ Ap. **incomparabilis**. *Curt.* Unvergleichl. J.
NebenKr. so lang als d. Perig., am Rande wellig; B. etwas rinnig. ♃ Mz. Ap. **Pseudo-Narcissus**. *L.* Gelber J.

III. LEUCOJUM. *L.* **Knotenblume.** (Bth. weiss, an der Spitze grün.)

BthScheid. 1bth.; Gr. keulig. ♃ Fb. Mz.
vernum. *L.* Frühlings-K. Schneekaterl.
BthScheid. vielbth.; Gr. fädlich-keulig. ♃ Mai.
aestivum. *L.* Sommer-K. Sommerthürchen.

IV. GALANTHUS. *L.* **Schneeblümchen.** Schneetropfen.

Bth. weiss, die innern Zpf. auswendig mit 1 halbmondf. grünen Flecke, inwendig mit 8 gelb-grünen Linien. ♃ Mz. Ap. .... **nivalis.** *L.* Schneeglöckchen.

---

118. Ordnung. ASPARAGEEN. *Juss.* Spargelgewächse.

Perig. unterst., blumenblttr., 6spalt. o. 6blttr. o. 4—8-theil.; Stbgfss. 3, 4, 6 o. 8; FrKnot, 1, frei, 3fächer., Fächer 1—mehreiig; Gr. 1—3; Fr. saftig, nicht aufspring., oft 1fächer., u. 1samig.

GATTUNGEN.

1 Perig. 6spalt., 6theil. o. 6blttr. 2
Perig. 4- o. 8theil. 6

2 Immergrüne Sträuche mit spiessf., herzf., eif. o. lanzett. B.; Bth. 2häusig 3
Krautige Gewächse o. immergrüne mit nadelf. B. vers. Sträuche; Bth. zwitterig; (bei *Asparag.* bisweilen 2häusig) 4

3 ♂: Stbfäd. frei; ♀: Gr. 3; Beere 1—2sam. **Smilax.** VI.
♂: Stbfäd. in 1 eif. Röhrch. zsmgewachsen, auf dessen Spitze 3 Stbkölbch.; ♀: Gr. 1; Beere 3fächer. (B. obers. Bth. tragend.) .... **Ruscus.** VII.

4 Gr. mit 3 zurückgebog. N.; Perig. am Gr. oft in 1 bthstielf. Röhrchen zsmgezogen, glockig. (Bth. grünlich-weiss.) .... **Asparagus**. I.
Gr. mit stumpfer N. 5

5 Perig. bis zum Gr. 6theil. o. 6blttr., 3 Zipfel am Grunde sackartig-concav; N. rundlich. **Streptopus**. II.
Perig. 6spalt. o. 6zähnig; N. 3seitig. **Convallaria**. IV.

6 Perig. 8theil., Gr. 4; Stbgfss. 8; Beere 4fächer. **Paris**. III.
Perig. 4theil., Zipfel gleich; Gr. 1; Stbgfss. 4; Beere 2fächer. .... **Majanthemum**. V.

ARTEN.

I. ASPARAGUS. *L.* Spargel.

1 Stg. strauchig, kantig; Zweige flaumig; B. lineal-stielrundl., steif. ♄ Ag. Sp. *J.* **acutifolius**. *L.* Spitzblättr. Sp.
Stg. krautig, stielrund; B. büschelig 2

2 Stbfäd. der ♂ Bth. viel länger als das rundl. Stbkölbch.; B. haardünn, sammt den Aestch. ganz kahl. ♃ Mai, Jn. **tenuifolius**. *Lam.* Feinblttr. Sp.
Stbfäd. der ♂ Bth. so lang als das längl. Stbkölbch.; B. borstlich 3

3 Zweige fein-kantig-gerieft; B. gezähnelt-rauh. ♃ Mai, Jn. *J.* .... **scaber**. *Brgn.* Rauhblttr. Sp.
Zweige u. B. kahl u. glatt. ♃ Jn. Jl. **officinalis**. *L.* Garten-Sp.

II. STREPTOPUS. *Mich.* Knotenfuss.

B. stgumfassend. ♃ Jl. Ag. weiss, Beeren roth. *A.* **amplexifolius**. *DC.* Hockenblatt.

III. PARIS. *L.* Einbeere. Wolfsbeere.

B. zu 4—5, ellipt., spitz. ♃ Mai. grün, Beere schwarz. **quadrifolia** *L.* Vierblättr. E. Kreuz Christi.

IV. CONVALLARIA. *L.* Maiglöckchen.*

1 { Perig. glockig, ganz weiss; Bth. traubig, überhäng. ♃ Mai, Jn... ....**majalis.** *L.* Zauken. Springauf.
Perig. walzl.-röhrig, weiss, an der Spitze grün..... 2

2 { B. quirlig; Stg. aufrecht, kantig. ♃ Mai, Jn. Beeren roth....**verticillata.** *L.* Quirligblttr. M. Dreiocker.
B. wechselst.; Beeren violett..................... 3

3 { B. kurzgestielt, eif., zugespitzt; Stg. kantig. ♃ Mai, Jn. ....**latifolia.** *Jcq.* Breitblättr. M.
B. umfassend................................... 4

4 { Stg. kantig; BthStiele 1—2bth.; Stbfäd. kahl. ♃ Mai, Jn. .**Polygonatum.** *L.* Salomonssiegel. Weisswurz.
Stg. stielrund; BthStiele 3—5bth.; Stbfäd. behaart. ♃ Mai-Jn. ....**multiflora.** *L.* Vielblüthiges M.

V. MAJANTHEMUM. *Wigg.* Schattenzauke.

Stg. 2blttr.; B. wechselst., gestielt, herzf. ♃ Mai, Jn. weiss......... ....**bifolium.** *DC.* Zweiblttr. Sch.

VI. SMILAX. *L.* Stechwinde.

Stg. stachelig, kantig; B. fast spiess-herzf., stachelig-gezähnt, lederig. ♃ Ag. Sp. grünlich. *J.*
aspera. *L.* Stachlige St.

VII. RUSCUS. *L.* Mäusedorn.*

B. eif., sehr stachelspitzig, stechend; BthBüschel 2bth. ♄ Mz. Ap. grünl.
aculeatus. *L.* Stechender M. Brüsch.
B. längl.-lanzett., zugespitzt, ohne Stachelspitze; BthBüschel vielbth. ♄ Mz. Ap. grünl.
Hypoglossum. *L.* Zungenf. M. Zungenblatt.

---

119. Ordnung. DIOSCOREEN. *R. Br.* Yamswurzgewächse.

FrKnot. unterst., mit dem Perig. verwachsen, sonst Alles wie bei der 118. Ordnung.

GATTUNG.

Bth. 2häusig; Perig. glockig mit 6theil. Saume; ♂: Stbgfss. 6; ♀: Gr. 3spalt.; N. zurückgebogen; Beere 3fächer. (Windende Pf.) .... **Tamus.** I.

ART.

I. TAMUS. *L.* **Schmeerwurz.**

B. herzf., zugespitzt. ♃ Mz. Ap. grünl.
communis. *L.* Jungfrauenwurzel.

---

120. Ordnung. LILIACEEN. *DC.* Liliengewächse.

Perig. unterständ., blumenblatt., 6spalt., 6theil. o. 6-blttr.; Stbgfss. 6; FrKnot. 1, frei, 3fächer., vieleiig; Eichen 2reihig in den mittelpktst. Winkeln; Gr. 1; N. 3 o. 1 dreikantige; Fr. trocken, aufspring., Klapp. in der Mitte scheidewandtragend.

GATTUNGEN.

1 { Perig. 6blttr. o. 1blttr. bis zum Grunde getheilt ... 2
Perig. 1blttr., nicht bis zum Grunde getheilt 14

2 { Gr. an der Spitze 3spaltig 3
Gr. an der Spitze ungetheilt o. fehlend; N. stumpf o. 3lappig 4

3 { Perig. glockig, zuletzt zurückgebogen, die 3 innern PerigB. inwendig am Grunde 2schwielig. **Erythronium.** V.
Perig. nicht zurückgebogen, alle PerigB. am Grunde mit 1 Honiggrube, würfelig-bemalt. **Fritillaria.** II.

4 { Stbkölbch. auf der Spitze des Stbfad. stehend. 5
Stbkölbch. mit dem Rücken an die Stbfäd. angewachsen. 6

5 { Gr. fehlend; N. 3lappig .... **Tulipa.** I.
Gr. fädlich; N. 3seitig; Bth. gelb, auss. grün-gestreift. **Gagea.** X.

6 Perig. am Grunde in 1, mit dem BthStiele gelenkartig-verbundenes Stielchen zsmgezogen, abstehend.... 7
Perig. am Grunde ohne gegliedertes Stielchen..... 8

7 Perig. tief-6theil.; ein gewölbart., den FrKnot. überdeckender Honigbehälter, gebildet durch den verbreit. Grund der Stbfäd.........**Asphodelus.** VI.
Perig. 6blttr.; Honigbehält. fehlend; Bth. weiss; B. rinnig.........................**Anthericum.** VII.

8 Am Grunde des PerigB. eine honigabsond. Furche o. Grube; N. 3seitig............................ 9
Honigbehälter fehlen............................ 10

9 Perig. glockig o. zurückgerollt; Honigbehält. eine offene o. geschlossene Rinne.........**Lilium.** III.
Perig. abstehend; Honiggrube unterw. durch eine Querfalte berandet.... ....**Lloydia.** IV.

10 Dolde vor der BthZeit mit 1 Blumenscheide bedeckt; N. stumpf; Sam. kantig............**Allium.** XII.
Blumenscheide fehlt; Gr. 3seitig.................. 11

11 Stbgfss. bärtig; Sam. am Grunde u. an der Spitze fädlich.............. ....**Narthecium.** XVI.
Stbgfss. kahl; Sam. ohne fädl. Anhängsel......... 12

12 FrKnoten durch 1 kurzen FrTräger über dem Fr-Boden erhaben; Perig. trichterf.; N. schwach-3lappig. **Paradisia.** VIII.
Fr.Träger fehlend; N. stumpf.................... 13

13 Bth. weiss, grün o. schwefelgelb; Stbgfss. dem Fr-Boden, nur wenig den PerigB. angewachsen. **Ornithogalum.** IX.
Bth. blau; Stbgfss. dem Grunde der PerigB. angewachsen...........................**Scilla.** XI.

14 Perig. kugelig-eif. o. walzl., an der Mündung eingeschnürt, Saum kurz-6zähnig. (Die oberst. Bth. geschlechtslos.).......... ....**Muscari.** XV.
Perig. trichterf. o. glockig, 6theil................ 15

15 Perig. trichterf. mit walzl. Röhre; Stbgfss. dem Grunde des Perig. eingefügt, abwärts geneigt. **Hemerocallis.** XIII.
Perig. glockig; Stbgfss. unter der Mitte der Perig. Zpf. eingefügt, aufrecht ....**Endymion.** XIV.

ARTEN.

I. TULIPA. *L.* Tulpe.

Innere PerigB. u. die Stbgfss. am Grunde bärtig. ♃ Mai, Jn. gelb........ ...**silvestris.** *L.* Wilde T.

II. FRITILLARIA. *L.* Schachblume. Kronenblume.

1 Alle B. wechselst. ♃ Ap. Mai. gelbl. o. fleischf. mit blutrothen Würfelflecken, selten weiss. **Meleagris.** *L.* Brettspiel.
Ein oder 2 Paare der StgB. gegenst... 2

2 BthstB. 2; Stg. oberw. nackt; B. lanzett.-lineal. ♃ Mai, gelbl., rothbraun, schachbrettart.-gefleckt. *J.* **montana.** *Hopp.* Berg-Sch.
BthstB. 3, quirlig; Stg. oberw. beblättert; B. fast sichelf. ♃ Mai. grün-gelbl.-gewürfelt. *Kr.* **involucrata.** *All.* Hüllblättr. Sch.

III. LILIUM. *L.* Lilie. Gilge.

1 B. quirlig; Bth. überhängend; Perig. zurückgerollt. ♃ Jl. Ag. hell-violett-fleischroth mit purp.-braunen Tupfen.....**Martagon.** *L.* Goldwurz. Türkenbund. Sillingwurz.
B. zerstreut. 2

2 Bth. aufrecht; Perig. glockig. ♃ Jn. Jl. safrangelb mit braunrothen Tupfen. **bulbiferum.** *L.* Feuer-L.
Bth. überhängend; Perig. zurückgerollt. ♃ Mai-Jl. mennigroth o. gelb, Warzen braunpurp., Nägel grün............**carniolicum.** *Brhn.* Krainer L.

IV. LLOYDIA. *Slsb.* Faltenlilie.

Bth. weiss, PerigB. inwendig mit 3 röthl. Streifen, Nägel gelb. ♃ Jn.-Ag. *A.* **serotina.** *Salisb.* Spätblühende F.

V. ERYTHRONIUM. *L.* Schosswurz.

B. längl.-ellipt., so wie die PerigB. spitz. ♃ Ap. Mai. rosa.... ....**Dens canis.** *L.* Hundszahn.

VI. ASPHODELUS. *L.* Affodill. Böllachtwurz.

Bth. weiss o. fleischfarben........................ 2
Bth. gelb.. 4

B. pfrieml., halbstielrund, röhrig. ⊙ Ap. PerigB. mit 1 grünl. o. purp. Rückenstreifen. *J.*
fistulosus. *L.* Röhriger A.
B. breit-lineal, flach............................ 3

Stg. ästig; Kaps. kugelig. ♃ Mz. Ap. *J.*
ramosus. *L.* Aestiger A. Königsscepter.
Stg. ganz einfach; Kps. eif., 3seitig. ♃ Mai, Jn.
albus. *Mill.* Weisser A.

B. glatt; DeckB. so lang als die Bth. ♃ Mai, Jn. *J.*
luteus. *L.* Gelber A. Junkerlilie.
B. auf den Rillen gezähnt-rauh; DeckB. viel kürzer als die BthStielchen. ♃ Jn. Jl. *J.*
liburnicus. *Scp.* Liburnischer A.

VII. ANTHERICUM. *L.* Zaunlilie. (Bth. weiss.)

Schaft ganz einfach; Gr. abwärts-geneigt. ♃ Mai, Jn.
Liliago. *L.* Astlose Z.
Schaft ästig; Gr. gerade. ♃ Jn. Jl.
ramosum. *L.* Aestige Z.

VIII. PARADISIA. *Maz.* Trichterlilie.

Stg. einfach; B. lanzett.-lineal, flach; Bth. weiss, ansehnlich. ♃ Jl. Ag. *A.*
Liliastrum. *Bert.* Schneeweisse T.

IX. ORNITHOGALUM. *L.* Milchstern. Vogelmilch.

Stbgfss. lanzett., einfach......................... 2
Stbgfss. 3zähnig; Bth. innen weiss, aussen grün mit weisser Einfassung............................. 9

Bth. in Trauben.................................... 3
Bth. in Ebensträuss. o. Dolden; B. lineal, in der Mitte mit 1 weiss. Linie...........................

FrStiele an den Schaft angedrückt..................
FrStiele abstehend o. bogig-aufstrebend.............

Bth. schwefelgelb mit 1 gelbgrünen Rückenstreif.;
FrKnot. eif., oberw. spitz; B. grasgrün, lanzettl.-
lineal, ziemlich flach. ♃ Mai, Jn.
4 **sulphureum.** *R. u. S.* Schwefelgelber M.
Bth. weiss o. grünlich; B. seegrün, lineal-lanzettl.,
rinnig.. 5

PerigB. lineal-längl., grünlich- o. gelblichweiss; Fr-
Knot. oval. ♃ Jn. Jl.
5 **pyrenaicum.** *L.* Pyrenäischer M.
PerigB. keilig-längl., milchweiss; FrKnot. kreiself. ♃
Jl.............**narbonense.** *L.* Pyramidenf. M.

FrStiele bogig-aufstrebend; PerigB. ellipt. ♃ Jn.
weiss, der grüne Rückenstr. undeutlich o. ganz
fehlend...............**arcuatum.** *Stv.* Bogiger M.
6 FrStiele in einem halbrecht. Winkel abstehend; PerigB.
längl., stumpf; B. gewimpert. ♃ Mai, Jn. reinweiss
mit grünen Rückenstreifen.
comosum. *L.* Schopfiger M.

Die unterst. FrStiele ausgespreizt-zurückgebrochen,
mit aufstreb. Fr.; B. rinnig, kahl. ♃ Ap. Mai. *J.*
7 **refractum.** *WK.* Zurückgebrochener M.
Die unterst. FrStiele in 1 halbrecht. o. recht. Winkel
abstehend.. 8

Bth. u. FrStiele in 1 halbrechten Winkel absteh., die
untern länger; B. schlaff, grün, oft gewimpert. ♃
8 Mai, Jn...............**collinum.** *Koch.* Berg-M.
Die unterst. FrStiele horizontal-absteh. mit aufstreb.
Fr.; B. rinnig, kahl. ♃ Ap. Mai.
umbellatum. *L.* Stern aus Bethlehem. Hühnerlauch.

FrKnot. an der Spitze tief-genabelt; BthStielch. beim
Aufblüh. länger als der FrKnot. ♃ Ap. Mai.
9 **nutans.** *L.* Nickender M. Grashyacinthe.
FrKnot. an der Spitze nicht genabelt; BthStielch.
beim Aufblüh. halb so lang als der FrKnot. ♃ Ap.
Mai...........**chloranthum.** *Saut.* Grünblüh. M.

X. GAGEA. *Sal.* Gilbstern.

Wz. aus 3 horizont. Zwiebeln bestehend, die von
keiner gemeinschaftl. Haut eingeschlossen sind;
1 WzB. lineal, geschärft-gekielt. ♃ Ap. Mai.
stenopetala. *Rb.* Schmalblättr. G.
Wz. aus 1 o. 2 aufrechten Zwiebeln gebildet...... 2

2 Wz. aus 2 von einer gemeinschaftl. Haut eingeschlossenen Zwiebeln gebildet. 3
Wz. aus 1 festen, eif. Zwiebel gebildet; bthständ. B. 2, gegenst.; BthStiele doldig, kahl; PerigB. stumpf. 7

3 WzB. einzeln, aufrecht, nicht röhrig; das bthständ. B. einzeln, lanzett.; Dolde 2—5bth.; PerigB. lineal-lanzett. ♃ Ap. Mai. . . . **minima**. *Schlt.* Kleinster G.
WzB. 2, o. ein röhriges. 4

4 Ein röhr. WzB., kahl halbstielrund; PerigB. ellipt.-lanzett., stumpf. ♃ Mai, Jn. *A*.
Liottardi. *Schlt.* Liottard's G.
WzB. 2, nicht röhrig. 5

5 Nur 1 bthständ., scheidiges, lanzett., zsmgerolltes B. vorhanden; WzB. mehrere, fädl., halbstielr.; PerigB. stumpf. ♃ Ap. Mai. **spathacea**. *Schlt.* Scheidiger G.
2 bthständ. B. o. wechselst. StgB. vorhanden. 6

6 WzB. lineal, StgB. fehlen; BthStiele zottig; PerigB. spitz. ♃ Mz. Ap. . . . . . . **arvensis**. *Schlt.* Feld-G.
WzB. fädlich, StgB. wechselst.; PerigB. stumpf; Bth. endst., meist einzeln; PerigB. vorne breiter, stumpf. ♃ Mz. Ap. **bohemica**. *Schlt.* Böhmischer G.

7 WzB. lineal-lanzett., flach; PerigB. längl. ♃ Ap. Mai.
lutea. *Schlt.* Haberschmirgel.
WzB. schmal-lineal, rinnig, PerigB. lanzett. ♃ Mz. Ap. . . . . **pusilla**. *Schlt.* Winziger G.

XI. SCILLA *L.* **Erdzwiebel.** Blumentraube.

1 Zwiebel 2blttr.; B. lanzett.-lineal; Schaft stielr.; DeckB. fehlen. ♃ Mz. Ap.
bifolia. *L.* Zweiblättr. E. Blaustern.
Zwiebel mehrblttr. 2

2 DeckB. fehlen; B. schmal-lineal, nach den Bth. sich entwickelnd; Tr. fast ebensträuss. ♃ Ag. Sp. *J*.
autumnalis. *L.* Herbst-E.
DeckB. kurz; B. aufr., breit-lineal, ziemlich flach, an der Spitze fast kappenf.-stumpf; Schaft eckig. ♃ Ap. Mai. . . . . **amoena**. *L.* Schöne E.

XII. ALLIUM. *L.* Lauch.

1 { B. deutlich gestielt; Dolde kapseltr.; Stbgfss. zahnlos. 2
B. ohne BStiel. 3

2 { B. kurzgestielt, lanzettl. o. ellipt.; Dolde kugelig; Stbgfss. länger als das Perig. ♃ Jl. Ag. *A.* weiss, ins Grünl.
Victorialis. *L.* Allermannsharnisch. Siegwurz. Neunhämmerlein.
B. langgestielt, ellipt.-lanzettl.; Dolde flach; Stbgfss. kürzer als das Perig. ♃ Ap. Mai. schneeweiss.
ursinum. *L.* Bären-L. Ramser.

3 { B. inwendig hohl, stielrund o. halbstielr., bisweilen an der Spitze rinnig.......................... 4
B. flach o. rinnig, lineal, bisweilen hohl, aber in diesem Falle grasartig...................... 9

4 { B. oberw. schmal- o. tief-rinnig; Stg. bis zur Mitte beblättert; Stbgfss. länger als das Perig., die 3 innern 3fach-haarspitzig........................ 5
B. vollkommen röhrig........................ 6

5 { B. stielrund, oberw. schmal-rinnig; die mittlere Haarspitze der inneren Stbfäd. länger als der Stbfad. ♃ Jn. Jl. purp. ....**vineale.** *L.* Weinlauch.
B. halbstielr., oberw. tief-rinnig; die mittl. Haarspitze der inneren Stbfäd. halb so lang als der Stbfad. ♃ Jn. Jl. purp.
sphaerocephalum. *L.* Rundköpf. L.

6 { B. gleichf.-stielrund, lineal, pfrieml. 7
B. sammt dem Stg. bauchig-aufgeblasen; Dolde kapseltr., kugelig. 8

7 { BthScheide so lang als die fast kugelige Dolde; Stbgefss. zahnlos. ♃ Jn. Jl. blasspurp.
Schoenoprasum. *L.* Schnitt-L. Brislauch.
BthScheide kürzer als die Dolde; Stbgfss. wechselw. am Grunde beiderseits mit 1 Zahne. ♃ blüht selten. *cult.* weiss. **ascalonicum.** *L.* Aschlauch. Schalotte.

8 { Stg. unter der Mitte bauchig; Stbgfss. wechselw. am Grunde beiderseits mit 1 Zahne. ♃ Jn. Jl. *cult.* weissl.
Cepa. *L.* Gartenzwiebel.
Stg. in der Mitte bauchig; Stbgfss. zahnlos. ♃ Jn. Jl. weissl......**fistulosum.** *L.* Bollen. Winterzwiebel.

9 Stbgfss. abwechselnd breiter, 3fach-haarspitzig, die mittl. Haarspitze das Stbkölbch. tragend, die seitl. fädlich, meist zsmgedrückt; B. flach............ 10
Stbgfss. einfach o. abwechselnd breiter, aber nicht 3fach-haarspitzig, höchstens am Grunde mit einem kurzen, stumpfen Zahne versehen.............. 13

10 B. am Rande rauh; Dolde zwiebeltr.; Bth. schwarzpurp. ♃ Jn. Jl.
Scorodoprasum. *L.* Schlangenknoblauch. Roccambole.
B. am Rande glatt; Dolde kapseltr.; Bth. hellpurp. 11

11 Stbgfss. im Perig. eingeschlossen; die mittl. Haarspitze 3mal kürzer als der Stbfad. ♃ Jl. Ag.
rotundum. *L.* Runder L.
Stbgfss. länger als das Perig.................... 12

12 Die mittlere Haarspitze halb so lang als der Stbfad. ⊙ u. ♃ Jn. Jl. *cult*.........**Porrum**. *L.* Pforre.
Die mittl. Haarspitze so lang als der Stbfad. ♃ Jn. Jl. *J.*......**Ampeloprasum**. *L.* Hundsknoblauch.

13 Stg. unter der Erde, sehr kurz; Wzb. lineal, am Rande kurz-gewimpert; fruchttr. Strahlen der Dolde zurückgekrümmt. ♃ Jän. *J.* weiss.
Chamaemoly. *L.* Dünen-L.
Ein deutlicher oberirdischer Stg. vorhanden. 14

14 Stg. scharfkantig; B. flach, lineal, etwa so breit wie der Schaft; Bth. rosa.......................... 15
Stg. stielrund.... 16

15 B. unters. kiellos; Dolde rundl.; Stbgfss. länger als das Perig. ♃ Jl. Ag. **fallax**. *Dod.* Trüglicher L.
B. unters. scharf-gekielt; Dolde flach; Stbgfss. so lang als das Perig. ♃ Jn.-Ag.
acutangulum. *Schrd.* Spitzkiel. L.

16 Stg. blattlos; Stbgfss. zahnlos; WzB. flach, breitlineal o. lanzettl.............................. 17
Stg. unterw. o. bis zur Mitte beblättert........... 19

17 Bth. rosenroth; WzB. am Rande gezähnelt-rauh. ♃ Ap. Mai. *J.*...........**roseum**. *L.* Rosenrother L.
Bth. weiss o. weissl. mit grünem Rückenstreifen. .. 18

18 FrKnoten schwarzgrün; B. breit-lanzettl., am Rande kahl. ♃ Mai, Jn. . . . . . . **nigrum.** *L.* Schwarzer L.
FrKnoten gelbl.-grün; B. breit-lineal, am Rande zottig-gewimpert o. kahl. ♃ Ap. Mai. *J.*
subhirsutum. *L.* Bewimperter L.

19 Stbgfss. tief am Grunde des Perig. eingefügt, abwechselnd breiter, o. abwechselnd am Grunde beiderseits 1zähnig. 20
Stbgfss. über dem Grunde der PerigB. eingefügt, einfach; BthScheid. 2blttr., das eine B. sehr lang geschnäbelt. 26

20 B. pfrieml., stielrund, gefurcht, schmal- u. tief-rinnig; Bth. weiss o. röthl., mit 1 dunkleren Rückenstreifen. 21
B. lineal, flach. 22

21 B. am Rande fein-wimperig-rauh; Stbgfss. länger als das Perig. ♃ Jl. Ag. *J.* **moschatum.** *L.* Bisam-L.
B. am Rande kahl; Stbgfss. noch einmal so lang als das Perig. ♃ Ag. Sp. . . . . **saxatile.** *MB.* Stein-L.

22 Die Stbgfss. abwechselnd breiter, aber ohne Zahn am Grunde; B. unters. scharf-gekielt. 23
Die Stbgfss. am Grunde beiders. mit 1 kurzen, stumpfen Zahne versehen. 24

23 Bth. gelblich-weiss o. weissl.; BScheiden an der Spitze quer-abgeschnitten. ♃ Jl. Ag.
ochroleucum. *WK.* Gelblichweisser L.
Bth. hellpurp.; BScheiden an der Spitze schief-abgeschnitten. ♃ Jl. Ag.
suaveolens. *Jcq.* Wohlriechender L.

24 Bth. hellpurp.; B. unters. fast halbstielr.; Dolde kapseltr.; Zwiebel netzig-faserig. ♃ Jl. Ag.
strictum. *Schrd.* Steifblttr. L.
Bth. schmutzig-weiss; B. flach, breit-lineal; Dolde zwiebeltrag.; Zwiebel gehäuft. 25

25 B. obers. rinnig; Zwiebelchen längl. ♃ Jl. Ag. *cult.*
sativum. *L.* Knoblauch.
B. durchaus flach; Zwiebelchen rundl.-eif. ♃ Jl. Ag. *cult.* **Ophioscorodon.** *Dod.* Neunhelm. Natterknoblauch.

26 Bth. hellgelb; Stbgfss. noch 1mal so lang als das Perig. ♃ Jl. Ag. .... **flavum**. *L.* Gelber L.
Bth. weissl. o. grünl. o. röthl.; B. lineal. 27

27 PerigB. spitzlich; B. halbstielr., schmal, rinnig, nicht hohl. ♃ Jn. Jl. *J.* blassrosa.
paniculatum. *L.* Rispiger L.
PerigB. stumpf o. gestutzt. 28

28 B. innen hohl, grasartig, am Grunde schwach-rinnig, obers. flach, unters. kantig-gefurcht; Stbgfss. kürzer als das Perig. ♃ Jl. Ag. *J.* weissl. o. grünl., mit 1 dunkl. Rückenstr. .. **pallens**. *L.* Blasser L.
B. nicht hohl, rinnig, gegen die Spitze hin flach. .. 29

29 Bth. weissl.-grün, o. hell-schmutzig-röthl., mit 1 grünen o. purp. Rückenstreif.; Stbgfss. so lang als das Perig. ♃ Jn. Jl... **oleraceum**. *L.* Gemüse-L.
Bth. rosenr.; Stbgfss. noch 1mal so lang als das Perig. ♃ Jn. Jl. .**carinatum**. *L.* Stumpfrilliger L.

XIII. HEMEROCALLIS. *L.* Taglilie.

Zipfel des Perig. flach, nervig, aderlos, ♃ Jn. gelb.
flava. *L.* Gelbe T.
Zipfel des Perig. nervig u. aderig, die innern am Rande wellig. ♃ Jl. Ag. rothgelb.
fulva. *L.* Rothgelbe T.

XIV. ENDYMION. *Dum.* Sternhyacinthe.

B. breit-lineal; Bth. glockig-walzl., Zipfel an der Spitze zurückgekrümmt. ♃ Mai. blau.
nutans. *Dum.* Ueberhängende St.

XV. MUSCARI. *Tour.* Träubchen.

1 Bth. kantig-walzl., die unt. wagrecht-abstehend. ♃ Mai, Jn. die unt. Bth. bräunl., am Grunde u. an der Spitze grün, die ob. amethystblau.
comosum. *Mill.* Schopfiges T.
Bth. eif. o. kugelig, überhäng., die obersten aufrecht. 2

2 Bth. eif., gedrungen; B. lineal, rinnig, bogig-zurückgekrümmt, schlaff. ♃ Ap. Mai. tiefblau, bereift, Zähne an der Spitze weiss. **racemosum**. *Mill.* Blauträubchen.
Bth. fast kugelig-eif., zuletzt locker; B. lanzett.-lineal, nach dem Grunde verschmälert, aufr. ♃ Ap. Mai. sattblau. **botryoides.** *Mill.* Steifblttr. T.

XVI. NARTHECIUM. *Mhr.* **Aehrenlilie.**

WzB. lineal-schwertf.; Kaps. spitz. ♃ Jl. Ag. inwend. gelb, aussen grün.....**ossifragum**. *Hds.* Beinheil.

---

121. Ordnung. COLCHICACEEN. *DC.* Zeitlosengewächse.

Perig. 6spalt. o. 6blttr.; Stbgfss. 6; FrKnot. 1 o. 3, vieleiig; Gr. 3; Fr. einwärts aufspring., entweder aus 3 getrennten 1fächer. Balgkapseln zsmgesetzt, o. eine 3klappige u. durch die einwärts-gebogenen Klappenränder 3fächerige Kps. bildend.

GATTUNGEN.

1 Perig. 1blttr., trichterf. mit verläng. Röhre; Kaps. aufgeblasen. (B. nach der Bth. erscheinend.) **Colchicum.** I.
Perig. 6blttr.; Kps. 3, verwachsen. 2

2 Stbkölbch. quer in 2 eine Scheibe darstellende Klappen aufspring.; Sam. zsmgedrückt o. geflügelt. **Veratrum.** II.
Stbkölbch. mit 2 Längsritzen aufspring.; Gr. pfrieml.; Sam. längl., stielrund...............**Tofieldia.** III.

ARTEN.

I. **COLCHICUM.** *L.* **Zeitlose.** (Bth. fleischfarb.)

Perig.-Zipfel gerad-nervig; B. lanzett.-lineal. ♃ Sp. Oc. *J.*................**arenarium.** *WK.* Sand-Z.
Perig.-Zipfel wellig-nerv.; B. breit-lanzett., steif. ♃ Ag.-Oct.
autumnale. *L* Herbst-Z. Spinnblume. Gutzergackel.

II. **VERATRUM.** *L.* **Germer.** Hemerwurz.

Bth. schwarzpurp.; Tr. filzig; B. breit-ellipt., kahl. ♃ Jl. Ag. ....**nigrum.** *L.* Schwarzer G.
Bth. inwend. weiss, auswend. grün; Tr. flaumig; B ellipt. o. lanzett., unters. flaumig. ♃ Jl. Ag.
album. *L.* Weisser G.

III. **TOFIELDIA.** *L.* **Simsenlilie.**

BthStielch. mit 2 DeckBlttch., eines am Grunde des Bth-Stielch., längl., das andere der Bth. genähert, 3-lappig, kelchartig; B. vielnervig. ♃ Jl. Ag. gelbl.
calyculata. *Whlg.* Kelchblüth. S. Beengras.
Nur ein 3lapp. DeckBlttch. am Grunde des BthStielch.; B. meist 3nervig. ♃ Jl. Ag. *A.*
borealis. *Whlg.* Nordische S.

---

122. Ordnung. JUNCACEEN. *Bartl.* Simsengewächse.

Perig. unterst., trockenhäut., spelzenartig, 6blttr.; Stbgfss. 6, seltner 3; FrKnot. 1; Gr. 1; N. 3, fädlich, behaart; Kaps. 3klappig, 3- o. vielsamig; Bth. in Ebensträussen (Spirren), Köpfch., o. einzeln; jeder Ast u. jedes Aestchen der Spirre hat am Grunde 2 DeckB., ein äusseres grösseres (Hülle) u. ein inneres kleineres (Stiefelchen).

GATTUNGEN.

Kapselklappen in der Mitte scheidewandtragend; Sam. zahlreich.......... .... **Juncus**. I.
Kapselklappen ohne Scheidewand; Sam. 3. **Luzula**. II.

ARTEN.

I. JUNCUS. *L.* Simse.

1 Bth. wenige (1—3), einzeln, zerstreut an dem fädl. Stg., weder in Köpfch. noch in Spirren zsmgestellt; HüllB. 2—3, endst., verlängert, borstl.......... 2
Bth. 3—zahlreich, in deutl. Köpfchen o. Spirren zsmgestellt, im letzteren Falle oft einzeln.......... 3

2 B. vielmal kürzer als der Stg.; Kaps. eif. ♃ Jl. Ag. **trifidus**. *L.* Dreispaltige S.
B. länger als die Hälfte des Stg.; Kps. längl. ♃ Jl. Ag. *A*..................**Hostii**. *Tsch.* Host's S.

3 Ein blattloser, jedoch nicht immer blüthentr. Stg. (Schaft) vorhanden.......................... 4
Nebst dem Schafte sind nur borstl. WzB. vorhanden.. 12
Ein beblätterter Stg. vorhanden................ 15

4 WzB. stielrund, stechend; Bth. in endst. Spirren; Seestrandgew. 5
WzB. anders beschaffen; Spirren seitenst.......... 6

5 Kaps. so lang als das Perig., stachelspitzig. ♃ Jl. Ag. **maritimus**. *Lam.* Strand-S.
Kaps. noch 1mal so lang als das Perig., zugespitzt. ♃ Mai, Jn...............**acutus**. *L.* Spitzige S.

6 Spirre einfach, kopfig, meist 7blth; Schaft glatt.... 7
Spirre doppelt-zsmgesetzt....................... 8

7 Schaft steifaufrecht; Gr. deutl.; Kapsel oval, stachelspitzig. ♃ Jn. Jl. *A*......**arcticus**. *W.* Schnee-S.
Schaft fädl.; Gr. fast fehlend; Kaps. rundl., spitzig. ♃ Jn. Jl.............**filiformis**. *L.* Fädliche S.

8 Spirre locker, strohgelb, die äuss. Aeste sprossend-verlängert. ♃ Jl. Ag. am adriat. Meere. **paniculatus**. *Hppe.* Rispige S.
Spirre dicht-blüth.; PerigB. lanzettl., sehr spitz.... 9

9 Schaft mit fächerig-unterbrochenem Marke angefüllt, bläulich-grün; BScheiden schwarzpurp. ♃ Jn.-Ag.
glaucus. *Ehr.* Seegrüne S. Eisensimse.
Schaft mit ununterbroch. Marke angefüllt; Kps. vrkhrt-eif. 10

10 Bth. 6männig; Kaps. stumpf, stachelspitz; Schaft grasgrün; BScheiden schwarz-purp. ♃ Jn. Jl.
diffusus. *Hppe.* Ausgebreitete S.
Bth. 3männig, BScheiden lichtbraun............. 11

11 Der Grund des Gr. auf 1 erhabenen Zitze der Kps. sitzend. ♃ Mai, Jn.
conglomeratus. *L.* Geknäulte S. Rutsche.
Der Grund des Gr. in 1 Grübchen der Kps. sitzend. ♃ Jn. Jl. .... **effusus,** *L.* Flatter-S.

12 Bth. in endst. Spirren. 13
Bth. in endst. Köpfch.; B. borstl.-pfrieml., rinnig; Bth. 3männig............................... 14

13 Stbfäd. so lang als die Stbkölb.; Stg. fädl.; B. obers. schmal-rinnig, unters. convex. ♃ Jl. Ag.
supinus. *Mnch.* Niedrige S.
Stbfäd. 4mal kürzer als die Stbkölbch.; Stg. steif, etwas kantig; B. lineal, rinnig. ♃ Jl. Ag.
squarrosus. *L.* Starre S.

14 Das untere DeckB. des FrKöpfch. abstehend o. bogig-aufwärtsgerichtet. ⊙ Ap. Mai. *J.* 3—8 Cm. hoch, oft ganz rothbraun.
triandrus. *Gouan.* Dreimännige S.
Das unt. DeckB. des FrKöpfch. steif-aufrecht. ⊙ Jn.-Ag. 12—15 Cm. hoch. **capitatus.** *Weig.* Köpfige S.

15 StgB. gegliedert, inwendig fächerig-röhrig; Bth. in endst. Spirren. 16
StgB. ungegliedert, inwendig nicht fächerig-röhrig. 20

16 PerigB. stumpf, die äusseren unter der Spitze kurz-stachelspitzig. ♃ Jl. Ag...**alpinus.** *Vill.* Alpen-S.
Die unter der Spitze der äuss. PerigB. eingefügte Stachelspitze fehlt........................ 17

B. stielrund.; PerigB. gleich, abgerundet-stumpf, eben
so lang als die eif., spitzige Kps. ♃ Jl. Ag.
17 **obtusiflorus.** *Ehr.* Stumpfbth. S.
B. etwas zsmgedrückt; PerigB. ungleich-lang o. an
der Spitze ungleich. 18

PerigB. gleichlang, die äuss. spitz, die innern stumpf,
kürzer als die Kps. ♃ Jl. Ag.
lamprocarpus. *Ehr.* Glanzfrüchtige S. Gliedersimse.
18 Die innern PerigB. länger, an der Spitze umgebogen,
alle zugespitzt-begrannt; Kps. eif., zugespitzt-geschnäbelt. 19

PerigB. kürzer als die Kps.; BGlieder glatt. ♃ Jl.
Ag. . . . . **silvaticus.** *Reich.* Spitzbth. S.
19 PerigB. etwa so lang als die Kps.; BGlieder feingestreift. ♃ Jl. Ag. 60—90 Cm. hoch; lebhaft-grün;
Bth. glänzend, schwarz.
atratus. *Krok.* Schwarzblüh. S.

20 Bth. in Köpfchen zsmgestellt. 21
Bth. in Spirren zsmgestellt. 25

21 Köpfch. 3blüthig. 22
Köpfch. mehrblüthig, endst. 24

Stg. an der Spitze mit 3, seltener 2 borstl., langen
HüllB.; Stg. fädlich; Wz. kriechend. ♃ Jl.-Ag.
22 **trifidus.** *L.* Dreispaltige S. Bürstling.
Stg. an der Spitze ohne borstl. Verlängerungen; Wz.
faserig. 23

Unt. B. stielrund-pfrieml., am Grunde rinnig. ♃ Jl.
23 Ag. *A.* . . . **triglumis.** *L.* Dreiblüthige S. Alpensimse.
Unt. B. borstl., etwas zsmgedrückt, oberw. rinnig, ♃
Jl. Ag. *A.* . . . . **stygius.** *L.* Hochalpen-S.

Stg. 1blttr.; Köpfch. 4—8bth., gestielt, vom HüllB.
entfernt; Wz. kriechend. ♃ Jn. Jl. *A.*
24 **Jacquini.** *L.* Jacquin's S. Gemsensimse.
Stg. 2blttr.; Köpfch. einzeln o. 2—3; Wz. ausläufertr.
♃ Jl. Ag. *A.* **castaneus.** *Sm.* Kastanienbraune S.

Aeste der Spirre verlängert, 2spalt.; B. borstl., am
Grunde rinnig; Bth. einzeln, entfernt. 26
25 Aeste der zsmgesetzten Spirre trugdoldig o. ebensträussig; B. lineal, rinnig. 28

26 Aeste der Spirre abstehend; PerigB. ein wenig länger als die rundl. Kapsel. ⊙ Jn. Jl.
Tenageia. *Ehr.* Schlamm-S.
Aeste der Spirre aufrecht; PerigB. bemerklich länger als die Kps. 27

27 Kaps. rundl., stumpf; Stg. 1–2blttr. ⊙ Jn. Jl.
sphaerocarpus. *Nees.* Kugelfrücht. S.
Kaps. längl.; Stg. vielblttr. ⊙ Jl. Ag.
bufonius. *L.* Kröten-S. Poggengras.

28 PerigB. lanzett., verschmälert-spitz, länger als die eif.-längl. Kaps. ♃ Jn. Jl. **tenuis.** *W.* Dünne S.
PerigB. eif.-längl., sehr stumpf; Stg. in der Mitte 1blttr. 29

29 Stg. zsmgedrückt; PerigB. etwa nur die Hälfte kürzer, als die fast kugelige Kps. ♃ Jl. Ag.
compressus. *Jcq.* Zsmgedrückte S. Sommersimse.
Stg. fast stielr.; PerigB. etwa so lang als die längl., ovale, etwas 3seitige Kps. ♃ Jl. Ag.
Gerardi. *Lois.* Gerard's S.

II. LUZULA. *DC.* Hainsimse. Marbel.

1 Same an der Spitze mit 1 Anhängsel, o. das Anhängsel fehlt gänzlich.............................. 2
Same am Grunde mit 1 kegelf. Anhängsel (Nabelwarze); Perig. zugespitzt, länger als die stachelspitzige Kps. 9

2 Same an der Spitze mit 1 grossen, kammf. Anhängsel; B. am Rande langhaarig.............................. 3
Sam. an der Spitze ohne Anhängsel, o. dieses klein u. unscheinbar.............................. 5

3 Bth. strohgelb; Spirre doldig; Aeste meist 1bth.; WzB. lineal; Wz. ausläufertr. ♃ Jn. Jl.
flavescens. *Gd.* Gelbliche H.
Bth. braun o. röthl; Spirre ebensträuss. 4

4 Anhängs. des Sam. gerade, stumpf; WzB. lineal. ♃ Jn. Jl. *Tyr*..........**Forsteri.** *DC.* Forster's H.
Anhängs. des Sam. sichelf.: WzB. lanzett. ♃ Ap. Mai. kaffeebraun.. **pilosa.** *W.* Haarige H. Rauschgras.

5 Bth. hellgelb; Ebensträussch. zuletzt fast ährig; B. ganz kahl o. am Grunde etwas bärtig, lanzett-lineal. ♃ Jl. Ag. *Tyr. A.*..**lutea.** *DC.* Gelbe H.
Bth. weiss, gelbl., fleisch- o. kupferroth; B. lineal, am Rande langhaarig. 6
Bth. dunkelbraun; PerigB. etwa so lang als die Kaps. 7

6 BthStiele meist 4bth.; Stbkölbch. fast sitzend. ♃ Jn. Jl. weiss, gelbl., fleisch- o. kupferroth.
albida. *DC.* Weissliche H.
Bth. büschelig; Stbfad. so lang als d. Stbkölbch. ♃ Jn. Jl. rein weiss.
nivea. *DC.* Schneeweisses H. Geissmarbl.

7 B. kahl, lanzett.; BthStiele 1bth.; Stbfäd. 6mal kürzer als d. Stbkölbch. ♃ Jn. Jl. *A.*
glabrata. *Hpp.* Kahle H.
B. am Rande o. am Grunde behaart; BthStiele meist 3—4bth. 8

8 BthStiele an der Spitze 3bth., Stbfad. sehr kurz; B. am Rande behaart. ♃ Mai, Jn.
maxima. *DC.* Grösste H.
BthStiele oberw. schlängelig, meist 4bth.; Stbfad. 4mal kürzer als d. Stbkölbch.; B. am Grunde bärtig. ♃ Jn. Jl. *A.*..**spadicea.** *DC.* Glänzendbraune H.

9 B. rinnig, am Grunde behaart; Aehren längl., lappig, überhängend; Kps. rundl.-eif.; Stbfad. halb so lang als das Stbkölb. ♃ Jn. Jl. *A.* schwarzbraun.
spicata. *DC.* Aehrige H.
B. flach, am Rande behaart, zuletzt kahl; Aehren eif., doldig; Kps. rundl.; Bth. braun o. schwarzbr. 10

10 Die gestielten Aehren zuletzt etwas nickend; Stbfad. 3mal kürzer als das aufgespr. Stbkölb. ♃ Mz.-Mai. ....**campestris.** *DC.* Himmelsbrod.
BthStiele steif; Stbfad. halb so lang als das aufgespr. Stbkölb. ♃ Mai-Jn.
multiflora. *Lej.* Reichblüth. H.

---

123. Ordnung. CYPERACEEN. *Juss.* Cypergrasgewächse.

Bth. balgartig, zwitterig o. 1häusig, selten 2häus., in Aehren o. Aehrchen: der Balg (Schuppe) 1klappig (aus dem unterst. DeckB.), o. 2klappig (aus 2 DeckB. gebildet); die innere Klappe (bei Cyperus) an die Spindel angewachsen, o. (bei Carex) in eine krugf. Eigenhülle umgewandelt; Perig. bisweilen aus Borsten (6—viele) o. zahlreichen Fäden gebildet, bisweilen ganz fehlend; Stbgfss. 2—3; Stbkölbch. an der Spitze ungetheilt; FrKnoten frei; Gr. 1; N. 2—3; Nuss 3kantig o. zsmgedrückt, nackt, o. von den Borsten o. dem Kruge eingeschlossen (falsche SchlauchFr.); B. mit ungetheilt. Scheiden, oft zu einer Stachelspitze verkümmert. Spirre u. DeckB. wie bei den Juncaceen.

GATTUNGEN.

1. Bth. zwitterig 2
   Bth. 1- o. 2häusig 9

2. Die spelzenart. Deckblttch. (Bälge) zweizeilig-dachig, am Rücken gekielt 3
   Die spelzenart. Deckblttch. (Bälge) von allen Seiten her ziegeldachig-aufeinandergelegt 4

3. Bälge zahlreich (12—24), alle bthtrag. o. 2—3 der untersten kleiner u. leer; Borsten fehlen; Aehrch. deutlich-2reihig in Köpfch., Büscheln o. Spirren. **Cyperus.** I.
   Bälge 6—9, nur der oberst. Balg o. die 2—3 obersten fruchtbar, die 3—6 untersten kleiner u. leer; Aehrch. weniger deutl.-2reihig, in 1 Köpfch. vereinigt . . . . **Schoenus.** II.

4. Perig. aus zahlreichen, fortwachs. Borsten gebildet, zuletzt viel länger als die Bälge, als eine sehr lange Wolle die Nuss einhüllend. **Eriophorum.** VIII.
   Perig.-Borsten entweder fehlend o. nicht wollig. . . . 5

5. Die 3—4 untern Bälge kleiner u. unfruchtb., 6—7 in einem Aehrch. 6
   Nur 1—2 der untern Bälge unfruchtbar u. grösser . 7

6 Perig.-Borsten fehlen; Nuss mit einer krustigen, zerbrechl. Rinde; Gr. fädlich, abfallend. **Cladium.** III.
Perig.-Borsten eingeschlossen; Gr.-Basis bleibend, zsmgedrückt-kegelf., mit der Nuss durch ein Gelenk verbunden. . . . . **Rhynchospora.** IV.

7 Gr. mit dem FrKnoten ohne Gelenk verbunden, bis zum Grunde gleichf.; Borsten meist 6 o. fehlend. **Scirpus.** VI.
Gr. mit dem FrKnot. durch ein Gelenk verbunden, am Grunde breiter. 8

8 Gr. zsmgedrückt, oberw. gewimpert. **Fimbristylis.** VII.
Gr. nicht zsmgedrückt, oberw. ohne Wimpern; eine einfache Aehre an der Spitze des blattlosen Halmes. **Heleocharis.** V.

9 Aehrchen 2—mehrbth.; FrKnoten 1, von einer besondern, flaschenf Hülle eingeschlossen, zuletzt eine falsche SchlauchFr. darstellend; N. 2—3. **Carex.** XI.
Aehrch. 1—2bth.; alle o. wenigstens die ♀ mit 1 DeckB. bedeckt; Hülle fehlt; nackte GrasFr.; Stbgfss. 3; N. 3. 10

10 Aehrch. 2bth., in 1 endst., linealen stielrunden Aehre; jedes am Grunde mit 1 grossen, schuppenf. DeckB. umgeben. . . . . **Elyna.** IX.
Aehrch. 1bth., in 4—5 kurzen, linealen Aehren, die an der Spitze des Halmes eine doppelt-zsmgesetzte, ziemlich schmale Aehre bilden; untere Aehrch. meist ♀, die ob. ♂ u. deckblattlos. . **Kobresia.** X.

ARTEN.

I. CYPERUS. *L.* Cypergras.

1 Narben 2. 2
Narben 3. 4

2 Aehrch. eif., meist zu 4 beisammen stehend; Stg. niederliegend; Schaft ziemlich 3seitig. ⊙ Jl. Ag. *Ug.* **pannonicus.** *Jcq.* Ungarisches C.
Aehrch. lanzettl. 3

3 { Hülle meist 3blttr.; Wz. faserig. ⊙ Jl. Ag. Bälge gelblich, mit grünem Rückenstreif. · **flavescens**. *L.* Gelbliches C.
Hülle 4blttr., sehr lang; Wz. kriechend. ♃ Jl. Ag. Bälge purp. . . . . **Monti**. *L.* Monti's C.

4 { Wz. faserig; Aehrch. lineal, schwarzbraun mit grünem Rückenstreif. ⊙ Jl. Ag. **fuscus**. *L.* Schwärzliches C.
Wz. kriechend o. Ausläuf. treibend; Hülle lang, 4 bis 6blttr. 5

5 { Wz. Ausläuf. treibend, mit an fädl. Fasern hängenden Knollen. ♃ Jl. Ag. *cult.* Aehrch. strohgelb. **esculentus**. *L.* Erdmandel.
Wz. kriechend ohne Knollen. 6

6 { Bälge lineal; Aehrch. sehr gedrungen-zsmgeballt, kugelig o. oval, an der Spitze der läng. Aeste zu 3. ♃ Jl. Ag. . . . . **glomeratus**. *L.* Geknäultes C.
Bälge eif., stumpf, am Rücken gerillt. 7

7 { Aehren an der Spitze der läng. Aeste zu 3 u. 4; seitenst. Spirrenästch. fast rechtwinkelig-abstehend. ♃ Jl. Ag. . . . . **badius**. *Dsf.* Kastanienbraunes C.
Aehrch. an der Spitze der läng. Aeste doldig mit aufr., ungleichen BthStielen. ♃ Jl. Ag. Bälge röthl.-braun, Rand blass, Kiel grün. **longus**. *L.* Langes C.

II. SCHOENUS. *L.* Knopfgras. Strickgras.

1 { B. lineal, flach, etwas rinnig; Köpfch. endst., halbkugelig. ♃ Jn. Jl. *J.* **mucronatus**. *L.* Spitziges K.
B. pfrieml.; Köpfch. aus schwarzbraunen Aehrch. zsmgesetzt. 2

2 { Köpfch. aus 5—10 Aehrch. gebildet; B. halb so lang als der Halm. ♃ Mai, Jn. **nigricans**. *L.* Schwärzliches K.
Köpfch. aus 2—3 Aehrch. gebildet; B. viel kürzer als der Halm. ♃ Mai, Jn. **ferrugineus**. *L.* Rostfarbenes K.

III. CLADIUM. *Pt. Br.* Nussbinse.

Spirre doppelt-zsmgesetzt; Aehrch. köpfig-geknäult; Halm stielrund, glatt; Ränder u. Kiel d. B. rauh. ♃ Jl. Ag. . . . . **Mariscus**. *R. Br.* Sumpf-N.

IV. RHYNCHOSPORA. *Vhl.* Schnabelbinse.

Aehrch. fast ebensträuss.-geknäult, Büschel etwa so lang als die Hülle; Wz. faserig. ♃ Jl. Ag. weiss.
alba. *Vahl.* Weisse Sch.
Aehrch. kopfig-geknäult, Büschel vielmal kürzer als die Hülle; Wz. kriechend. ♃ Jn. Jl. braun.
fusca. *V. u. S.* Braune Sch.

V. HELEOCHARIS. *R. Br.* Teichbinse.

1 N. 3; Halm gefurcht-4seitig; Wz. kriechend; Aehrch. eif.; Nuss oval, vielriefig. ⊙ Jn.-Ag.
acicularis. *R. Br.* Nadelf. T. Moosbinse.
N. 2; Nuss vrkhrt-eif., glatt 2

2 Bälge ziemlich spitz; Nüsse an den Rändern abgerundet-stumpf, braun; Wz. kriechend.......... 3
Bälge stumpf, eif.; Nüsse an den Rändern spitzkantig; Wz. faserig 4

3 Der unterste Balg das halbe Aehrch. umfassend. ♃ Jn.-Ag. im Wasser 60—90 Cm. hoch, mit rothbraunen Bälgen, ausser dem Wasser 7—15 Cm. lang mit dunkelbraunen Bälgen.
palustris. *R. Br.* Sumpf-T. Riesch.
Der unterste Balg das Aehrch. ganz umfassend, rundl. ♃ Jn.-Ag....... **uniglumis.** *Lnk.* Einbälgige T.

4 Der unterste Balg das Aehrch. ganz umfass.; Aehrch. längl. ⊙ Jl. Ag. Nüsse grünl.-braun.
carniolica. *Kch.* Krainer T.
Der unterste Balg das Aehrch. halb umfassend; Aehrch. rundl. o. eif. ⊙ Jn. Jl. Nüsse strohgelb.
ovata. *R. Br.* Eiförm. T.

VI. SCIRPUS. *L.* Binse. Juelhalm. Semde.

1 BthStand ein endst. Aehrchen o. eine endst., aus einzelnen Aehrchen gebildete 2zeilige Achre 2
BthStand eine end- o. seitenständ. Spirre 6

2 Aehrch. in 1 endst., 2zeilige, dichte, zsmgedrückte Aehre geordnet; Halm undeutl., 3seitig; Aehrch. 6—8bth.; B. unterw. gekielt. ♃ Jl. Ag.
compressus. *Prs.* Zsmgedrückte B.
Aehrch. endst. an der Spitze des Halmes o. der Aeste, aber die Aeste nie in 1 Spirre zsmgedrängt 3

3 N. 2; Stg. gestreckt o. fluthend, ästig, beblättert, wurzelnd; Aehrchen blattwinkelst. ♃ Jl.-Sp.
fluitans. *L.* Fluthende B.
N. 3; Stg. stielrund; Nuss 3seitig 4

4 Die oberste Scheide in 1 kurzes B. endigend; der unterste Balg stachelspitzig, etwa so lang als das Aehrch., u. dieses umfassend. ♃ Mai, Jn.
caespitosus. *L.* Moor-B. Torfbinse.
Scheiden blattlos; der unterste Balg ohne Stachelspitze 5

5 Halm ohne Querwände, am Grunde mit rothbraunen Schuppen; Aehrch. braun, eif. ♃ Jn. Jl.
pauciflorus. *Lgtf.* Armbth. B.
Halm innen querwandig, am Grunde mit sehr dünnen, häut. Scheiden; Aehrch. gelbl., längl. ♃ Jl. Ag. *J.*
parvulus. *R. et S.* Zwerg-B.

6 Spirre trugseitenst., (das grössere HüllB. richtet sich auf u. stellt eine Fortsetzung des Halmes dar)... 7
Spirre endst., B. des 3kant. Halmes u. die HüllB. grasartig 16

7 Spirre aus kugeligen, dicht-zsmgeballten, sitzend. u. gestielt. Köpfch. zsmgesetzt; Halm stielrund; N. 3; B. halbstielrund, rinnig. ♃ Jl. Ag.
Holoschoenus. *L.* Knopfgrasart. B.
Aehrch. 2 o. mehrere, einzeln o. gebüschelt, kein Köpfch. bildend 8

8 Bälge an der Spitze ganz, stachelspitzig; Nüsse gerieft o. runzelig.......................... 9
Bälge an der Spitze ausgerandet, in der Bucht mit 1 Stachelspitze; Nüsse glatt................... 11

9 Halm 3kantig; Aehrch. in 1 Büschel gehäuft; das gröss. HüllB. zuletzt wagrecht-zurückgeschlagen. ♃ Jl. Ag.......**mucronatus**. *L.* Steifgespitzte B.
Halm stielrund.................................. 10

10 Aehrch. 1—3; das HüllB. vielmal kürzer als der Halm; Nuss zsmgedrückt, längsrippig. ⊙ Jl. Ag. **setaceus.** *L.* Borstliche B.
Aehrch. in 1 Büschel gehäuft; HüllB. etwa so lang als der Halm, aufrecht; Nuss 3seitig, querrunzlig. ⊙ Jl. Ag. ....**supinus**. *L.* Niedrige B.

11 Halm stielrund (wenigstens unterwärts); Aehrch. büschelig-gehäuft; Bälge fransig................ 12
Halm 3kantig; N. 2............................ 14

12 Halm unterw. stielrund, in der Mitte 3seitig; Bälge glatt; N. 2. ♃ Jn. Jl. **Duvalii**. *Hpp.* Duvalische B.
Halm durchaus stielrund........................ 13

13 Bälge glatt; N. 3. ♃ Jn. Jl. **lacustris.** *L.* See-B. Pferdebinse.
Bälge punktirt-rauh; N. 2. ♃ Jn. Jl. **Tabernaemontani**. *Gm.* Tabernaemontan's B.

14 DeckB. am Rande ungefranst; Aehrch. einzeln; Perig.-Borsten pinselig-federig. ♃ Jn. Jl. *J.* **littoralis.** *Schrd.* Meerstrands B.
DeckB. am Rande gefranst....................... 15

15 Aehrch. eif., büschelig-gehäuft in Spirren; Perig.-Borsten rückw.-fein-stachelig. ♃ Jl. Ag. **triqueter.** *L.* Dreikantige B.
Aehrch. längl.-eif., sitzend, in Knäueln; Borsten 2—3 mal kürzer als die Nuss. ♃ Jl. Ag. **Rothii.** *Hpp.* Roth's B.

16 N. 2; Köpfch. endst., rundl.-lappig; Bälge lanzett., stachelspitzig; Borsten fehlen. ⊙ Jl. Ag. *Ug.* **Michelianus**. *L.* Michelische B.
N. 3; Spirre 1- o. mehrfach zsmgesetzt u. ebensträuss.................................. 17

17 Bälge an der Spitze 2spaltig, mit 1 Stachelspitze in der Bucht. ♃ Jl. Ag. Aehrch. braun. **maritimus.** *L.* Meer-B.
Bälge an der Spitze ungetheilt, Aehrch. grün o. schwärzl.-grün 18

18 { Aehrch. büschelig, Büschel gestielt u. sitzend; Bälge fein-stachel-spitz; Perig.-Borsten rückw.-steifhaarig. ♃ Jn. Jl. .... **silvaticus.** *L.* Wald-B. Löchel.
Aehrch. alle gestielt; Bälge wehrlos; Borsten glatt, zsmgedreht. ♃ Jl. Ag. **radicans.** *Schk.* Wurzelnde B.

VII. FIMBRISTYLIS. *Vhl.* Fransenbinse. (*Süd-Tyr.* Pfl.)

{ B. etwa so lang als der Halm; Aehrch. zahlreich, eif.-längl. ⊙ Jn.-Ag. **dichotoma.** *Vahl.* Gabelspaltige F.
B. kürzer als der Halm; Aehrch. meist 5, eif. ⊙ Jl. Ag. .... **annua.** *R. et S.* Doldige F.

VIII. ERIOPHORUM. *L.* Wollgras. Dungras.

1 { Perig.-Borsten 4—6, zuletzt gekräuselt-schlängelig; Halm 3kantig, rauh; Aehrchen einzeln. ♃ Ap. Mai. *A.* .... **alpinum.** *L.* Alpen-W.
Perig.-Borsten zahlreich, gerade 2

2 { Aehrch. einzeln 3
Aehrch. mehrere 4

3 { Halm oberw. 3seitig; B. am Rande rauh; Wz. faserig. ♃ Ap. Mai .... **vaginatum.** *L.* Schneidiges W.
Halm stielrund; B. glatt; Wz. ausläufertr. ♃ Jn. Jl. *A.* ...... **Scheuchzeri.** *Hpp.* Scheuchzer's W.

4 { B. durchaus kantig; Halm undeutlich-3seitig; Bth-Stiele filzig-rauh. ♃ Mai, Jn. **gracile.** *Kch.* Schlankes W.
B. flach o. rinnig, nur an der Spitze 3kantig 5

5 { B. flach; BthStiele rauh. ♃ Ap. Mai. **latifolium.** *Hpp.* Breitblttr. W. Moorseide.
B. rinnig, lineal; BthStiele glatt. ♃ Ap. Mai. **angustifolium.** *Rth.* Schmalblttr. W. Moosfeder. Hundshaar.

IX. ELYNA. *Schrd.* Nacktriet.

Halm stielrund, so wie die rinnig-stielr. B. gefurcht; Aehre endst. ♃ Jn. Jl. *A.* **spicata.** *Schrd.* Aehriges N.

X. KOBRESIA. *W.* Schuppenriet.

Aehre endst., zsmgesetzt; Halm 3seit.; B. rinnig, an der Spitze 3seitig. ♃ Ag. *A.*
caricina. *W.* Seggenart. Sch.

XI. CAREX. *L.* Segge. Rietgras. Saher.

1 Eine einzige, endst., einfache Aehre an der Spitze des Halmes. 2
Aehren mehrere, o. eine einzige, aus mehreren Aehrchen zusammengesetzte Aehre, Köpfchen o. Rispe. 8

2 Fr. an der vordern Seite mit einer hornf. Granne; Aehre mannweibig, meist 10bth.; ♂ Bth. meist 6, endst. ♀: Nr. 3; Fr. lanzett.-pfrieml., zurückgebogen. ♃ Mai. (*Tyr. A.* Jl. Ag.) braun.
microglochin. *Whlb.* Kleinhakige S.
FrGranne fehlend. 3

3 Narben 2. 4
Narben 3; Aehre mannweibig. 7

4 Aehre 2häusig; Fr. vielnervig, oberw. am Rande rauh. 5
Aehre mannweibig, oberw. männl.; Fr. nervenlos. . 6

5 Fr. eif.; B. u. Halme kahl; Wz. ausläufertr. ♃ Ap. Mai. hellbraun.
dioica. *L.* Zweihäusige S. Ritschgras.
Fr. längl.-lanzett.; Halme u. BRänder rauh; Wz. faserig. ♃ Ap. Mai. dunkelbraun.
Davalliana. *Sm.* Davall's S.

6 Aehre längl.; Fr. nach beiden Seiten verschmälert, zurückgebogen; Bälge abfällig; B. borstlich. ♃ Mai, Jn. . . . . **pulicaris.** *L.* Floh-S.
Aehre rundl.-eif.; Fr. eif., zugespitzt, flach-zsmgedrückt, länger als die bleib. Bälge. ♃ Mai. *Tyr.*
capitata. *L.* Kopfige S.

7 Aehre 3—4bth.; ♂ Bth. endst.; Fr. lanzett.-pfrieml., zurückgebogen; weibl. Bälge hinfällig. ♃ Jn. Jl. strohgelb . . . . . . **pauciflora.** *Light.* Armblüthige S.
Aehre vielbth., lineal, an der Spitze männl.; Fr. kürzer als der Balg, zsmgedrückt-3kantig; B. lineal, flach. ♃ Jl. Ag. *A.* braun. . . . . **rupestris.** *All.* Felsen-S.

8 Aehrchen mannweibig; (nur bei *C. arenaria* kommen mannweib. Aehrchen mit 1häusigen gemischt vor). 9
Aehren o. Aehrchen 1häusig. 36

9 Aehrchen in ein rundl. o. lappiges Köpfchen geballt, am Grunde mit einer 2—3blttr. Hülle; Pf. vom Aussehen eines *Cyperus*. 10
Aehrchen in eine unterbrochene o. ununterbroch. Aehre geordnet 11

10 N. 2.; Aehrchen unterw. männl., in 1 kugeliges Köpfch. geballt; Hülle 3blttr. ♃ Ag. Sp. grasgrün.
cyperoides. *L.* Cypergras-S.
N. 3; Aehrch. oberw. männl., in 1 lappiges Köpfch. geballt; Hülle 2blttr. ♃ Mai. weiss. *Tyr.*
baldensis. *L.* Baldische S.

11 N. 3; Aehrch. oberw. männl.; Fr. geschnäbelt. . . . 12
N. 2. 13

12 Aehrch. entfernt, 2—4, das untere oft gestielt; Fr. entfernt, ellipt., 2nervig. ♃ Ap. Mai. strohgelb. *J.*
Gynomane. *Bert.* Lockerährige S.
Aehrch. in ein längl. Köpfch. sehr gedrungen-gehäuft; Fr. längl., 3kantig; Wz. faserig, dicht-rasig. ♃ Jl. Ag. *A.* . . . . **curvula.** *All.* Gekrümmte S.

13 Aehrch. oberw. männl., o. 1häus. Aehrchen mit mannweib. gemischt. 14
Aehrch. am Grunde männl.; Fr. geschnäbelt. 26

14 Wz. unterirdische verlängerte Ausläufer treib. 15
Wz. faserig, einen dichten Rasen v. B. u. Halmen bildend; Ausläufer ganz fehlend o. sehr kurz. . . . 19

15 Fr. aufgeblasen, höckerig-convex, zugespitzt-geschnäbelt, Schnabel glatt, an der Spitze schief-abgeschnitten; Halm glatt, einwärts-gebogen, so lang als die B. ♃ Jl. Ag. *Tyr.* A.
incurva. *Lght.* Eingekrümmte S.
Fr. nicht aufgeblasen, eif. 16

16 FrSchnabel am Rande glatt, an der Spitze trockenhäutig, kurz-2lappig; Fr. nervig-rillig; Halm glatt, viel länger als d. B.; Aehrch. in 1 rundl. Köpfch. gehäuft. ♃ Mai, Jn. *Tyr. Slzb.*
chordorrhiza. *Ehr.* Fadenwurzl. S.
FrSchnabel am Rande feingesägt-rauh. 17

17 Aehre doppelt-zsmgesetzt, die obern Aehrch. männl., die unt. weibl., die mittl. an der Spitze männl.; Fr. 7—9nervig. ♃ Mai, Jn. *J*...**arenaria**. *L*. Sand-S.
Aehre doppelt-zsmgesetzt, die obern u. untern Aehrchen weibl., die mittleren männl.; Fr. 9—11nervig. ♃ Mai, Jn....... **disticha**. *Hds*. Zweizeilige S.
Aehrch. mannweibig.............................. 18

18 Aehrch. in 1 Köpfch.; Fr. 9—11nervig, in einen, an der Spitze weissl.-häutigen, am Rücken ausgerandeten Schnabel zugespitzt. ♃ Ap.
stenophylla. *Whlbg*. Schmalblttr. S.
Aehre zsmgesetzt; Fr. breit-eif., 3—11nervig, in 1 tief- u. spitzig-2spalt. Schnabel zugespitzt; Bälge so lang als die Fr. ♃ Mai, Jn.
divisa. *Hds*. Getheilte S.

19 Aehrch. in ein rundl.-eif. Köpfchen gehäuft; Fr. eif., in einen, an der Spitze 2theil., am Rande fein-gesägten Schnabel zugespitzt; Halm auf den Kanten rauh; Wz. kurze Ausläuf. treibend. ♃ Jl. Ag. *Tyr. A*...................**foetida**. *All*. Stinkende S.
Aehrch. in 1 Aehre o. Rispe zsmgestellt........... 20

20 Aehren rispig; Halm oberw. sehr rauh, 3kantig; Fr. eif., höckerig-convex, FrSchnabel 2zähnig, am Rande fein-gesägt.............................. 21
Aehren zsmgesetzt o. doppelt-zsmgesetzt, eif., längl. o. verlängert.............................. 22

21 Fr. nervenlos, glatt, rückwärts am Grunde etwas rillig; Seiten des Halmes oberw. flach. ♃ Mai, Jn.
paniculata. *L*. Rispige S.
Fr. vor- u. rückw. nervig-gerillt; Seiten des Halmes oberw. etwas convex. ♃ Mai, Jn. Wzköpfe mit den Fasern der abgestorb. B. bedeckt.
paradoxa. *W*. Seltsame S.

22 Fr. am Rücken höckerig-gewölbt, eif., glänzend, nervenlos, glatt; Aehre zsmgesetzt o. doppelt-zsmgesetzt, gedrungen-gehäuft; Halm oberw. rauh, 3kantig; WzStock schief, ein wenig kriechend. ♃ Mai, Jn. .....**teretiuscula**. *Good*. Stielrundl. S.
Fr. nicht höckerig-gewölbt; Aehre zsmgesetzt...... 23

23 Halm schlank, schwach, etwas überhängend; Aehre verlängert, die obern Aehrch. genähert; Fr. geschnäbelt, eif., flach-convex; Bälge weiss, mit 1 grünen Rückenstreifen. ♃ Mai, Jn.
divulsa. *Good.* Zerrissene S.
Halm nicht überhängend........................ 24

24 Fr. aufr., eif., zsmgedrückt, nervenlos, geschnäbelt, so lang als der Balg; FrSchnabel an der Spitze an der innern Fläche ganz, auf dem Rücken gespalten; Wz. sehr kurze Ansläufer treib. ♃ Jn.-Ag. *A*............**microstyla.** *Gay.* Kleingriffige R.
Fr. sparrig-abstehend, flach-convex, länger als der Balg; FrSchnabel dicht-feingezähnt; Wz. ohne Ausläufer.................................. 25

25 Aehre eif., längl.; Fr. eif., 5—7nerv.; Kanten des Halmes sehr rauh. ♃ Mai, Jn.
vulpina. *L.* Fuchs-S. Bruchsegge.
Aehre längl., die unt. Fr. lanzett.-eif., nervenlos o. undeutl.-nervig, fast wagrecht-abstehend; Kanten des Halmes oberw. rauh. ♃ Mai, Jn.
muricata. *L.* Weichstachlige S.

26 Wz. lange unterird. Ausläufer treib.; FrSchnabel 2spaltig, am Rande feingesägt................ 27
Wz. einen dichten Rasen v. B. u. Halmen bildend; Ausläufer fehlend o. nur sehr kurz. 28

27 Aehrch. gekrümmt, längl.-lanzett.; Fr. lanzett., glatt; Aehre fast 2zeilig. ♃ Mai, Jn. weissl.
brizoides. *L.* Zittergrasart. S.
Aehrch. gerade, eif.-längl.; Fr. längl.-eif. ♃ Mai, Jn. dunkelbraun......**Schreberi.** *Schrk.* Schreber's S.

28 FrSchnabel an der Spitze u. auf dem Rücken ungetheilt, fast ganz o. nur ausgerandet; Fr. ein wenig länger als der Balg. 29
FrSchnabel an der Spitze 2zähnig o. 2spaltig o. sehr kurz, u. rückw. durch die ganze Länge gespalten. 32

29 Fr. lanzett., abstehend, nerv.-vielstreifig, auf dem Rücken convex, Schnabel am Rande rauh; Balg eif.; Aehrch. walzl., genähert. ♃ Mai, Jn.
elongata. *L.* Verlängerte S.
Fr. eif., aufrecht; Aehrch. rundl., ellipt. o. eif..... 30

30 FrSchnabel am Rande glatt; Fr. flach-convex, glatt; Aehrch. zu 3 in 1 Aehre, rundl.-ellipt., gedrungen; Halm glatt. ♃ Jl. Ag. *A.*
lagopina. *Whlb.* Genäherte S.
FrSchnabel am Rande rauh, kurz. 31

31 Fr. zsmgedrückt-3kantig, glatt; Aehrch. zu 3—4 in einer Aehre, rundl., genähert; Halm rauh. ♃ Mai. *Slzb.*... ....**Heleonastes.** *Ehr.* Torf-S.
Fr. zsmgedrückt, auf dem Rücken gewölbt, zartrillig; Aehrch. zu 6 in einer Aehre, eif.-längl., etwas entfernt. ♃ Mai, Jn. Bälge weissl., o. gelbl. u. weiss-berandet.....**cánescens.** *L.* Grauliche S.

32 FrSchnabel kurz, rückw. durch die ganze Länge gespalten; Fr. eif., fein-gerillt, am Rücken etwas convex; Aehrch. 5—8 in 1 Aehre, eif., die unt. entfernt. ♃ Jn. Jl. Bälge braun. *A.*
Persoonii. *Sieb.* Persoon's S.
FrSchnabel 2zähnig o. 2spaltig. 33

33 Aehrch. sämmtl. genähert, meist 6, rundl.-ellipt.; Fr. flach-convex, eif., nervig-gerillt u. mit einem geflügelten, gezähnelt-rauhen Rande umzogen. ♃ Jn. Jl. Bälge gelbbraun, weissl. o. strohgelb mit grün. Rückenstreifen. ....**leporina.** *L.* Hasen-S.
Aehrch. sämmtl. o. nur die untern entfernt; Fr. eif., flach-zsmgedrückt. 34

34 Die untersten Aehrch. aus 3—5 zsmgesetzt; Halm steif-aufrecht; das unterste DeckB. steif-aufrecht, länger als der Halm. ♃ Mai, Jn. *Tyr.*
axillaris. *Good.* Seitenständ. S.
Alle Aehrch. einfach, nur selten das unterste zsmgesetzt; Fr. eif., flach zsmgedrückt, in 1 zweizähn., feingesägten Schnabel zugespitzt. 35

35 Halm schlank, schwach, bogig-überhängend; die 3—4 untern Aehrch. entfernt; DeckB. länger als der Halm; Fr. aufrecht. ♃ Mai, Jn.
remota. *L.* Entferntähr. S.
Halm steif, glatt; Aehrch. meist 4, ziemlich entfernt; Fr. sparrig-abstehend, nervig-gerillt; DeckB. kürzer als die Aehrch. ♃ Mai, Jn.
stellulata. *Good.* Sternfrücht. S.

36 Die obersten u. untersten Aehrchen der doppelt-zsmgesetzten Aehre weibl., die mittleren männl.; Fr. eif., 9—11nerv., mit einem schmalen, fein-gesägten Rande; Wz. ausläufertr. ♃ Mai, Jn.
disticha. *Hds.* Zweizeilige S.
Die oberste Aehre männl., einzeln, und die seitenst. weibl., seltner die oberste Aehre weibl. o. mehrere männliche.................................... 37

37 Narben 2.. 38
Narben 3; die endst. Aehre männl. o. mannweib. (die unt. Bth. männl.)........................ 45

38 Fr. schnabellos, kahl, vrkhrt-eif., stumpf, mit ganzrand. Mündung; DeckB. scheidig; Aehren gestielt, 3 an der Spitze des Halmes, gedrungen, oft eine 4., entfernt u. lang-gestielt. ♃ Jl. Ag. *A.*
bicolor. *All.* Zweifarbige S.
Fr. geschnäbelt.................................... 39

39 Fr. mit einem berandeten, an der Spitze 2spalt. o. 2zähnigen, vorne flachen Schnabel endigend; endst. Aehren männl., einzeln.......................... 40
Fr. mit einem sehr kurzen, stielrunden, ungespaltenen, gestutzten o. schief abgeschnittenen Schnabel endigend.. 42

40 Fr. flaumig, längl., Schnabel 2spalt.; B. borstl.-rinnig; die männl. Aehre lanzett., weibl. 1—4, halb so lang, ellipt.-rundl., sitzend. ♃ Jl. Ag. *A.*
mucronata. *All.* Stachelspitzige S.
Fr. kahl, Schnabel 2zähnig; B. schmal-lineal, tiefrinnig, am Rande rauh; endst. Aehre männl. o. an der Spitze weibl.................................... 41

41 Halm oberw. stumpf-kantig; B. an der Spitze flachzsmgedrückt. ♃ Jn. Jl. *Tyr.*
Gaudiniana. *Gthn.* Gaudin's S.
Halm oberw. so wie die B. an der Spitze scharf-3kantig. ♃ Jn. sehr schlank, mit dünnen Aehren. *Tyr.* .... **microstachya.** *Ehr.* Kleinährige S.

42 BScheiden sämmtl. o. wenigstens die der unterst. B. am Rande netzig-gespalten; männl. Aehren 1—2, weibl. Aehren verlängert-walzl.; Fr. kahl; Halm steif-aufrecht; Wz. dicht rasig, ohne Ausläufer. ♃ Ap. Mai .... **stricta.** *Good.* Steife S.
BScheiden ganz, nicht netzig-gespalten; Wz. ausläufertreib. 43

43 B. zurückgekrümmt, starr; Fr. linsenf.-zsmgedrückt, fast 3seitig, glatt; männl. Aehre 1, weibl. 3, walzl., die unterste gestielt. ♃ Jn.-Ag. **rigida.** *Good.* Starre S.
B. aufrecht 44

44 Männl. Aehren 2—5, weibl. 3—4, verlängert-walzl., die blühenden nickend; Fr. etwas aufgeblasen, beiders. convex, undeutlich-nervig. ♃ Mai. **acuta.** *L.* Spitzige S. Nötsch.
Männl. Aehre einzeln, weibl. 2—4, verlängert-walzl., die unterste nur selten gestielt; Fr. vorne flach, auf den Rücken etwas convex u. vielnervig. ♃ Ap. Mai............ **vulgaris.** *Fr.* Gemeine S.*)

45 Fr. schnabellos o. in einen stielrunden, gestutzten, schief-abgeschnittenen o. kurz-2zähnigen Schnabel endigend.............................. 46
Fr. geschnäbelt, der Schnabel am Rücken gewölbt, vorne flach, an der Spitze 2zähnig o. 2spaltig, o. der Schnabel stielrund mit 2 langen Haarspitzen. 73

46 DeckB. gar nicht o. undeutlich scheidig 47
DeckB. scheidig 60

47 Fr. kahl 48
Fr. flaumig o. filzig, rundl.-3seitig............... 55

48 Die endst. Aehre mannweibig, am Grunde männl.; FrSchnabel klein-2zähnig...................... 49
Die endst. Aehre männl., einzeln, selten an der Spitze weibl., die weibl. genähert; FrSchnabel abgeschnitten, o. 2lappig u. trockenhäut.; Wz. ausläufertr. 53

*) *C. turfosa Fries.* ist nach *Neilr.* eine schlanke, auf torfiger Unterlage und im Schatten entstandene Form von *C. vulgaris.* — *C. caespitosa L.* soll sich nach *Ortmann* von *C. vulgaris* durch blattlose Scheiden an der Basis des Halms und durch eine rasenf. Wz. unterscheiden.

49 BScheiden netzig-gespalten; endst. Aehre vrkhrt-eif., weibl. Aehren meist 3; Fr. ellipt., stumpf, 3kantig, Bälge haarspitz. ♃ Ap. Mai.
Buxbaumii. *Whlbg.* Buxbaum's S.
BScheiden ungetheilt........................ 50

50 Halm rauh; Aehren 3—5, längl.-walzl., aufrecht, die weibl. gestielt; Fr. rundl.-eif., zsmgedrückt, am Rücken stumpf-gekielt. ♃ Ag. *A.* Fr. violett-schwarz, am Grunde u. auf dem Rücken grün, Bälge schwarz.
aterrima. *Hpp.* Kohlschwarze S.
Halm glatt.................................... 51

51 Die weibl. Aehren zuletzt hängend, längl., gestielt, 3—4, männl. Aehre eif.; Fr. rundl.-eif., zsmgedrückt, am Rücken stumpf-gekielt. ♃ Jn.-Ag. *A.* Fr. grün, breiter als der schwarz-violette Balg, getrock. gelbl.
atrata. *L.* Geschwärzte S.
Die weibl. Aehren immer aufrecht............... 52

52 Fr. ellipt., 3seitig; Aehren 3, dicht zsmgestellt, kurz gestielt, rundl. ♃ Jl. Ag. *St. Tyr. A.*
Vahlii. *Schk.* Vahl's S.
Fr. vrkhrt-eif., zsmgedrückt; Aehre 3—4, sitzend o. kurz gestielt, eif. ♃ Jl. Ag. Fr. violett-schwarz, grün berandet. *A.* ....**nigra.** *All.* Schwarze S.

53 Fr. kugelig-ellipt., 3kantig, glänzend, Schnabel 2lappig, trockenhäut.; weibl. Aehren 1—2, rundl., sitzend, halb so lang als die längl.-lanzett. männl. Aehre. ♃ Ap. Mai ......**supina.** *Whlb.* Kleine S.
Fr. rundl.-oval, stumpf, linsenf.-zsmgedrückt, Schnabel abgeschnitten; weibl. Aehren lang- und dünn-gestielt, nickend o. hängend....... 54

54 Fr. nervenlos o. schwach-nervig; weibl. Aehren 2—3, eif.; B. lineal, flach, glatt, am Rande nach der Spitze hin rauh. ♃ Jl. *A.*
irrigua. *Sm.* Bewässerte S.
Fr. vielnervig; weibl. Aehren 1—2, längl.; B. schmal-lineal, faltig-rinnig, am Rande von der Bas. an rauh. ♃ Mai, Jn. ....**limosa.** *L.* Schlamm-S.

55 Die unterste DeckB. gänzl. blattig; Bälge mit 1, in die Spitze auslauf. Nerven 56
DeckB. gänzl. häutig o. am Rande häutig, stgumfassend 57

56 Wz. faserig; weibl. Aehren meist 3, rundl.; das untere DeckB. lineal-pfrieml., aufr.-abstehend; Fr. rundl.-eif., flaumig; fruchttr. Halme herabgekrümmt. ♃ Ap. Mai. .... **pilulifera.** *L.* Pillentrag. S.
Wz. ausläufertr.; weibl. Aehren 1—2, walzl.; das untere DeckB. sehr kurz-scheidig, wagrecht-abstehend; Fr. rundl.-vrkhrt-eif., kurzhaarig-filzig; fruchttr. Halme steif-aufrecht. ♃ Mai. Jn. BScheid. purp.-braun. ......**tomentosa.** *L.* Filzfrüchtige S.

57 DeckB. gänzlich häutig o. nur an der Spitze blattig, spitz o. begrannt; weibl. Aehren 1—2, eif. 58
DeckB. nur am Rande häutig; weibl. Aehren 1—3, längl.-eif.; Fr. vrkhrt-eif., am Munde etwas ausgerand., flaumig; Bälge stachelspitzig 59

58 Wz. faserig, gedrungen-rasig; Fr. längl.-vrkhrt-eif., am Munde ausgerandet, kurzhaarig-flaumig; Bälge stumpf, stachelspitz. ♃ Ap. Mai. **montana.** *L.* Berg-S.
Wz. ausläufertr.; Fr. vrkhrt-eif., am Munde abgeschnitten, flaumig; Bälge kurz-gewimpert, sehr stumpf, mit 1, vor der Spitze verschwindenden Nerven. ♃ Ap. Mai.....**ericetorum.** *Poll.* Heide-S.

59 Wz. ausläufertr., nicht faserschopfig; Fr. sehr kurzflaumig. ♃ Mz. Apr..**praecox.** *Jcq.* Frühzeitige S.
Wz. faserig, gedrungen-rasig, sehr stark-faserschopfig; Fr. kurz-haarig. ♃ Mai. **polyrrhiza.** *Wllr.* Reichwurzlige S.

60 Fr. flaumig, vrkhrt.-eif.; weibl. Aehren 2—3; Wz. faserig, rasig 61
Fr. kahl 64

61 Fr. 3kantig, fein-flaumig; weibl. Aehren meist 5bth., die unterste fast wurzelst., sehr lang-gestielt. ♃ Mz. Ap. strohgelb... .. **alpestris.** *All.* Wzblüthige S.
Fr. 3seitig; weibl Aehren gestielt, BthStiele von 1 häut., scheidigen DeckB. eingeschlossen......... 62

62 Fr. an der Spitze flaumig, an der Mündung abgeschnitten; weibl. Aehren entfernt, meist 3bth.; B. rinnig, länger als der Halm. ♃ Mz. Ap.
humilis. *Leys.* Niedrige S.
Fr. ganz flaumig, an der Mündung etwas ausgerandet; weibl. Aehr. lineal.... 63

63 Weibl. Aehren etwas entfernt; Fr. so lang als der Balg. ♃ Ap. Mai.
digitata. *L.* Fingerf. S. Nägeleingras.
Weibl. Aehren dicht-zsmgestellt; Fr. länger als der Balg. ♃ Ap. Mai...**ornithopoda**. *W.* Vogelfuss-S.

64 Männl. Aehren meist 2, weibl. 2—3, entfernt; Fr. ellipt.-längl., bespitzt, zsmgedrückt-convex, ein wenig rauh, nervenlos; Halm glatt; B. am Rande rauh; Wz. ausläufertr. ♃ Ap. Mai.
glauca. *Scop.* *) Seegrüne S.
Männl. Aehre einzeln 65

65 Fr. flach-zsmgedrückt, oval, an der Spitze 2lappig-geschnäbelt; weibl. Aehren 2–3, gestielt, hängend, eif.; Wz. faserig. ♃ Ag. Bälge schwarzbraun, Früchte ebenso, am Rande heller und grün. *A.*
ustulata. *Whbg.* Brandige S.
Fr. längl.-lanzettl., 3seitig, nach vorne verschmälert, schief-abgeschnitten; weibl. Aehren 4, schlank, lockerbth. ♃ Mai. Bälge weiss mit 1 grünen Rückenstreif. *Ug.* . ....**strigosa.** *Hds.* Schlankährige S.
Fr. kugelig-eif. o. ellipt. 66

66 Fr. ellipt. oder ellipt.-längl.; Wz. faserig.......... 67
Fr. vrkhrt-eif., 3seit., sehr kurz-geschnäbelt, kahl, glänzend, etwas länger als d. Balg; B. steif, am Rande glatt, tief-rinnig o. zsmgelegt, herabgebogen; Wz. faserig. ♃ Jl. *A.* Bälge schwarzbraun, m. bleichem Rückenstr.
ornithopodioides. *Hausm.* Vogelfussart. S.
Fr. kugelig-eif. o. kugelig-vrkhrt-eif.; Wz. ausläufertr. 69

67 Männl. u. weibl. Aehren gekrümmt, zuletzt hängend, weibl. meist 4, walzl.; Fr. 3kantig, Schnabel kurz, 3seitig; Halm 3kantig, oberw. rauh. ♃ Jn.
maxima. *Scp.* Grösste S.
Weibl. Aehren nickend, 2—3 68

*) Die Alpenform ist *C. clavaeformis. Hpp.*

68 Weibl. Aehren gedrungen-bth.; Fr. ellipt.-längl., stumpf, schnabellos, beiders. convex, schwachnervig; B. u. die unt. Scheiden behaart. ♃ Mai.
pallescens. *L.* Bleiche S.
Weibl. Aehren locker, 5—10bth., die 2 oberen gegenst., länger als die männl.; Fr. ellipt., gedunsen, 3seitig, am Grunde und an der Spitze verschmälert. ♃ Jn. Jl. *A.* . . . . . **capillaris.** *L.* Haarstielige S.

69 DeckB. häutig, mit 1 kraut. Rückenstreifen; Fr. kugelig-eif., gerillt, mit einem häut., an der Spitze schief-abgeschnittenen Schnabel; weibl. Aehren 2, gestielt, meist 5bth.; B. schmal-lineal. ♃ Ap. Mai.
alba. *Scp.* Weisse S.
DeckB. blattig, wenigstens das untere blattig-stachelspitzig 70

70 Das untere DeckB blattig-stachelspitzig; weibl. Aehren 2, die untere hervortretend-gestielt, gedrungen- meist 12bth.; Fr. kugelig-eif., mit 1 kurzen, an der Spitze weissl. häutigen, 2lappigen Schnabel. ♃ Ap. Mai.
nitida. *Host.* Glänzende S.
DeckB. sämmtl. blattig; weibl. Aehren lockerblth.; FrSchnabel abgeschnitten 71

71 Halm am Grunde meist blattlos; Fr. fast kugelig-vrkhrt-eif., 3seitig; B. der unfruchtb. Büschel länger als die Halme, breit-lineal, haarig-gewimpert. ♃ Ap. Mai . . . . **pilosa.** *Scp.* Behaarte S.
Halm am Grunde beblttrt 72

72 Männl. Aehre immer aufrecht, weibl. Aehren 2; B. lineal, am Rande rauh. ♃ Mai, Jn.
panicea. *L.* Fennichartige S. Schwadenriet.
Männl. Aehre während der BthZeit rechtwinkelig-zurückgebrochen, weibl. 2—3; Fr. 3seitig; B. breit-lineal, am Rande gegen die Spitze hin rauh. ♃ Jn. Jl. *Sud.* . . . . **vaginata.** *Tsch.* Bescheidete S.

73 FrSchnabel auf dem Rücken ziemlich convex, vorne flach, an der Spitze meist 2spaltig mit gerade vorgestreckten Zähnen, seltner fast ungetheilt; männl. Aehre einzeln, manchmal an der Spitze weibl., seltner sind 2 männl. Aehren vorhanden 74
FrSchnabel stielrund o. doppelt-haarspitzig, Haarspitzen auseinanderstehend; meist mehrere männl. Aehren 90

74 Endst. Aehre mannweib., am Grunde männl., weibl. 2—3, alle gestielt, ziemlich genähert; Fr. lanzett., am Rande feingesägt-wimperig; Wz. faserig, rasig. ♃ Jl. Ag. *A.* russfarb., Schnabelspitze weiss-berandet ....**fuliginosa**. *Schk.* Russfarbige S.
Endst. Aehre männlich........................... 75

75 Männl. Aehren 2, weibl. 3, eif.; DeckB. aufrecht, blattig u. nebst den WzB. viel länger als der glatte Halm; Fr. ellipt., 3seitig, glatt. ♃ Ap. **hordeistichos**. *Vill.* Gerstenf. S.
Eine einzige männl. Aehre 76

76 FrSchnabel an der Spitze abgeschnitten-2lappig o. trockenhäut.-2lappig........................... 77
FrSchnabel an der Spitze 2zähnig o. 2spalt....... 79

77 FrSchnabel an der Spitze abgeschnitten-2lappig, nicht trockenhäut.; weibl. Aehren meist 2, ellipt., die obere fast sitzend; Fr. längl.-lanzett.; B. lanzett.-lineal, 3zeilig-abstehend, steif. ♃ Jn.-Ag. *A.* **firma**. *Hst.* Straffe S.
FrSchnabel an der Spitze trockenhäut.-2lappig; weibl. Aehren meist 3.................................. 78

78 Fr. eif.-lanzett., auf dem Rücken nach der Spitze hin fein-kurzhaar., Schnabelrand feingesägt-wimperig; Wz. faserig, gedrungen-rasig; B. der unfruchtb. Büschel länger als die blüh. Halme. ♃ Jn.-Ag. *A.* **sempervirens**. *Vill.* Immergrüne S.
Fr. ellipt.-vrkhrt-eif., 3seitig, kahl, gedunsen, plötzlich in 1 linealen Schnabel zsmgezogen, vielnervig, Nerven (30) etwas hervorragend; weibl. Aehren 3—6bth. ♃ Mai, Jn. *J.* **depauperata**. *Good.* Armblüthige S.

79 Rand des FrSchnabels ganz kahl................ 80
Rand des FrSchnabels feingesägt-wimperig o. feingesägt-rauh.................................. 83

80 Fr. lanzett.-längl., 3seitig, ganz kahl; weibl. Aehren lineal, hervortret.-gestielt, die fruchttrag. überhängend; B. borstl.-lineal; Wz. dicht-rasig o. kurze Ausläufer treib. ♃ Jn. Jl. *A.* **tenuis**. *Hst.* Dünne S.
Fr. eif. o. ellipt.; B. lineal, aber nicht borstlich.... 81

81 Fr. ellipt., 3seitig, ganz glatt, in 1 linealen, 2spalt. Schnabel zugespitzt; weibl. Aehren lineal, lockerbth., langgestielt, entfernt, hängend; B. breit-lineal. ♃ Jn. bleichgrün........ **silvatica.** *Hds.* Wald-S.
Fr. eif., beiders. convex, nervig, Schnabel kurz-2zähnig; weibl. Aehren längl.-oval o. rundl., dichtblüthig, die obern sitzend.................... 82

82 Bälge stumpf, fein-stachelspitzig; weibl. Aehren 2—4, ziemlich-gedrängt, die unterste entfernt, eingeschlossen-gestielt; DeckB. sehr lang, zuletzt zurückgekrümmt; B. rinnig. ♃ Jn.
extensa. *Good.* Ausgedehnte S.
Bälge zugespitzt, mit 1 rauhen Stachelspitze; weibl. Aehren 3, entfernt, die unterste hervortretend-gestielt, das unterste DeckB. so lang als der Halm o. länger; B. flach. ♃ Ap. Mai. Fr. hellgrün, bei stark. Vergröss. punktirt. **punctata.** *Gaud.* Punktirte S.

83 Weibl. Aehren rundl.-eif., genähert, 2—3, die obern fast sitzend, die unterste eingeschlossen-gestielt; DeckB. zuletzt weit abstehend o. zurückgebrochen; Fr. aufgeblasen, nervig, kahl; Halm glatt; Wz. faserig, dicht rasig.............................. 84
Weibl. Aehren nicht rundl.; die unterste meist hervortret.-gestielt.............................. 85

84 Fr. eif., Schnabel zurückgekrümmt. ♃ Mai.
flava. *L.* Hellgelbe S. Igelkölblein.
Fr. rundl., Schnabel gerade. ♃ Mai-Jl.
Oederi. *Ehrh.* Oeder's S.

85 Weibl. Aehren sämmtl. hervortretend-gestielt, 2—3, lineal, entfernt, lockerblth., die fruchttr. überhängend; Fr. ellipt.-längl., 3seit.; Wz. ausläufertr. ♃ Jn. Jl. *A.*....... **ferruginea.** *Scp.* Rostbraune S.
Weibl. Aehren (mit Ausnahme der untersten) sitzend. 86

86 Die unterste der weibl., längl., gedrängt-bth. Aehren sehr lang-gestielt u. hängend; Fr. lanzett., russf., grün berandet; Wz. ausläufertreib. ♃ Jl. Ag. *A.*
frigida. *All.* Kalte S.
Weibl. Aehren alle aufrecht; Fr. kahl........... 87

87 Fr. undeutlich-nervig, vrkhrt-eif., bauchig-3seitig; DeckB. so lang als die Aehre, viel kürzer als der Halm; weibl. Aehren 1—2, ellipt., 6—12bth.; Wz. ausläufertreib. ♃ Mai. strohgelb.
Michelii. *Host*. Micheli's S.
Fr. nervig, eif., die unterste weibl. Aehre entfernt, hervortret.-gestielt. 88

88 Bälge eif., stumpf, mit 1 rauhen Stachelspitze; weibl. Aehren eif.-längl.; Fr. 3seitig, nervig, die seitl. Nerven stärker; Zähne des FrSchnabels an der inneren Seite fein-dörnig. ♃ Mai, Jn.
distans. *L*. Abstehendährige S.
Bälge spitzig; Fr. beiderseits convex.............. 89

89 Fr. abstehend, die untersten oft horizontal; Halm rauh. ♃ Mai, Jn......**fulva**. *Good*. Rothgelbe S.
Fr. aufstrebend; Halm glatt o. oberw. ein wenig rauh. ♃ Mai, Jn.
Hornschuchiana. *Hpp*. Hornschuch's S.

90 DeckB. lang-scheidig; Fr. kurzhaarig, eif., in einen doppelt-haarspitzigen Schnabel zugespitzt; männl. Aehren 2, weibl. 2—3, längl.-walzl.; B. u. Scheiden behaart. ♃ Mai, Jn. Aehren bleich.
hirta. *L*. Kurzhaarige S.
DeckB. nicht scheidig o. kurz-scheidig............ 91

91 Fr. kurzhaarig-flaumig, gedunsen, längl.-eif.; männl. Aehren 1—2, weibl. 2—8; Halm stumpfkantig; B. rinnig, kaum breiter als der Halm. ♃ Mai, Jn.
filiformis. *L*. Fädliche S.
Fr. kahl.. 92

92 Halm glatt o. an der Spitze nur ein wenig rauh... 93
Halm scharfkantig, an den Kanten rauh........... 94

93 Fr. fast kugelig, aufgeblasen, auf dem Rücken meist 7nervig, weit abstehend, Schnabel lineal; Halm stumpfkantig; weibl. Aehren 2—3, walzl., kurz-gestielt. ♃ Mai, Jn. B. bläulichgrün, Aehrch. gelbl.
ampullacea. *Good*. Flaschen-S.
Fr. eif.-kegelf., am Rande abgerundet, beiders. convex, fein-eingedrückt-rillig, Schnabel kurz; weibl. Aehren 3—4, walzl. o. eif. ♃ Ap. Mai.
nutans. *Hst*. Ueberhängende S.

94 Weibl. Aehren hängend, lang-gestielt, walzl., 4—6; Fr. eif.-lanzett.; Bälge lineal-pfrieml., rauh. ♃ Jn. blassgrün. **Pseudo-Cyperus**. *L.* Trug-Cypergras-S.
Weibl. Aehren aufrecht 95

95 Fr. eif. o. längl.-eif., zsmgedrückt, etwas 3seitig, nervig; weibl. Aehren 2—3, walzl., sitzend o. gestielt; Bälge zugespitzt o. haarspitzig. ♃ Mai. **paludosa**. *Good.* Sumpf-S.
Fr. eif.-kegelf., nicht zsmgedrückt, nicht 3seitig, 7—vielnervig. 96

96 Fr. aufgeblasen, auf dem Rücken meist 7nervig, schief-abstehend; weibl. Aehren 2—3, entfernt, längl.-walzl. ♃ Mai, Jn. B. freudig-grün, Aehre grünl.-weiss............. **vesicaria**. *L.* Blasenriet.
Fr. beiders. convex, am Rande abgerundet, fein-vielnervig; männl. Aehren 3—5, weibl. 3—4, walzl. ♃ Mai, Jn. die grösste Art. **riparia**. *Curt.* Ufer-S.

---

124. Ordnung. GRAMINEEN. *Juss.* Gräser*).

Bth. balgartig, zwitterig o. 1geschlechtig, in 1—vielbth. Aehrchen geordnet; das unterste, leere Paar der DeckB. (Klappen) am Grunde des Aehrchens heisst Balg, oft ist nur 1 DeckB. vorhanden (1klappiger Balg), o. der ganze Balg fehlt; das nächstfolgende Paar der DeckB. u. bei mehrbth. Aehrchen die weiter folgenden Paare (Spelzen) bilden das Bälglein, schliessen 2—3, ein inneres Perig. an-

---

*) Nicht nur Anfänger, auch Geübtere lassen sich durch die „Schwierigkeiten" bei dem Bestimmen der Gräser von derlei Versuchen oft zurückschrecken. Doch lässt sich die hierzu allerdings nothwendige Fertigkeit auf eine einfache Weise eigen machen. Man untersuche vor Allem eine möglichst grosse Anzahl bereits **bekannter** Gräser, indem man (mit Hilfe einer Lupe) den Bau und die Verhältnisse ihrer einzelnen Theile auf das sorgfältigste mit einer guten Beschreibung vergleicht. Durch diese Uebung wird man mit der Bezeichnungsweise u. ihrer Deutung vertraut u. in den Stand gesetzt, Gräser mit Sicherheit zu bestimmen. Mit diesem Buche lassen sich derlei Uebungen anstellen, indem man statt des analytischen — das umgekehrte Verfahren — das synthetische — in Anwendung bringt.

deutende Schüppchen sammt den Geschlechtsorganen ein, u. bilden damit die Blüthe; Stbgfss. 3, seltener 6, oft 2 o. 1; Stbkölbchen am Grunde und an der Spitze ausgerandet, selten an der Spitze ganz; FrKnoten 1, frei; Gr. 2 o. 1; N. 2 o. 1; Grasfrucht (Karyopse); Eiweiss mehlig; Halm knotig; BGrund in eine vorn gespaltene Scheide zsmgerollt u. das BHäutchen tragend.

GATTUNGEN.

1 { Bth. 1häusig; ♂ Bth. endst., traubig-rispig; ♀ Bth. in blattwinkelst., mit Scheiden eingehüllte Aehren geordnet; Fr. rundl.-nierenf., in 8 Reihen auf 1 fleisch. BthSpindel. (Stg. hoch u. sehr dick.) **Zea.** I.
Bth. zwitterig o. vielehig. 2

2 { Gr. 1; N. 1, fädlich, aus der Spitze der Bth.; Aehrchen einzeln in den Aushöhl. der BthSpindel sitzend, 1bth.; Balg fehlend; untere Spelze lederig, pfrieml.-3seitig, die obere häutig. **Nardus.** LXVI.
Gr. 2 o. 1 mit 2 Narben. 3

3 { Aehrchen entweder in den Aushöhlungen o. auf den Zähnen der BthSpindel sitzend, keines gestielt; Gr. sehr kurz o. fehlend; N. federig, am Grunde der Bth. beiders. hervortretend. 4
Aehrchen länger- o. kürzer-, manchmal auch sehr kurz-gestielt, o. die Aehrch. an den Gelenken einer Aehre o. gegliederten Rispe paarig, das eine sitzend, das andere gestielt. 12

4 { Aehrch. in den Aushöhlungen der gegliedert. BthSpindel eingesenkt, einzeln. 5
Aehrchen alle auf den Zähnen der ausgeschnittenen BthSpindel sitzend. 6

{ Balg viel kürzer als die Bth.; Aehrch. 2bth.; Bälglein 2spelzig, die untere Spelze begrannt. **Psilurus.** LXV.
Balg die eingesenkte Bth. bedeckend, knorpelig; Aehrch. 2bth., das eine gestielte Bthch. meist unfruchtb.; Bälglein häutig, grannenlos. **Lepturus.** LXIV.

30*

6 Balg an den seitenst. Aehrchen 1klappig, an den endst. 2klappig, 3—vielbth.; untere Spelze wehrlos o. unter der Spitze begrannt; Aehrch. mit dem Rücken gegen die Spindel gestellt. **Lolium.** LXII.
Balg 2klappig. 7

7 Aehrch. auf den Zähnen der Spindel in der Mitte der Aehre zu 3; die Klappen der zu 3 gestellten Aehrch. eine 6blttr. Hülle darstellend. 8
Aehrch. einzeln, mit der breiten Seite gegen die Spindel gerichtet. 9

8 Aehrch. 1bth. o. mit 1 grannenf. Ansatze zu einer 2. Bth.; seitenst. Bth. meist männl. **Hordeum.** LXI.
Aehrch. 2—vielbth.; die oberste Bth. oft verkümmert. **Elymus.** LX.

9 Klappen an der Spitze 2—4zähnig, Zähne lanzett.-pfrieml., oft in Grannen auslauf.; Balg 3—4bth.; unt. Spelze an der Spitze 1—4grannig. **Aegylops.** LXIII.
Klappen an der Spitze nicht gezähnt. 10

10 Die untere Spelze auf dem Rücken begrannt; Granne am Grunde gewunden; Balg 4—7bth. **Gaudinia.** LVII.
Die untere Spelze aus der Spitze begrannt o. wehrlos; Klappen gekielt. 11

11 Klappen pfrieml.; Aehrch. 2bth., mit einem langgestielten Ansatze zu einer 3. Bth.....**Secale.** LIX.
Klappen nicht pfrieml.; Balg 3—vielbth. **Triticum.** LVIII.

12 Aehrch. an den Gelenken einer bei der Reife meist zerbrechl. u. an den Gelenken sich trennenden Aehre o. geglied. Rispe paarig, das eine sitzend, das andere gestielt, die endst. zu 3, davon nur das mittlere sitzend; alle Aehrch. vom Rücken her zsmgedrückt, 1bth., mit 1 spelzigen Ansatze zu einer untern Bth.; Balg 2klapp., die unt. Klappe grösser, kiellos, die obere gekielt; Gr. lang; N. sprengwedelf. 13
Aehrch. länger- o. kürzer-, manchmal auch sehr kurzgestielt. 16

13 { Aehrch. sämmtl. zwitterig, lineal. (Rispe sehr ästig u. dicht-weisslichgelb-seidig-behaart.)..**Erianthus.** II.
Die gestielten Aehrch. männlich.................. 14

14 { Die obern sitzenden Aehrch. durch Fehlschlagen weibl., knorpelig, die unt. sitzenden krautig, sammt den gestielten männlich...... **Heteropogon.** IV.
Die sitzenden Aehrch. sämmtlich zwitterig......... 15

15 { Alle Aehrch. lineal, die endst. zu 3, davon das mittlere sitzend, o. nur 3 endst. vorhanden, u. die seitenst. fehlend...............**Andropogon.** III.
Die sitzenden Aehrch. eif. o. eif.-lanzett., Klappen derselben an der Spitze 3zähnig.....**Sorghum.** V.

16 { Aehrch. 1blüth., o. 1bth. sammt einem Ansatze zu einer 2. oberen, oder zu 1 bis 2 untern Bth. ... 17
Aehrch. 2—vielbth., wenn auch oft nur geschlechtslose Bth. enthaltend, die endst. Bth. bisweilen verkümmert — bisweilen erscheinen die zwitterigen Aehrchen 1bth. mit 1 Ansatze zu einer 2. Bth., sind aber mit vielbth., geschlechtslosen Aehrchen gemischt — oft erscheinen 2bth. Aehrchen mit 1 männl. u. mit 1 ZwitterBth.; Balg 2klappig. 41

17 { Aehrch. vom Rücken her zsmgedrückt o. convex u. vorne flach, 1bth. o. mit 1 Ansatze zu einer 2. Bth., welcher meist eine dritte Klappe vorstellt. 18
Aehrch. von der Seite her zsmgedrückt o. stielrund. 22

18 { Balg 3klappig (die 3. Klappe ist der Ansatz zu einer 2. Bth.); Bälglein knorpelig o. lederig; Aehrch. auf dem Rücken convex, vorne flach; N. sprengwedelf. 19
Balg 2klappig; Aehrch. 1bth..................... 20

19 { Hülle aus grannenf. Borsten zsmgesetzt, am Grunde der BthStielch.; Rispe ährenf......**Setaria.** VIII.
Hülle fehlt.........................**Panicum.** VII.

20 { Gr. verlängert; N. sprengwedelf., unter der Spitze der Bth. hervortret.; Bälglein häutig; die unt. Klappe häutig, sehr klein, die obere lederig, dornig, das Bälglein einschliessend.............**Tragus.** VI.
Gr. kurz o. fehlend; N. federig; Bälglein zuletzt knorpelig, kleiner als der beiders. convexe, vom Rücken her etwas zsmgedrückte Balg; Fr. von den knorp. o. papierart. Spelzen dicht umhüllt. 21

21 Bälglein grannenlos; unt. Spelze eif., bauchig; Schüppchen 2 .... **Milium**. XXVIII.
Unt. Spelze an der Spitze begrannt, Granne am Grunde eingelenkt u. abfällig; Schüppchen 3. (Rispe abstehend; Aehrch. eif.-lanzett.; B. flach.) **Piptatherum**. XXIX.

22 Balg fehlend; Bälglein 2spelzig; Aehrch. 1bth. 23
Balg 2klappig 24

23 Bälglein die Fr. einhüllend, papierart.; Spelzen wehrlos, fast gleichlang, die untere breiter; N. federig. **Leersia**. XIX.
Bälglein die Fr. nur am Grunde bedeckend; Spelzen häutig, die untere 1nerv., begrannt, die obere 2nerv., halb so lang; N. fädlich, kurzbehaart. **Coleanthus**. XX.

24 Aehrch. am Grunde mit 1—2 schuppenf. o. spelzigen Ansätzen zu einer unt. 2. o. 3. Bth.; Gr. lang; N. fädlich, zottig; Aehrch. von der Seite her zsmgedrückt.................................. 25
Aehrch. 1bth. o. mit 1 oft stielähnl. Ansatze zu einer 2. obern Bth.; Aehrch. von der Seite her zsmgedrückt o. stielrund.... 27

25 Stbgfss. 3; Bälglein der vollkomm. Bth. knorpelig, grannenlos, kürzer als der Balg. ...**Phalaris**. IX.
Stbgfss. 2 26

26 Balg 3bth., die 2 unt. Bth. geschlechtslos, 1spelzig, auf dem Rücken begrannt, die obere zwitterige kleiner, 1spelz., wehrlos, die unt. Klappe halb so lang, die obere länger als die Bth. **Anthoxanthum**. XI.
Balg 1bth. mit 1 geschlechtslosen unt. 1spelz. Bth., diese Spelze halb so lang als der Balg; die 2. u. 3. Spelze (die der ZwitterBth.) um die Hälfte kürzer; Klappen convex-zsmgedrückt, länger als die Bth., gekielt; Gr. lang, vom Grunde bis zur Mitte verwachsen..............**Imperata**. XII.

27 { N. aus der Spitze des Aehrch. vortretend, verlängert, fädlich, flaumig o. zottig.......................... 28
N. unter der Spitze o. am Grunde des Aehrch. vortretend, sprengwedelf. o. federig.............. 32

28 { Bälglein 1spelzig, schlauchf., an dem inneren Rande gespalten, auf dem Rücken begrannt; Gr. lang. **Alopecurus.** XIII.
Bälglein 2spelzig............................ 29

29 { Klappen kiellos, auf dem Rücken abgerundet, länger als das Bälglein, grannenlos; Spelzen kiellos, haarig-gewimpert; Stbkölbch. bis zur Mitte gespalten, an der Spitze ungetheilt....... **Chamagrostis.** XVI.
Klappen gekielt zsmgedrückt..................... 30

30 { Klappen fast gleich, länger als das Bälglein; Ansatz zu einer obern Bth stielf., o. ganz fehlend; Gr. mässig lang; N. sehr lang.........**Phleum.** XV.
Klappen ungleich, die untere kürzer............. 31

31 { Spelzen fast gleich, lanzett., die obere ein wenig kürzer, 1kielig o. undeutl.-2kielig; Klappen kürzer als die Bth......................**Crypsis.** XIV.
Spelzen ungleich, die obere länger, nachenf., 2nerv., die untere zsmgedrückt-gekielt; Aehrch. in 1seitige Aehren geordnet; das Ende der BthSpindel eine nackte, starre Spitze...........**Spartina.** XVIII.

32 { N. fast sprengwedelf., auf 1 verlängerten Gr. unter der Spitze der Bth. vortretend; Aehren 1seitig, schmal, 3—7, fingerf. an der Spitze des Halmes; Klappen das Bthch. nur am Grunde umfassend, kürzer als das Bälglein; die obere Spelze lineal, auf dem Rücken gefurcht, die unt. eif., papierart., nachenf.-zsmgedrückt...........**Cynodon.** XVII.
N. federig, am Grunde der Aehrch. vortretend; Gr. kurz o. fehlend........................... 33

33 { Klappen sehr zsmgedrückt, am Grunde fast kugelig-gedunsen, spitz; Spelzen häutig, am Grunde kahl. **Gastridium.** XXVII.
Klappen am Grunde nicht kugelig-gedunsen....... 34

34 Die untere Spelze fast lederig, walzl.-zsmgerollt, mit 1 gedrehten, am Grunde eingelenkten, langen, zottig-federigen o. kahlen Granne; Fr. von den knorpel. Spelzen eingehüllt; Klappen sehr spitz begrannt. ....**Stipa.** XXX.
Die unt. Spelze nicht walzl.-zsmgerollt, Grannen derselben nicht gedreht und nicht eingelenkt. 35

35 Klappen begrannt; Balg länger als das Bälglein . . 36
Klappen nicht begrannt, spitz. 37

36 Klappen pfrieml., in 1 Granne verschmälert; die unt. Spelze mit 2 endst., geraden, u. einer 3. rückenst. geknieten Granne; Aehre eif.... .**Lagurus.** XXIV.
Klappen aus der stumpfen o. etwas ausgerandeten Spitze borstig-begrannt; Bälglein am Grunde kahl; die unt. Spelze begrannt; Rispe gedrungen, lappig. **Polypogon.** XXI.

37 Spelzen kahl, o. am Grunde mit Haaren umgeben, die kürzer sind als der Querdurchmesser der Spelze.. 38
Spelzen am Grunde mit Haaren umgeben, die länger sind als der Querdurchmesser der Spelzen, o. die unt. Spelze auf dem Rücken lang-behaart; Rispe abstehend. 39

38 Die untere Klappe länger als die obere; Ansatz zu einer oberen Bth. fehlend........**Agrostis.** XXII.
Die unt. Klappe kürzer als die obere; ein stielf. Ansatz zu einer 2. Bth. vorhand.; unt. Spelze begrannt, Granne 3—4mal so lang als ihre Spelze. **Apera.** XXIII.

39 Die unt. Spelze auf dem Rücken mit verläng. Haaren besetzt, unter der Spitze derselben eine starke, gekniete, nicht eingelenkte Granne; Spelzen zuletzt fast lederig; Schüppchen 3. .**Lasiagrostis.** XXXI.
Spelzen am Grunde mit verläng. Haaren umgeben; Spelzen häutig; Schüppchen 2. 40

40 Die unt. Klappe grösser; öfters am Grunde der oberen Spelze ein behaartes Stielch. (Ansatz zu einer 2. Bth.); Rispe abstehend. **Calamagrostis.** XXV.
Die untere Klappe kleiner. (Rispe ährenf.-gedrungen; B. eingerollt.). ....**Psamma.** XXVI.

41 N. aus der Spitze der Bth. vorgestreckt, fädlich, bisweilen etwas federig 42
N. unterhalb der Spitze o. am Grunde der Bth. hervortret., spreng-wedelf. o. federig.. 44

42 Gr. lang; N. etwas federig; Balg 3bth., die 2 unt. Bth. ♂, 3männig, mit 2kieliger, oberer Spelze, die obere 2männig mit 1kieliger oberer Spelze; Rispe ausgesperrt; Zwitterbth. wehrlos.. **Hierochloa.** X.
Gr. sehr kurz o. fehlend; N. fädlich; Balg gross, fast die Bth. bedeckend. 43

43 Die unt. Spelze ungetheilt, stachelspitzig o. begrannt, o. an der Spitze 3—5zähnig; Balg 2—6bth. **Sesleria.** XXXVI.
Die unt. Spelze handf.-5spalt., Zipfel lanzett.-pfrieml., krautig, steif; die obere Spelze 2spalt; Aehre kopfig-kugelig.............. **Echinaria.** XXXV.

44 N. sprengwedelf., unter der Spitze der Bth. vortretend; Gr. verlängert... 45
N. federig, am Grunde der Bth. vortret.; Gr. meist kurz o. fehlend.................... 46

45 Bth. alle zwitterig, auf dem Rücken mit verläng. Haaren besetzt; die untere Spelze an der Spitze 3spaltig, Zipfel stachelspitzig, der mittlere in eine längere borstige Granne vorgezogen. (Rispe sehr ästig.) ....**Arundo.** XXXIII.
Die untere Bth. ♂, nackt, die folgenden zwitterig, von verläng. Haaren umgeben; Bälglein grannenlos; Spitze der unt. Spelze ungetheilt. **Phragmites.** XXXII.

46 Zwitterige Aehrchen mit geschlechtslosen gemischt, o. die Aehrchen enthalten nebst den ZwitterBth. auch noch geschlechtslose o. männl. Bth 47
Aehrchen blos ZwitterBth. enthaltend 50

47 Zwitterige Aehrch. mit geschlechtslosen gemischt, o. die Aehrchen enthalten nebst den ZwitterBth. auch noch geschlechtslose 48
Die 2bth. Aehrchen enthalten Zwitter- u. männl. Bth. 49

48 Zwitterige Aehrch. mit geschlechtslosen gemischt, 2bth. (1 gestielte Zwitterbth. und 1 langgestielte geschlechtslose Bth.); Klappen schmal, begrannt-zugespitzt; die unt. Spelze der ZwitterBth. aus 2spalt. Spitze begrannt; die geschlechtslosen Aehrchen 5—11bth., viel grösser: Gr. kurz.
Lamarkia. XXXVIII.
Balg weit, convex, 1—2bth., sammt 1 geschlechtslosen Bth., welche eine o. mehrere solche unvollkommene noch einschliesst; die unterste o. die 2 unt. Bth. vollkommen, der geschlechtslosen nicht ähnlich; Spelzen grannenlos, zuletzt knorpelig; Gr. mässig lang .... **Melica**. XLVI.

49 Die obere Bth. männl., begrannt, Granne rückenst., gerade, zuletzt zurückgebogen; die unt. Bth. zwitterig, grannenlos; Gr. sehr kurz; Rispe abstehend.
Holcus. XLI.
Die unt. Bth. männl., am Rücken begrannt, Granne gekniet-eingebogen; obere Bth. zwitterig, wehrlos o. unter der Spitze kurz-begrannt; Gr. fehlend.
Arrhenatherum. XLII.

50 Gr. o. N. oberhalb der Mitte des an der Spitze behaarten FrKnotens auf dessen vorderer Seite eingefügt; Aehrch. vielbth.; Bth. lanzett. o. eif.-lanzett.; Klappen kürzer als das nächste Bälglein.
Bromus. LVI.
Gr. o. N. auf eine andere Weise eingefügt........ 51

51 Die unt. Spelze auf der Mitte des Rückens o. am Grunde begrannt, o. die rückenst. Granne in 1 Knie gebogen u. am Grunde gedreht 52
Die unt. Spelze an der Spitze o. nahe an der Spitze begrannt o. grannenlos; Aehrch. 2—vielbth. 54

52 Die unt. Spelze an der Spitze 2zähnig o. 2grannig, manchmal 2spaltig mit unregelm.-gezähnelten Zipfeln, auf dem Rücken begrannt, Granne am Grunde gedreht u. in 1 Knie gebogen; Aehrch. 2—vielbth.; Gr. fehlend....... .. **Avena**. XLIII.
Die unt. Spelze an der Spitze ganzrandig, o. abgeschnitten u. 4zähnig; Gr. sehr kurz; Aehrch. 2bth., oft mit 1 Ansatze zu einer 3. Bth., seltner 3bth.. 53

53 Die unt. Spelze an der Spitze ganzrandig, am Grunde begrannt; Granne gerade, oberw. keulig, in der Mitte mit 1 bärt. Gelenke....**Corynephorus**. XL.
Die unt. Spelze an der Spitze abgeschnitten, 4zähnig, am Grunde o. auf der Mitte des Rückens begrannt. **Aira**. XXXIX.

54 Die obere Spelze am Rande mit steifen Börstchen kammf.-gewimpert; Bth. lanzett. o. pfrieml., auf dem Rücken stielrund; Fr-Knot. kahl; Gr. kurz o. fehlend; Aehrch. begrannt. **Brachypodium**. LV.
Die obere Spelze am Rande fein-gewimpert, behaart o. ganz kahl, aber nicht kammf.-borstig........ 55

55 Die unt. Spelze eif., stumpf, aufgeblasen - bauchig, am Grunde geöhrelt-herzf., beide wehrlos; Balg 3—vielbth.; Aehrchen 2zeilig, gestielt. **Briza**. XLVII.
Die untere Spelze nicht geöhrelt-herzf. 56

56 Balg bauchig-convex-erweitert, fast das Aehrch. umfassend; unt. Spelze aus 2spalt. Spitze begrannt; FrKnoten kahl.......... 57
Balg nicht bauchig-erweitert; Aehrchen gestielt; Gr. sehr kurz o. fehlend 58

57 Granne der unt., concaven Spelze schraubenf.-gewunden, unterw. flach.........**Danthonia**. XLIV.
Granne der unt. Spelze gerade ......**Triodia**. XLV.

58 Bth. auf dem Rücken zsmgedrückt-gekielt........ 59
Bth. halbwalzl. o. stielrund, nicht zsmgedrückt-gekielt.................................. 64

59 Die unt. Spelze an der ungetheilt., ausgerandeten o. 2spalt. Spitze begrannt o. daselbst stachelspitzig. 60
Spelzen grannenlos, eif. o. lanzett 62

60 Spelzen eif., an der Spitze nach innen gekrümmt, die untere ungleichseitig; Aehrch. 3—mehrbth. **Dactylis**. LII.
Spelzen lanzett., gerade 61

61 Die untere Spelze auf dem Rücken unterw. haarig; Aehrch. 3—5bth. (Pf. vom Aussehen eines *Arundo*; Rispe einerseitswendig.). **Ampelodesmos.** XXXIV.
Die unt. Spelze auf dem Rücken ohne Haare; Aehrch. 2—vielblth.; Rispe ährenf.
Koeleria. XXXVII.

62 Balg gross, fast das ganze Aehrch. umgebend; Rispe ährenf., gedrungen o. am Grunde unterbrochen; Bth. lanzett .... **Koeleria.** XXXVII.
Balg kürzer als die nächste Bth.; Bth. eif o. lanzett. 63

63 BthSpindelchen endlich in die einzelnen Glieder zerfallend u. mit den Bth. abfallend; Gr. äusserst kurz o. fehlend .... **Poa.** XLIX.
BthSpindelchen nicht zerfallend, zuletzt die obere Spelze tragend; Gr. verlängert. (BScheiden an der Mündung bärtig; Wz. faserig.) **Eragrostis.** XLVIII.

64 Bth. auf dem Rücken halbwalzl., übrigens längl. o. kegelf., einwärts fast bauchig 65
Bth. auf dem Rücken stielrund, übrigens lanzett. o. pfrieml., einw. nicht bauchig; die obere Spelze am Rande fein gewimpert........ 66

65 Bth. längl., stumpf, grannenlos .... **Glyceria.** L.
Bth. aus einwärts-bauchigem Grunde kegelf., grannenlos u. begrannt, Granne gerade. . **Molinia.** LI.

66 Die einzelnen Aehrch. am Grunde mit 1, aus zahlreichen 2reihigen, wechselst. Bälgen gebildeten Hülle gestützt .... **Cynosurus.** LIII.
Diese Hülle fehlend .... **Festuca.** LIV.

ARTEN.

I. ZEA. *L.* Mais.

Klappen der ♂ Bth. lanzett., spitz, gewimpert; B. am Rande rauh. ⊙ Jn. Jl. *cult.* in vielen Spielarten. .... **Mays.** *L.* Kukurutz. Türken.

II. ERIANTHUS. *L.* Wollzucker.

Rispe sehr ästig; B. gekielt; Klappen des sitzenden Aehrchens kahl, die des gestielten an der Basis behaart; Haare so lang als das Aehrchen. ♃ Jl. *J.* **Ravennae.** *Pal. de B.* Ravenna-W.

III. ANDROPOGON. *L.* Bartgras.

1 Rispenäste quirlig, einfach; endständ. Aehrch. 3, seitenständ. fehlend; BthStielchen an der Bas. bärtig. ♃ Jn. Jl. . . . . **Gryllus.** *L.* Goldhaariges B.
Aehren fingerf.- o. traubenweise-geordnet, mit seiten- u. endständ. Aehrchen besetzt 2

2 Aehren 5—10, fingerig-gehäuft; Bälge gerillt; die untere Klappe des Zwitterährchens nebst den Bth-Stielch. behaart. ♃ Jl. A.
Ischaemum. *L.* Flockgras.
Aehren an der Spitze der BthStiele o. des Halmes gezweit 3

3 Aehrch. kahl; die entständ. Aehr. gezweit; Halm einfach, aufrecht. ♃ Jl. *J.*
distachyus. *L.* Zweiähriges B.
Unt. Klappe der Aehrch. haarig; BthStiele verlängert, rispig; Aehren an der Spitze der BthStiele gezweit. ♃ Ag. Sp. *J.*
pubescens. *Visian.* Flaumiges B.

IV. HETEROPOGON. *Prs.* Schopfgras.

♂ Aehrch. kahl, spitzig, zsmgedreht. ♃ Jl. Ag.
Allionii. *R. u. S.* Allioni's Sch.

V. SORGHUM. *Prs.* Mohrenhirse.

1 Wz. ausläufertr.; Rispe abstehend; zwitter. Aehrch. längl.-lanzett., die ♂ lanzett. ♃ Jn. Jl.
halepense. *Prs.* Aleppo-M.
Wz. faserig. (Cult. Pfl. d. südl. Gegenden). 2

2 Aeste der Rispe fast bis zur Mitte nackt, die blüh. sehr weit abstehend, die fruchttr. aufrecht; die zwitt. Aehrch. vrkhrt.-eif.-ellipt. ⊙ Jl. Ag.
saccharatum. *Prs.* Zucker-M.
Rispe dicht-zsmgezogen, eif.-längl.; die zwitt. Aehrch. vrkhrt-eif. ⊙ Jl. Ag. . . . . **vulgare.** *Prs.* Durragras.

VI. TRAGUS. *Dsf.* Stachelgras.

Tr. aufrecht; Klappen hakig-stachlig, 5—7nerv. (Halm 2—3 Zoll lang.) ⊙ Jn. Jl.
racemosus. *Dsf.* Traubenbth. St.

VII. PANICUM. *L.* Fennich.

1 { Aehrch. in Aehren o. armbth. Büschel geordnet.... 2
Aehrch. rispig. 5

2 { Aehrch. meist in 10 armbth. Büschel geordnet, die eine unterbrochene Aehre bilden; Spindel, Halm u. Scheiden rauhhaar.; B. eif.-lanzett., wellig. ⊙ Jl. Ag. .....**undulatifolium**. *Ard.* Wellenblttr. F.
Aehrch. in einfache, fast fingerf.-gestellte Aehren geordnet. 3

3 { B. u. Scheiden kahl; Aehren meist zu 3; Aehrch. ellipt., flaumig. ⊙ Jl.-Hrbst.
glabrum. *Gd.* Kahler F.
B. u. Scheiden ziemlich behaart; Aehren meist zu 5; Aehrch. längl.-lanzett. 4

4 { Unt. Spelze der geschlechtslos. Bth. auf dem äussersten Seitennerven ohne Wimpern. ⊙ Jl.-Hrbst.
sanguinale. *L.* Bluthirse. Himmelthau.
Unt. Spelze der geschlechtslos. Bth. auf dem äuss. Seitennerven steif-haarig-gewimpert. ⊙ Jl.-Hrbst.
ciliare. *Rtz.* Gewimperter F.

5 { Rispe aus einseitigen, zsmgesetzten, linealen Aehren gebildet; Spindel am Grunde 5kantig. ⊙ Jl. Ag.
Crus galli. *L.* Hühner-F. Grense.
Rispe ausgebreitet, weitschweifig. 6

6 { Rispe überhängend; B. lanzett, nebst den Scheiden behaart. ⊙ Jl. Ag. *cult.* **miliaceum.** *L.* Hirse. Brein.
Rispe abstehend; Aeste sehr dünn, steif; B. u. Scheiden sehr rauh-haarig. ⊙ Jl. Ag. (verwild. aus *N. Am.*) .... **capillare.** *L.* Haarfeiner F.

VIII. SETARIA *P. d. Bv.* Borstenfench.

Aehrenf. Rispe doppelt-zsmgesetzt, lappig; Hüllch. aufwärts-rauh; Spelzen der ZwittBth. ziemlich glatt. ⊙ Jl. Ag. .... **italica.** *Bv.* Italienischer B.
Aehrenf. Rispe walzl. 2

Hüllen durch rückw. gekehrte Zähnchen rauh; Rispe gedrungen o. am Grunde oft unterbrochen. ⊙ Jl. Ag. ...... **verticillata.** *Bv.* Quirlbth. B. Klebgras.
Hüllen durch vorwärts gekehrte Zähnchen rauh.... 3

Spelzen der ZwittBth. ziemlich glatt. ⊙ Jl. Ag. Aehrch. oft schmutzig-purp. überlaufen.
viridis. *Bv.* Grüner B.
Spelzen der ZwitterBth. quer-runzlig. ⊙ Jl. Ag.
glauca. *Bv.* Seegrüner B.

IX. PHALARIS. *L.* Glanzgras.

Klappen auf dem Rücken flügellos; Rispe abstehend; Aehrch. beiderseits convex, büschelig. ♃ Jn. Jl.
arundinacea. *L.* Rohrblttr. G. Rohrglanz.
Klappen auf dem Rücken geflügelt; Rispe ährenf. o. kopff.; Aehrch. auf der äuss. Seite etwas convex, auf der innern etwas concav............... 2

Klappen der fruchtb. Bth. am Rande 3nerv., auf dem Rücken mit 1 lanzett., zahnf. Flügel; Rispe walzl.; 7 Aehrch. auf dem Aestch., das mittlere zwitterig, die seitenst. geschlechtslos. ⊙ Mai, Jn. *J.*
paradoxa. *L.* Sonderbares G.
Klappen der fruchtb. Bth. am Rande 1nerv........ 3

Klappen zugespitzt mit 1 ganzrand. Flügel; die 2 unfruchtb. Bth. halb so lang als die fruchtb.; Rispe oval. ⊙ Jl. Ag. *J.*
canariensis. *L.* Kanarisches G.
Klappen stachelspitzig mit 1 ausgebissen-gezähnelten Flügel; Rispe längl. 4

Halm am Grunde gleich; Spelzen der fruchtb. Bth. angedrückt-behaart. ⊙ Mai, Jn. *J.*
minor. *Retz.* Kleines G.
Halm am Grunde knollig-verdickt; Spelzen der fruchtb. Bth. kahl. ♃ Mai. *Istr.* . . **aquatica.** *L.* Wasser-G.

X. HIEROCHLOA. *Gml.* Darrgras.

BthStielch. kahl; unt. Spelze der ♂ Bth. sehr kurzbegrannt. ♃ Mai, Jn.
odorata. *Whlb.* Wohlriechendes D.
BthStielch. am Grunde der Aehrch. behaart; unt. Spelze der unt. ♂ Bth. mit 1 geraden, kurzen Granne unter der Spitze, die der ob. ♂ Bth. mit 1 geknieten Granne auf der Mitte des Rückens. ♃ Mz. Ap. .... **australis.** *R. u. S.* Südliches D.

XI. ANTHOXANTHUM. *L.* Ruchgras.

Rispe ährenf., ziemlich locker; die unt. Klappe halb so lang als das Aehrch.; Spelze der unfr. Bth. angedrückt-behaart, abgerundet-stumpf. ♃ Mai, Jn.
odoratum. *L.* Wohlriechendes R.

XII. IMPERATA. *Cyr.* Silberhaargras.

Ansehnlich; steif-aufrecht; B. eingerollt; BthStrauss walzl., silberweiss-seidig. ♃ Jl. Ag. *J.*
cylindrica. *P. d. B.* Walzl. S.

XIII. ALOPECURUS. *L.* Fuchsschwanz.

1 Klappen lederig-knorplig, am Rücken stark höckerig-convex; Aehre eif. o. längl.; die oberste BScheide schlauchig-aufgeblasen. ⊙ Mai, Jn.
utriculatus. *Prs.* Schlauchscheidiger F.
Klappen krautig-häutig, am Rücken höckerlos; Rispe ährenf., walzl. 2

2 Halme aufrecht; Klappen bis zur Mitte o. nahe bis zur Mitte verwachsen.............................. 3
Halme am Grunde liegend, aufstreb.; Klappen stumpf, gewimpert, nur am Grunde verwachsen. 5

3 Halm kahl; Klappen zottig-gewimpert; Rispe stumpf. 4
Halm oberw. etwas rauh; Klappen sehr kurz-gewimpert; Rispe beiderseits verschmälert. ⊙ Jn. Jl.
agrestis. *L.* Acker-F.

4 WzStock schief, kurz o. mit kurzen Ausläufern. ♃ Mai, Jn. Aehrch. grün o. nur am Grunde schwärzl. **pratensis.** *L.* Wiesen-F.
Wz. weit-kriechend u. ausläufrtr. ♃ Mai, Jn. FrAehrch. schwarz. . . . . . **nigricans.** *Hrnm.* Schwärzlicher F.

5 Spelze unter der Mitte begrannt. ⊙ Mai-Ag. Stbkölbch. gelbl.-weiss, dann braun. **geniculatus.** *L.* Geknieter F.
Spelze aus der Mitte begrannt. ⊙ Mai-Ag. Stbkölbch. roth-gelb, Scheiden hechtblau. **fulvus.** *Sm.* Rothgelber F. Flutgras.

XIV. CRYPSIS. *L.* Dorngras.

1 Halme einfach, ziemlich stielrund; Rispe längl.-walzl. ⊙ Ag. Sp. **alopecuroides.** *Schrd.* Fuchsschwanz-D.
Halme ästig, etwas zsmgedrückt. 2

2 Rispe halbkugelig, in die blattige Hülle eingesenkt; Bth. 2männig. ⊙ Jl. Ag. **aculeata.** *Ait.* Stechendes D.
Rispe oval-längl., am Grunde von der oberst. Scheide eingeschlossen; Bth. 3männig. ⊙ Jl. Ag. **schoenoides.** *Lam.* Knopfgrasart. D.

XV. PHLEUM. *L.* Lieschgras.

1 Unt. Spelze 5nerv., am Ende abgeschnitten; Klappen am Rücken halbmondf.-gekrümmt, kurz-stachelspitz, sehr fein-knötig-rauh. ⊙ Jn. **tenue.** *Schrd.* Zartes L.
Unt. Spelze 3nerv., stumpf. 2

2 Ein Stielchen am Grunde der obern Spelze (Ansatz zu einer 2. Bth.) vorhanden. 3
Ansatz zu einer 2. Bth. fehlend; Klapp. in 1 Granne plötzl. zugespitzt, am Kiele steifhaarig-gewimpert. 6

3 Klappen lanzett., in 1 kurze Granne zugespitzt, auf dem Rücken o. am Kiele steifhaarig-gewimpert. . . 4
Klappen lineal-längl. o. keilf., abgeschnitten, mit 1 Stachelspitze. 5

4 Wz. ohne unfruchtb. BBüschel; Rispe ährenf., längl., am Grunde meist verschmälert. ⊙ Jn. Jl.
arenarium. *L.* Sand-L.
Wz. dicht-rasig mit unfruchtb. BBüscheln; Rispe ährenf., walzl. ♃ Jl. Ag. *A.*
Michelii. *All.* Micheli's L.

5 Klappen lineal-längl., schief-abgeschnitten, zugespitzt-stachelspitzig, zsmgedrückt, auf d. Rücken steifhaar.-gewimpert o. rauh. ♃ Jn. Jl.
Böhmeri. *Wbl.* Böhmer's L.
Klappen keilf., abgeschnitten, an der Spitze aufgeblasen-kantig, stachelspitzig, rauh. ⊙ Mai, Jn.
asperum. *Vill.* Rauhes L.

6 Granne länger als der Balg; Klappen eif.-längl., quer-abgeschnitten. ⊙ Mai. *J.*
echinatum. *Hst.* Igel-L.
Granne so lang o. kürzer als der Balg; Klappen längl., quer-abgeschnitten. 7

7 Granne 3mal kürzer als der Balg; Scheiden walzl.; Halm über der Wz. oft zwiebelig-verdickt. ♃ Jn. Jl. .... **pratense.** *L.* Wiesen-L.
Granne so lang als der Balg, o. halb so lang; die obere Scheide aufgeblasen. ♃ Jn.-Ag. *A.*
alpinum. *L.* Alpen-L.

XVI. CHAMAGROSTIS. *Borkh.* Zwerggras.

Zart, klein; Klapp. purp., in der Mitte grün gestreift; Gr. lang, fädl., sammt den Stbgfss. weit hervortretend. ⊙ Mz. Ap.
minima. *Borkh.* Kleinstes Z.

XVII. CYNODON. *Rich.* Hundszahn.

Aehren zu 3—5, fingerig; Spelzen kahl, etwas gewimpert; B. unters. behaart; Ausläuf. gestreckt. ♃ Jl. Ag. ...... **Dactylon.** *Prs.* Wuchernder H.

XVIII. SPARTINA. *Schrb.* Besengras.

Aehren 2—4, angedrückt; Aehrch. flaumig, lockerdachig, aufrecht; B. eingerollt. ♃ Ag. Sp. *J.*
stricta. *Rth.* Steifes B.

XIX. LEERSIA. *Sol.* Reisquecke.

Rispe abstehend, Aeste schlängelig; Aehrch. 3männig. halboval, gewimpert. ♃ Ag. Sp.
oryzoides. *Sw.* Gemeine R.

XX. COLEANTHUS. *Seidl.* Scheidenblüthgras.

Bth. in Döldchen aus den ScheidenB. (2—3 Cm. hoch, ausgebreitet, vielhalmig.) ⊙ Jl.-Sp.
subtilis. *Seidl.* Feines Sch.

XXI. POLYPOGON. *Desf.* Bürstengras.

Wz. faserig; Klappen längl., kurzhaar.-rauh, aus der kurz-ausgerandeten, stumpf-2lappigen Spitze begrannt, Granne 3mal so lang als ihre Klappe. ⊙ Mai, Jn. *J.* **monspeliensis.** *Desf.* Französisches B.
Wz. kriechend; Klapp. lineal-lanzett., ein wenig rauh, aus der Spitze begrannt, Granne der unt. Klappe so lang als die Klappe selbst, die der obern kürzer. ♃ Jl. Ag. **littoralis.** *Sm.* Strand-B.

XXII AGROSTIS. Straussgras. Windhalm.

1 B. alle flach, lineal; die obere Spelze stets vorhanden. 2
WzB. zsmgefaltet-borstl.; die obere Spelze meist fehlend; BHäutchen. längl. 3

2 BHäutch. längl.; bthtrag. Rispe längl.-kegelf., Aeste horizontal-abstehend; fruchttr. Rispe zsmgezogen. ♃ Jn. Jl. ....**stolonifera.** *L.* Ausläufertr. St.
BHäutch. kurz, abgeschnitten; Rispe längl.-eif., während der BthZeit u. FrZeit weit-abstehend. ♃ Jn. Jl. ....**vulgaris.** *Wth.* Gemeines St.

3 Aeste nebst den BthStielch. kahl; unt. Spelze an der Spitze gezähnelt, mit 1, unterhalb der Mitte des Rückens hervortret. Granne. ♃ Jl. Ag. *A.*
rupestris. *All.* Felsen-St.
Aeste u. oft auch die BthStielch. rauh............ 4

32 *

4 Die unt. Spelze unter der Mitte des Rückens begrannt, an der Spitze fein-gekerbt; Rispe ausgebreitet, eif., zur FrZeit zsmgezogen. ♃ Jn.-Ag. **canina.** *L.* Hunds-St.
Die untere Spelze am Grunde begrannt, an der Spitze kurz-2borstig, die obere sehr klein; Rispe abstehend. ♃ Jl. Ag. *A*. . . . . **alpina**. *Scp.* Alpen-St.

XXIII. APERA. *Adans. Bv.* Windfahne.

Stbkölbch. lineal-längl.; Rispe weitschweifig. ⊙ Jn. Jl. Bth. oft purp. **Spica venti.** *Bv.* Weitschweifige W.
Stbkölbch. rundl.-oval; Rispe schmal, zsmgezogen. ⊙ Jn. Jl. . . . . **interrupta.** *Bv.* Unterbrochene W.

XXIV. LAGURUS. *L.* Sammtgras.

Unt. Klappe 5nerv., an der Spitze mit 2 geraden Grannen u. auf dem Rücken mit 1 zuletzt zurückgekrümmten Granne; Spelzen grösser, durchscheinend, mit 1 grünen Streifen; Rispe ährenf., weissl. o. röthl.-weiss. ⊙ Jn. Jl. . **ovatus.** *L.* Eirundes S.

XXV. CALAMAGROSTIS. *Rth.* Reitgras.

1 Ansatz zu einer 2. Bth. fehlend; Spelzen häutig, durchscheinend-weiss. 2
Ansatz zu einer 2. Bth. in Form eines behaarten, aus dem Grunde der ob. Spelze hervortretenden Stielchens. 6

2 Haare halb so lang als das Bälglein, dieses mit 1 geraden Granne o. ohne diese; Klappen lanzett., spitz. ♃ Jl. Ag. . . . . **tenella** *Hst.* Zartes R.
Haare länger als das Bälglein. 3

3 Granne des Bälgleins endst.; Klappen schmal-lanzett. 4
Granne aus der Mitte o. unter der Mitte des Rückens des Bälgleins hervortretend, gerade; Klappen lanzett. 5

4 Klappen zugespitzt; Granne aus 1 sehr kurzen Ausrandung hervortret. und kaum länger als diese. ♃ Jl. Ag. . . . . **lanceolata**. *Rth.* Lanzettiges R.
Klappen in 1 pfrieml., zsmgedrückte Spitze verschmälert; Granne so lang o. länger als die Hälfte ihrer Spelze. ♃ Jl. Ag. . . . **littorea.** *DC.* Ufer-R.

5 Granne unterhalb der Mitte des Rückens eingefügt; Klappen zugespitzt; Aehrch. der Rispe fast gleichf.-zerstreut. ♃ Jl. Ag. **Halleriana**. *DC.* Haller'sches R.
Granne aus der Mitte des Rückens vortret.; Klappen an der Spitze pfrieml., zsmgedrückt; Rispe geknäult-lappig, steif. ♃ Jl. Ag. . . **Epigelos.** *Rth.* Land-R.

6 Granne gerade, unterhalb der Mitte des Rückens entspringend; Haare kürzer als das Bälglein; Rispe schmal, steif-aufrecht; Klappen spitz. ♃ Jl. Ag. **stricta**. *Spr.* Steifes R.
Granne gekniet, rückenst.; Klappen zugespitzt. 7

7 Haare so lang als das Bälglein, o. halb so lang; Granne kaum über die Klappen hinausragend. ♃ Jl. Ag. . . . . **montana.** *Hst.* Berg-R.
Haare 4mal kürzer als das Bälglein; Granne über die Klappen hinausragend. ♃ Jl. Ag. **silvatica**. *DC.* Wald-R.

XXVI. PSAMMA. *Pal. d. Beauv.* Sandrohr.

Rispe walzl., oberwärts verschmälert; Klappen lineal-lanzett., spitz; Haare 3mal kürzer als das Bälglein. ♃ Jl. Ag. . . . . **arenaria**. *R. u. S.* Gemeines S.
Rispe lanzett., spitz; Klappen lanzett. in eine pfrieml. Spitze verschmälert; Haare halb so lang als das Bälglein. ♃ Jl. Ag. **baltica**. *R. u. S.* Baltisches S.

XXVII. GASTRIDIUM. *Beauv.* Nissengras.

Rispe ährenf.; Bth. am Grunde bauchig; Klappen 1nerv.; Spelzen 3mal kleiner, die äussere mit einer geraden, später gedrehten Granne. ⊙ Jl. J. **lendigerum**. *Gaud.* Südliches N.

XXVIII. MILIUM. *L.* Flattergras.

Rispe abstehend; Spelzen spitz; Halm kahl; B. lanzett.-lineal. ♃ Mai-Jl. **effusum**. *L.* Ausgebreitetes F.

XXIX. PIPTATHERUM. *Bv.* Grannenhirse.

Spelzen fläumlich. ♃ Mai, Jn. **paradoxum**. *Bv.*. Fremdartiger G.
Spelzen kahl. ♃ Jn. Jl. **multiflorum**. *Bv.* Reichblüthiger G.

XXX. STIPA. *L.* Pfriemengras.

1 Grannen federig, sehr lang, gekniet, am Grunde kahl. ♃ Mai, Jn. .... **pennata**. *L.* Fedriges P.
Grannen kahl................................ 2

2 Grannen gekniet, sehr lang; die unt. Spelze unterw. mit 5 seidigen Linien. ♃ Mai, Jn. . **capillata**. *L.* Haarförm. P.
Grannen gerade, 2mal länger als die Bth.; Spelzen angedrückt-fläumlich. ♃ Jl. Ag. *J* **Aristella**. *L.* Kurzgranniges P.

XXXI. LASIAGROSTIS. *Lnk.* Zottengras.

Rispe abstehend; Granne 3mal so lang als die Bth. ♃ Jl. Ag. 2—3 Fuss hoch; Klapp. grünl.-weiss, zuletzt seidig, Spelzen durchschein. u. silberweiss. **Calamagrostis**. *Lnk.* Reitgrasartiges Z.

XXXII. PHRAGMITES. *Trin.* Schilfrohr.

Rispe ausgebreitet; Aehrch. 4—5blth. ♃ Ag. Sp. Ueber 2 Met. hoch; Klappen bräunl., äuss. Spelze roth, innere weissl ..**communis**. *Trin.* Gemeines Sch.

XXXIII. ARUNDO. *L.* Pfahlrohr.

B. lanzett., lang-verschmälert; Rispe abstehend; Aehrch. meist 3bth. ♃ Oct. **Donax**. *L.* Gemeines P.
B. breit-lineal; Rispe schmal; Aehrch. 1—2bth. ♃ Ag. Sp. *J*........... **Pliniana**. *Turr.* Plinius-P.

XXXIV. AMPELODESMOS. *Lnk.* Rebenrohr

Rispe einerseitswendig, überhängend; B. lineal, rinnig, lang-verschmälert, sehr spitz; Halm ausgefüllt. ♃ Mai, Jn. *J*. . . . . **tenax**. *Lnk.* Zähes R.

XXXV. ECHINARIA *Dsf.* Klettengras.

Aehrch. meist 2bth.; die äuss. Klappe mit 3—4 pfrieml., starren Grannen. ⊙ Mai, Jn. *J*. 5—15 Cm. hoch. . . . . **capitata**. *Dsf.* Kopfiges K.

XXXVI. SESLERIA *Ard.* Elfengras.

1 Aehre einfach, 1seitig, 2zeilig, eif.; Aehrch. 3—6bth.; B. fadenf. ♃ Jn. Jl. *A*. **disticha**. *Prs.* Zweizeiliges E. Schwickenblüh.
Traube ährig, einfach o. zsmgesetzt, allseitig, mit 2—3bth. Aehrch. bedeckt. 2

2 Unt. Spelze an der Spitze ausgerandet u. daselbst kurz-begrannt; B. schmal-lineal, stumpflich; Aehre kugelig. ♃ Jl. Ag. *A*. **sphaerocephala**. *Ard.* Rundköpfiges E.
Unt. Spelze an der Spitze mehr borstig o. mit 1 langen o. 5 kurzen Grannen endigend. 3

3 Unt. Spelze 5grannig, die mittlere Granne länger als die Spelze; B. schmal-lineal, stumpfl.; Aehre eif.; Aehrch. 2bth. ♃ Jn. Jl. *A*. **microcephala**. *DC.* Kleinköpfiges E.
Unt. Spelze in 2—4 Borsten u. 1 Granne endigend, Granne u. Borsten nicht halb so lang als die Spelze. 4

4 BScheiden zuletzt in schlängelig-verwebte Fäden aufgelöst; Aehre längl.; B. schmal-lineal, rinnig, getrocknet zsmgerollt. ♃ Mai. *J*. **tenuifolia**. *Schrd.* Schmalblttr. E.
BScheiden unzertheilt, zuletzt am Rande geschlitzt. 5

5 Aehre oval-längl., meist einerseitswendig; B. flach, an der Spitze plötzl. in eine rauhe Stachelspitze zsmgezogen. ♃ Mz. Ap. **caerulea**. *Ard.* Blaues E. Elftänzer.
Aehre verlängert-walzl.; B. rinnig, in eine sehr rauhe Spitze verschmälert. ♃ Ag.-Hrbst. auch im Frühl. **elongata**. *Hsl.* Langähriges E.

XXXVII. KOELERIA. *Prs.* Schillergras.

1 Unt. Spelze grannenlos o. kurz-stachelspitzig...... 2
Unt. Spelze aus ganzer o. 2spalt. Spitze begrannt; Aehrch. zottig............................ 4

2 Die vertrockneten BScheiden zuletzt in schlängelig-verwebte Fäden aufgelöst; Rispe dicht-gedrungen; WzB. zsmgerollt, kahl. ♃ Ap. Mai. *Tyr.*
valesiaca. *Gd.* Walliser Sch.
BScheiden unzertheilt; Rispe am Grunde unterbroch.; B. flach.................................. 3

3 Die unt. B. gewimpert; unt. Spelze zugespitzt. ♃ Jn. Jl.................**cristata**. *Prs.* Kämmiges Sch.
Alle B. kahl; unt. Spelze stumpfl. ♃ Jn. Jl.
glauca. *DC.* Seegrünes Sch.

4 Halm oberw. filzig; Rispe eif. o. eif.-längl.; B. schmal-lineal, kahl. ♃ Jl. Ag. *A.*
hirsuta. *Gd.* Rauhhaar. Sch.
Halm kahl; Rispe walzl.; B. breit-lineal, behaart. ⊙ Mai, Jn. *J.*...**phleoides**. *Prs.* Lieschgrasart. Sch.

XXXVIII. LAMARKIA. *Mnch.* Doppelährchen.

Rispe gedrungen, längl.; Aehrchen begrannt; B. lineal. ⊙ Mai, Jn. *J.* 15 Cm. hoch; Rispe glänzend, grün o. gelbl. o. grün u. röthl. **aurea**. *Mnch.* Goldiges D.

XXXIX. AIRA. *L.* Schmiele.

B. flach, obers. sehr rauh; Rispe weitschweifig, breit-pyramidenf. ♃ Jn. Jl..**caespitosa**. *L.* Rasen-Sch.
B. fast borstl., stielrund-fädl.; Rispe überhängend. ♃ Jn. Ag.
flexuosa. *L.* Schlängelige Sch. Flitterschmiele.

XL. CORYNEPHORUS. *Bv.* Keulengras.

Rispe abstehend, vollbth.; Bth. kürzer als der Balg; B. borstl. ♃ Jl. Ag.
canescens. *Bv.* Grauliches K. Silberbart.

XLI. HOLCUS. *L.* Honiggras.

Granne der ♂ Bth. zurückgekrümmt, im Balge eingeschlossen; Wz. faserig. ♃ Jn.-Ag.
lanatus. *L.* Wolliges H.
Granne der ♂ Bth. gekniet-eingebogen, über den Balg hinausragend; Wz. kriechend. ♃ Jl. Ag.
mollis. *L.* Weiches H.

XLII. ARRHENATHERUM. *Bv.* Glatthafer.

Rispe ährenf.; Halm am Grunde oft 2—3knollig; B. flach. ♃ Jn. Jl.
elatius. *M. K.* Hoher G. Habergras.

XLIII. AVENA *L.* Hafer.

1 FrKnoten an der Spitze behaart o. flaumig........ 2
FrKnoten kahl.................................. 10

2 Aehrch. wenigstens nach dem Verblühen hängend; Klappen 5—9nervig.......................... 3
Aehrch. nicht hängend; Klappen 1—3nervig....... 11

3 BthSpindel rauhhaarig, o. unter den Bth, wenigstens an der untersten o. obersten Bth. büschelig-behaart. 4
BthSpindel kahl; Bth. lanzett.................. 10

4 Bth. von der Bas. an bis zur Mitte borstig-behaart, lanzett., auf dem Rücken begrannt; obere Klappe 9nervig; Achse rauhhaarig................... 5
Bth. kahl o. oberwärts borstig-behaart; Bälge meist 2blüthig.................................. 6

5 Rispe gleich, abstehend; Bälge meist 3blüthig; Bth. an der Spitze gezähnt-2spaltig. ⊙ Jl. Ag.
fatua. *L.* Flughafer. Gauchhafer.
Rispe einerseitswendig, etwas abstehend; Bälge meist 2blüth.; Bth. an der Spitze 2spaltig, Zipfel borstl., in eine gerade Granne auslaufend. ⊙ Jl. Ag. *J.*
hirsuta. *Roth.* Rauhhaar. H.

BthSpindel borstig-rauhhaar.; obere Klappe 9nerv.; Bth. kahl, gegen die Spitze verschmälert, an der Spitze 2spalt. und etwas gezähnelt, sämmtl. be-
6 grannt. ⊙ Jl. Ag.... . **hybrida**. *Pet.* Bastard-H.
BthSpindel unter den Bth., wenigstens am Grunde der untersten o. der obersten Bth. kurz-büschelig-behaart, sonst kahl. 7

Bth. längl., stumpf, an der Spitze 2spalt. u. gezähnelt; Rispe einerseitswendig; Bälge meist 2bth., so
7 lang als die Bth.; obere Klappe 7nervig. ⊙ Jl. Ag. **brevis**. *Rth.* Kurzer H.
Bth. lanzett., nach der Spitze verschmälert; obere Klappe 7—9-nervig 8

Bth. an der Spitze 2spalt. mit gerad-begrannten Zipfeln, auf dem Rücken mit 1 geknieten Granne; Bälge so lang als die Bth.; Spindel am Grunde der obern Bth. kurz-büschelig-behaart. ⊙ Jl. Ag.
8 *cult.*..**strigosa**. *Schrb.* Striegelhaar. H. Purrhafer.
Bth. an der Spitze kurz-2spaltig und gezähnelt, die obere wehrlos; Bälge länger als die Bth., obere Klappe 9nerv.; Spindel am Grunde der unterst. Bth. kurz-büschelig-behaart. 9

Rispe gleich, abstehend. ⊙ Jl. Ag. Spelzen der reif.
9 Fr. weissl. o. schwärzl. *cult.* **sativa**. *L.* Futterhafer.
Rispe einerseitswend, zsmgezogen. ⊙ Jl. Ag. *cult.* **orientalis**. *Schreb.* Türkischer H. Fahnenhafer.

Bth. kahl, an der Spitze haarspitzig-2spalt.; Bälge meist 3bth. ⊙ Jl. Ag. *cult.*
10 **nuda**. *L.* Nackter H. Spinnenhafer.
Bth. vom Grunde bis fast zur Mitte borstig-behaart, an der Spitze 2zähnig-2spalt.; Bälge meist 4bth. ⊙ Jl. Ag. *J.*..............**sterilis**. *L.* Tauber H.

B. auf beiden Seiten nebst den unt. Scheiden zottig
11 o behaart.................................. 12
B. weder zottig noch haarig, wohl aber am Rande o. obers. sehr rauh 14

12 Die längeren Aeste 3–6 Achrch. tragend; FrKnoten an der Spitze flaumig, B. nebst den Scheiden haarig. ♃ Jl. Ag. *A*. . . **alpestris**. *Hst.* Voralpen-H.
Aeste 1—2 Aehrchen tragend, die untern meist zu 5; Aehrch. 2—3bth.; FrKnoten an der Spitze behaart; B. lineal, beiders. sammt den unt. Scheiden zottig 13

13 Klappen 1nerv., an der Spitze weiss-trockenhäutig; die obere Klappe so lang als das Aehrch. o. kürzer. ♃ Mai, Jn. . . . . . **pubescens**. *L.* Kurzhaar. H.
Klappen 3nerv., das untere Drittheil derselben violett gefärbt. ♃ Mai. *Süd-Tyr.*
amethystina. *Clr.* Violetter H.

14 BScheiden 2schneidig, flach zsmgedrückt; B. flach, am Rande rauh, die halmst. lanzett.-lineal. ♃ Jl.-Ag. . . . . **planiculmis**. *Schrd.* Platthalmiger H.
BScheiden stielrund. 15

15 B. obers. ziemlich glatt; Rispe fast eif.; Aeste gezweit, jeder 1—2 Aehrch. tragend; Achrch. 5bth. ♃ Jl. Ag. *A*. . . . . **versicolor**. *Vill.* Bunter H.
B. oberseits rauh. 16

16 Rispe ausgebreitet, die unt. Aeste zu 3—4, die längern 2–5 Aehrch. tragend; WzB. zsmgefaltet, steif, obers. rauh 18
Rispe zsmgezogen, traubig, die unt. o. alle Aeste gezweit, 1—2 Aehrch. tragend; B. obers. sehr rauh. 17

17 Aehrch. meist 8bth.; Bth. auf dem Rücken oberhalb der Mitte begrannt; alle Aeste der Rispe gezweit. ♃ Jl. Ag. *A*. . . . . **alpina**. *L.* Alpen-H.
Aehrch. 4—5bth.; Bth. auf der Mitte des Rückens begrannt; die unt. Aeste der Rispe gezweit, die obern einzeln. ♃ Jn. Jl. **pratensis**. *L.* Wiesen-H.

18 BHäutch. der HalmB. längl., kahl; untere Spelze von sehr kleinen Pünktchen rauh, matt, von der Bas. an 3—5nervig. ♃ Jl. Ag. *A*.
sempervirens. *Vill.* Immergrüner H.
BHäutch. der HalmB. kurz, dicht-gewimpert; untere Spelze glatt, glänzend, undeutl.-nervig, aber an der Spitze von kleinen Pünktchen etwas rauh u. deutl. 5nervig. ♃ Mai. *J*. . . **striata**. *Lam.* Gestreifter H.

19 Unt. Bth. an der Spitze begrannt, die folgenden an der Spitze haarspitzig-2grannig und auf dem Rücken mit 1 knief.-einwärts-gebogenen Granne; Klappen 7—9nervig. ⊙ Jn. **tenuis**. *Mnch*. Zarter H.
Unt. Bth. auf dem Rücken begrannt; Klappen 1—3-nervig 20

20 Granne aus der Mitte der Bth. o. unterhalb der Mitte vortret.; B. lineal, flach 21
Granne unterhalb der Mitte der Bth. vortret.; B. zsmgerollt-borstlich 24

21 Rispe eif., o. walzl. und fast lappig; obere Klappe 3nervig; unt. Spelze an der Spitze 3spaltig. ♃ Jl. Ag. *A*. ......**subspicata**. *Clair*. Schwielenart. H.
Rispe ausgebreitet gleich 22

22 Halme einfach, die längeren Aeste der Rispe 5—8 Aehrch. tragend; obere Klappe längl.-lanzett. ♃ Jn. Jl. ....**flavescens**. *L*. Gelblicher H.
Halme am Grunde liegend, wurzelnd und sehr ästig; unt. Spelze doppelt-borstl.-haarspitzig 23

23 Beide Klappen 3nervig; Haare am Grunde der unt. Bth. halb so lang als die Bth., die längeren Aeste der Rispe 3—4 Aehrch. tragend. ♃ Jl. Ag. *A*. **distichophylla**. *Vill*. Fächerblttr. H.
Die obere Klappe am Grunde 3nervig; Haare der unt. Bth. so lang als der 3. Theil der Bth.; die längern Aeste der Rispe 4—8 Aehrch. tragend. ♃ Jl. Ag. *A*. ....**argentea**. *W*. Silber-H.

24 Rispe ährenf.-zsmgezogen, längl. o. oval, gedrungen ⊙ Ap. Mai..........**praecox**. *Bv*. Früher H.
Rispe abstehend o. ausgesperrt. 25

25 Aehrch. an der Spitze der Aeste etwas gedrängt; BthStielch. oft kürzer als das Aehrch. ⊙ Jn. Jl. **caryophyllea**. *Wgg*. Nelken-H.
Aehrch. gleichf.-zerstreut; BthStielch. verlängert, die meisten viel länger als das Aehrch. ⊙ Mai. **capillaris**. *M. K.* Haardünner H.

XLIV. DANTHONIA *DC.* Kelchgras.

Tr. ziemlich einfach; Bälge 4—6bth. länger als die Bth.; BScheiden an der Spitze bärtig. ♃ Jn.
provincialis. *DC.* Granniges K.

XLV. TRIODIA. *R. Br.* Dreizahn.

Rispe traubig; Aeste einfach, jeder 1 o. die unteren 2—3 Aehrch. tragend; Aehrch. längl.-eif., 3—5-bth.; B. nebst den Scheiden behaart. ♃ Jn. Jl.
decumbens. *Br.* Niederliegender D.

XLVI. MELICA. *L.* Perlgras.

Untere Spelze gewimpert 2
Unt. Spelze nicht gewimpert; Rispe einerseitsw.; Aehrch. eif. 3

Unt. Spelze am Rande durchaus dicht-gewimpert-zottig; geschlechtslose Bth. längl.; Rispe ährig, gleich. ♃ Mai, Jn.....**ciliata.** *L.* Gewimpertes P.
Unt. Spelze am Rande nur bis über die Mitte gewimpert-behaart; geschlechtslose Bth. kreiself.; Rispe locker, fast einerseitswendig. ♃ Jn. *J.*
Bauhini. *All.* Bauhin's P.

Aehrch. aufrecht, mit 1 einzigen vollkomm. Bth.; BHäutch. aussen dem B. gegenst., zugespitzt. ♃ Jn. Jl.............**uniflora.** *Rtz.* Einblüthiges P.
Aehrch. hängend, mit 2 vollkomm. Bth.; BHäutch. innen am BGrunde abgeschnitten. ♃ Mai, Jn.
nutans. *L.* Ueberhängendes P.

XLVII. BRIZA. *L.* Zittergras.

BHäutch. sehr kurz, abgeschnitten; Rispe aufrecht, abstehend; Aehrch. fast herzf.-eif., 5—9bth. ♃ Jn. Jl.........**media.** *L.* Flieserl. Liebfrauenflachs.
BHäutch. lanzett., spitz........................ 2

Aehrch. eif., 9—17bth.; Rispe an der Spitze überhäng. ⊙ Mai, Jn. *J*..... **maxima.** *L.* Grösstes Z.
Aehrch. 3eckig, 6—7bth.; Rispe aufrecht. ⊙ Mai, Jn.
minor. *L.* Kleines Z. Jungfernhaar.

XLVIII. ERAGROSTIS. *Bv.* Liebesgras.

1 Die unt. Rispenäste halbquirlig zu 4—5; Aehrch. lineal, 5—12bth.; Bth. ziemlich spitz. ⊙ Jl. Ag. **pilosa**. *Bv.* Behaartes L.
Rispenäste einzeln o. gezweit; Bth. stumpf; B. am Rande drüsenf.-gezähnelt 2

2 Bth. an der etwas aufgerand. Spitze kurz-stachelspitzig; Aehrch. lineal-längl., 15—20bth. ⊙ Jl. Ag. **megastachya**. *Lnk.* Grossähriges L.
Bth. an der Spitze ohne Stachelspitze; Aehrch. lanzett.-lineal, 8—20bth. ⊙ Jl. Ag. **poaeoides**. *Bv.* Rispengrasart. L.

XLIX. POA. *L.* Rispengras.

1 Aehrch. an einem sehr kurzen dicken BthStiele sitzend, in eine einfache einseitige Aehre o. in eine aus solchen Aehren gebildete Rispe geordnet; Aehrenspindel starr, zsmgedrückt, hin- und hergebogen; Bälge u. Spelzen lederig; Wz. faserig 2
Aehrch. länger gestielt, in einer Rispe zerstreut; Bth. frei, o. mit wolligen krausen Haaren zsmhängend, stumpflich spitz o. zugespitzt.................. 3

2 Aehre 2zeilig, einfach o. an der Basis ästig; Aehrch. eif., spitzlich, genähert; Bth. stumpf. ⊙ Mai, Jn. *J.* **loliacea**. *Huds.* Lolchartiges R.
Rispe eif., gedrungen, aus kurzen, 3—6 Aehrch. tragenden Aehren zsmgesetzt; Aehrch. längl.; untere Spelze lineal-längl., stumpf oder ausgerandet, meist kurz-stachelspitzig. ⊙ Mai, Jn. **dura**. *Scop.* Hartes R.

3 Wz. faserig. (Der Halm v. *P. annua* bisweilen am Grunde wurzelnd u. ausläufertreibend.).......... 4
Wz. mit verläng. Ausläufern weit umher kriechend. 10

4 Rispenäste einzeln o. gezweit 5
Die untern Rispenäste zu 5, rauh, (nur bei magern Expl. 2—3), oder halbquirlig zu 5 11

Bth. ausser der verbindenden Wolle kahl, o. auf dem Kiele und an den Rändern mit 1 kurz-flaumigen Linie versehen; Aehrch. längl.-eif., 3—7bth.; obere BHäutch. längl.; Halm zsmgedrückt. ⊙ fast das
5 ganze Jahr blühend.......**annua.** *L.* Jähriges R.
Bth. ausser der verbind. Wolle auf dem Rückennerven und beiderseits auf dem Randnerven mit 1 dicht-seidenflaumigen Linie versehen................ 6

Die unt. BHäutchen kurz, abgeschnitten, die obern längl., spitz; Bth. eif.-lanzett; B. breit-lineal, plötzl.
6 zugespitzt. ♃ Mai, Jn. *A.*
alpina. *L.* Alpen-R. Ritschgräsel.
Alle BHäutch. längl., spitz; B. schmal-lineal; Wz. faserig, rasig 7

Rispe an der Spitze nickend o. überhängend, längl., fast eif., zsmgezogen; Aeste kahl o. ziemlich kahl,
7 haar- o. fadenf................................ 8
Rispe aufrecht, abstehend o. spreizend; Aeste rauh; Bth. längl.-lanzett.......................... 9

Aeste fädl.; Aehrch. eif.; meist 3bth.; Bth. eif.-lanzett., meist frei; B. verschmälert-spitz. ♃ Jn. Ag. *A.*
8 **laxa.** *Hnk.* Schlaffes R.
Aeste haardünn; Aehrch. längl.-eif., 4—6bth.; Bth. lanzett., am Grunde durch Wolle zsmhängend. ♃ Jl. Ag. *A.* ....**minor.** *Gd.* Kleineres R.

Rispe spreizend, Aeste fast rechtwinkelig auseinanderfahrend; Aehrch. gleichf.-zerstreut, eif., 4—6bth.;
9 Bth. frei. ♃ Mai, Jn. ..**pumila.** *Hst.* Niederes R.
Rispe abstehend; Aehrch. an der Spitze der Aeste gedrungen; Halm am Grunde oft zwiebelig-verdickt. 10

Bth. frei; Aehrch. eif., spitz, 6—10bth. ♃ Jn. *J.*
concinna. *Gd.* Gedrängtähriges R.
10 Bth. mit einer sich lang hervorziehenden Wolle zsmhängend. ♃ Mai, Jn.
bulbosa. *L.* Zwiebeltrag. R. Läuchelgras.

Bth. ausser der Wolle, die sie bisweilen verbindet, mit 1 seidig-flaumigen Linie auf dem Rückennerven und beiderseits auf dem Randnerven versehen;
11 Aehrch. eif.-lanzett., 2—5bth. 12
Bth. kahl o. unterw. auf dem Rücken wollig behaart, aber ohne haarige Randlinie... 14

12 BHäutchen längl., spitz; Halme u. BScheiden kahl; Rispe ausgebreitet, abstehend; Wz. faserig, rasig. ♃ Jn. Jl... .... **fertilis.** *Hst.* Vielblüth. R.
BHäutch. kurz-abgeschnitten, o. eif. o. fast fehlend 13

13 BScheiden länger als die Halmglieder, die Halmknoten bedeckend, die oberste länger als ihr Blatt; Wz. faserig, rasig. ♃ Jn. Jl. *A.*
caesia. *Sm.* Hechtblaues R.
BScheiden kürzer als die Halmglieder, die obere kürzer als ihr B.; Halmknoten entblösst; Wz. kurze Ausläufr. treibend. ♃ Jn. Jl. **nemoralis**. *L.* Hain-R.

14 BHäutch. der obern Scheiden vorgezogen, längl., spitz; BScheiden rauh, etwas zsmgedrückt. ⊙ Jn. Jl. .... **trivialis.** *L.* Gemeines R.
BHäutch. kurz; unfruchtb. BBüschel 2zeilig, flachzsmgedrückt; BScheiden 2schneidig 15

15 B. lanzett.-lineal, an der Spitze plötzlich zugespitzt u. kapuzenf. - zsmgezogen; die unfruchtb. Büschel während der BthZeit grünend. ♃ Jn. Jl.
sudetica. *Hnk.* Riesengebirgs-R.
B. aus lanzett.-linealem Grunde nach und nach sehr spitzig-verschmälert; unfruchtb. Büschel während der BthZeit meist schon vertrocknet. ♃ Jn. Jl.
hybrida. *Gd.* Bastard-R.

16 Bth. frei o. mit spärl. Wolle zsmhängend, schwachnervig; Halme 2schneidig-zsmgedrückt, am Grunde liegend; Rispe fast einerseits-wendig; BthStiele rauh. ♃ Jn. Jl.
compressa. *L.* Zsmgedrücktes R. Berg-R.
Bth. mit einer langen, sich ziehenden Wolle zsmhängend, 5nervig 17

17 Nerven der Bth. etwas hervortret.; BHäutch. kurz, abgeschnitten, die unt. Aeste meist zu 5, rauh. ♃ Mai, Jn. .....**pratensis.** *L.* Wiesen-R. Birdgras.
Die seitl. Nerven der Bth. undeutlich; das obere BHäutch. eif.; die unt. Aeste meist gezweit, seltner zu 5. ♃ Jl. Ag. *A.* **cenisia**. *All.* Zweizeiligblättr. R.

L. GLYCERIA. *R. Br.* Süssgras.

Aehrch. meist 2bth., lineal; Bth. stumpf, 3nerv.; Rispe ausgebreit.; Wz. kriechend. ♃ Jn. Jl. **aquatica**. *Prsl.* Wasser-S. Milenz.

Aehrch. 4—11bth. 2

Rispe einerseitswend.; die blüh. Aeste rechtwinkelig-abstehend; Aehrch. an die Aeste angedrückt; Bth. spitzl., 7nervig; Wz. kriechend. ♃ Jn. Jl. **fluitans**. *R. Br.* Fluthendes S. Mannaschwaden.

Rispe gleich, o. fast gleich o. quirlig; Bth. stumpf. 3

Rispe quirlig; die unt. Aeste zu 5; Aehrch. 7—11bth.; Bth. oval-längl., 7nervig; die jüngern B. mehrfach-zsmgefaltet. ♃ Jn. Jl... **plicata**. *Fr.* Gefaltetes S.

Rispe gleich, nicht quirlig 4

Bth. 7nervig, Nerv. stark; Rispe weitschweif., sehr ästig; Aehrch. 5—9bth.; Wz. kriechend. ♃ Jl. Ag. **spectabilis**. *M. K.* Ansehnliches S.

Bth. schwach-5nervig; Wz. faserig 5

Rispe ausgesperrt; die fruchttr. Aeste herabgeschlagen; Bth. eif.-längl., abgeschnitten-stumpf. ♃ Mai, Jn. .... **distans**. *Whlb.* Abstehendes S.

Rispe abstehend; die fruchttr. Aeste aufrecht; Bth. lineal-längl., an der Spitze oft mit 3 Kerbzähnen. ♃ Jn. Jl. Meerstrandpfl. **festucaeformis**. *Rb.* Schwingelähnl. S.

LI. MOLINIA. *Schrk.* Schmiegengras.

Halm fast nackt; Rispe etwas zsmgezogen; Aehrch. wehrlos, aufrecht. ♃ Ag. Sp. **caerulea**. *Mnch.* Blaues Sch.

Halm fast bis an die Spitze mit BScheiden bedeckt; Rispe abstehend; untere Spelze kurz-begrannt. ♃ Ag. Sp. .... **serotina**. *M. et K.* Spätes Sch.

LII. DACTYLIS. *L.* Knäulgras.

Unt. Spelze 5nerv.; Wz. rasig ohne Ausläufr. ♃ Jn. Jl. **glomerata**. *L.* Gemeines K. Stockgras.

Unt. Spelze 9—11nerv.; Wz. mit langen, gestreckt. Ausläufr. ♃ Jn. Jl. *J.*... **littoralis**. *W.* Strand-K.

LIII. CYNOSURUS. *L.* Kammgras.

Rispe lineal, gerade, ährenf.-gedrungen; Bälge der DeckB. in 1 Stachelspitze verschmälert. ♃ Jn. Jl.
cristatus. *L.* Gemeines K.
Rispe eif., ährig-zsmgezogen; Bälge der DeckB. sehr lang-begrannt. ⊙ Mai, Jn.
echinatus. *L.* Weichstacheliges K.

LIV. FESTUCA. *L.* Schwingel.

1 Aehrch. in einer einfachen Tr., sehr kurz-gestielt; BthStielch. dick, gleichbreit 2
Aehrch. in eine Rispe zsmgestellt................ 3

2 Tr. zweizeilig, etwas nickend; Aehrch. lineal-länglich, wechselst., entfernt; B. flach, lineal-lanzett. ♃ Mai, Jn. auf fruchtb. Wiesen.
loliacea. *Hds.* Lochartiger Sch.
Tr. einfach, dünn; Aehrch. 2zeilig, einseitig; Bth. lanzett.-lineal, sehr spitz. ⊙ Jn. Jl. auf uncult. Orten. *J.*.......**tenuiflora.** *Schrd.* Zartblüth. Sch.

3 BthStiele kurz, dick, gleichdick o. gegen die Spitze hin keulenf.-verdickt 4
BthStiele fädlich, unter den Bth. nur mässig-dicker; Bth. lanzett., spitz o. zugespitzt, wehrlos o. begrannt. 9

4 Bth. lineal, stumpf, seicht-ausgerandet u. sehr kurz-stachelspitzig; Rispe starr.................... 5
Bth. lanzett., pfrieml.-verschmälert, lang-begrannt; Rispe einerseitsw.............................. 6

5 Aehrchen aufrecht, ein wenig abstehend, länglich; Rispe 2zeilig, 1seitig; Aeste nebst den Aestchen 3kantig; Bth. lineal. ⊙ Jn. Jl.
rigida. *Kunth.* Starrer Sch.
Aehrch. während der BthZeit. ausgesperrt-absteh., lineal; Aeste 3kant.; Bth. lineal-lanzett. ⊙ Ap. Mai. *J.*..........**divaricata.** *Desf.* Ausgesperrter Sch.

6 Rispe abstehend, steif-aufrecht; die unterst. Aeste halb so lang als die Rispe; Bth. rauh; unt. Klappe 2—mehrmal kürzer als die obere. ⊙ Mai, Jn.
bromoides. *Aut. p.* Trespenartiger Sch.
Rispe zsmgezogen, fast ährig 7

7 Bth. zottig u. dicht bewimpert; die obere Klappe spitz, die untere sehr kurz o. fehlend; BHäutchen 2öhrig. ⊙ Mai, Jn. *J.* **ciliata.** *Aut.* Gewimperter Sch.
Bth. rauh o. kahl. 8

8 Rispe bogig-überhäng.; die obere Klappe spitz, die untere 2—mehrmal kürzer; Bth. rauh. ⊙ Mai, Jn. **Myurus.** *Aut.* Mäuseschwanz-Sch.
Rispe aufrecht; die obere Klappe begrannt, die unt. sehr klein o. fehlend; Bth. kahl o. an der Spitze etwas rauh. ⊙ Mai. *J.* **uniglumis.** *Sol.* Einbalgiger Sch.

9 BHäutch. 2öhrig (sehr kurz u. beiders. mit 1 rundl. Oehrchen) 10
BHäutch. abgeschnitten, vorgezogen o. längl., nicht 2öhrig. 13

10 B. sämmtl. zsmgefaltet-borstlich. 11
WzB. zsmgefaltet, borstl. HalmB. flach; Rispe während der BthZeit abstehend; Aehrch. 4—5bth. . . . 12

11 Die obere Spelze fast vom Grunde an lanzett.-verschmälert, an der Spitze 2spalt., die untere 3nerv.; Rispe zsmgezogen, während der BthZeit aufrecht-abstehend. ♃ Jl. Ag. *A.* **Halleri.** *All.* Haller's Sch.
Die obere Spelze längl.-lanzett., an der Spitze 2zähnig, die untere schwach-5nerv.; Rispe zur BthZeit abstehend-ausgebreitet. ♃ Mai. Jn. **ovina.** *L.* Schaf-Sch.

12 Wz. faserig, dicht-rasig. ♃ Mai, grün o. violett u. gelb-gescheckt. **heterophylla.** *Lam.* Verschiedenblttr. Sch.
Wz. ausläufertr. und lockere Rasen bild. ♃ Mai. Jn. **rubra.** *L.* Rother Sch. Hartschwingel.

13 BSpindel unter den Bth. mit 1 Haarbüschel gebärtet; FrKnot. kahl; Rispe abstehend, Aeste halbquir., nie unt. meist zu 5; WzB. fast stielrund. ♃ Jl. Ag. *A.* . . . . **pilosa.** *Hall.* Behaarter Sch.*)
BSpindel nicht gebärtet, kurzflaumig, rauh. o. glatt. 14

*) *F. brennia. Facch.* soll sich nach *F. Hausmann* von *F. pilosa. Hall.* durch 6—8bth. Aehrchen u. längere Halme unterscheiden.

14 B. alle zsmgefaltet, fädlich, stielrund; FrKnot an der Spitze behaart. 15
B. alle flach, o. nur die untersten zsmgefaltet. 16

15 Unt. Spelze lanzett., von der Mitte an allmälig schmäler; Aehrch. 5—8bth., kurz-begrannt o. wehrlos. ♃ Jl. Ag. A. Aehrch. grün, weiss u. purp. gescheckt. .... **varia.** *Hnk.* Bunter Sch.
Unt. Spelze längl.-lanzett., über der Mitte plötzl. zugespitzt; Aehrch. 3—4bth., begrannt. ♃ Jl. Ag. A. **pumila.** *Vill.* Niedriger Sch.

16 B. oberseits sammtig, schmal-lineal, die unt. zsmgefaltet; FrKnoten an der Spitze behaart; Rispe schlaff-überhäng. BSpindel fläumlich. ♃ Jn. Jl. **laxa.** *Hst.* Schlaffer Sch.
B. obers. nicht sammtig, alle flach. 17

17 BScheiden der unfruchtb., zuletzt zsmgerollten B-Büschel knorpelig-verdickt; FrKnoten an der Spitze behaart; B. schmal-lineal, kahl; BHäutch. eif. ♃ Jl. Ag. *A*. .... **spadicea.** *L.* Brauner Sch.
BScheiden der unfruchtb. BBüschel nicht knorpelig. 18

18 FrKnoten an der Spitze behaart. 19
FrKnoten kahl. 21

19 B. gleichfarbig, verlängert-lineal, obers. rauh; unt. Spelze sehr fein-punktirt, deutl. 5nerv.; Rispe weitschweif., überhäng. ♃ Jn. Jl. *A*. **spectabilis.** *Jan.* Ansehnlicher Sch.
B. obers. bläulich-grün, unters. freudig-grün, lanzett.-lineal, am Rande rauh; Rispe ausgebreit., sehr ästig; Aeste rauh. 20

20 Wz. faserig; BBüschel unterw. mit blattlosen, allmäl. in B. übergehenden Schuppen besetzt. ♃ Jn. Jl. **silvatica.** *Vill.* Wald-Sch.
Wz. mit verlängerten, beschuppten Ausläuf. kriechend; BBüschel mit lauter blättertrag. Scheiden umgeben. ♃ Jn. Jl. **drymeia.** *M. et K.* Forst-Sch.

21 BHäutch. längl., stumpf; Rispe abstehend, an der Spitze überhäng.; unt. Spelze spitz, rauh, 5nerv.; B. lineal, kahl. ♃ Jl. Ag. *A*. **Scheuchzeri.** *Gd.* Scheuchzer's Sch.
BHäutch. sehr kurz. 22

22 Bth. unter der Spitze begrannt, Granne schlängelig, 2mal so lang als die Spelze; Rispe weit abstehend; Aeste an der Spitze schlaff-überhängend; B. lineal, kahl. ♃ Jn. Jl.
gigantea. *Vill.* Riesen-Sch.
Bth. wehrlos o. stachelspitz; B. lanzett.-lineal; Aeste rauh, gezweit. 23

23 Rispe ausgebreit., überhäng.; Aeste verzweigt, 5—15 Aehrch. trag., Aehrchen eif.-lanzett., 4—5bth. ♃ Jn. Jl. . . . . **arundinacea**. *Schrb.* Rohrartiger Sch.
Rispe einerseitswend, zsmgezogen, aufrecht; der eine Ast sehr kurz mit 1 Aehrchen, der andere traubig mit 3—4 Aehrch.; Aehrch. lineal, 5—10bth. ♃ Jn. Jl. . . . . **elatior**. *L.* Höherer Sch.

LV. BRACHYPODIUM. *Pal. de Beauv.* Zwenke.

1 Aehre 2zeilig; Aehrch. zahlreich; B. flach, lineal o. lanzett.-lineal. 2
Aehre aus 2—5 Aehrch. zsmgesetzt o. 1—3 wechselst. Aehrchen an der Spitze des Halmes. 3

2 Wz. faserig; Granne an der obern Bth. länger als die Spelze; B. schlapp. ♃ Jl. Ag.
silvaticum. *R. et S.* Wald-Z.
Wz. kriechend; Granne kürzer als die Spelze; B. ziemlich steif. ♃ Jn. Jl.
pinnatum. *Bv.* Gefiederte Z. Zitter-Z.

3 Aehre aus 2—5 Aehrch. zsmgesetzt; B. abstehend, zsmgerollt, sehr schmal, bläul.-grün; Halm am Grunde sehr ästig. ♃ Jn. *J.*
ramosum. *R. et S.* Aestige Z.
Aehrch. 1—3 an der Spitze des Halmes; B. flach. ⊙ Mai. *J.* . . . **distachyon**. *R. et S.* Zweiährige Z.

LVI. BROMUS. *L.* Trespe.

1 Aehrch. gegen die Spitze hin schmäler. 2
Aehrch. gegen die Spitze hin breiter; obere Spelze mit starren Borsten kammf.-gewimpert. 12

2 Unt. Klappe 3—5nerv., obere 5—vielnerv.; obere Spelze mit ziemlich steifen Borsten entfernt-kammf.-gewimpert, untere 7nerv. 3
Unt. Klappe 1-, obere 3nervig; obere Spelze am Rande kurz-fläumlich; Aehrch. lineal-lanzett. 10

3 Bth. breit-ellipt., die fruchttr. stielrund, sich nicht dachig-deckend; untere Spelze so lang als die obere; Rispe zuletzt überhäng. ⊙ Jn. Jl.
secalinus. *L.* Roggen-T. Twalch. Durl.
Bth. bei der FrReife mit den Rändern sich dachziegelig-deckend, o. nur etwas entfernt.......... 4

4 Untere Spelze ziemlich so lang als die obere; Bth. ellipt.-lanzett.; Granne fast so lang als die Spelze; Aehrch. lineal-lanzett. ⊙ Jn. Jl.
arvensis. *L.* Acker-T.
Untere Spelze bemerklich länger als die obere..... 5

5 Granne gerade-vorgestreckt..................... 6
Granne gebogen, gedreht, gespreizt o. zurückgebogen (im getrocknet. Zustande) 8

6 Aehrch. längl.-lanzett., kahl; Bth. ellipt.-längl.; Rispe abstehend, zuletzt überhängend. ⊙ Mai, Jn.
commutatus. *Schrd.* Verwechselte T.
Aehrch. eif.-längl.; Bth. breit-ellipt.; Rispe nach dem Verblüh. zsmgezogen. 7

7 Untere Spelze am Rande abgerundet; Aehrch. kahl, ⊙ Mai, Jn. .... **racemosus.** *L.* Traubige T.
Unt. Spelze am Rande oberhalb der Mitte in eine stumpfe Ecke hervortretend; Aehrch. weich-behaart, seltner fast kahl. ♃ Mai, Jn.
mollis. *L.* Weichhaar. T. Duft.

8 Rispe gedrungen, aufrecht, nach dem Verblüh. zsmgezogen; Aehrch. eif.-längl.; Grannen (getrocknet) gebogen u. gewunden. ⊙ Mai, Jn. *J.*
confertus. *M. B.* Gedrungenrisp. T.
Rispe abstehend, überhäng.; Granne spreizend. 9

9 Rispe nach dem Verblühen einseitig - überhäng.; fruchttr. Bth. etwas entfernt; Grannen bei der Reife spreizend-zurückgebogen. ⊙ Mai.
patulus. *M. K.* Abstehend-begrannte T.
Rispe schlaff-überhängend; fruchttr. Bth. dachig sich deckend; getrock. Grannen zsmgedreht-spreizend. ⊙ Mai, Jn. .... **squarrosus.** *L.* Sparrige T.

10 Rispe ästig, schlapp-überhängend; Bth. lineal-lanzett., spitz; B. u. untere Scheiden rauhhaar. ♃ Jn. Jl.
asper. *Murr.* Rauhe T.
Rispe gleich, aufrecht; Bth. lanzett. 11

11 B. kahl; unt. Spelze kurz-begrannt o. stachelspitzig. ♃ Jn. Jl.
inermis. *Leys.* Wehrlose T. Quecken-T.
WzB. am Rande gewimpert, schmäler; unt. Spelze begrannt. länger als die Granne. ♃. Mai, Jn.
erectus. *Hds.* Aufrechte T.

12 Halm kahl. 13
Halm oberwärts o. an der Spitze flaumig. 14

13 Rispe überhängend; Aeste verlängert, an der Spitze hängend; Granne länger als die Spelze. ⊙ Mai-Hrbst. . . . . **sterilis.** *L.* Taube T.
Rispe aufrecht; Granne so lang als die Spelze. ⊙ Mai, Jn. . . . . **diandrus.** *Curt.* Zweimännige T.

14 Rispe hängend; Aehrch. lineal; Granne so lang als die Spelze. ⊙ Mai, Jn. . . . **tectorum.** *L.* Dach-T.
Rispe aufrecht; Aehrch. längl.; Granne länger als die Spelze. ⊙ Mai, Jn. . . . . **rigidus.** *Rth.* Steife T.

LVII. GAUDINIA. *Pal. d. Bv.* Aehrenhafer.

Aehre gegliedert, an den Gelenken zerbrechlich; Granne noch einmal so lang als die Spelze; B. flach. ⊙ Jn. Aehre 7—10 Cm. lang.
fragilis. *Pal. d. B.* Zerbrechlicher A.

LVIII. TRITICUM. *L.* Weizen.

1 Aehrch. bauchig-gedunsen; Klappen eif. o. längl. . . 2
Aehrch. nicht bauchig-gedunsen; Klappen lanzett. o. lineal-längl., an der Spitze gerade; Aehren 2zeilig. 9

2 Aehren 2zeilig; Klappen keilig, abgeschnitten, u. nebst der Spindel büschelig-behaart; B. knötig-haarig. ⊙ Mai, Jn. *J.* . . . . . **villosum.** *M. B.* Zottiger W.
Aehre 4seitig o. von der Seite her (dem Rande der BthSpindel parallel) zsmgedrückt. (Cult. Arten.). 3

3 { Spindel zerbrechlich; Fr. von den Spelzen dicht umschlossen 4
Spindel zähe; Fr. von den Spelzen locker-umhüllt. 6

4 { Aehre der breiten Seite der BthSpindel parallel zsmgedrückt, locker; Klappen breit-eif., abgeschnitten, 2zähnig, der Zahn am Kielende gerade, der vordere schwach; Aehrch. meist 4bth. ⊙ Jn. Jl. *cult.*
Spelta. *L.* Dinkel. Fäsen. Spelz.
Aehre dem Rande der BthSpindel parallel zsmgedrückt, dichtdachig 5

5 { Klappen gezähnt-stachelspitz, schief-abgeschnitten. Kiel zsmgedrückt, sehr hervortret., oberw. mit dem Zahne der Spitze einwärts gebogen; Aehrch. meist 4bth. ⊙ u. ⊙ Jn. Jl. *cult.*
dicoccum. *Schk.* Zweikörniger W. Amelkorn.
Klappen an der Spitze 2zähnig, Zähne spitz, nebst der Kielspitze gerade; Aehrch. meist 3bth. ⊙ u. ⊙ Jn. Jl. *cult.*
monococcum. *L.* Einkörniger W. Blicken.

6 { Aehre unregelmäss.-4seitig o. zsmgedrückt; Aehrch. meist 3bth.; Klappen längl.-lanzett., papierart.-krautig, vielnerv., gekielt, an der Spitze kurz-2zähnig. ⊙ u. ⊙ Jl. Ag. *cult.*
polonicum. *L.* Polnischer W.
Aehre regelm.-4seitig; Aehrch. meist 4bth.; Klappen eif. o. längl. 7

7 { Klappen auf dem Rücken abgerundet-convex, mit 1 stumpf-hervortret. Nerven. ⊙ u. ⊙ Jn. Jl. *cult.*
vulgare. *Vill.* Gemeiner W. Aarweizen.
Klappen gekielt, Kiel der ganzen Länge nach hervortret., fast flügelf. 8

8 { Klappen eif., abgeschnitten, stachelspitz. ⊙ u. ⊙. Jn. Jl. *cult.* **turgidum.** *L.* Englischer W. Kroll-W.
Klappen längl., 3mal so lang als breit, breit-stachelspitz. ⊙ u. ⊙ Jn. Jl. *cult.*
durum. *Dsf.* Hartsamiger W.

9 { Aehre eif., längl., o. fast 4seitig, stark-zsmgedrückt, Aehrch. 5—20, vielbth., begrannt; Halm aufrecht. ♃ Mai-Sp. *Ug*... **cristatum.** *MB.* Kammförm. W.
Anders beschaffene Arten 10

10 Die Nerv. der B. oberseits mit zahlreichen Reihen sehr kurzer, sammtiger Haare o. spitziger Pünktch. dicht-besetzt; Wz. weit-kriechend; Seestrandpfl. o. an vom Meerwasser überschwemmt. Orten wachsend. 11
Die Nerv. der B. oberseits mit 1 einfach. Reihe sehr kleiner Börstchen o. Pünktchen besetzt u. dadurch rauh. 12

11 B. obers. mit spitz. Pünktch. dicht besetzt; Klappen 7nerv.; Bth. genähert. ♃ Jn. Jl. *J.* **acutum**. *DC.* Spitziger W.
B. obers. weichsammtig; Klappen 9—11nerv.; Bth. entfernt. ♃ Jn.-Ag. *J.* . . . . **junceum**. *L.* Binsen-W.

12 B. obers. von kurzen Borsten o. spitz. Pünktchen rauh. 13
B. beiders. o. nur am Rande rauh; Klappen lanzett., zugespitzt; Bth. begrannt; Wz. faserig. 16

13 B. obers. von einzelnen kurzen Börstch. sehr rauh; Bth. stumpf, wehrlos. 14
B. obers. von spitz. Pünktchen mehr o. weniger rauh; Bth. wehrlos o. begrannt; Wz. kriechend. 15

14 Klappen 2nerv., breit-abgeschnitten o. sehr stumpf; Spindel kurzborstig-rauh; Wz. faserig, ohne Ausläuf. ♃ Jl. Ag. . . . . . **rigidum**. *Schrd.* Steifer W.
Klappen 7nerv., spitzlich o. kurz-stachelspitzig; Spindel kahl o. rauh; Wz. kriechend. ♃ Jn. Jl. am adriat. Meere. . . **pungens**. *Prs.* Stechender W.

15 Klappen längl., 5—7nerv., sehr stumpf; Bth. sehr stumpf; Spindel fein-borstig-rauh. ♃ Jn. Jl. **glaucum**. *Dsf.* Seegrüner W.
Klappen lanzett., 5nerv., zugespitzt; Bth. zugespitzt o. stumpflich; Spindel meist rauh. ♃ Jn. Jl. **repens**. *L.* Quecke. Graswurzel.

16 B. beiderseits rauh; Granne länger als die zugespitzte Bth. ♃ Jn. Jl. . . . **caninum**. *Schrb.* Hunds-W.
B. kahl, am Rande etwas rauh; Granne fast 3mal kürzer als die Bth. ♃ Jl. Ag. *A.* **biflorum**. *Brg.* Zweiblüth. W.

LIX. SECALE. *L.* Roggen.

Klappen kürzer als die Aehrch.; Spindel zähe. ⊙ u. ⊙ Jn. Jl. *cult.* . . . . **cereale**. *L.* Korn.

LX. ELYMUS. *L.* Haargras

1 Klappen auf dem Kiele gewimpert; B. zuletzt zsm-gerollt, starr. ♃ Jl. Ag. . **arenarius.** *L.* Sand-H.
Klappen auf dem Kiele nicht gewimpert; B. flach . 2

2 B. kahl, Scheiden haarig. ♃ Jn. Jl. **europaeus.** *L.* Europäisches H.
B. obers. zottig. Scheiden kahl. ⊙ Mai, Jn. J. **crinitus.** *Schreb.* Gemähntes H.

LXI. HORDEUM. *L.* Gerste.

1 Bth. alle zwitterig, o. die seitenst. männlich, u. diese immer wehrlos. 2
Die seitenst. Bth. männl. o. geschlechtslos, aber alle begrannt. 6

2 Aehrch. alle zwitterig 3
Die seitenst. Aehrch. männl. u. wehrlos, nur das mittlere zwitt. u. begrannt. 4

3 FrAehrch. ungleich-6reihig geordnet, 2 Reihen auf beiden Seiten mehr hervorspringend. ⊙ u. ⊙ Mai, Jn. *cult.* . . . . **vulgare.** *L.* Gemeine G.
Die Aehrch. gleichf.-6reihig geordnet, eif. ⊙ Mai, Jn. *cult.* **hexastichon.** *L.* Sechszeilige G. Stockgerste.

4 Aehrch. sämmtl. lanzett.; Halm über dem Grunde knollig-verdickt. ♃ Mai, Jn. **strictum.** *Dsf.* Steife G.
Zwitt. Aehrch. eif., die männl. lineal; Aehre 2zeilig. 5

5 Grannen der mittl. Aehrch. aufrecht, mit der Aehre parallel. ⊙ Jn. Jl. *cult.* **distichum.** *L.* Zweizeilige G.
Grannen der mittl. Aehrch. fächerf.-abstehend. ⊙ Jn. Jl. *cult.* . . . . **zeocriton.** *L.* Reis-G. Pfauen-G.

6 Klappen der mittl. Aehrch. an beiden Seiten gewimpert, lineal-lanzett.; äuss. Klappe der seitenst. Aehrch. borstlich. ⊙ Jl. Ag. **murinum.** *L.* Mäuse-G.
Klappen des mittl. Aehrchens borstl.-rauh o. rauh, nicht gewimpert. 7

7 Klappen aller Aehrch. borstlich. ♃ Jn. Jl. **secalinum**. *Schrb.* Getreide-G.
Die innern Klappen der seitenst. Aehrch. fast geflügelt-halblanzett., die übrigen borstl. ⊙ Mai, Jn. am adr. Meere.. **maritimum**. *Wth.* Meerstrands-G.

LXII. LOLIUM. *L.* Lolch.

1 Wz. blühende Halme u. unfruchtb. BBüschel treibend. 2
Wz. blos blüh. Halme treibend.................. 3

2 Die jüng. B. einfach-zsmgefaltet; Bth. wehrlos o. kurz-stachelspitz. ♃ Jn.-Hrbst. **perenne**. *L.* Engl. Raigras.
Die jüng. B. zsmgerollt; Bth. begrannt, seltner wehrlos. ♃ Jn.-Hrbst. . . **italicum**. *Br.* Italienischer L.

3 Bth. lanzett., wehrlos; Spelzen häut., die obere lanzett.; Klappe so lang o. länger als die Hälfte des Aehrch.; Aehrch. 5—10bth., stumpf. ⊙ Jn. Jl. *J.*..... .... **rigidum**. *Gd.* Steifer L.
Bth. bei der FrReife ellipt.; die unt. Spelze unterw. fast knorpelig, deutlich schmäler als die obere... 4

4 Klappen so lang o. länger als das halbe Aehrch.; Aehrch. eif. o. längl.; Bth. kurz-begrannt o. wehrlos. ⊙ Jn. Jl. **linicola**. *Sond.* Flachsliebender L.
Klappen so lang o. länger als das ganze Aehrch.; Aehrch. längl.; Bth. begrannt. ⊙ Jn. Jl. **temulentum**. *L.* Schwindelhafer, Lockeshafer. Töberich.

LXIII. AEGILOPS. *L.* Walch.

1 Aehre lineal-verlängert; Klappen 2—3grannig, Grannen der oberst. Aehrch. noch 1mal so lang; unt. Spelze 3zähnig, Zähne kürzer als die Spelze. ⊙ Mai, Jn. *J.*.............. **triuncialis**. *L.* Langgranniger W.
Aehre eif.; Grannen aller Aehrch. gleich, die der unt. Spelze viel länger als diese.. 2

2 Grannen der Aehrch. vom Grunde an am Rande rauh; Klappen meist 4grannig. ⊙ Mai. *J.* **ovata**. *L.* Eiförm. W.
Grannen der Aehrch. unterw. am Rande kahl; Klappen 2—3grannig. ⊙ Mai. *J.* **triaristata**. *W.* Dreigranniger W.

LXIV. LEPTURUS. *R. Br.* Schuppenschwanz.

1 { Balg 1klappig; Aehre aufrecht, stielrund. ⊙ Mai, Jn. **cylindricus.** *Trin.* Walzl. Sch.
Balg 2klappig.............................

2 { Aehre stielrund, im trockn. Zustande einwärts-gekrümmt. ⊙ Mai, *J.* **incurvatus.** *Trin.* Gekrümmter Sch.
Aehre etwas zsmgedrückt, aufrecht o. kaum gekrümmt. ⊙ Mai....**filiformis.** *Trin.* Dünner Sch.

LXV. PSILURUS. *Trin.* Borstenschwanz.

Aehre sehr lang, gekrümmt. ⊙ Mai, Jn. *J.* **nardoides.** *Trin.* Begrannter B.

LXVI. NARDUS. *L.* Hirschhaar.

Aehre aufrecht, einerseitswendig; äuss. Spelze kurzbegrannt, mit 3 höckerig. Grannen auf dem Rücken. ♃ Mai, Jn. **stricta.** *L.* Steifes H. Wiesenspeik.

Cryptogamische Endsprosser. Acotyledonische Gefässpflanzen.

125. Ordnung. EQUISETACEEN. *DC.* Schafthalmgewächse.

Fructification eine endst., walzl. o. zapfenf. Achre, die aus wirtelig-stehenden Schuppen zsmgesetzt ist; jede Schuppe ist eine 5—7eckige, in der Mitte gestielte Scheibe, die auf der, der Spindel zugekehrten Seite 5—7 weissl., tutenf., nach innen aufspringende FrHüllen trägt, worin sich grüne, kugelige und nackte Keimkörner (sporae) befinden, welche auf der Verbindungsstelle 2 langer, kreuzweise gelegter, an jedem Ende keulenf., staubfadenart. Gebilde (staminodia) sitzen; WzStock gegliedert, kriechend; Stg. einfach o. ästig, an den Gelenken mit gezähnten Scheiden; Aeste u. Aestchen quirlig.

Equisetum. I.

ARTEN.

I. EQUISETUM. *L.* **Schafthalm.** Schaftheu.

1. Fruchtbare u. unfruchtb. Stg. verschieden gebildet; Scheiden am Stg. kreiself.-röhrig, oberw. trockenhäut. 2
   Fruchtb. u. unfruchtb. Stg. gleich gebildet. 5

2. Die FrStengel zuerst erscheinend, nicht grün. 3
   Die FrStengel mit den unfruchtb. gleichzeitig erscheinend, weissl. o. röthlich. 4

3. Scheiden der FrStg. 8zähnig, Zähne lanzett., spitzig, bisweilen zsmhängend; Aeste der unfruchtb. Stg. 4kantig. ♃ Ap. Mai.
   arvense. *L.* Zinngras. Katzenzagel. Preibusch.
   Scheiden der FrStg. 20—30zähnig, Zähne pfrieml.-borstlich; Aeste der unfruchtb. Stg. 6—8kantig. ♃ Ap. Mai. unfr. Stg. 2—3 Fuss hoch, elfenbeinweiss, glatt. **Telmateia.** *Ehr.* Grossscheidiger Sch.

4 Aeste wieder quirlig-verästelt, 4kantig, Aestchen 3-seitig; StgScheiden röthlich-braun, lappig-gespalten o. -gezähnt, die an den Aestchen mit 3 pfrieml. Zähnen. ♃ Ap. Mai. . . . **silvaticum.** *L.* Wald-Sch.
Aeste einfach, 3seitig; StgScheiden grün, 10—16-zähnig, mit spitz., trockenhäut. Zähnen, die an den Aesten mit 3 eif., spitz. Zähnen. ♃ Mai, Jn. Scheidenzähne zuletzt schwarz.
umbrosum. *Mey.* Hain-Sch.

5 Aehre stumpf; Stg. gegen den Winter hin absterbend. 6
Aehre mit 1 Stachelspitze endigend; Stg. immergrün, den Winter über dauernd, mehr oder weniger rauh. 8

6 Zähne der fast kreiself. Scheiden am Rücken mit 1 Längsfurche, lanzettl., verschmälert-spitz, breithäutig-berandet; Stg. tief-8furchig. ♃ Sommer.
palustre. *L.* Sumpf-Sch. Duwick.
Zähne der walzl. Scheiden am Rücken ohne Längsfurche, convex, lanzettl.-pfrieml., feinzugespitzt, sehr schmal-häutig berandet. 7

7 Stg. tief-8—16furchig; Aeste rauh; Zahnbuchten spitz. ♃ Sommer. . . . . **inundatum.** *Lasch.* Ufer-Sch.
Stg. mit 10—20 seichten Rillen; Aeste glatt; Zahnbuchten stumpf. ♃ Sommer.
limosum. *L.* Schlamm-Sch.

8 Scheiden eng-anliegend, walzl., mit 15—25 etwas abstehenden, 4rilligen Zähnen, deren häut., lanzettl.-pfrieml. Spitze bald abfällt; Stg. einfach o. am Grunde ästig, 14—20riefig. ♃ Sommer. Scheiden mehr o. weniger schwarz.
hiemale. *L.* Tischler-Sch. Tauberocken.
Scheiden des Stg. u. der Aeste nicht eng, den Zwischenknoten schlaff umfassend. 9

9 Rippen der Scheiden mit 1 eingedrückten Rückenlinie bezeichnet; Zähne flach, trockenhäut., weissberandet, mit 1 schwarzen Mittelstreifen, nach abgeworfener Haarspitze eif.; Stg. rasig, einfach, 6—8-riefig. ♃ Sommer.
variegatum. *Schl.* Scheckiger Sch.
Rippen der Scheiden ohne eingedrückte Rückenlinie; Zähne in 1 lanzett.-pfrieml., stehenbleibende Spitze sich endigend. 10

10 { Die Rippen der Scheiden convex, die Zähne mit 1 vertieften Linie durchzogen; Scheiden der Aeste kreiself.; Stg. 8—15riefig. ♃ Sommer. Die ganze Pf. graugrün. . . . . . **ramosum**. *Schl.* Aestiger Sch.
Die Rippen der Scheiden flach, die Zähne fast gleichf.—4rillig, der häut. Theil auf dem Rücken u. am Rande fein-stachelig-rauh, weiss, mit 1 braunen Mittellinie; Stg. 7—11riefig. ♃ Sommer. *Tyr.* **trachyodon**. *A. Br.* Rauhzähniger Sch. }

---

126. Ordnung. RHIZOSPERMEN. *Spreng.* Wurzelfrüchtige.

Sporenbehälter (sporangia) von doppelter Gestalt, in kugelf. o. länglichen, einer Kapsel o. Nuss ähnl. Sporenkapseln (sporocarpia) eingeschlossen, welche am Grunde der B. o. BStiele o. zwischen den WzFasern sitzen. Wassergewächse.

GATTUNGEN.

1 { B. flach, ellipt. o. vrkhrt-eif.-keilig, schwimmend. . . . 2
B. binsenart., pfrieml. o. borstlich. . . . . 3 }

2 { B. 2zeilig; Sporenkaps. 4—8, häutig, 1fächer., zwischen den Wz-Fasern. . . . . **Salvinia**. III.
B. 4zählig; Sporenkaps. 1—3, lederig, mehrfächer., am Grunde des BStieles. . . . . **Marsilea**. II. }

3 { B. in der Knospenlage schneckenf.-eingerollt; Sporenkaps. lederig, kugelig, sehr kurz-gestielt, 4fächer., in 4 Lappen aufspring. . . . . **Pilularia**. I.
B. in der Knospenlage gerade-aufrecht; Sporenkaps. häutig, rundl., nicht aufspring., oberw. mit 1 halbmondf. Häutchen bedeckt, inwendig von Fäden durchzogen. . . . . **Isoëtes**. IV. }

ARTEN.

I. PILULARIA. *L.* **Pillenkraut.**

B. binsenart., borstl., ohne BFläche; Sporenkaps. erbsengross. ♃ Ag. Sp.
globulifera. *L.* Kügelchentrag. P.

II. MARSILEA. Vierfarn.

Blättch. zu 4, vrkhrt-eif.-keilig, schwimmend, ganzrand., kahl; Sporenkaps. gestielt. ♃ Jl.-Sp.
quadrifolia. *L.* Vierblättr. V.

III. SALVINIA. *L.* **Wasserspor.**

B. ellipt., stumpf, lederart., obers. sternf.-borstlich, hellgrün, unters. braun-schuppig. ♃ Jn.-Ag.
natans. *Hffm.* Schwimmender W.

IV. ISOËTES. *L.* **Brachsenkraut.**

B. dicht-büschelig, pfrieml., halbdurchsichtig, inwendig fächerig. ♃ Jl.-Sp.... **lacustris.** *L.* See-B.

---

127. Ordnung. LYCOPODIACEEN. *DC.* Bärlappgewächse.

Sporenbehälter in den Achseln der StgB. o. in deckblättrigen Aehren sitzend, klappig-aufspringend; Stg. darniederliegend, o. kriechend u. aufrechte Stg. u. Aeste treibend; B. abwechselnd, oft 2—4zeilig, die in DeckB. verwandelten der FrAehren meist kleiner.

GATTUNGEN.

Sporenbehälter alle gleichförm.; Sporen staubartig, kugelig, zu 4 in 3seitigen Körperch. zsmhängend.
Lycopodium. I.

Sporenbehälter v. 2erlei Gestalt, die einen rundl. o. nierenf., mit sehr kleinen, zu 4 zsmhäng., feinstachligen Sporen, die andern 3—4knotig mit 3—4 grossen Sporen.. .... **Selaginella.** II.

ARTEN.

I. LYCOPODIUM. *L.* Bärlapp.

1 Keine Aehre vorhanden; Sporenbehälter in den BAchseln; Stg. dicht-beblättert, vom Grunde an gabelspaltig-ästig; Aeste gleichhoch. ♃ Jl. Ag.
Selago. *L.* Tannen-B. Tangelmoos.
Aehre vorhanden, wenn auch bisweilen weniger deutlich.......... 2

2 Aehre undeutl.; DeckB. den StgB. ziemlich ähnlich, meist länger u. am Grunde ein wenig breiter; Stg. liegend; Aeste aufrecht mit 1 Aehre. ♃ Jl. Ag.
inundatum. *L.* Sumpf-B.
Aehre deutlich; DeckB. von den StgB. ganz verschieden.......... 3

3 Aehren einzeln an der Spitze der Aeste.......... 4
Aehren zu 2—6, auf einem verlängerten an der Spitze 2—6theil. BthStiele.......... 5

4 Aeste gabelspaltig; B. lineal-lanzett., zugespitzt, stachelspitzig, vorne gesägt, abstehend o. zurückgebogen, 5reihig. ♃ Jl. Ag.
annotinum. *L.* Sprossender B.
Aeste gabelspalt.-gebüschelt, die fruchttr. gleichhoch; B. lanzett., spitz, ganzrand., angedrückt, an den Aesten 4reihig. ♃ Ag. Sp. *A.*
alpinum. *L.* Alpen-B. Teufelshosenband.

5 B. mit 1 langen Haare endigend, zerstreut, lineal-lanzett., zugespitzt; Aeste aufstreb.; Aehren gezweit. ♃ Jl. Ag.
clavatum. *L.* Gemeiner B. Drudenfuss. Neunheil. Harschar.
B. an der Spitze ohne ein Haar; Aehren 2—6; Aestchen zsmgedrückt, 2schneidig; B. der Aestchen 4reihig.......... 6

6 Aestchen büschelig; B. der Aestchen lanzett., zugespitzt-stachelspitzig, die seitl. so wie die innern u. äussern fast gleichgebildet. ♃ Jl. Ag.
Chamaecyparissus. *A. Br.* Cypressenähnlicher B.
Aestch. fächerf.; die seitenst. B. der unfruchtb. Aestch. eif., zugespitzt-stachelspitzig, die äuss. lanzett., die innern pfrieml., sehr klein. ♃ Jl. Ag. *A.*
complanatum. *L.* Flacher B.

II. SELAGINELLA. *Spring.* **Bärläppchen.**

B. zerstreut, lanzett., abstehend, wimperig-gezähnt. ♃ Jl. Ag. *A.* ....**spinulosa.** *A. Br.* Dorniges B.
B. 4reihig, längl.-eif. o. eif., am Rande gezähnelt-rauh. ♃ Jl. Ag. *A.* **helvetica.** *Spring.* Schweizer-B.

128. Ordnung. FILICES. *L.* Farnkräuter.

Sporenbehälter auf der unt. Fläche des B. (Laubes o. Wedels) sitzend, in Häufchen o. Streifen, o. wenn durch Schwinden der BSubstanz die Zipfel der B. bis auf die Mittelrippe verkümmert sind, Aehren o. Rispen darstellend; ausdauernde Gewächse mit meist kriechendem Wz-Stocke.

GATTUNGEN.

1 Die Sporenbehälter, denen der gegliederte Ring fehlt, bilden durch Verkümmerung der BSubstanz Aehren o. Rispen. 2
Die mit 1 gegliederten, meist unvollständ. Ringe umgebenen Sporenbehälter bilden Häufchen o. Linien auf der Rückseite des Wedels. 4

2 Rispe endst., doppelt-gefiedert; Sporenbehälter kugelig, gestielt, netzaderig, zarthäutig......**Osmunda.** III.
Aehre einfach o. zsmgesetzt, einseitig; Sporenbeh. sitzend o. mit den Seiten verwachsen, aderlos, lederartig, fast kugelig. 3

3 Sporenbeh. dicht-verwachsen, 2reihig, eine einfache nackte, knotig-gegliederte Aehre bildend. **Ophioglossum.** II.
Sporenbeh. getrennt, eine zsmgesetzte Aehre o. Tr. bildend. .... **Botrychium.** I.

4 Fruchthäufch. nackt (weder mit einem Schleier (Häutchen) noch durch den zurückgerollten Rand des Wedels bedeckt) 5
Fruchthäufch. im jungen Zustande mit 1 Schleier o. mit dem zurückgerollt. Rande des Wedels bedeckt. 7

5 FrHäufch. lineal, an der BScheibe schief-fiedertheil. o. gabelspaltig aufsitzend......... **Grammitis.** IV.
FrHäufch. rundl., zerstreut o. reihenweise......... 6

6 FrHäufch. kahl, ohne Haare u. Spreuen. **Polypodium.** V.
FrHäufch. am Rande von borst. o. spreuig. Haaren eingeschlossen.................... **Woodsia.** VI.

7 FrHäufch. im jungen Zustande mit 1 häut. Schleierchen bedeckt................................ 8
FrHäufch. von dem zurückgebog. häut. Rande des Wedels ganz o. theilweise bedeckt............ 15

8 FrHäufch. rundl., zerstreut o. reihenweise, nicht randständig.................................... 9
FrHäufch. oval o. lineal, oft die ganze Unterseite des Wedels bedeckend, o. randst. Streifen u. Linien bildend.................................... 11

9 Schleierchen an einem Punkte seines Randes angeheftet, rundl. o. eif., bald verschrumpfend o. verschwindend.................. **Cystopteris.** IX.
Schleierchen im Mittelpunkte des FrHäufchens angeheftet.................................... 10

10 Schleierch. mit 1 Stiele befestigt, schildf., kreisr., ringsum sich lösend.............. **Aspidium.** VII.
Schleierch. ungestielt, mit 1 eingedrückten Falte (Nabel) befestigt, rundl. o. nierenf. **Polystichum.** VIII.

11 Wedel ungetheilt, längl. o. lanzett., am Grunde herzf.; FrHäufchen lineal, schief. **Scolopendrium.** XI.
Wedel mannigfach zertheilt o. zerschnitten........ 12

12 FrHäufch. dem Schleierchen, nicht der BFläche eingefügt, am ob. Rande der fast keilf. BLappen. **Adiantum.** XIV.
FrHäufch. der BFläche aufsitzend............... 13

13 FrHäufch. lineal o. eif., zerstreut, oft die ganze BFläche bedeckend; Schleierch. lineal o. queroval, aussen am Fr.Häufch. befestigt, nach innen gelöst........................... **Asplenium.** X.
FrHäufch. eine ununterbrochene Linie bildend..... 14

34*

14 FrHäufch. beiderseits parallel mit der Fiederrippe laufend .... **Blechnum.** XII.
FrHäufch. randständig .... **Pteris.** XIII.

15 Fruchttr. Wedel von den unfruchtb. nicht verschieden; Sporenbehälter randst., unter spreuigen Haaren versteckt .... **Notochlaena.** XV.
Fruchttr. Wedel von den unfruchtb. deutlich verschieden, die Fiederch. des fruchttr. bis zur Mittelrippe zurückgerollt, die FrHäufch. einhüllend 16

16 Fachartige Querwände zwischen den FrHäufchen an der Mittelrippe vorhanden... **Struthiopteris.** XVII.
Fachart. Querwände fehlen .... **Allosurus.** XVI.

ARTEN.

I. BOTRYCHIUM. *Sw.* Mondraute.

1 Unfruchtb. Wedel meist 2, im Umrisse 3eckig, querbreiter, 3zählig; Fieder längl., stumpf, gekerbtlappig. ♃ Jn. Jl.
rutaefolium. *A. Br.* Rautenblättr. M.
Unfruchtb. Wedel 1, längl., 2—3mal schmäler als lang. 2

2 Fieder quer-breiter, keilf.-halbmondf., ganzrandig, gekerbt o. fächerf.-eingeschnitten. ♃ Mai, Jn.
Lunaria. *Sw.* Walpurgiskraut. Beseichkraut. Ankehrkraut.
Fieder eif. o. längl., fiederspalt.-lappig, Lappen mit 2—3 Kerbzähnen. ♃ Mai, Jn.
matricariaefolium. *A. Br.* Mutterkraut-M.

II. OPHIOGLOSSUM. *L.* Natterzunge.

Unfr. Wedel eif. o. längl., am Grunde kurz-herablauf. ♃ Jn. .... **vulgatum.** *L.* Einblatt.
Unfr. Wedel lanzett., unterw. keilf., 2—3 Linien breit. ♃ Jän. *J.* **lusitanicum.** *L.* Portugiesische N.

III. OSMUNDA. *L.* Traubenfarn. Osmund.

Wedel doppelt-gefied., Fieder lanzett., am Grunde schief-abgestutzt. ♃ Jn.... **regalis.** *L.* Königs-T.

IV. GRAMMITIS. *Sw.* Milzfarn.

Wedel fiederspalt., unters. spreuig-schuppig, Zipfel eif. o. längl., stumpf. ♃ Jn. Jl.
Ceterach. *Sw.* Nesselfarn.

V. POLYPODIUM. *L.* Tüpfelfarn.

Wedel fiedertheil., Abschnitte lineal-längl., ungetheilt; FrHäufch. 2reihig. ♃ Jn. Jl.
vulgare. *L.* Engelsüss. Tropffarn.
Wedel einfach. o. doppelt-gefiedert, o. 3zählig-doppeltgefiedert.......................... 2

Wedel im Umrisse längl.-lanzett., kahl, doppelt-gefiedert; Fiederch. lanzett., fiedertheilig, Zipfel längl., eingeschnitten-gekerbt, schief-stachelspitzig. ♃ Jn.-Ag. *A*...............**alpestre.** *Hpp.* Voralpen-T.
Wedel im Umrisse deltaf. o. eif. u. lang-zugespitzt. 3

Wedel im Umrisse eif., lang-zugespitzt, fast pfeilf., beiders. flaumig, am Rande gewimpert, gefiedert, Fieder fiederspalt., Fiederch. längl., stumpf, undeutl.-gekerbt. ♃ Jn.-Ag....**Phegopteris.** *L.* Buchen-T.
Wedel im Umrisse deltaf., 3zählig-doppelt-gefiedert. 4

Wedel kahl, etwas geneigt; FrHäufch. stets gesondert. ♃ Jn.-Ag.............**Dryopteris.** *L.* Eichen-T.
Wedel drüsig-flaumig, gerade; FrHäufch. zuletzt zsmfliessend. ♃ Jn.-Ag...**calcareum.** *Sm.* Kalk-T.

VI. WOODSIA. *R. Br.* Nordfarn.

Wedel im Umrisse längl.; Fieder eif.-lanzett., stumpf, tief-fiederspalt., Lappen längl. ♃ Sommer.
ilvensis. *R. Br.* Basalt-N.
Wedel im Umrisse lanzett.; Fieder kurz, fast so breit als lang, stumpf, fast gestielt, nur am Grunde seicht-fiederspalt., Lappen rund. ♃ Sommer. *A.*
hyperborea. *R. Br.* Alpen-N.

VII. ASPIDIUM. *R. Br.* **Schildfarn.** (Wedel im Umrisse lanzett., unters. spreuig-haarig.)

Wedel einfach-gefiedert, Fieder lanzett.-sichelf., am Grunde vorne spitz-geöhrelt, doppelt-gesägt, Sägezähne dornig-stachelspitzig. ♃ Jl. Ag. *A.*
Lonchitis. *Sw.* Lanzen-Sch.
Wedel doppelt-gefiedert, Fiederchen schief-eif., fast mondf., vorne oft geöhrelt, ungleich dornig-gezähnt, gestielt. ♃ Jl. Ag.
aculeatum. *Döll.* Stachliger Sch.

VIII. POLYSTICHUM. *Rth.* **Waldfarn.**

1 Wedel einfach-gefiedert, mit fiedertheil. Fiedern....
Wedel doppelt-gefiedert, mit fiedertheil. Fiederchen; Strunk, Spindel u. Fiederrippen unterw. spreuig.

2 Fieder lineal-lanzett.; Fiederch. längl., etwas spitz, ganzrand. o. ausgeschweift......................
Fieder lanzett., zugespitzt, o. eif.-lanzett..........

3 Wedel drüsenlos, im Umrisse schmal-lanzett.; FrHäufch. 2reihig, oft zuletzt die ganze Rückseite d. Wedels bedeckend; WzStock kriechend. ♃ Jl. Ag.
Thelypteris. *Rth.* Sumpf-W.
Wedel unters. harzig-drüsig, im Umrisse lanzett.-längl.; die unterst. Fieder sehr klein, im Umrisse 3eckig; FrHäufch. fast eine ununterbroch. randst. Linie bildend. ♃ Jl. Ag. **Oreopteris.** *DC.* Berg-W.

4 Wedel im Umrisse ellipt.-längl.; Fieder lanzett., zugespitzt; Fiederch. längl., stumpf o. fast gestutzt, gezähnelt, Zähnch. wehrlos. ♃ Jl. Ag.
Filix mas. *Rth.* Wurmfarn, Irrwurz. Irrkraut.
Wedel im Umrisse verlängert-lanzett.; Fieder im Umrisse eif.-lanzett., die unterst. breit-3eckig; Fiederch. längl., fiederspalt.-lappig, Lappen abgerundet, u. mit 2—6 stachelspitz. Zähnen versehen. ♃ Jl. Ag....... **cristatum.** *Rth.* Gezackter W.

Wedel im Umrisse eif. o. längl., nur das unterste Fiederpaar kürzer als die übrigen; Zipfel der Fiederch. längl., stumpf, gesägt, Sägezähne haarspitzig u. dornig-stachelspitzig. ♃ Jl. Ag.

spinulosum. *DC.* Dorniger W.

Wedel im Umrisse längl.-lanzett., unters. drüsig; Fieder der 2. Ord. lanzett., fiedertheil., Fiederchen eif. o. längl., an der Spitze gezähnt, Zähne spitz, fein-stachelspitzig. ♃ Sommer. *A.*

rigidum. *DC.* Steifer W.

IX. CYSTOPTERIS. *Brnh.* Blasenfarn.

Wedel im Umrisse deltaf., 3zählig-3fachgefiedert, kahl. ♃ Sommer. *A.* .... **montana**. *Lk.* Gebirgs-B.

Wedel im Umrisse längl. o. lanzett., doppelt-gefiedert. 2

Die unterst. Fiederch. fiederspalt. o. nur am Grunde fiedertheil.; Zähne der Zipfel etwas spitz. ♃ Som.

fragilis. *Brnh.* Zerbrechlicher B.

Die unterst. Fiederch. fiedertheil.; Zähne der Zipfel eif.-längl., abgerundet-stumpf, an der Spitze ungetheilt o. kurz-2zähnig-ausgerandet. ♃ Sommer. *A.*

regia. *Prsl.* Königs-B.

X. ASPLENIUM. *L.* Streifenfarn. Steinfarn.

Wedel an der Spitze 2—4 gestielte Blättch. tragend, nicht deutlich-gefiedert. 2

Wedel deutlich-gefiedert. 3

Blättch. 2—4, lineal o. lineal-lanzettl., an der Spitze ungleich-eingeschnitten-3zähnig. ♃ Sommer; meist über 3″ hoch.

septentrionale. *Sw.* Nord-St. Steinschlangenzwang.

Blättch. 2, seltner 3, rhombisch-eif., an der Spitze 2—3spalt., am Grunde keilig, obers. von geglied. Haaren grau. ♃ Sommer; 3—5 Cm., selten 8 Cm. hoch; Wedel am Grunde schwarzbraun. *Tyr.*

Seelosii. *Leyd.* Tyroler St.

3 Wedel vom Grunde bis zur Spitze nur einfach-gefiedert, im Umfange lanzettl.-lineal; Fieder gleichgestaltet, die untern nicht fiederspaltig-gelappt u. nicht eingeschnitten. 4
Die untern Fieder entweder fiederspaltig-gelappt o. eingeschnitten, o. der Wedel (wenigstens an der untern Hälfte) doppelt- o. 3fach-gefiedert. 5

4 Stg. kahl; Fieder eif. o. rundl., ausgeschweift o. kleingekerbt; Spindel mit 1 trockenhäut. Rande. ♃ Sommer. . . . . **Trichomanes.** *L.* Abetan.
Stg. mit gegliederten Haaren bestreut; Fieder rautenf. o. rundl., gekerbt; Spindel grün, ohne häut. Rand. ♃ Sommer. . . . . **viride.** *Hds.* Grüner St.

5 Fieder u. Fiederchen dornig-stachelspitzig-gezähnt; Schleierchen quer-oval, ganzrandig; Wedel im Umfange lineal-lanzettl. o. längl.-lanzettl. ♃ Sommer. *Ug.* . . . . **Halleri.** *R. Br.* Haller's St.
Fieder u. Fiederchen entweder gar nicht o. nicht dornig-stachelspitzig-gezähnt. 6

6 Wedel gegen die Spitze u. gegen den Grund hin schmäler, im Umfange ellipt.-längl., doppelt-gefiedert, Fieder lang-zugespitzt, Fiederchen lanzett.; Schleierchen am Rande fransig. ♃ Sommer. **Filix femina.** *Brnh.* Weiblicher St.
Wedel am Grunde breiter. 7

7 Wedel von der Mitte bis zur Spitze einfach-gefiedert; Fieder am obern Theile des Stg. wechselst., keilf., an der Spitze eingeschnitten-gezähnt, Fieder in der Mitte des Stg. 2—3spaltig, am Grunde des Stg. fiederspalt.; Schleierchen ganzrandig. ♃ Sommer. **germanicum.** *Weis.* Deutscher St.
Wedel durchaus 2- o. 3fach-gefiedert. 8

8 Schleierchen am Rande zerfetzt-fransig; Wedel im Umfange 3eckig-eif.; Fiederch. vrkhrt-eif., ganz o. gelappt, vorn klein-gekerbt. ♃ Sommer. **Ruta muraria.** *L.* Mauerrauten-Farn.
Schleierchen ganzrandig. 9

Wedel im Umfange eif.; Fiederch. keilf., 3spalt., Zipfel an der Spitze 2—3zähnig. ♃ Sommer *A.* Wedel 5, Stiel 8 Cm. lang.
fissum. *Kit.* Gespaltener St.
Wedel im Umfange deltaf.-längl., zugespitzt, glänzend; Fiederch. eif., spitz-gesägt, am Grunde keilf. ♃ Sommer. **Adiantum nigrum**. *L.* Schwarzfrauenhaar.

XI. SCOLOPENDRIUM. *Sw.* Hirschzunge.

Wedel lanzett., o. längl.-gleichbreit, mit herzf. Grunde. ♃ Sommer.
officinarum. *Sw.* Gebräuchliche H. Zecht.

XII. BLECHNUM. *L.* Rippenfarn.

Wedel fiedertheil., im Umrisse längl.-lanzett., die fruchttr. länger; Fieder der unfr. Wedel lanzett.-lineal u. genähert, die der fruchtb. lineal u. entfernt. ♃ Sommer........**Spicant**. *Rth.* Kraftfarn.

XIII. PTERIS. *L.* Flügelfarn.

Wedel 3fach-gefiedert; Fiederch. längl. o. lineal-lanzett., stumpf, am Rande zurückgerollt, die unterst. fiederspalt. ♃ Somm. bis 5 Fuss hoch.
aquilina. *L.* Adlerfarn.

XIV. ADIANTUM. *L.* Krullfarn.

Wedel 2—3fach-gefiedert; Fiederch. vrkhrt-eif., am Grunde keilf., die fruchttr. vorne ungleich-lappig, die unfruchtb. gekerbt. ♃ Somm. *J. Tyr.*
Capillus Veneris. *L.* Frauenhaar. Freyashaar. Widertan.

XV. NOTOCHLAENA. *Dsv.* Pelzfarn.

Wedel doppelt-gefied.; Fiederch. längl., stumpf, unters. mit dachigen SpreuB. dicht-bedeckt. ♃ Somm........ ....**Marantae**. *Desv.* Maranta's-P.

XVI. ALLOSURUS. *Brnh.* Krausfarn.

Wedel 3fach-gefied., Fiederch. der fruchttr. lineal, ganzrand., die der unfruchtb. eingeschnitten mit linealen, an der Spitze 2zähn. o. ganzen Lappen. ♃ Somm. *A.* . . . . **crispus.** *Brnh.* Alpen-K.

XVII. STRUTHIOPTERIS. *W.* Straussfarn.

Wedel gefiedert, die fruchtb. lanzett., mit linealen, fast stielrunden Fiedern, die unfruchtb. breit-längl., mit fiedertheil. Fiedern u. längl., stumpfen, ganzrandigen Fiederchen. ♃ Somm.
germanica. *W.* Deutscher St.

Register

der lateinischen Ordnungs- und Gattungsnamen.

35*

Register

der deutschen Pflanzennamen.

*) Statt Wollblume.

36*

Druckfehler.

Seite 9, Zeile 6 statt Wollblume lies: Trollblume.
Seite 12, Zeile 17 statt foeditus lies: foetidus.
Seite 26, Zeile 4 (von unten) statt geheimer lies: gemeiner.
Seite 53, Zeile 22 statt **TUNIDA** lies: **TUNICA**.
Seite 349, Zeile 9 statt Ferweibel lies: Feeweibel.

Zeitfracht Medien GmbH
Ferdinand-Jühlke-Straße 7
99095 Erfurt, Deutschland
produktsicherheit@kolibri360.de